U0230343

国家科学技术学术著作出版基金资助出版
Supported by the National Fund for Academic Publication in Science and Technology

植物的喀斯特适生性检测原理和技术

Principles and Technology of Determination on Plants' Adaptation to Karst Environment

吴沿友 邢德科 杭红涛 赵 宽 等 著
By Yanyou Wu, Deke Xing, Hongtao Hang, Kuan Zhao, et al.

科 学 出 版 社
北 京

内 容 简 介

本书以喀斯特适生植物为研究对象，依据其适生机制，探讨喀斯特适生性的检测原理，开发出检测植物喀斯特适生性的系列技术，建立一系列植物喀斯特适生性检测技术规程。通过对逆境下植物碳酸酐酶响应特征的研究，阐明碳酸酐酶对不同逆境的响应变化规律，开发出基于碳酸酐酶作用机制的植物喀斯特适生性检测技术。通过定量测定植物利用重碳酸盐能力，阐明不同逆境下不同植物的碳酸氢根离子利用对光合作用的贡献，开发出通过测定植物利用重碳酸盐能力评判植物的喀斯特适生性方法。通过研究干旱逆境下植物的水分信息、细胞的紧张度、叶绿素荧光信息以及根系分泌有机酸等的变化，开发出基于叶片紧张度、叶绿素荧光参数或根系分泌有机酸特征检测植物喀斯特适生性的方法。依据喀斯特适生植物的养分利用特征以及对低营养的生理响应，建立基于生理响应和离子吸收动力学特征的植物耐低营养能力的检测技术；同时还开发出基于植物利用硝酸盐能力测定的喀斯特适生性检测技术以及利用根系分泌有机酸特征检测植物抗缺磷胁迫能力的方法。依据喀斯特适生植物的代谢多样性机制，定量评估不同逆境下植物光呼吸份额、糖酵解和磷酸戊糖途径份额的变化，通过定量测定光合生长力和1, 5-二磷酸核酮糖再生能力来判断植物的喀斯特适生性。最后，依据植物对逆境的生理响应，综合评价室内培养植物和自然生境下植物的喀斯特适生性。本书的研究方法和结果可为喀斯特石漠化地区生态修复提供理论依据。

本书可作为大中专院校和科研单位从事植物生理学、生物地球化学、生态学及地理学的广大科研工作者和研究生的参考书，也可作为高年级本科生了解植物生理生态学、生物地球化学、地理学以及环境科学等领域发展动态的辅助教材。

图书在版编目(CIP)数据

植物的喀斯特适生性检测原理和技术/吴沿友等著. —北京:科学出版社，2018.12

ISBN 978-7-03-059386-3

Ⅰ.①植… Ⅱ.①吴… Ⅲ.①岩溶地貌-植物生态学-研究 Ⅳ.①Q948.114

中国版本图书馆 CIP 数据核字 (2018) 第 252169 号

责任编辑：罗 莉/责任校对：彭 映
责任印制：罗 科/封面设计：墨创文化

科学出版社出版

北京东黄城根北街16号
邮政编码：100717
http://www.sciencep.com

四川煤田地质制图印刷厂印刷

科学出版社发行 各地新华书店经销

*

2018年12月第 一 版 开本：787×1092 1/16
2018年12月第一次印刷 印张：29
字数：695千字

定价：268.00元

（如有印装质量问题，我社负责调换）

前　言

强烈的岩溶作用，使得喀斯特土壤环境具有岩溶干旱、高 pH、高重碳酸盐、高钙镁、低营养等特征，为了适应这些喀斯特逆境，一些植物逐步进化出一套独特的适应机制和策略。不同植物对不同的喀斯特逆境甚至同一种喀斯特逆境的适应性均有显著差异，同一植物对不同的喀斯特逆境也有着不同程度的适应性。定量检测植物的喀斯特适生性，是生态修复中物种选择的基础。至今国内外还未建立一套完整的喀斯特适生植物的筛选标准，这严重地影响着喀斯特地区生态恢复速度和效果。本书的目的在于阐明植物的喀斯特适生性检测原理，开发、集成出植物的喀斯特适生性检测技术体系，为石漠化的快速修复和治理提供理论和技术支撑，为喀斯特地区的生态经济及可持续发展提供技术保证。

本书分 8 章。第 1 章，阐述喀斯特适生植物的适生机制，探讨植物的喀斯特适生性在喀斯特地区生态修复中的作用。第 2 章，研究逆境下植物碳酸酐酶的响应特征，探讨基于碳酸酐酶作用机制的植物喀斯特适生性检测技术。第 3 章，研究不同逆境下不同植物碳酸氢根离子利用能力的差异，探讨以植物利用重碳酸盐的能力来评判植物喀斯特适生性的方法。第 4 章，研究干旱逆境下植物的水分信息、细胞的紧张度、叶绿素荧光信息以及根系分泌有机酸等的变化特征，探索基于叶片紧张度、叶绿素荧光参数或根系分泌有机酸特征检测植物喀斯特适生性的方法。第 5 章，研究基于生理响应和离子吸收动力学特征的植物耐低营养能力的检测技术，探索基于植物利用硝酸盐能力测定的喀斯特适生性检测技术以及利用根系分泌有机酸特征检测植物抗缺磷胁迫能力的方法。第 6 章，研究不同逆境下植物光呼吸份额、糖酵解和磷酸戊糖途径份额的变化特征，探索以光合生长力和 1,5-二磷酸核酮糖再生能力来判断植物的喀斯特适生性的方法。第 7 章和第 8 章，分别研究室内培养植物和自然生境下植物对逆境的生理响应特征，探讨室内培养植物和自然生境下植物的喀斯特适生性的综合评价方法。

本书是作者及其科研团队 20 余年的相关科研成果的总结。在研究过程中不仅得到了吴征镒院士、欧阳自远院士、袁道先院士、卢耀如院士、刘从强院士等老一辈科学家的指导和鼓励，同时还得到了国内外众多相关科学家及中国科学院地球化学研究所环境地球化学国家重点实验室、江苏大学现代农业装备与技术教育部重点实验室的同事们的支持和帮助。对此，我们深表谢意！

本书得到了国家自然科学基金喀斯特研究中心项目“喀斯特筑坝河流水安全与调控对策”之方向二“流域植被的生态水文效应（U1612441-2）”、国家重点研发计划专项“喀斯特适生植被抗逆性研究与植被群落生态修复技术研发与应用示范（2016YFC0502602-5）”，国家重点基础研究发展计划（973 计划）专题“岩溶植被及微藻碳源利用策略及份额估算（2013CB956701）”“喀斯特适生植物适应对策及适生性评估（2006CB403206-03）”、国家自然科学基金项目“喀斯特适生植物的碳酸酐酶作用机制的同位素证据(31070365)”“碳酸酐酶的应答响应及在节水灌溉中的应用(31301243)”、中国科学院百人计划项目“喀斯特生态系统的稳定性和适应性”、贵州省社会发展项目“喀斯特地区石漠化生态治理效果监测评价技术与示范(黔科合 SY〔2010〕3043 号)、贵州省人才团队项目“贵州省喀斯特适生植物及生态应用科技创新人才团队(黔科合平台人才〔2016〕5618 号)”、贵州省高层次创新型人才培养项目“百层次”(黔科合人才〔2015〕4035 号)、国家科技支撑计划专题“石漠化治理植物适生性评价及植物优化配置技术示范(2011BAC09B01-06-01)”、贵州省自然科学基金“诸葛菜的喀斯特适生机制研究(黔基合计字 1998:3043)”、中国科学院知识创新工程重要方向项目子专题“喀斯特适生植物生理生态及地球化学机制研究(KZCX3-SW-140-2)”、环境地球化学国家重点实验室项目以及江苏省高校优势学科资助项目(苏政办〔2014〕37 号)等众多项目的资助。正是有了这些项目的资助，才有了本书的出版，在此，我们表示衷心的感谢。

本书是由吴沿友教授及由其指导的数届研究生集体撰写完成的。在本书中，吴沿友教授在科学问题的凝练、学术思想的提升、项目的组织实施、研究方案的设计、技术路线的形成以及学术成果的提炼中起着决定性的作用。各章撰写分工为：第 1 章，吴沿友、赵宽、饶森、邢德科、吴沿胜等；第 2 章，吴沿友、邢德科、施倩倩、杭红涛等；第 3 章，吴沿友、杭红涛、苏跃等；第 4 章，吴沿友、邢德科、张明明、牛慧样、赵宽、苏跃等；第 5 章，吴沿友、邢德科、赵宽、赵红鹏等；第 6 章，吴沿友、姚凯等；第 7 章，邢德科、杭红涛、吴沿友等；第 8 章，邢德科、杭红涛、吴沿友、王瑞等。此外，科研课题组的多位在读研究生参与了本书的资料搜集和整理；吴沿胜等同学对本书进行了校对。

植物的喀斯特适生性具有多方面的机制，本书所涉及的生理生态机制仅是冰山一角，还有更多的喀斯特适生性的生理生态、生物地球化学机制需要认识和探究。希望本书的出版能起到抛砖引玉的作用，也希望今后有更多的学者和专家从多学科、多角度、多层次开展喀斯特适生植物的适生机制研究，开发出更有效的植物喀斯特适生性检测技术体系，为生态修复提供理论和技术支撑。

由于著者学术水平有限，时间仓促，不妥和疏漏之处在所难免，恳请读者不吝赐教！

著　者

2017 年 8 月 29 日

目　录

Contents

第 1 章　喀斯特适生植物的适生机制

Chapter 1　The adaptive mechanism of the karst-adaptable plants

【摘　要】　强烈的岩溶作用使得喀斯特土壤环境具有岩溶干旱、高 pH、高重碳酸盐、高钙镁、低营养的特征。喀斯特逆境具有高度的时空异质性。面临这些异质化喀斯特逆境，植物相应地在形态与解剖结构、生理生化以及分子水平上做出长期和(或)短期响应。减少水分丢失的叶片形态解剖特征与庞大的根系系统是喀斯特适生植物的主要形态特征。

喀斯特适生植物多样化的光合模式适应着异质化的喀斯特生境。植被演替初期，先锋植物以高光合-高水分利用率模式来应对土壤的岩溶干旱；具有抗干旱特征的藤刺植物以高光合-高气孔限制模式来应对喀斯特逆境；面对综合逆境，植物则以低光合-低蒸腾的模式来适应。

喀斯特适生植物进化出一套独特的机制来缓解元素的缺乏或不足对生长发育的影响，通过强化必需营养元素的选择吸收、提高离子吸收亲和力、降低离子吸收的最小浓度、平衡营养元素的化学计量关系来应对喀斯特逆境。

喀斯特适生植物以提高叶片碳酸酐酶活力来应对喀斯特逆境下气孔导度减小或关闭造成的水分和二氧化碳的不足。碳酸酐酶通过调控植物水分关系、光合无机碳同化和无机营养代谢来保证喀斯特适生植物在喀斯特逆境下的正常生长。

喀斯特逆境导致喀斯特地区物种多样性大大减少。喀斯特适生植物以个体形态结构、遗传、生理生态过程的多样性来弥补物种多样性的不足；以增加对碳酸氢根离子利用份额、调整光呼吸途径以及提高磷酸戊糖份额来应对喀斯特逆境。

喀斯特适生植物不仅以独特的根系形态结构，而且还以区隔化机制来适应高钙环境。喀斯特适生植物以增加根系有机酸的分泌，减少磷的提取成本来应对喀斯特环境高钙、高 pH 引起的营养不足。

生态系统的稳定性是生态系统健康发展的基础。喀斯特适生植物能够很好地调节生态系统中的水循环、碳循环和营养循环，增加生态系统的稳定性。开发利用喀斯特适生植物资源，将会加速喀斯特石漠化地区植被的恢复，提升森林资源经营管理水平，美化喀斯特景观，实现社会、经济和环境的可持续发展。

Abstract　The karstic environment is characterized by the karst drought, high pH, high contents of bicarbonate, calcium and magnesium, and low nutrition in the soil, owing to the intense karstification. Karst stresses have high temporal and spatial heterogeneity. Facing the heterogeneous karst stresses, the morphological and anatomical structure, physiological and biochemical and molecular levels in plants have long-term and short-term responses, correspondingly. The karst-adaptable plants exhibited the characteristics with reducing water loss in leaves and massive roots.

The diverse photosynthetic patterns in karst-adaptable plants adapted to the heterogeneous karstic habitat. At the early stage of vegetation succession, the pioneer plants dealt with the karst drought stress in the soil *via* high photosynthesis-high water utilization efficiency pattern. The rattan-thorns plants with drought-resistant characteristics dealt with the karstic adversity *via* high photosynthesis-great stomatal limitation pattern. However, the plants dealt with the comprehensive karstic adversity *via* low photosynthesis-small transpiration pattern.

The karst-adaptable plants have evolved a unique mechanism to alleviate the delayed growth and dysfunction owing to the deficiency or inadequate of nutrient elements. They had to deal with karstic adversity *via* strengthening the selective absorption on essential nutrient elements, enhancing the ion absorption affinity, reducing the minimum concentration of ions absorption, and balancing the stoichiometry among nutrient elements.

The karst-adaptable plants had to cope with the deficiency of water and carbon dioxide *via* increasing the foliar carbonic anhydrase activity, as the stomatal conductance decreased or the stoma closed under the karstic adversity. Carbonic anhydrase in the karst-adaptable plants can ensure normal growth through regulating water relations among plants and environment, photosynthetic inorganic carbon assimilation and inorganic nutrients metabolism in plants.

Karstic adversity greatly reduced the species diversity. The karst-adaptable plants had to compensate the diversity with individual morphological multiformity, genetic, and physiological diversity; they had to deal with karstic adversity *via* increasing the share of bicarbonate use, adjusting the photorespiration and improving the amount of pentose phosphate pathway.

The karst-adaptable plants had not only morphological adaptation, but also compartmentally mechanism in response to the environment, which was with high content of calcium in the karst soil. Meanwhile, the karst-adaptable plants had to increase the root-exuded organic acids and reduce the cost of extraction on phosphate from the soil by modifying the composition of root-exuded organic acids in response to the nutritional deficiencies induced from high pH and content of calcium in karst environment.

The stability of ecosystem is the foundation of the healthy development of ecosystem. The karst-adaptable plants can regulate the water, carbon and nutrient cycles, and increase the stability of ecosystem. The development and utilization of the karst-adaptable plant resources will accelerate the vegetation restoration of rocky desertification in karst area, improve the management of forest resources, beautify the karst landscape, and realize the sustainable development of society, economy and environment.

1.1 喀斯特典型土壤环境

喀斯特(karst)即岩溶，是水对可溶性岩石(碳酸盐岩、石膏、岩盐等)进行以化学溶蚀作用为主，以流水的冲蚀、潜蚀和崩塌等机械作用为辅的地质作用，以及由这些作用所产生的现象的总称(贾振远和李之琪，1989)。全球喀斯特分布面积近 2200 万 km^2，约占陆地面积的 15%，居住人口约十亿，主要集中在低纬度地区，包括中国西南、东南亚、中亚、地中海沿岸、北美东海岸、加勒比、南美西海岸和澳大利亚的边缘地区等。集中连片的喀斯特主要分布在欧洲南部、北美东部和中国西南地区。中国西南地区的喀斯特以其连续分布面积最大、发育类型最齐全、景观最秀丽和生态环境最脆弱而著称于世(王世杰，2003)。在以云贵高原为中心的滇、黔、桂、湘、粤、川、渝、鄂等省(自治区、直辖市)451 个县(市、区)的 107.14 万 km^2 地域范围内，碳酸盐岩分布面积达 45.08 万 km^2，占土地总面积的 42.08%(熊平生等，2010)。

1.1.1 碳酸盐岩和石灰土

碳酸盐岩(carbonate rocks)是由沉积形成的碳酸盐矿物(主要是方解石和白云石)组成的岩石的总称。主要为石灰岩(方解石＞50%)和白云岩(白云石＞50%)两类。碳酸盐岩的主要化学成分是 CaO、MgO、CO_2，其次是 SiO_2、TiO_2、Al_2O_3、FeO、Fe_2O_3 等。纯石灰岩中，CaO 占 56%，CO_2 占 44%；纯白云岩中，CaO 占 30.4%、MgO 占 21.7%、CO_2 占 47.9%。通过测定碳酸盐岩 $^{18}O/^{16}O$ 可以区分海相胶结物与陆相胶结物，判断古海水的温度以及区分生物成因和无机成因；通过 $^{13}C/^{12}C$ 来区分海水与淡水成因(刘宝珺和张锦泉，1992)。

碳酸盐矿物主要为文石(斜方晶系的 $CaCO_3$，不太稳定)、高镁方解石(三方晶系，含 $MgCO_3$ 11%～19%)、低镁方解石(三方晶系，含 $MgCO_3$ 2%～3%)和白云石($CaMg(CO_3)_2$，高度有序排列)。文石遇淡水作用生成方解石，而高镁方解石析出 Mg^{2+}也会变成方解石，因此，地质历史时期中石灰岩的主要碳酸盐矿物都是方解石。

碳酸盐岩由颗粒、泥、胶结物、生物骨架和晶粒五种结构组分组成，因此碳酸盐岩的主要结构为：粒屑结构、生物骨架结构、泥微晶结构、晶粒结构和各种残余结构。根据物质组成及来源，可将碳酸盐岩的矿物成分分为：①内源(盆地)——方解石、白云石、菱铁矿等；②外源(陆源碎屑)——碎屑、黏土矿物。

碳酸盐岩颜色主要有 3 大类：①浅色类：白色、灰白色、浅灰色等；②暗色类：灰色、深灰色、灰黑色、黑色、灰绿色等；③红色类：黄色、褐色、红色、紫红色等。决定碳酸盐岩颜色的主要因素：主要矿物和次要矿物的相对含量，颗粒、晶粒以及基质的粒度，色素离子、有机质和风化作用等。

碳酸盐岩和碳酸盐沉积物从前寒武纪到现在均有产出。碳酸盐岩主要分布在赤道两侧的南北纬 30°的范围内，洁净的浅海水域，动荡-弱动荡的沉积环境，生物和生物化学的产物，文石、高镁方解石和低镁方解石(冯增昭，1993)。沉积环境包括：①海洋：浅水沉积，深海软泥，深海浊流；②非海洋：湖泊碳酸盐，钙质层，钙质沙丘，钙质泉华，洞穴碳酸盐。碳酸盐岩分布面积很广，占沉积岩总量的20%，居第三位，在地壳中仅次于泥质岩和砂岩。在我国，沉积岩占全国总面积的75%，而碳酸盐岩占沉积岩覆盖面积的55%。

碳酸盐岩是自然界中重碳酸钙溶液发生过饱和，从水体中沉淀形成。现代和古代碳酸盐沉积主要分布于低纬度带无河流注入的清澈而温暖的浅海陆棚环境以及滨岸地区。这是因为碳酸盐过饱和沉淀需要排出 CO_2，海水温度升高和海水深度变小都有利于水中 CO_2 分压降低，促进重碳酸钙过饱和沉淀。另外，温暖浅海环境，生物发育，藻类光合作用均需要吸收 CO_2，也促进 $CaCO_3$ 的饱和和沉淀。底栖和浮游生物还通过生物化学和生物物理作用直接建造钙质骨骼，形成生物碳酸盐岩。机械作用在碳酸盐岩形成中占有重要位置。在浅海带中一经沉淀的碳酸盐沉积物就受到水动力带能量的改造、簸选和沉积分异，形成以机械作用为主的各种滩、坝颗粒碳酸盐沉积体。同时，波浪、潮汐流、风暴流搅动海盆地，促使海水中 CO_2 迅速释放，由新鲜的水流带来充分的养料，加速生物繁殖，因而使碳酸盐沉积。

在有陆源输入的浅海盆地，碳酸盐沉积受到排斥和干扰，形成不纯的泥质和砂质碳酸盐岩。在有障壁的潟湖和海湾，常常因海水中 Mg^{2+}浓度增加，形成高镁碳酸盐岩和白云岩。在大陆淡水环境，碳酸盐过饱和时常常形成各种结壳状碳酸盐岩——钙结岩。

碳酸盐岩成岩作用的主要类型：溶解作用、碳酸钙矿物的转化作用和重结晶作用、胶结作用、交代作用、压实及压溶作用。碳酸盐岩成岩作用平衡中的关键因素是孔隙水或孔隙溶液的成分。根据水的特征及其是否充满孔隙，可将碳酸盐的沉积后环境划分为五种基本类型：海水环境、大气-淡水环境、海水-淡水混合环境、埋藏环境和表生环境(曾允孚和夏文杰，1986)。

1.1.2 石灰土的形成及基本属性

土壤的形成与发育是长期的岩石风化过程和生物富集过程的结果。影响土壤形成的主要因素有母质、气候、地形、生物、时间等。碳酸盐岩以化学溶蚀作用为主，也包含冲蚀、潜蚀和崩塌等机械作用，在长期的气候、地形变化和生物活动的影响下，形成的土壤为石灰土。

石灰土(calcareous soil)主要是以方解石、文石为主的石灰岩，其次以白云石为主的白云岩为成土母岩，在坡度陡峭及高低起伏易于造成土壤侵蚀的地形下，受生物作用影响，经过一定的时间而形成的土壤。石灰土一般土层瘠薄，土层厚度与碳酸盐中所含的酸不溶物含量关系密切，连续的碳酸盐岩酸不溶物含量低，不纯的碳酸盐岩中则存在大量的酸不溶物，因而成土速率比纯碳酸盐岩快，形成的土层较厚(蒋树芳等，2004)。对茂兰喀斯特森林区成土母岩的全量化学分析表明，碳酸盐类岩石形成的土粒的主要成分 SiO_2、Al_2O_3 和 Fe_2O_3 的含量是极低的，石灰岩仅占 1.52%，白云岩也只有 2.02%，而含量极高的 CaO、MgO 以及 CO_2，则在岩石的化学溶蚀过程中形成易溶性的碳酸钙、碳酸镁随水流失(周政贤，1987)。总的来说，碳酸盐成土速率极慢，形成 1m 厚的土层需要 250～7880ka(曹建华等，2003)。

1.1.3　石灰土的酸碱特征

石灰土具有高钙镁离子、高碳酸氢根离子和高 pH 等特征。原因是碳酸钙或碳酸镁弱酸性水溶液发生了水解反应：$CaCO_3+H_2O+CO_2 \rightleftharpoons Ca^{2+}+2HCO_3^-$，$MgCO_3+H_2O+CO_2 \rightleftharpoons Mg^{2+}+2HCO_3^-$，$CaMg(CO_3)_2$ 被溶蚀，释放出 Ca^{2+}、Mg^{2+}、HCO_3^-，土壤水溶液呈弱碱性。从对喀斯特土壤 pH 的诸多调查来看，土壤 pH 变动范围为 6.18～7.98，地表径流 pH 变动范围为 6.94～8.36，而这些值的变动范围通常与植被演替阶段、地形、季节、土地利用方式等因素有关(Zhao et al.，2015a；刘方等，2006；刘艳等，2014；盛茂银等，2015)。

1.1.4　石灰土的持水特征

土壤的持水能力与土壤水分状况、土壤水力特征及土壤水分库容紧密相关。土壤水分状况主要与土壤孔隙度有关，而水分库容是土壤水分含量与土层厚度综合作用的结果。能够影响到土壤孔隙状况的土壤性质指标对土壤水分特性有明显的影响(黄昌勇，2000)。表 1.1 表示的是水稻土、黄红壤与喀斯特石灰土的土壤基本性质差异。从表 1.1 中可以看出，与水稻土和黄红壤相比，喀斯特地区石灰土具有以下明显的特征：土层薄、粗粒化、孔隙度大、容重小、饱和导水率高、pH 值高等。这些特征导致了喀斯特地区石灰土持水能力弱，加上土壤空隙分布特征，也导致了喀斯特地区石灰土对水、肥、气、热等肥力因素的容蓄、保持和释供能力的降低。

表 1.1　水稻土、黄红壤与石灰土的土壤基本性质(张勇等，2011；李孝良等，2008)

Table 1.1　Soil properties of paddy soils, red-yellow soils and limestone soils (Zhang et al., 2011; Li et al., 2008)

土壤	层次/cm	饱和导水率/10^{-4} $cm \cdot s^{-1}$	容重/$g \cdot cm^{-2}$	pH	孔隙度/%	机械组成/($g \cdot kg^{-1}$)		
						＞0.02mm	0.02～0.002mm	＜0.002mm
水稻土(壤质黏土)	0～14	7.0	1.21	7.0	54.3	337.4	386.2	276.4
	14～33	1.3	1.47	7.2	44.5	278.6	389.6	328.8
水稻土(黏壤土)	33～59	1.6	1.52	7.5	42.6	158.7	391.8	449.5
	59～90	8.6	1.56	7.3	41.1	95.2	472.0	432.8
黑色石灰土(普定)	0～8	41.8	0.94	7.6	64.5	457.8	339.7	202.5
	8～32	20.4	1.06	7.5	60.0	220.0	368.6	411.4
棕色石灰土(普定)	0～20	27.2	1.13	6.7	57.3	183.3	505.0	311.7
	20～40	20.1	1.35	7.8	49.1	247.8	479.0	273.2
	40～60	17.0	1.51	7.8	43.0	235.1	480.5	284.4
黑色石灰土(荔波)	0～12	50.8	0.63	7.5	76.3	495.7	360.4	143.9
	12～24	22.5	0.99	7.6	62.8	299.9	402.7	297.4
	24～50	19.8	1.14	7.8	56.9	208.2	435.6	356.2

续表

土壤	层次/cm	饱和导水率/10^{-4} $cm \cdot s^{-1}$	容重/$g \cdot cm^{-2}$	pH	孔隙度/%	机械组成/($g \cdot kg^{-1}$)		
						>0.02mm	0.02～0.002mm	<0.002mm
黄红壤(荔波)	0～12	30.1	1.03	4.7	61.0	96.7	390.9	512.4
	12～39	3.1	1.30	5.2	51.0	126.0	377.7	496.3
	39～70	0.3	1.31	7.4	50.6	62.1	227.2	710.7

表 1.2 表示的是水稻土、黄红壤与喀斯特石灰土的土壤水分库容特征。从表 1.2 中可以看出，与水稻土和黄红壤相比，喀斯特石灰土除了极浅薄的土壤(如普定黑色石灰土)外，在总库容、贮水库容、有效水库容方面并不显示出水分库容的劣势，只是在通透库容占比方面，喀斯特石灰土有着较高的占比，这与石灰土总孔隙度低、非毛细管孔隙度和通气孔隙度较高有关，表明石灰土水分渗漏要快于水稻土。但是对于土层浅薄的石灰土(如普定黑色石灰土)来说，土壤水分总库容、贮水库容和有效水库容都极小，说明这种土壤水分蓄持能力较弱；土壤水分蓄持能力弱和通透性强是喀斯特地区极容易发生岩溶干旱的主要原因(赵中秋等，2006)。另外，这种土层浅薄石灰土的通透库容也较小，当降雨强度稍大时就饱和，很容易造成洪涝灾害(范新瑞等，2009)。

表 1.2　水稻土、黄红壤与石灰土的土壤水库容特征(张勇等，2011；李孝良等，2008)

Table 1.2　Soil water storage characteristics of paddy soils, red-yellow soils and calcareous soils (Zhang et al., 2011; Li et al., 2008)

土壤	层次/cm	总库容/cm	通透库容/cm	贮水库容/cm	无效水库容/cm	有效水库容/cm	有效水库容占贮水库容/%	通透库容占总库容/%
水稻土(壤质黏土)	0～14	91.5	20.5	71.0	49.0	22.0	30.1	22.4
	14～33	115.1	40.8	74.3	53.7	20.6	27.7	35.4
水稻土(黏壤土)	33～59	147.0	78.2	68.8	44.1	24.7	35.9	53.2
	59～90	171.2	104.2	67.0	43.2	23.8	35.5	60.9
黑色石灰土(普定)	0～8	52.6	24.0	27.7	12.4	15.2	55.1	46.4
	8～32	144.1	50.3	93.8	44.5	49.3	52.6	34.9
棕色石灰土(普定)	0～20	114.6	53.6	61.0	24.1	36.9	60.5	46.8
	20～40	98.3	33.0	65.3	28.7	36.6	56.0	33.6
	40～60	85.9	15.3	70.7	30.2	40.5	57.3	17.8
黑色石灰土(荔波)	0～12	91.5	48.7	42.9	11.5	31.4	73.3	53.2
	12～24	75.4	25.3	50.1	14.3	35.8	71.5	33.5
	24～50	148.0	59.4	88.6	27.3	61.4	69.2	40.1
黄红壤(荔波)	0～12	73.2	31.6	41.7	8.8	32.9	78.9	43.1
	12～39	137.7	39.3	98.5	21.4	77.1	78.2	28.5
	39～70	157.0	3.6	153.4	44.2	109.2	71.2	2.3

1.1.5 石灰土的养分特征

岩溶区富钙偏碱的地球化学背景使土壤中的元素有效态含量较低，南方岩溶区强烈的岩溶作用，不但使岩石和土壤中可溶性的 Ca、Mg、Na、K 大量溶解于水中，而且某些难溶元素，如 Si、Al、Fe、Mn 等在岩溶水和土壤水中也有一定的离子含量(蒋忠诚，2000)。杨小忠和邓子凤(2001)研究认为西南岩溶山区土壤类型复杂，幼年土壤所占比重大，并且土体浅薄、质地黏重，结构性差、通气透水能力弱，耕性不良，且土壤中有机质、全氮、全磷、碱解氮、有效磷、缓效钾、速效钾处于中低水平(全国土壤普查肥力分级标准)，土壤养分处于贫瘠状态。而刘方等(2006)研究表明从灌丛草地向灌木林地再到阔叶林地演替过程中，土壤养分(有机质、全氮、全钾、有效磷含量)和土壤毛管孔度出现上升趋势，黏粒百分比则呈现下降趋势，表现为土壤养分能力和土壤通透性增强。张忠华等(2011)认为喀斯特地形因子是造成土壤养分空间变异的重要因素，土壤全钾、全磷、有效磷等随着海拔的增加和岩石裸露率的降低而逐渐减少，土壤有机质则随着海拔高度的增加而趋于增加。而非地带性的石灰土中含有大量的钙镁离子，能与土壤有机质形成较稳定的腐殖质钙，因此往往具有较丰富的土壤有机碳(刘从强等，2009)。此外，同一研究区域的根际土与非根际土因为受到土壤类型、质地、水热条件、生物活动的影响，而表现出不同的土壤元素含量特征(罗绪强等，2014a)。可见，不同喀斯特土壤环境的时空异质性，导致土壤养分变异，但并非都处于贫瘠状态。

钙镁元素在石灰土中的大量富集，是石灰土的典型特征，也会对植物生长产生重大影响。首先，钙镁元素是植物必需的大量元素，能起到调控植物生理代谢活动的作用。钙具有维持细胞膜的稳定性，可形成参与代谢过程的钙调蛋白，并构成细胞壁等功能。镁在植物光合作用和呼吸作用中起到活化多种酶、DNA 和 RNA 的合成的作用，是叶绿素的重要组成成分之一(潘瑞炽，2008)。其次，钙元素与有机质能形成较稳定的腐殖酸钙，将有机质保存下来，缓释养分。然而，过量的钙、镁元素也会影响植物生长代谢，甚至成为一种胁迫。

1.1.6 钙镁元素在碳酸盐岩—石灰土—植物中的迁移特征

喀斯特生境的成土母质主要为石灰岩和白云岩。石灰岩和白云岩风化的土壤为石灰土。这种土壤受淋溶作用强烈，层次分化不明显，土层浅薄，铁、铝含量低，脱硅富铝作用极弱，甚至没有。许多学者对碳酸盐岩—石灰土的元素迁移进行了研究(蒋忠诚，1999；邓艳等，2006；刘从强等，2009)。结果表明，在岩溶作用下，钙镁元素在碳酸盐岩—石灰土中的迁移较快，并随着岩溶作用强度的增加而加速。表 1.3 表示的是不同化学元素在不同基岩—土壤中的分布特征。从表 1.3 中可以看出，对于石灰岩来说，Si、Al、Fe 在土壤中强烈地富集，而 Ca 在土壤中亏缺，Mg 却在土壤中中度富集；对于白云岩来说，同样为 Si、Al、Fe 在土壤中强烈地富集，而 Ca 在土壤中处于高度亏缺状态；而对于非碳酸盐岩的紫色砂岩来说，Al、Fe 处于富集状态。碳酸盐岩风化土壤所具有的 Ca、Mg 亏缺与 Si 富集特征一方面是由碳酸盐岩的风化特征所决定的，这一点可以从风化作用早期半风化带中碳酸盐岩酸不溶物的矿物组成基本上与上覆土层中的矿物一致以及碳酸盐岩上覆土层与基岩具有继承性的演化关系中可以看出(王世杰等，1999，2002；孙承兴等，2002)；另一方面与土壤自身的演化和上覆植物的元素吸收有关(王世杰等，1999；刘丛强等，2009)。

表 1.3 不同化学元素在基岩—土壤中的分布特征(刘丛强等，2009)

Table 1.3 Distribution characteristics of different chemical elements in bedrock and soil (Liu et al., 2009)

基岩	岩石土壤类型	深度/cm	pH	质量分数/%											
				SiO_2	TiO_2	Al_2O_3	Fe_2O_3	MnO	MgO	CaO	Na_2O	K_2O	P_2O_5	LOI[1]	CO_2
石灰岩	石灰岩	52		2.70	0.47	0.16	0.16	0.05	0.37	53.60	0.07	0.05	0.30	0.15	41.75
	石灰土	33	6.38	53.66	1.50	20.87	6.46	0.11	0.93	1.65	0.15	0.32	0.40	13.66	0.10
		9	6.03	50.31	1.63	17.30	5.51	0.12	0.85	1.42	0.13	0.35	0.39	21.55	
白云岩	白云岩	72		2.09	0.87	0.16	0.17	0.01	20.84	32.18	0.11	0.01	0.21	0.20	43.10
	石灰土	58	6.68	53.58	1.80	22.25	6.95	0.24	1.46	1.06	0.16	0.80	0.37	11.20	
		27	6.76	52.03	1.70	22.52	7.34	0.23	1.37	0.69	0.23	0.79	0.46	12.50	
		9	6.79	41.22	1.40	15.65	5.28	0.24	4.76	6.88	0.19	0.48	0.41	22.63	5.00
紫色砂岩	沙岩	82		89.40	0.80	5.77	1.46	0.04	0.09	0.15	0.01	0.26	0.25	1.59	
	紫色土	71	3.71	57.96	1.27	23.62	5.46	0.04	0.24	0.21	0.20	0.40	0.37	9.91	
		39	3.73	56.77	1.27	23.89	5.80	0.10	0.24	0.20	0.41	0.22	0.37	10.39	
		11	3.75	63.83	1.03	17.85	5.70	0.03	0.30	0.31	0.16	0.42	0.27	9.62	

注：1) 烧失量(loss of ignition，LOI)代表有机质和含水矿物的含水量。

生物的富集作用也影响土壤元素的地球化学特征，生长在石灰土上的植物同样也影响元素在碳酸盐岩—石灰土—植物间的迁移。土壤与植物之间的元素迁移关系可以用植物对土壤元素的吸收系数来定量表达，而植物对土壤元素的吸收系数可定义为植物元素含量和生长地土壤表层相应元素含量的百分比。

表 1.4 比较了植物对石灰土和非石灰土中的元素吸收系数的差异。从表 1.4 中可以看出，Si、Fe 是少富集元素，除了少数植物外，大多数植物对它们的吸收系数都小于 5%；P、K、Ca、Mg 是高度富集元素，虽然表 1.4 中显示的一些植物对这些元素的吸收系数小于 100%，但若从元素的生物有效性考虑，植物对这些元素有效态的吸收系数远大于 100%，表明这些元素是从土壤向植物高度富集的。另外，石灰土上生长的植物对钙的富集作用明显小于黄壤和红壤，有些土壤上植物对钙的吸收系数甚至小于 20%，这说明喀斯特地区土壤中的高钙对某些植物可能具有一定的毒害作用。从碳酸盐岩—石灰土—植物系统来看，碳酸盐岩是 Ca、Mg 的库，而植物是 Ca、Mg 的汇，但对于 Fe 和 Si 来说，土壤是库。

表 1.4　植物对石灰土和非石灰土中的元素吸收系数[1)]

Table 1.4　Plant uptake coefficient of elements in calcareous soils and non-calcareous soils

土壤类型	植物类型	吸收系数/%							参考文献
		SiO_2	Fe_2O_3	MnO	MgO	CaO	K_2O	P_2O_5	
石灰土	12 种代表性植物	n.d.	0.4	7.2	88.5	72.8	308.2	90.2	杨成等，2007
黄壤	5 种代表性植物	n.d.	0.4	25.4	379.6	873.2	320.1	119.6	
石灰土	铁线蕨	n.d.	29.2	30.9	62.7	28.9	215.8	272.7	李秀珍等，2000
石灰土	火棘	n.d.	0.4	3.1	20.0	106.7	86.2	130.8	
石灰土	青冈栎	n.d.	0.7	50.5	16.4	151.8	97.5	218.2	
石灰土	马尾松	n.d.	1.1	84.2	66.7	92.9	95.3	118.5	
石灰土	青冈栎等	0.6	0.6	n.d.	12.2	n.d.	58.1	357.0	郑颖吾，1999
石灰土	青冈栎等	1.8	1.1	n.d.	10.8	n.d.	70.1	158.8	
硅质土	乌冈栎等	0.1	1.6	n.d.	56.5	n.d.	12.9	374.8	
石灰土	大叶伞等	1.6	7.0	n.d.	51.2	65.6	253.3	121.0	张明等，1987
石灰土	直角荚莲蕨、竹等	6.3	0.4	n.d.	15.3	17.0	631.3	646.0	
石灰土	野桂花、新木姜等	2.1	0.6	n.d.	35.7	123.2	135.3	211.8	
红壤	杨梅、铁芒萁等	1.0	0.6	n.d.	57.9	278.9	137.5	828.2	
红壤	阔叶林	1.6	0.3	448.7	65.6	289.1	56.7	362.0	龚子同等，1985
红壤	针叶林	0.4	0.3	767.6	51.2	382.9	50.4	187.0	

注：1) 植物元素吸收系数＝植物体内元素含量÷土壤中元素含量×100%。

Note: 1) Elements absorption coefficient of plant = elements content in plant ÷ elements content in soil × 100%.

1.2　喀斯特适生植物的形态特征

大部分陆生植物是不可自由移动的生物体，面对环境因素的限制，它们不得不采取多种策略去应对。由于强烈的岩溶作用，使得喀斯特土壤环境具有岩溶干旱、高 pH、高重碳酸盐、高钙镁、低营养的特征，这些特征中岩溶干旱是植物所面临的最普遍和最具伤害性的环境胁迫之一(Aroca，2012)。喀斯特逆境具有典型的间歇性特征，在时空上的分布具有差异性(陈洪松等，2013)。喀斯特适生植物对逆境胁迫的响应水平是多样的，比如形态与解剖结构响应，生理生化响应以及分子水平响应等。植物对逆境的响应分为长期响应和短期响应两类。长期响应的表现为：地上部分生长受抑制，光合作用下调，叶片蒸腾面积减少、基因表达、代谢调整、渗透势调节，根部膨压维持、根部生长持续、根冠比增加、根部吸收面积增加等；短时间内的响应包括叶片对根部信号识别、气孔关闭、碳代谢降低、多种胁迫感知、叶片基因表达、顶端生长受抑制、导水率改变、吸收运输过程变化、根部基因表达、细胞干旱信号、渗透势调节等(Bray，1997；Chaves et al.，2003)。

1.2.1 叶片形态及解剖学特征

叶片是植物进行光合作用的主要器官，在碳代谢、水分利用关系、能量平衡方面起着极其重要的作用。叶片在长期的进化过程中，发展和形成了一些特殊的形态结构，或用于适应环境变化，或用于自身生存策略，抑或用于繁衍后代(Malinowski，2013)。不同生境下的植物，在外形和解剖结构上都有很大的变异。叶片的形态特征主要包括外部或内部的形状与结构。植物叶片处在不同的小生境中，受到地形海拔、光照强度、空气温度、空气湿度、土壤水分、紫外线、病虫害、草食动物等生物或非生物因素的影响，直接或间接地调控叶片的尺寸大小、气孔开度、组织细胞结构、比表面积、生物量等(Ackerly et al.，2002；Sessa and Givnish，2014)。岩溶干旱、高 pH 及高重碳酸盐、低营养等逆境对叶片的形态结构有着显著的影响，喀斯特适生植物叶片因此也具有特殊的形态结构来适应喀斯特逆境。

1.2.1.1 植物叶片形态结构对岩溶干旱的响应

岩溶干旱与普通干旱具有共同的特征，即土壤水分不足以满足植物生长发育的需要，区别在于，岩溶干旱具有随机性。因此，植物对干旱的响应机制也适用对岩溶干旱的响应机制。

植物叶片对于干旱的响应行为多种多样。干旱不仅影响气孔数量、开闭，而且还影响输导组织叶脉分布、数量和大小，此外还影响膜上水通道蛋白分布和叶片水力导度。为了抵御干旱，植物必须修饰和改造叶片的解剖结构使叶片水分丢失最小(Burghardt and Riederer，2003；Aroca，2012)，形态建成和功能最经济(Blonder et al.，2011；Osnas et al.，2013)。

叶片解剖结构常用指标包括：栅栏组织厚度，海绵组织厚度，上表皮、下表皮、叶片厚度，栅栏/叶厚，海绵/叶厚，角质层厚度，叶肉细胞面积，叶肉细胞体积，中脉厚度，气孔密度，气孔长，气孔宽，气孔长宽比等(Wang et al.，2013)。赵雪艳和汪诗平(2009)对内蒙古典型草原叶片的解剖结构研究表明，植物角质层厚度随放牧率的增加而增加，其中植物角质层厚度、表皮细胞面积、叶片厚度和中脉厚度是植物对放牧响应最为敏感的指标。容丽等(2008，2009)分别比较耐旱植物与非抗旱植物以及 13 种杜鹃属植物的叶片解剖结构发现，叶片不同解剖性状在种、种群间的变化不同步，其中叶片的厚度、角质层厚度、栅栏组织厚度、海绵组织厚度、中脉厚度、栅栏组织/海绵组织厚度比以及第 1 层上表皮细胞长宽比几项解剖特征变异幅度大于 50%，显示这些性状更易受环境饰变，是生态适应性状；而气孔密度、气孔长宽比等性状差异小，属于相对稳定的系统演替性状。众多研究表明：叶小而厚，气孔下陷，表皮密生被毛，栅栏组织发达，栅栏组织/海绵组织厚度比大，角质层及上皮层厚，叶肉细胞小而排列紧密等都是抗旱性强的标志(Kavar et al.，2007；Farooq et al.，2009；Edwards and Mohamed，1973)。

星蕨(*Microsorum punctatum*)是石生植物，似薄唇蕨(*Leptochilus decurrens*)生长在土壤上，它们均生长在云南省西南的石灰或山地森林(海拔 500～900m)内。Wang 等(2013)

比较了这两种蕨类的叶片解剖结构发现，无论是气孔宽度、气孔面积，还是叶片厚度、叶肉厚度、细胞壁厚度、角质层厚度、单位面积叶片质量以及肉质化程度等指标，星蕨都显著大于似薄唇蕨，而气孔密度则是似薄唇蕨大于星蕨。石生蕨类星蕨明显具有抗干旱特征，叶片解剖结构适应于岩溶干旱环境。

单位面积叶片质量大、叶比面积高，植物叶片越能够保持较稳定的水分平衡(Bucci et al.，2004)。生长于热带环境的种群叶片趋向于常绿、全缘，叶片长宽比高，呈狭长形；而温带环境下的叶片则趋向于落叶、锯齿状，叶片长宽比低，呈圆形或椭圆形(Schmerler et al.，2012)。Fu 等(2012)比较了常绿植物和落叶植物的叶片结构，结果发现，与落叶植物相比，常绿植物有着较大的水力导度、较大的密度、较大的叶比面积和厚度，表明常绿植物叶片具有较好的抗旱性，而落叶植物则是以避旱的方式来应对干旱逆境。

叶片大小与叶脉结构具有很好的相关性；小的叶片具有较高的主脉密度，缺水可引起叶片水力导度下降，导致木质部栓塞；较高的主脉密度具有较强的水分替补功能，降低了缺水对叶脉的栓塞概率，有利于水分在干旱逆境下的传输(Scoffoni et al.，2011)。水力导度与水流所经过的横截面面积成反比，叶脉的水力导度与脉管直径和细胞内腔直径呈显著负相关，因此，在水分不足的条件下，植物还可以通过增加叶脉管壁细胞壁厚度，减少细胞内腔直径来提高水分传输效率，维持水分在叶脉管壁内运输传导的能力(Jordan et al.，2013；Blonder et al.，2011)。

叶片的几何构型中，叶倾角也是一个重要的抗旱指标，它对水分亏缺比较敏感，不同植物的叶倾角和柔韧性对干旱的响应不同。叶倾角是指叶片的方向与水平轴线之间的夹角，直接调控叶片冠层获取太阳辐射，因此会影响到叶片气体交换、光合作用等(Gonzalez-Rodriguez et al.，2016)。Gratani 和 Bombelli(2000)通过研究常绿植物百瑞木(*Cistus incanus*)和抗旱的半落叶植物冬青栎(*Quercus ilex*)和欧洲宽叶女贞(*Phillyrea latifoila*)的叶片解剖结构、叶倾角和无机碳同化之间的关系发现，与百瑞木相比，冬青栎和欧洲宽叶女贞具有较大的叶倾角，同时也伴随着其他的抗干旱叶片解剖特征，如叶片层、角质层、栅栏组织和海绵组织较厚、栅栏细胞和海绵细胞密度较大等；另外三种植物栅栏细胞的层数也明显不同，冬青栎、欧洲宽叶女贞和百瑞木分别为 3、2、1 层，表明冬青栎和欧洲宽叶女贞具有较好的抗旱能力，其中冬青栎抗旱能力最强。葛永罡和王世杰(2008)通过比较了石漠化区域与非石漠化区域的植物叶片解剖结构发现，与非石漠化区域相比，生长在具有岩溶干旱的石漠化区域的植物叶片的角质层厚，栅栏组织发达，栅栏组织/海绵组织厚度比大，表现出了适应干旱的特征。

叶片被毛、蜡质和藤刺等叶片附属性状也是植物抗旱性的重要特征，密生的被毛和蜡质化能增加光的反射，减少水分损失，因此，密生被毛和蜡质化的叶片能降低叶片温度和叶片的蒸腾作用，表现出较强的抗干旱特征(Sandquist and Ehleringer，2003)。叶片卷曲也是草本植物适应干旱的特征，植物遭遇干旱时，叶片上表皮的泡状细胞或特化的叶肉细胞失去膨压导致叶片卷曲，减少水分的散失(Shields，1950；Aroca，2012)。

不同植物的形态解剖对岩溶干旱具有不同的响应策略。韦小丽(2005)以 10 种喀斯特常见的阔叶乔木树种为材料，测定了 13 种叶形态解剖指标，将它们作为变量进行主成分分析，发现第 1、2、3、4 主成分的贡献率分别为 36.1%、24.2%、17.5%和 11.2%，累积贡

献率为 89%。第 1 主成分上负荷量较大的指标是一些叶片外部形态特征，它们依次为叶片宽度、侧脉间距、叶片长度、叶片厚度，第 2 主成分上负荷量较大的是一些反映叶片散失水分的能力和保水能力的指标，它们依次为硬叶指数、表面发育特征和气孔密度。根据主成分分析的结果，将 10 个树种划分成 3 种生态适应类型。类型 I 包括 5 个树种，它们是青檀(*Pteroceltis tatarinowii*)、翅荚香槐(*Cladrastis platycarpa*)、榔榆(*Ulmus parvifolia*)、化香(*Platycarya strobilacea*)和黄连木(*Pistacia chinensis*)，这种类型的特征是叶片较小、薄，角质层薄，含水量低，其他指标居中，表明该类型叶片贮水、保水和水分散失能力均属中等水平；类型 II 包括 3 个树种，它们是香椿(*Toona sinensis*)、朴树(*Celtis sinensis*)和杜仲(*Eucommia ulmoides*)，这种类型的特征是一方面叶型大、侧脉间距大、侧脉密度小，气孔密度大，表明其水分散失能力大，另一方面叶片厚，角质层厚度大，表明其保水能力强，再者栅栏组织发达，栅/海厚度比值高，肉质化程度和表面发育特征等居中，表明其具有较高的贮水能力；类型III包括 2 个树种，它们是皂荚(*Gleditsia sinensis*)和白榆(*Ulmus pumila*)，这种类型的特征是叶片小而厚，侧脉密度大、间距小，角质层厚，气孔密度小，肉质化程度高，表明其保、贮水能力强，水分散失小，有较强的维持水分平衡的能力。这三种不同类型的叶片在水分散失能力、保水和贮水能力方面的不同组合，体现了喀斯特适生植物对环境适应的多样性。董蕾等(2011)通过比较喀斯特生境中不同生活型植物的叶片解剖结构发现，不同植物因其有不同的解剖特征，响应岩溶干旱的方式不同；草本植物石上莲(*Oreocharis benthamii* var. *reticulata*)除了用较多的栅栏组织层来保持水分外，还用叶片卷曲的方式来响应岩溶干旱，这样一方面将靠近上表皮的栅栏组织保护起来，另一方面厚的表皮毛也可起到隔水隔热的作用，同时，较长的气孔纵径经卷曲后可达到只降低蒸腾而不影响气体交换的目的；常绿植物桂花(*Osmanthus fragrans*)，以保卫细胞长度小、气孔密度高、角质层较厚的方式来维持岩溶干旱时的水分平衡；常绿植物竹叶椒(*Zanthoxylun armatum*)以角质层厚、角质层占比大来保持水分，减少蒸腾失水；落叶植物红背山麻杆(*Alchornea trewioides*)以落叶的避旱方式来抵御喀斯特地区的长期干旱，以厚叶片、高栅栏组织/海绵组织厚度比来抵御短时干旱；而单子叶植物单枝竹(*Monocladus saxatilis*)虽然其气孔较小，但气孔密度高且上下表皮均有气孔能使其在岩溶干旱时维持水分平衡。

同一生境下，不同的植物因其解剖结构的差异，对干旱的适应程度不同，占领的生态位也不同。容丽等(2005)对喀斯特山区先锋植物叶片解剖特征进行研究发现，花江喀斯特峡谷区 10 种先锋植物，根据叶片结构适应分化程度的差异，可分成三类；类型 I 包括 4 个树种，它们是构树(*Broussonetia papyrifera*)、刺槐(*Robinia pseudoacacia*)、火棘(*Pyracantha fortuneana*)和白三叶(*Trifolium repens*)，为适应干燥的生境或较强的光照的旱生或阳生叶类型，它们的解剖特征是栅栏组织发达，海绵组织排列紧密，细胞间隙小，具有发达的表皮毛或较厚的角质层；类型 II 包括 5 个树种，它们是顶坛花椒(*Zanthoxylum planispinum* var. *dingtanensis*)、香椿(*Toona sinensis*)、黔滇木蓝(*Indigofera esquirolii*)、忍冬(*Lonicera japonica*)和紫云英(*Astragalus sinicus*)，为偏中生叶类型，它们的解剖特征是栅栏组织排列紧密，栅栏细胞长柱形，胞间隙小，具较厚的表皮毛，但海绵组织疏松，胞间隙大；类型III包括 1 个树种，它是繁缕(*Stellaria media*)，适应于较弱光照的偏阴生叶类型，其解剖特征是叶肉组织疏松，角质膜和栅栏组织不发达，胞间隙大，很少表皮毛覆

盖等。

此外，四碳(C_4)植物也由于具有特异的结构将二氧化碳吸收和同化区隔开，而表现出较强的抗干旱能力。C_4 植物叶片在维管束周围有两种不同类型的细胞：靠近维管束的内层细胞称为鞘细胞，围绕着鞘细胞的外层细胞是叶肉细胞。由叶肉细胞和维管束鞘细胞整齐排列的双环结构，被形象地称为“花环形”结构。在叶肉细胞的叶绿体内发生羧化作用形成四碳物质，四碳物质进入维管束鞘细胞的叶绿体中脱羧释放 CO_2，随后进入 C_3 循环完成二氧化碳的固定。

1.2.1.2　植物叶片形态结构对低营养的响应

植物遭受低营养胁迫，常出现元素缺乏症，其中叶片对缺乏症最为敏感。不同元素的缺乏，使植物叶片产生的缺素症状明显不同(Clarkson and Hanson，1980)。缺氮表现为基部老叶变黄，叶尖干枯，叶小质薄；缺磷表现为基部叶片暗绿、深褐色或紫红色，尤其叶鞘部紫色很明显，从叶尖向基部扩展；缺钾表现为老叶边缘黄化、焦枯、碎裂，脉间出现坏死斑点，整个叶片有时呈杯卷状或皱缩；缺铁表现为下部叶色绿，上部叶脉间失绿，呈清晰的网纹状，严重时整个叶片，尤其是幼叶，呈淡黄色，甚至发白；缺硼表现为茎叶变硬易折，幼叶畸形、皱缩，叶脉间不规则退绿；缺锌表现为叶小簇生，叶面两侧出现斑点，如果树的小叶病，玉米的花白苗等；缺锰表现为脉间出现小坏死斑点，叶脉出现深绿色条纹呈肋骨状，苗期新叶柔软下披，新叶叶肉条纹状失绿；缺铜则表现为新生叶失绿，叶尖发白卷曲呈纸捻状，叶片出现坏死斑点，进而枯萎死亡。Trubat 等(2006)研究了氮、磷缺乏对乳香树植物形态的响应，结果表明，氮、磷缺乏显著地降低叶面积和叶片数目；对叶比面积的影响，缺氮和缺磷显著不同，缺磷显著减少叶比面积，缺氮则没有显著影响。

1.2.1.3　植物叶片形态结构对高 pH 及高重碳酸盐的响应

高 pH 及高重碳酸盐对植物的影响最重要的机制是高 pH 及高重碳酸盐引起的缺铁症。这种缺铁症在植物叶片形态结构上的表现为：叶片数量、叶面积减少，幼叶变黄(Msilini et al.，2009)，叶片失绿，叶绿素含量降低等(Ksouri et al.，2005；M'sehli et al.，2009)。

高 pH 通过降低土壤营养元素如磷、铁、锌、锰等的有效性，造成这些元素缺乏来影响叶片的结构和功能。Kerley(2000)比较了白羽扇豆在酸性(pH 5.3～5.4)和碱性土壤(pH 7.4～7.8)上的植株的叶绿素含量的差异，发现碱性土壤上的植株具有缺绿症，叶绿素含量明显小于酸性土壤上的植株叶片。

1.2.2　根、茎形态结构及株型

植物形态建成主要受遗传、农艺技术、环境等因素的影响。株型是植物形态建成的表现形式，株型影响冠层光的分布、气体交换以及水分和营养的获取，最终影响植物的生产力。株型也是植物环境与功能动态相适应的统一体(Vos et al.，2009；DeJong et al.，2011)。

1.2.2.1 根、茎形态结构及株型对岩溶干旱的响应

1. 根的生长及根部形态特征对岩溶干旱的响应

根几乎是植物从土壤获取养分和水分唯一的途径。为了获取更多的营养和水分，植物将地上部分合成的产物转移到根系，即通常把较大比例生物量投资到根系系统，用于增加新根和分泌有机酸等(Farooq et al.，2009)。 因此，根的生长、根的密度和分布、根型等指标成为植物对逆境最关键的响应元件(Kavar et al.，2007)。

根也是适应岩溶干旱的重要器官。庞大的根系统是植物适应干旱的重要塑型。根系生物量、根系分布以及根型都影响着干旱条件下的植物生产力；根系直径大、根幅宽、根系深和厚密是一些作物如小麦、水稻、茶、大蒜、棉花等抗干旱能力的有效指标(Miralles et al.，1997；Nguyen et al.，1997；Uga et al.，2013)，选择深广根系的大豆用于干旱地区的生产可以显著地提高大豆产量(Subbarao et al.，1995)。

植物为了最大获取水分和养分、尽可能降低成本，根型发生适应性变化，这种根型动态变化可以作为植物在利用有限资源的一种策略(Renton and Poot，2014)。根系的向水性是陆生植物适应土壤干旱的重要机制(金明现和王天铎，1996)；具有特殊的根结构深层根系可以使植物获取岩土界面的水分。石灰土上的优势植物青冈栎根系，在干旱条件下生长速度快，仅4 个月就可以穿过 50cm 厚的岩石缝隙获取裂隙水分(张中峰等，2012)。喀斯特适生木本植物大都可见庞大的根系统，这种庞大的根系统穿过裂隙到达岩土层，吸取岩石裂隙水分以及深层岩土储存的水分和营养，维持这种深根系木本植物的生存(张信宝等，2003)。

黄褐毛忍冬(*Lonicera fulvotomentosa*)为忍冬科多年生半常绿缠绕木质藤本植物，又名金银花，为喀斯特适生植物。黄丽华等(2010)对黄褐毛忍冬根系形态解剖结构进行研究发现，黄褐毛忍冬主根发达，具有极强的穿透能力，能穿过岩石裂隙生长，到达一定长度后，从根颈处长出较粗的侧根，根毛密集，网状；根外围发育有较厚的周皮，在维管组织中次生木质部发达，次生韧皮部占比较小。黄褐毛忍冬根系的这种形态解剖特征，为它利用深层岩土储存的水分和营养提供结构基础。

顶坛花椒(*Zanthoxylum planispinum* var. *dingtanensis*)又叫顶坛青花椒，属芸香科落叶灌木或小乔木，是典型的喀斯特适生植物。顶坛花椒没有明显的主根，主要由水平方向伸长的固着和细密的网状根组成；根型介于水平根型和散生根型之间，为“浅根型”植物，水平分布大于垂直分布，距地表 0～35cm 是根系主要分布层，最深可至 80cm，根幅大于冠幅，根/冠幅比达到 1.12(容丽和熊康宁，2007)；顶坛花椒根系的这种构型可以最大限度地吸水和储水，为顶坛花椒适应岩溶干旱提供了结构基础。

与顶坛花椒(*Zanthoxylum planispinum* var. *dingtanensis*)的根系特征相似，菜豆树(*Radermachera sinica*)和红背山麻杆(*Alchornea trewioides*)的根系也为浅根型植物，它们对雨水有很强的吸附和储存能力(聂云鹏等，2011)。Nie 等(2014)对生长在浅层土壤和岩石出露的土壤中的这两种植物根系进行研究发现，这两种植物根系主要是横向扩展而不是垂直渗透，径向直径大于轴向直径；但为适应不同的生境，它们的根型也会发生不同的改变，生长在浅层土壤环境的根系均为逐渐锥化和些微弯曲；而生长在岩石出露的土壤环境中的根系，因为遇到岩石的助力，不同植物表现不同；菜豆树(*Radermachera sinica*)的根

系急剧锥化略有弯曲，而红背山麻杆(*Alchornea trewioides*)的根系则是逐渐锥化和快速弯曲。说明植物的根系构型的多样性也是与岩溶干旱环境多样性相适应的。

植物是以调节根和地上部分的生长来适应岩溶干旱的。罗东辉(2009)和罗东辉等(2010)对比研究了石生立地和土壤立地的 5 个植被恢复阶段(草本群落、灌草群落、灌木群落、次顶级常绿落叶阔叶林和顶级常绿落叶阔叶林)的植被地上生物量和根系生物量(表 1.5)，可以发现，虽然石生立地群落的总生物量都小于土壤立地群落(灌草群落除外)，但是石生立地群落的根系生物量/地上部生物量的比值却高于土壤立地群落(顶级常绿落叶阔叶林除外)；甚至还出现石生立地的灌草群落无论地上还是地下部分的生长都显著高于土壤立地群落的情况；此外，石生立地植被根系的分布以水平扩散和穿梭为主，而土壤立地植被的根系主要分布在地面到地下 10cm 的垂直空间内；这些同样说明庞大的根系是喀斯特适生植物适应岩溶干旱的结构基础。

表 1.5　石生和土壤立地下不同演替阶段群落总生物量、地上及根系生物量 ($t·hm^{-2}$) (罗东辉，2009)

Table 1.5　The difference in total biomass, aboveground biomass and roots biomass from the vegetation of different succession stages under rock-stands and soil-stands ($t·hm^{-2}$) (Luo, 2009)

演替阶段	草本群落		灌草群落		灌木群落		次顶级常绿落叶阔叶林		顶级常绿落叶阔叶林	
立地	石生	土壤	石生	土壤	石生	土壤	石生	土壤	石生	土壤
总生物量	143.70	202.15	106.55	83.81	35.68	41.95	23.27	30.34	7.39	12.01
地上生物量	85.55	144.66	76.41	61.69	21.65	27.79	12.67	17.52	4.76	7.36
根系生物量	58.15	57.49	30.11	22.12	14.03	14.16	10.60	12.82	2.63	4.65
根系生物量/地上生物量(%)	67.97	39.74	39.41	35.80	64.80	50.95	83.66	73.17	55.25	63.18

2. 茎形态结构及株型对岩溶干旱的响应

为适应干旱环境，有效进行储水和水分运输，植株茎的生长策略、茎形态结构以及株型将发生一系列适应性改变。Nerd 和 Neumann(2004)研究表明，在水分不足的条件下，量天尺(*Hylocereus undatus*)可以将成熟茎韧皮部储备的同化物供给正在发育的茎中，环剥正在发育的茎的韧皮部则迅速抑制茎的生长。Micco 和 Aronne(2012)对加州鼠李的研究发现，幼茎的几层下表皮细胞通过产生厚厚的栓质化角质层来达到节水的目的，木质部髓细胞壁通过木质化达到增加机械强度和提高水分运输效率的目的。

植物通过降低植株的高度、减少茎枝的生长来应对干旱(Miralles et al.，1997)。Zhang 等(2015)的研究表明，在聚乙二醇(polyethylene glycol，PEG)模拟水分胁迫下，甘蓝根的长度和根冠比分别增加 14.3%和 91.0%，而枝和鲜重却分别减少 40.1%和 60.1%。张中峰等(2012)研究也表明，随着土壤表层水分的降低，青冈栎的生物量越小，而干鲜比、根冠比则越高。

由于干旱的影响，茎的生长受到抑制，适生植物势必要改造茎的结构，增加茎的机械强度和运输能力。张显强和孙敏(2014)对喀斯特石漠化 12 种石生藓类茎的解剖结构进行研究发现，这些石生藓类茎的表皮细胞都排列紧密，细胞壁也强烈增厚，显示了很强的抗旱特征。Lens 等(2011)对槭属的研究发现，输导管道短、输导组织的细胞壁加厚，管腔

直径减少，不仅可以提高机械强度，而且还可以提高水力导度，防止空隙化，提高植物代谢物的输导效率，表明茎表皮细胞、木质部细胞壁加厚也是植物适应干旱的重要特征。

1.2.2.2 根、茎形态结构及株型对低营养的响应

植物利用无机营养构建机体、调控生长发育，植物营养状态不仅影响生理过程，也会影响到植物的根、茎生长和形态建成。植物的营养缺乏症对根、茎生长和株型也有较大的影响(Clarkson and Hanson，1980)。缺氮的植株浅绿(有时现淡紫色)，茎短而细，分枝或分蘖少，出现早衰现象；缺磷的植株深绿，常呈红色或紫色，干燥时暗绿，茎短而细；缺钾的植株茎易倒伏，主茎夹角大，褐根多；缺锌的植株矮小，节间缩短等。

不同的营养元素的缺乏对根型结构的影响因植物种类的不同而有显著差异。Gruber 等(2013)对营养缺乏下的拟南芥的根系生长发育状况进行了研究，结果表明，不同的元素对根、茎生长影响不同，并且具有很强的浓度效应。氮、磷的缺乏显著地降低了根和枝的生长，但根冠比却随着氮、磷的浓度的降低而增加；铁、锰极度缺乏会降低根和枝的生长，但锰的缺乏不影响根冠比；各种元素的缺乏同时也伴随着根型发生相应的变化。在乳香树中，情况有所不同：氮的缺乏虽然也降低枝的生长，但增加了根密度，提高了根冠比；磷的缺乏减少根、枝生长，增加根长度、根面积和根系比面积，对根密度和根冠比没有显著影响(Trubat et al.，2006)。Cao 等(2013)研究了柑橘根结构和根毛形态对营养元素缺乏的响应，结果表明，铁和锰的缺乏减少主根的生长，降低侧根数，而氮、磷、钾的缺乏对侧根数没有显著影响；缺钾降低主根根毛密度，磷和铁的缺乏则增加主根根毛密度，而缺氮对主根根毛密度没有显著的影响；对于侧根来说，缺磷也同样增大根毛密度，但缺氮、钾和锰则减小根毛密度。Li 等(2001)研究了水稻侧根的生长对磷的缺乏的响应，发现缺磷增加水稻根表面积和侧根长度，但不同的基因型对缺磷反应有一定的差异。由此可以看出，不同元素的缺乏会使不同种类的植物根型发生不同的变化来维持正常的生理功能。

元素缺乏对植物水力导度有显著影响。Trubat 等(2006)研究了氮、磷缺乏对乳香树根系水力导度的影响，结果表明，氮、磷缺乏显著地降低基于根表面积的水力导度，而对基于叶表面积的水力导度没有显著影响；氮、磷缺乏降低了乳香树根对水的输导能力，而不影响对叶片的供水。

1.2.2.3 根、茎形态结构及株型对高 pH 及高重碳酸盐的响应

高 pH 及高重碳酸盐引起的缺铁症在植株的生长和株型上也有一定的表现。高 pH 及高重碳酸盐处理抑制植株的生长，整体生物量减少(Msilini et al.，2009；Ksouri et al.，2005)；但是株型和根冠比，不同的植物反应明显不同，同一种植物也因抗性不同而表现不同。Ksouri 等(2005)比较了不同葡萄品种对于高重碳酸盐的响应发现，对于抗性植物来说，高 pH 及高重碳酸盐对根冠比影响不显著，地上部和根系受到同步抑制，而对于敏感植物来说，高 pH 及高重碳酸盐增加根冠比，对地上部的抑制大于对根系的抑制。Covarrubias 和 Rombola(2013)对抗性葡萄的研究结果与 Ksouri 等(2005)明显不同，侧枝的生长受到高重碳酸盐的抑制，但根的生长不仅不受到抑制，反而受到促进，根冠比也得到较大的提高。M'sehli 等(2009)比较了两种生态型的苜蓿对高 pH 及高重碳酸盐的响应发

现，抗性强的生态型枝的生长受抑制程度显著小于抗性弱的生态型；抗性强的生态型植株根系受到促进，而抗性弱的生态型植株根系的生长并未发现显著的差异，抗性苜蓿比敏感型苜蓿的根冠比更大；抗性苜蓿的整体生长并未受到高 pH 及高重碳酸盐的明显抑制，而敏感型苜蓿的整体生长量仅为对照的一半。总之，对高重碳酸盐抗性强的植物，大多具有较大的根冠比，来应对因高 pH 及高重碳酸盐造成元素的缺乏，以较大的根冠比来满足植物对营养元素的需求。

高 pH 还可影响植物的形态建成和生长发育。Kerley (2000) 比较了白羽扇豆在酸性 (pH 5.3～5.4) 和碱性土壤 (pH 7.4～7.8) 上的植株的生长和根系形态的差异，发现酸性土壤上的植株生长速度是碱性土壤上的 3.5 倍；对于根系来说，虽然根型变化不大，但无论是整个根系、还是簇根和非簇根，也无论是根的干重还是根的数量，酸性土壤上的这些指标都远大于碱性土壤上的。这说明喀斯特地区高 pH 环境对植物来说是一个极为严重的逆境。

由上可以看出，高 pH 及高重碳酸盐对植物的根系生长的抑制是普遍现象，但喀斯特适生植物，进化了与丛枝菌根共生增加根系功能的方式来适应高 pH 及高重碳酸盐环境 (魏源等，2011，2012)。丛枝菌根是自然界中一种常见的植物与真菌共生现象，它是土壤中的菌根真菌菌丝与高等植物营养根系形成的一种联合体。它既具有一般植物根系的特征，又具有专性真菌的特性。Wang 等 (2007) 对枳 (枸橘) 进行研究发现，丛枝菌根真菌与枳 (枸橘) 根系共生形成丛枝菌根可以增加枝和根系的生长，大大减轻重碳酸盐导致的缺铁症。Cartmill 等 (2007) 对野蔷薇的研究表明，在生长于高重碳酸盐的环境下的野蔷薇根系上接种丛枝菌根真菌，促进了叶、茎以及整株植株的干重以及叶面积的增加，增加了叶片元素含量，减轻了碳酸氢根离子对植物的危害。同样，Zhang 等 (2011) 将丛枝菌根真菌接种到羊草根系上，能大大促进高 pH 的盐碱地上羊草的植株的生长，根冠比和分蘖数的增加，抵消了高 pH 对根系和植株生长的影响。

重碳酸盐对植物的生长的影响与氮源种类有关。Barhoumi 等 (2007) 的研究表明，在硝态氮存在的情况下，10mM① 重碳酸盐使豌豆的生长量减少了 30%，而在铵态氮存在的条件下，10mM 重碳酸盐使抗性品种的生长只减少 6%，敏感的品种也只达 18%。造成这样的差异的原因可能是重碳酸盐影响植物对硝酸盐的吸收和利用 (Wanek and Popp，2000)。所以，在喀斯特地区，掠夺式利用铵态氮的喀斯特适生植物，具有对高重碳酸盐较强的抗性。在硝态氮/铵态氮比值较高的喀斯特石灰土中，碳酸氢根离子对植物生长发育是个巨大的逆境。

1.3　植物的喀斯特适生性生理生态机制

所有的植物在适应环境的过程中所形成的独特的形态特征，是与特定的生理生化过程和遗传机制共轭形成的。由于植物体内部与外界环境发生了诸多的生理生化反应过程，使植物从分子、细胞、组织、器官、个体、群落直至生态系统等方面发生了最根本的变革，

① $1M=1\ mol\cdot L^{-1}$。

逐渐形成了植物的环境适应性的特征差异。喀斯特地区生态环境脆弱，对环境的调节能力单一；岩溶干旱、高 pH、高钙镁和重碳酸盐、有效磷以及铜、锌、铁等微量元素不足是喀斯特土壤的最基本特征；喀斯特地区的这些独特的生态环境严重地影响植物的水分和营养元素的获取、碳氮磷及其他元素的同化等一系列生理生化过程，强烈地限制植物的生长发育。所谓“耗子跪着吃苞谷”“年年植树不见树，年年造林不见林”就是喀斯特地区低生产力的真实写照。植物为了适应这些喀斯特逆境，一些植物逐步进化出一套独特的适应机制和策略(吴沿友，1997；刘丛强等，2009；Wu et al.，2009；何跃军和钟章成，2010；宋同清等，2014；杨慧等，2015)。通过众多学者的长期研究发现，喀斯特适生植物不仅具有光合作用、无机营养、碳酸酐酶(CA)作用、生物多样性、对岩石的风化作用以及独特的根系分泌有机酸等适应机制和对策，而且还具有独特的抗逆性、钙适性以及其他机制和对策(吴沿友，1997；周运超和潘根兴，2001；Wu et al.，2002；吴沿友等，2004；Wu et al.，2005；李涛和余龙江，2006；Wu et al.，2009；郭柯等，2011；曹坤芳等，2014；罗绪强等，2014b；宋同清等，2014；Zhao and Wu，2014；赵宽等，2015)。上述机制和策略以及人们还未认识到的其他机制相互关联，互为因果，形成了植物的喀斯特适生性的完整体系，这种体系造就了喀斯特适生植物的适应性，从而形成了独特的喀斯特植被。

1.3.1 光合作用机制

绿色高等植物的光合作用是植物最重要的生命活动，是进行一切生理生化反应的基础，为绿色植物提供最重要的碳源。光合作用反映了植物的生长发育的潜能，在一定程度上反映植物对环境的适应性(Mooney，1972；Walters et al.，1993；邢德科等，2016)。植物的光合作用是一个复杂的生理生化过程，既受外部环境因子(如大气浓度、光照强度、营养元素、温度、水分)的影响，也与植物自身生理特征(如植物种类及基因型，叶龄、叶位，生长发育的进程)有关。在典型的喀斯特土壤环境下，植物的种类、生长环境和营养胁迫深刻影响喀斯特适生植物的光合作用。

喀斯特逆境是综合逆境，但不同地区、不同时间和季节、不同的坡位和方位的植物遭受的逆境类型不同，有些植物主要遭受岩溶干旱逆境、有些主要遭受高 pH 及重碳酸盐逆境，有些则遭受营养不足的逆境，有些是两种成多种逆境的叠加，喀斯特适生植物光合响应是破解这些逆境的重要机制，不同的植物破解不同的逆境方式不一样，不同植物破解同一逆境的方式不一样，甚至同一种植物破解不同的逆境方式也不一样。

喀斯特环境具有高度的异质性，不同的植物在不同的植被演替阶段，用不同的光合方式来适应环境。同一种植物在不同的喀斯特逆境下采用不同的光合模式来应对。配置在同一生境中的不同植物用各自的光合行为扮演着各自的角色。在演替初期植被覆盖率低，光照强度大，主要是一些喜光的阳性先锋植物。随着演替进行，光环境改变，光照强度降低，喀斯特上层植被主要为阳性植物，中下层主要为耐阴性植物，这些植物的生理表现各异(何跃军和钟章成，2010)。水分、光照、土壤营养状况、酸碱度以及重碳酸盐和钙含量的异质性，致使喀斯特适生植物分化出多种光合模式；喀斯特适生植物的多样化的光合模式适应着异质化的喀斯特生境。

1.3.1.1 喀斯特适生植物的光合特征对不同逆境的响应

1. 适生植物的光合特征对岩溶干旱的响应

干旱胁迫下植物水分利用效率越大表明其节水能力越大。在干旱胁迫下，喀斯特适生植物的光合碳同化能力下降，然后在一定的程度之内，其水分利用效率显著高于非喀斯特适生植物。模拟岩溶干旱(聚乙二醇(PEG)6000)处理下的喀斯特适生植物构树的净光合速率有所下降，但是与桑树相比，其保水、持水和抗干旱的能力较强，能较强地适应喀斯特生境，具有较高的生长潜力(魏媛和喻理飞，2010； 吴沿友等，2011a)。Xing 和 Wu(2012)的研究表明，三种抗旱性不同的藤本植物对不同水平的渗透胁迫具有不同的光合响应。牵牛花的净光合速率一直高于其他两种藤本植物，爬山虎净光合速率最低。金银花维持了较为稳定的净光合速率。因此，金银花显示出对中度渗透胁迫的长期适应性；爬山虎的光合作用被认为是受气孔调节限制的，能够适应短期的渗透胁迫(邢德科，2012；彭素琴和刘郁林，2010)。喀斯特适生植物诸葛菜的净光合速率随着干旱胁迫程度的增加而降低，但其光合系统并未受到破坏，诸葛菜通过自身碳酸酐酶活力的增强提高对外界环境中的无机碳的利用程度，以此增加光合碳同化能力，应对干旱胁迫(朱飞燕等，2013)。通过人工模拟喀斯特生境干旱对常绿灌木火棘(*Pyracantha fortuneana*)、落叶灌木小果蔷薇(*Rosa cymosa*)、常绿乔木猴樟(*Cinnamomum bodinieri*)和落叶乔木圆果化香树(*Platycarya longipes*)的研究表明，严重干旱下，火棘和小果蔷薇幼苗的叶片水势和叶绿素含量下降较少，具有较高的光合能力和生物量增长。中度干旱下，猴樟幼苗叶片水势下降很少，但在严重干旱下，其叶片水势、最大光化学效率和光合速率也非常低，渗透调节能力与抗氧化酶活性大幅度下降至正常水平以下。火棘、小果蔷薇和猴樟幼苗主要采用耐旱策略，其中猴樟抗严重干旱的能力较弱；圆果化香树幼苗对干旱胁迫更为敏感，主要采取避旱策略(刘长成等，2011；Liu et al.，2010，2011)。

2. 适生植物的光合特征对高重碳酸盐的响应

喀斯特适生植物光合碳同化能力对重碳酸盐胁迫具有较强的抗性。研究表明，重碳酸盐能够抑制构树和桑树的净光合速率，这种抑制可能是长期影响也可能是短期的影响。在重碳酸盐逆境下，构树在高碳酸酐酶活性的作用下，分解碳酸氢根离子为CO_2，成为其光合作用过程的部分碳源，构树能够在重碳酸盐逆境下利用较多的碳酸氢根离子作为其无机碳源(Wu and Xing，2012)，诸葛菜也表现出同样的趋势，在重碳酸盐的胁迫下其光合速率降低得较慢(赵宽，2014)，这可能是由于构树和诸葛菜对重碳酸盐的利用能力显著大于桑树和甘蓝型油菜(吴沿友等，2011b)。

3. 适生植物的光合特征对低营养的响应

低营养下喀斯特适生植物光合碳同化受影响较小。营养元素浓度对植物体内光合作用中光能转化为化学能有影响，适宜的营养液浓度能提高叶片的净光合速率(林多等，2007)。Xing 和 Wu(2015)比较了3种藤本植物金银花(*Lonicera japonica*)、牵牛花(*Pharbitis nil*)、爬山虎(*Parthenocissus tricuspidata*)的光合特征对不同稀释倍数的 Hoagland 营养液的反应，结果表明，牵牛花各方面指标值从1/8营养液浓度开始都有所下降，表现出对低浓度营养的不适应性；但在低营养液浓度(1/8浓度)下，金银花叶绿素含量较高，光合效率较强，能够很好地生长，具有一定的适应性，可有效积累有机质；爬山虎生长受低浓度影响不大。喀斯特地区土壤营养元素浓度过低，不利于很多植物的生长，而金银花和爬山虎对这种低浓度营养元素环境具有很好的适应性。

磷缺乏导致循环光合磷酸化和光合效率的显著下降(Watanabe and Yoshida，1970)，由磷缺乏引起的光合作用的抑制主要是由于 1,5-二磷酸核酮糖(RuBP)合成的降低(Jacob and Lawlor，1992；Pieters et al.，2001)。也有研究表明缺磷会引起光抑制和光系统 II 的损伤(Li et al.，2004)。牵牛花能够适应长期严重磷缺乏胁迫主要归功于其稳定的光系统 II 以及体内相关代谢酶的调节作用，尤其是磷回收利用机制，即所谓的克隆生理整合作用。当遭受长期严重磷缺乏胁迫时，短柄忍冬(*Lonicera pampaninii*)的光系统 II 受到损害，虽然短柄忍冬的碳酸酐酶活性也很高，但是当短柄忍冬处在磷缺乏胁迫环境下时，它的光合无机碳同化能力受到影响，短柄忍冬对于磷缺乏胁迫显示出较差的适应性。爬山虎在磷缺乏胁迫时主要利用气孔调节机制以及磷回收利用机制，遭受长期缺磷胁迫即使是 0 mM 磷浓度环境下时，爬山虎的光合机构都没有受到更大的损伤，因此，爬山虎能够适应长期磷缺乏胁迫环境(Xing and Wu，2014)。此外，铁、锰、铜、锌等微量元素的获取对植物的光合作用也有影响。葡萄叶子中缺铁会引发光合电子传递速率的下降，主要是由于光系统 II 活性的下降(Bertamini et al.，2002)。锰则在光合作用过程中水裂解产氧的反应中发挥着重要作用(Sauer，1980)。铜最重要的影响是引起光合电子传递的阻滞，从而导致膜脂质过氧化的链式反应而产生自由基(Fernandes and Henriques，1991)。锌缺乏会引起暗反应电子利用的减少以及较低的热耗散(Hajiboland et al.，2010)。构树在中度磷缺乏下表现出较好的光合能力，桑树在中度和重度磷缺乏时光合能力显著下降。中度磷缺乏下，构树中铜和锌含量的下降幅度小于桑树。重度磷缺乏下，构树和桑树光合能力的显著下降则与较低的铜和锌含量有关。两种桑科植物的光合能力主要受铜和锌而非铁和锰含量的影响。此外，磷缺乏不仅降低了循环光合磷酸化和光合效率，还对类囊体膜结构和电子传递效率具有重要影响，主要是因为磷缺乏导致铜和锌含量的下降，最终对光合作用产生影响。然而，磷缺乏对光系统 II 活性或者水裂解反应没有影响(Xing et al.，2016)。

4. 适生植物的光合特征对高钙的响应

高钙对喀斯特适生植物的光合作用影响较小。高钙含量作为喀斯特土壤的主要特征，也深刻影响着植物的光合作用和植物的钙吸收、累积、转运和分配机制，从而影响植物对土壤高钙环境的适应行为(郭柯等，2011；姬飞腾等，2009)。在钙离子胁迫下，柳叶蕨叶片净光合速率、蒸腾速率、气孔导度等光合参数降幅比薄叶双盖蕨更小，其光合作用能适应的最大 Ca^{2+}浓度为 30 $mmol \cdot L^{-1}$，显著高于薄叶双盖蕨，柳叶蕨较薄叶双盖蕨具有更高的耐钙能力和较强的高钙适应性；酸性土专属种薄叶双盖蕨无法适应石灰土的高钙环境，可能与 Ca^{2+}浓度升高到一定程度时其光合强度快速降低，水分代谢趋于紊乱，不能积极应对气温日变化等因素有关(罗绪强等，2013)。通过对比两种典型喀斯特植物狗骨木和南酸枣在不同钙离子浓度下的光合日变化发现，在 150 $mmol \cdot L^{-1}$ 的钙离子浓度下狗骨木的净光合速率最高，该浓度的钙离子有利于狗骨木的生长，而在 300 $mmol \cdot L^{-1}$ 的钙离子浓度下净光合速率均值出现负值，表明在极高的钙离子浓度下狗骨木的光合作用水平极低。南酸枣的净光合速率随钙离子浓度升高呈现出中间高两头低的趋势，在 70 $mmol \cdot L^{-1}$ 的钙离子处理下的光合碳同化能力最强，过高或过低的钙离子均会明显抑制其光合作用。对比两种植物，狗骨木较南酸枣在高钙浓度下有着更好的喀斯特适应性(付威波，2015)。

5. 适生植物的光合特征对模拟综合逆境的响应

喀斯特适生植物的光合能力受到综合逆境的影响也较小。Zhao 和 Wu(2017)研究了在 Zn 胁迫和高浓度重碳酸盐处理下构树、桑树、诸葛菜和油菜的光合反应，结果表明，不同植物在 Zn 和重碳酸盐处理下的光合响应特征与植物种类和处理时间相关，在缺 Zn 逆境，高浓度重碳酸盐处理的逆境，以及两种因素交互的环境下，构树的适应能力最强，油菜则对这几种环境最为敏感。这可能是由于不同植物的无机碳同化和光合碳代谢的方式不同，而构树的碳酸氢根离子利用率最大，油菜的 PS II 反应中心受到的破坏最严重。

1.3.1.2 多样化的光合模式响应着异质化的喀斯特环境

1. 高光合-高水分利用率模式

在喀斯特地区，植被演替初期，土壤的岩溶干旱是此时植物生长最主要的限制因子，光照、温度和养分并不是限制植物生长的主要因素，此时，植物将以节水和提高水分利用率为主要手段，提高生产力，促进先锋植物的快速覆盖。

邓彭艳(2010)研究了桂西北喀斯特地区典型灌木植物红背山麻杆(*Alchornea trewioides*)、黄荆(*Vitex negundo*)的光合特征，结果表明，不同生长月份，黄荆和红背山麻杆的光合速率都很高，峰值较接近；在整个生长季节的光合速率均值分别为 7.1 $\mu mol \cdot m^{-2} \cdot s^{-1}$ 和 6.7 $\mu mol \cdot m^{-2} \cdot s^{-1}$；整个生长季节蒸腾速率的均值分别为 3.2 $\mu mol \cdot m^{-2} \cdot s^{-1}$ 和 2.8 $\mu mol \cdot m^{-2} \cdot s^{-1}$；整个生长季节气孔导度的均值相同；量子利用效率红背山麻杆高于黄荆，光饱和点很高，黄荆和红背山麻杆分别为 1280 $\mu mol \cdot m^{-2} \cdot s^{-1}$ 和 1323 $\mu mol \cdot m^{-2} \cdot s^{-1}$，光补偿点极低，黄荆和红背山麻杆分别为 17.6$\mu mol \cdot m^{-2} \cdot s^{-1}$ 和 18.3 $\mu mol \cdot m^{-2} \cdot s^{-1}$。同样，邓彭艳(2010)还研究了桂西北喀斯特地区两种常见小乔木菜豆树(*Radermachera sinica*)、圆叶乌桕(*Sapium rotundifolium*)的光合特征，结果表明，菜豆树和圆叶乌桕的光合速率也很高，在整个生长季节的光合速率均值分别为 6.4 $\mu mol \cdot m^{-2} \cdot s^{-1}$ 和 5.2 $\mu mol \cdot m^{-2} \cdot s^{-1}$；整个生长季节蒸腾速率的均值，菜豆树和圆叶乌桕分别为 3.0 $mmol \cdot m^{-2} \cdot s^{-1}$ 和 3.7$mmol \cdot m^{-2} \cdot s^{-1}$；整个生长季节气孔导度的均值相近；它们的光饱和点和补偿点与黄荆和红背山麻杆接近。殷庆仓(2011)对包括黄荆、红背山麻杆在内的另外 4 个木本植物的研究，也得到相似的结果。黄荆、红背山麻杆以及菜豆树的高光合、低蒸腾、高水分利用率，以及高光饱和点、低光补偿点等特点是它们成为喀斯特地区典型的先锋植物的代谢基础，是它们能够迅速占领在植被演替初期时的岩溶干旱、植被覆盖率低、营养还未受到限制的生境的战略法宝。对于圆叶乌桕，由于叶片形态结构以及对生物元素吸收的特点(何敏宜等，2012；刘锡辉等，2013)，使得它在光合代谢上并未显示优势，对 N、Ca、P、Mg、Mn 和 Zn 较低的吸收，限制了它的光合速率和水分利用率。

高光合-高水分利用率模式同样也是草本植物适应喀斯特环境的光合特征。白三叶因具有产量高、品质好、抗逆性强等特性作为喀斯特适生牧草在喀斯特地区广泛种植(李州等，2013)。池永宽等(2014a)测定了在晴天条件下喀斯特石漠化地区白三叶(*Trifolium repens*)、红三叶(*Trifolium pratense*)、紫花苜蓿(*Medicago sativa*)的净光合速率、蒸腾速率、水分利用效率等光合特征，结果表明：白三叶日均净光合速率高于后两者，同时白三叶日均蒸腾速率又低于红三叶和紫花苜蓿。相对而言，白三叶属于高光合、低蒸腾型，红三叶净光合速率和蒸腾速率中等，紫花苜蓿则属于低光合、高蒸腾型，白三叶水分利用效率高于红三叶和紫花苜蓿。吴沿友等(2004)比较了喀斯特适生植物诸葛菜与非喀斯特适生植物白菜型油菜和芥菜型油菜的光合特征，池永宽等(2014b)比较了贵州石漠化地区喀斯特适生牧草灰绿藜和非喀斯特适生牧草鹅肠菜的光合特征，得出一致的结论：高光合、低蒸腾、高水分利用率以及无明显的光合“午休”现象是喀斯特适生草本植物的最典型特征。

相比于 C_3 植物来说，C_4 植物由于行 C_4 途径，使植物有着更低的蒸腾速率和更高的水分利用效率来适应岩溶干旱环境。池永宽等(2015a)将饲用玉米与白三叶、高羊茅(*Festuca elata*)、菊苣(*Cichorium intybus*)的光合特征进行比较，结果表明，白三叶的净光合速率(10.01±5.5 $\mu mol \cdot m^{-2} \cdot s^{-1}$)在 4 种牧草中最高，蒸腾速率(5.1±2.77 $mmol \cdot m^{-2} \cdot s^{-1}$)仅次于高羊茅(5.44±2.38 $mmol \cdot m^{-2} \cdot s^{-1}$)，水分利用效率[1.94±1.01μmol($CO_2$)$mmol^{-1}$($H_2O$)]稍低于饲用玉米[2.09±1.13μmol($CO_2$)$mmol^{-1}$($H_2O$)]；高羊茅表现出中光合(6.23±4.99 $\mu mol \cdot m^{-2} \cdot s^{-1}$)、高蒸腾的特点，水分利用效率最低[0.98±0.54μmol(CO_2)$mmol^{-1}$(H_2O)]；菊苣的净光合速率(6.16±3.30 $\mu mol \cdot m^{-2} \cdot s^{-1}$)在 4 种牧草中最低，蒸腾速率低于白三叶高于饲用玉米，水分利用效率高于高羊茅低于白三叶；饲用玉米的净光合速率(7.64±5.08 $\mu mol \cdot m^{-2} \cdot s^{-1}$)仅次于白三叶，蒸腾速率最低(3.36±1.53 $mmol \cdot m^{-2} \cdot s^{-1}$)，水分利用效率最高。$C_4$ 植物具有低蒸腾、高光合以及高水分利用效率的特征使其更适应喀斯特环境。

2. 高光合-高气孔限制模式

藤刺植物在形态结构上或因为是克隆植物(clonal plant)或/和因为具有皮刺、卷须、茎蔓等结构，使这些植物具有较好的抗干旱能力，又由于这类植物根冠比相对较小，功能叶较多，致使这类植物受到气孔的灵敏限制来节约用水(刘长成等，2011)。同样，肉质植物也因有强的储水能力，具有较大的耐旱性。这些植物利用自身的保水优势以气孔调节的高光合模式来应对喀斯特逆境，达到最大的光能利用效率。

金银花(*Lonicera japonica*)是喀斯特适生藤本植物。吴迪等(2015a)比较了金银花、西番莲(*Passiflora caerule*)、葛藤(*Argyreia seguinii*)以及白英(*Solanum lyratum*)4 种藤本植物的光合特征，结果表明，4 种藤本植物的净光合速率日变化都呈现出典型的双峰曲线，光合“午休”现象较为明显。金银花叶片的净光合速率在这 4 种藤本植物中最大，最大值为 7.82 $\mu mol \cdot m^{-2} \cdot s^{-1}$，日间均值为 4.89 $\mu mol \cdot m^{-2} \cdot s^{-1}$，在光合“午休”之后，净光合速率基本能恢复到早间的最佳水平，4 种藤本植物蒸腾速率均较小，最大的为金银花的蒸腾速率，日间均值为 2.82 $mmol \cdot m^{-2} \cdot s^{-1}$，而最小的白英蒸腾速率日间均值仅为 1.93 $mmol \cdot m^{-2} \cdot s^{-1}$。金银花气孔导度也最大。对于具有抗干旱能力的藤本植物来说，喀斯特适生植物金银花是以快速有效地积累干物质来适应喀斯特逆境。

猕猴桃(*Actinidia chinensis*)为雌雄异株的大型落叶木质藤本植物。植株多毛叶小，具有很明显的抗旱特征。吴迪等(2015b)研究喀斯特高寒山区 4 个不同品种猕猴桃的光合特征，结果表明，虽然各品种间存在一定的差异，但除了“金艳”外，其他品种均具有高光合、高蒸腾以及明显光合“午休”的特征，其中“红阳”特征最明显，净光合速率在 4 个品种中最强，而“金艳”则具有中光合、低蒸腾以及明显光合“午休”的特征；说明在同等光照、温度、湿度等气候条件下，“红阳”叶片有快速积累干物质的能力，这对高寒、土壤营养缺乏的喀斯特山区生产猕猴桃具有重要意义，因为猕猴桃对营养的要求较大（徐爱春等，2011），高寒山区的光、温是限制因素，在有效的光、温周期内快速积累有机物是猕猴桃的当务之急。

刺梨（*Rosa roxburghii*）是具有皮刺的灌木，具有抗干旱能力。池永宽等（2015b）对西南石漠化治理区生长的刺梨的光合特征进行了研究，结果表明，刺梨的日均净光合速率为 7.65 μmol·m^{-2}·s^{-1}、蒸腾速率为 4.48 mmol·m^{-2}·s^{-1}、水分利用效率为 1.84μmol（CO_2）mmol^{-1}（H_2O），日变化曲线为“双峰”型，光合“午休”现象明显，表现出高光合-高蒸腾的特点。刺梨虽然具有较强的抗旱能力（樊卫国等，2002），但土壤干旱胁迫会严重降低刺梨的矿质营养的吸收利用（刘国琴等，2003），提高蒸腾速率会增加刺梨的矿质营养吸收，因此，刺梨是以高光合-高蒸腾-高气孔限制的模式实时高效利用水分来应对喀斯特逆境的。

火棘（*Pyracantha fortuneana*）同样为有刺灌木。周文龙等（2016）研究了贵州石漠化治理区岩生优势种火棘（*Pyracantha fortuneana*）的光合特性，结果表明，火棘同样具有高光合速率（日均值为 7.65 μmol·m^{-2}·s^{-1}）、高蒸腾速率（日均值为 5.21 mmol·m^{-2}·s^{-1}）、低水分利用效率［日均值为 1.42 μmol（CO_2）mmol^{-1}（H_2O）］以及明显的光合“午休”的特点。花椒（*Zanthoxylum bungeanum*）为有刺小乔木。姜霞和张喜（2011）测定了喀斯特山地上生长的花椒的光合特征，结果也表明，花椒具有高光合、高蒸腾以及低水分利用效率等特点，同时气孔限制也最明显。

长刺楤木（*Aralia spinifolia*）为高 2～3m 的灌木，小枝灰白色，疏生多数或长或短的刺，并密生刺毛；刺扁，长 1～10mm，基部膨大；刺毛细针状，长 2～4mm，是典型的多刺植物。王瑞等（2016）的研究表明，多刺植物长刺楤木不仅具有高光合、低蒸腾以及明显的气孔限制特性，而且还具有高水分利用效率的特征。由此可以看出，长刺楤木（*Aralia spinifolia*）兼有高光合-高水分利用以及高光合-高气孔限制模式。

土人参（*Talinum paniculatum*）为一年生或多年生肉质草本植物。廖小锋等（2013）测定了土人参的光合特征，结果表明，土人参与火棘、刺梨等多刺植物一样，同样具有高光合速率、高蒸腾速率、低水分利用效率以及明显的光合“午休”的特点。只不过土人参“午休”期间净光合速率依然维持在上午峰值的 69%以上，可见土人参光合“午休”的程度并不深，并且“午休”之后光合机构运转能力基本能够恢复到早间的最佳水平。

3. 中光合-中蒸腾模式

当水分不是植物生长最主要的限制因子时，植物将采取牺牲部分水分的方式适应环境。在喀斯特高寒山区，温度是植物生长最主要的限制因子；而在植被演替后期或高 pH 和高重碳酸盐的地区，土壤的低营养则成为植物生长最主要的限制因子。植物在干旱不是生长的最主要的限制因子时，可能采取中光合-中蒸腾模式来适应喀斯特逆境。

池永宽等（2015b）研究了西南石漠化治理的高寒山区生长的核桃（*Juglans regia*）的光合特征，结果表明，核桃的日均净光合速率为 5.57 μmol·m^{-2}·s^{-1}、蒸腾速率为 3.70 mmol·m^{-2}·s^{-1}、水分利用效率为 1.94 μmol（CO_2）mmol^{-1}（H_2O）；日变化曲线为“双峰”型，光合“午休”现象较为明显。核桃表现出的这种中光合-中蒸腾的特点，与高寒山区气温低、石漠化治理区土壤的无机营养不足有关。因为核桃对无机营养需求很高（梁智等，2012），石漠化治理区低气温和低营养不足以支撑高光合-高蒸腾带来的快速生长。因此，核桃在这种环境下必须采取降低光合速率和蒸腾速率、减慢生长的方式来适应喀斯特土壤低营养环境。

青冈(*Cyclobalanopsis glauca*)为常绿阔叶林重要组成树种，性耐瘠薄，喜钙。周文龙等(2016)研究了贵州高寒山区生长的优势植物青冈的光合特性，结果表明，青冈具有低光合速率(日均值为3.8 $\mu mol \cdot m^{-2} \cdot s^{-1}$)、中蒸腾速率(日均值为3.1 $mmol \cdot m^{-2} \cdot s^{-1}$)以及低水分利用效率［日均值为1.6 $\mu mol(CO_2) mmol^{-1}(H_2O)$］的特点，净光合速率曲线较为平缓，未出现明显的光合“午休”现象。这说明，青冈并不是以节约用水、提高水分利用率为主要适应手段，而是以长期稳定的光合速率、中速生长的模式来适应喀斯特高寒山区的环境。

4. 中光合-低蒸腾模式

在喀斯特地区，影响植物生长的限制因子并不是单一的，在喀斯特高寒山区，温度和水分共同成为限制因子，在演替后期，林下植物同时受到水分和光照的共同限制，中光合-中蒸腾模式在此时将难以应对这些情形，植物想成为优势植物不得不采取“开源节流”的方式，最大化利用光能，因此，中光合-低蒸腾模式是喀斯特高寒山区混交林下优势植物采取的基本模式。

莽草(*Illicium lanceolatum*)是一种需水量大的常绿灌木或小乔木。生于沿河两岸，阴湿沟谷两旁的混交林或疏林中。王瑞等(2016)测定了生长在喀斯特高寒山区生长的莽草的光合特征，结果表明，莽草的净光合速率为4.31 $\mu mol \cdot m^{-2} \cdot s^{-1}$、蒸腾速率为0.55 $mmol \cdot m^{-2} \cdot s^{-1}$、水分利用效率为7.80 $\mu mol(CO_2) mmol^{-1}(H_2O)$。莽草的中光合-低蒸腾-高水分利用模式保证了它在高寒山区的最大光能利用率。

5. 高光合-低水分利用模式

岩溶干旱虽然是喀斯特地区土壤主要逆境，但在一些低洼地区和河边仍然生长着一些植物，它们会利用雨季进行快速生长，而在干季则落叶减少蒸腾，停止生长，这些落叶植物将采取高光合-低水分利用模式来应对这种生境成为优势植物。

喜树(*Camptotheca acuminata*)是中国特有的一种高大落叶乔木，是一种速生丰产的优良树种。姜霞和张喜(2011)比较了喜树与其他5种贵州喀斯特山地常见乔木树种的光合特性，结果表明，喜树有很高的净光合速率(7.27 $\mu mol \cdot m^{-2} \cdot s^{-1}$)，较高的蒸腾速率(3.44 $mmol \cdot m^{-2} \cdot s^{-1}$)以及低水分利用效率［2.11 $\mu mol(CO_2) mmol^{-1}(H_2O)$］，喜树为乔木，具有如此高的光合速率还是很少见的，是被测的六种乔木树种中最高的。喜树的这种高光合-低水分利用方式是其在雨季快速生长的基础。

6. 低光合-低蒸腾模式

喀斯特地区常常出现土层浅薄，水分亏缺、pH高、钙镁和重碳酸盐含量高、营养不足的综合逆境，这种情况下高光合是不现实的，植物只能采取限制生长，减少水分和养分的需求来实现，有一类植物即采取低光合-低蒸腾的模式来适应这种喀斯特综合逆境。

柳叶蕨(*Cyrtogonellum fraxinellum*)是生于山坡灌木林或竹林或阔叶林下岩缝中的小型蕨类植物，为石灰土专属种。肾蕨(*Nephrolepis auriculata*)是喜温暖潮湿和半阴环境的附生或土生中型蕨类植物。罗绪强等(2013)测定了柳叶蕨的光合作用，结果表明，柳叶蕨的净光合速率最大值为1.43 $\mu mol \cdot m^{-2} \cdot s^{-1}$、日均值为0.28 $\mu mol \cdot m^{-2} \cdot s^{-1}$、蒸腾速率日均值为0.44 $mmol \cdot m^{-2} \cdot s^{-1}$、气孔导度日均值为0.02 $mol \cdot m^{-2} \cdot s^{-1}$。池永宽等(2015c)测定了喀斯特石漠化地区肾蕨的光合特性，结果表明，肾蕨日均净光合速率为 6.54 μmol·m^{-2}·s^{-1}、蒸腾速率日均值为 5.49 mmol·m^{-2}·s^{-1}、水分利用效率为 1.29 μmol(CO_2) mmol^{-1}(H_2O)、气孔导度日均值为 0.15 mol·m^{-2}·s^{-1}。对比柳叶蕨与肾蕨的光合特征可以发现，柳叶蕨采取低光合-低蒸腾的模式、缓慢生长来适应喀斯特综合逆境；而肾蕨采取的高光合-低水分利用率的方式只能适应在水分充足的潮湿和半阴环境的附生或土生环境中。

1.3.2　无机营养机制

喀斯特石灰土由于本身的元素缺乏直接影响植物的无机营养代谢，加之岩溶干旱、高 pH 和高重碳酸盐等特征，造成土壤元素的有效态含量大大减少，离子吸收、迁移、运输和代谢受到很大的影响。喀斯特适生植物进化出一套独特的机制来缓解元素的缺乏或不足对生长发育的影响，这个机制被称为喀斯特适生植物的无机营养机制。这种机制既表现在对土壤元素的活化，又表现在对元素的平衡利用上，还表现在对土壤营养元素的主动选择吸收以及元素在体内的代谢上。

1.3.2.1　活化及选择性吸收机制

喀斯特地区土壤的贫瘠性主要是由于其土壤中各种养分的生物有效性较低造成的，如氮、磷、钾和一些微量元素等(铁、锰、铜、锌)的可交换的有效态含量明显低于其他类型土壤，这使得喀斯特地区的植物尤其是喀斯特适生植物在吸收无机养分方面具有独特的机制，一方面喀斯特适生植物对无机养分的吸收具有选择性，适生物种在满足适应高钙、高镁含量以及维持植物体内电中性平衡的基础上，优先选择植物所必需的无机养分(何跃军和钟章成，2010；吴沿友，1997)。另一方面喀斯特土壤中石灰岩(碳酸钙)的含量很高，这使得部分无机养分元素多呈现出难溶态、有机态和碳酸盐结合态，因此提高植物碳酸氢根离子的利用效率可增强光合同化无机碳的能力，有效提升植物的光合作用，从而提高对无机矿物养分的吸收(吴沿友等，2011b；Wu and Xing，2012)。同时根系可分泌出一些物质可有效地改善土壤的根际环境，改善其无机养分过少的情况，增强其吸收(Zhao and Wu，2014，2017；丁永祯等，2005；张锡洲等，2007)。

周运超(1997)的研究表明，贵州喀斯特地区的各类型植被对各无机养分的吸收具有选择性，将喀斯特地貌上 30 种植物分成嗜钙植物、喜钙植物、随遇植物和厌钙植物，所有植物对钙、镁元素吸收效率较高，是由于喀斯特土壤中的钙含量较高，导致其植物体的含量高，而在一些乔木和灌木等叶绿素含量较高的植物中，其镁含量较高。而氮、磷、钾含量很低，尤其是磷在各类型植物中的含量最低，这与喀斯特土壤中能直接利用的无机磷含量很低有关。氮则是影响植物吸收最重要的元素，喀斯特地区的植被多数受到土壤中有效氮含量的制约(杨成等，2007；旷远文等，2010)，在喀斯特石灰岩地区，氮的循环和利用是一种开放体系，喜钙植物优先同化利用硝态氮(NO_3^--N)和亚硝态氮(NO_2^--N)，并能相应地增加其土壤-植株组织中的氮含量，但易受缺磷胁迫作用；厌钙植物优先吸收铵态氮(NH_4^+-N)，对硝酸盐的吸收作用较低，其植被中氮含量较低，易受缺氮胁迫作用(刘丛强等，2009)。

喀斯特适生植物诸葛菜对喀斯特石灰土的养分吸收具有选择性，相对于甘蓝型油菜、芥菜型油菜、白菜型油菜而言，诸葛菜耐低营养(磷、钾、硼、锌、锰)能力较强，对 Na 和 Cu 有拒吸作用，同时其钙镁含量较高，其植株内部的养分维持平衡可以有效地改善诸葛菜的生长发育情况，这种选择性的吸收无机养分是诸葛菜适应喀斯特生境的重要机制(吴沿友等，1997)。

磷缺乏下，喀斯特适生植物构树对微量元素 Fe、Mn、Cu 和 Zn 的吸收能力显著强于非适生植物桑树(Xing et al.，2016)，主要是由于构树的碳酸氢根离子利用率较高，使得其光合碳同化能力和光合磷酸化的能力增强(吴沿友等，2011a)；同时构树根系分泌有机酸含量较高，可以在根际土壤中活化难溶性物质，释放出易吸收的微量元素和无机养分氮、磷(Wu and Zhao，2013)。

1.3.2.2 元素化学计量效应

植物生态化学计量学是利用植物生态过程中多种化学元素的平衡关系，研究植物功能与环境相适应的内稳态机制。目前植物生态化学计量学主要集中在碳(C)、氮(N)、磷(P)元素的计量关系；其中最为重要的是 N、P 元素的计量关系。这是因为，组成地球上有机体蛋白质的 16%是 N，核酸组成的 9.5%是 P，但是蛋白质与核酸的比例受到植物种类以及土壤、气候等环境因子的影响，植物的 N 和 P 的化学计量学特征是植物对环境条件的长期适应的结果，研究植物中的 N/P 变化将能深刻揭示植物对环境的适应机制。

植物叶片的 N 和 P 具有相对稳定的化学计量关系。任书杰等(2007)对中国东部南北样带 168 个采样点的 654 种植物的 N 和 P 的化学计量学特征进行了研究，结果表明，叶片 N 的变化范围为 2.17～52.61 $mg \cdot g^{-1}$，平均值为 19.09 $mg \cdot g^{-1}$，叶片 P 的变化范围为 0.10～10.27 $mg \cdot g^{-1}$，平均值为 1.56 $mg \cdot g^{-1}$，叶片 N/P 的变化范围为 1.73～74.63，平均值为 15.39。

叶片较高的 N、P 含量维持了喀斯特适生植物在低氮、磷营养下的生理机能。袁丛军等(2017)对黔中岩溶区不同群落演替阶段植物功能群叶片化学计量特征进行了研究，结果表明，在 30 种植物中，叶片 N、P 含量在不同植物之间的差异明显，N 含量平均值为 18.27 $mg \cdot g^{-1}$，P 含量平均值为 1.41 $mg \cdot g^{-1}$；叶片 N、P 含量及 N/P 的平均值与任书杰等(2007)等的结果很接近。俞月凤等(2014)对喀斯特峰丛洼地不同森林类型植物 N、P 化学计量特征进行分析，结果如表 1.6。

表 1.6 喀斯特峰丛洼地不同森林类型乔木叶片 N、P 含量及化学计量比

Table 1.6 Arbor leaf N, P contents and stoichiometry in different forest types in depressions between karst hills

森林类型	群落类型	$N/mg \cdot g^{-1}$	$P/mg \cdot g^{-1}$	N/P
原生林	菜豆树(*Radermachera sinica*)	10.7±0.5	0.82±0.11	13.1±1.0
	侧柏(*Platycladus orientalis*)	21.1±1.8	3.52±1.09	6.5±2.3
	平均	15.9±7.4	2.17±1.91	9.8±4.7
次生林	八角枫(*Alangium chinense*)	20.9±0.4	1.42±0.16	14.9±1.7
	伊桐(*Itoa orientalis*)	18.8±2.5	1.41±0.18	13.3±0.7
	平均	19.8±1.5	1.41±0.00	14.1±1.1

续表

森林类型	群落类型	N/mg·g^{-1}	P/mg·g^{-1}	N/P
人工林	任豆(*Zenia insignis*)	16.4±2.0	2.33±0.11	7.1±1.1
	香椿(*Toona sinensis*)	22.3±1.6	3.71±0.36	6.1±0.9
	平均	19.4±4.2	3.02±0.97	6.6±0.7

从表 1.6 中可以看出，原生林和人工林的磷含量较高，人工林的 N、次生林的 N、P 含量的平均值也与任书杰等(2007)等的结果很接近，表明这些喀斯特森林的植物都具有维持叶片高氮、高磷的功能，其中次生林的结果更为接近全国尺度上的植物叶片 N、P 含量的平均值(Han et al.，2005)。曾昭霞等(2016)对桂西北喀斯特区原生林与次生林叶片化学计量特征的研究以及皮发剑等(2016)对黔中天然次生林主要优势树种叶片生态化学计量特征的研究，也得出了次生林叶片 N、P 含量的平均值接近全国尺度上植物叶片 N、P 含量的平均值的结果。

植物叶片的 N 和 P 的化学计量关系具有很大的变异性。袁丛军等(2017)分析了黔中岩溶区不同群落演替阶段 30 种植物功能群叶片 N、P 含量和 N/P 变异性，结果表明，N 含量的变异系数为 0.24，P 含量的变异系数为 0.38，N/P 的变异系数为 0.26，这些结果明显大于其他地区的植物叶片 N、P 含量和 N/P 变异性(王晶苑等，2011)；俞月凤等(2014)比较了不同森林类型植物叶片 N、P 含量及 N/P 的变异性，结果表明，原生林植物叶片 N、P 含量及 N/P 的变异性更大，分别是 0.47、0.88 和 0.48，这种较大的变异性一方面说明原生林能获取更大范围的 N、P 资源，另一方面说明原生林能耐受植物营养更大范围的变异，表明原生林具有很好地稳定生态系统的能力。

1.3.2.3　离子吸收动力学机制

喀斯特地区石灰土 pH 高，Ca、Mg 和重碳酸氢根离子含量高，导致很多元素的有效态浓度低，喀斯特适生植物还通过其强大的离子吸收亲和力和较低的离子吸收最小浓度，吸收低浓度的 K^+、NH_4^+和$H_2PO_4^-$等。吴沿友等(2004)比较了喀斯特适生植物诸葛菜(*Orychophragmus violaceus*)和非适生植物油菜(*Brassica juncea* variety: Luzhousileng)对 K^+、NH_4^+和$H_2PO_4^-$吸收的动力学参数，结果如表 1.7。

表 1.7　诸葛菜和油菜对 K^+、NH_4^+和 $H_2PO_4^-$ 吸收的动力学参数

Table 1.7　The kinetics parameters of the absorption on K^+， NH_4^+ and $H_2PO_4^-$ by *Orychophragmus violaceus* and *Brassica juncea* variety: Luzhousileng

离子种类	植物种类	I_{max} 1) /nmol g^{-1}· FW①·h^{-1}	K_m 2) /mmol·L^{-1}	C_{min} 3) /mmol·L^{-1}
K^+	诸葛菜	2998	16.9	0.41
		29702	809.4	289
	油菜	4579	28.1	0.51
		30683	951.4	561
NH_4^+	诸葛菜	1825	17.8	0.3901
	油菜	1905	35.0	0.8803

续表

离子种类	植物种类	I_{max} 1) /nmol $g^{-1}\cdot FW$①$\cdot h^{-1}$	K_m 2) /mmol$\cdot L^{-1}$	C_{min} 3) /mmol$\cdot L^{-1}$
$H_2PO_4^-$	诸葛菜	1805	17.83	0.0286
	油菜	1736	25.28	0.0776

注：1) I_{max} 为离子的最大的净吸收速率；2) K_m 为达到最大的净吸收速率 (I_{max}) 的一半时环境中的离子浓度，它反映的是细胞膜上载体对该离子的亲和力，反映植物吸收该离子的效率；3) C_{min} 为离子吸收速率为 0 时，环境中该离子的浓度，它反映的是植物根系对低养分的忍受能力。

Note: 1) I_{max} is the maximum net ion uptake rate; 2) K_m is the ion concentration in the environment when the ion uptake rate is half-maximal. It reflects the affinity of carriers to ions on the cell-membrance, and the ion absorption efficiency of plant; 3) C_{min} is the ion concentration in the environment when the ion uptake rate is 0. It reflects the plant root tolerance to low nutrition.

从表 1.7 可以看出，诸葛菜对 $H_2PO_4^-$ 的吸收的 C_{min} 为 0.0286 mmol$\cdot L^{-1}$，这意味着，喀斯特适生植物诸葛菜可以吸收环境中大于 0.0286 mmol$\cdot L^{-1}$ 的 $H_2PO_4^-$，而非喀斯特适生植物只能吸收环境中大于 0.0776 mmol$\cdot L^{-1}$ 的 $H_2PO_4^-$；诸葛菜对 NH_4^+ 的吸收的 C_{min} 为 0.3901 mmol$\cdot L^{-1}$，这意味着，喀斯特适生植物诸葛菜可以吸收环境中大于 0.3901 mmol$\cdot L^{-1}$ 的 NH_4^+，而非喀斯特适生植物只能吸收环境中大于 0.8803 mmol$\cdot L^{-1}$ 的 NH_4^+；诸葛菜对 K^+ 的吸收的 C_{min} 为 0.41 mmol$\cdot L^{-1}$，这意味着，喀斯特适生植物诸葛菜可以吸收环境中大于 0.41 mmol$\cdot L^{-1}$ 的 K^+，而非喀斯特适生植物只能吸收环境中大于 0.51 mmol$\cdot L^{-1}$ 的 K^+。由于岩溶水和土壤水中的许多元素浓度都高于喀斯特适生植物的离子吸收最小浓度，因此喀斯特适生植物能够从岩溶水和土壤水中获取这些营养元素，以应对土壤的营养元素缺乏。

1.3.2.4 以营养定生长机制

植物对低营养的适应性不仅表现在植物对营养元素强大的亲和力上，而且还表现在以营养定生长机制上。Xing 和 Wu (2015) 比较了三种藤本植物在低营养胁迫下生长和元素累积模式，结果发现，在低营养胁迫下，三种藤本植物对无机养分的累积模式有所差异。牵牛花的生长较快，消耗了较多的氮、磷，其生长发育受到磷缺乏胁迫的影响，不及时补充营养即会停止生长，甚至死亡。爬山虎无论营养充足还是较缺乏，其生长都很缓慢，氮、磷的吸收量都小。喀斯特适生植物金银花在氮、磷等养分不足的情况下生长较慢，但是并未遭受严重的破坏；补充营养则生长迅速，如果补充营养不及时，也可以依靠岩溶水或土壤水中的养分来生长。金银花就是以营养定生长来适应石灰土中低营养和变化的营养供给环境的。

1.3.3 碳酸酐酶作用机制

碳酸酐酶 (carbonic anhydrase，CA，EC 4.2.1.1) 是一种含锌金属酶。它的主要生物学功能是催化二氧化碳的可逆水合反应：$CO_2 + H_2O \rightleftharpoons H_2CO_3 \rightleftharpoons H^+ + HCO_3^-$，是已知的催化反应速度最快的酶之一，它的反应速率大约是非催化反应速率的 10^9 倍，转化数高

① FW 为 fresh weight (鲜重) 简称。

达 10^4～10^6(Badger and Price，1994)。Meldrum 和 Roughton 在 1933 年发现牛的血红细胞中存在 CA(Meldrum and Roughton，1933)，Bradfield(1947)则证明了 CA 普遍存在于植物中，在植物体内 CO_2 的固定中起着非常重要的作用(Dąbrowska-Bronk et al.，2016)。原核生物中，自 1963 年在干燥奈瑟球菌(*Neisseria Sicca*)中首次确定存在 CA 以来(Veitch and Blankenship，1963)，目前，在许多古细菌和厌氧细菌中都发现了该酶的存在(Alber and Ferry，1994；Smith and Ferry，2000；Ferry，2013)；即使在真菌体内，人们也发现有碳酸酐酶存在的迹象(Schlicker et al.，2009)。由此可以看出，几乎所有的生物体中都有碳酸酐酶的存在(Nimer et al.，1997；Supuran，2008；Capasso and Supuran，2016)。CA 在生物体内承担着多样的生理学功能，具有高度的生物学意义，而高等植物中 CA 分类及其功能的多样性逐渐引起众多研究者的高度关注。

1.3.3.1 碳酸酐酶种类与分布

根据 CA 氨基酸序列的不同，人们主要将其分为α、β、γ、δ、ε、ζ、η七种不同类型的酶，它们之间没有显著的序列一致性，而且都是独立进化的。其中 α-CAs 是从 5 亿～6 亿年前的一个共同的原始基因进化而来的，是了解较多的一类 CA，主要存在于脊椎动物、细菌、藻类及绿色植物的胞浆中(Hewett-Emmett and Tashian，1996)；β-CAs 存在于高等植物及藻类叶绿体中，对植物光合作用过程中 CO_2 的获取及 CO_2 浓度的维持有着必不可少的作用(Dimario et al.，2017)；γ-CAs 则主要存在于太古细菌及一些细菌中(Prete et al.，2016a)；δ-CAs 和ζ-CAs 主要存在于海洋硅藻中(Lane et al.，2005; Xu et al.，2008)；ε-CAs 主要存在于蓝细菌及一些化能自养型细菌中(So et al.，2004)；η-CAs 是 Prete 等在 2014 年才发现的(Prete et al.，2014)，这种碳酸酐酶存在于疟原虫中。生物体内经常存在多种形式的 CA，它们之间的分子质量以及用于代谢调节的酶活都各有不同，而各种形式的酶又被称为 CA 同工酶，目前研究表明，仅 α-CAs 至少存在 16 种不同的同工酶(Culver and Morton，2015)。

不同类型的碳酸酐酶作用中心结合的金属辅基明显不同，α、β、δ 类型碳酸酐酶的活性中心是二价锌(Capasso and Supuran，2015；Hewett-Emmett and Tashian，1996；Hoffmann et al.，2011)，二价过渡金属元素替代活性中心的锌将降低其催化作用，顺序为 Co＞Cd≈Ni(Keum et al.，2015)，这一定程度上也反映出碳酸酐酶的进化关系；γ 类型的碳酸酐酶的活性中心为二价铁(Hewett-Emmett and Tashian，1996；Tripp et al.，2004)，但二价锌和钴也能替代铁发挥催化作用(Ma et al.，2015)，ε类型的碳酸酐酶的活性中心为二价镉，ζ类型的碳酸酐酶的活性中心为二价镉和锌，最近发现的η型碳酸酐酶的活性中心可能也是二价锌(Prete et al.，2016b；Simone et al.，2015)。

CA 分类的多样性预示着其生理功能的多样性，各种植物器官、组织以及细胞器中都存在着各种各样的 CA。根据碳酸酐酶在细胞内的分布位置，碳酸酐酶也可分为胞外碳酸酐酶和胞内碳酸酐酶(郭敏亮和高煜珠，1989)。胞外碳酸酐酶分布在细胞质膜上及周质空间，而胞内碳酸酐酶分布在细胞质膜内，胞外碳酸酐酶能够通过细胞外表面与金属离子相连接，催化细胞扩散层中的 HCO_3^- 水解成游离的 CO_2，对植物或藻类在大气 CO_2 供应不足起到关键作用(Kranz et al.，2015；Floryszak-Wieczorek and Arasimowicz-Jelonek，2017)。根据碳酸酐酶在细胞中的分布位置，将碳酸酐酶分为细胞膜和细胞质内两大类(Maren，1967)，而细胞质内的碳酸酐酶也可细分为细胞质碳酸酐酶、叶绿体碳酸酐酶、线粒体碳酸酐酶等。

在 C_3 植物叶片叶肉细胞以及维管束鞘细胞中都能够检测到 CA 的活力(Poincelot，1972)。而对于 C_4 植物来说，CA 活力主要集中在叶肉细胞中，维管束鞘细胞中基本上无法检测到 CA 活性(Ludwig，2016)。C_3 植物叶肉细胞的叶绿体基质以及细胞质中都含有大量 CA，而叶绿体基质中一般都能检测到最高的 CA 活力，该 CA 主要为 β-CA(Pal and Borthakur，2015)。胞质中则包含有两个结构相似但活性调控机制不同的 CA，即 CAH1 与 CAH2(Hou et al.，2016)。Karlsson 等(1995)在衣藻(*Chlamydomonas reinhardtii*)细胞内的类囊体腔中发现了第三种 α-CA，即 CAH3(Karlsson et al.，1998)；最近，在拟南芥中的类囊体腔中也发现了这类溶解性的碳酸酐酶(Fedorchuk et al.，2014)。细胞质碳酸酐酶能够快速催化碳酸氢根离子和二氧化碳的可逆反应(Tiwari et al.，2005)，过量的二氧化碳能够抑制气孔导度，而细胞质碳酸酐酶通过将二氧化碳固定成碳酸氢根离子，以改善气孔导度，同样，当细胞内二氧化碳供应不足时，也会催化碳酸氢根离子水解成二氧化碳，在改善气孔导度的同时，保证了二氧化碳的供应。叶绿体碳酸酐酶是光合自养生物进行光合作用最为重要的碳酸酐酶(Everson，1970；Price et al.，1994)；进入叶绿体内的二氧化碳，正常情况下可直接被固定进行光合作用，叶绿体碳酸酐酶也会将过剩的一部分二氧化碳催化成碳酸氢根离子储存起来，以备光合自养生物受到抑制时，将叶绿体内的碳酸氢根离子快速催化成二氧化碳进行光合作用，以此间接补充二氧化碳。

碳酸酐酶也普遍存在线粒体中(Dodgson et al.，1980；Eriksson et al.，1996，Giordano et al.，2003；Hu et al.，2010a)；线粒体碳酸酐酶对于光合自养生物的呼吸作用起着重要的作用(Dodgson et al.，1980)。光合自养生物进行有氧呼吸时，来自叶绿体合成的有机物经过分解释放二氧化碳，一部分二氧化碳排出体外，一部分二氧化碳重新进入叶绿体进行光合作用，而线粒体碳酸酐酶能够把呼吸释放的二氧化碳重新固定为碳酸氢根离子，同时碳酸氢根离子运输到细胞质中进行储存或再次催化成二氧化碳运输到叶绿体进行光合作用，而拟南芥的线粒体碳酸酐酶能够促进生物量的增加(Jiang et al.，2014)，说明线粒体碳酸酐酶对生物体的生长起到了重要作用。

膜系统中也广泛存在碳酸酐酶；不仅在质膜上发现碳酸酐酶(Fisher et al.，1996；Kivelã et al.，2001)，而且即使在类囊体膜中也存在碳酸酐酶(Karlsson et al.，1998；Sinetova et al.，2012)。细胞膜上的碳酸酐酶，借助于金属离子相连接于细胞膜上，通过快速催化细胞外的碳酸氢根离子水解成游离的二氧化碳进入细胞内，一定程度上提供了光合作用底物，这在生物的碳代谢过程中(Whitney and Briggle，1982)，尤其在微藻浓缩无机碳的机制中(Karlsson et al.，1998)，显得格外重要。

此外，在许多非绿色的植物组织中也发现了 CA。Atkins(1974)在根节中检测到了 CA 活力的存在，这些 CA 主要参与植物根系对 HCO_3^- 的吸收过程(Raven and Newman，1994)。

生物体中有多个不同基因编码碳酸酐酶。在拟南芥中，至少有 17 个基因编码碳酸酐酶同工酶；水稻和高粱分别也有 16、17 个基因编码碳酸酐酶同工酶，在大豆中，至少有 25 个基因编码碳酸酐酶同工酶，莱茵衣藻也至少有 12 个基因编码碳酸酐酶同工酶。表 1.8 表示的是不同植物编码碳酸酐酶的基因数量。

表 1.8　不同植物编码碳酸酐酶的基因数量(DiMario et al., 2017)

Table 1.8　Total number of genes encoding CA (From DiMario et al., 2017)

植物类型	植物种类	光合类型	CA 类型和编码的基因数量		
			α	β	γ
双子叶植物	拟南芥(*Arabidopsis thaliana*)	C_3	8	6	5
	苜蓿(*Medicago truncatula*)	C_3	8	7	4
	葡萄(*Vitis vinifera*)	C_3	5	6	3
	毛果杨(*Populus trichocarpa*)	C_3	8	7	5
单子叶植物	二穗短柄草(*Brachypodium distachyon*)	C_3	6	4	3
	水稻(*Oryza sativa*)	C_3	9	3	4
	粟(*Setaria italica*)	C_4	9	4	3
	高粱(*Sorghum bicolor*)	C_4	9	5	3
	菠萝(*Ananas comosus*)	CAM	4	3	3
苔藓植物	小立碗藓(*Physcomitella patens*)	C_3	5	6	5
	异叶卷柏(*Selaginella moellendorffii*)	C_3	10	5	4
藻类植物	莱茵衣藻(*Chlamydomonas reinhardtii*)	C_3	3	6	3

除此之外，不同类型的碳酸酐酶同工酶在组织器官的分布和表达也具有显著差异。在高粱中，9 个 α 碳酸酐酶基因中，至少有 4 个基因为高表达，其中有 2 个基因分别在叶和花药中具有极高表达；5 个 β 碳酸酐酶基因在不同组织器官中都得到高表达，有 2 种在叶中得到极高的表达；3 个 γ 碳酸酐酶基因在花药中表达量最高(Makita et al., 2014；DiMario et al., 2017)。编码不同碳酸酐酶同工酶基因的差异表达为碳酸酐酶的功能多样性提供了基础。

CA 的功能是多种多样的，参与各种各样的生理过程。CA 可以通过移去 CO_2/HCO_3^- 来推动反应产生能量(Henry, 1996)，CA 还可以将 CO_2 转换成 HCO_3^-，移去脱羧反应产生的 CO_2，从而推动脱羧反应的进行(Moroney et al., 2001)。CA 在植物中催化光合作用过程中可逆的 CO_2 水合反应，促进 CO_2 向 Rubisco 扩散(Graham and Reed, 1971)。CA 对呼吸作用、酸碱平衡、CO_2 转移、离子运输、生物合成、钙化作用等也是必需的(Tashian, 1989；Badger and Price, 1994；Müller et al., 2014)。CA 还可催化一些其他的反应，如乙醛的水化、羧酸酯和各种卤素衍生物的水解，甲烷八叠球菌属的产甲烷，某些细菌将氰酸盐分解成氨以及某些植物对碳酰硫(COS)的吸收，羧酸酯类、酚酯、磺酸酯、硫酸酯、磷酸酯也可用作 CA 的底物(Kozliak et al., 1995; Cabiscol and Levine, 1996; Freskgard et al., 1992；Tanc et al., 2015)。

1.3.3.2　碳酸酐酶在调控植物无机碳代谢中的作用

1. 碳酸酐酶与光合无机碳同化

首先，碳源影响着植物的光合无机碳同化。叶片气孔是无机碳进入植物体内的主要通道。碳酸酐酶可以调节气孔的开张来影响二氧化碳的供给(Hu et al., 2010a, 2015)。

其次，固碳效率也极大地影响着光合无机碳同化进程。植物吸收大气中 CO_2 的主要途径是自由扩散，CO_2 通过叶片气孔进入叶片细胞间隙并通过叶肉细胞壁到达羧化位点，传输过程主要受到来自气孔和叶肉的阻力(Mooney，1972)。在 CA 与核酮糖-1,5-二磷酸羧化酶/加氧酶(Rubisco)的协同作用下，羧化位点 CO_2 的有效性会大大增加(Graham and Reed，1971；Sharwood et al., 2016)，而在 C_4 植物中，CA 与磷酸烯醇式丙酮酸羧化酶(PEPC)的协同作用不仅能够为羧化位点持续提供 HCO_3^- (Rathnam and Das, 1975)，增加 PEPC 催化的磷酸烯醇式丙酮酸羧化形成草酰乙酸的效率(Prete et al., 2016c)，加快无机碳渗入琥珀酸的速度(Park et al., 2017)，促进无机碳的同化。CA 在 C_4 植物体内的分布与 PEPC 相似，所以它在中性或微碱性环境下利用 HCO_3^- 而不是 CO_2 来促进羧化反应的进行(Tiwari et al., 2005)。事实上，植物不仅能利用空气中的 CO_2 为原料进行光合作用，而且也可以通过 CA 的作用，利用储存的 HCO_3^- 为原料进行光合作用(Wu and Xing, 2012；Xing et al., 2015)。海草的胞外 CA 通过分解重碳酸盐为其提供碳源，在光合作用过程中发挥着重要的作用(Invers et al., 1999)。

在较低 CO_2 浓度的情况下，植物 CA 活力变化都能够直接影响光合 CO_2 的固定，CA 在光合作用碳代谢过程中发挥着重要的作用(Zhou et al.，2016)。C_3 植物中，高达 2%的总叶蛋白是 CA，而 95%的总 CA 活力则在叶绿体基质中(Okabe et al., 1984；Tsuzuki et al., 1985)，因此，一方面 CA 催化植物体内储存的 HCO_3^- 快速脱水形成的 CO_2，更加便利地以扩散方式通过细胞质膜与叶绿体膜，为 Rubisco(核酮糖-1,5-二磷酸羧化酶/加氧酶)羧化作用提供潜在底物；另一方面 CA 将 CO_2 转化成 HCO_3^-，参与 CO_2 通过细胞质膜进入细胞的主动运输(Moroney et al., 2001；Tiwari et al., 2005)，增加了无机碳的输送效率；再者，碳酸酐酶还可以作为一个正反馈“泵”来调节无机碳对 Rubisco 的供给，随后又通过 Rubisco 产生的光合产物经光呼吸产生二氧化碳对无机碳库产生反馈作用，最终影响光呼吸来影响光合无机碳的同化(Igamberdiev and Roussel, 2012)。另外，在光呼吸过程中，碳酸酐酶还有可能参与二氧化碳从线粒体向叶绿体的转运作用，有利于将呼吸作用或光呼吸作用所产生的二氧化碳进行光合作用(Braun and Zabaleta, 2007；Zabaleta et al., 2012，Floryszak-Wieczorek and Arasimowicz-Jelonek, 2017)，从而增加光合效率，减少光呼吸，增强植物的抗氧化能力(Soto et al., 2015)。在 C_4 植物中，叶肉和维管束鞘叶绿体都参与 CO_2 同化；绝大多数的 CA 活力都定位在叶肉细胞的胞质中，它催化 CO_2 水合反应形成的 HCO_3^- 则可以为 C_4 和 CAM 植物的磷酸烯醇式丙酮酸羧化酶(PEPC)提供底物(Hatch and Burnell，1990)。除此之外，碳酸酐酶还通过影响碳酸氢根离子的利用来影响叶绿体光保护机制，间接影响植物的光合作用。施用 0.5～3 mM 碳酸氢钠可以显著增加叶片数量、提高干重和鲜重、降低细胞死亡，碳酸酐酶家族(CAs)在其中可作为 Rubisco 和 PEPC 的开关，调节着无机碳库，刺激着叶绿体光保护机制，如非光化学淬灭和保护性的细胞色素的增加，最终影响光合效率和作物生产力(Dąbrowska-Bronk et al., 2016)。

碳酸酐酶的区域化和不同基因的差异表达，是实现碳酸酐酶的无机碳同化的结构和分子基础。以模式植物拟南芥为例，已被公布的 6 种 β 类 CA 中的 β-CA1 和 β-CA5 在叶绿体部位，β-CA2 和 β-CA3 在细胞质中，β-CA4 在细胞膜上，β-CA6 在线粒体上(Fett and

Coleman，1994)。这种具有区域化特征的不同结构和功能的协同作用，高效完成无机碳的代谢(图 1.1)。大气二氧化碳可以自由进入叶肉细胞中，在叶绿体部位被固定到有机碳上；而碳酸氢根离子由于带负电，其进入叶肉细胞需要相应的载体蛋白或经 CA 催化生成 CO_2 进入胞内，经一系列生化反应生成有机物。而植物进行有氧呼吸时，将生成的有机物进行氧化，释放出 CO_2，一部分被排到体外，一部分又被胞内 CA 催化成碳酸氢根离子储存起来，植物处于逆境下，细胞内二氧化碳供应不足时，CA 会催化储存的碳酸氢根离子生成 CO_2 和 H_2O 来补偿光合底物的不足。有报道指出，叶绿体上的 β-CA1 可能不参与转运 CO_2 到 Rubisco 的催化位点，且叶绿体上的碳酸酐酶活力的下降对植物光合 CO_2 同化能力影响很小(Fabre et al., 2007；Price et al., 1994)。细胞膜上的 CA 通过催化土壤溶液中的碳酸氢根离子生成游离的 CO_2 进入细胞内，后经细胞质上的 CA 转运到叶绿体上进行光合作用或再次被催化成碳酸氢根离子进行其他反应或储存备用(Price et al.，1998)，线粒体上的 CA 通过表达重新固定植物有氧呼吸释放的 CO_2 进行光合作用，以此增加植物叶片的生物量(Jiang et al.，2014)。因 CA 催化碳酸氢根离子与 CO_2 之间的可逆反应极快，并且 CA 具有区域化特征，使得短时间内组织或细胞内碳酸氢根离子或 CO_2 聚集，在此过程中，影响着植物利用不同无机碳的种类和比例。由于碳酸酐酶的功能多样性及区域化特征分布，其催化的碳酸氢根离子与二氧化碳的快速可逆反应，不但影响着植物对外源无机碳源的利用途径和份额，同时也会影响着植物的光合碳同化能力(Raven，1990；Xing and Wu，2012)。

对于喀斯特适生植物来说，当它们遭受喀斯特逆境(岩溶干旱、高 pH、高重碳酸根离子浓度以及低无机营养等)后，叶片中的 CA 活力升高，一方面导致气孔导度减小或关闭，减少蒸腾以防止植物进一步脱水，另一方面将细胞内的 HCO_3^- 转化成水和 CO_2，以应对因气孔导度减小或关闭造成的水分和 CO_2 不足，在喀斯特逆境下进行光合碳还原，利用无机碳(Wu et al., 2005；Hu et al., 2010a；吴沿友等，2009)。喀斯特地区土壤重碳酸盐浓度过高，这会导致该地区的土壤 pH 值偏高，也阻碍了植物对一些营养元素如铁、锌等的吸收，造成植物缺乏这些营养元素，严重地影响植物的生长发育(Wallihan，1961；Yang et al.，1994； Misra et al.，2016)。植物利用 HCO_3^-，一方面能增加无机碳的利用，另一方面能降低根际环境中 HCO_3^- 的浓度，再者还能降低土壤的 pH。

植物的 CA 活力越高，其利用 HCO_3^- 的能力就越强(Xing and Wu，2012)。喀斯特适生植物普遍具有较强的 HCO_3^- 利用能力，随着喀斯特地区环境的变化，适生植物可以交替利用 HCO_3^- 与 CO_2(吴沿友等，2011b)(图 1.1)。HCO_3^- 在转运体和胞外 CA(CAex)作用下，以 CO_2 和 HCO_3^- 形式进入细胞质，两种形式的无机碳在细胞质中的 CA 作用下快速平衡，细胞质中 HCO_3^- 再运转到叶绿体，再由叶绿体 CA 转换成 CO_2。CO_2 与 Rubisco 结合反应形成糖类，不断将细胞质的 CO_2 由细胞质移到叶绿体中，导致 CAex 催化的 HCO_3^- 的脱水反应的不平衡，引起碳的同位素分馏，反映在光合产物糖类的稳定碳同位素组成($\delta^{13}C$)的变化上(吴沿友，2008)。

CA 能够影响植物稳定碳同位素的组成，CA 催化的 CO_2 可逆水合反应，因速度快，导致碳、氢同位素的平衡分馏作用很小，只有当平衡体内的水和 CO_2 被光合利用，碳、氢同位素则发生强烈的分馏作用(Edwards and Mohamed，1973；Randall and Bouma，1973)。CAex 与 $\delta^{13}C$ 值呈负相关关系说明，光合作用合成利用由 CAex 转化 HCO_3^- 而来的 CO_2 越多，海藻的 $\delta^{13}C$ 值就越低(Mercado et al.，2009)。C_4 植物光合作用过程中产生的碳同位素分馏主要发生在 CO_2 通过扩散方式进入叶片，然后经 CA 将 CO_2 转化成 HCO_3^-，以及之后的羧化作用过程中(Cousins et al.，2006)。同一地区的不同植物的叶片的 CA 活力与 $\delta^{13}C$ 值存在显著的正相关关系，植物叶片的 CA 活力越高，$\delta^{13}C$ 值的变异性就越大。植物 CA 活力越高，就越能够有效地利用叶片中的重碳酸盐作为光合作用碳源，植物叶片中的 CA 活力与 $\delta^{13}C$ 值就具有越高的相关性。植物交替利用重碳酸盐或者空气中 CO_2 作为光合作用的碳源，使得 $\delta^{13}C$ 值相应地发生变化(Wu et al.，2010)。CAex 可以显著地影响自然水体中的微藻稳定碳同位素分馏，莱茵衣藻和小球藻的 CAex 可产生约 9%的碳同位素分馏(吴沿友等，2012)。

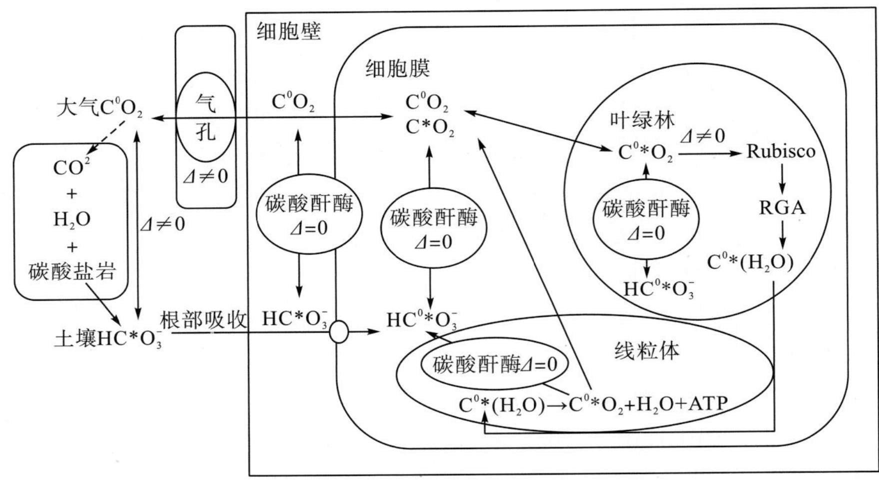

图 1.1 植物碳酸酐酶的区域化分布以及利用不同无机碳源造成的 $\delta^{13}C$ 差异

Figure 1.1 The regional distribution of carbonic anhydrase and the $\delta^{13}C$ difference induced by various inorganic carbon sources utilized by the plants

注：0 代表碳轻同位素组分，*代表碳重同位素组分，$\Delta=0$ 为碳同位素几乎不分馏，$\Delta\neq0$ 为碳同位素分馏

0 indicates light isotope composition, * indicates height isotope composition, $\Delta=0$ indicates carbon isotope barely exists fractionation, $\Delta\neq0$ indicates carbon isotope exists fractionation；Rubisco 为核酮糖-1,5-二磷酸羧化/加氧酶

2. 碳酸酐酶与无机碳的渗入

植物的无机碳或有机小分子向有机大分子的渗入也强烈地影响植物的碳代谢。植物的碳酸酐酶对无机碳的渗入有显著影响。除了前面所述的无机碳向草酰乙酸和琥珀酸的渗入与碳酸酐酶和 PEPC 协同作用有关外，无机碳向天冬氨酸的渗入也同样与碳酸酐酶和 PEPC 协同作用相关(DiMario et al.，2016)，在景天酸代谢的植物中，碳酸酐酶也促进了无机碳向苹果酸的渗入(Holtum et al.，1984)，甚至二氧化碳向甲酸的渗入也为碳酸酐酶所加速(Wang et al.，2015)；在脂肪的合成中，也发现了碳酸酐酶在乙酸渗入到脂肪链中

发挥着促进作用(Hoang and Chapman，2002)。碳酸酐酶促进无机碳或有机小分子向有机大分子的渗入，带动了相关的碳循环，强烈地影响相关的碳代谢过程。

3. 碳酸酐酶与无机碳的沉积

植物的无机碳转化成碳酸钙沉淀也强烈地影响着植物的碳代谢。碳酸酐酶显著促进生物体内二氧化碳向碳酸钙沉淀的转化(Kim et al.，2012)，也加速了碳酸钾溶液对二氧化碳的捕获(Zhang and Lu，2015；Hu et al.，2017)，许多生源的碳酸钙沉淀的形成都受到生物体内的碳酸酐酶控制(Uchikawa and Zeebe，2012；Müller et al.，2014)。碳酸钙的沉积使无机碳在溶液中的平衡发生改变，最终导致光合碳汇和岩溶碳汇的改变(Xie and Wu，2014，2017)。

1.3.3.3　碳酸酐酶在调控植物水分关系中的作用

水是植物体的重要组成成分，参与植物的各项生理活动，也是影响植物形态结构、生长发育等的重要生态因子(Dumais and Forterre，2011)。蒸腾作用是植物对水分吸收和运输的一个主要动力，而蒸腾作用则主要受气孔开度的影响(Müller et al.，2014)。当植物遭受逆境胁迫时，CA 受到激发，活力升高而引发气孔开度的变化，最终对蒸腾作用产生抑制，减小水分流失(Hu et al.，2010a；Xing and Wu，2012)，为应对逆境胁迫，植物通过提高水分利用效率(water use-efficiency，WUE)来增加无机碳的获取效率，即在相同单位水分流失的情况下提高无机碳的获取能力(Yang et al.，2016)。同时，CA 催化植物体内储存的 HCO_3^- 转化为 H_2O 和 CO_2，为自身提供潜在水源，当植物体内水分趋于平衡，状况好转时，气孔慢慢打开，蒸腾作用逐渐增加，水分消耗有所回升(Xing and Wu，2012；Perez-Martin et al.，2014)。

CA 也能对植物稳定氢同位素的组成(δD)造成影响。稳定碳、氢同位素比值($\delta^{13}C$，δD)已经成功地被用来研究光合作用(Tcherkez et al.，2009；Carvalho，2014)和水分代谢(Feakins et al.，2016)。CA 在将 CO_2 转化成 HCO_3^- 的过程中，将水中的 OH^- 转移到 HCO_3^- 中，之后 HCO_3^- 在植物的光能合成过程中被利用，同样可以引起氢的同位素分馏，反映在光合产物糖类的 δD 的变化上。当植物遭受逆境胁迫时，重碳酸盐被 CA 分解，为植物提供水分和 CO_2，水分被植物的光合作用利用，使平衡体系向水和 CO_2 生成的方向流动，引起稳定氢同位素的分馏，同样反映在光合产物糖类的 δD 的变化上(Wu and Xing，2012)。

1.3.3.4　碳酸酐酶在调控植物营养中的作用

植物正常生长发育所必需的营养元素分为大量元素和微量元素。各种营养元素在植物的生命代谢中具有各自不同的生理功能，相互之间同等重要且不可替代(Taiz and Zeiger，2006)。土壤溶液中的养分离子通过质流(水势梯度)或扩散作用(养分浓度梯度)到达植物根际，通过根系细胞被吸收(陈晓亚和汤章城，2007)。根系周围任何环境因素的变化(pH、水分状况、养分状况等)都可以影响甚至抑制植物对营养元素的吸收，植物在 CA 作用下对 HCO_3^- 的利用，能有效调控植物根际环境，促进植物对营养元素的吸收(吴沿友等，

2011a)。CA 还可以通过移去 CO_2 来推动反应产生能量，一方面有助于对呼吸作用的调控，另一方面可以为离子在植物体内的主动运输过程提供能量，促进植物对养分离子的主动运输(Henry，1996)。CA 也能够参与到一种保护类菌体胞外质的辅助机制中，为 NH_3 的质子化营造有利环境，促进氮素在植物体内的扩散及运输(Kalloniati et al.，2009)。此外，CA 与 PEPC 协同作用可以影响天冬氨酸、甘氨酸、丝氨酸等氨基酸的合成(Shi et al.，2015；DiMario et al.，2016)，同时氨基酸还能通过活化碳酸酐酶来偶联碳氮循环，提高氮素利用率(Ghiasi et al.，2017)。

1.3.4 生物多样性作用机制

生物多样性是生物生存和发展的最基本动力。喀斯特环境具有高度的异质性，这是喀斯特适生植物的生物多样性形成的基础。喀斯特适生植物的生物多样性作用机制是植物适应异质性的喀斯特环境下形成的多样性的生物形式及生态复合体对喀斯特环境的多种响应模式。它不仅包括遗传多样性、物种多样性，更体现在生理生态过程的多样性。

喀斯特环境由于岩溶干旱、高 pH、高钙镁、重碳酸盐以及低营养等逆境，导致喀斯特地区物种多样性大大减少。表 1.9 表示喀斯特环境和非喀斯特环境下森林不同层次的生物多样性特征的比较。

表 1.9 喀斯特环境和非喀斯特环境下森林不同层次的生物多样性特征差异

Table 1.9 Differences of biodiversity at different levels of forests in karst environment and non-karst environment

环境	岩性类型	层次	群落丰富度	Shannon-Wiener 指数	资料来源
喀斯特环境	纯灰岩	乔木层	13.7	0.89	侯满福和蒋忠诚，2006
	纯白云岩		11.8	0.89	
	纯灰岩	灌木层	7.2	0.80	
	纯白云岩		8.4	0.76	
	纯灰岩	草本层	6.2	0.66	
	纯白云岩		6.1	0.72	
非喀斯特环境	未知	乔木层	15.0	2.13	贺金生和陈伟烈，1998
		灌木层	26.1	2.72	
		草本层	7.9	1.47	

从表 1.9 中可以看出，喀斯特环境下无论从物种丰富度上，还是物种多样性方面都明显低于非喀斯特环境，表明喀斯特环境使生物多样性锐减。但值得注意的是，喀斯特环境下的原生林的生物多样性却极为广泛(表 1.10)。

表 1.10　喀斯特环境下原生林与次生林群落生物多样性特征差异

Table 1.10　The differences in community biodiversity between primary forest and secondary forest in karst environment

森林类型	建群种	物种数	物种均匀度	Shannon-Wiener 指数	Simpson 指数	资料来源
原生林	圆果化香树（*Platycarya longipes*）	13	0.83	3.22	0.81	曾昭霞等，2015
	伞花木（*Eurycorymbus cavaleriei*）	17	0.77	3.14	0.78	
	青檀（*Pteroceltis tatarinowii*）	9	0.89	3.48	0.95	
次生林	圆叶乌桕（*Sapium rotundifolium*）	38	0.58	1.67	0.55	
	八角枫（*Alangium chinense*）	33	0.62	1.91	0.64	
	黄荆（*Vitex negundo*）	42	0.55	1.54	0.52	

从表 1.10 可以看出，原生林虽然物种数量显著少于次生林，但 Shannon-Wiener 指数却显著大于次生林，表明原生林具有广泛的生物多样性。综合表 1.9 和表 1.10 可知，喀斯特适生植物以个体遗传、生理生态过程的多样性来弥补物种多样性的不足。

1.3.4.1　元素迁移模式的多样性

喀斯特地区由于土壤环境的异质性，造成微环境的多样性。生长在不同微环境的不同植物种类对土壤中元素的吸收模式显著不同。从表 1.4 中可以发现，石灰岩上生长的植物对磷的吸收系数范围在 90.2%～646.0%，对钾元素的吸收系数范围 58.1%～631.3%，对铁元素的吸收系数范围 0.4%～29.2%，表现出较大的变异性，这也说明植物吸收营养模式具有多样性。

1.3.4.2　植物形态结构多样性

异质化的喀斯特环境改造着在此环境上生长的植物，植物以形态结构多样化来应对喀斯特逆境，植物形态结构多样性是喀斯特生态系统生物多样性的直观体现。

喀斯特适生植物利用宽泛的叶形（型）、株型和根型多样性的变化来应对喀斯特逆境，这可以从前文的阐述中得以明确。吴沿友等（2004）同样也比较了喀斯特适生植物诸葛菜与非适生植物油菜的形态结构多样性，发现诸葛菜的叶形、叶的大小、株型、花色和花的大小等都存在着多种类型，而油菜的这些形态指标则很单调。诸葛菜农艺性状的变异性也大大高于油菜。形态结构强的可塑性使植物更容易适应多变的岩溶环境。

1.3.4.3　遗传多样性

遗传多样性是生物多样性的来源，而遗传多样性的本质则是基因多样性。基因是由核苷酸组成。对物种来说，不同物种的 DNA 的核苷酸，长度和排列顺序不同，所表达出的“物种”也就不同。喀斯特环境限制了植物的生长发育，因此，减少了物种多样性。但是，对于同一物种，也有广泛的生物多样性；这种生物多样性来源于可遗传的“变异”。所谓变异是指同种生物世代之间或同代不同个体之间的差异。一切生物都具有变异的特性，世界上没有两个完全相同的生物，变异是“物种”生物多样性的重要来源。喀斯特适生植物物种就是在喀斯特环境下逐步分化出众多这样的可遗传“变异”来适应喀斯特逆境的，它是喀斯特地区受损的物种多样性的不可或缺的重要补充。

喀斯特适生植物具有广泛的遗传多样性。吴沿友等(2004)以喀斯特适生植物的模式植物诸葛菜为研究材料，以非喀斯特适生植物油菜做对照，研究了喀斯特适生植物与非喀斯特适生植物随机扩增 DNA 多态性、同工酶多态性的差异。通过对 9 个引物的随机扩增多态性 DNA(RAPD，random amplified polymorphic DNA)分析可以看出，诸葛菜的 RAPD 谱带数目明显多于白菜型油菜，相同的谱带占的比例，诸葛菜明显多于白菜型油菜：在诸葛菜的 100 条带中，表现多态性的带为 86 条，占总带数的 86.0%，而白菜型油菜 69 条带中，表现多态性的带只有 14 条，占总带数的 20.3%。诸葛菜的株与株之间的 RAPD 距离也明显大于白菜型油菜：诸葛菜的最小距离为 3.02，最大距离为 24.19，而白菜型油菜最小距离为 0.66，最大距离仅为 2.65。通过对过氧化物同工酶、酯酶同工酶的分析发现：诸葛菜的过氧化物同工酶有 11 条谱带，而白菜型油菜只有 2 条谱带，芥菜型油菜有 4 条谱带，甘蓝型油菜也只有 6 条谱带；酯酶同工酶也具有类似的情况，这些都充分说明诸葛菜具有广泛的遗传多样性。

1.3.4.4 代谢途径的多样性

遗传的多样性，带来了代谢的多样性。植物代谢多样性不仅表现在呼吸代谢多样性，而且还表现在光合同化代谢的多样性；不仅表现在碳代谢的多样性，而且也表现在氮代谢的多样性；不仅表现在不同植物间的差异，而且还表现在同一种植物不同的条件或生育期的差异(邢惕，1985)；不仅表现在组织、器官及细胞水平，而且还表现在基因和分子水平(Ogita，2015)。代谢的多样性组成了一个庞大的代谢网，互相关联，相互协调，精确调控植物在不同环境条件下的各种生理过程(Krasensky and Jonak，2012；Omranian et al.，2015)。植物代谢的多样性，既有底物的多样性，又有生化过程的多样性；既有电子传递系统的多样性，也有酶系统的多样性等。以无机碳代谢为例，植物可以利用空气中的二氧化碳，也可以利用来自土壤的碳酸氢根离子(底物的多样性)；糖的分解既可以通过糖酵解途径，也可以通过磷酸戊糖途径(生化过程的多样性)；1,5-二磷酸核酮糖(RuBP，Ribulose-1,5-disphosphate)既可以通过 1,5-二磷酸核酮糖羧化酶/加氧酶(Rubisco，Ribulose bisphosphate carboxylase/oxygenase)的羧化酶的功能与二氧化碳结合行使碳同化功能，也可以通过 Rubsico 的加氧酶的功能与氧气结合行使有机物分解功能(酶系统的多样性)。不同的植物、器官、组织、不同的条件或生育期，植物体内物质的代谢可通过不同的途径进行或以不同途径不同比例份额进行，喀斯特适生植物可能正是通过调节不同代谢途径份额来适应喀斯特逆境的。

独特的无机碳代谢特征是喀斯特适生植物破解喀斯特逆境的最重要的法宝。在喀斯特地区，不是光照和温度，而是岩溶干旱、高钙、高 pH、高重碳酸根离子浓度以及低无机营养等因素限制碳的同化。喀斯特逆境通过降低气孔导度、羧化效率、减缓 RuBP 和磷的再生、延缓光合产物的输出、增加激发能热耗散等途径降低净光合速率。植物可从两方面来破解这些难题：一是直接地或间接地通过补充水分和二氧化碳进入叶片气室，增加气孔导度，提高羧化效率，二是直接地或间接地增加磷及其他一些营养元素的吸收来降低激发能热耗散、加快 RuBP 和磷的再生以及光合产物的输出(Brooks and Farquhar，1985)。二氧化碳和水分的补充和回用、RuBP 和无机磷的再生和循环、高效无机磷的俘获将成为喀斯特适生植物面临的最现实和迫切需要解决的问题。

1. 利用碳酸氢根离子与利用二氧化碳

植物对碳酸氢根离子的利用部分补偿了水分和二氧化碳的不足。碳酸酐酶能够快速催化 CO_2 和 HCO_3^- 之间的相互转化。植物在遭受喀斯特逆境(岩溶干旱、高钙、高 pH、高重碳酸盐浓度以及低无机营养等)后，气孔导度减小或关闭。植物为应对因气孔导度减小或关闭造成的水分和 CO_2 的不足，快速上调叶片中碳酸酐酶的基因表达(Hu et al.，2010a)，升高碳酸酐酶活力(吴沿友等，2004；Wu et al.，2005，2009)，将细胞内的储存的碳酸氢根离子转化成水和 CO_2，补充给光合机构，改善气孔的水分供应状况，既增加了对空气二氧化碳的利用，也增加了对碳酸氢根离子的利用(Xing and Wu，2012；Wu and Xing，2012)；植物利用碳酸氢根离子的可能途径如图 1.2。

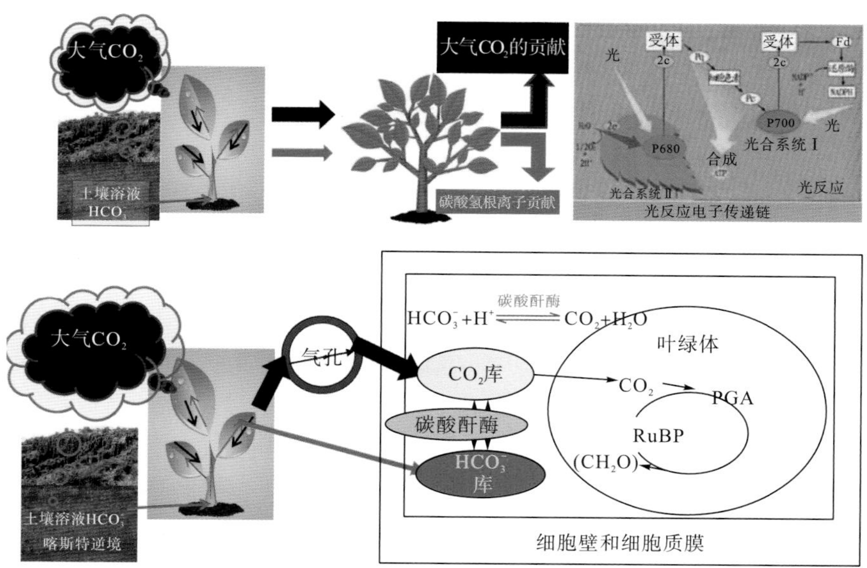

图 1.2　植物的碳酸氢根离子利用的可能途径

Fig. 1.2　Possible pathways of bicarbonate use by plants

利用同位素技术可以获取植物利用碳酸氢根离子的份额，许多研究证实了喀斯特适生植物是通过提高碳酸氢根离子利用份额来应对喀斯特逆境的。Wu 和 Xing(2012)利用双向同位素示踪培养技术，研究了碳酸氢钠(10mM)对喀斯特适生植物构树(*Broussonetia papyrifera*)的光合碳代谢的影响；结果表明，碳酸氢钠处理 20d 后，构树的总光合速率为 2.65 μmol(CO_2) $m^{-2}·s^{-1}$，其中碳酸氢根离子的利用份额占 30%，而桑树(*Morus alba*)的总光合速率为2.55 μmol(CO_2)$m^{-2}·s^{-1}$,其中碳酸氢根离子的利用份额占0。Hang和Wu(2016)用双向同位素示踪培养技术定量了不同浓度的碳酸氢钠对喀斯特适生植物诸葛菜的光合碳代谢的影响；结果表明，在碳酸氢根离子浓度分别为 5 mM、10 mM、15 mM 时，诸葛菜利用碳酸氢根离子的能力占总碳同化能力的份额分别为 5.4%、13.5%、18.8%；而芥菜型油菜利用碳酸氢根离子的能力占总碳同化能力的份额都在 5%以下；在利用聚乙二醇 6000(PEG 6000)模拟岩溶干旱来研究诸葛菜和油菜的无机碳同化对聚乙二醇的响应时发现，在聚乙二醇浓度分别为 0 $g·L^{-1}$、10 $g·L^{-1}$、20 $g·L^{-1}$ 和 40 $g·L^{-1}$ 时，诸葛菜利用碳酸氢根离子能力占总碳同化能力的比值分别为 6.7%、13.1%、17.6%和 47.7%。而芥菜型油菜利用碳酸氢根离子能力占总碳同化能力的比值分别为 2.9%、7.6%、7.7%和 5.9%(杭红涛，2015)。另外，在研究喜树(*Camptotheca acuminate*)的无机碳同化对聚乙二醇的响应时，同样也发现，在聚乙二醇浓度分别为 0 $g·L^{-1}$、100 $g·L^{-1}$ 和 200 $g·L^{-1}$ 时，喜树利用碳酸氢根离子能力占总碳同化能力的比值分别为 10.34%、20.05%和 16.60%(Rao and Wu，2017)。

上述喀斯特适生植物对碳酸氢根离子的高效利用能力在应对喀斯特逆境中起到了“一石二鸟”的作用：一方面提高了水分利用率，减少了植物对水分的需求，“空载保护”，破解了岩溶干旱和高重碳酸盐的难题；另一方面将高重碳酸盐“变废为宝”，提高了光合能力，增加了生产力，破解了高重碳酸盐的难题。

2. 光呼吸与光合同化

植物的光呼吸为光合机构提供了二氧化碳和水，加速了磷的再生，增加了高效无机磷的俘获。气孔导度减小或关闭不仅减少了水分和 CO_2 的供给，而且也降低了 Rubisco 的羧化能力增强了其加氧能力(Flexas et al.，2006； Parry et al.，2008)，从而加速了植物的光呼吸(Chastain et al.，2014)。图 1.3 表示的是植物的碳酸氢根离子利用途径、碳同化过程以及光呼吸过程的相互关系。光呼吸代谢的总反应可表示为

$$2RuBP + 3O_2 + ATP \longrightarrow 3PGA + CO_2 + H_2O + ADP + 2Pi \tag{1.1}$$

从式(1.1)可以看出，光呼吸过程不仅能够提供部分无机碳和水供光合器官进行光合碳同化(Weise et al.，2006)，而且也加速了磷的再生；这种磷的再生保证了植物在磷限制的环境下有较高的光合能力(Ellsworth et al.，2015)，协调了硝态氮的还原(部分破解无机氮的限制)(Walker et al.，2014；Bloom，2015)。结合以往的众多的研究成果(Cousins et al.，2001； Schwender et al.，2004； Walker et al.，2014)，可以推测喀斯特适生植物能够通过强化光呼吸来进一步应对喀斯特逆境下的气孔导度减小或关闭的窘境。

光呼吸能降低喀斯特逆境下活性氧的积累。当植物受到逆境时，通常第一反应就是产生活性氧(reactive oxygen species，ROS)。活性氧是体内一类氧的单电子还原产物，是电子在未能传递到末端氧化酶之前漏出呼吸链并消耗大约 2%的氧生成的，包括氧的一电子还原产物超氧阴离子、二电子还原产物过氧化氢、三电子还原产物羟基自由基以及一氧化氮等。为了生存，细胞试图抑制 ROS 的生产，同时清除 ROS。光呼吸一方面可以利用 ATP、NADPH 和还原性铁氧还蛋白直接地清除 ROS，另一方面还可以通过提供一个内部的二氧

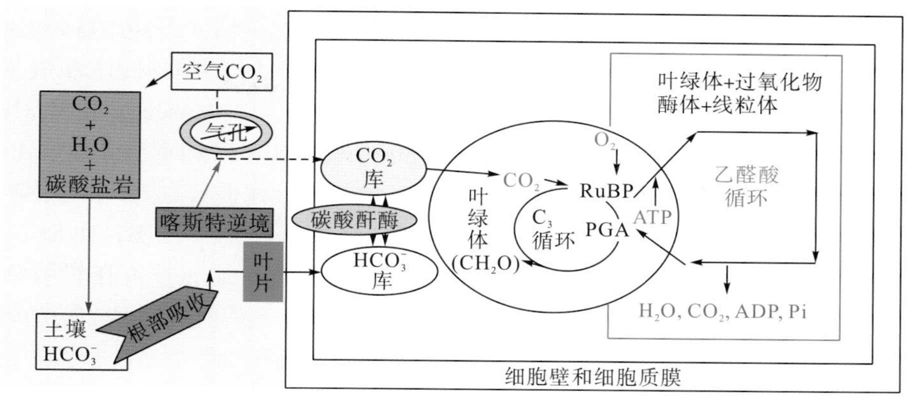

图 1.3 植物的碳酸氢根离子利用途径、碳同化过程以及光呼吸过程的相互关系

Fig. 1.3 The interrelation among bicarbonate use, carbon assimilation and photorespiration in plants

化碳库间接地消耗过剩的还原力和能量，同时还可以通过交替氧化酶(alternative oxidase，AOX)的作用使分子氧与还原醌相互作用，降低活性氧。此外，光呼吸甚至还可以通过过氧化氢，参与信号转导，调制基因表达，调整体内的氧化还原平衡。叶绿体氧化还原状态与光呼吸之间具有很强的相关关系(Voss et al.，2013)。喀斯特适生植物可以通过光呼吸保护光合作用免除因喀斯特逆境带来的光抑制。

除此之外，光呼吸还破解了低无机营养的难题。光呼吸是根系分泌苹果酸、柠檬酸和草酸的重要途径。植物遭受逆境时根系分泌的有机酸急剧增加(Carvalhais et al，2011；Song et al.，2012；Wu and Zhao，2013)，根系分泌的这些有机酸一方面可以重回植物碳同化途径回用无机碳，另一方面可以从石灰土中提取无机磷和矿质元素(Strom et al.，2005；Long et al.，2008；Zhao and Wu，2014)，从而部分破解高钙、高 pH 以及低无机营养的难题。这一点也可以从喀斯特适生植物在缺磷环境下能分泌更多的有机酸的事实中得到证实(Rengel，2002；Wu and Zhao，2013；Zhao and Wu，2014)。

人类对光呼吸与植物的其他途径和过程关系的理解仍是断断续续的，甚至是自相矛盾的(Timm et al.，2016)。一方面，人们认为，降低光呼吸可以促进光合作用，提高产量。Oliver(1980)报道了利用乙醛酸竞争光呼吸底物乙醇酸，抑制光呼吸达 71%，大豆的光合二氧化碳固定增加达 150%。Dalal 等(2015)利用转基因技术降低了亚麻荠的光呼吸，能够增加亚麻荠光合作用和种子产量。另一方面，人们认为，低强度的光呼吸并不伴随着高强度的二氧化碳同化。Aliyev(2012)对小麦和大豆的研究表明，具有高强度的二氧化碳同化的高产基因型却伴随着高强度的光呼吸，而具有相对低强度的二氧化碳同化的中产和低产基因型的光呼吸也同样较低。

这种自相矛盾的结果，可能是在不同的环境条件下得出的，很可能植物的光呼吸速率和光呼吸占光合速率的份额是“依环境而定”的。Zhang 等(2009)测定了光呼吸的日变化，结果表明，由于温度升高、光照增强，光呼吸速率从早上到中午持续在增加。Zhang 等(2013)研究表明，生长在高温下植物用于 RuBP 氧化的电子流要高于低温生长的植物，高温下生长的植物具有更高的光呼吸。Xie 等(2016)的研究也表明，高光强比低光强下生长的植物具有较高的光呼吸。这种“依环境而定”的光呼吸的调节方式，与 Rubisco 的特性紧密相关，在中午时，由于光照强，温度高，植物为了防止过多的失水，气孔导度减小甚至关闭，此时无机碳和水分不足，二氧化碳/氧气比值减少，Rubisco 加氧活力增加，乙醇酸增多，诱导乙醇酸氧化酶的形成，提高光呼吸。植物的很多代谢都与光呼吸代谢类似，“依环境而定”。这种“依环境而定”的灵活多变的植物代谢调节方式，正是植物适应环境的生理基础。

许多证据间接地证实了喀斯特适生植物是通过调节光呼吸来应对喀斯特逆境的。Rivero 等(2009)研究表明，与低光呼吸的野生型烟草相比，具有高光呼吸的转基因烟草在水分亏缺 30d 后，最大净光合速率并未减少，而低光呼吸的野生型烟草的最大净光合速率则下降超过 10%；当水分亏缺 40d 时，具有高光呼吸的转基因烟草最大净光合速率仍未受到影响，而野生型烟草的最大净光合速率则下降超过 40%；当水分亏缺 50d 时，具有高光呼吸的转基因烟草最大净光合速率只下降不到 20%，而野生型烟草的最大净光合速率则下降超过 70%；在水分亏缺的情况下，两种基因型的 Rubisco 最大羧化效率都随水分亏缺的时间的增加而逐渐减少，但野生型与转基因植物之间并没有显著差异；而对于最大电子传递效率、1,5-二磷酸核酮糖的再生能力以及磷酸丙糖的利用，野生型随着水分亏缺时间的增加而逐渐减小，而转基因的植株并不受到水分亏缺的影响，直至水分亏缺 70d 依然保持最初状态；转基因植株在水分逆境下的优异表现可能与高光呼吸有关。Guan 等(2004)研究了抗旱性不同的葡萄品种的一些光合指标对不同的干旱逆境及随后复水的响应，结果表明，抗性强的品种在轻度和中度干旱逆境下能维持较高的净光合速率，且复水效果较好，这可能与它们在轻度和中度干旱逆境下具有较高的光呼吸的保护机制有关，显示出高光呼吸可以有效保护植物光合器官在干旱条件下免受光损伤。Hu 等(2010b)通过比较耐旱和不耐旱的胡椒品种的光合作用和光呼吸发现，耐旱的胡椒表现出较高的净光合速率和细胞色素呼吸途径活性以及较低的超氧化物自由基和过氧化氢含量，同时伴有较高的光呼吸，而敏感品种则相反。Vineeth 等(2016)使用硫脲、苄基腺嘌呤和苯基噻二唑脲等生物调节剂来诱导鹰嘴豆 1,5-二磷酸核酮糖羧化酶大亚基和光呼吸的相关基因的表达，提高了光呼吸，使植物在水分胁迫下仍然保持较高的光合速率和 PSII 的量子效率。

我们也比较了在低光下喀斯特适生植物构树(*Broussonetia papyrifera*)和非喀斯特适生植物桑树(*Morus alba*)的光呼吸对模拟岩溶干旱的响应(吴沿友等，2016a)。在没有水分逆境下，构树的光呼吸显著大于桑树，这一点也可以从构树的二氧化碳补偿点大于桑树的二氧化碳补偿点方面得到印证(Wu et al.，2009)；在轻度干旱时，桑树的光呼吸速率和份额都较小，净光合速率下降不显著；但是，在轻度干旱初期，构树的光合速率和光呼吸同时增高，明显具有调节光呼吸来应对喀斯特逆境的特点。

上述喀斯特适生植物以调整光呼吸来应对喀斯特环境，起着“丢卒保帅”“过载保护”的作用：在喀斯特逆境下，尤其是在光照充足、温度高的岩溶干旱环境下，植物行光呼吸途径虽然牺牲部分有机物，但可以提供二氧化碳和水进行回用，部分破解岩溶干旱难题，保护了光合器官免去光的破坏；同时也加速磷的再生，增加了高效无机磷的俘获，免去了产物过多导致对光合机构的“过载”；甚至还改善了其他无机营养代谢，部分破解高钙、高 pH 以及低无机营养的难题。

3. 磷酸戊糖途径与糖酵解途径

磷酸戊糖途径促进了 RuBP 和磷的再生，增加了二氧化碳的回用，变相地节约了用水。大量的研究表明，植物在逆境下，呼吸代谢途径中的磷酸戊糖途径份额发生变化(Heerden et al., 2003；Hou et al., 2007；Krasensky and Jonak，2012；Liu et al., 2013；Cardi et al., 2015；Xing et al., 2015；Yao and Wu，2016)。抗逆性强的植物，通过强化磷酸戊糖途径增加其适应性改善它的同化效率(吴沿友等，1996；Chen et al., 2003；Galvez et al., 2005；Schlicker et al.，2009)。图 1.4 表示的是糖酵解(EMP)、磷酸戊糖途径(PPP)和三羧酸循环(TCA)的相互关系。磷酸戊糖途径总反应可表示为

$$6G6P + 12NADP^+ + 7H_2O \longrightarrow 5G6P + 6CO_2 + Pi + 12NADPH + 12H^+ \tag{1.2}$$

从式(1.2)中可以看出，磷酸戊糖途径不仅可以以牺牲水和有机碳为代价，来回收 1/6 的二氧化碳和无机磷，加速 RuBP 和磷的再生，而且还可以提供强大的还原力(NADPH)。这种还原力(NADPH)可变相地减少光合用水。因为光合代谢中光合磷酸化过程需要水的光解产生的还原力(NADPH)。

$$H_2O + NADP^+ \longrightarrow H^+ + NADPH + 1/2O_2 \tag{1.3}$$

合并式(1.2)、式(1.3)可以得到：

$$6G6P + 6O_2 \longrightarrow 5G6P + 6CO_2 + Pi + 5H_2O \tag{1.4}$$

从式(1.4)中可以看出，扣除磷酸戊糖途径本身耗水，该途径还为光合作用变相地节约了 5/6 的水。

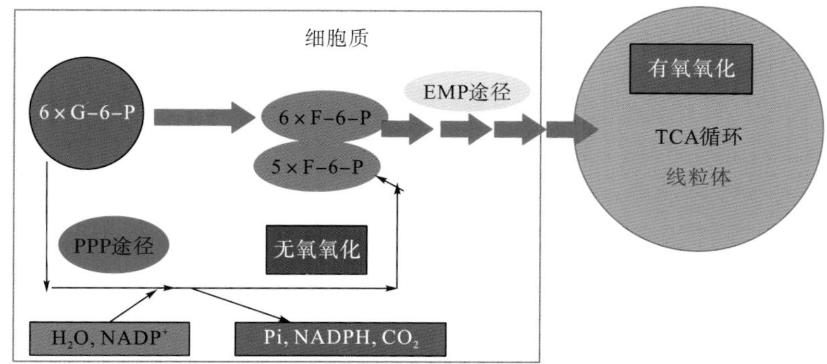

图 1.4 糖酵解(EMP)、磷酸戊糖途径(PPP)和三羧酸循环(TCA)的相互关系

Fig. 1.4 The interrelation among Embden-Meyerhof-Parnas pathway (EMP), pentose phosphate pathway (PPP) and tricarboxylic acid cycle (TCA)

Sharkey 和 Weise(2015)根据叶绿体甚至其基质内发现了大量氧化的磷酸戊糖途径特有的酶(Tanksley and Kuehn，1985；Caillau and Paul，2005；Wakao and Benning，2005；Xiong et al.，2009 a，b)、饲喂碳同位素标记光合叶片的 Calvin 循环的中间产物中并不完全出现标记(Bassham et al.，1954)和大量的文献记录，发表了观点文章，认为氧化的磷酸戊糖途径(与呼吸代谢中磷酸戊糖途径一样)可能也发生在叶绿体中，是进行碳还原的 Calvin 循环的一个分支，它虽然不能提高甚至稍微降低碳还原的效率，但可以再生 RuBP，

耗散掉过多的光能，稳定叶绿体的光合功能，它产生的 CO_2 还可以重新回到 Calvin 循环进行回用(Sharkey and Weise，2015)。

此外，一方面，磷酸戊糖途径可以为核苷酸、芳香族氨基酸及其衍生物等的合成提供碳骨架(Schwender et al.，2004)；另一方面磷酸戊糖途径产生的还原力(NADPH)还可以作为信号分子启动植物对逆境的防护功能，保护细胞乃至细胞器(如叶绿体)等的功能，使植物能进行正常的生长发育(Mou et al.，2003；Zhang and Mou，2008，2012；Xiong et al.，2009 a，b)。

我们通过测定植株叶片中磷酸果糖激酶(PFK)和葡萄糖-6-磷酸脱氢酶(G6PDH)的活性，比较了正常生长环境和逆境下构树和桑树糖酵解途径(P_{EMP})和磷酸戊糖途径(P_{PPP})之间的比值以及 1,5-二磷酸核酮糖再生能力，发现，构树和桑树在正常生长环境件下 P_{EMP}/P_{PPP} 分别为 2.92 和 2.85，1,5-二磷酸核酮糖再生能力分别为 1.80 和 1.98；但是，在遭受 80 $g\cdot L^{-1}$ PEG 6000 的胁迫下，P_{EMP}/P_{PPP} 分别为 0.56 和 0.79，1,5-二磷酸核酮糖再生能力分别为 3.30 和 2.51；在遭受 30 mM $NaHCO_3$ 的胁迫下，P_{EMP}/P_{PPP} 分别为 0.92 和 0.67，1,5-二磷酸核酮糖再生能力分别为 4.77 和 2.12(吴沿友等，2016b，c)。从这里我们看出，喀斯特逆境可以调高磷酸戊糖的份额，但仅从磷酸戊糖的份额和光呼吸份额上似乎还看不出，喀斯特适生植物构树适应喀斯特环境的优势，应结合 1,5-二磷酸核酮糖再生能力综合考虑；构树适应喀斯特环境的无机碳代谢机制应是灵活多变地调整光呼吸份额、提高碳酸氢根离子利用份额和磷酸戊糖份额、增大 1,5-二磷酸核酮糖再生能力。

这种在灵活多变地调整光呼吸份额、提高碳酸氢根离子利用份额的基础上以提高磷酸戊糖份额来应对喀斯特逆境的方式，一方面可以起到“润滑剂”的作用，耗散掉过多的光能，维护植物细胞功能；另一方面可以起到“补给站”的作用，再生 RuBP(CO_2 的受体)，提高 Rubisco 在低气孔导度时的羧化活力，增加二氧化碳回用，补充还原力，变相节约光合用水；部分破解岩溶干旱、高钙、高 pH、高重碳酸盐以及低无机营养等喀斯特逆境。

4. 无机碳代谢途径的多样性与稳定碳同位素组成的变异

不同的碳代谢途径的稳定碳同位素分馏值不同。植物在行使 C_3 途径时，叶片对空气二氧化碳的分馏满足下列关系式(1.5)(Farquhar et al.，1989)：

$$\Delta = a + (b - a)(C_i / C_a) \tag{1.5}$$

式(1.5)中：C_i 为胞间二氧化碳浓度；C_a 为空气中的二氧化碳浓度；a 为气孔扩散作用时对无机碳的分馏，取值 4.4‰；b 为 Rubisco 羧化作用时对无机碳的分馏，取值 29‰(范围为 27‰～29‰)。

将以上已知参数代入式(1.5)得

$$\Delta=4.4‰+24.6‰(C_i/C_a) \tag{1.6}$$

从式(1.6)可以看出，C_3 植物同化空气中的二氧化碳时对无机碳的分馏值与胞间二氧化碳浓度成正比。将式(1.6)变形为式(1.7)，得

$$\delta^{13}C_{leaf} = \delta^{13}C_{air}-4.4‰-24.6‰(C_i/C_a) \tag{1.7}$$

式中，$\delta^{13}C_{leaf}$ 为叶片有机碳稳定碳同位素比值，$\delta^{13}C_{air}$ 为空气中的二氧化碳稳定碳同位素比值。

从式(1.7)可以看出，在不考虑碳酸氢根离子转化的二氧化碳对叶片同化无机碳所造

成的碳同位素分馏的影响时，$\delta^{13}C_{leaf}$ 与空气中的二氧化碳稳定碳同位素比值和 C_i / C_a 有关。但是，如果考虑到植物不仅利用空气中的二氧化碳，而且还可以利用前面所述的碳酸酐酶作用机制将碳酸氢根离子转化成二氧化碳供 Rubsico 羧化，那么，$\delta^{13}C_{leaf}$ 除了受到上述两个因素的影响外，还受到另外两个因素的影响：①由于碳酸酐酶将碳酸氢根离子转化成二氧化碳，由此改变了细胞内二氧化碳浓度，改变了 C_i / C_a；②碳酸氢根离子本身的 $\delta^{13}C$ 值以及碳酸酐酶作用产生的微小碳同位素分馏。这两个因素直接与植物碳酸氢根离子的利用份额有关，因此，碳酸氢根的份额的多少，直接影响到植物体内的 $\delta^{13}C$ 值。我们在喜树(*Camptotheca acuminate*)的工作也证实了这一点(Rao and Wu，2017)。

植物在行使 C_4 途径时，叶片对空气二氧化碳的分馏满足下列关系(Farquhar et al.，1989)：

$$\Delta = a + (m + n + p + b\Phi - a)(C_i / C_a) \tag{1.8}$$

式中，m 为空气中的二氧化碳浓度溶解在水中形成的无机碳分馏，取值为 1.1‰；n 为二氧化碳水解过程中的无机碳分馏，取值为-9.9‰；p 为磷酸烯醇式丙酮酸羧化酶(PEP carboxylase，PEPC)固定碳酸氢根离子产生的无机碳分馏，取值为 2‰；Φ 为泄露再循环因子，取值为 0.37。

将以上已知参数代入式(1.8)得

$$\Delta = 4.4‰ - 0.47‰\,(C_i/C_a) \tag{1.9}$$

从式(1.9)可以看出，C_4 植物同化空气中的二氧化碳时对无机碳的分馏值也与胞间二氧化碳浓度成正比。将式(1.9)变形，得

$$\delta^{13}C_{leaf} = \delta^{13}C_{air} - 4.4‰ + 0.47‰\,(C_i/C_a) \tag{1.10}$$

比较式(1.7)和式(1.10)可以发现，C_4 植物 $\delta^{13}C_{leaf}$ 明显比 C_3 植物 $\delta^{13}C_{leaf}$ 偏正。

Ghashghaie 等(2003)研究表明，植物在暗呼吸过程中，稳定碳同位素分馏值为-6‰，而在光呼吸过程中稳定碳同位素分馏值为+10‰左右。虽然磷酸戊糖途径对稳定碳同位素分馏的数据缺失，但依据生理过程和 Farquhar 等(1989)的模型可以推测，磷酸戊糖途径以耗水为代价，通过 6-磷酸葡萄糖脱氢酶的作用将葡萄糖进行不完全氧化，产生二氧化碳供光合器官回用(重新固定)，将对叶片的 $\delta^{13}C$、δD 和 $\delta^{18}O$ 产生一定的影响。

不同的氨基酸由于来自不同的代谢途径，它们的稳定氮、碳同位素的比值也不同(Silfer et al.，1991)。同样，植物的有机酸也因为来自的代谢途径不同稳定碳同位素的比值也不同(Raven and Farquhar，1990)。另外，植物的生长速率、细胞大小乃至植物的形态等都会影响到植物的 $\delta^{13}C$。

稳定同位素组成的变异性是喀斯特适生植物代谢途径多样性的具体体现。杜雪莲等(2014)比较了黔中喀斯特石漠化区黄壤和黑色石灰土上生长的植物叶片 $\delta^{13}C$ 值，结果表明，黄壤上生长的植物叶片 $\delta^{13}C$ 值范围在-30.1‰～-26.8‰，均值在-28.3‰±0.67‰，变异系数为 0.024，黑色石灰土上生长的植物叶片 $\delta^{13}C$ 值范围在-30.7‰～-26.5‰，均值在-28.1‰±1.10‰，变异系数为 0.039，明显可以看出，黑色石灰土上生长的植物比黄壤上生长的植物叶片 $\delta^{13}C$ 值具有更大的变异性。同样，杜雪莲等(2011)还比较了喀斯特石漠化区不同小生境常见灌木种叶片 $\delta^{13}C$ 值的特征，结果表明，石缝中生长的植物叶片 $\delta^{13}C$ 值具有最大的变异性，其次是石面和石沟中生长的植物，变异性最小的是生长在土面上的

植物叶片，由此可以看出，随着喀斯特逆境的增强，植物叶片 $\delta^{13}C$ 值的变异性变大。吴沿友等(2004)分别从喀斯特适生植物诸葛菜和非喀斯特适生植物白菜型油菜同一植株上取 20 粒和 10 粒种子进行稳定碳同位素分析，发现，诸葛菜种子 $\delta^{13}C$ 值的变异性远大于芥菜型油菜种子。诸葛菜种子 $\delta^{13}C$ 值范围为-29.1‰～-24.3‰，平均值为-26.5‰，变异系数为 4.39%，而芥菜型油菜种子 $\delta^{13}C$ 值范围为-28.1‰～-27.3‰，平均值为-27.7‰，变异系数为 0.85%，这里也暗示着诸葛菜的同一角果种子的 $\delta^{13}C$ 值可作为短时间环境变化的指示剂，因为诸葛菜的每一角果约 40 粒种子，它们是按顺序发育的，共要生长 40d 左右才成熟，每一粒种子可以代表某日的气候如温度和湿度。

1.3.5 钙调控作用及高钙适应机制

钙是一种重要的植物必需的营养元素，是植物中不可替代的结构组成元素。它的二价阳离子(Ca^{2+})在细胞壁和细胞膜中作为结构组分，主要是果胶酸钙、钙调素蛋白、肌醇六磷酸钙镁等；在液泡中作为无机和有机阴离子的平衡离子，以氯化钙、碳酸钙、草酸钙、柠檬酸钙和苹果酸钙等形式存在；在细胞溶质中作为第二信使，依靠胞质内游离浓度的变化，在胞内信号转导过程中发挥重要作用(Evans et al.，2001；White and Broadley，2003)。大部分钙分布在细胞壁中。

植物以二价阳离子的形式吸收钙，根系从土壤中吸收钙，通过木质部运送到枝。它通过细胞的细胞质与胞间连丝(供质体)或通过细胞之间的空间(质外体)横穿根的横切面短距离运输到达木质部(White，2001)。钙通过 Ca^{2+}结合蛋白感知胞质 Ca^{2+}浓度变化，控制木质部 Ca 向枝梢及叶的运输速度(Johnson et al.，1995；Harper et al.，2004)。一些诸如对抗旱、盐、渗透、氧化逆境的响应，花粉管的生长、气孔的关闭、根细胞和根毛伸长等生长发育过程都是通过钙与钙结合蛋白结合感知胞质 Ca^{2+}浓度变化来控制钙向“需求地”的运输(Pauly et al.，2001；Halperin et al.，2003；Plieth，2001；Lecourieux et al.，2002；Bibikova et al.，1999；Messerli et al.，2000；Schroeder et al.，2001)。

钙结合蛋白具有多种类型如钙调素、钙依赖型蛋白激酶及钙调磷酸酶 B 类蛋白等，在拟南芥中就发现 250 种以上“疑似”的钙结合蛋白(Day et al.，2002)。钙调素(calmodulin)是细胞中普遍存在的钙结合蛋白。在拟南芥基因组中，至少有 9 个钙调素基因，编码了 5 种钙调素蛋白，表明有两个或以上的钙调素基因编码同一个钙调素蛋白(McCormack et al.，2005)。Ca-CaM 组成一个信号网络调控上述各种各样的生理生化事件(Yang and Poovaiah，2003)。

1.3.5.1 钙的形态、分布特征与植物对高钙的适应性

喀斯特地区土壤的高钙含量导致该地区的植物体内的钙含量和钙生物吸收系数高。齐清文等(2013)对华南喀斯特地区 11 种报春苣苔属(*Primulina*)植物的研究表明，这些植物普遍具有较高的钙富集能力，石灰岩钙质土壤植物叶片的总钙含量(2285.6mg/kg)显著高于丹霞地貌(1329.1mg/kg)和砂页岩酸性土壤植物(1379.3mg/kg)；曹建华等(2011)比较了岩溶区和非岩溶区植物叶片钙质含量发现，岩溶区植物叶片钙质含量比非岩溶区高出

58%。喀斯特植物高含量的钙势必与一些无机和有机阴离子结合，形成有毒的钙化物，在根、茎、叶等维管束以及细胞器累积，破坏细胞的结构，影响相关组织器官的生理功能，妨碍植物的生长发育，影响物种多样性的分布和配置。

喀斯特地区不同植物对高钙的响应是不同的。理艳霞和刘映良(2008)比较了茂兰喀斯特森林的 9 种植物叶片钙含量，发现：不同树种的叶片钙含量差异显著，常绿阔叶树高于落叶阔叶树和针叶树；同一树种不同个体间叶片钙含量差异不大；不同部位的叶片钙含量为：下部叶高于中部叶。谢丽萍等(2007)测定了花江查尔岩喀斯特小流域常见树种构树、野桐、八角枫、粗糠柴、毛麻楝、肾蕨等物种叶片中钙含量，结果表明，各类植物钙含量平均为 1.2%～3.2%，且大多数植物钙含量在 2%以上，物种叶片平均钙含量高低顺序为构树＞毛麻楝＞野桐＞八角枫＝粗糠柴＞肾蕨，其中构树叶片钙含量最高，生长也相对较好。

根据植物对土壤环境高钙的适应方式，可将喀斯特植物分为嗜钙植物、喜钙植物、厌钙植物和随遇性植物(屠玉麟和杨军，1995；姬飞腾等，2009；Tyler，2003)。

姬飞腾等(2009)对喀斯特地区的 14 种优势树种进行分析，将其分为三种类型，其中凤尾蕨(*Pteris cretica* var. *nervossa*)、井栏边草(*Pteris multifida*)、地瓜(*Ficus tikoua*)、白花鬼针草(*Bidens pilosa* var. *radiate*)属于随遇型植物，这类植物通过调节钙库中钙的结合量，稳定细胞质中的 Ca^{2+}水平来适应喀斯特的高钙土壤；乌蔹莓(*Cayratia japonica*)、薜荔(*Ficus pumila*)、苦荬菜(*Ixeris polycephala*)、田麻(*Corchoropsis tomentosa*)属于高钙型植物(嗜钙植物或喜钙植物)，它们通过增强钙的吸收、转运维持植物体内高钙水平，对钙有较高的需要或较强的忍耐力；肾蕨(*Nephrolepis auriculat*)、金星蕨(*Parathelypteris glanduligera*)、贯众(*Cyrtomium fortune*)、丛毛羊胡子草(*Eriophorum comosum*)、江南卷柏(*Selaginella moellendorffii*)、蜈蚣草(*Pteris vittata*)属于低钙型植物(厌钙植物)，它们通过减少钙的吸收量或从地下部分向地上部分的转运量来维持地上部分进行正常生理活动所需的钙水平。

汤松波等(2017)对贵州喀斯特森林 34 个优势种的研究表明，杨梅、香叶树、山胡椒和紫花泡桐属于厌钙型植物；粗糠柴、青冈、八角枫、野柿、女贞、任豆、盐肤木、化香、滇青冈、樟叶槭和银合欢属于随遇型植物；枫香、小叶栾木、短柄枹栎、漆树、枫杨、乌桕、多脉榆、野桐、灯台树、大叶土蜜树属于喜钙型植物；圆叶乌桕、朴树、构树、吴茱萸、鹅耳枥、楝、水麻、椤木石楠、拐枣属于嗜钙型植物。叶片构建成本大小为厌钙型> 随遇型>喜钙型>嗜钙型，这说明植物对钙的适应程度越高，叶片构建成本越低。反映了植物对喀斯特特殊环境的适应性，叶片构建成本较低的物种对资源利用效率更高，环境适应能力越强(Feng et al.，2008；Li et al.，2011)。

罗绪强等(2014b)研究表明，冷水花(*Pilea notate*)、荔波唇柱苣苔(*Chirita liboensis*)和掌叶木(*Handeliodendron bodinieri*)属于嗜钙型植物，石山吴茱萸(*Evodia calcicola*)属于喜钙型植物，黄梨木(*Beniodendron minus*)、单性木兰(*Kmeria septentrionalis*)、南天竹(*Nandina domestica*)、粗糠柴(*Mallotus philippensis*)、石山桂(*Cinnamomum calcareum*)和黔竹(*Dendrocalamus tsiangii*)属于随遇型植物，贵州悬竹(*Ampelocalamus calcareous*)属于厌钙型植物，荔波鹅耳枥(*Carpinus lipoensis*)、石山胡颓子(*Elaeagnus calcarea*)介于喜钙型植物和随遇型植物之间，石山楠(*Phoebe calcarea*)介于随遇型植物和厌钙型植物之间。

嗜钙型和喜钙植物在钙含量、形态和分布特征上与随遇植物和厌钙植物有着明显的区别。嗜钙型植物钙含量远高于厌钙型植物。王传明和乙引(2014)比较了喀斯特喜钙植物云贵鹅耳枥、伞花木、单性木兰以及随遇植物青冈栎和厌钙植物华山松、油茶在自然生长条件下的钙含量特征，发现，云贵鹅耳枥、伞花木、单性木兰、青冈栎、油茶各器官总钙含量为地上部>地下部；华山松总钙含量地下部>地上部，云贵鹅耳枥、伞花木、单性木兰叶总钙含量显著高于青冈栎、华山松和油茶，而青冈栎叶总钙含量显著高于华山松和油茶。曹建华等(2011)研究表明，嗜钙型植物钙总量(1193.4～1711.6 mg/kg)，高于中间型植物(719.9～1515.8 mg/kg)，远高于厌钙型植物(398.6～1037.3 mg/kg)。王程媛等(2011)对茂兰国家级自然保护区及其附近区域的 11 种常见蕨类植物研究表明，铁线蕨(*Adiantum capillus-veneris*)、柳叶蕨(*Cyrtogonellum fraxinellum*)、蜈蚣草(*Pteris vittata*)、贯众(*Cyrtomium fortunei*)、肿足蕨(*Hypodematium crenatum*)5 种专性钙生蕨类(嗜钙植物或喜钙植物)的植株钙含量大于肾蕨(*Nephrolepis auriculata*)、凤尾蕨(*Pteris cretica*)、金星蕨(*Parathelypteris glanduligera*)3 种广布种(随遇型植物)和铁芒萁(*Dicranopteris linearis*)、狗脊(*Woodwardia japonica*)、乌蕨(*Stenoloma chusanum*)3 种厌钙蕨类种(厌钙型植物)。

不同类型的植物，钙在植物体存在的形态有显著差异。曹建华等(2011)比较了三种类型植物叶片钙形态特征发现，嗜钙型植物叶片的钙形态顺序为：果胶酸钙＞水溶性钙＞硅酸钙＞磷酸钙和碳酸钙＞硝酸钙和氯化钙；中间型植物叶片的钙形态顺序为：硅酸钙＞磷酸钙和碳酸钙＞果胶酸钙＞水溶性钙＞硝酸钙和氯化钙；厌钙型植物叶片的钙形态顺序为：硅酸钙＞水溶性钙＞果胶酸钙＞磷酸钙和碳酸钙＞硝酸钙和氯化钙；嗜钙型植物的果胶酸钙明显大于中间型和厌钙型植物。即使是同一种嗜钙型植物，在不同地貌土壤上也同样具有显著的差异。齐清文等(2013)比较了 3 种基岩土壤中植物叶片钙的形态差异，结果表明，碳酸钙含量在 3 种基岩土壤植物中差异不显著($P>0.05$)，草酸钙含量在不同基岩土壤植物中都较低；叶片果胶酸钙含量为石灰岩钙质土壤植物均值高于丹霞地貌土壤植物和砂页岩酸性土壤植物；叶片水溶性钙含量为石灰岩钙质土壤植物远远高于丹霞地貌土壤植物和砂页岩酸性土壤植物。谢丽萍等(2007)也对构树、野桐、八角枫、粗糠柴、毛麻楝、肾蕨等物种叶片中钙存在形态进行比较，结果表明，在水溶性钙、乙酸溶性钙、盐酸溶性钙等三种形态中，以水溶性钙含量最高，在不同植被中水溶性钙含量差异较大，但并不随植物总钙含量的增加而增加。

不同类型的植物，钙在亚细胞组分中的含量及分布有显著差异。嗜钙型植物钙在叶片亚细胞组分中的分布顺序为：细胞壁＞胞质＞细胞器，老叶和嫩叶的钙元素以分布于细胞壁中为主，分别占总量的 66.5%和 59.1%；中间型植物和厌钙型植物叶片亚细胞组分中的分布顺序为：胞质＞细胞壁＞细胞器；嗜钙型植物细胞壁钙含量明显高于胞质和细胞器，而胞质和细胞器含量差异不明显(曹建华等，2011)。

由以上可以看出，虽然由于在高钙背景下，嗜钙植物有着较高的钙含量，但是，嗜钙植物叶片中钙主要是以胞质水溶性钙和细胞壁上的果胶酸钙的形态存在，而不是与有机酸结合的草酸钙、柠檬酸钙和苹果酸钙形式存在，这一方面大大减少了这些难溶沉淀物累积在根、茎、叶等维管束以及细胞器的机会，保护了植物组织器官免遭高钙伤害；同时也便于灵活及时向钙“需求地”转移钙离子(Francesch and Nakata，2005；Tyler and Strom，

1995)。以胞质水溶性钙和细胞壁上的果胶酸钙为主要存在形态是嗜钙植物适应高钙的重要方式。

1.3.5.2　钙调控作用与喀斯特适生植物的抗逆性

喀斯特土壤环境不只是高钙逆境，还具有岩溶干旱、高 pH、低营养等特点。虽然高钙可能会导致植物的生长发育受阻，但体内一定的钙浓度是植物生长发育所必需的。嗜钙植物高浓度的胞质水溶性钙的特征还有利于破解岩溶干旱、高 pH、低营养的逆境。

为了应对喀斯特逆境，胞质水溶性钙由质膜、液泡膜和内质网膜的钙离子通道内流入胞质，导致胞质水溶性钙浓度迅速增加，产生钙瞬变和钙振荡，传递到钙信号靶蛋白，引起特异的生理生化反应(Johnson et al.，1995；周卫和汪洪，2007)。

干旱逆境通过激活位于细胞质膜上的钙离子通道，产生胞质内特异性的钙信号，传递至钙信号感受蛋白，一方面通过促进根毛的伸长生长(Bibikova et al.，1999)，增加水分吸收，另一方面通过调节气孔运动，抗氧化酶活性和水通道蛋白(aquaporin，AQP)来减少水分流失，维持植物在干旱胁迫下的水分平衡，提高水分利用率(Schroeder et al.，2001；刘小龙等，2014)。冯晓英等(2010)比较了喜钙植物伞花木和厌钙植物华山松脯氨酸的差异，结果表明，在 Ca^{2+}胁迫下伞花木脯氨酸含量明显增多，而华山松脯氨酸含量变化不大，说明伞花木在高钙环境下抗逆能力增强。王传明和乙引(2014)通过比较喀斯特喜钙植物单性木兰和伞花木、随遇植物青冈栎和厌钙植物华山松的幼苗过氧化物酶(POD)在外源 Ca^{2+}胁迫下的差异发现，POD 活性大小依次为喜钙植物单性木兰＞喜钙植物伞花木＞随遇植物青冈栎＞厌钙植物华山松，喜钙植物单性木兰和伞花木、随遇植物青冈栎与厌钙植物华山松相比表现出对高浓度钙离子环境具有较强的适应能力，适宜生长于富钙的环境。李强等(2010)通过比较不同浓度外源 Ca^{2+}处理对忍冬(*Lonicera japonica*)在干旱渐进过程中的叶绿素含量、过氧化氢酶(CAT)活性以及日光合速率的影响差异，发现外源钙处理的忍冬通过增加叶绿素含量和 CAT 活性来提高其光合速率，减轻活性氧对叶绿体结构的破坏，缓解干旱胁迫造成的伤害。

低营养也是喀斯特土壤极其重要的逆境。植物元素的缺乏可以诱导酸化的发生，缺磷的番茄、大豆、甜菜以及白羽扇豆中发生了根际酸化(Neumann and Römheld，1999；Khorassani et al.，2011)，铁锌、缺也可以诱导根际土壤发生酸化(章艺等，2004；汪吉东等，2015)；高钙环境一方面可以平衡低营养的酸碱度，另一方面，高浓度的胞质水溶性钙还可能参与植物对低营养胁迫的应答反应，例如，缺磷会引起根细胞胞质内钙离子浓度的降低，高钙可以缓解低磷对植物造成的胁迫(高安礼，2014)。可以推测，虽然高钙土壤环境导致低营养，但是喀斯特适生植物必然进化出一套高钙缓解低营养胁迫的机制，这有待进一步证实。

1.3.5.3　根系的形态结构以及钙的区隔化与植物的高钙适应性

喀斯特适生植物已进化一套独特的根系形态结构来适应高钙环境。土壤的钙通过质流转移到根表面，再经过质外体途径短距离运输到达木质部，由于根内皮层细胞壁上木栓化的凯氏带可阻止 Ca^{2+}的质外体运输，钙的吸收主要发生在凯氏带尚未形成的根尖和侧根形成部位(许仙菊等，2004；罗绪强等，2012)。从上节喀斯特适生植物的根形态特征可以看出，植物遭遇喀斯特逆境时，根系发生巨大改变，侧根增多，根系庞大，根部木质部迅速栓化，根冠比加大，这一方面增加根系对钙的容量，另一方面控制木质部根系钙吸收向枝梢及叶的运送和分配；同时还使根系的尖端钙质化，增强根尖伸入土壤的能力，反馈形成更大的根系。蓝开敏(1987)甚至还观察到所谓钙化根(calcified root)的存在，这种钙化根是由 $CaCO_3$ 溶解到根际和 $CaCO_3$ 结合到皮层细胞形成的，它不仅能够增强难溶性养分的移动性，还能保护地上组织免受过量钙的毒害。

根质外体细胞的细胞壁中胶层物质果胶酸具有半乳糖醛酸结构的自由羧基，它的多少决定了根的阳离子交换能力，而根的果胶酸含量则决定这种自由羧基的多少，也因此决定了根的阳离子交换能力；而根系的阳离子交换能力，则能决定根系能够容纳钙的量(Sattelmacher，2001)。喀斯特适生植物有较厚的中胶层，一方面增加根系对钙的容量，另一方面也在根系中固化钙，阻止根系中的钙向上运移。

钙在细胞中的区隔化能钝化钙的流动。除了上述根系木质部的栓质化和果胶酸对钙的运移限制外，喀斯特适生植物可能还通过将过量的游离态钙离子形成不同大小和形态、不同晶型的碳酸钙、草酸钙等稳定的含钙晶体，或储存在液泡、腺体或表皮毛中，或通过气孔、腺体分泌到体外，从而降低钙的流动性(Berg，1994；Storey and Thomson，1994；Bauer et al.，2011；Macnish et al.，2003；He et al.，2012；吴耿，2011)。这种独特的钙的区隔化机制是喀斯特适生植物适应高钙环境的又一把利剑！

1.3.6 根系分泌有机酸作用机制

根系分泌物是植物根系释放到根际土壤中的一类物质，目前已经被鉴定出来的有 200 余种，主要包括四大类物质(吴彩霞和傅华，2009；Ryan et al.，2001； Chen et al.，2017；Dakora and Phillips，2002)：①无机阴阳离子，主要是 H^+、OH^-、HCO_3^-、K^+，这些物质大多数是通过被动扩散和 K^+ 专一离子运输通道在植物体—土壤中进行转运的，主要作用是为了维持植株体内的电中性平衡；②低分子量有机物，特指分子量小于 300 的有机化合物，主要包括低分子量有机酸、氨基酸、糖类和酚酸，它们主要是通过被动扩散和专一通道吸收等过程在植物—根际土壤中进行转运和分配的，这些物质在根际土壤—植物的转运中是碳循环的最活跃形式，在养分活化与固定、微生物的养分和能源的提供和化感作用等方面具有重要的作用；③高分子量有机物，主要包括根系分泌的酶、黏胶、生长因子以及黄酮类等高分子量化合物，这类物质的分子量较高，从 300～30000 不等，它们通过植物根系细胞的主要形式是主动运输，在影响养分循环和植物的生长发育，抵御铁、锰和铝等重金属的危害以及抗菌防病虫害等方面具有重要的作用；④细胞或组织脱落物及其溶解产物，这类物质一般是大分子物质，包括根冠细胞、根毛细胞内含物及溶出物，通过根系细胞壁的主要方式是被动运输和专一高蛋白运输通道，主要影响微生物的能源，间接影响植物营养状况。在这些物质中，低分子量有机物尤其是根系分泌的低分子量有机酸是碳循环、转化的最重要的中间物质。

有机酸(organic acids)是指至少含有一个羧基的链脂肪酸类的低分子量有机化合物的

总称，是土壤中碳形态的最活跃形式，包括脂肪酸和芳香酸，特别是低分子脂肪酸种类较多。目前已经鉴定出来的根系分泌的有机酸有 20 多种，常见的低分子量有机酸有甲酸、乙酸、丙酸、丁酸、草酸、丁二酸、苹果酸、延胡索酸、胡索酸、柠檬酸、酒石酸等，根系分泌有机酸浓度不高，一般在微摩尔浓度(μM)至毫摩尔浓度(mM)之间(Walker et al.，2003)。低分子量有机酸广泛分布于植物组织、器官和根系分泌物中，植物体内有机酸主要产生于线粒体中暗呼吸的三羧酸循环过程以及光呼吸的乙醛酸循环过程(López-Bucio et al.，2000)，这些有机酸最初来源于光合过程固定的碳(Jones，1998)，它们通过根系释放到根际环境中，影响植物根际的各种生理过程，导致土壤碳损失的净增加(Keiluweit et al.，2015)。植物体内或由根系向根际释放的可络合/螯合金属阳离子的有机酸主要包括：草酸(oxalic acid)、苹果酸(malic acid)、柠檬酸(citric acid)等(Krämer et al.，1996)。

有机酸对金属阳离子的络合/螯合作用和配位体交换的能力主要取决于有机酸中羧基基团的个数及其与金属离子络合/螯合形成的有机酸—金属络合物/螯合物的络合常数/螯合常数。通常能有效地解除重金属毒害的有机酸一般具有成对的—OH/—COOH 依附在两个相邻的碳原子上(如柠檬酸和酒石酸)或两个—COOH 直接相连(如草酸)，能与重金属形成五元或六元环状结构。在多数情况下，有机酸与重金属离子形成的五元或六元环结构最稳定(Marschner，1995)。不同的有机酸对金属离子的络合能力有所区别，有机酸中所含羧基个数越多，其对金属离子的络合能力越强，从而释放出的营养元素含量越多。同一有机酸对不同金属离子的络合/螯合能力取决于其络合常数/螯合常数，这主要与金属阳离子的离子化合价数以及配体个数相关，一般来说，离子化合价数越高，络合/螯合能力越强；络合物/螯合物的配体个数越多，络合/螯合能力越强(Chen et al.，2016；Parker et al.，1995)。

根系分泌有机酸(root-exuded organic acids)是植物应对环境胁迫的一种适应性响应，主要通过络合作用和配位体交换等复杂的化学机制显著影响土壤中一系列生物化学过程(Jones et al.，2009)。喀斯特土壤特征如岩溶干旱、钙镁和重碳酸盐含量高、有效磷以及铜、锌、铁、锰等微量元素不足等深刻影响生长在喀斯特地区植物有机酸的代谢特征。植物遭遇干旱逆境后发生生理适应性的变化，根系分泌物含量增加，其中羧酸和氨基酸类物质迅速增加(Reid，1974；Henry et al.，2007)。通过溢泌作用释放到根际环境中的这些有机碳、氮，90%被根际区域进行吸收再利用(Darrah，1996)。

在缺乏磷时，植物根系大量分泌有机酸是植物对该逆境的一种适应性响应(Jones 1998；Walker et al.，2003)。在缺磷胁迫下，植物根系主要通过 3 种方式向根际土壤分泌有机酸(图 1.5)。①TCA 循环中直接分泌的有机酸(主要是低分子量碳链有机酸)；②莽草酸途径产生并分泌的有机酸(主要是酚酸类物质)；③糖酵解过程(乙醛酸)途径产生并分泌的有机酸(主要是苹果酸和柠檬酸)。并且磷酸酶前体物(APase precursor)向根际土壤释放酸性磷酸酶。根系分泌有机酸及酸性磷酸酶调控植物吸收利用的磷主要通过两种方式：①酸性磷酸酶催化加速土壤中有机磷的分解，产生供植物吸收利用的无机磷；②根系分泌有机酸与 Al-P，Ca-P，Fe-P 等难溶性磷化合物产生络合作用，一方面释放出供植物根系吸收利用的无机磷，另一方面形成金属-有机酸络合物。同样，在缺锌情况下植物根系分泌有机酸的特征也具有一定的差异性，能调控对微量元素的吸收和释放，其有机酸分泌机制和缺磷下有机酸的分泌机制不同。

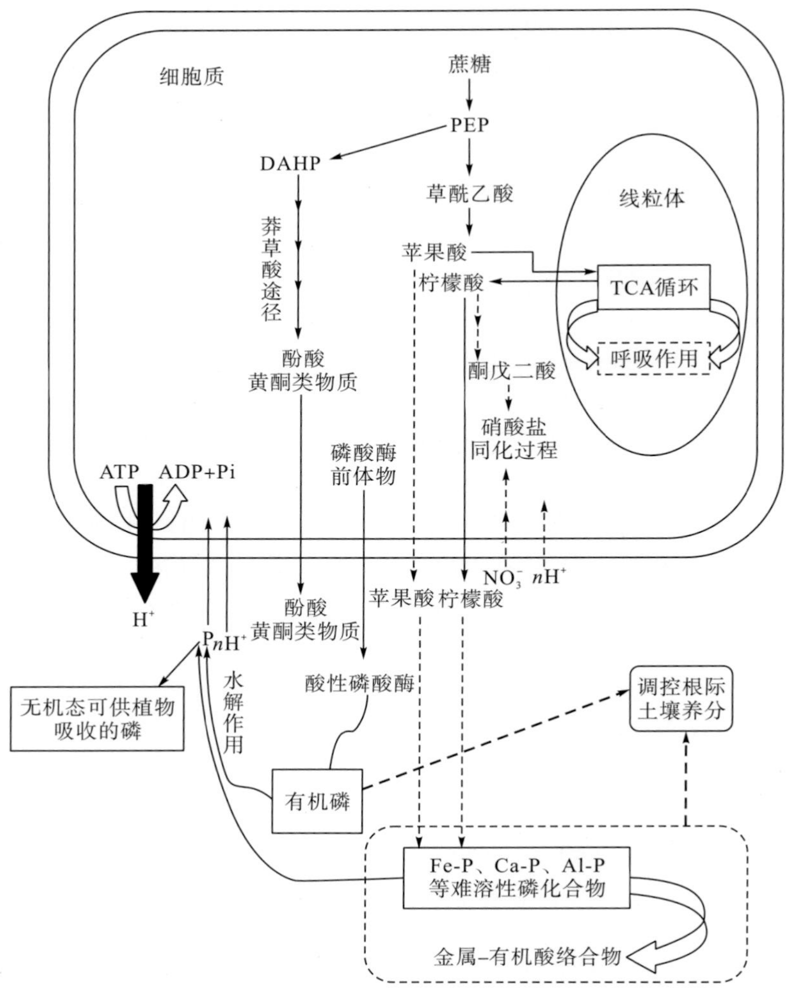

图 1.5 磷缺乏下根系分泌有机酸对植物–土壤界面磷的吸收与释放机制

Fig. 1.5 Mechanism on P uptake and release induced by root exudates organic acids under P deficiency in plant-soil interface

在磷缺乏时水稻、甘蓝、羽扇豆、苜蓿等植物根系分泌的柠檬酸、苹果酸、丁二酸等含量显著增加(Vance et al.，2003；Shahbaz et al.，2006；Gardner et al.，1983；Lipton et al.，1987)。这些有机酸通过电离氢离子、配位交换作用及氧化还原作用等溶解和转化一些难溶性矿物质，释放出植物生长所需要的有效磷，缓解喀斯特土壤中有效磷的缺乏(Broadley et al.，2002；Jones and Darrah，1994)。在石灰土上，这些有机酸是植生性的钙络合剂(Treeby et al.，1989)。缺磷逆境下喀斯特适生植物构树和诸葛菜大量分泌苹果酸、草酸和柠檬酸，以较小的根系分泌有机酸的有机碳损耗为代价，活化较多的根际磷营养，柠檬酸的磷提取能力最强，草酸的有机碳损失最小(Zhao and Wu，2014)。

植物根系分泌有机酸活化难溶性矿物是植物吸收和利用微量元素的一个重要机制，在喀斯特植物中缺锌是普遍存在的(何跃军和钟章成，2010)。缺锌胁迫下植物可以通过提高体内有机酸的浓度来影响 Zn 的运输和利用情况，有机酸作为植物体内与锌结合的一种重要配体，参与 Zn 在植物体内的运输、分配和解毒，导致根系分泌有机酸的差异性（Gao et al.，2009；Wang and Mulligan，2013；Rengel，2015；Montiel-Rozas et al.，2016）。

缺锌对苹果树根系 Zn 吸收和有机酸的代谢运输节奏有显著影响，促进有机酸向地下部分配，根中 Zn 浓度显著下降，根和茎中草酸和苹果酸的浓度提高 1.09～1.35 倍，有机酸向根系分配比例增加，根系 Zn 吸收速率显著增加（刘娣等，2010）。许多研究将缺锌和高浓度重碳酸盐处理联系在一起，高浓度重碳酸盐处理能显著增加缺锌和耐缺锌水稻品种中的苹果酸和柠檬酸的含量，但缺锌水稻分泌量比耐缺锌水稻增加的幅度更大，对其根的抑制作用也更加明显，从而诱导缺锌水稻品种缺锌，导致其有机酸在植株体内的转运、分配和分泌特征发生变化（Widodo et al.，2010；Hajiboland et al.，2005；Rose et al.，2011）。Zn 缺乏和高 HCO_3^- 浓度处理下，有机酸在植物体内的累积、转运和植物—土壤界面的分泌受到显著影响。在缺 Zn 和高 HCO_3^- 浓度双重影响下的喀斯特适生植物构树和诸葛菜叶片中有机酸含量的增加导致根系有机酸分泌量的增加，草酸和柠檬酸是调节有机酸转运和分泌的最主要的两种有机酸（Zhao and Wu，2017；赵宽等，2015）。

喀斯特适生植物能够很好地处理对石灰土中磷的提取能力的增加和有机碳的丢失之间的矛盾。缺磷导致根系分泌的有机酸的增加，这也造成植物同化物碳的损失增加。缺磷胁迫下，不同植物根系分泌的有机酸种类和含量有差异，造成不同植物根系分泌有机酸的碳损失量不同。根系分泌有机酸中所含的碳原子数目也影响有机酸的碳损失量，如柠檬酸的碳原子数目为 6 个，苹果酸为 4 个，草酸为 2 个，若根系分泌出相同摩尔质量的三种有机酸，则柠檬酸的碳损失量较大，苹果酸次之，草酸最小。为了降低相同的磷提取能力所消耗的有机碳成本，喀斯特适生植物优化根系分泌的有机酸组成。Zhao 和 Wu（2014）比较了喀斯特适生木本植物构树（*Broussonetia papyrifera*）与非喀斯特适生木本植物桑树（*Morus alba*）、喀斯特适生草本植物诸葛菜（*Orychophragmus violaceus*）与非喀斯特适生草本植物油菜（*Brassica napus*），在缺磷的情况下，根系分泌有机酸的特征和对石灰土中磷的提取成本，结果表明，虽然它们的根系分泌的有机酸的成分相同，但比例各不相同，导致对石灰土中磷的提取成本也明显不同。构树对磷的提取成本为 1.56 mol（C）mol^{-1}（P），桑树为 2.31 mol（C）mol^{-1}（P），诸葛菜为 1.49 mol（C）mol^{-1}（P），油菜为 3.68 mol（C）mol^{-1}（P）；以光呼吸回收磷的成本［2.0 mol（C）mol^{-1}（P）］为临界值，耐缺磷植物根系分泌的有机酸对磷提取的成本小于 2.0 mol（C）mol^{-1}（P），缺磷敏感植物根系分泌的有机酸对磷提取的成本大于 2.0 mol（C）mol^{-1}（P），由此可以看出，无论是喀斯特适生草本植物还是木本植物，都有着较低的对磷的提取成本。同时，由于根系分泌的有机酸对石灰土磷的提取是以络合 Ca 的方式释放磷，因此，喀斯特适生植物根系分泌的有机酸能更有效地使钙形成难溶物质让钙滞留在根际土中，减少喀斯特环境高钙对植物的毒害。

1.4 植物的喀斯特适生性与生态系统的稳定性

生态系统的稳定、持续、高效发展是人类经营活动的最终目的。生态系统的稳定性是生态系统健康发展的基础。生态系统的稳定性包括两方面的含义：一是生态系统保持现行状态的能力，即抗干扰的能力；二是生态系统受扰动后回归该状态的倾向，即受扰后的恢复能力(刘增文和李雅素，1997)。由于岩溶作用的影响，喀斯特生态系统中的水分、无机碳和营养元素复杂多变、具有极大的时空异质性，在没有植被的情况下，水循环与碳循环因失去了最重要的植被调控变得单调和失耦，岩石、土壤与大气的水、碳得不到交换和循环，能量得不到传递，最终使整个系统极其脆弱。植物的出现尤其是喀斯特适生植物的出现，连通了土壤—植被、植被—大气节点，带动了整个喀斯特陆地生态系统岩石—土壤—植物—大气的水、碳以及其他营养元素的循环和能量交换，极大地稳定了喀斯特生态系统，增强了生态系统的抗干扰能力，提高了生态系统的自我恢复能力。

1.4.1 适生植物对生态系统中的水分的调节

喀斯特生境决定了喀斯特生态系统水分布的高度空间异质化。喀斯特生境中的基岩多为碳酸盐岩类，其主要化学成分为 $CaCO_3$、$MgCO_3$ 等。由于长期强烈的岩溶作用，造成喀斯特地区水文地质结构为地表地下双重空间结构。地下河系很发育，地表发育有众多的溶洞、溶洼、溶沟、溶隙、漏斗和落水洞天窗等。雨水在大部分岩石裸露、土层较薄的情况下很快地渗漏到地下，成为深埋的地下水，造成低洼地带出现洪涝。停止下雨后，很薄的土壤覆盖层所形成的土壤水又迅速被蒸发掉，致使土壤干旱。

亚洲太平洋季风气候决定了喀斯特生态系统水分布的高度时间异质化。中国喀斯特地区大多为亚热带高原湿润季风气候，全年雨水丰沛，但降雨极为不均，雨季和旱季降水量相差悬殊(王腊春和史运良，2006)；由于独特的水文地质结构和土层瘠薄的原因，该地区河流径流有明显的丰水期和枯水期，丰水季节更易造成洪涝灾害，枯水季节更易造成土壤干旱。

植物的水分代谢是影响陆地生态系统水分循环的关键驱动力。植物的水分代谢，包括植物对水分的吸收、运转、利用和散失的过程。植物对水分吸收和运转是由水势差造成的，植物的水分利用主要是以光合作用的形式完成的，而植物的水分散失则主要是由蒸腾作用完成的。植物为了进行光合作用利用水和二氧化碳，气孔需要张开以便二氧化碳进入，而气孔张开后水分则通过蒸腾作用散失，这样形成了较大的水势差，带动了植物的水分吸收和运转，完成了水分在土壤—植物—大气的运移。因此，光合作用和蒸腾作用是影响水分代谢的关键。

植被的结构和成分影响土壤—植被—大气的水分过程。植被通过根系吸水和气孔蒸腾对土壤—植被—大气的水分过程产生直接作用，同时也通过其垂直方向的冠层结构和水平方向的群落分布对降雨、下渗、坡面产汇流以及蒸散发过程产生间接影响，形成了植被对水文过程的复杂作用(杨大文等，2010)。植被影响水的平衡(Brown et al.，2005；Zheng et al.，2016)，对水土保持也具有重要影响(Zhang et al.，2016)。不同的植被对径流的影响不同(Zhao et al.，2015b)，与草地相比，针叶林使枯水季节的水量显著增加，使洪峰期间径流降低 50%左右(Fahey and Jackson，1997)，针叶林和桉树林比其他植被类型对暴雨径流和冬季径流的影响要大(Robinson et al.，2003)，在针叶林覆盖度降低 10%时年水量增加 20～25 mm，而在桉树林覆盖度降低 10%时年水量只增加 6 mm(Sahin and Hall，1996)；植被变化不仅影响径流的季节变化，而且还影响到径流的日变化(Brown et al.，2005)。不同的植被覆盖度对水量的影响是不同的，随着覆盖度的增加，水量和径流在增加(Andréassian，2004)；砍伐木材使流域的雨季水量大大增加(Burton，1997)，间伐阔叶林对流域的水量都有深刻的影响(Swank et al.，2001)；不同的植被类型对水量的影响也是不同的(Andréassian，2004；Bosch and Hewlett，1982；Bren and Papworth，1991；Brown et al.，2005；Burton，1997；Cornish and Vertessy，2001)，即使仅失去一个基础种，也会对水量发生重要影响(Brantley et al.，2015)。除此之外，植被类型和植被覆盖度还影响流域的蒸散(Bosch and Hewlett，1982；Burton，1997；Wang et al.，2011)和径流的时空分配(Burton，1997)，用森林代替沼泽地，蒸散作用快速增加，径流快速减少(Hudson et al.，1997)，东部铁杉(*Tsuga canadensis*)从阿巴拉契亚山脉南部流域失去后，植被的群落结构发生显著的变化，生长季节森林的蒸散作用增加，冬季的蒸散作用显著降低(Brantley et al.，2013)；甚至不同林龄的植被对流域的水量和蒸散的影响也是不同的(Cornish and Vertessy，2001)。由上可以看出，覆盖率高的、生物多样性丰富的植物群落可以更好地调节流域的水分循环。

喀斯特适生植物是构建喀斯特适生植被的前提。由前文可知，喀斯特适生植物以多样性的光合模式适应着异质化的喀斯特生境，最大限度地利用环境的光和水分资源。行使不同的光合模式的适生植物，组成喀斯特适生植被，将提高植物群落的生产力，增加植被覆盖率，丰富生物多样性，调节生态系统的蒸散作用和径流的时空分配，反馈促进植被的正向演替(Zhang et al.，2014)，促进生态系统中水循环的稳定。

1.4.2　适生植物对生态系统中的碳循环的调节

岩溶作用深刻地影响着喀斯特生态系统的碳循环。喀斯特生境中的基岩多为碳酸盐岩类，其主要化学成分为 $CaCO_3$、$MgCO_3$ 等。在基岩的岩溶作用过程中，消耗了氢离子，形成大量的钙离子和碳酸氢根离子，改造了上覆土壤，使其上覆土壤呈现出高 pH、高钙和高重碳酸盐的环境(Yuan，2001；曹建华等，2003；Guo et al.，2007；刘丛强等，2009；宋同清等，2014)。喀斯特地区的土壤干旱、高 pH、高钙和高重碳酸盐的环境严重地影响受气孔行为所控制的植物的光合作用(于贵瑞等，2004)，影响植物对碳酸氢根离子的利用(Wu and Xing，2012；Hang and Wu，2016)，最终反馈作用于土壤下覆基岩的溶蚀(Han and Liu，2004)，导致生态系统各个节点的碳循环过程发生深刻的变化(图 1.6)。

图 1.6 喀斯特生态系统中碳循环过程——岩溶-光合耦合

Fig 1.6 Carbon cycling process in karst ecosystem: karst-photosynthetic coupling

喀斯特适生植物通过影响岩溶作用和无机碳的利用来影响生态系统的碳循环。首先，植物通过影响无机碳的利用来影响受气孔行为所控制植物的光合作用。植物在遭受岩溶干旱、高钙、高 pH、高重碳酸盐等喀斯特逆境后，气孔导度减小或气孔关闭，蒸腾减少。植物为应对因气孔导度减小或气孔关闭造成的水分和 CO_2 的不足，快速上调叶片中碳酸酐酶的基因表达(Hu et al.，2010a)，升高碳酸酐酶活力(吴沿友等，2004；Wu et al.，2005，2009)，将来自于土壤的细胞内储存的碳酸氢根离子转化成水和 CO_2，补充给光合机构，改善气孔的水分供应状况，既增加了对空气中二氧化碳的利用，也增加了对碳酸氢根离子的利用(Xing and Wu，2012；Wu and Xing，2012；Hang and Wu，2016)。其次，植物通过对碳酸氢根离子的利用来影响土壤中碳酸氢根离子的浓度，而土壤中碳酸氢根离子的浓度一方面影响并受馈于岩-土界面的碳酸盐岩的溶蚀及碳酸盐的沉积，另一方面影响并受馈于土壤二氧化碳通量。喀斯特适生植物以高效利用碳酸氢根离子为纽带，双向调节喀斯特生态系统碳乃至其他元素的生物地球化学循环控制着不同界面之间的物质迁移和转化速率(吴沿友等，2015)。

1.4.3 适生植物对生态系统中的营养循环的调节

喀斯特生态系统的脆弱性在宏观上表现为水土流失与生态系统退化，导致土地资源丧失、石漠化加剧、植被难以恢复、自然灾害频发；在微观上主要表现为生态系统(岩石—土壤—植被—水—大气系统)生物地球化学循环过程的改变。养分是生态系统生命支持体系的物质基础，构成了喀斯特生态系统生物地球化学物质循环的主要内容，在喀斯特生态系统形成、演化和发展中具有根本的地位(刘丛强等，2009)。喀斯特适生植物通过增加生态系统的生产力、增加生物量、改变物种的结构、增加生物多样性、优化营养元素的吸收和分配、增加生态系统的稳定性和环境容量、加快迁移和循环速率来影响营养元素的循环，促进植被群落的演替、保护水土资源。

植被影响生态系统的营养元素生物地球化学循环。有植被的土壤与无植被的土壤具有明显不同的元素分布特征(宁晓波等，2009；卢玫桂等，2006)。不同植物不仅对下覆土壤的元素赋存状态和活化的影响不同(龙成昌，2005；胡忠良等，2009；安玉亭等，2013)，还对营养元素的吸收和凋落物的归还有显著影响(周运超，1997；旷远文等，2010)。喀斯特适生植物通过影响形态结构、根际土壤环境、代谢途径(份额)、光合作用和蒸腾作用、根系有机酸的分泌以及对钙、镁离子的调控等来影响自身的无机营养代谢和循环。

喀斯特适生植物能增加生态系统的生产力、提高生物量，促进营养元素的循环。李艳琼(2016)研究了湘西南石漠化灌丛生物量及养分循环的关系，发现，不同石漠化程度灌丛总养分年吸收量和年归还量与灌丛生物量具有很好的对应关系，生物量最大的中度石漠化区域灌丛总养分年吸收量和年归还量也最大；重度石漠化区域，生物量与灌丛总养分年吸收量和年归还量最小；而轻度石漠化灌丛总养分年吸收量和年归还量处在两者之间。总养分利用系数不同石漠化程度表现不同，表现为：中度石漠化>重度石漠化>轻度石漠化。元素利用系数的规律也不同，轻度石漠化为 K＞Mg＞N＞P＞Ca，中度和重度石漠化为 K＞N＞Mg＞P＞Ca，总养分周转周期为轻度(3.43 a)＞重度(3.05 a)＞中度(2.76 a)，其中轻度和中度石漠化样地元素周转最快的为 K，重度石漠化样地元素周转最快的为 N，几个样地元素周转最慢的均为 Ca。

李素敏(2012)比较了人工林亮叶桦(*Betula luminifera*)+意杨(*Populus euramevicana*)混交林、刺槐(*Robinia pseudoacacia*)+梓木(*Sassafras tzumu*)混交林、杨树林(*Populus euphratica*)与麻栎林(*Quercus acutissima*)的林分生产力及大量营养元素(N、P、K、Ca、Mg)生物循环特征，结果表明，亮叶桦+意杨混交林生物量(4.03 $t \cdot hm^{-2}$)<刺槐+梓木混交林生物量(83.65 $t \cdot hm^{-2}$) <杨树林生物量(105.36 $t \cdot hm^{-2}$) <麻栎林生物量(129.04 $t \cdot hm^{-2}$)。亮叶桦+意杨混交林生产力(0.40 $t \cdot hm^{-2} \cdot a^{-1}$) <刺槐+梓木混交林生产力(2.20 $t \cdot hm^{-2} \cdot a^{-1}$) <麻栎林生产力(3.91 $t \cdot hm^{-2} \cdot a^{-1}$) <杨树林生产力(4.21 $t \cdot hm^{-2} \cdot a^{-1}$)。土壤营养元素积累量杨树林(65.69 $t \cdot hm^{-2}$)最大，麻栎林(35.63 $t \cdot hm^{-2}$)最小，亮叶桦+意杨混交林(59.22 $t \cdot hm^{-2}$)和刺槐+梓木混交林(54.71 $t \cdot hm^{-2}$)介于两者之间。单位生物量的营养元素的积累量为刺槐+梓木混交林(13939.2 $kg \cdot t^{-1}$)最大，麻栎林(298.9 $kg \cdot t^{-1}$)最小，杨树林(618.2 $kg \cdot t^{-1}$)和亮叶桦+意杨混交林(699.8 $kg \cdot t^{-1}$)介于两者之间；营养元素的年积累量为刺槐+梓木混交林(366.6 $kg \cdot t^{-1} \cdot a^{-1}$)最大，亮叶桦+意杨混交林(69.6 $kg \cdot t^{-1} \cdot a^{-1}$)和杨树林(24.7 $kg \cdot t^{-1} \cdot a^{-1}$)介于两者之间，麻栎林(9.1 $kg \cdot t^{-1} \cdot a^{-1}$)最小；亮叶桦+意杨混交林单位生物量的营养元素吸收量最大为 1.58 $kg \cdot t^{-1} \cdot a^{-1}$，其次是刺槐+梓木混交林(0.55 $kg \cdot t^{-1} \cdot a^{-1}$)，杨树林(0.42 $kg \cdot t^{-1} \cdot a^{-1}$)大于麻栎林(0.17 $kg \cdot t^{-1} \cdot a^{-1}$)，麻栎林单位生物量的营养元素吸收量最小。营养元素平均循环速率亮叶桦+意杨混交林(0.49)>杨树林(0.42)>刺槐+梓木混交林(0.37)>麻栎林(0.28)。N 循环速率较高，Ca 元素循环最慢。因此，刺槐+梓木混交林、亮叶桦+意杨混交林是营养需求较大的植被，两者有一定的差异，亮叶桦+意杨混交林吸收大、归还量大、循环快，因此，营养元素的积累量并不大；较亮叶桦+意杨混交林，刺槐+梓木混交林营养元素的积累量大，这是吸收多、归还少、循环慢的结果。麻栎林则相反，但能取得最高的生物量和较高的生产力，可见麻栎林的大量营养元素利用效率远高于其他森林；麻栎具有很好的喀斯特适生性，是土著种，而其他三者则是人工引入的，它们具有速生性，能迅速消耗完本已不足的无机营养。麻栎林对大量营养元素生物地球化学循环具有长期调节作用，而其他几种人工林对大量营养元素生物地球化学循环具有不同尺度的调节作用，其中，杨树林对大量营养元素生物地球化学循环具有中长期的调节作用。

王仲(2013)比较了人工林亮叶桦(*Betula luminifera*)+意杨(*Populus euramevicana*)混交林与麻栎林(*Quercus acutissima*)的林分生物量特征及微量元素(Cu、Fe、Zn、Mn、Ni、Co等)生物循环特征，结果表明，虽然亮叶桦+意杨混交林生物量(16.7 $t{\cdot}hm^{-2}$)显著小于麻栎林生物量(136.44 $t{\cdot}hm^{-2}$)，但亮叶桦+意杨混交林土壤微量元素总积累量(100.82 $t{\cdot}hm^{-2}$)与麻栎林土壤微量元素总积累量(101.25 $t{\cdot}hm^{-2}$)没有显著差异，单位生物量的亮叶桦+意杨混交林与麻栎林微量元素吸收量(0.15 $kg{\cdot}t^{-1}{\cdot}a^{-1}$)没有差异；单位生物量的微量元素存留量，麻栎林(0.13 $kg{\cdot}t^{-1}{\cdot}a^{-1}$)与亮叶桦+意杨混交林(0.11 $kg{\cdot}t^{-1}{\cdot}a^{-1}$)的差异不显著；单位生物量的归还量：亮叶桦+意杨混交林(0.037 $kg{\cdot}t^{-1}{\cdot}a^{-1}$)大于麻栎林(0.014 $kg{\cdot}t^{-1}{\cdot}a^{-1}$)；利用系数为亮叶桦+意杨混交林(0.134)显著大于麻栎林(0.034)，循环系数为亮叶桦+意杨混交林(0.254)显著大于麻栎林(0.098)。因此，亮叶桦+意杨混交林同样也是微量营养元素需求较大的植被，利用和循环快，归还量也大，而麻栎林则相反，但能取得较高的生物量，可见麻栎林的微量元素利用效率远高于亮叶桦+意杨混交林；而麻栎是喀斯特适生植物，麻栎林对微量元素生物地球化学循环的调节作用大于人工林亮叶桦+意杨混交林。

王新凯等(2011)研究了杨树(*Populus euphratica*)林的林分生物量特征及微量元素(Cu、Fe、Zn、Mn、Ni、Co等)生物循环特征，结果表明，杨树林的生物量为105.36 $t{\cdot}hm^{-2}$，生产力为12.13 $t{\cdot}hm^{-2}{\cdot}a^{-1}$，单位生物量的微量元素年吸收量为0.0292 $t{\cdot}hm^{-2}{\cdot}a^{-1}$；单位生物量的归还量为0.025 $t{\cdot}hm^{-2}{\cdot}a^{-1}$；利用系数为0.22，循环系数为0.865。杨树林对微量元素需求小，它的林分中微量元素具有更大的循环速率和利用效率，对微量营养元素的生物地球化学循环具有很好的调节作用。

综上可知，不同的植物对不同的养分生物地球化学循环的调控方式不同，同一植物对不同的元素生物地球化学循环也不相同，甚至同一植物处在不同的生态环境条件下对同一养分的生物地球化学循环的影响也不相同，喀斯特适生植物以其多样性的模式调控着处于不同石漠化阶段或演替阶段的各种植物不同养分的生物地球化学循环。

1.4.4 适生植物对生态系统的稳定性的决定作用

喀斯特环境是脆弱的生态环境。它具有环境容量低、生物量小、生态环境变异敏感度高，空间转移能力强，承灾能力弱、稳定性差等一系列脆弱性特征(苏维词，2000)。喀斯特生态系统的脆弱性集中体现在水、土与植被资源上，其产生是喀斯特自然过程和人为活动共同作用的结果。就自然过程来看，碳酸盐的溶蚀作用是喀斯特环境形成的地质基础和前提条件，也是喀斯特生态环境中水、土和植被主要环境资源特点及其脆弱性产生的自然基础，而不合理的人为活动尤其是因人口超载而对植被的破坏则使喀斯特生态环境呈现日益恶化的趋势。植被减少，生态系统多样性受损，水土流失加剧，石漠化面积日趋扩大，土地承载力低，抗干扰能力弱，生态系统稳定性差等是喀斯特环境的基本属性(李瑞玲等，

2002；甘露等，2001）。

评价生态系统的稳定性的两个重要标尺是生态系统的生产力和生物多样性。而喀斯特生态系统的脆弱性正体现在生产力低下和生物多样性匮乏上。苏维词（2000）对比了喀斯特地区（普定岩溶区）和全国其他湿润亚热带地区的植被生产力发现，喀斯特地区的植被生产力极低，乔木层不到全国平均值的 60%，灌木林不到全国平均值的 30%。于维莲等（2010）对比了西南山地喀斯特与非喀斯特森林的生物量和生产力发现，喀斯特森林的生物量为非喀斯特森林的 76%，而喀斯特森林的生产力也只是非喀斯特森林的 90%。而对于生物多样性来说，喀斯特环境下无论从物种丰富度上，还是物种多样性方面都明显低于非喀斯特环境。较低的植被生产力、匮乏的生物多样性，使喀斯特生态系统营养流和能量交换不稳定、抗干扰能力弱、系统对资源的利用率低，植被更新缓慢、生态系统稳定性差、退化快。

从前文可以看出，喀斯特适生植物最重要的作用机制也正是光合作用机制和生物多样性机制。喀斯特适生植物的光合作用机制是植物破解喀斯特逆境形成生产力的直接动力，每种光合模式是植物在适应独特的喀斯特环境过程中进化出来的，能够在这样独特的环境下获得最大的资源利用率，形成最大的生产力。喀斯特适生植物的生物多样性机制是以个体遗传、生理生态过程的多样性来适应脆弱的喀斯特环境，增加了单个物种获取资源的手段，提高了单个物种对物质流和能量交换的调控效率，弥补了物种多样性的不足，增加了生态系统的稳定性。喀斯特适生植物对生态系统的稳定性起决定作用，这一结论也可从喀斯特适生植物组成的原始森林生物量和生产力都明显高于非喀斯特森林（于维莲等，2010；夏焕柏，2010），Shannon-Wiener 指数也明显高于非喀斯特森林（贺金生和陈伟烈，1998；曾昭霞等，2015）等一系列事实中得到体现。

1.5　植物的喀斯特适生性与喀斯特地区生态修复

喀斯特地区生态系统脆弱和退化主要源自两方面原因，一是自然原因，主要是岩溶作用、气候等造成的独特的地形地貌特征，以及植被的覆盖率低、群落相对单一等因素；二是人为原因，由于人为干扰如砍伐、开垦和焚烧等因素造成的植被和土壤退化，这是生态系统逆向的演替过程，如果不采取措施，最终会导致石漠化程度越来越严重。生态修复是治理喀斯特石漠化地区的有效途径之一（Wei et al.，2011；Zhu et al.，2012），合理的植物种群和群落构建是该领域的共性关键技术（郭柯等，2011）。许多学者从诸多方面提出了喀斯特地区生态退化成因并提出了生态修复机制，这些都是基于生态学原理进行的，具有十分重要的理论和实践意义，为喀斯特地区的生态恢复做出了重要贡献（刘涛等，2007；田秀玲和倪健，2010；万福绪和张金池，2003；张萍，2007；孙德亮等，2013；孙治仁和邓抒豪，2005）。在诸多的喀斯特地区植被修复的实践中，植物的适生性都是首先要考虑的（郭柯等，2011；白晓永，2007；喻理飞等，2002；姜志强和高捍东，2008；王克林等，2015；池永宽，2015；田秀玲，2011；杨龙，2016）。依据形态、生态机制、光合作用机制、无机营养利用机制、碳酸酐酶作用机制、生物多样性机制、钙调控作用和根系有机酸的分泌机制等筛选适生植物并进行合理化的树种配置和栽种，将进一步提升喀斯特地区的石漠化的防治、植被恢复和水土保持能力，也为喀斯特地区的生态修复提供更多的理论依据，同时还可进一步加速喀斯特地区生态系统正向群落演替过程，构建喀斯特地区特有的景观生态，开发建设喀斯特生态旅游，从而在喀斯特生态经济的发展和生态文明的建设中发挥更重要的作用，加快实现经济、社会和环境效益的有机统一，实现“绿水青山就是金山银山”的美好愿景。

1.5.1 适生植物的筛选配置与植被恢复

喀斯特植被演替是生物驱动因素与环境阻力相互作用的结果，不同区域不同演替阶段植被演替的建群种和关键种不同，其植物群落的稳定性受多样性和结构性的共同控制，逆向演替的速度远比顺序演替快，因地质和生态环境恶劣，植被退化容易恢复难(文丽等，2015)。喀斯特地区困难立地植被的恢复技术是建设岩溶生态环境和石漠化治理的首要任务，防止喀斯特地区的水土流失是喀斯特地区石漠化防治的实质(苏维词等，2002；王建锋和谢世友，2008)。

生长在喀斯特环境的适生植物对异质化的小生境和空间格局均有较强的适应性。喀斯特适生植物与异质化的喀斯特环境是相互适应的，这主要体现在两个方面：一是丰富的小生境类型为不同生态适应性的植物提供各自需求的生存环境；二是不同的适生植物能够充分利用这些小生境的空间分布格局开拓自己的生存空间，由此适应喀斯特生境资源分布的空间异质性。喀斯特地形因子是造成土壤养分空间变异的重要因素，土壤养分的空间变异性显著影响到群落中植物的组成与空间分布，体现了不同植物在土壤资源利用上的生态位分化，这种分化有助于喀斯特植物群落物种多样性与稳定性的维持。通过适生植物的筛选并进行合理化的配置，有利于增加喀斯特生态系统的生产力，提升喀斯特地区的植被恢复水平和物种多样性水平，加速喀斯特地区生态系统的正向演替过程。贵州关岭—贞丰花江石漠化治理模式以及毕节撒拉溪石漠化治理模式都是因其以喀斯特适生植物为主要恢复物种而获得巨大成功的(刘云，2009；陈洪云，2007；张晖，2014)。

喀斯特植被的恢复是对植被退化的逆转过程，是引导植被正向演替的过程。沈有信等(2005)对滇东的喀斯特植被样地的植物群落学特征、繁殖体库和土壤基质进行调查研究后发现，喀斯特山地植被退化是一个伴随着植被退化和土壤养分不断流失的渐进式逆向演替过程。植被的自然恢复是由低级阶段向高级阶段顺序替代的过程(喻理飞等，2002)，而人工恢复的实质是加速植物群落的正向演替。一般来说，喀斯特地区植物群落退化顺序为：顶级群落→乔木林→灌乔→灌丛灌木→草灌→草本群落 6 个阶段。生物量和生产力都随着正向演替的进行而呈递增趋势(夏焕柏，2010；杨龙，2016)。因此，喀斯特地区植被的恢复应该充分考虑到这种植被退化的阶段性，根据各阶段的特点配置适应不同阶段的不同种类和数量的喀斯特适生植物，充分利用光、热、水分和营养等资源，提高生态系统的生产力，加速生态系统物质循环和能量流动。

喀斯特适生植物以多样性的模式适应高度异质化的喀斯特环境。在植被恢复的物种配置中，既要考虑植被的地带性分布规律特征，选择能够很好地适应当地大气候条件的植被；也要考虑恢复区不同地形造成的小气候差异，选择能适应当地地理条件的区域性植物；做到与当地气候、地质条件和土壤水分亏缺等自然因素相结合，因地制宜地进行树种配置，尽可能地避免人为干扰因素，妥善处理好植被恢复与资源开发之间的矛盾(刘中亮等，2010；姜志强和高捍东，2008)。

喀斯特适生植物中的高光合类型由于能快速积累有机物，赋予了先锋物种的禀性，它们能迅速占领空间，加速营养元素的循环，改善土壤环境，为后续植物的生长创造条件(王兵等，2006)。通过长期演化形成的形态、生理特性适应当地自然环境并占有一定生态位的喀斯特适生植物赋予了乡土物种的禀性，是当地气候条件对植物长期选择、不断淘汰的结果。为了尽快恢复生态系统，应选择喀斯特适生的先锋物种，尤其是在乡土植物中选择先锋树种作为植被恢复的前期物种(刘中亮等，2010；闫国华和侯贻菊，2015)。王明云等(2010)总结了普定生态恢复实践，认为引进先锋物种与乡土树种如化香、月月青、火棘、构树等进行合理配置是成功地进行喀斯特石漠化地区植被恢复的一项关键技术。

林分的稳定性和多样性是植被正向演替的基础。喀斯特适生草本、灌木以及乔木的混交适配，可以大大增强生态系统的稳定性、增加物种的多样性、提高资源的利用效率。退化的次生林，大多结构单一，林下活地被物少，枯枝落叶量低，不仅水土保持和涵养水源功效不好，而且因大部分地表裸露，水分无效蒸发多，有效利用少，同时养分平衡失调，影响了林分发育(彭晚霞等，2008)。在营造困难立地的林分结构时，应模拟天然林分生态系统，适地混交喀斯特适生草、灌、乔，提高林分保水抗旱能力，增强林分生态系统稳定性(刘中亮等，2010；闫国华和侯贻菊，2015)。万福绪和张金池(2003)认为喀斯特乔灌木如乌冈栎、青冈栎、鹅耳枥、板栗、圆果化香、楸树、滇楸、喜树、香椿、臭椿、朴树、青檀、漆树、杜仲、银杏、核桃、柿树、皂荚、刺槐、花椒等，喀斯特适生藤本植物如金银花等，以及喀斯特适生草本植物白三叶、香根草和黑麦草等的混交适配，可形成稳定的高生产力的喀斯特适生植被。

诚然，在喀斯特作用下，喀斯特环境变得极为脆弱，高度的异质性和复杂性给生态修复带来巨大困难，但是，大自然也馈赠给人类多样化的适生植物来治理脆弱的喀斯特生态环境；大力开发喀斯特适生植物资源，建立各种适生植物的工厂化育苗技术体系，“适地适树”配置喀斯特适生植物，构建喀斯特适生植被，将是成功修复脆弱喀斯特生态的一把利刃！

1.5.2 植物的喀斯特适生性与森林经营和管理

森林资源是林业发展的物质基础，森林资源经营管理是实现林业可持续发展的关键(郭捷友等，2015)。广义的森林经营是指以森林为经营对象的全部管理工作，除营林活动外，还包括森林调查和规划设计、林地利用、木材采伐利用、林区动植物利用、林产品销售、林业资金运用、林区建设和劳动安排、林业企业经营管理以及森林生态效益评价等。而狭义上的森林经营则是为获得林木和其他林产品或森林生态效益而进行的营林活动，包括更新造林、森林抚育、林分改造、护林防火、林木病虫害防治、伐区管理等。与其他地区的森林经营和管理相比，喀斯特地区的森林经营和管理在更新造林、森林抚育、林分改造等营林活动上有其独特性。

喀斯特适生树种是更新造林的目标物种。无论是人工更新还是人工促进天然更新都需要利用，都需要按照要求选择目标物种，合理密度或合理混交等加速更新过程。不同迹地或不同的退化森林所处的环境明显不同，同样也需要适地适树地进行物种的选择；即使是同一迹地不同时间、不同造林方式也需要不同的物种，因此，在更新造林的树种选择上，既要考虑单个物种的适应性，又要考虑物种对整个环境的相容性；既要考虑植物的整体适应性，又要考虑植物对各逆境的适应性差异，同时还要考虑不同苗龄在不同种植季节的适应性。由此可以看出在喀斯特地区更新造林中，选择喀斯特适生树种比喀斯特地区植被恢复的树种选择更为复杂，对更新造林的效果影响极为巨大。

森林发育改变着林木生长的小生境，由此导致植物的适生性也发生改变。林分中，特别是天然林中，多个树种生长在一起，往往发生互相竞争的现象，被排挤处于劣势或最后被淘汰的不一定是价值低的非目的树种。这时，如不采取人为的措施来保证优良树种组成，自然竞争的结果往往会违背人们的意愿，发生逆向演替，形成组成不良的林分(欧阳君祥，2015)。所以，在森林抚育中，要评估森林小生境的变化以及优势目标树种的适应性，依据各目标树种适应的环境，采取如间伐、轮作、灌溉、施肥、修剪、授粉和疏花疏果等抚育措施，使目标树种生长在较适的环境，提高整个森林的生产力和经济效益。

喀斯特适生树种的选择是林分改造的关键。林分改造的目的就是通过调整树种与林分结构，提高林分的产量、质量以及经济、生态和社会效益(陈红跃，2008)。在喀斯特地区进行林分改造时，既要在对原林分进行适生性的评估的基础上对经济、生态和社会效益进行评估，又要对新引入的树种的喀斯特适生性以及经济、生态和社会效益进行评估，综合加权排序，以乡土树种构建的近自然林为基本原则，以多种方式配置多种不同的适生树种，形成既具有较高的林分产量、质量，又具有较高的经济、生态和社会效益的稳定森林。

1.5.3 适生植物与喀斯特地区景观构建

水力侵蚀和重力侵蚀等造成喀斯特地区的独特景观，这些景观特征以石灰岩为地质基础，构建出喀斯特地区独有的多彩缤纷的地表和地下世界。其主要特征因地而异，有高原、峡谷、溶蚀洼地、峰林、峰丛、瀑布、溶洞、地下水系网以及独特的森林植被等，最有代表性的有：桂林的峰林、云南路南的石林，贵州织金洞、黄果树大瀑布以及荔波的小七孔、北方的干沟和大泉等(韦跃龙等，2016；刘宏盈等，2006；朱文孝等，2000；李志安等，2001)。与非喀斯特区域相比，喀斯特区域的景观更分散、更复杂(汪明冲等，2014)。在喀斯特地区，地形和地表覆盖类型是影响景观分异和变化的两个基本因素，它们不仅控制着土壤发育、水文状况的分异，以及直接影响水土流失的发生发展，还决定着植被类型和土地利用的空间分异(张惠远和王仰麟，2000)。

喀斯特适生植物的覆被决定了景观分异和格局的变化。彭建等(2007)以贵州猫跳河流域为例，研究了植被变化对景观格局的影响，结果发现，植被面积增加，破碎度降低，而植被面积减少则破碎度增加，植被的好坏直接影响到景观的连续性。秦罗义等(2014)研究了近 40 年来贵州普定典型喀斯特高原景观格局变化，结果表明，景观破碎度增加伴随着多样性及均匀度减小，反之，景观形状复杂化则伴随着多样性和均匀度的增加。因此，合理配置喀斯特适生植物，将改变喀斯特地区景观异质性和景观格局，为石漠化治理、和谐景观的构建以及生态环境的优化提供基础(张盼盼和胡远满，2008)。

适生植物的覆被活化了喀斯特景观。植被本身也是喀斯特景观的主体之一，植被类型、群落组成和群落结构是构成喀斯特景观美学功能的重要组分，不同的群落结构特征交互作用形成不同的景观质量(牛君丽，2008；张凯旋等，2012)；Shannon-Wiener 多样性指数、林层数和乔木层平均高度与美景度呈正相关关系；物种丰富、乔木层密度较小、林层数多、乔木层平均高度较大的林分具有较高的美景度值(袁铁象等，2015)。茂兰喀斯特原始森林也因其演化到顶级群落，生物多样性丰富，才具有其震撼的美景(李志安等，2001)。陆叶等(2016)通过在贵州百里杜鹃国家森林公园的杜鹃林下添加喀斯特适生植物诸葛菜，延长了景观观赏时间，增加了景观空间层次结构、景观延续性和景观观赏效果。另外，森林景观还因季节变化、植物配置的不同、植物群落演替阶段的差异而多姿多彩。

适生植物的覆被阻碍了石漠化的发生，遏制了生态景观的退化。景观类型及格局分布受到降水、高程等自然因素的影响，同时人为干扰因素也是不可忽视的(张盼盼等，2010；毕晓丽等，2005；周华锋等，1999；张明阳等，2008)。张军以等(2013)研究了峰丛洼地农业生产活动的生态景观效应，结果表明，峰丛洼地中农业生产活动通过对原始植被的破坏阻断了峰丛洼地表层岩溶水循环路径及改变了表层岩溶带的产流模式，最终导致峰丛洼地地表植被系统的稳定性弱化，损坏了景观的系统性，造成景观破碎化，使景观均值性减弱、稳定性下降，进而造成景观的逆向演替甚至石漠化。但是，在农业生产中，若同时考虑利用喀斯特适生植物治理石漠化，将会增加生态系统的稳定性，促进生态系统的正向演替，增加景观的连续性。徐劲原等(2012)分析了近 10 年广西喀斯特地区石漠化景观格局，结果表明，通过采用包括适生植物的栽种在内的一系列石漠化治理措施使区域石漠化的面积减少了 17 万多平方米，景观格局发生明显的变化，整体异质性较低，空间配置较稳定；内部混合程度较大，景观价值得到较大的提升。

总之，喀斯特景观披上适生植物的盛装，遏制了石漠化，带动了景观格局的变化，使秀山秀水更加姿态万千、绚丽多彩！

1.5.4　喀斯特适生植物与喀斯特地区的生态经济

喀斯特生境是一种易受干扰破坏的脆弱生态环境。喀斯特地区地貌类型复杂、地表崎岖破碎、土层浅薄、水土流失严重，人多地少，生产力和环境承载力低下，经济结构单一，这些严重地制约和限制了该地区的经济发展(杨宁等，2011)。因此，要想奋力赶超，加速经济和社会发展，客观上要求调整并优化该地区的生态经济结构，在全面了解和掌握喀斯特地区生态经济的情况下，将喀斯特环境作为生态经济的有机整体，正确处理好环境与经济发展的关系，促进喀斯特生态与经济间的协调，从而实现喀斯特地区生态经济整体功能的发挥(徐瑶和陈涛，2006)。

喀斯特适生植物资源的开发利用是喀斯特地区生态经济发展的重中之重。徐瑶和陈涛(2006)运用主成分分析法和聚类分析法将贵州省喀斯特地区生态经济分为以下五种类型：①经济发展水平高、生态环境质量好类型。这种类型区包括 16 个县(市)，总面积为 24945 km^2，喀斯特出露面积为 21703 km^2，占类型区面积的 87%。②经济发展水平较高、生态环境质量较好类型。这种类型区包括 18 个县(市)，总土地面积为 41809 km^2，喀斯特出露面积为 29819 km^2，占该类型区总面积的 71.32%。③经济发展水平较高、生态环境质量较差类型。这种类型区包括 14 个县(市)，总面积为 26381.2 km^2，喀斯特出露面积 14612.55 km^2，占该类型区总面积的 55.39%。④经济发展水平一般、生态环境质量较差类型。这种类型区包括 18 个县(市)，总面积为 256087 km^2，喀斯特出露面积 194620 km^2，占该区总面积的 76%。⑤经济发展水平低、生态环境质量差类型。这种类型区包括 9 个县(市)，总面积为 30736.8 km^2，喀斯特出露面积 20833.8 km^2，占类型区总面积的 67.78%。这五大类型区喀斯特面积平均超过 70%，因此，高效、合理开发利用喀斯特适生经济、药用、果树、林木、牧草、花卉以及能源植物，将会大大促进该地区的经济发展。

高度异质化的喀斯特环境蕴藏着大量的中药材，喀斯特地区是巨大的中药材基因库。在喀斯特地区很多为碳酸盐岩与碎屑岩互层的地层发育，其风化形成的土壤有利于中药材的生长。为了在喀斯特石漠化地区高效、合理开发利用喀斯特适生中药材，必须加强对不同等级喀斯特石漠化综合治理与中药材规范化种植的研究，筛选喀斯特适生中药材品种，适时适地扩大种植规模，构建中药材规范化种植与喀斯特石漠化治理耦合模式与技术体系(任笔墨等，2015)。喀斯特适生中药材金银花具有根系发达、涵养水分高、适应性强，枝叶发达、覆盖率高、生态保护效果好，抗旱耐涝、耐瘠薄、抗逆性强，生命力旺盛、抗病力强，医药保健、经济价值高等五大特性，种植金银花已使一些喀斯特地区的生态环境得到明显改善、经济效益和社会效益得到较大的提高(苏孝良等，2005；李洋等，2011；孔祥丽和王克林，2009；周晨霓等，2009)。喀斯特适生植物白芨(*Bletilla striata*)和石斛(*Dendrobium*)不仅是珍稀中药材，而且是观赏价值较高的名贵花卉，白芨甚至是国防重要的战略物资；种植白芨和石斛不仅具有重要的经济价值，而且为石漠化治理找到一条出路(王晓敏等，2011；卢文芸和乙引，2004；罗晓青等，2013；吴明开等，2013)。贵州安龙种植白芨上万亩，已成为该县的主导产业之一。贵州赤水种植石斛面积 2.5 万亩，每亩年均收益在 1 万元以上，赤水金钗石斛已于 2006 年获国家地理标志产品保护，成为国内中药材中第一个获得地理标志产品保护的中药材，目前石斛已成为农民朋友的养老产业。

地处热带亚热带的喀斯特地区具有多样性的果树资源，开发喀斯特适生果树资源，打造地标性的特色品牌，将能推动生态经济的快速发展。核桃(*Juglans regia*)为喀斯特适生果树，不仅具有极高的营养价值和药用价值，而且还有较好的水土保持作用，不仅抗冻耐寒，而且抗旱、抗病，是喀斯特石漠化地区发展生态经济的优质资源(胡正伟等，2014)。种植核桃已成为毕节试验区以及桂西北河池市的支柱产业，正发挥其良好的生态和经济效益(周赟等，2013；孔祥丽和王克林，2009)。喀斯特适生果树刺梨是云贵高原及四川西部高原特有的野生资源(黄威廉等，1988)，不仅因果实富含维生素 C 及其他多种营养成分成为营养价值极高的野生水果(罗登义，1987)，而且还因为其花、叶、果、籽均可入药，有健胃、消食、滋补、止泻的功效而成为中药材(林东昕和宋圃菊，1987)，同时还因其树体不高，分枝多，枝条密，花型多，花量大，花期长，果实碧绿晶莹而成为观赏花卉和绿篱植物。在石漠化地区栽培种植刺梨，不仅可以带来巨大的经济价值，而且对植被恢复和防治石漠化具有重大的实践意义(聂怡玫和杜洪业，2014)。贵州省龙里县建成大规模的刺梨产业园，亩产刺梨鲜果 1500～4000kg，产值平均可达到 2 万元，带动了贮藏保鲜、加工利用等诸多产业的发展，业已成为县域经济的抓手，获得了良好的生态、经济和社会效益(聂怡玫和杜洪业，2014；杨晓梅等，2011)。

喀斯特适生植物资源支撑着特色、优势产业的发展和产业结构的调整。喀斯特适生植物顶坛花椒是贵州花江峡谷地区特有的经济植物，不仅是以“香味浓、麻味重、产量高”而著称的香料作物，而且还是喜钙、耐旱的水土保持经济树种(宋林等，2009)。贞丰县在花江河谷种植花椒 1 万亩，农民利用花椒与玉米混作，产生了显著的经济效益，与过去单一种植玉米等粮食作物相比，亩产值提高 80%以上，总产值达到 3 亿元(秦代菊等，2003)，提高森林覆盖率 4%～7%，减少了土壤侵蚀模数 47%～54%(张晓珊和任朝辉，2006)，带动了相关加工企业的发展，形成了规模化、集约化的特色产业和优势产业(张亦诚等，2011)。孔祥丽和王克林(2009)分析了桂西北河池市退耕还林工程的生态经济效益，结果表明，利用生态效益和经济效益兼优的喀斯特适生物种如八角、板栗、核桃、喜树、金银花、山野毛葡萄等进行造林获得了巨大经济和生态效益。森林覆盖率提高 5 个百分点，金银花、山野毛葡萄每公顷年纯收入可达 6000 元以上，其他树种每公顷每年纯收入也可达 1500 元以上，在 2006 至 2009 年间，从事农牧渔业的劳动力每年减少 12 万人，农业产业结构得到调整，林业在农林牧渔业总产值、增加值中的比重大幅度提高。其中：林业增加值 16562 万元，比退耕还林前增加 37.71%，林业产值占农业总产值的比重提高到 8.45%，比 2000 年的 6.48%上升 1.97 个百分点。喀斯特地区具有独特的自然风光和民俗风情，喀斯特适生植物使之更绮丽和神秘。

喀斯特地区孕育了独特的喀斯特旅游资源，生态旅游也是调整产业结构的关键(杨明德等，1988)。通过开发观光旅游产品、旅游工艺品、文化旅游产品、土特产品、度假旅游产品以及如探险旅游、乡村旅游、生态旅游、石漠旅游、科考旅游和登山旅游等专项旅游产品，结合申报地方性多级资源遗产以及建设民族生态博物馆/文化园、少数民族文化基因信息库，可大力提升喀斯特地区的生态经济产业值，实现产业结构的调整和优化(蔡运龙，2006；吴良林等，2008；黎国玉，2004)。2015 年，云南的旅游收入占地区生产总值的 23.9%，贵州的旅游收入占地区生产总值的 33.4%。

总之，合理开发喀斯特适生植物，已使喀斯特地区的资源优势变为经济优势；合理开发喀斯特适生植物，已使喀斯特地区生态经济驶上快车道；合理开发喀斯特适生植物，使喀斯特地区的人民正奔向小康富裕之路！

参 考 文 献

安玉亭，薛建辉，吴永波，等. 2013. 喀斯特山地不同类型人工林土壤微量元素含量与有效性特征. 南京林业大学学报(自然科学版)，37(3)：65-70.

白晓永. 2007. 贵州喀斯特石漠化综合防治理论与优化设计研究. 贵阳：贵州师范大学.

毕晓丽，周睿，刘丽娟，等. 2005. 泾河沿岸景观格局梯度变化及驱动力分析. 生态学报，25(5)：1041-1047.

蔡运龙. 2006. 生态旅游：西南喀斯特山区摆脱“贫困陷阱”之路. 中国人口·资源与环境，16(1)：113-116.

曹建华，袁道先，潘根兴. 2003. 岩溶生态系统中的土壤. 地球科学进展，18(1)：37-44.

曹建华，朱敏洁，黄芬，等. 2011. 不同地质条件下植物叶片中钙形态对比研究——以贵州茂兰为例. 矿物岩石地球化学通报，30(3): 251-260.

曹坤芳，付培立，陈亚军，等. 2014.热带岩溶植物生理生态适应性对于南方石漠化土地生态重建的启示. 中国科学: 生命科学，44(3): 238-247.

陈洪松，聂云鹏，王克林. 2013. 岩溶山区水分时空异质性及植物适应机理研究进展. 生态学报，33(2): 317-326.

陈红跃. 2008. 生态公益林林分改造树种选择的技术路线探讨. 广东林业科技，24(1): 83-87.

陈洪云. 2007. 喀斯特石漠化综合治理生态监测与效益评价. 贵阳：贵州师范大学.

陈晓亚，汤章城. 2007. 植物生理与分子生物学. 北京: 高等教育出版社.

池永宽. 2015.石漠化治理中农草林草空间优化配置技术与示范. 贵阳: 贵州师范大学.

池永宽，熊康宁，王元素，等. 2014a. 贵州石漠化地区灰绿藜和鹅肠菜光合日动态. 草业科学，31(11): 2119-2124.

池永宽，熊康宁，王元素，等. 2015a. 喀斯特石漠化地区四种牧草光合日变化特征研究. 浙江农业学报，27(4): 618-624.

池永宽，熊康宁，王元素，等. 2015b. 西南石漠化地区两种经济林木光合日动态特征. 经济林研究，1: 45-49.

池永宽，熊康宁，王元素，等. 2015c.喀斯特石漠化地区肾蕨的光合特性. 江苏农业科学，43(4): 341-344.

池永宽，熊康宁，张锦华，等. 2014b. 喀斯特石漠化地区三种豆科牧草光合与蒸腾特性的研究. 中国草地学报，36(4): 116-120.

邓彭艳. 2010. 桂西北喀斯特地区典型植物光合及水分生理特性研究. 南宁: 广西师范大学.

邓艳，蒋忠诚，罗为群，等. 2006. 不同岩溶生态系统中元素的地球化学迁移特征比较——以广西弄拉和弄岗自然保护区为例. 中国岩溶，25(2): 168-171.

丁永祯，李志安，邹碧. 2005. 土壤低分子量有机酸及其生态功能. 土壤，37(3): 243-250.

董蕾，曹洪麟，叶万辉，等. 2011. 5 种喀斯特生境植物叶片解剖结构特征. 应用与环境生物学报，17(5): 747-749.

杜雪莲，王世杰，罗绪强. 2014. 黔中喀斯特石漠化区不同土壤类型对常见植物叶片 $\delta^{13}C$ 值的影响. 环境科学，35(9): 3587-3594.

杜雪莲，王世杰，容丽. 2011. 喀斯特石漠化区不同小生境常见灌木种叶片 $\delta^{13}C$ 值特征. 应用生态学报，22(12): 3094-3100.

樊卫国，刘国琴，何嵩涛，等. 2002. 刺梨对土壤干旱胁迫的生理响应. 中国农业科学，35(10): 1243-1248.

范新瑞，苏维词，鄢贵权，等. 2009. 黔中典型喀斯特地区土壤水分时空特性分析. 中国岩溶，28(1): 69-73.

冯晓英，胡章平，乙引. 2010. Ca^{2+}胁迫下伞花木和华山松脯氨酸及可溶性蛋白质含量的变化. 贵州农业科学，38(9): 169-170.

冯增昭. 1993. 沉积岩石学. 北京: 石油工业出版社.

付威波. 2015. 不同钙浓度对典型岩溶植物生长及光合生理特性的影响. 南宁: 广西大学.

甘露，陈刚才，万国江. 2001. 贵州喀斯特山区农业生态环境的脆弱性及可持续发展对策. 山地学报，19(2): 130-134.

高安礼. 2014. 拟南芥钙信号系统调控低磷胁迫反应的分子机制. 郑州: 河南大学.

葛永罡，王世杰. 2008. 喀斯特小流域内不同背景区植物解剖结构与植物叶片 $\delta^{13}C$ 的关系研究. 地球与环境，36(1): 36-46.

龚子同，韦启藩，陈鸿昭，等. 1985. 南宁附近森林及其生物地球化学特征//土壤地球化学的进展和应用. 北京: 科学出版社.

郭捷友，黄珍，张训华，等. 2015. 我国森林经营管理现状及发展趋势. 现代园艺，19: 40-43.

郭柯，刘长成，董鸣. 2011. 我国西南喀斯特植物生态适应性与石漠化治理. 植物生态学报，35(10): 991-999.

郭敏亮，高煜珠. 1989. 植物的碳酸酐酶. 植物生理学通讯，3: 75-80.

杭红涛. 2015. 喀斯特逆境下两种植物的碳酸酐酶基因表达及无机碳利用. 北京: 中国科学院大学.

何敏宜，袁锡强，秦新生. 2012. 石灰岩特有植物圆叶乌桕叶表皮形态特征及其生态适应性研究. 西北植物学报，32(4): 709-715.

何跃军，钟章成. 2010. 喀斯特地区植被恢复过程中适生植物的生理生态学研究进展. 热带亚热带植物学报，18(5): 586-592.

贺金生，陈伟烈. 1998. 中国中亚热带东部常绿阔叶林主要类型的群落多样性特征. 植物生态学报，22(4): 303-311.

侯满福，蒋忠诚. 2006. 茂兰喀斯特原生林不同地球化学环境的植物物种多样性. 生态环境学报，15(3): 572-576.

胡正伟，刘肇军，熊康宁. 2014. 喀斯特高原山地石漠化地区核桃产业发展潜力分析——以毕节撒拉溪示范区为例. 贵州师范大学学报(自然科学版)，32(2): 20-24.

胡忠良，潘根兴，李恋卿，等. 2009. 贵州喀斯特山区不同植被下土壤 C、N、P 含量和空间异质性. 生态学报，29(8): 4187-4195.

黄昌勇. 2000. 土壤学. 北京: 中国农业出版社.

黄丽华，周艳，陈训. 2010. 黄褐毛忍冬根系性状调查与解剖结构研究. 安徽农业科学，38(1): 177-178.

黄威廉，屠玉麟，杨龙. 1988. 贵州植被. 贵阳: 贵州人民出版社.

姬飞腾，李楠，邓馨. 2009. 喀斯特地区植物钙含量特征与高钙适应方式分析. 植物生态学报，33(5): 926-935.

贾振远，李之琪. 1989. 碳酸盐岩沉积相及沉积环境，北京: 中国地质大学出版社.

蒋忠诚. 2000. 论南方岩溶山区生态环境的元素有效态. 中国岩溶，19(2): 123-128.

蒋忠诚. 1999. 岩溶动力系统中的元素迁移. 地理学报，54(5): 438-444.

蒋树芳，胡宝清，黄秋燕，等. 2004. 广西都安喀斯特石漠化的分布特征及其与岩性的空间相关性. 大地构造与成矿学，28(2): 214-219.

姜霞，张喜. 2011. 贵州喀斯特山地几种常见树种的光合特性比较. 林业工程学报，25(3): 17-22.

姜志强，高捍东. 2008. 贵州困难立地植被恢复问题与对策. 西南林学院学报，28(3): 20-23.

金明现，王天铎. 1996. 玉米根系生长及向水性的模拟. 植物学报，38(5): 384-390.

孔祥丽，王克林. 2009. 喀斯特地区退耕还林工程的生态经济效益分析——以桂西北河池市为例. 江西农业学报，21(11): 138-142.

旷远文，温达志，闫俊华，等. 2010. 贵州普定喀斯特森林 3 种优势树种叶片元素含量特征. 应用与环境生物学报，16(2): 158-163.

蓝开敏. 1987. 茂兰喀斯特森林植物区系的初步研究//茂兰喀斯特科学考察集. 贵阳: 贵州科技出版社：148-161.

黎国玉. 2004. 现代人的旅游理念与贵州喀斯特旅游产品设计. 贵阳: 贵州师范大学.

李强，曹建华，余龙江，等. 2010. 干旱胁迫过程中外源钙对忍冬光合生理的影响. 生态环境学报，19(10): 2291-2296.

李瑞玲，王世杰，张殿发. 2002. 贵州喀斯特地区生态环境恶化的人为因素分析.矿物岩石地球化学通报，21(1): 43-47.

李素敏. 2013. 喀斯特地区 4 种城市森林生态系统养分生物循环的研究. 长沙: 中南林业科技大学.

李涛，余龙江. 2006. 西南岩溶环境中典型植物适应机制的初步研究. 地学前缘，13(3):180-184.

李孝良，陈效民，周炼川，等. 2008. 西南喀斯特石漠化过程对土壤水分特性的影响. 水土保持学报，22(5): 198-203.

李秀珍，肖笃宁，万国江. 2000. 贵州中部碳酸盐岩地区景观地球化学特征//碳酸盐岩与环境(卷二).北京: 地震出版社: 16-27.

李艳琼. 2016. 湘西南石漠化灌丛生物量及养分循环. 长沙: 中南林业科技大学.

李洋，兰永平，安敏. 2011. 喀斯特生态经济技术开发与示范. 中国林业，1: 56-56.

李志安，任海，魏鲁明，等. 2001. 贵州茂兰喀斯特的自然森林景观. 生态科学，20(1-2): 56-59.

李州，彭燕，苏星源. 2013. 不同叶型白三叶抗氧化保护及渗透调节生理对干旱胁迫的响应. 草业学报，22(2): 257-263.

理艳霞，刘映良. 2008. 茂兰喀斯特森林优势树种叶片钙浓度分析. 贵州师范大学学报(自然科学版)，26(3): 6-9.

梁智，周勃，邹耀湘. 2012. 核桃树体生物量构成及矿质营养元素累积特性研究. 果树学报，29(1): 139-142.

廖小锋，谢元贵，龙秀琴. 2013. 喀斯特适生植物土人参的光合日变化. 西北农业学报，22(2): 95-100.

林东昕，宋圃菊. 1987. 刺梨的防癌作用. 北京医科大学学报，19(6): 383-386.

林多，黄丹枫 ，杨延杰，等. 2007. 营养液浓度对基质栽培网纹甜瓜生长和品质的影响. 华北农学报，22(2): 184-186.

刘宝珺，张锦泉. 1992. 沉积成岩作用. 北京：科学出版社.

刘长成，刘玉国，郭柯. 2011. 四种不同生活型植物幼苗对喀斯特生境干旱的生理生态适应性，植物生态学报，35(10)：1070-1082.

刘丛强，郎赟超，李思亮，等. 2009. 喀斯特生态系统生物地球化学过程与物质循环研究：重要性、现状与趋势. 地学前缘，16(6)：1-12.

刘娣，刘爱红，王金花，等. 2010. 缺锌苹果树有机酸与锌吸收分配的关系. 中国农业科学，43(16)：3381-3391.

刘方，王世杰，罗海波，等. 2006. 喀斯特石漠化过程中植被演替及其对径流水化学的影响. 土壤学报，43(1)：26-32.

刘国琴，何嵩涛，樊卫国，等. 2003. 土壤干旱胁迫对刺梨叶片矿质营养元素含量的影响. 果树学报，20(2)：96-98.

刘宏盈，程道品，叶晔. 2006. 桂林喀斯特景观分类与评价研究. 广西师范学院学报(自然科学版)，23(S1)：12-17.

刘涛，李靖，王瑞萍，等. 2007. 西南喀斯特地区石漠化生态修复综合治理模式研究. 海河水利，1：47-49.

刘锡辉，秦新生，梁同军，等. 2013. 石灰岩特有植物圆叶乌桕土壤与叶片化学元素含量特征. 西南农业学报，26(3)：1195-1200.

刘小龙，李霞，钱宝云，等. 2014. 植物体内钙信号及其在调节干旱胁迫中的作用. 西北植物学报，34(9)：1927-1936.

刘艳，宋同清，蔡德所，等. 2014. 喀斯特峰丛洼地不同土地利用方式土壤肥力特征. 应用生态学报，25(6)：1561-1568.

刘云. 2009. 贵州典型小流域石漠化综合治理生态效益研究. 贵阳：贵州师范大学.

刘增文，李雅素. 1997. 生态系统稳定性研究的历史与现状. 生态学杂志，16(2)：58-61.

刘中亮，郝岩松，万福绪. 2010. 我国石质困难地植被恢复与重建. 南京林业大学学报(自然科学版)，4(2)：137-141.

龙成昌. 2005. 贵州喀斯特石漠化地区人工群落生态系统及其养分循环研究——以花江峡谷地区顶坛花椒群落为例. 贵阳：贵州师范大学.

卢玫桂，曹建华，何寻阳. 2006. 桂林毛村石灰土和红壤元素生物地球化学特征研究. 广西科学，13(1)：58-64.

卢文芸，乙引. 2004. 茂兰喀斯特森林石斛属药用植物资源研究. 贵州师范大学学报(自然科学版)，22(1)：33-35.

陆叶，吴明洋，王灵军，等. 2016. 二月兰对百里杜鹃国家公园主景区观花效果的影响. 北方园艺，2:62-67.

罗登义. 1987. 刺梨的探索与研究. 贵阳：贵州人民出版社.

罗东辉. 2009. 贵州茂兰喀斯特植被不同演替阶段的生物量与净初级生产力. 上海：华东师范大学.

罗东辉，夏婧，袁婧薇，等. 2010. 我国西南山地喀斯特植被的根系生物量初探. 植物生态学报，34(5)：611-618.

罗晓青，吴明开，张显波，等. 2013. 黔西南地区石斛资源现状及持续干旱对其影响评价. 南方农业学报，44(9)：1426-1430.

罗绪强，王程媛，杨鸿雁，等. 2012. 喀斯特优势植物种干旱和高钙适应性机制研究进展. 中国农学通报，28(16)：1-5.

罗绪强，王世杰，张桂玲，等. 2013. 钙离子浓度对两种蕨类植物光合作用的影响. 生态环境学报，2：258-262.

罗绪强，王世杰，张桂玲，等. 2014a. 茂兰喀斯特地区常见蕨类根际土壤氮磷钾. 地球与环境，42(3)：269-278.

罗绪强，张桂玲，杜雪莲，等. 2014b. 茂兰喀斯特森林常见钙生植物叶片元素含量及其化学计量学特征. 生态环境学报，23(7)：1121-1129.

聂怡玫，杜洪业. 2014. 刺梨在石漠化地区植被恢复方面的生态价值. 现代园艺，11：67-68.

聂云鹏，陈洪松，王克林. 2011. 石灰岩地区连片出露石丛生境植物水分来源的季节性差异. 植物生态学报，35(10)：1029-1037.

宁晓波，项文化，方晰，等. 2009. 贵阳花溪石灰岩、石灰土与定居植物化学元素含量特征. 林业科学，45(5)：34-41.

牛君丽. 2008. 北京风景游憩林质量评价的指标体系研究. 北京：北京林业大学.

欧阳君祥. 2015. 我国森林抚育现状分析及对策研究. 国家林业局管理干部学院学报，14(4)：17-20.

潘瑞炽. 2008. 植物生理学. 北京：高等教育出版社.

彭建，蔡运龙，王秀春. 2007. 基于景观生态学的喀斯特生态脆弱区土地利用/覆被变化评价——以贵州猫跳河流域为例.中国岩溶，26(2)：137-143.

彭素琴，刘郁林. 2010. 不同品种金银花光合作用对干旱胁迫的响应. 北方园艺，19: 191-193.

彭晚霞，王克林，宋同清，等. 2008. 喀斯特脆弱生态系统复合退化控制与重建模式. 生态学报，28(2): 811-820.

皮发剑，袁丛军，喻理飞，等. 2016. 黔中天然次生林主要优势树种叶片生态化学计量特征. 生态环境学报，25(5): 801-807.

齐清文，郝转，陶俊杰，等. 2013. 报春苣苔属植物钙形态多样性. 生物多样性，21(6): 715-722.

秦代菊，安和平，代正福. 2003. 贵州喀斯特地区混农林经营模式及效益分析——以黔西南州为例. 贵州林业科技，31(1): 52-54.

秦罗义，白晓永，王世杰，等. 2014. 近 40 年来贵州普定典型喀斯特高原景观格局变化.生态学杂志，33(12): 3349-3357.

任笔墨，熊康宁，肖时珍. 2015. 我国喀斯特地区中药材规范化种植研究进展与展望. 中华中医药杂志，6:2029-2031.

任书杰，于贵瑞，陶波，等. 2007. 中国东部南北样带 654 种植物叶片氮和磷的化学计量学特征研究. 环境科学，28(12): 2665-2673.

容丽，陈训，汪小春. 2009. 百里杜鹃杜鹃属 13 种植物叶片解剖结构的生态适应性. 安徽农业科学，37(3): 1084-1088.

容丽，熊康宁. 2007. 花江喀斯特峡谷适生植物的抗旱特征 I：顶坛花椒根系与土壤环境. 贵州师范大学学报(自然科学版)，25(4): 1-7.

容丽，王世杰，杜雪莲，等. 2008. 喀斯特峡谷石漠化区 6 种常见植物叶片解剖结构与 $\delta^{13}C$ 值的相关性. 林业科学，44(10): 29-34.

容丽，王世杰，刘宁，等. 2005. 喀斯特山区先锋植物叶片解剖特征及其生态适应性评价——以贵州花江峡谷区为例. 山地学报，23(1): 35-42.

沈有信，江洁，陈胜国，等. 2005. 滇东喀斯特山地植被退化及其恢复对策. 山地学报，23(4): 425-430.

盛茂银，熊康宁，崔高仰，等. 2015. 贵州喀斯特石漠化地区植物多样性与土壤理化性质研究. 生态学报，35(2): 1-23.

宋林，张晓珊，王欣，等. 2009. 贵州顶坛花椒发展潜力探析. 安徽农业科学，37(25): 12210-12212.

宋同清，彭晚霞，杜虎，等. 2014. 中国西南喀斯特石漠化时空演变特征，发生机制与调控对策. 生态学报，34(18): 5328-5341.

苏维词. 2000. 贵州喀斯特山区生态环境脆弱性及其生态整治. 中国环境科学，20(6): 547-551.

苏维词，朱文孝，熊康宁. 2002. 贵州喀斯特山区的石漠化及其生态经济治理模式. 中国岩溶，21(1): 19-24.

苏孝良，于东平，高武国. 2005. 喀斯特石漠化地区种植金银花的生态与经济效益. 贵州林业科技，33(1):50-54.

孙承兴，王世杰，刘秀明，等. 2002. 碳酸盐岩风化壳岩-土界面地球化学特征及其形成过程——以贵州花溪灰岩风化壳剖面为例. 矿物学报，22(2):125-132.

孙德亮，张军以，周秋文. 2013. 喀斯特地区退化植被生态系统修复技术初探. 广东农业科学，40(3):135-138.

孙治仁，邓抒豪. 2005. 珠江上游南北盘江喀斯特地区土地石漠化的成因及生态恢复模式. 人民珠江，6: 1-3，12.

汤松波，张玲玲，旷远文，等. 2017. 贵州喀斯特森林 34 个优势种叶片构建成本特征. 地球与环境，45(1): 18-24.

田秀玲. 2011. 贵州喀斯特山地森林变化与植被恢复和石漠化治理的相关研究. 上海: 华东师范大学.

田秀玲，倪健. 2010. 西南喀斯特山区石漠化治理的原则、途径与问题. 干旱区地理，33(04): 532-539.

屠玉麟，杨军. 1995. 贵州喀斯特灌丛群落类型研究. 贵州师范大学学报(自然科学版)，3: 27-43.

万福绪，张金池. 2003. 黔中喀斯特山区的生态环境特点及植被恢复技术. 南京林业大学学报(自然科学版)，27(1): 45-49.

汪明冲，王兮之，梁钊雄，等. 2014. 喀斯特与非喀斯特区域植被覆盖变化景观分析——以广西壮族自治区河池市为例. 生态学报，34(12): 3435-3443.

汪吉东，许仙菊，宁运旺，等. 2015. 土壤加速酸化的主要农业驱动因素研究进展. 土壤，47(4): 627-633.

王兵，赵广东，苏铁成，等. 2006. 极端困难立地植被综合恢复技术研究. 水土保持学报，20(1): 151-154.

王程媛，王世杰，容丽，等. 2011. 茂兰喀斯特地区常见蕨类植物的钙含量特征及高钙适应方式分析. 植物生态学报，35(10): 1061-1069.

王传明，乙引. 2014. 外源 Ca^{2+}对喜钙植物、随遇植物和嫌钙植物 POD 活性和相对含水量的影响. 湖北农业科学，53(10): 2347-2351.

王建锋，谢世友. 2008. 西南喀斯特地区石漠化问题研究综述. 环境科学与管理，33(11): 147-152.

王晶苑，王绍强，李纫兰，等. 2011. 中国四种森林类型主要优势植物的 C:N:P 化学计量学特征. 植物生态学报，35(6): 587-595.

王克林，陈洪松，岳跃民. 2015. 桂西北喀斯特生态系统退化机制与适应性修复试验示范研究. 科技促进发展，11(2): 179-183.

王腊春，史运良. 2006. 西南喀斯特峰丛山区雨水资源有效利用. 贵州科学，24(1): 8-13.

王明云，陈波，容丽. 2010. 普定喀斯特石漠化地区森林植被恢复示范研究. 地球与环境，38(2): 202-206.

王瑞，吴沿友，邢德科，等. 2016. 2 种药用植物在喀斯特生境下的光合特征及适生性. 江苏农业科学，44(3): 216-220.

王世杰. 2003. 喀斯特石漠化——中国西南最严重的生态地质环境问题. 矿物岩石地球化学通报，22(2):120-126.

王世杰，季宏兵，欧阳自远，等. 1999. 碳酸盐岩风化成土作用的初步研究. 中国科学(D 辑)，29(5): 441-449.

王世杰，孙承兴，冯志刚，等. 2002. 发育完整的灰岩风化壳及其矿物学与地球化学特征. 矿物学报，22(1): 19-29.

王晓敏，吴明开，罗晓青. 2011. 珍稀药用兰科植物白及的研究现状与展望. 贵州农业科学，39(3): 42-45.

王新凯，田大伦，闫文德，等. 2011. 喀斯特城市杨树人工林微量元素的生物循环. 生态学报，31(13): 3691-3699.

王仲. 2013. 喀斯特城市森林生物量及微量元素循环研究. 长沙: 中南林业科技大学.

韦小丽. 2005. 喀斯特地区 3 个榆科树种整体抗旱性研究. 南京: 南京林业大学.

韦跃龙，陈伟海，罗劬侃，等. 2016. 贵州织金洞世界地质公园喀斯特景观特征及其形成演化分析. 地球学报，37(3): 368-378.

魏源，王世杰，刘秀明，等. 2011. 不同喀斯特小生境中土壤丛枝菌根真菌的遗传多样性. 植物生态学报，35(10): 1083-1090.

魏源，王世杰，刘秀明，等. 2012. 丛枝菌根真菌及在石漠化治理中的应用探讨. 地球与环境，40(1): 84-92.

魏媛，喻理飞. 2010. 西南喀斯特地区构树苗木对土壤干旱胁迫的生理响应. 水土保持研究，17(2):164-167.

文丽，宋同清，杜虎，等. 2015. 中国西南喀斯特植物群落演替特征及驱动机制. 生态学报，35(17):5822-5833.

吴彩霞，傅华. 2009. 根系分泌物的作用及影响因素. 草业科学，26(9): 24-29.

吴迪，龙秀琴，张建利，等. 2015a. 喀斯特峰丛洼地石漠化区 4 种藤本植物的光合日变化特征. 江苏农业科学，43(8): 254-256.

吴迪，彭熙，李安定，等. 2015b. 贵州喀斯特山区猕猴桃光合特性研究. 中国果树，5:20-23.

吴耿. 2011. 西南岩溶地区典型植物适应岩溶高钙环境的机制. 武汉: 华中科技大学

吴良林，周永章，陈子燊，等. 2008. 广西喀斯特山区原生态旅游资源脆弱性及其安全保护. 热带地理，28(1): 74-79.

吴明开，刘海，沈志君，等. 2013. 珍稀药用植物白及光合与蒸腾生理生态及抗旱特性. 生态学报，33(18): 5531-5537.

吴沿友. 1997. 喀斯特适生植物诸葛菜综合研究. 贵阳: 贵州科技出版社.

吴沿友. 2008. 植物 CA 对稳定碳同位素分馏作用的影响. 矿物岩石地球化学通报，27(2): 175-179.

吴沿友，蒋九余，帅世文，等. 1997. 诸葛菜的喀斯特适生性的无机营养机制探讨. 中国油料，19(1):47-49.

吴沿友，李海涛，谢腾祥. 2015. 微藻碳酸酐酶生物地球化学作用. 北京: 科学出版社：1-251.

吴沿友，梁铮，邢德科. 2011a. 模拟干旱胁迫下构树和桑树的生理特征比较. 广西植物，31(1):92-96.

吴沿友，刘丛强，王世杰. 2004. 诸葛菜的喀斯特适生性研究. 贵阳: 贵州科技出版社.

吴沿友，牟中林，罗鹏. 1996. 碘乙酸钠在油菜诱变育种中的应用. 四川大学学报(自然科学版)，33(2): 201-205.

吴沿友，饶森，张开艳，等. 2016a. 一种定量测定植物光呼吸途径份额的方法. CN201610527771.5，中华人民共和国国家知识产权局.

吴沿友，邢德科，刘莹. 2011b. 植物利用碳酸氢根离子的特征分析. 地球与环境，39(2):273-277.

吴沿友，邢德科，朱咏莉，等. 2009. 营养液 pH 对 3 种藤本植物生长和叶绿素荧光的影响. 西北植物学报，29(2): 338-343.

吴沿友，徐莹，李海涛，等. 2012. 乙酰唑胺对莱茵衣藻和小球藻碳同位素分馏的影响. 科学通报，57(2-3): 201.

吴沿友，姚凯，杭红涛，等. 2016b. 一种定量测定植物糖代谢中的糖酵解和磷酸戊糖途径份额的方法. CN201610303346.8，中华人民共和国国家知识产权局.

吴沿友，姚凯，饶森，等. 2016c. 一种定量测定植物 1，5 二磷酸核酮糖再生能力的方法. CN201610404255.3，中华人民共和国国家知识产权局.

夏焕柏. 2010. 茂兰喀斯特植被不同演替阶段的生物量和净初级生产力估算. 贵州林业科技，38(2): 1-7.

谢丽萍，王世杰，肖德安. 2007. 喀斯特小流域植被-土壤系统钙的协变关系研究. 地球与环境，35(1): 26-32.

邢德科. 2012. 模拟喀斯特逆境下植物无机碳利用策略的研究. 北京: 中国科学院大学.

邢德科，吴沿友，付为国，等. 2016. 贵州喀斯特森林三种植物对不同坡位环境的光合生理响应. 广西植物，36(10): 1147-1155.

邢惕. 1985. 植物代谢途径的多样性. 生物学通报，8: 5-9.

熊平生，袁道先，谢世友. 2010. 我国南方岩溶山区石漠化基本问题研究进展. 中国岩溶，29(4):355-356.

徐爱春，陈庆红，顾霞，等. 2011. 猕猴桃叶片矿质营养元素含量年变化动态与果实品质的关系. 湖北农业科学，50(24): 5126-5131.

徐劲原，胡业翠，王慧勇. 2012. 近 10a 广西喀斯特地区石漠化景观格局分析. 水土保持通报，32(1): 181-184.

徐瑶，陈涛. 2006. 贵州喀斯特地区生态经济类型划分研究. 水土保持通报，26(3): 73-77.

许仙菊，陈明昌，张强，等. 2004. 土壤与植物中钙营养的研究进展. 山西农业科学，32(1):3338.

闫国华，侯贻菊. 2015. 生物多样性理论在喀斯特生态系统恢复中的应用及其研究进展. 四川林勘设计，1: 8-17.

杨成，刘丛强，宋照亮，等. 2007. 贵州喀斯特山区植物营养元素含量特征，生态环境，16(2): 503-508.

杨大文，雷慧闽，丛振涛. 2010. 流域水文过程与植被相互作用研究现状评述. 水利学报，41(10): 1142-1149.

杨慧，李青芳，涂春艳，等. 2015. 桂林毛村岩溶区典型植物叶片碳、氮、磷化学计量特征. 广西植物，35(4): 493-499.

杨龙. 2016. 喀斯特石漠化治理生态修复模式下的碳汇效益监测评价. 贵阳: 贵州师范大学.

杨明德，毛健全，杨汉奎. 1988. 贵州喀斯特环境研究. 贵阳: 贵州人民出版社.

杨宁，彭晚霞，邹冬生，等. 2011. 贵州喀斯特土石山区水土保持生态经济型植被恢复模式. 中国人口·资源与环境，21(S1): 474-477.

杨晓梅，侯海兵，张玉武，等. 2011. 贵州刺梨产业化发展对策及其在退耕还林中的应用——以龙里县为例. 贵州科学，29(4): 89-96.

杨小忠，邓子凤. 2001，岩溶山区土壤环境问题与保护. 贵州科学，19(3): 71-74.

殷庆仓. 2011. 桂西北喀斯特主要先锋树种的光合生理生态特性研究. 南宁: 广西大学.

于贵瑞，王秋凤，于振良. 2004. 陆地生态系统水-碳耦合循环与过程管理研究. 地球科学进展，19(5): 831-839.

于维莲，董丹，倪健. 2010. 中国西南山地喀斯特与非喀斯特森林的生物量与生产力比较. 亚热带资源与环境学报，5(2): 25-30.

俞月凤，彭晚霞，宋同清，等. 2014. 喀斯特峰丛洼地不同森林类型植物和土壤 C，N，P 化学计量特征. 应用生态学报，25(4): 947-954.

喻理飞，朱守谦，祝小科，等. 2002. 退化喀斯特森林恢复评价和修复技术. 贵州科学，20(1): 7-13.

袁丛军，喻理飞，严令斌，等. 2017. 黔中岩溶区不同群落演替阶段植物功能群叶片化学计量特征. 西部林业科学，46(2): 124-132.

袁铁象，张合平，谭一波，等. 2015. 花山喀斯特风景林群落结构与林内景观质量的关系. 中南林业科技大学学报，35(1): 79-83，95.

曾允孚，夏文杰. 1986. 沉积岩石学. 北京: 地质出版社.

曾昭霞，王克林，刘孝利，等. 2015. 桂西北喀斯特森林植物-凋落物-土壤生态化学计量特征. 植物生态学报，39: 682-693.

曾昭霞，王克林，刘孝利，等. 2016. 桂西北喀斯特区原生林与次生林鲜叶和凋落叶化学计量特征. 生态学报，36(7): 1907-1914.

张晖. 2014. 喀斯特石漠化治理增汇型种植与低碳型养殖模式与示范. 贵阳：贵州师范大学.

张惠远，王仰麟. 2000. 山地景观生态规划——以西南喀斯特地区为例. 山地学报，18(5): 445-452.

张军以，王腊春，苏维词. 2013. 西南喀斯特山区峰丛洼地农业生产活动的生态景观效应探讨. 地理科学，33(4): 497-504.

张凯旋，凌焕然，达良俊. 2012. 上海环城林带景观美学评价及优化策略. 生态学报，32(17): 5521-5531.

张明，张风海，周正贤. 1987. 茂兰喀斯特森林下的土壤//茂兰喀斯特森林科学考察集. 贵阳：贵州人民出版社：111-124.

张明阳，王克林，刘会玉，等. 2008. 喀斯特区域景观空间格局随高程的分异特征. 生态学杂志，27(7): 1156-1160.

张盼盼，胡远满. 2008. 喀斯特石漠化及其景观生态学研究展望. 长江流域资源与环境，17(5): 808-813.

张盼盼，胡远满，肖笃宁，等. 2010. 地形因子对喀斯特高原山区潜在石漠化景观格局变化的影响分析. 土壤通报，41(6): 1305-1310.

张萍. 2007. 浅谈贵州喀斯特石漠化防治. 中国水土保持，4: 9-10，18.

张锡洲，李廷轩，王永东. 2007. 植物生长环境与根系分泌物的关系. 土壤通报，38(4): 785-789.

张显强，孙敏. 2014. 喀斯特石漠化 12 种石生藓类茎的比较解剖学研究. 广东农业科学， 41(17): 165-169.

张晓珊，任朝辉. 2006. 贵州喀斯特峡谷退耕还林示范区生态经济效益监测与评价初探.贵州林业科技，34(4): 42-46.

张信宝，杨忠，张建平. 2003. 元谋干热河谷坡地岩土类型与植被恢复分区. 林业科学，39(4): 16-22.

章艺，史锋，刘鹏，等. 2004. 土壤中的铁及植物铁胁迫研究进展. 浙江农业学报， 16(2): 110-114.

张亦诚，陈凯，雷朝云，等. 2011. 顶坛花椒产业的生态经济模式分析. 生态经济(学术版)，2: 265-267，278.

张勇，陈效民，林洁. 2011. 太湖地区典型水稻土水力学特征及土壤库容研究. 水土保持通报， 31(6): 64-67.

张中峰，尤业明，黄玉清，等. 2012. 模拟喀斯特生境条件下干旱胁迫对青冈栎苗木的影响. 生态学报，32(20):6318-6325.

张忠华，胡刚，祝介东，等. 2011. 喀斯特森林土壤养分的空间异质性及其对树种分布的影响. 植物生态学报，35(10): 1038-1049.

赵宽. 2014. 几种植物光合及有机酸特征及其在喀斯特逆境检测中的应用. 镇江：江苏大学.

赵宽，吴沿友，周葆华. 2015. 缺锌和 HCO_3^- 处理对诸葛菜和油菜有机酸特征的影响. 广西植物，35(2):206-212.

赵雪艳，汪诗平. 2009. 不同放牧率对内蒙古典型草原植物叶片解剖结构的影响. 生态学报，29(6): 2906-2918.

赵中秋，后立胜，蔡运龙. 2006. 西南喀斯特地区土壤退化过程与机理探讨. 地学前缘，13(3): 185-189.

郑颖吾. 1999. 木论喀斯特林区概论. 北京：科学出版社.

周晨霓，魏虹，尹文青. 2009. 喀斯特退化山地生态系统不同恢复模式生态经济效益综合评价. 亚热带水土保持，21(3): 21-25.

周华锋，马克明，傅伯杰. 1999. 人类活动对北京东灵山地区景观格局影响分析. 自然资源学报，14(2): 117-122.

周赟，高守荣，顾国斌. 2013. 毕节试验区核桃经济林产业发展的对策与建议. 林业实用技术，9: 85-87.

周运超. 1997. 贵州喀斯特植被主要营养元素含量分析. 贵州农学院学报，16(1): 11-16.

周运超，潘根兴. 2001. 茂兰森林生态系统对岩溶环境的适应与调节.中国岩溶，20(1):47-52.

周卫，汪洪. 2007. 植物钙吸收，转运及代谢的生理和分子机制. 植物学通报，24(6): 762-778.

周文龙，赵卫权，苏维词，等. 2016. 西南石漠化地区 2 种岩生优势树种的光合生理. 江苏农业科学，44(6): 477-480.

周政贤. 1987. 茂兰喀斯特森林科学考察集. 贵阳：贵州人民出版社：115-123.

朱飞燕，吴沿友，王瑞，等. 2013. 模拟干旱胁迫对诸葛菜无机碳利用的影响. 地球与环境，41(5): 483-489.

朱文孝，李坡，苏维词. 2000. 喀斯特旅游洞穴景观多样性特征及其保护.经济地理，20(1): 103-107.

Ackerly D，Knight C，Weiss S，et al. 2002. Leaf size，specific leaf area and microhabitat distribution of chaparral woody plants: Contrasting patterns in species level and community level analyses. Oecologia， 130(3): 449-457.

Alber B E，Ferry J G. 1994. A carbonic anhydrase from the archaeon *Methanosarcina thermophila*. Proceedings of the National Academy of Sciences，91(15): 6909-6913.

Aliyev J A. 2012. Photosynthesis，photorespiration and productivity of wheat and soybean genotypes. Physiologia Plantarum，145(3): 369-383.

Andréassian V. 2004. Waters and forests: From historical controversy to scientific debate. Journal of Hydrology，291(1-2): 1-27.

Aroca R. 2012. Plant responses to drought stress. From Morphological to Molecular Features. Berlin，Heidelberg：Springer.

Atkins C A. 1974. Occurrence and some properties of carbonic anhydrase from legume root nodules. Phytochemistry，13(1): 93-98.

Badger M R，Price G D. 1994. The role of carbonic anhydrase in photosynthesis. Annual Review of Plant Physiology and Plant Molecular Biology，45: 369-392

Barhoumi Z，Rabhi M，Gharsalli M. 2007. Effect of two nitrogen forms on the growth and iron nutrition of pea cultivated in presence of bicarbonate. Journal of Plant Nutrition，30(12): 1953-1965.

Bassham J A，Benson A A，Kay L D，et al. 1954. The path of carbon in photosynthesis. XXI. The cyclic regeneration of carbon dioxide acceptor. Journal of the American Chemical Society，76(7): 1760-1770.

Bauer P，Elbaum R，Weiss I M. 2011. Calcium and silicon mineralization in land plants: Transport，structure and function. Plant Science，180(6): 746-756.

Berg R H. 1994. A calcium oxalate-secreting tissue in branchlets of the Casuarinaceae. Protoplasma，183(1-4): 29-36.

Bertamini M，Muthuchelian K，Nedunchezhian N. 2002. Iron deficiency induced changes on the donor side of PSII in field grown grapevine (*Vitis vinifera* L. cv. Pinot noir) leaves. Plant Science，162(4):599-605.

Bibikova T N，Blancaflor E B，Gilroy S. 1999. Microtubules regulate tip growth and orientation in root hairs of *Arabidopsis thaliana*. Plant Journal，17(6): 657-665.

Blonder B，Violle C，Bentley，L P，et al. 2011. Venation networks and the origin of the leaf economics spectrum. Ecology Letters，14(2): 91-100.

Bloom A J. 2015. Photorespiration and nitrate assimilation: A major intersection between plant carbon and nitrogen. Photosynthesis Research，123(2): 117-128.

Bosch J M，Hewlett J D. 1982. A review of catchment experiments to determine the effect of vegetation changes on water yield and evapotranspiration. Journal of Hydrology，55(1): 3-23.

Bradfield J R. 1947. Plant carbonic anhydrase. Nature，159(4040): 467-467.

Brantley S T，Ford C R，Vose J M. 2013. Future species composition will affect forest water use after loss of eastern hemlock from southern Appalachian forests. Ecological Applications，23(4): 777-790.

Brantley S T，Miniat C F，Elliott K J，et al. 2015. Changes to southern Appalachian water yield and stormflow after loss of a foundation species. Ecohydrology，8(3): 518-528.

Braun H P，Zabaleta E. 2007. Carbonic anhydrase subunits of the mitochondrial NADH dehydrogenase complex (complex I) in plants. Physiologia Plantarum，129(1): 114-122.

Bray E A. 1997. Plant responses to water deficit. Trends in Plant Science，2(2): 48-54.

Bren L J，Papworth M. 1991. Early water yield effects of conversion of slopes of a eucalypt forest catchment to radiata pine plantation. Water Resources Research，27(9): 2421-2428.

Broadley M R，Burns A，Burns I G. 2002. Relationships between phosphorus forms and plant growth. Journal of Plant Nutrition，25(5): 1075-1088.

Brooks A，Farquhar G D. 1985. Effect of temperature on the CO_2/O_2 specificity of ribulose-1,5-bisphosphate carboxylase/oxygenase and the rate of respiration in the light. Planta，165: 397-406.

Brown A E，Zhang L，McMahon T A，et al. 2005. A review of paired catchment studies for determining changes in water yield resulting From alterations in vegetation. Journal of hydrology，310(1): 28-61.

Bucci S J，Goldstein G，Meinzer F C，et al. 2004. Functional convergence in hydraulic architecture and water relations of tropical savanna trees: From leaf to whole plant. Tree Physiology，24(8): 891-899.

Burghardt M，Riederer M. 2003. Ecophysiological relevance of cuticular transpiration of deciduous and evergreen plants in relation to stomatal closure and leaf water potential. Journal of Experimental Botany，54(389): 1941-1949.

Burton T A. 1997. Effects of basin-scale timber harvest on water yield and peak streamflow. Journal of the American Water Resources Association，33(6): 1187–1196.

Cabiscol E. Levine R L. 1996. The phosphatase activity of carbonic anhydrase III is reversibly regulated by glutathiolation. Proceedings of the National Academy of Sciences，93(9): 4170-4174.

Caillau M，Paul Q W. 2005. New insights into plant transaldolase. The Plant Journal，43(1): 1-16.

Cao X，Chen C，Zhang D，et al. 2013. Influence of nutrient deficiency on root architecture and root hair morphology of trifoliate orange (*Poncirus trifoliata* L. Raf.) seedlings under sand culture. Scientia Horticulturae，162(23): 100-105.

Capasso C，Supuran C T. 2015. An overview of the alpha-，beta- and gamma-carbonic anhydrases from Bacteria: Can bacterial carbonic anhydrases shed new light on evolution of bacteria? Journal of Enzyme Inhibition and Medicinal Chemistry. 30(2): 325-332.

Capasso C，Supuran C T. 2016. An overview of the carbonic anhydrases from two pathogens of the oral cavity: *Streptococcus mutans* and *Porphyromonas gingivalis*. Current Topics in Medicinal Chemistry，16(21): 2359-2368.

Cardi M，Castiglia D，Ferrara M，et al. 2015. The effects of salt stress cause a diversion of basal metabolism in barley roots: Possible different roles for glucose-6-phosphate dehydrogenase isoforms. Plant Physiology and Biochemistry，86: 44-54.

Cartmill A D，Alarcón A，Valdez-Aguilar L A. 2007. Arbuscular mycorrhizal fungi enhance tolerance of *Rosa multiflora* cv. Burr to bicarbonate in irrigation water. Journal of Plant Nutrition，30(9): 1517-1540.

Carvalhais L C，Dennis P G，Fedoseyenko D，et al. 2011. Root exudation of sugars，amino acids，and organic acids by maize as affected by nitrogen，phosphorus，potassium，and iron deficiency. Journal of Plant Nutrition and Soil Science，174: 3-11.

Carvalho M C. 2014. Net seaweed photosynthesis measured from changes in natural stable carbon isotope ratios in incubation water. Phycologia，53(5): 488-492.

Chastain D R，Snider J L，Collins G D，et al. 2014. Water deficit in field-grown *Gossypium hirsutum* primarily limits net photosynthesis by decreasing stomatal conductance，increasing photorespiration，and increasing the ratio of dark respiration to gross photosynthesis. Journal of Plant Physiology，171(17): 1576-1585.

Chaves M M，Maroco J P，Pereira J S. 2003. Understanding plant responses to drought—from genes to the whole plant. Functional Plant Biology，30(3): 239-264.

Chen J，Shafi M，Wang Y，et al. 2016. Organic acid compounds in root exudation of Moso Bamboo (*Phyllostachys pubescens*) and its bioactivity as affected by heavy metals. Environmental Science and Pollution Research，23(20): 20977-20984.

Chen K M，Gong H J，Chen G C，et al. 2003. Up-regulation of glutathione metabolism and changes in redox status involved in adaptation of reed (*Phragmites communis*) ecotypes to drought-prone and saline habitats. Journal of Plant Physiology，160(3): 293-301.

Chen Y T, Wang Y, Yeh K C. 2017. Role of root exudates in metal acquisition and tolerance. Current Opinion in Plant Biology, 39: 66-72.

Clarkson D T, Hanson J B. 1980. The mineral nutrition of higher plants. Annual Review of Plant Physiology, 31(1): 239-298.

Cornish P M, Vertessy R A. 2001. Forest age-induced changes in evapotranspiration and water yield in a eucalypt forest. Journal of Hydrology, 242(1):43-63.

Cousins A B, Adam N R, Wall G W, et al. 2001. Reduced photorespiration and increased energy-use efficiency in young CO_2-enriched sorghum leaves. New Phytologist, 150(2): 275-284.

Cousins A B, Badger M R, Von Caemmerer S. 2006. Carbonic anhydrase and its influence on carbon isotope discrimination during C_4 photosynthesis. Insights from antisense RNA in Flaveria bidentis. Plant Physiology, 141(1): 232-242.

Covarrubias J I, Rombolà A D. 2013. Physiological and biochemical responses of the iron chlorosis tolerant grapevine rootstock 140 Ruggeri to iron deficiency and bicarbonate. Plant and Soil, 370(1-2): 305-315.

Culver B W, Morton P K. 2015. The evolutionary history of daphniid α-carbonic anhydrase within animalia. International Journal of Evolutionary Biology, (11): 1-11.

Dąbrowska-Bronk J, Komar D N, Rusaczonek A, et al. 2016. β-carbonic anhydrases and carbonic ions uptake positively influence *Arabidopsis* photosynthesis, oxidative stress tolerance and growth in light dependent manner. Journal of Plant Physiology, 203: 44-54.

Dakora F D, Phillips D A. 2002. Root exudates as mediators of mineral acquisition in low-nutrient environments. Plant and Soil, 245(1): 35-47.

Dalal J, Lopez H, Vasani N B, et al. 2015. A photorespiratory bypass increases plant growth and seed yield in biofuel crop *Camelina sativa*. Biotechnology for Biofuels, 8(1): 175-196.

Darrah P R. 1996. Rhizodeposition under ambient and elevated CO_2 levels. Plant and Soil, 187(2): 265-275.

Day I S, Reddy V S, Ali G S, et al. 2002. Analysis of EF-hand-containing proteins in *Arabidopsis*. Genome Biology, 3(10): Research 0056.

DeJong T M, Silva D D, Vos J, et al. 2011. Using functional–structural plant models to study, understand and integrate plant development and ecophysiology. Annals of Botany, 108(6): 987-989.

DiMario R J, Clayton H, Mukherjee A, et al. 2017. Plant carbonic anhydrases-structures, locations, evolution and physiological roles. Molecular Plant, 10(1): 30-46

DiMario R J, Que bedeaux J C, Longstreth D, et al. 2016. The cytoplasmic carbonic anhydrases βCA2 and βCA4 are required for optimal plant growth at low CO_2. Plant Physiology, 171(1):280–293.

Dodgson S J, Forster R E, Storey B T, et al. 1980. Mitochondrial carbonic anhydrase. Proceedings of the National Academy of Sciences, 77(9): 5562-5566.

Dumais J, Forterre Y. 2011. Vegetable Dynamicks: The role of water in plant movements. Annual Review of Fluid Mechanics, 44(1): 453-478.

Edwards G E, Mohamed A K. 1973. Reduction in carbonic anhydrase activity in zinc deficient leaves of *Phaseolus vulgaris* L. Crop Science, 13(3): 351-354.

Ellsworth D S, Crous K Y, Lambers H, et al. 2015. Phosphorus recycling in photorespiration maintains high photosynthetic capacity in woody species. Plant, Cell and Environment, 38(6): 1142-1156.

Eriksson M, Karlsson J, Ramazanov Z, et al. 1996. Discovery of an algal mitochondrial carbonic anhydrase: Molecular cloning and characterization of a low-CO_2-induced polypeptide in *Chlamydomonas reinhardtii*. Proceedings of the National Academy of Sciences, 93(21): 12031-12034.

Evans N H, McAinsh M R, Hetherington A M. 2001. Calcium oscillations in higher plants. Current Opinion in Plant Biology, 4(5): 415-420.

Everson R. 1970. Carbonic anhydrase and CO_2 fixation in isolated chloroplasts. Phytochemistry, 9(1): 25-32.

Fabre N, Reiter I M, Becuwe-Linka N, et al. 2007. Characterization and expression analysis of genes encoding α and β carbonic anhydrases in *Arabidopsis*. Plant, Cell and Environment, 30(5): 617-629.

Fahey B, Jackson R. 1997. Hydrological impacts of converting native forests and grasslands to pine plantations, South Island, New Zealand. Agricultural and Forest Meteorology, 84(1-2): 69-82.

Farooq M, Wahid A, Kobayashi N, et al. 2009. Plant drought stress: Effects, mechanisms and management. Agronomy for Sustainable Development, 29(1): 185-212.

Farquhar G D, Ehleringer J R, Hubick K T. 1989. Carbon isotope discrimination and photosynthesis. Annual Review of Plant Biology, 40(1): 503-537.

Feakins S J, Bentley L P, Salinas N, et al. 2016. Plant leaf wax biomarkers capture gradients in hydrogen isotopes of precipitation from the Andes and Amazon. Geochimica et Cosmochimica Acta, 182: 155-172.

Fedorchuk T Y, Rudenko N, Ignatova L, et al. 2014. The presence of soluble carbonic anhydrase in the thylakoid lumen of chloroplasts from *Arabidopsis* leaves. Journal of plant physiology, 171(11): 903-906.

Feng Y L, Fu G L, Zheng Y L. 2008. Specific leaf area relates to the differences in leaf construction cost, photosynthesis, nitrogen allocation, and use efficiencies between invasive and noninvasive alien congeners. Planta, 228(3): 383-390.

Fernandes J C, Henriques F S. 1991. Biochemical, physiological, and structural effects of excess copper in plants. Botanical Review, 57(3):246–273.

Ferry J G. 2013. Carbonic anhydrases of anaerobic microbes. Bioorganic and Medicinal Chemistry, 21(6): 1392-1395.

Fett J P, Coleman J R. 1994. Characterization and expression of two cDNAs encoding carbonic anhydrase in *Arabidopsis thaliana*. Plant physiology, 105(2): 707-713.

Fisher M, Gokhman I, Pick U. 1996. A salt-resistant plasma membrane carbonic anhydrase is induced by salt in *Dunaliella salina*. Journal of Biological Chemistry, 271(30): 17718-17723.

Flexas J, Ribas-Carbo M, Bota J, et al. 2006. Decreased Rubisco activity during water stress is not induced by decreased relative water content but related to conditions of low stomatal conductance and chloroplast CO_2 concentration. New Phytologist, 172(1): 73-82.

Floryszak-Wieczorek J, Arasimowicz-Jelonek M. 2017. The multifunctional face of plant carbonic anhydrase. Plant Physiology and Biochemistry, 112: 362-368.

Francesch V R, Nakata P A. 2005. Calcium oxalate in plants: formation and function. Annual Review of Plant Biology, 56: 41–71.

Freskgard P O, Bergenhem N, Jonsson B H, et al. 1992. Isomerase and chaperone activity of prolyl isomerase in the folding of carbonic anhydrase. Science, 258(5081): 466-468.

Fu P L, Jiang Y J, Wang A Y, et al. 2012. Stem hydraulic traits and leaf water-stress tolerance are coordinated with the leaf phenology of angiosperm trees in an Asian tropical dry karst forest. Annual of Botany 110(1):189-199.

Galvez L, Gonzalez E M, Arrese-Igor C. 2005. Evidence for carbon flux shortage and strong carbon/nitrogen interactions in pea nodules at early stages of water stress. Journal of Experimental Botany, 56(419): 2551-2561.

Gao X, Zhang F, Hoffland E. 2009. Malate exudation by six aerobic rice genotypes varying in zinc uptake efficiency. Journal of Environmental Quality, 38(6): 2315-2321.

Gardner W K, Barber D A, Parberry D G. 1983. The acquisition of phosphorus by *Lupinus albus* L. III. The probable mechanism by which phosphorus movement in the soil/root interface in enhanced. Plant and Soil, 70: 107-124.

Ghashghaie J, Badeck F W, Lanigan G. et al. 2003. Carbon isotope fractionation during dark respiration and photorespiration in C_3 plants. Phytochemistry Reviews, 2(1-2): 145-161.

Ghiasi M, Hemati S, Zahedi M. 2017. Activation modelling of β-and γ-class of carbonic anhydrase with amines and amino acids: Proton transfer process within the active site from thermodynamic point of view. Computational and Theoretical Chemistry, 1109: 42-57.

Giordano M, Norici A, Forssen M, et al. 2003. An anaplerotic role for mitochondrial carbonic anhydrase in *Chlamydomonas reinhardtii*. Plant Physiology, 132(4): 2126-2134.

Gonzalez-Rodriguez D, Cournède P H, De Langre E. 2016. Turgidity-dependent petiole flexibility enables efficient water use by a tree subjected to water stress. Journal of Theoretical Biology, 398: 20-31.

Graham D, Reed M L. 1971. Carbonic anhydrase and the regulation of photosynthesis. Nature: New Biology, 231(20): 81-83.

Gratani L, Bombelli A. 2000. Leaf anatomy, inclination, and gas exchange relationships in evergreen sclerophqldous and drought semideciduous shrub species. Photosynthetica, 37(4): 573-585.

Gruber B D, Giehl R F, Friedel S, et al. 2013. Plasticity of the *Arabidopsis* root system under nutrient deficiencies. Plant Physiology, 163(1): 161-179.

Guan X Q, Zhao S J, Li D Q, et al. 2004. Photoprotective function of photorespiration in several grapevine cultivars under drought stress. Photosynthetica, 42(1): 31-36.

Guo F, Jiang G, Yuan D. 2007. Major ions in typical subterranean rivers and their anthropogenic impacts in southwest karst areas, China. Environmental Geology, 53(3): 533-541.

Hajiboland R, Pasbani B, Amirazad H. 2010. Effect of low Zn supply on growth, leaf pigments and photosynthesis in red cabbage (*Brassica oleracea* L. var. capitata f. rubra) plants grown under different light conditions. Iranian Journal of Plant Biology, 1(1-2): 25-36.

Hajiboland R, Yang X E, Römheld V, et al. 2005. Effect of bicarbonate on elongation and distribution of organic acids in root and root zone of Zn-efficient and Zn-inefficient rice (*Oryza sativa* L.) genotypes. Environmental and Experimental Botany, 54(2): 163-173.

Halperin S J, Gilroy S, Lynch J P. 2003. Sodium chloride reduces growth and cytosolic calcium, but does not affect cytosolic pH, in root hairs of *Arabidopsis thaliana* L. Journal of Experimental Botany, 54(385): 1269-1280.

Han G, Liu C Q. 2004. Water geochemistry controlled by carbonate dissolution: A study of the river waters draining karst-dominated terrain, Guizhou Province, China. Chemical Geology, 204(1): 1-21.

Han W, Fang J, Guo D, et al. 2005. Leaf nitrogen and phosphorus stoichiometry across 753 terrestrial plant species in China. New Phytologist, 168(2): 377-385.

Hang H, Wu Y. 2016. Quantification of photosynthetic inorganic carbon utilisation via a bidirectional stable carbon isotope tracer. Acta Geochimica, 35(2): 130-137.

Harper J F, Breton G, Harmon A. 2004. Decoding Ca^{2+} signals through plant protein kinases. Annual Review of Plant Biology, 55(1): 263-288.

Hatch M D, Burnell J N. 1990. Carbonic anhydrase activity in leaves and its role in the first step of C_4 photosynthesis. Plant Physiology, 93(2): 825-828.

He H, Bleby T M, Veneklaas E J, et al. 2012. Morphologies and elemental compositions of calcium crystals in phyllodes and branchlets of *Acacia robeorum* (Leguminosae: Mimosoideae). Annals of Botany, 109(5): 887-896.

Heerden P D, Villiers M F, Staden J V, et al. 2003. Dark chilling increases glucose-6-phosphate dehydrogenase activity in soybean leaves. Physiologia Plantarum, 119(2): 221-230.

Henry A, Doucette W, Norton J, et al. 2007. Changes in crested wheatgrass root exudation caused by flood, drought, and nutrient stress. Journal of Environment Quality, 36(3): 904-912.

Henry R P. 1996. Multiple roles of carbonic anhydrase in cellular transport and metabolism. Annual Review of Physiology, 58: 523-538.

Hewett-Emmett D, Tashian R E. 1996. Functional diversity, conservation, and convergence in the evolution of the α-, β-, and γ-carbonic anhydrase gene families. Molecular Phylogenetics and Evolution, 5(1): 50-77.

Hoang C V, Chapman K D. 2002. Biochemical and molecular inhibition of plastidial carbonic anhydrase reduces the incorporation of acetate into lipids in cotton embryos and tobacco cell suspensions and leaves. Plant Physiology, 128(4): 1417-1427.

Hoffmann K M, Samardzic D, Van den Heever K, et al. 2011. Co(II)-substituted Haemophilus influenzae β-carbonic anhydrase: spectral evidence for allosteric regulation by pH and bicarbonate ion. Archives of Biochemistry and Biophysics, 511(1): 80-87.

Holtum J A, Summons R, Roeske C A, et al. 1984. Oxygen-18 incorporation into malic acid during nocturnal carbon dioxide fixation in crassulacean acid metabolism plants: A new approach to estimating in vivo carbonic anhydrase activity. Journal of Biological Chemistry, 259(11): 6870-6881.

Hou F Y, Huang J, Yu S L, et al. 2007. The 6-phosphogluconate dehydrogenase genes are responsive to abiotic stresses in rice. Journal of Integrative Plant Biology, 49(5): 655-663.

Hou Y, Liu Z, Zhao Y, et al. 2016. CAH1 and CAH2 as key enzymes required for high bicarbonate tolerance of a novel microalga *Dunaliella salina* HTBS. Enzyme and Microbial Technology, 87-88: 17-23.

Hu G, Smith K H, Nicholas N J, et al. 2017. Enzymatic carbon dioxide capture using a thermally stable carbonic anhydrase as a promoter in potassium carbonate solvents. Chemical Engineering Journal, 307: 49-55.

Hu H, Boisson-Dernier A, Israelsson-Nordström M, et al. 2010a. Carbonic anhydrases are upstream regulators of CO_2-controlled stomatal movements in guard cells. Nature Cell Biology, 12(1): 87-93.

Hu H H, Rappel W J, Occhipinti R, et al. 2015. Distinct cellular locations of carbonic anhydrases mediate carbon dioxide control of stomatal movements. Plant Physiol, 169(2):1168-1178.

Hu W H, Xiao Y A, Zeng J J, et al. 2010b. Photosynthesis, respiration and antioxidant enzymes in pepper leaves under drought and heat stresses. Biologia Plantarum, 54(4): 761-765.

Hudson J A, Crane S B, Robinson M. 1997. The impact of the growth of new plantation forestry on evaporation and stream- flow in the Llanbrynmair catchments. Hydrology and Earth System Sciences, 1(3): 463-475.

Igamberdiev A U, Roussel M R. 2012. Feedforward non-michaelis–menten mechanism for CO_2 uptake by Rubisco: Contribution of carbonic anhydrases and photorespiration to optimization of photosynthetic carbon assimilation. Biosystems, 107(3): 158-166.

Invers O, Pérez M, Romero J. 1999. Bicarbonate utilization in seagrass photosynthesis: role of carbonic anhydrase in *Posidonia oceanic* (L.) Delile and *Cymodocea nodosa* (Ucria) Ascherson. Journal of Experimental Marine Biology and Ecology, 235(1): 125-133.

Jacob J, Lawlor D W. 1992. Dependence of photosynthesis of sunflower and maize leaves on phosphate supply, ribulose-1, 5-bisphosphate carboxylase/oxygenase activity, and ribulose-1, 5-bisphosphate pool size. Plant Physiologyogy, 98 (3): 801–807.

Jiang C Y, Tholen D, Xu J M, et al. 2014. Increased expression of mitochondria-localized carbonic anhydrase activity resulted in an increased biomass accumulation in *Arabidopsis thaliana*. Journal of Plant Biology, 57 (6): 366-374.

Johnson C H, Knight M R, Kondo T, et al. 1995. Circadian oscillations of cytosolic and chloroplastic free calcium in plants. Science, 269 (5232): 1863-1865.

Jordan G J, Brodribb T J, Blackman C J, et al. 2013. Climate drives vein anatomy in Proteaceae. American Journal of Botany, 100 (8) :1483-1493.

Jones D L, Darrah P R. 1994. Role of root derived organic-acids in the mobilization of nutrients from the rhizosphere. Plant and Soil, 166 (2): 247-257.

Jones D L. 1998. Organic acids in the rhizosphere: A critical review. Plant and Soil, 205 (1): 25-44.

Jones D L, Nguyen C, Finlay R D. 2009. Carbon flow in the rhizosphere: Carbon trading at the soil-root interface. Plant and Soil, 321: 5-33.

Kalloniati C, Tsikou D, Lampiri V, et al. 2009. Characterization of a *Mesorhizobium loti* α-type carbonic anhydrase and its role in symbiotic nitrogen fixation. Journal of Bacteriology, 191 (8): 2593-2600.

Karlsson J, Hiltonen T, Husic H D, et al. 1995. Intracellular carbonic anhydrase of *Chlamydomonas reinhardtii*. Plant Physiology, 109 (2): 533-539.

Karlsson J, Clarke A K, Chen Z Y, et al. 1998. A novel alpha-type carbonic anhydrase associated with the thylakoid membrane in *Chlamydomonas reinhardtii* is required for growth at ambient CO_2. The Embo Journal, 17 (5): 1208-1216.

Kavar T, Maras M, Kidrič M, et al. 2007. Identification of genes involved in the response of leaves of *Phaseolus vulgaris* to drought stress. Molecular Breeding, 21 (2): 159-172.

Keiluweit M, Bougoure J J, Nico P S, et al. 2015. Mineral protection of soil carbon counteracted by root exudates. Nature Climate Change, 5 (6): 588-595.

Kerley S J. 2000. Changes in root morphology of white lupin (*Lupinus albus* L.) and its adaptation to soils with heterogeneous alkaline/acid profiles. Plant and Soil, 218 (1-2): 197-205.

Keum C, Kim M C, Lee S Y. 2015. Effects of transition metal ions on the catalytic activity of carbonic anhydrase mimics. Journal of Molecular Catalysis A: Chemical, 408: 69-74.

Khorassani R, Hettwer U, Ratzinger A, et al. 2011. Citramalic acid and salicylic acid in sugar beet root exudates solubilize soil phosphorus. BMC Plant Biology, 11: 121-128.

Kim I G, Jo B H, Kang D G, et al. 2012. Biomineralization-based conversion of carbon dioxide to calcium carbonate using recombinant carbonic anhydrase. Chemosphere, 87 (10): 1091-1096.

Kivelã A J, Saarnio J, Karttunen T J, et al. 2001. Differential expression of cytoplasmic carbonic anhydrases, CA I and II, and membrane-associated isozymes, CA IX and XII, in normal mucosa of large intestine and in colorectal tumors. Digestive diseases and sciences, 46 (10): 2179-2186.

Kozliak E I, Fuchs J A, Guilloton M B, et al. 1995. Role of bicarbonate/CO_2 in the inhibition of *Escherichia coli* growth by cyanate. Journal of Bacteriology, 177 (11): 3213-3219.

Krämer U, Cotter-Howells J D, Charnock J M, et al. 1996. Free histidine as a metal chelator in plants that accumulate nickel. Nature, 1996, 379 (6566): 635-638.

Kranz S A, Young J N, Hopkinson B M, et al. 2015. Low temperature reduces the energetic requirement for the CO_2 concentrating mechanism in diatoms. New Phytologist, 205(1): 192-201.

Krasensky J, Jonak C. 2012. Drought, salt, and temperature stress-induced metabolic rearrangements and regulatory networks. Journal of Experimental Botany, 63: 1593-1608.

Ksouri R, Gharsalli M, Lachaal M. 2005. Physiological responses of Tunisian grapevine varieties to bicarbonate-induced iron deficiency. Journal of Plant Physiology, 162(3): 335-341.

Lane T W, Saito M A, George G N, et al. 2005. Biochemistry: A cadmium enzyme from a marine diatom. Nature, 435(7038): 42.

Lecourieux D, Mazars C, Pauly N, et al. 2002. Analysis and effects of cytosolic free calcium increases in response to elicitors in *Nicotiana plumbaginifolia* cells. Plant Cell, 14(10): 2627–2641.

Lens F, Sperry J S, Christman M A, et al. 2011. Testing hypotheses that link wood anatomy to cavitation resistance and hydraulic conductivity in the genus *Acer*. New Phytologist, 190(3): 709-723.

Li H, Xia M, Wu P. 2001. Effect of phosphorus deficiency stress on rice lateral root growth and nutrient absorption. Acta Botanica Sinica, 43(11): 1154-1160.

Li S C, Hu C H, Gong J, et al. 2004. Effects of low phosphorus stress on the chlorophyll fluorescence of different phosphorus use efficient maize (*Zea mays* L.). Acta Agronomica Sinica, 30(4):365-370.

Li F, Yang Q, Zan Q, et al. 2011. Differences in leaf construction cost between alien and native mangrove species in Futian, Shenzhen, China: implications for invasiveness of alien species. Marine Pollution Bulletin, 62(9): 1957-1962.

Lipton D S, Blanchar R W, Blevins D G. 1987. Citrate, malate, and succinate concentration in exudates from P-sufficient and P-stressed *Medicago sativa* L. seedlings. Plant Physiology, 85(2): 315-317.

Liu C C, Liu Y G, Guo K, et al. 2011. Effect of drought on pigments, osmotic adjustment and antioxidant enzymes in six woody plant species in karst habitats of southwestern China. Environmental and Experimental Botany, 71(2): 174-183.

Liu C C, Liu Y G, Guo K, et al. 2010. Influence of drought intensity on the response of six woody karst species subjected to successive cycles of drought and rewatering. Physiologia Plantarum, 139(1):39-54.

Liu J, Wang X, Hu Y, et al. 2013. Glucose-6-phosphate dehydrogenase plays a pivotal role in tolerance to drought stress in soybean roots. Plant Cell Reports, 32(3): 415-429.

Long M H, McGlathery K J, Zieman J C, et al. 2008. The role of organic acid exudates in liberating phosphorus from seagrass-vegetated carbonate sediments. Limnology and Oceanography, 53(6): 2616-2626.

López-Bucio J, Nieto-Jacobo M F, Ramírez-Rodríguez V, et al. 2000. Organic acid metabolism in plants: from adaptive physiology to transgenic varieties for cultivation in extreme soils. Plant Science, 160(1): 1-13.

Ludwig M. 2016. Evolution of carbonic anhydrase in C_4 plants. Current Opinion in Plant Biology, 31: 16-22.

Ma R, Schuette G F, Broadbelt L J. 2015. Toward understanding the activity of cobalt carbonic anhydrase: A comparative study of zinc- and cobalt-cyclen. Applied Catalysis A: General, 492: 151-159.

Macnish A J, Irving D E, Joyce D C, et al. 2003. Identification of intracellular calcium oxalate crystals in *Chamelaucium uncinatum* (Myrtaceae). Australian Journal of Botany, 51(5): 565-572.

Makita Y, Shimada S, Kawashima M, et al. 2014. Morokoshi: transcriptome database in sorghum bicolor. Plant and Cell Physiology, 56(1): e6-e6.

Malinowski R. 2013. Understanding of leaf development: the science of complexity. Plants, 2(3): 396-415.

Maren T H. 1967. Carbonic anhydrase: chemistry, physiology, and inhibition. Physiological Reviews, 47(4): 595-781.

Marschner H. 1995. Mineral nutrition of higher plants. London: Academic Press: 65-69.

McCormack E, Tsai Y C, Braam J. 2005. Handling calcium signaling: *Arabidopsis* CaMs and CMLs. Trends in Plant Science, 10(8): 383-389.

Meldrum N U, Roughton F J. 1933. Carbonic anhydrase: Its preparation and properties. Journal of Physiology, 80(2): 113-142

Mercado J M, Santos C B, Pérez-Lioréns J L, et al. 2009. Carbon isotopic fractionation in macroalgae from Cádiz Bay (Southern Spain): Comparison with other bio-geographic regions. Estuarine Coastal and Shelf Science, 85(3): 449-458.

Messerli M A, Cre´ton R, Jaffe L F, et al. 2000. Periodic increases in elongation rate precede increases in cytosolic Ca^{2+} during pollen tube growth. Developmental Biology, 222(1): 84-98.

Micco V D, Aronne G. 2012. Anatomy and lignin characterisation of twigs in the chaparral shrub *Rhamnus californica*. International Association of Wood Anatomists, 33(2): 151-162.

Miralles D J, Slafer G A, Lynch V. 1997. Rooting patterns in near-isogenic lines of spring wheat for dwarfism. Plant and Soil, 197(1): 79-86.

Misra B B, Yin Z, Geng S, et al. 2016. Metabolomic responses of *Arabidopsis* suspension cells to bicarbonate under light and dark conditions. Scientific Reports, 6: 35778-35787.

Moroney J V, Bartlett S G, Samuelsson G. 2001. Carbonic anhydrases in plants and algae. Plant Cell and Environment, 24(2): 141-153.

M'sehli W, Dell'Orto M, Nisi P D, et al. 2009. Responses of two ecotypes of *Medicago ciliaris* to direct and bicarbonate-induced iron deficiency conditions. Acta Physiologiae Plantarum, 31(4): 667-673.

Msilini N, Attia H, Bouraoui N, et al. 2009. Responses of *Arabidopsis thaliana* to bicarbonate-induced iron deficiency. Acta physiologiae plantarum, 31(4): 849-853.

Montiel-Rozas M M, Madejón E, Madejón P. 2016. Effect of heavy metals and organic matter on root exudates (low molecular weight organic acids) of herbaceous species: An assessment in sand and soil conditions under different levels of contamination. Environmental Pollution, 216: 273-281.

Mooney H A. 1972. The carbon balance of plants. Annual Review of Ecology and Systematics, 3(1): 315-346.

Mou Z, Fan W, Dong X. 2003. Inducers of plant systemic acquired resistance regulate NPR1 function through redox changes. Cell, 113(7): 935-944.

Müller W E , Li Q, Schröder H C, et al. 2014. Carbonic anhydrase: A key regulatory and detoxifying enzyme for karst plants. Planta, 239(1): 213-229.

Nerd A, Neumann P M. 2004. Phloem water transport maintains stem growth in a drought-stressed crop cactus (Hylocereus undatus). Journal of the American Society for Horticultural Science, 129(4): 486-490.

Neumann G, Römheld V. 1999. Root excretion of carboxylic acids and protons in phosphorus-deficient Plants. Plant and Soil, 211(1): 121-130.

Nguyen H T, Babu R C, Blum A. 1997. Breeding for drought resistance in rice: Physiology and molecular genetics considerations. Crop Science, 37(5): 1426-1434.

Nie Y P, Chen H S, Wang K L, et al. 2014. Rooting characteristics of two widely distributed woody plant species growing in different karst habitats of southwest China. Plant Ecology, 215(10): 1099-1109.

Nimer N A, Iglesias-Rodriguez M D, Merrett M J. 1997. Bicarbonate utilization by marine phytoplankton species. Journal of Phycology, 33(4): 625-631.

Ogita S. 2015. Plant cell, tissue and organ culture: The most flexible foundations for plant metabolic engineering applications. Natural product communications, 10(5): 815-820.

Okabe K, Yang S Y, Tsuzuki M, et al. 1984. Carbonic anhydrase: Its content in spinach leaves and its taxonomic diversity studied with anti-spinach leaf carbonic anhydrase antibody. Plant Science Letters, 33(2): 145-153.

Oliver D J. 1980. The effect of glyoxylate on photosynthesis and photorespiration by isolated soybean mesophyll cells. Plant Physiology, 65(5): 888-892.

Omranian N, Kleessen S, Tohge T, et al. 2015. Differential metabolic and coexpression networks of plant metabolism. Trends in Plant Science, 20(5): 266-268.

Osnas J L, Lichstein J W, Reich P B, et al. 2013. Global leaf trait relationships: mass, area, and the leaf economics spectrum. Science, 340(6133): 741-744.

Pal A, Borthakur D. 2015. Transgenic overexpression of β-carbonic anhydrases in tobacco does not affect carbon assimilation and overall biomass. Plant Biosystems, 45(1): 1-10.

Park S, Lee J U, Cho S, et al. 2017. Increased incorporation of gaseous CO_2 into succinate by *Escherichia coli* overexpressing carbonic anhydrase and phosphoenolpyruvate carboxylase genes. Journal of Biotechnology, 241: 101-107.

Parker D R, Chaney R L, Norvell W A. 1995. In Loeppert R H, Schwab A P, Goldberg S(eds.) Chemical equilibria models: Applications to plant nutrition research. In Chemical Equilibria and Reaction Models, special publication 42. Soil Science Society of America, Madison, Wisconsin, 163-200.

Parry M A, Keys A J, Madgwick P J, et al. 2008. Rubisco regulation: A role for inhibitors. Journal of Experimental Botany, 59(7): 1569-1580.

Pauly N, Knight M R, Thuleau P, et al. 2001. The nucleus together with the cytosol generates patterns of specific cellular calcium signatures in tobacco suspension culture cells. Cell Calcium, 30(6): 413–421.

Pieters A J, Paul M J, Lawlor D W. 2001. Low sink demand limits photosynthesis under Pi deficiency. Journal of Experimental Botany, 52(358): 1083-1091.

Plieth C. 2001. Plant calcium signaling and monitoring: Pros and cons and recent experimental approaches. Protoplasma, 218(1-2): 1–23.

Perez-Martin A, Michelazzo C, Torres-Ruiz J M, et al. 2014. Regulation of photosynthesis and stomatal and mesophyll conductance under water stress and recovery in olive trees: Correlation with gene expression of carbonic anhydrase and aquaporins. Journal of Experimental Botany, 65(12): 3143-3156.

Poincelot R P. 1972. Intracellular distribution of carbonic anhydrase in spinach leaves. Biochimica et Biophysica Acta(BBA)-Enzymology, 258(2): 637-642.

Prete D S, De L V, Capasso C, et al. 2016c. Recombinant thermoactive phosphoenolpyruvate carboxylase (PEPC) from *Thermosynechococcus elongatus* and its coupling with mesophilic/thermophilic bacterial carbonic anhydrases (CAs) for the conversion of CO_2 to oxaloacetate. Bioorganic and Medicinal Chemistry, 24(2): 220-225.

Prete D S, Vullo D, De L V, et al. 2016a. Comparison of the sulfonamide inhibition profiles of the α-, β- and γ-carbonic anhydrases from the pathogenic bacterium *Vibrio cholera*. Bioorganic and Medicinal Chemistry Letters, 26(8): 1941-1946.

Prete D S, Vullo D, Fisher G M, et al. 2014. Discovery of a new family of carbonic anhydrases in the malaria pathogen *Plasmodium falciparum*—The η-carbonic anhydrases. Bioorganic and Medicinal Chemistry Letters, 24(18), 4389-4396.

Prete S D, Vullo D, Luca V D, et al. 2016b. Anion inhibition profiles of the complete domain of the η-carbonic anhydrase from

Plasmodium falciparum. Bioorganic and Medicinal Chemistry，24(18): 4410-4414.

Price G D，Caemmerer S V，Evans J R，et al. 1994. Specific reduction of chloroplast carbonic anhydrase activity by antisense RNA in transgenic tobacco plants has a minor effect on photosynthetic CO_2 assimilation. Planta，193(3): 331-340.

Price G D，Sültemeyer D，Klughammer B，et al. 1998. The functioning of the CO_2 concentrating mechanism in several cyanobacterial strains: A review of general physiological characteristics，genes，proteins，and recent advances. Canadian Journal of Botany，76(6): 973-1002.

Randall P J，Bouma D. 1973. Zinc deficiency，carbonic anhydrase，and photosynthesis in leaves of spinach. Plant Physiology，57(3): 229-232.

Rao S，Wu Y Y. 2017. Root-derived bicarbonate assimilation in response to variable water deficit in *Camptotheca acuminate* seedlings. Photosynthesis Research，134(1):59-70.

Rathnam C K，Das V S. 1975. Aspartate-type C-4 photosynthetic carbon metabolism in leaves of *Eleusine coracana* Gaertn. Zeitschrift für Pflanzenphysiologie，74(5): 377-393.

Raven J A，Farquhar G D. 1990. The influence of N metabolism and organic acid synthesis on the natural abundance of isotopes of carbon in plants. New Phytologist，116(3): 505-529.

Raven J A，Newman J R. 1994. Requirement for carbonic anhydrase activity in processes other than photosynthetic inorganic carbon assimilation. Plant，Cell and Environment，17(2): 123-130.

Reid C P. 1974. Assimilation，distribution and root exudation of C by ponderosa pine seedlings under induced water stress. Plant Physiology，54(1): 44-49.

Rengel Z. 2002. Genetic control of root exudation. Plant and Soil，245(1): 59-70.

Rengel Z. 2015. Availability of Mn，Zn and Fe in the rhizosphere. Journal of Soil Science and Plant Nutrition，15(2): 397-409.

Renton M，Poot P. 2014. Simulation of the evolution of root water foraging strategies in dry and shallow soils. Annals of Botany，114(4): 763-778.

Rivero R M，Shulaev V，Blumwald E. 2009. Cytokinin-dependent photorespiration and the protection of photosynthesis during water deficit. Plant Physiology，150(3): 1530-1540.

Robinson M，Cognard-Plancq A L，Cosandey C，et al. 2003. Studies of the impact of forests on peak flows and baseflows: A European perspective. Forest Ecology and Management，186(1): 85–97.

Rose M T，Rose T J，Pariasca-Tanaka J，et al. 2011. Revisiting the role of organic acids in the bicarbonate tolerance of zinc-efficient rice genotypes. Functional Plant Biology，38(6): 493-504.

Ryan P R，Delhaize E，Jones D L. 2001. Function and mechanism of organic anion exudation from plant roots. Annual Review of Plant Physiology and Plant Molecular Biology，52: 527-560.

Supuran C T. 2008. Carbonic anhydrases: An overview. Current Pharmaceutical Design，14(7): 603-614

Sahin V，Hall M J. 1996. The effects of afforestation and deforestation on water yields. Journal of hydrology，178(1-4): 293–309.

Sandquist D R，Ehleringer J R. 2003. Population- and family-level variation of brittlebush (*Encelia farinosa*，Asteraceae) pubescence: its relation to drought and implications for selection in variable environments. American Journal of Botany，90(10): 1481-1486.

Sattelmacher B. 2001. The apoplast and its significance for plant mineral nutrition. New Phytologist，149(2): 167–192.

Sauer K. 1980. A role for manganese in oxygen evolution in photosynthesis. Accounts of Chemical Research，13(8): 249-256.

Schlicker C，Hall R A，Vullo D，et al. 2009. Structure and inhibition of the CO_2-sensing carbonic anhydrase Can2 from the pathogenic fungus *Cryptococcus neoformans*. Journal of Molecular Biology，385(4): 1207-1220.

Schmerler S B，Clement W L，Beaulieu J M，et al. 2012. Evolution of leaf form correlates with tropical–temperate transitions in *Viburnum* (Adoxaceae). Proceedings of the Royal Society B: Biological Sciences，279 (1744): 3905-3913.

Schroeder J I，Allen G J，Hugouvieux V，et al. 2001. Guard cell signal transduction. Annual Review of Plant Physiology and Plant Molecular Biology，52 (4): 627–658.

Schwender J，Goffman F，Ohlrogge J B，et al. 2004. Rubisco without the Calvin cycle improves the carbon efficiency of developing green seeds. Nature，432 (7018) :779-782.

Scoffoni C，Rawls M，McKown A，et al. 2011. Decline of leaf hydraulic conductance with dehydration: Relationship to leaf size and venation architecture. Plant Physiology，156 (2): 832-843.

Sessa E B，Givnish T J. 2014. Leaf form and photosynthetic physiology of *Dryopteris* species distributed along light gradients in eastern North America. Functional Ecology，28 (1) :108-123.

Shahbaz A M，Oki Y，Adachi T，et al. 2006. Phosphorus starvation induced root-mediated pH changes in solublization and acquisition of sparingly soluble P sources and organic acids exudation by Brassica cultivars. Soil Science and Plant Nutrition，52 (3): 623-633.

Sharkey T D，Weise S E. 2015. The glucose 6-phosphate shunt around the Calvin–Benson cycle. Journal of Experimental Botany，67 (14): 4067-4077.

Sharwood R E，Sonawane B V，Ghannoum O，et al. 2016. Improved analysis of C_4 and C_3 photosynthesis via refined *in vitro* assays of their carbon fixation biochemistry. Journal of Experimental Botany，67 (10): 3137-3148.

Shi J H，Yi K K，Liu Y，et al. 2015. Phosphoenolpyruvate carboxylase in *Arabidopsis* leaves plays a crucial role in carbon and nitrogen metabolism. Plant Physiology，167 (3): 671-681.

Shields L M. 1950. Leaf xeromorphy as related to physiological and structural influences. The Botanical Review，16 (8): 399-447.

Silfer J A，Engel M H，Macko S A，et al. 1991. Stable carbon isotope analysis of amino acid enantiomers by conventional isotope ratio mass spectrometry and combined gas chromatography/isotope ratio mass spectrometry. Analytical Chemistry，63 (4): 370-374.

Sinetova M A，Kupriyanova E V，Markelova A G，et al. 2012. Identification and functional role of the carbonic anhydrase Cah3 in thylakoid membranes of pyrenoid of *Chlamydomonas reinhardtii*. Biochimica et Biophysica Acta (BBA) -Bioenergetics，1817 (8): 1248-1255.

Smith K S，Ferry J G. 2000. Prokaryotic carbonic anhydrases. Fems Microbiology Reviews，24 (4): 335-366.

Simone G D，Di Fiore A，Capasso C，et al. 2015. The zinc coordination pattern in the η-carbonic anhydrase from *Plasmodium falciparum* is different from all other carbonic anhydrase genetic families. Bioorganic and Medicinal Chemistry Letters，25 (7): 1385-1389.

So A K ，Espie G S，Williams E B，et al. 2004. A novel evolutionary lineage of carbonic anhydrase (ε class) is a component of the carboxysome shell. Journal of Bacteriology，186 (3): 623-630.

Song F B，Han X Y，Zhu X C，et al. 2012. Response to water stress of soil enzymes and root exudates from drought and non-drought tolerant corn hybrids at different growth stages. Canadian Journal of Soil Science，92 (3): 501-507.

Soto D，Córdoba J P，Villarreal F，et al. 2015. Functional characterization of mutants affected in the carbonic anhydrase domain of the respiratory complex I in *Arabidopsis thaliana*. The Plant Journal，83 (5): 831-844.

Storey R，Thomson W W. 1994. An X-ray microanalysis study of the salt glands and intracellular calcium crystals of *Tamarix*. Annals of Botany，73 (3): 307-313.

Strom L，Owen A G，Godbold D L，et al. 2005. Organic acid behaviour in a calcareous soil implications for rhizosphere nutrient cycling. Soil Biology and Biochemistry，37 (11): 2046-2054.

Subbarao G V，Johansen C，Slinkard A E，et al. 1995. Strategies for improving drought resistance in grain legumes. Critical Reviews in Plant Sciences，14(6): 469-523.

Swank W T，Vose J M，Elliott K J. 2001. Long-term hydrologic and water quality responses following commercial clearcutting of mixed hardwoods on a southern Appalachian catchment. Forest Ecology and Management，143(1): 163-178.

Taiz L，Zeiger E. 2006. Plant physiology. Connecticut: Sinauer Associates，Inc. 88-90.

Tanc M，Carta F，Scozzafava A，et al. 2015. α-Carbonic anhydrases possess thioesterase activity. ACS Medicinal Chemistry Letters，6(3): 292-295.

Tanksley S，Kuehn G. 1985. Genetics，subcellular localization，and molecular characterization of 6-phosphogluconate dehydrogenase isozymes in tomato. Biochemical Genetics，23(5-6): 441-454.

Tashian R F. 1989. The carbonic anhydrases: Widening perspectives on their evolution，expression and function. Bioassays News and Reviews in Molecular Cellular and Developmental Biology，10(6): 186-192.

Tcherkez G，Mahé A，Gauthier P，et al. 2009. *In folio* respiratory fluxomics revealed by ^{13}C isotopic labeling and H/D isotope effects highlight the noncyclic nature of the tricarboxylic acid “cycle” in illuminated leaves. Plant Physiology，151(2): 620-630.

Timm S，Florian A，Fernie A R，et al. 2016. The regulatory interplay between photorespiration and photosynthesis. Journal of Experimental Botany，67(10): 2923-2929.

Tiwari A，Kumar P，Singh S，et al. 2005. Carbonic anhydrase in relation to higher plants. Photosynthetica，43(1): 1-11.

Trubat R，Cortina J，Vilagrosa A. 2006. Plant morphology and root hydraulics are altered by nutrient deficiency in *Pistacia lentiscus* (L.). Trees，3(20): 334-339.

Tyler G. 2003. Some ecophysiological and historical approaches to species richness and calcicole/calcifuge behavior-contribution to a debate. Folia Geobotanica，38(4): 419-428.

Tyler G，Strom L. 1995. Differing organic acid exudation pattern explains calcifuge and acidifuge behaviour of plants. Annals of Botany，75(1): 75-78.

Treeby M，Marschner H，Römheld V. 1989. Mobilization of iron and other micronutrient cations from a calcareous soil by plant-borne，microbial，and synthetic metal chelators. Plant and Soil，114(2): 217-226.

Tripp B C，Bell C B，Cruz F，et al. 2004. A role for iron in an ancient carbonic anhydrase. Journal of Biological Chemistry，279(8): 6683-6687.

Tsuzuki M，Miyachi S，Edwards G E. 1985. Localization of carbonic anhydrase in mesophyll cells of terrestrial C_3 plants in relation to CO_2 assimilation. Plant Cell Physiol，26(5): 881–891.

Uchikawa J，Zeebe R E. 2012. The effect of carbonic anhydrase on the kinetics and equilibrium of the oxygen isotope exchange in the CO_2–H_2O system: Implications for $\delta^{18}O$ vital effects in biogenic carbonates. Geochimica et Cosmochimica Acta，95: 15-34.

Uga Y，Sugimoto K，Ogawa S，et al. 2013. Control of root system architecture by *DEEPER ROOTING* 1 increases rice yield under drought conditions. Nature genetics，45(9): 1097-1102.

Vance C P，Uhde-Stone C，Allan D L. 2003. Phosphorus acquisition and use: critical adaptations by plants for sceuring a nonrenewable resource. New Phytologist，157(3): 423-447.

Veitch F P，Blankenship L C. 1963. Carbonic anhydrase in bacteria. Nature，197: 76-77.

Vineeth T V，Kumar P，Krishna G K. 2016. Bioregulators protected photosynthetic machinery by inducing expression of photorespiratory genes under water stress in chickpea. Photosynthetica，54(2): 234-242.

Vos J，Evers J B，Buck-Sorlin G H，et al. 2009. Functional–structural plant modelling: A new versatile tool in crop science. Journal of experimental Botany，61(8): 2101-2115.

Voss I，Sunil B，Scheibe R，et al. 2013. Emerging concept for the role of photorespiration as an important part of abiotic stress response. Plant Biology，15(4): 713-722.

Wakao S，Benning C. 2005. Genome-wide analysis of glucose-6-phosphate dehydrogenases in *Arabidopsis*. The Plant Journal，41: 243-256.

Wallihan E F. 1961. Effect of sodium bicarbonate on iron absorption by orange seedlings. Plant Physiology，36(1): 52-53.

Walker B J，Strand D D，Kramer D M，et al. 2014. The response of cyclic electron flow around photosystem I to changes in photorespiration and nitrate assimilation. Plant Physiology，165(1): 453-462.

Walker T S，Bais H P，Grotewold E，et al. 2003. Root exudation and rhizosphere biology. Plant Physiology，132(1): 44-51.

Walters M B，Kpuger E L，Reich P B. 1993. Relative growth rate in relation to physiological and morphological traits for northern hardwood tree seedlings: Species，light environment and ontogenetic considerations. Oecologia，96(2):219-231.

Wanek W，Popp M. 2000. Effects of rhizospheric bicarbonate on net nitrate uptake and partitioning between the main nitrate utilising processes in *Populus canescens* and *Sambucus nigra*. Plant and Soil，221(1): 13-24.

Wang J H，Li S C，Sun M，et al. 2013. Differences in the stimulation of cyclic electron flow in two tropical ferns under water stress are related to leaf anatomy. Physiologia Plantarum，147(3): 283-295.

Wang M Y，Xia R X，Hu L M，et al. 2007. Arbuscular mycorrhizal fungi alleviate iron deficient chlorosis in *Poncirus trifoliata* L. Raf under calcium bicarbonate stress. Journal of Horticultural Science and Biotechnology，82(5): 776-780.

Wang S，Mulligan C N. 2013. Effects of three low-molecular-weight organic acids（LMWOAs）and pH on the mobilization of arsenic and heavy metals（Cu，Pb，and Zn）from mine tailings. Environmental Geochemistry and Health，35(1): 111-118.

Wang Y，Li M，Zhao Z，et al. 2015. Effect of carbonic anhydrase on enzymatic conversion of CO_2 to formic acid and optimization of reaction conditions. Journal of Molecular Catalysis B: Enzymatic，116: 89-94.

Wang Y H，Yu P T，Feger K H，et al. 2011. Annual runoff and evapotranspiration of forestlands and non-forestlands in selected basins of the Loess Plateau of China. Ecohydrology，4(2): 277-287.

Watanabe H，Yoshida S. 1970. Effects of nitrogen，phosphorus，and potassium on photophosphorylation in rice in relation to the photosynthetic rate of single leaves. Soil Science and Plant Nutrition，16(4):163-166.

Wei Y，Yu L F，Zhang J C，et al. 2011. Relationship between vegetation restoration and soil microbial characteristics in degraded karst regions: A case study. Pedosphere，21(1): 132-138.

Weise S E，Schrader S M，Kleinbeck K R，et al. 2006. Carbon balance and circadian regulation of hydrolytic and phosphorolytic breakdown of transitory starch. Plant Physiology 141(3): 879-886.

White P J. 2001. The pathways of calcium movement to the xylem. Journal of Experimental Botany，52(328): 891-899.

White P J，Broadley M R. 2003. Calcium in plants. Annals of Botany，92(4): 487-511.

Whitney P，Briggle T V. 1982. Membrane-associated carbonic anhydrase purified from bovine lung. Journal of Biological Chemistry，257(20): 12056-12059.

Widodo，Broadley M R，Rose T，et al. 2010. Response to zinc deficiency of two rice lines with contrasting tolerance is determined by root growth maintenance and organic acid exudation rates，and not by zinc-transporter activity. New Phytologist，186(2): 400-414.

Wu Y Y，Liu C Q，Li P P，et al. 2009. Photosynthetic characteristics involved in adaptability to karst soil and alien invasion of paper mulberry (*Broussonetia papyrifera* (L.) Vent.) in comparison with mulberry (*Morus alba* L.). Photosynthetica，47(1): 155-160.

Wu Y Y，Wu X M，Li P P，et al. 2005. Comparison of photosynthetic activity of *Orychophragmus violaceus* and oil-seed rape. Photosynthetica，43(2): 299-302.

Wu Y Y，Xing D K. 2012. Effect of bicarbonate treatment on photosynthetic assimilation of inorganic carbon in two plant species of Moraceae. Photosynthetica，50(4): 587-594.

Wu Y Y，Yuan D X，Taylor P W，et al. 2002. The study on bio-diversity of the plants of adaptability to karst—*Orychophragmus violaceus*. Proceedings of ASEM Symposium on Forest Conservation and Sustainable Development，289-295.

Wu Y Y，Zhao K. 2013. Root-exuded malic acid versus chlorophyll fluorescence parameters in four plant species under different phosphorus levels. Journal of Soil Science and Plant Nutrition，13(3): 604-610.

Wu Y Y，Zhao K，Xing D K. 2010. Does carbonic anhydrase affect the fractionation of stable carbon isotope. Geochemica et Cosmochimica Acta，74: A1148.

Xu Y，Feng L，Jeffrey P D，et al. 2008. Structure and metal exchange in the cadmium carbonic anhydrase of marine diatoms. Nature，452(7183): 56-61.

Xie T X，Wu Y Y. 2017. The biokarst system and its carbon sinks in response to pH changes: A simulation experiment with microalgae. Geochemistry，Geophysics，Geosystems，18: 827-843.

Xie T X，Wu Y Y. 2014. The role of microalgae and their carbonic anhydrase on the biological dissolution of limestone. Environmental Earth Sciences，71(12): 5231-5239.

Xie X J，Huang A Y，Gu W H，et al. 2016. Photorespiration participates in the assimilation of acetate in *Chlorella sorokiniana* under high light. New Phytologist，209(3): 987-998.

Xing D K，Wu Y Y. 2012. Photosynthetic response of three climber plant species to osmotic stress induced by polyethylene glycol(PEG) 6000. Acta Physiologiae Plantarum 34: 1659-1668.

Xing D K，Wu Y Y. 2014. Effect of phosphorus deficiency on photosynthetic inorganic carbon assimilation of three climber plant species. Botanical Studies，55(1):60-67.

Xing D K，Wu Y Y. 2015. Effects of low nutrition on photosynthetic capacity and accumulation of total N and P in three climber plant species. Chinese Journal of Geochemistry，34(1):115-122.

Xing D K，Wu Y Y，Wang R，et al. 2015. Effects of drought stress on photosynthesis and glucose-6-phosphate dehydrogenase activity of two biomass energy plants(*Jatropha curcas* L. and *Vernicia fordii* H.). Journal of Animal and Plant Sciences，25(S1):172-179.

Xing D K，Wu Y Y，Yu R，et al. 2016. Photosynthetic capability and Fe，Mn，Cu，and Zn contents in two Moraceae species under different phosphorus levels. Acta Geochimica，35(3): 309-315.

Xiong Y，DeFraia C，Williams D，et al. 2009a. Deficiency in a cytosolic ribose - 5 - phosphate isomerase causes chloroplast dysfunction，late flowering and premature cell death in *Arabidopsis*. Physiologia Plantarum，137: 249-263.

Xiong Y，DeFraia C，Williams D，et al. 2009b. Characterization of *Arabidopsis* 6-phosphogluconolactonase T-DNA insertion mutants reveals an essential role for the oxidative section of the plastidic pentose phosphate pathway in plant growth and development. Plant and Cell Physiology，50:1277-1291.

Yang T，Poovaiah B W. 2003. Calcium/calmodulin-mediated signal network in plants. Trends in plant science，8(10): 505-512.

Yang X，Romheld V，Marschner H. 1994. Effect of bicarbonate on root growth and accumulation of organic acids in Zn-inefficient and Zn-efficient rice cultivars(*Oryza sativa* L.). Plant and Soil，164(1): 1-7.

Yang Y，Guan H，Okke B，et al. 2016. Contrasting responses of water use efficiency to drought across global terrestrial ecosystems. Scientific Reports，6: 23284-23312.

Yao K，Wu Y Y. 2016. Phosphofructokinase and glucose-6-phosphate dehydrogenase in response to drought and bicarbonate stress at transcriptional and functional levels in Mulberry. Russian Journal of Plant Physiology，6(2): 235-242.

Yuan D X. 2001. On the karst ecosystem. Acta Geologica Sinica ，75(3): 336-338.

Zabaleta E，Martin M V，Braun H P. 2012. A basal carbon concentrating mechanism in plants? Plant Science，187: 97-104.

Zhang F，Xing Z，Rees H W，et al. 2014. Assessment of effects of two runoff control engineering practices on soil water and plant growth for afforestation in a semi-arid area after 10 years. Ecological Engineering，64(3): 430-442.

Zhang J，Mason A S，Wu J，et al. 2015. Identification of putative candidate genes for water stress tolerance in canola (*Brassica napus*). Frontiers in Plant Science，6(221):1058-1072.

Zhang J L，Meng L Z，Cao K F. 2009. Sustained diurnal photosynthetic depression in uppermost-canopy leaves of four dipterocarp species in the rainy and dry seasons: does photorespiration play a role in photoprotection? Tree Physiology，29(2): 217-228.

Zhang S，Lu Y. 2015. Kinetic performance of CO_2 absorption into a potassium carbonate solution promoted with the enzyme carbonic anhydrase: comparison with a monoethanolamine solution. Chemical Engineering Journal，279: 335-343.

Zhang W，Huang W，Yang Q Y，et al. 2013. Effect of growth temperature on the electron flow for photorespiration in leaves of tobacco grown in the field. Physiologia Plantarum，149(1): 141-150.

Zhang W T，Hu G Q，Dang Y，et al. 2016. Afforestation and the impacts on soil and water conservation at decadal and regional scales in Northwest China. Journal of Arid Environments，130: 98-104.

Zhang X，Mou Z. 2008. Function of extracellular pyridine nucleotides in plant defense signaling. Plant Signaling and Behavior，3: 1143-1145.

Zhang Y F，Wang P，Yang Y F，et al. 2011. Arbuscular mycorrhizal fungi improve reestablishment of *Leymus chinensis* in bare saline-alkaline soil: Implication on vegetation restoration of extremely degraded land. Journal of Arid Environments，75(9): 773-778.

Zhao K，Wu Y Y. 2007. Effects of Zn deficiency and bicarbonate on the growth and photosynthetic characteristics of four plant species. Plos One，12(1): e0169812.

Zhao K，Wu Y Y. 2014. Rhizosphere calcareous soil P-extraction at the expense of organic carbon from root-exuded organic acids induced by phosphorus deficiency in several plant species. Soil Science and Plant Nutrition，60(5): 640-650.

Zhao K，Wu Y Y. 2017. Effect of Zn deficiency and excessive HCO_3^- on the allocation and exudation of organic acids in two Moraceae plants. Acta Geochimica，DOI: 10.1007/s11631-017-0174-2.

Zhao M，Liu Z，Li H C，et al. 2015a. Response of dissolved inorganic carbon (DIC) and $\delta^{13}C$ DIC to changes in climate and land cover in SW China karst catchments. Geochimica et Cosmochimica Acta，165: 123-136.

Zhao Y，Zhang M X，Cao H W，et al. 2015b. Effect of climatic change and afforestation on water yield in the Rocky Mountain Area of North China. Forest Systems，24(1): e014(1-9).

Zheng H R，Wang Y Q，Chen Y，et al. 2016. Effects of large-scale afforestation project on the ecosystem water balance in humid areas: An example for southern China. Ecological Engineering，89: 103-108.

Zhou W，Sui Z，Wang J，et al. 2016. Effects of sodium bicarbonate concentration on growth，photosynthesis，and carbonic anhydrase activity of macroalgae *Gracilariopsis lemaneiformis*，*Gracilaria vermiculophylla*，and *Gracilaria chouae* (Gracilariales，Rhodophyta). Photosynthesis Research，128(3): 259-270.

Zhu H，He X，Wang K，et al. 2012. Interactions of vegetation succession，soil bio-chemical properties and microbial communities in a karst ecosystem. European Journal of Soil Biology，51(5): 1-7.

第2章　植物的碳酸酐酶与喀斯特适生性

Chapter 2　Carbonic anhydrase in plants *versus* plants' adaptation to karst environment

【摘　要】　碳酸酐酶(CA)在植物体内各种代谢活动尤其是光合作用过程中都发挥着重要作用，对植物CA活力的研究有助于了解CA在植物处于逆境胁迫时的响应策略。由于当前常用的检测CA活力的方法的局限性，有必要对其进行适当改进以提高检测的范围及精确度。本书采用电镀法自制锑/氧化锑pH微电极，实时监测整个催化反应过程中的电位值(即监测相应的pH)变化，通过对匀速反应部分电位与时间数据的直线回归方程拟合，获得单位pH变化的时间，实现酶活力的测定，结果更为精确、可信。

通过该方法测定了植物CA对不同喀斯特逆境的响应特征，CA对各种环境胁迫的响应因物种、生态型和CA类型的不同而不同。高活性的CA在牵牛花和金银花对干旱、低磷及低营养逆境的适应方面发挥着重要作用，能够转化HCO_3^-为CO_2从而为光合作用过程提供足够的碳源。构树本身同样具有相当高活力水平的CA及胞外酶，细胞内结合水比例相对较高，对于调节水分平衡和抗旱的能力也相对较高。构树和桑树在胞外酶被抑制时对干旱胁迫均失去响应，其细胞叶绿体内的CA均未参与响应，一定意义上说明了胞外酶在干旱胁迫中起主要的调节作用。构树对HCO_3^-的利用能力也很高。构树有大约30%光合产物的碳源来自由CA转化重碳酸盐而产生的CO_2，而桑树只有0～15%。桑树是一种抗盐性较强的植物，构树CA对Na^+和Cl^-的变化更为敏感。

在拟南芥中，在水分逆境时行使调节水分关系功能的是细胞质的CA(CA2)而不是叶绿体中的CA(CA1)。诸葛菜的3种形式的CA同工酶与拟南芥的CA具有相似的功能和所在位置。编码诸葛菜细胞质CA的基因(*OvCA*3)表达上调能够调节植物体内水势来应对聚乙二醇(polyethylene glycol，PEG)胁迫，在中等渗透胁迫的情况下，诸葛菜比芥菜型油菜具有更好抗性。诸葛菜的编码叶绿体CA的基因(*OvCA1*)、细胞质CA的基因(*OvCA3*)、细胞膜CA的基因(*OvCA4*)均未参与到植物对重碳酸盐胁迫的应对表达。芥菜型油菜的细胞质CA(CA3)未参与到植物对重碳酸盐胁迫的应对表达，而芥菜型油菜的叶绿体CA(CA1)、细胞膜CA(CA4)虽参与了芥菜型油菜对重碳酸盐胁迫的应对表达，但不能起关键调节作用。因此，无论诸葛菜和油菜，叶绿体CA(CA1)、细胞质CA(CA3)和细胞膜CA(CA4)都不是对重碳酸盐胁迫响应的关键CA同工酶，其他的CA同工酶也许在重碳酸盐胁迫响应中起关键调节作用。

诸葛菜具有喀斯特适生性的多种机制，其中CA作用机制为核心机制，其他机制与CA作用机制紧密相关。因此，本书通过测定植物正常展开叶的CA活力，以诸葛菜叶片的CA活力值作为参照，判断植物的喀斯特适生性。

Abstract Carbonic anhydrase plays an important role in variety of metabolisms especially the photosynthesis in plants, researches on CA activity in plants help to understand the response strategy of CA when plants suffer from adversities. Due to the limitation of the frequently used methods for determining CA activity, it's necessary to improve the determining methods, in order to improve the determination range and precision. In this study, self-made Sb/Sb_2O_3 pH microelectrode using galvanic processes was selected, it was used to constantly monitor the electric potential and correspondingly monitor the pH values during the whole catalytic reaction process, through the linear regression between the electric potential and time values in the uniform reaction section, the time variation in a unit of pH was calculated, and then CA activity was determined, the results were more precise and credible.

Responses of CA to different karst adversities were determined using the method of Sb/Sb_2O_3 pH microelectrode, responses of CA to different environmental stresses differed with species, ecotype and CA isozymes. High activities of CA played important roles in the adaption of *Pharbitis nil* and *Lonicera japonica* to drought, phosphorus deficiency and low nutrient content, CA catalyzed the conversion of HCO_3^- to CO_2, which provided enough carbon resources for photosynthesis. CA and its extracellular enzymatic activity in *Broussonetia papyrifera* were very high, intracellular combined water ratio was higher, and the ability of regulating water balance and drought resistance was also higher. *B. papyrifera* and *Morus alba* lost response to drought when their extracellular CA activities were inhibited, their CA of intra-chloroplast of cell did not response, which partly indicated that the extracellular CA played main role in the regulation under drought stress conditions. The capacity of HCO_3^- use by *B. papyrifera* was also very high. *B. papyrifera* had approximately 30% of its photosynthate derived from the CO_2 converted by CA, whereas *M. alba* had only 0～15%. *M. alba* is a salt resistant plant, *B. papyrifera* was more sensitive to the variation of Na^+ and Cl^- .

It was cytoplasmic CA（CA2）rather than chloroplastic CA（CA1）, which played an important role in the water regulation in *Arabidopsis thaliana* under water stress. Three kinds of CA isozymes of *Orychophragmus violaceus* had the similar functions and positions with *A. thaliana*. Up-regulation of encoding cytoplasmic CA gene of *O. violaceus*（*OvCA3*）could regulate the water potential in plants, in order to response to the water stress, under moderate osmotic stress conditions, *O. violaceus* exhibited better stress-tolerance than *Brassica juncea*. The expression of encoding chloroplastic CA gene（*OvCA1*）, encoding cytoplasmic CA gene（*OvCA3*）and encoding cytomembrane CA（*OvCA4*）of *O. violaceus* did not participate in the plants' response to bicarbonate stress. The expression of encoding cytoplasmic CA gene of *B. juncea* did not participate in the plants' response to bicarbonate stress, too. However, although the expressions of CA1 and CA4 of *B. juncea* participated in the plants' response to bicarbonate stress, they did not played the key role in water regulation. No matter *O. violaceus* or *B. juncea*, CA1, CA2 and CA3 in these plants were not the key CA isozymes which responded to bicarbonate stress. Maybe it is other CA isozymes that played the key role in water regulation under bicarbonate stress.

O. violaceus had lots of adaptive mechanisms to karst environment, and the CA mechanism was the core，other mechanisms were closely related to this mechanism. Therefore, through determining CA activity of leaves in plants, and referencing the CA activity of leaves in *O. violaceus*, karst-adaptability of plants could be determined.

2.1　植物碳酸酐酶的测定方法

不同植物具有不同的碳酸酐酶(CA)活力，同一植物不同部位甚至同一植物同一部位不同时间的 CA 活力都各自不同(吴沿友等，2006)。由于 CA 在植物体内各种代谢活动尤其是光合作用过程中都发挥着重要作用，对植物 CA 活力的研究有助于了解 CA 在植物处于逆境胁迫时的响应策略，探讨 CA 的应答响应在植物适应各种逆境胁迫时所发挥的作用，深入研究不同植物对不同逆境胁迫的响应机制。因此对 CA 活力大小的检测也是研究喀斯特地区生物和环境的重要手段之一。由于当前常用的检测 CA 活力的方法的局限性，有必要对其进行适当改进以提高检测的范围及精确度。

2.1.1　碳酸酐酶的测定方法

目前，对 CA 活力的测定主要有以下几种方法：①放射免疫分析法(Hibi et al.，1984；Fernley et al.，1991)；②同位素 CO_2 质谱分析法(Hirano et al.，1980；Valaskovic et al.，1996)；③mRNA 测定法(Winkler et al.，1997)；④比色法和停流比色法 (Spencer and Sturtevant，1959；张艳君等，2003)；⑤荧光光度法(Shingles and Moroney，1997)；⑥凝胶电泳法(Avila et al.，1993)；⑦pH 计法(Wilbur and Anderson，1948)。各种测定方法均有优缺点。放射免疫分析法有较高的灵敏度，重现性好，但最大缺点是有放射性污染、且操作过程复杂，测定周期过长等，因此，不便于在常规实验室进行推广使用；同位素 CO_2 质谱分析法，灵敏度较高，操作简单，重复性好，但设备价格昂贵；mRNA 测定法和凝胶电泳法灵敏度高，但要求较高，操作烦琐，且测量成本很高；停流比色法和荧光光度法，测量精度高，但测量成本也高；pH 计法，操作简单，便利快速，设备便宜，应用较广泛，但由于灵敏度较低，在一定活力范围内线性较好，但超出该范围，线性较差。目前很多研究者大都采用 pH 计法来测定酶活力，因此对这种操作简便的方法也提出了新的改进要求以适应更多需要检测 CA 的领域的需求。

2.1.1.1　放射免疫分析法

放射免疫分析法的基本原理为：将已知的带放射性标记的抗原以及未知的待测物(未标记的抗原)分别与不足量的特异性抗体竞争性地结合，反应后分离并测量放射性，依据已知的抗原与未知的待测物间的函数关系求得待测物的浓度。

将待测样品的 CA 分离纯化，获得纯化的 CA。一方面，将纯化的 CA 注射到羊体内，按常规方式获得待测 CA 的抗体，另一方面，将纯化的 CA 用放射性 ^{125}I 标记，获得带放射性标记的抗原；将 CA 标准品(已知的 CA)和样品、抗体和带放射性标记的抗原培养过夜，反应后分离抗体-抗原结合蛋白，并测量其放射性，依据已知的 CA 与未知的 CA 间的函数关系求得待测样品 CA 的浓度(Fernley et al.，1991)。

2.1.1.2 同位素 CO_2 质谱分析法

同位素 CO_2 质谱分析法通过比较酶促和非酶促情况下 $NaH^{14}CO_3$ 转化成 $^{14}CO_2$ 的速率，以两者的差值来表征 CA 的活力大小。这是一种微量测定方法，将血液匀浆稀释到 2000 倍，还能获得较好的效果，这种方法可能对检测新的 CA 存在极为有用(Hirano et al.，1980)。

2.1.1.3 mRNA 测定法

mRNA 测定法是通过提取生物样品的 RNA，并设计特异的引物，从分子生物学的角度来检测不同 CA 基因表达的差异，并由此来推测 CA 的活力大小。此法的优点是可以区分不同 CA 基因表达的差异，从分子水平上来阐述引起 CA 活力大小的机理。缺点主要有：由于物种基因的差异性，每一个物种都需要设计相应的引物，再加上操作过程复杂，试剂成本高，且对检测者的要求高，重现性较差。

2.1.1.4 比色法和停流比色法

HCO_3^- 的含量受 pH 值的影响较大，通过复合指示剂显色，它在 546 nm 处有吸收峰，其 HCO_3^- 含量与吸光度成正比(董理等，2007)。在一定的环境条件下，样品中的 HCO_3^- 和 CA 活力呈反比，由此可以计算 CA 的活力。

2.1.1.5 荧光光度法

荧光光度法是利用荧光酸碱指示剂 8-羟基-1,3,6-三磺酸芘结合停流荧光光度计，测定 CA 对碳酸氢根离子的脱水反应，分别测定在有无 CA 存在的情况下的碳酸氢根离子的脱水反应速度，通过比较差值，确定 CA 的活力。本方法具有较高的精度，可以测定的 CA 蛋白质的浓度可小到 65 $ng \cdot mL^{-1}$。本方法可用于测量二氧化碳跨膜通量和评估 CA 对跨膜通量的贡献(Shingles and Moroney，1997)。

2.1.1.6 凝胶电泳法

凝胶电泳法是利用凝胶电泳法将样品的 CA 进行分离纯化，再将这些纯化的 CA 进行显色(参看比色法)，可获得 CA 的量。利用其中的毛细管凝胶电泳法还可以测定 CA 酯酶特性的动力学参数(Avila et al.，1993)。

2.1.1.7 pH 计法

Wilbur 和 Anderson 建立了电化学法来测定 CA 活力的方法(Wilbur and Anderson，1948)，奠定了 CA 的测定方法体系。并在此基础上，学者们对 CA 活力的传统电化学测定方法进行了不断改进，通过配置一定浓度的巴比妥钠缓冲液来监测 pH 下降一个单位(pH 从 8.3 下降到 7.3)所需要的时间。目前广泛使用的 pH 传感器是玻璃电极，其次还有金属/金属氧化物电极、醌/氢醌电极等。pH 玻璃电极测量精度和准确度高，响应快，但其内阻极高(一般为 $10^8 \sim 10^9\ \Omega$)，且机械强度差易破损，存在酸误差和碱误差，无法测定含氟溶液的 pH，难以微型化等缺点。随着科学和工业技术的迅速发展，尤其是现代生命科学、生物工程、环境科学、食品科学和其他高科技领域的迅速发展，以及高温、高压、非水溶液等特殊环境或胶体、悬浊液、土壤、固体、半固体表面及内部、糊状物、纤维质表面 pH 的原位无损测量和某些生产过程中的特殊条件(如：连续监测、自动控制)的 pH 测量等，都对 pH 电极提出了越来越苛刻的要求，已成为 pH 测量技术所面临的亟待解决的课题(彭国论和杨丽菊，1999)。

目前以 pH 玻璃电极测定 pH，人们忽视了玻璃电极表面因亲水性而产生的吸附作用所导致的 pH 测量误差，同时由于其体积大，难以微型化，不适用于微区、微环境和生物活体的原位及连续在线检测，更难适应在恶劣腐蚀环境下的应用。因此，各种新的或特殊用途的 pH 传感器的研究、开发、应用及其机理引起了许多学者的兴趣(苏渝生，1985；汪厚基，1987；殷晋尧和周锦帆，1989)。其中的易于微型化，适用于生物体，生命过程及微环境分析等领域的发展要求的全固态 pH 电极，已成为越来越多学者的研究热点问题(殷晋尧和周锦帆，1989；侯传嘉和张燕群，1993)。

2.1.2　利用锑微电极测定植物碳酸酐酶活力的电化学方法

2.1.2.1　锑微电极测定植物碳酸酐酶活力的原理

1. 方法背景

1) 全固态 pH 电极

全固态 pH 电极主要有金属/金属氧化物电极和氢离子敏感场效应晶体管(ion sensitive field effect transistor，ISFET)，后者是一种新型的 pH 敏感器件，作为 pH 电极其具有良好的精密度与重复性，响应时间短，具有长期工作的稳定性能，但是硅晶片电极容易被污染，寿命比玻璃电极短，需经常维护。而金属/金属氧化物 pH 电极具有内阻小、响应快、机械强度高、易加工等特点，可用于 pH 玻璃电极无法适应的测试环境如高温或强搅拌体系。可以微型化以满足生命科学、医学临床等领域的要求；不易破碎，可用在食品工业中；还可以用于含氟溶液体系，是 pH 玻璃电极的一个重要替代体系，也是目前 pH 电极的一个主要研究方向。

金属/金属氧化物 pH 传感器所用金属一般为过渡态金属，主要集中在第 4、第 5、第 6 周期的少数元素，如第 4 周期的 Co、Ti、Mn(舒友琴等，2000a；Kinoshita and Madou，1984；Li et al.，2000)，第 5 周期的 Zr、Mo、Ru、Rh、Pd、Sb、Sn(Fog and Buck，1984；Hettiarachehi and Macdonald，1984；Liao et al.，1998；Shuk et al.，1996；Vlasov and Bratov，1992)，第 6 周期的 Ta、W、Ir、Pt、Pb(陈东初等，2007；舒友琴等，2000a；舒友琴等，2000b；Fog and Buck，1984)，生成非化学计量比的金属氧化物 MO_x，金属氧化物对 H^+ 有敏感性，进行有 H^+ 参与的氧化还原反应，该反应为可逆过程，电极反应服从 Nernst 方程。根据参与反应电子数，以及反应历程可求出 E-pH 线性关系，E-pH 关系的斜率(或＞59 mV/pH 或＜59 mV/pH)，依电极反应历程而定(Fog and Buck，1984)。

锑金属作为一种研究历史最为悠久(Uhl and Kestranek，1923)，也是应用最为广泛的电极制作材料，其氧化物 Sb_2O_3，经常被用来替代测量 pH 的铂系家族的金属氧化物(例如铱、铂、钯等的氧化物)，成本低很多且容易得到，应用于许多实际测量领域中。电极响应 H^+机理：

$$2Sb+3H_2O = Sb_2O_3 + 6H^+ + 6e^-$$

Dhalla 等(1980)将锑电极用于哺乳动物心肌 pH 的测量；Baghdady 和 Sommer(1987)利用锑微电极监测了根系周围土壤微区的 pH 变化；Capelato 等(1996)制备了锑/氧化锑电极，并采用流动注射电势测定法测量了醋中的焦炭酸和乙酸的含量。锑微电极还被广泛应用于医学领域中 pH 的测量，Huang 和 Guo(2000)和湛先保等(2007)就采用了锑电极来测量口腔中不同位点的牙菌斑 pH 值和大鼠胃黏膜黏液层的 pH 梯度。近年来，锑微电极还被应用于半固态体系中的 pH 值测量，浙江大学的 Ha 和 Wang(2006)发明了一种毛细管熔融法，制备出一种可以插入半固态培养基中监测培养基 pH 值变化的锑微电极，实现了植物培养基中的 pH 的连续在线监测，为植物组培苗生长状况的监测提供了一定的依据。

2) 电化学传感技术简介

在众多的分析检测技术中，电化学传感技术是最佳的实时/现场检测技术，其核心就是电化学传感器。由于电化学传感器具有实时、灵敏度高、选择性好、成本低、样品消耗少以及不受样品浑浊度影响等优点，已被广泛地应用在包括临床诊断、工业过程控制和环境监测等众多领域(Wang，2001)。根据测定信号和方式的不同，电化学传感器主要分为电位型、电流型以及选择性差的电导和阻抗型。电位型传感器是在几乎没有电流通过的情况下，来测量指示电极与参比电极或由选择渗透性膜分开的两支参比电极之间的电位差，因此又称为离子选择性电极。而 pH 电极与电化学传感技术的结合就是氢离子选择性电极，可将其运用于需要实时监测 pH 变化的生命过程、原位无损测量、工业过程控制等领域(万德寿和武卫民，2005)。

3) 传统 pH 计法的缺陷

传统测定 CA 活力的 pH 计法使用的是玻璃电极及计时秒表。这种方法有一些缺点：首先，常规用来测量 pH 变化的商业化玻璃电极，因为玻璃膜的脆弱及内部的参比填充液而不能被微型化，因此对 pH 变化的响应相对迟缓，限制了其测量 CA 活力的范围。当被测样品的 CA 活力过小时，由于玻璃电极响应缓慢而测量不精准。而当被测样品的 CA 活力过大时，pH 计显示数据变化过快，由于人的眼睛的视觉暂留时间为 0.1～0.4s，人的动作又滞后于人眼，这样势必会造成较大的误差(Cobb and Moss，1927)。其次，CA 催化的 $CO_2+H_2O \rightleftharpoons H_2CO_3 \rightleftharpoons H^+ +HCO_3^-$ 反应，反应速度并不都是匀速的。传统测量方法仅能依靠秒表记录开始和结束时的两点数据，这两个时间点之间的 pH 变化过程是否为匀速无法得知。鉴于上述方法的缺陷，一种能够根据多点数据统计获得可信度更高的 CA 活力值并扩大检测范围，同时能够进行实时测量的电化学传感技术，结合可以微型化至针状的锑/氧化锑 pH 电极亟待开发。

2. 全固态 pH 微传感器的制备

实验室常用的测量 pH 的仪器是 pH 计，又称为酸度计。它可以满足一般的实验室日常溶液样品类的 pH 测定。但是当测定 pH 的环境及要求有所改变时，便对 pH 计提出了新的要求，比如固态半固态介质中的 pH 值测定，连续监测、自动控制过程中的 pH 值测定等，这些测量领域都不是一般的玻璃电极可以达到的。由于本研究主要解决的问题关键在于 CA 活力测定方法的改进，因此本书介绍了一种全固态 pH 微传感器的制备方法，将 pH 微电极与电化学传感技术相结合，解决了传统方法的一系列不足。

1) 仪器与试剂

MODEL 868 pH 计为奥利龙公司产品，CHL660C 电化学工作站为上海某仪器公司产品，包括饱和甘汞参比电极，铂丝辅助电极，磁力搅拌器为巩义市某华仪器厂产品。

直径 0.6 mm 的铜丝为山东某公司产品。电镀液由 Sb_2O_3、$C_6H_8O_7 \cdot H_2O$、$C_6H_5K_3O_7 \cdot H_2O$ 按比例配制(见表 2.1)。以上各试剂均为分析纯。4.00、6.86、9.18 的标准缓冲液用上海某公司所售标准 pH 缓冲剂配制。

表 2.1　电镀法制备锑微电极的溶液组成及工艺参数(曾华梁等，2002)

Table 2.1　The solution composition and process parameters to prepare antimony microelectrodes by electroplating

氧化锑浓度/$g \cdot L^{-1}$	柠檬酸三钾浓度/$g \cdot L^{-1}$	柠檬酸浓度/$g \cdot L^{-1}$	pH	温度/℃	施镀时间/s	阳极材料
50	144	184	3.5～3.7	15～40	60	铂

2) 实验方法

取直径 0.6 mm，长 5 cm 左右的铜丝，分别由用金相砂纸、擦镜纸打磨光滑后，使用电化学工作站电流-时间曲线法进行电镀，其中铜丝为阴极，铂丝为阳极，电流为 10^{-3}A，电镀时间 60 s，最后铜丝表面形成一层细致光滑的灰色锑金属层，镀上锑金属的铜丝在烘箱中 120℃烘干过夜。制备好的锑微电极在使用前需要在相应缓冲液中活化一定时间。

3) 结果与分析

(1) 电极的稳定性。

电极的稳定性一般是指在一段时间内连续测量时，电极电势的波动范围。把锑微电极放入 pH 为 4.00、6.86、9.18 的标准缓冲液中连续测 1 h，观察其电位漂移情况，结果见表 2.2。

表 2.2　Sb/Sb_2O_3　pH 电极的稳定性

Table 2.2　Stability of the Sb/Sb_2O_3 pH electrode

t/min	0	2	5	10	20	30	40	50	60
pH 为 4.00 的标缓液/mV	217	217	217	218	218	219	220	220	220
pH 为 6.86 的标缓液/mV	378	378	378	378	379	379	379	379	378
pH 为 9.18 的标缓液/mV	476	476	476	477	478	478	479	479	480

由表 2.2 可知，连续测定 1 h，电极电位 $\Delta E < 5$ mV，温度控制在 25 ℃左右，表明其具有良好的稳定性。

(2) 电极的响应速度。

CA 催化的二氧化碳可逆水合反应，使反应速度提升了 7 个数量级，因此对电极的响应速度要求较高，由图 2.1 测试结果可见，锑微电极放入缓冲液后，通过滴加稀硫酸溶液来改变溶液 pH 值，相应电位在瞬时发生改变并很快达到稳定状态，其响应速度完全可以用来检测 CA 所催化的水合反应体系中溶液的 pH 值改变。

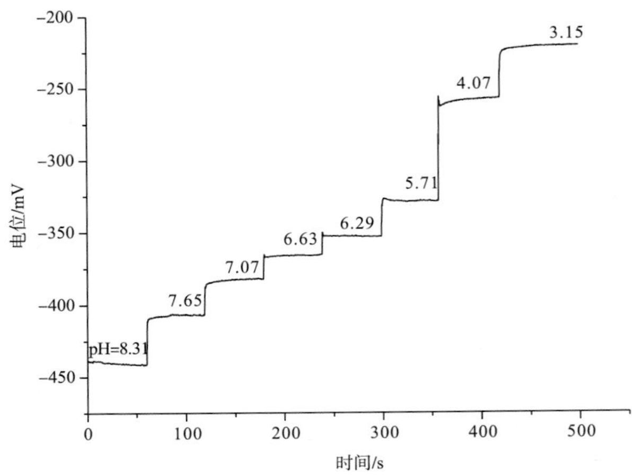

图 2.1　锑微电极在巴比妥缓冲液中的瞬时动态响应(通过滴加 20 mM H_2SO_4 改变缓冲液 pH 值)

Figure 2.1　Transient dynamic response of Sb microelectrode in Veronal buffer (the pH changes realized by addition of 20 mM H_2SO_4 into the test solution)

(3) 电极的 pH 值敏感性及重现性。

图 2.2 给出了锑微电极的电位随巴比妥缓冲溶液 pH 值的变化关系。锑微电极的电位随缓冲溶液 pH 值的升高而降低，具有良好的线性关系，对三支电极的电位-pH 敏感性进行线性拟合，得到平均斜率为$-41.7\ mV\cdot pH^{-1}$，说明电镀法制备的锑微电极具有较高的 pH 值敏感性，线性相关系数达到 0.996。

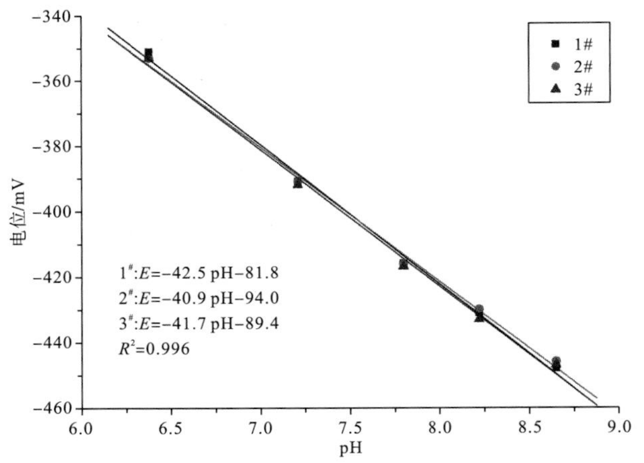

图 2.2　锑微电极在巴比妥缓冲液中的电位-pH 关系图(R^2=0.996)

Figure 2.2　Calibration curve of the potential response of the Sb microelectrode to pH change in Barbital buffers (R^2=0.996)

电极的重现性是指同批电极之间电极电势重现的程度。经实验测量(饱和甘汞电极为参比电极)，同批三支不同的电极在标准缓冲液中测量所得电位值的偏差由图 2.3 可知，在 pH＝4.00 的溶液中电极最大偏差为 4 mV；pH＝6.86 的溶液中电极最大偏差为 2 mV；pH＝9.18 的溶液中电极最大偏差为 5 mV。由此可见，电极重现性较好，可以满足测量要求。图 2.3 亦表明同批电极之间电极敏感性偏差在 3 mV 以内，充分说明锑微电极满足实验测量的要求。

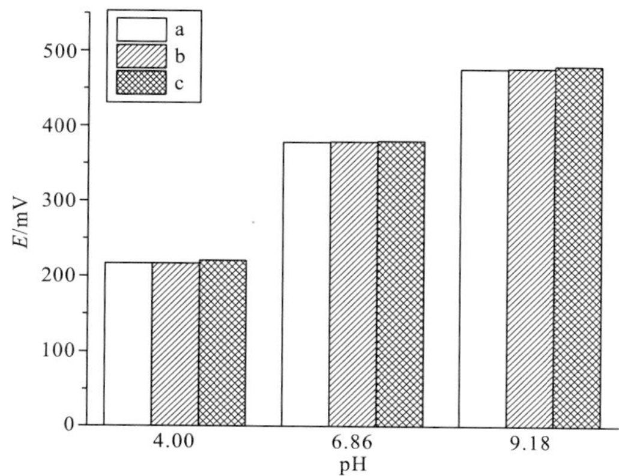

图 2.3　Sb/Sb_2O_3　pH 电极的重现性(a、b、c 分别为三支不同的电极)

Figure 2.3　Reproducibility of Sb/Sb_2O_3 pH electrode (a、b、c representing three different electrodes)

(4) 温度对电极的影响。

由于 CA 活力的测定需要在 0℃左右的体系下进行，因此必须对电极在常温下和 0℃时电极的 pH 敏感性进行共同测量和比较。由图 2.4 可知，0℃下测量电极对系列缓冲液响应的电位值比常温 20℃下测量的相应电位值平均上升了 8 mV 左右，线性相关系数依旧达到了 0.996。

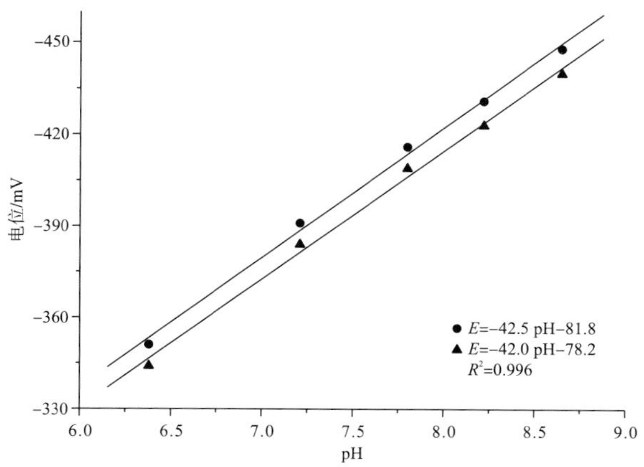

图 2.4　不同温度下电极在巴比妥缓冲液中的电位-pH 关系图(●20℃，▲0℃)

Figure 2.4　Calibration curve of the potential response of the Sb microelectrode to pH change in Barbital buffers at different temperatures (●20℃, ▲0℃)

4) 小结

采用电镀法制备 Sb/Sb_2O_3 pH 微电极，方法简单易行，制备的电极稳定性好、响应速度快、重现性高、pH 值敏感性高(41.7 $mV \cdot pH^{-1}$)。虽然温度对电极有一定的影响，但并不影响电极的 pH 值敏感性。因此锑微电极完全可替代日常使用的玻璃电极。

全固态金属氧化物电极的制备材料有多种，之所以选择金属锑，是兼顾了各方面因素的结果。相较于目前研究较多的金属铱 pH 电极来说，锑是一种成本低廉的金属，铱的成本却极其昂贵(Min and Yang，2007)，虽然其具有更广的 pH 测量范围和精度，但是对于测定 CA 活力来说，只需测定出一个单位 pH 的改变，电极无须太广的 pH 响应范围。并且 CA 反应系统是酶促反应，环境较温和，铱电极则更适用于深入到某些更为恶劣或严格的测定条件中(黄霞等，2006)。从制备方法上看，与某些采用高纯锑粉熔融，保温后减压吸入石英管，然后拉制、引线、密封的方法相比(曾良宇等，1987)，电镀法制备锑微电极，工艺更为简便，成本低，性能稳定。因此，可以将全固态的锑/氧化锑电极用于本书接下来对 CA 活力测定的研究。

2.1.2.2 锑微电极测定植物碳酸酐酶活力技术方法

锑微电极测定植物 CA 活力是一种结合电化学传感技术中的开路电位法。该方法采用电镀法自制的锑/氧化锑 pH 微电极，实时监测整个催化反应过程中的电位值即 pH 值变化，通过对匀速反应部分电位与时间数据的直线回归方程拟合，获得单位 pH 变化的时间，实现酶活力的测定。

1. 材料和方法

1) 实验材料

(1) 标准 CA 溶液。

碳酸酐酶(4860 $WAU \cdot mg^{-1}$prot)①为 Sigma 公司产品，用去离子水配制成浓度为 15 $mg \cdot L^{-1}$ 的纯酶溶液。

(2) 植物叶片材料的采集。

于晴天上午九点左右均匀采取同一生长环境下的桑树、椿树、油菜(甘蓝型)、爬山虎、葡萄不同部位生长较好的叶片，然后用打孔器在叶片上均匀打孔，得到圆形小叶片，取 20～25 片，称重后测定其 CA 活力。

2) 实验方法

(1) 传统 pH 计法。

植物 CA 的提取：取称重后的植物叶片放到预冷的研钵中，迅速加入液氮，再加入 3 mL 巴比妥钠缓冲液(10 mM，含巯基乙醇 50 mM，pH 8.30)进行研磨，取研磨液倒入 5 mL 离心管中，离心管置于冰浴中 20 min 后，在 13000 r/min 下离心 5min，取上清液，冷藏待测。

CA 活力的测定：保持反应系统在 0～2℃，依次取待测纯酶溶液 10 μL，30 μL，50 μL，100 μL，200 μL，300 μL，400 μL，500 μL，700 μL，1000 μL(植物上清液的取用量视植物酶活力大小而定)，加入到含 15 mL 巴比妥缓冲液(20 mM，pH＝8.30)的反应容器中，

① WAU 是以 Karl M. Wilbur 和 Norman G. Anderson 两人的姓加上 Unit(单元)的首字母命名的酶的活力单位，一般会以单位鲜重/克($WAU \cdot g^{-1}$FW)或单位蛋白质含量($WAU \cdot mg^{-1}$prot)表示。

然后迅速加入 10 mL 预冷的(0～2℃)饱和 CO_2 蒸馏水，用 pH 玻璃电极监测反应体系 pH 值变化，记下 pH 值下降一个单位(例如 pH 值从 8.2～7.2)所需的时间，记为 t，同时记录在不含纯 CA 的条件下 pH 值下降一个单位所需的时间，记为 t_0，酶的活力用 t/t_0-1 计算，单位为 WAU。

(2) pH 微电极对 CA 活力的测定。

植物 CA 的提取：同上传统 pH 计法。

CA 活力的测定：保持反应系统在 0～2℃，依次取待测纯酶溶液 10 μL，30 μL，50 μL，100 μL，200 μL，300 μL，400 μL，500 μL，700 μL，1000 μL，加入到含 3 mL 巴比妥缓冲液(20 mM，pH＝8.30)的反应容器中，然后迅速加入 2 mL 预冷的(0～2℃)饱和 CO_2 蒸馏水，锑微电极及饱和甘汞参比电极与电化学工作站相连(工作站与电脑连接)，采用开路电位法(OCP)全程监测该反应体系 pH 值的变化，获取电位变化过程曲线(图 2.5，图 2.6)。

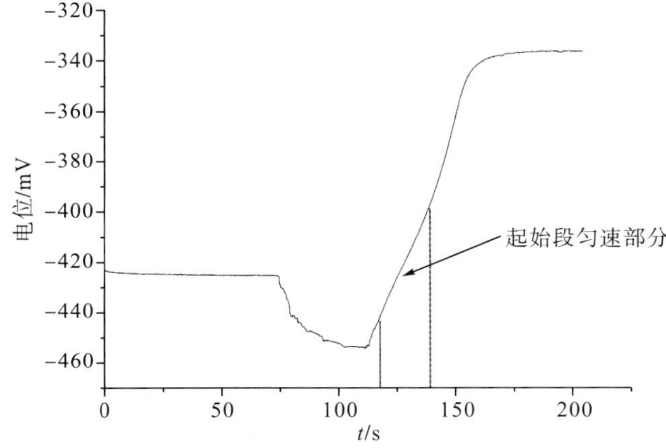

图 2.5　有 CA 体系整个反应过程电位值的变化曲线

Figure 2.5　Potential variation curve of the whole reactivity with CA

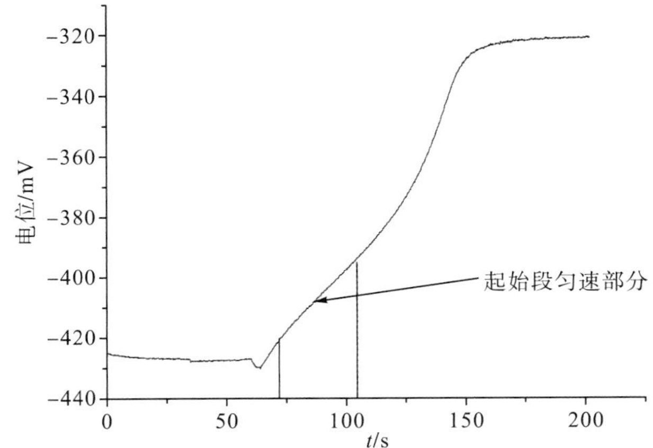

图 2.6　无 CA 体系整个反应过程电位值的变化曲线

Figure 2.6　Potential variation curve of the whole reactivity without CA

将上述保存好的电位变化过程曲线以 Origin 软件将数据导出，取反应开始后电位匀速变化的一段数据(见图 2.5，图 2.6)进行线性拟合，获得电位随时间变化的直线方程(2.1)。

$$E = kt + b \tag{2.1}$$

从反应开始至一个 pH 单位变化结束，开始结束两点的电位时间关系分别由方程(2.1)中得到：

$$E_1 = kt_1 + b \tag{2.2}$$

$$E_2 = kt_2 + b \tag{2.3}$$

则一个单位 pH 的变化时间为

$$\Delta t = t_2 - t_1 = (E_2 - E_1)/k \tag{2.4}$$

式中，E_2−E_1即为一个单位 pH 的改变相对应的电位值变化 41.7mV(此处的 41.7 为锑微电极对巴比妥钠缓冲液的 pH 值敏感性−41.7 mV·pH^{-1}，锑微电极的电位随缓冲溶液 pH 值的升高而降低，具有良好的线性关系，对三支电极的电位−pH 敏感性进行线性拟合，得到平均斜率为−41.7 mV·pH^{-1}，说明电镀法制备的锑微电极具有较高的 pH 值敏感性，线性相关系数达到 0.996。)。在反应结束后，将有 CA 的反应体系的直线方程斜率记为 k_1，相当于一个 pH 单位的电位值变化所需的时间记为 t_1，则有上述推导可知 t_1 为 41.7/ k_1。无 CA 的反应体系的直线方程的斜率记为 k_0，相当于一个 pH 单位的电位值变化所需的时间记为 t_0，则 t_0 为 41.7/ k_0，酶的活力=t_0/t_1−1，单位为 WAU。

2. 结果与分析

1)纯酶溶液的测定结果比较

表 2.3 表示的是锑微电极和传统玻璃 pH 电极对纯 CA 活力的测定结果比较。从表 2.3 可以看出，锑微电极结合电化学 OCP 方法测定出的最终结果与商品化 CA 的原始标定值(4860 WAU·mg^{-1} prot)更为接近且标准偏差更小，说明电化学传感技术提升了原有检测方法的准确度。

表 2.3 锑微电极和传统玻璃 pH 电极对纯 CA 活力的测定结果比较

Table 2.3 Comparison of the determining commercial carbonic anhydrase activity by the microelectrode and the conventional glass electrode

碳酸酐酶体积/μL	锑微电极		玻璃电极	
	酶相对活力	酶的活力/WAU·mg^{-1}prot	酶相对活力	酶的活力/WAU·mg^{-1}prot
10	0.64	4267	0.45	3000
30	—	—	1.46	3244
50	4.86	6480	3.84	5120
100	7.66	5107	9.07	6406
200	17.48	5826	16.52	5507
300	21.96	4880	22.70	5044
400	29.4	4900	29.35	4891
500	33.11	4415	33.00	4400
700	47.90	4561	39.83	3793

续表

碳酸酐酶体积/μL	锑微电极		玻璃电极	
	酶相对活力	酶的活力/WAU·mg^{-1}prot	酶相对活力	酶的活力/WAU·mg^{-1}prot
1000	68.1	4540	55.03	3669
平均值±标准偏差		4957±695		4507±1081

图 2.7 与图 2.8 分别对玻璃电极与锑微电极测定的纯 CA 的相对活力与溶液体积之间进行了线性关系比较，结果可以看出，锑微电极测定的纯 CA 的相对活力与溶液体积之间

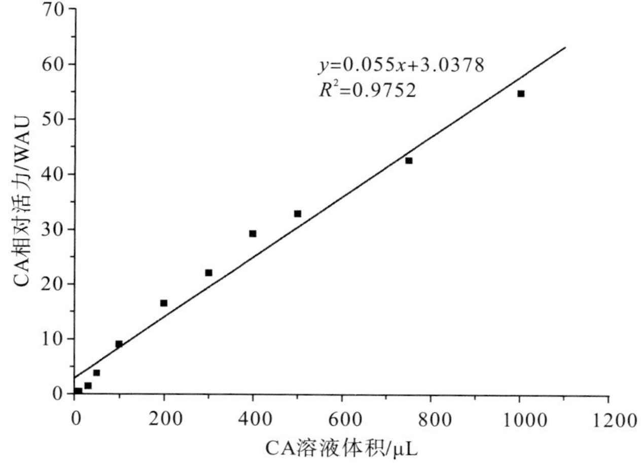

图 2.7　玻璃电极测定的纯 CA 的相对活力与溶液体积之间的关系图(R^2=0.9752)

Figure 2.7　Standard relationship between relative CA activty measured by glass electrode and volume of pure CA (R^2=0.9752)

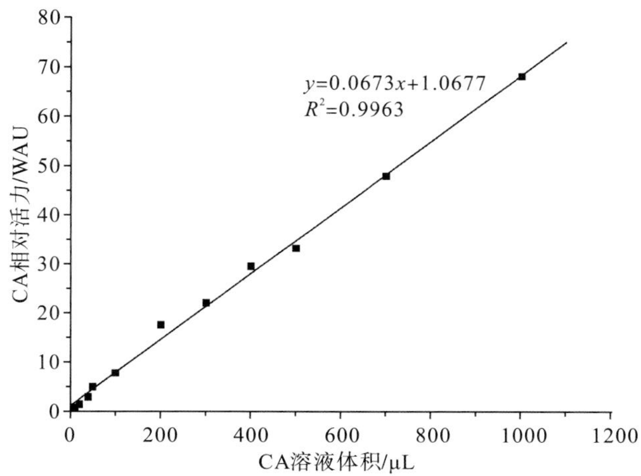

图 2.8　锑微电极测定的纯 CA 的相对活力与溶液体积之间的关系图(R^2=0.9963)

Figure 2.8　Standard relationship between relative CA activty measured by Sb microeleetrode and volume of pure CA (R^2=0.9963)

的线性关系较好，方程为 $y=0.0673x+1.0677(R^2=0.9963，n=10)$。而从图 2.7 中看出，用传统 pH 玻璃电极测定的纯 CA 的相对活力与体积之间的关系的线性方程为 $y=0.0550x+3.0378(R^2=0.9752，n=10)$，当系统中 CA 活力过小（<50 WAU·$mg^{-1}$prot）或过大（>2200 WAU·$mg^{-1}$ prot）时，测定结果均出现偏离线性曲线的现象，说明传统 pH 计法只能是一定范围内的测定结果较好，一旦超出该范围，准确度便大大下降，而锑微电极结合电化学 OCP 法测定的纯 CA 的活力与体积之间的线性关系相关性好，在 CA 活力过小或过大时均能保持一致，不偏离线性曲线，充分表明了电化学传感技术测定的结果更为精确、可信。

2）植物 CA 活力的测定结果比较

表 2.4 给出了用锑微电极和玻璃电极测定植物 CA 时二者的差异，分别选取 CA 活力过小、适中和偏大的植物进行测定比较，并选取其中一种活力适中的植物——桑树做系列体积的对照。结果表明，对于活力过小的植物爬山虎、葡萄来说，玻璃电极几乎检测不出这两种植物的 CA 活力（即无酶对照和有酶存在的两个体系单位 pH 值改变的时间几乎无差别或比值小于 1 出现负值现象），而锑微电极仍可以明确地测定出这两种低活力植物的 CA 活力，充分体现了其在小活力 CA 体系测定中的优势。对于活力中等的植物椿树和甘蓝型油菜，锑微电极与玻璃电极测定出的结果无显著差异。对桑树一系列体积提取液的测定结果也可以看出，在活力适中的范围内，两种方法的测定结果无显著差异，而当提取液体积在 10 μL 时，玻璃电极已经无法检测出其中酶活力的大小，这也正反映了传统 pH 计法存在缺陷。

表 2.4 锑微电极和传统玻璃 pH 电极对植物 CA 活力的测定结果比较，其中 FW 表示鲜重

Table 2.4 Comparison of the plant CA activities determining by the microelectrode and the conventional glass pH electrode, FW represents fresh weight

植物材料	植物 CA 提取液的体积/μL	锑微电极		玻璃电极	
		酶相对活力	酶活力/WAU·g^{-1}FW	酶相对活力	酶活力/WAU·g^{-1}FW
桑树	10	0.19	190	测不出	测不出
	30	0.36	120	0.32	107
	50	0.86	172	0.50	100
	100	1.06	106	1.87	187
	200	1.86	84	2.52	126
	300	3.27	112	3.06	102
	400	4.26	106	3.56	89
	平均值±标准偏差		127±15		119±15
椿树	平均值±标准偏差		679±38		610±19
甘蓝型油菜	平均值±标准偏差		490±9		547±22
爬山虎	平均值±标准偏差		50±4		16±10
葡萄	平均值±标准偏差		38±3		测不出

3. 小结

上述研究结果清楚地展示了锑微电极结合开路电位法在 CA 活力检测中的效果要优

于传统 pH 计法，在整个测定过程中，除了避免了不必要的人为因素导致的误差外，还扩大了测量范围及精度，将 CA 的测量推广到更多的研究应用中去。甚至可以展现出整个催化反应过程的 pH 变化，便于我们去做更多更深入的研究。

2.1.2.3　全固态 pH 微传感器在碳酸酐酶及其胞外酶测定中的应用

对微藻细胞内的 CA 定位研究之，可以将 CA 分为两类：一类仅存在于细胞内，如 C_3 植物，大部分存在于叶绿体内；另一类则少量存在于细胞内，而 80%以上存在于原生质膜外面，可能存在于周质空间(periplasmic space)或附在细胞壁上，也有相当部分分泌到介质中，其被称之为 CA 胞外酶。目前对 C_3 植物 CA 的研究主要局限在 C_3 植物光合作用过程中 CA 的作用以及外界环境对 CA 的影响等；而对 CA 胞外酶的研究则相对较少，大多集中在了藻类植物中，对高等植物的 CA 胞外酶作用机制尚未有深入涉及。从吴沿友等(2004)对喀斯特适生植物诸葛菜的 CA 胞外酶活力以及油菜的 CA 胞外酶活力的初步比较研究得出，诸葛菜的总 CA 活力的平均值大于油菜，CA 胞外酶活力的平均值也远大于油菜，从 CA 胞外酶的生理作用来看，这对诸葛菜适应喀斯特地区生态环境具有极其重要的意义，同时也是诸葛菜喀斯特适生性的重要生理机制之一。

以喀斯特先锋植物构树(*Broussonetia papyrifera*)和广泛适生性植物桑树(*Morus alba*)为材料，初步研究了两种植物叶片之间 CA 活力的差异、CA 胞外酶的活力差异、水分盐分逆境下 CA 及其胞外酶的变化规律，分析了胞外酶在植物逆境生理中的作用。

1. 材料和方法

1) 材料

5 月晴天上午 9 点采集江苏大学校园内同一生长环境下、同一生长部位生长较好的构树、桑树叶片，然后将叶片沿中脉折叠，用打孔器在叶片上均匀打孔，得到圆形小叶片。将对称的小圆片分成两份，每份取 20～25 片称重后做三次重复，一份加入乙酰唑胺(AZ，30 mM)进行预处理，另一份清水培养进行对照。由于 AZ 能够抑制 CA 活力(Moroney et al.，1985)，本身又不能通过细胞膜，因此可以通过加 AZ 测定 CA 活力来获得 CA 胞外酶的活力。构树、桑树 CA 活力标准曲线直接使用刚采摘下的新鲜叶片打孔取样后测定。

2) 实验方法

CA 的提取：将鲜叶或处理后的一份植物叶片放到预冷的研钵中，迅速加入液氮，再加入 3 mL 巴比妥缓冲液(10 mM，含巯基乙醇 50 mM，pH=8.3)进行研磨，取研磨液倒入 5 mL 离心管中，离心管置于冰浴中 20 min 后，在 13000 $r \cdot min^{-1}$ 下离心 5min，取上清液，冷藏待测。

CA 活力的测定参照 2.1.2.2 节。

2. 结果与分析

1) 构树、桑树 CA 活力标准曲线

分别作构树、桑树的 CA 活力标准曲线，由图 2.9 和图 2.10 可知锑微电极用来测定植物 CA 活力时亦具有良好的线性相关性，构树 CA 活力的线性相关系数为 0.9918(n=7)，桑树 CA 活力的线性相关系数为 0.9956(n=7)，说明该方法适用于植物 CA 活力的测定研究。从图 2.9 中可以得知构树 CA 活力非常大，取样体积在 2～100 μL 即可取得较好的线性关系；

桑树的 CA 活力大小适中，在取样体积 10～400 μL 有良好的线性关系。在接下来的实验中对这两种植物 CA 提取液取样时，构树选取 100 μL，桑树选取 300 μL 来进行测定研究。

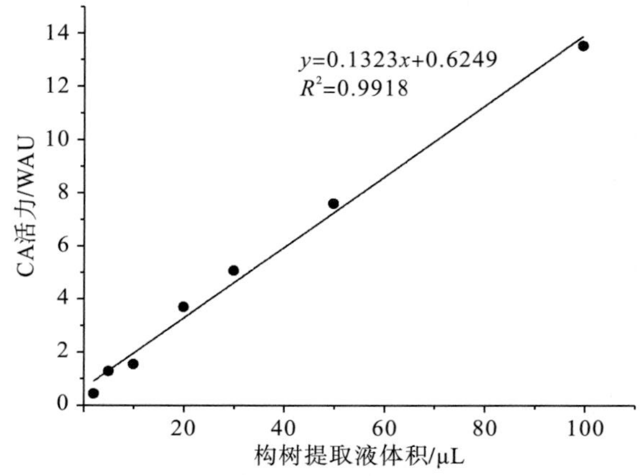

图 2.9　构树 CA 活力标准曲线(*n*=7)

Figure 2.9　Standard curve of the activity of CA in *B. papyrifera* (*n*=7)

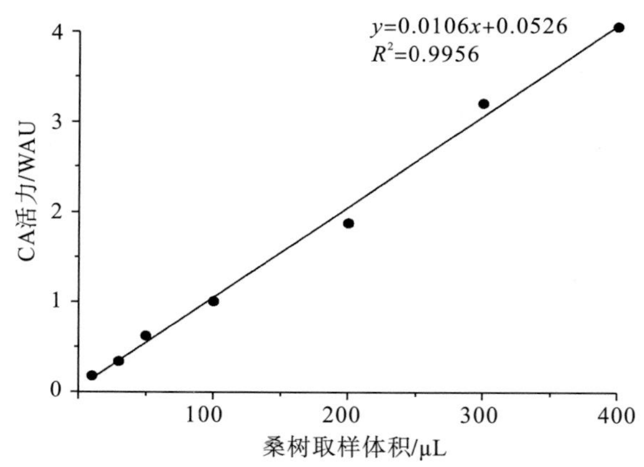

图 2.10　桑树 CA 活力标准曲线(*n*=7)

Figure 2.10　Standard curve of the activity of CA in *M. alba* (*n*=7)

2) 构树、桑树的 CA 胞外酶活力

表 2.5 表示的是用乙酰唑胺(AZ)处理叶片后植物体内 CA 的活力改变。从表 2.5 中可以看出，构树的 CA 及其胞外酶活力明显高于桑树，但 CA 胞外酶活力占总酶活力的份额在两种植物间无显著差异。构树 CA 总酶活力平均值为 4835WAU·g^{-1} FW，而桑树的 CA 总酶活力平均值仅为 376.1WAU·g^{-1} FW。构树胞外酶活力为 1200～1800 WAU·g^{-1} FW，占了总 CA 活力的 25%～40%。桑树的 CA 胞外酶活力仅为 80～150 WAU·g^{-1} FW，但同样占了总 CA 活力的 25%～35%。构树高 CA 活力与其成为喀斯特先锋植物有着必然的联系，而一定比例的胞外酶活力可能与构树适应各种逆境有一定的关系。桑树的胞外酶活力可能也与其广泛的适生性相关联。

表 2.5　构树和桑树叶片的 CA 胞外酶活力(WAU·g^{-1} FW)

Table 2.5　The activities of extracellular CA in *B. papyrifera* and *M. alba*(WAU·g^{-1} FW)

植物材料	酶活力(-AZ)	酶活力(+AZ)	胞外酶活力和比例
构树	4855	3573	1282 (26.4%)
	5215	3420	1795 (34.4%)
	4435	2756	1679 (37.9%)
桑树	376.0	277.8	98.2 (26.1%)
	397.9	269.0	128.9 (32.4%)
	354.4	268.5	85.9 (24.2%)

3. 小结

pH 微电极结合 OCP 法测得的构树、桑树 CA 标准曲线均呈现良好的线性，相关系数分别为 0.9918(*n*=7)和 0.9956(*n*=7)，将之用于对构树、桑树叶片 CA 及其胞外酶活力的测定中，结果可知，构树 CA 和胞外酶活力皆远大于桑树，总酶活力达到 4835 WAU·g^{-1} FW，胞外酶活力为 1200～1800 WAU·g^{-1} FW，占了总 CA 活力的 25%～40%。桑树的 CA 活力大小适中，总酶活力为 376.1WAU·g^{-1} FW，胞外酶活力为 80～150 WAU·g^{-1} FW，占了总 CA 活力的 25%～35%。两者的胞外酶活力占总酶活力的份额在两种植物间无显著差异，一定比例的胞外酶活力可能是调节这两种植物抵抗各类生理逆境的主要因素。

2.1.3　植物碳酸酐酶活力测定的技术规程(吴沿友等，2009)

CA 活力尤其是岩溶地区植物、微生物和土壤中 CA 活力的大小对研究生物与环境之间的关系以及元素的地球化学循环均有着重大的意义。由于当前常用的检测 CA 活力的方法的局限性，有必要对其进行适当改进以提高检测的范围及精确度。

2.1.3.1　原理

结合电化学传感技术中的开路电位法，采用电镀法自制的锑/氧化锑 pH 微电极，实时监测整个催化反应过程中的电位值即 pH 值变化，通过对匀速反应部分电位与时间数据的直线回归方程拟合，得到单位 pH 值改变的时间，即可以计算出酶活力的大小。

2.1.3.2　技术规程

1. 范围

本规程规定了植物 CA 活力的测定方法。

本规程适用于各种植物及其各个部位，并同时适用于动物 CA 活力的测定。

2. 规范性引用文件

下列文件对于本文件的应用是必不可少的。凡是注日期的引用文件，仅注日期的版本适用于本文件。

GB/T 6379.2—2004 测量方法与结果的准确度(正确度与精确度)第二部分：确定标准测量方法重复性与再现性的基本方法。

GB/T 6682—2008 分析实验室用水规格和试验方法。

GB/T 1250—1989 极限数值的表示方法和判定方法。

3. 术语和定义

(1) 参比电极：指测量各种电极电势时作为参照比较的电极。

(2) 电镀：指利用电解原理在某些金属表面上镀上一薄层其他金属或合金的过程，是利用电解作用使金属或其他材料制件的表面附着一层金属膜的工艺从而起到防止金属氧化(如锈蚀)，提高耐磨性、导电性、反光性、抗腐蚀性(硫酸铜等)及增进美观等作用。

(3) 开路电位：指的是电流强度为零时的电极电位，也就是不带负载时工作电极和参比电极之间的电位差。

(4) 电化学工作站：是电化学测量系统的简称，是电化学研究和教学常用的测量设备。将这种测量系统组成一台整机，内含快速数字信号发生器、高速数据采集系统、电位电流信号滤波器、多级信号增益、IR 降补偿电路以及恒电位仪、恒电流仪。

(5) 碳酸酐酶(CA)：是锌蛋白质(动物原性)，存在于脊椎动物的红细胞和许多动物的各种组织以及植物的叶中，催化的最重要的反应是 CO_2 可逆的水合作用。

4. 试剂和材料

除非另有规定，本方法所用试剂均为分析纯，水为 GB/T 6882—2008 规定的一级水。

(1) 试剂：三氧化二锑、柠檬酸三钾、柠檬酸、碳酸酐酶(4860 WAU·mg^{-1} prot)、巯基乙醇、巴比妥钠、液氮。

(2) 材料：植物叶片、铜丝。

5. 主要仪器设备

(1) 电化学工作站。

(2) 电极。

(3) 研钵。

(4) 离心机。

6. 测定过程

(1) 样本采集。随机选取植物第 4、第 5 片完全展开叶，用去离子水洗净并用滤纸将叶片表面水分吸干，然后用打孔器在叶片上均匀打孔，得到圆形小叶片，混匀并随机取 20～25 片，称重。

(2) 酶液提取。取称重后的植物叶片放到预冷的研钵中，迅速加入液氮，再加入 3 mL 巴比妥钠缓冲液(10 mM，含巯基乙醇 50 mM，pH＝8.3)进行研磨，取研磨液倒入 5 mL 离心管中，离心管置于冰浴中 20 min 后，在 13000 r·min^{-1} 下离心 5 min，取上清液，冷藏待测。

(3) 电镀液的配备。电镀液由 Sb_2O_3(50 g·L^{-1})，$C_6H_8O_7·H_2O$(184 g·L^{-1})，$C_6H_5K_3O_7·H_2O$ (144 g·L^{-1})按比例配制。

(4) 电极的制作。取直径 0.6 mm、长 5 cm 左右的铜丝，分别由用金相砂纸、擦镜纸打磨光滑后，使用电化学工作站电流-时间曲线法进行电镀，其中铜丝为阴极，铂丝为阳极，电流强度为 10^{-3} A，电镀时间 60 s，最后铜丝表面形成一层细致光滑的灰色锑金属层，镀上锑金属的铜丝在烘箱中 120℃烘干过夜。制备好的锑微电极在使用前需要在相应缓冲液中活化一定时间。

(5) CA 活力的测定。保持反应系统在 0～2℃，用移液枪提取 400～1000 μL 植物 CA 提取液，加入到含 4.5 mL 巴比妥钠缓冲液(10 mM，含巯基乙醇 50 mM，pH 8.3)的反应容器中，然后迅速加入 3 mL 预冷的(0～2℃)饱和 CO_2 蒸馏水，锑微电极及饱和甘汞参比电极与电化学工作站相连(工作站与电脑连接)，采用开路电位法(OCP)全程监测该反应体系 pH 值的变化，获取电位变化过程曲线。

7. 计算

将上述保存好的电位变化过程曲线以 Origin 软件将数据导出，取反应开始后电位匀速变化的一段数据进行线性拟合，获得电位随时间变化的直线方程 $E = kt + b$ 。则一个单位 pH(41.7mV)的变化时间可由方程 $\Delta t = t_2 - t_1 = (E_2 - E_1)/k$ 计算获得。式中， $E_2 - E_1$ 即为一个单位 pH 的改变相对应的电位值变化 41.7mV。在反应结束后，将有 CA 的反应体系的直线方程斜率记为 k_1，相当于一个 pH 单位的电位值变化所需的时间记为 t_1，则有上述推导可知 t_1 为 $41.7/k_1$。无 CA 的反应体系的直线方程的斜率记为 k_0，相当于一个 pH 单位的电位值变化所需的时间记为 t_0，则 t_0 为 $41.7/k_0$，酶的相对活力$= t_0/t_1 - 1$，单位为 WAU。

8. 精密度

本规程的精密度数据按照 GB/T 6379.2—2004 的规定确定，其重复性和再现性的值以 90%的可信度计算。

9. 技术优点

(1) 本方法通过多点数据、统计获得反应体系中相当于一个 pH 单位的电位值变化所需时间，因此比传统的 pH 计法用两点数据计算一个 pH 单位变化所需时间，测出的植物的 CA 活力可信度高。

(2) 本方法依据电位变化过程曲线图的匀速部分来计算植物的 CA 活力，因此，它比传统的 pH 计法精确度高。

(3) 由于锑微电极的针状形貌，因此它可以使测量体系的体积大大缩小，减少植物材料的使用。

(4) 本方法可以对 CA 活力过大或过小的植物进行测定。

2.1.3.3　应用实例

实施例详见 2.1.2 节。

2.2　喀斯特逆境下植物碳酸酐酶的响应

我国喀斯特分布区达 363.1 万 km^2，超过全国陆地总面积的 1/3，其中裸露的碳酸盐类岩石面积约为 130 万 km^2，约占全国陆地总面积的 1/7，主要分布在以贵州高原和四川的西南部，是世界上最大的喀斯特集中分布区之一(罗维均等，2014)。喀斯特环境是脆弱的生态环境，土壤偏碱性且富含 HCO_3^-。此外，由于碳酸盐岩裸露区溶隙、溶洞、天窗、漏斗等岩溶通道发育，不完善的地表水系与地下水系并存而构成的二元结构喀斯特水系导致雨水及地表水强烈渗漏，形成“岩溶干旱”（郭芳等，2003）。特别是在一些构造抬升区，地表水系解体，地下水深埋，地表生境长期处于干旱状态，而且石灰土因其结构表层疏松，又促使了水平下渗的加快。同时，由于与大气交换通畅，地表植被稀少，因而蒸发也较非喀斯特地区的黄壤、红壤等酸性土壤强，土温极易升高，这也使生境常常处于干旱状态。另外，石灰土往往是土石相间的石旮旯土，在阳光照射下，石灰岩日间吸热，造成对土壤的“烘烤”，这更加剧了土壤中水分的蒸发。因此，同样水平的气象干旱，喀斯特环境远较非喀斯特地区严重，干旱频率随喀斯特发育面积增大而加强，造成地表经常干旱缺水（龙健等，2002）。而且喀斯特地区土壤瘠薄，缺乏氮、磷、钾等植物生长要素，致使该地区植物生长缓慢，种群较少，缺乏多样性，群落演替很难达到顶级阶段，植被一旦被破坏，很快向石漠化方向发展，许多农作物和经济作物不能很好地生长发育，加之品种单调、适应性窄，更使喀斯特地区的农业生产力下降，严重影响了这些地区的人民生活水平（吴沿友，1997）。

CA 对各种环境胁迫的反应因物种、生态型和 CA 类型的不同而不同。在聚乙二醇(polyethylene glycol，PEG)引起的水分胁迫下，玉米叶片 CA 活力增强，然而，当叶片水势低于-2.0 MPa 时，玉米叶片 CA 活力明显下降(Kicheva and Lazova，1998)。叶片脱水也导致大麦 CA 活力升高(Popova et al.，1996)。干旱、盐和渗透胁迫下，水稻叶中 CA 活力也大幅增加(Dai et al.，2000；Serrano et al.，2007；Yu et al.，2007)。

编码 CA 的基因的表达响应于环境胁迫。在水稻叶片和根中编码 CA 的基因的表达对盐和渗透胁迫有反应，与水稻品种胁迫的耐受性有关(Yu et al.，2007)。冷冻胁迫强烈地抑制了绿豆叶中编码 βCA 的基因的表达(Yang et al.，2005)；当在 20℃、50 $\mu mol \cdot m^{-2} \cdot s^{-1}$ 光强下生长时，黑麦叶中编码基因的 CA 的表达水平显著低于其他(水或光胁迫下的)条件(Ndong et al.，2001)。

CA 具有广泛的多样性，对喀斯特地区的水和土壤中的元素地球化学循环具有重要意义，喀斯特适生植物普遍具有高 CA 活力的特性，以便在不同逆境情况下展现出相应不同的响应对策。不但可以调节植物体内代谢活动，诸如呼吸作用、酸碱平衡、离子运输、光合作用等，还可以为植物的光合作用提供水和 CO_2 等原料，有利于喀斯特适生植物在逆境情况下保持较为稳定和高效的光合效率，进而保持稳定的生长。喀斯特适生植物在喀斯特地区复杂的环境下，能够较好地生长，CA 的这种作用机制在其中起着至关重要的作用。

2.2.1 碳酸酐酶对脱水的响应

干旱是植物生长和作物提高产量的最主要的限制因素，植物对干旱胁迫的适应性机制的研究对于开发耐旱性植物具有决定性的作用(Saha et al.，2016)。关于植物耐旱性的指标，常用的生化度量指标有各种保护酶的活性(崔婷茹等，2017)和脯氨酸(Fariaszewska et al.，2017)、丙二醛(Soleimanzadeh et al.，2010)、可溶性糖(Moustakas et al.，2011)、可溶性蛋白等(王海珍等，2017)的含量。作为与植物体内水分状况具有密切关系的 CA，在植物适应干旱的过程中同样发挥着重要的调节作用。受到聚乙二醇诱导而产生的渗透胁迫的影响，小麦幼苗的 CA 活力在轻度干旱胁迫影响下有所下降，但是在严重干旱胁迫情况下又有所升高(Kicheva and Lazova，1998)。不同的小麦品种 CA 活力也有所不同，它们对渗透胁迫的忍受能力也有所不同(Guliyev et al.，2008)。事实上，在植物遭受干旱胁迫的时候，CA 可以通过调节叶片气孔开度的大小来维持植物体内的水分平衡，从而保证植物对干旱胁迫具有一定的适应性(Perez-Martin et al.，2014)。

2.2.1.1　脱水对碳酸酐酶活力的影响

不同的植物叶片脱水速度是不同的，反映其保水能力的不同。随着脱水进程的变化，不同植物 CA 发生的变化也明显不同，通过测定光照脱水、复水处理下的不同植物的 CA 活力变化，可以比较不同植物的耐旱性。

1. 材料与方法

于晴天上午 9 点采集江苏大学校园里同一生长环境下，同一生长部位生长较好的构树、桑树叶片，然后用打孔器在叶片上均匀打孔，得到圆形小叶片。称取 0.3 g 作为一份，将叶片正面朝上，进行光照处理，处理时间分别为 0.0 h、0.5 h、1.0 h、2.0 h、3.0 h 和 4.0 h，成为六个水平，每个水平处理结束后继续称重观察脱水后叶片质量变化，每个水平做三个重复，并做对应的复水实验，复水时间 2 h。处理条件为光强 20 $\mu mol \cdot m^{-2} \cdot s^{-1}$，温度 25℃，每个重复测量三次取平均值。

CA 活力的测定方法采用锑微电极测定法。

2. 结果与分析

表 2.6 表示的是光照处理后构树离体叶片质量及失水率变化。由表 2.6 分析可知，离体的构树小圆片平均每小时的失水率为 18%，但在光照脱水 2 h 后即达到 50%以上，说明叶片在光照的前半个时期已经失去了 50%以上的水分。

表 2.6　光照处理后构树离体叶片质量及失水率变化

Table 2.6　Changes of leaf weight and water loss rate of *B. papyrifera* after illumination treatments

光照时间/h	叶片质量/g	叶片失水率/%
0.0	0.302±0.001	0.0
0.5	0.232±0.003	23.2
1.0	0.192±0.004	36.4
2.0	0.140±0.003	53.6
3.0	0.113±0.002	62.6
4.0	0.085±0.001	71.9

图 2.11 表示的是光照处理及复水后构树叶片质量及 CA 活力变化。从图 2.11 可以看出叶片质量的下降速率由快变慢。在光照 4 h 后，叶片失水率达到 71.9%。植物叶片的含水量是植物各器官中最高的，通常为 60%～90%，由此可见，在光照 4 h 后，构树叶片几乎失去了细胞内大部分水分。从图 2.11 还可以看出，构树叶片的 CA 胞外酶活力在失水速率最快的 0～0.5 h 内迅速上升以抵抗机体缺水，整个光照脱水的前 3 h 内未发生显著

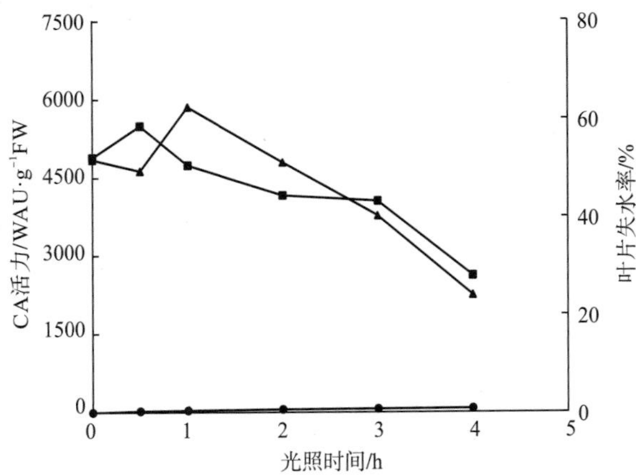

图 2.11 光照处理及复水后构树叶片质量及 CA 活力变化

Figure 2.11 Changes of the activities of CA in *B. papyrifera* after illumination and rehydration treatments

注：■光照脱水后 CA 活力，▲复水后 CA 活力，●叶片失水率。

■CA activities after treatments by illumination，▲CA activities after treatments by rehydration，●the leaf water loss rate

性改变，均保持在原有活力的 80%以上。在光照 4 h 后，构树的 CA 活力下降了 46.5%，几乎失去了一半的酶活性。这可能是因为在光照 4 h 后，构树细胞内水分大量的流失使得各生命活动失去了反应的载体或介质，而水分又是 CA 催化反应的原料之一，因此酶活力大大地下降。对其做相应的复水后发现，构树在光照脱水前 3 h 后复水，叶片内 CA 活力都能恢复至原有水平。在 1 h 处复水后有一上升的高峰，由于此时叶片处于不缺水的状态，因此可能是细胞叶绿体内的 CA 活力上升。脱水 4 h 的构树 CA 活力不再能恢复至原有水平，可能因为此时构树叶片的水分流失量导致了叶片细胞内的生理机能发生了不可逆的破坏而使生命活动无法再正常进行。

表 2.7 是光照处理后桑树离体叶片质量及失水率变化情况。分析表 2.7 可知，离体的桑树小圆片平均每小时的失水率为 17.7%，但在光照脱水 2 h 后和构树叶片一样达到 50%以上，叶片质量下降速率由图 2.12 可知也是由快到慢。表明叶片在光照的前半段时期已经失去了 50%以上的水分，脱水速率明显快于后半段时期。在光照 4 h 后，叶片失水率达到 70.7%。

表 2.7 光照处理后桑树离体叶片质量及失水率变化

Table 2.7 Changes of leaf weight and water loss rate of *M. alba* after illumination treatments

光照时间 / h	叶片质量 / g	叶片失水率 / %
0.0	0.304±0.003	0.0
0.5	0.220±0.005	27.6
1.0	0.176±0.005	42.1
2.0	0.138±0.004	54.6
3.0	0.106±0.005	65.1
4.0	0.089±0.005	70.7

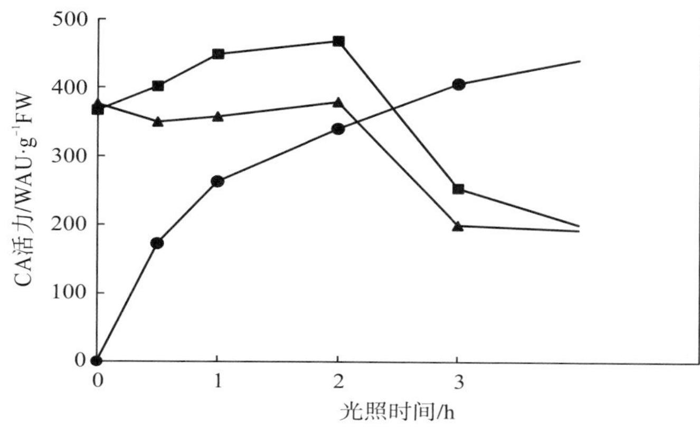

图 2.12　光照处理及复水后桑树叶片质量及 CA 活力变化

Figure 2.12　Variations of activities of CA in *M. alba* after illumination and rehydration treatments

注：■光照脱水后 CA 活力，▲复水后 CA 活力，●叶片失水率。

■CA activities after treatments by illumination，▲CA activities after treatments by rehydration，● the leaf water loss rate

图 2.12 表示的是桑树光照脱水后各阶段 CA 活力以及叶片质量的变化。从图 2.12 可以看出，在光照脱水前 2 h，桑树 CA 活力的上升速率与叶片的脱水速率相一致，0～0.5 h 最快，0.5～1 h 其次，1～2 h 上升最缓慢，并达到最高峰。此时叶片为了抵抗机体缺水，通过 CA 胞外酶将 HCO_3^- 分解为水和 CO_2，供植物的光合作用和其他生理活动所需。光照脱水 3 h 后，叶片 CA 活力受抑制下降了 30.9%，4 h 后继续下降，仅为原有活力值的 54.7%。这可能是因为叶片水分过量流失，破坏了细胞内叶绿体中的 CA。在对叶片进行复水后，光照 2 h 以内的叶片因水分的补充解除了水分逆境，CA 活力降至原有水平。而对光照 3 h 及 4 h 后的叶片进行复水，CA 的活力难以再恢复至原有水平，可能此时叶片细胞内的生理机能已经因水分的大量流失而遭到了不可逆的破坏。

3. 小结

干旱胁迫是生长在喀斯特地区的植物面临的最大困境之一，能否快速而高效地利用水分是作为喀斯特先锋植物的一大特征。构树本身具有相当高活力水平的 CA 及胞外酶，光照脱水时的失水速率也慢于桑树，细胞内结合水比例相对较高，因此对于调节水分平衡和抗旱的能力也相对较高。桑树对于干旱胁迫也有较强的抵抗能力，但在机体失水到 60%以上时，便再难以恢复至较高的活力水平。

2.2.1.2　脱水对碳酸酐酶基因表达的影响

拟南芥是一种属于十字花科(Brassicaceae)的小型杂草植物。这种野生十字花科植物已经成为生物学研究的重要模式植物(Meinke et al.，1998)，其基因组已经完全测序，许多种质的性状遗传变异反映了其对某些胁迫条件的适应性(Koornneef et al.，2004)。拟南芥应对干旱胁迫有不同的策略；拟南芥品系 *Landsberg erecta*(*ler*)具有短暂的生命周期，逃避干旱胁迫，拟南芥品系 *Cape verde Islands*(*Cvi*)通过耐旱耐受水分胁迫，而拟南芥品系 *Antwerpen*(*An*)表现避免脱水抗干旱胁迫(Granier et al.，2006；Juenger et al.，2005；

Mckay et al.，2003；Meyre et al.，2001）。编码拟南芥βCA有六种不同的cDNA，包括编码叶绿体CA的*ca1*（AT3g01500），编码细胞质CA的*ca2*（AT5g14740），*ca3*（AT1g23730），*ca4*（AT1g70410），*ca5*（AT4g33580）和*ca6*（AT1g58180）已被测序（Fabre et al.，2007；Fett and Coleman，1994）。CA1，CA2和CA4见于叶肉细胞，CA1，CA4和CA6在保卫细胞中，其中CA1和CA4在保卫细胞中可形成参与气孔信号传导的重碳酸盐（Hu et al.，2010）。由上可知，编码不同CA同工酶的基因表达对水分胁迫的反应不同，随着基因型的变化而变化。同时，细胞质的CA2在叶肉细胞中是否能调节水分和二氧化碳的供应，也不甚明了。为了探讨这个问题，比较了脱水处理下，不同基因型*ca1*和*ca2*基因表达之间的差异。

1. 材料与方法

拟南芥3种基因型——*Landsberg erecta*（*Ler*）、*Cape verde Islands*（*Cvi*）和*Antwerpen*（*An*）的材料均从瓦赫宁根大学遗传学实验室获得。所有种子预先播种在垫有过滤纸的培养皿中，然后4℃冷处理3 d。随后将它们转移到25℃和光/暗为16/8 h的人工气候室中2 d，再将植物转移到相对湿度为70%、光/暗为16/8 h、光强度为125 μmol·m^{-2}·s^{-1}、温度在22～25℃（白天）和18℃（夜间）的温室中生长。将经过4周壤培养的植物叶片脱水0、0.5 h、1 h、2 h和4 h后，分别取其叶片进行基因表达分析。

根据试剂盒上的说明，使用Trizol试剂（Invit-rogen，Carlsbad，CA）从叶组织中分离RNA。基于试剂盒中提供的方案，使用具有Platinum Taq DNA聚合酶（Invitrogen，Carlsbad，CA）的Superscript III一步法进行反转录-聚合酶链反应（RT-PCR）分析。反应条件按照：55℃ 30 min，94℃ 2 min预变性，94℃ 15 s，55℃（β-微管蛋白基因和*ca1*）或51℃（*ca2*）1min，72℃ 1 min，72℃ 5 min，循环30次。使用拟南芥β-微管蛋白基因（GenBank登录号At5g23860）作为内标，并使用引物扩增：正向引物，5′- GCCAATCCGGTGCTGGTAACA-3′，反向引物，5′-CATACCAGATCCAGTTCCTCCTCCC-3′。使用引物扩增拟南芥*ca1*（GenBank登录号At3g01500）：正向引物，CTCACTCTCTCTGATCTCCGCTTCTC；反向引物，CCAATAAGGGGCAATGATAGGAGCAGG。使用引物扩增拟南芥*ca2*（GenBank登录号AT5g14740）：正向引物，ATCAACAAGAGGCGGAGATACG；反向引物，AGCAGATTGGAGAGTCGTC。

2. 结果与分析

在所有材料中，短时间脱水诱导的拟南芥叶片的*ca1*基因表达稳定，处理差异不显著。然而，*ca2*基因表达随脱水时间而变化。基因型*Ler*的*ca2*基因表达水平在脱水前2 h内没有太大变化，但是当叶片脱水4 h后，其表达水平降低。基因型*Cvi*的*ca2*基因表达水平在0～2 h脱水期间升高，随后下降。基因型*An*的*ca2*基因表达水平随脱水时间增加而持续降低。

3种基因型的*ca2*表达模式在各处理间差异很大。对于基因型*Cvi*，脱水时*ca2*表达最终上调，然后下调。对于基因型*An*，脱水时*ca2*表达被下调。与其他两个基因型相比，基因型*Ler*中CA基因的表达受脱水的影响不大。

CA1和CA2具有不同的作用。叶绿体CA（CA1）的作用是促进二氧化碳供应给羧化位置。细胞质CA（CA2）可以作为催化HCO_3^-提供的碳骨架进行氨基酸生物合成以及卡尔文循环中间体的形成(Champigny and Foyer，1992； Kicheva and Lazova，1998； Meinke et al.，1998)。正常生长条件下，叶绿体 CA 在植物叶肉细胞中相当丰富。一些植物 CA1 活性的下降并没有显著降低 CO_2 的光合同化(Majeau et al.，1994； Price et al.，1994；Sasaki et al.，1998)。*ca2* 对脱水敏感，由此可以推测，是 CA2 而不是 CA1 在水分逆境时行使调节水分关系的功能。

2.2.2 碳酸酐酶对模拟岩溶干旱的响应

从调节水势的角度考虑，无机盐，小分子的糖、醇等都可以选用。但对土壤干旱来说，不仅要使植物的细胞脱水，而且还要使细胞壁脱水。因此，模拟土壤干旱的渗透物质，其分子量要足够大，才能不透过细胞壁，产生与土壤干旱相同的脱水效应。PEG 是乙醇聚合物，常见商品的分子量为 200～8000，pH 5～7，溶于水，也溶于大多数溶剂。PEG 分子有非离子化的长链，化学性质不活泼(Couper and Eley，1948)，对生物的毒性很小，因此可将其作为渗透调节物质(Jackson，1962)。实验表明，分子量在 6000 及 6000 以上的 PEG 不能透过细胞壁。当细胞置于低水势溶液中时，细胞内水分流出，细胞体积变小，如果溶质的分子量很小，可以透过细胞壁，则会引起质壁分离(plasmolysis)；如果溶质的分子量很大，不能透过细胞壁，水分的移出则会使细胞发生塌陷(cytorrhysis)。Carpita 等(1979)用溶质分子量不同的溶液处理活体细胞时发现，甘露醇、PEG 2000 引起质壁分离，PEG 6000 引起塌陷，PEG 4000 既引起质壁分离又导致塌陷。所以，高分子量的 PEG 是模拟土壤干旱理想的水势调节物质。研究 PEG 6000 对 CA 的影响，比较不同植物 CA 对模拟干旱逆境的响应，将有助于揭示喀斯特适生植物适应岩溶干旱逆境的机理，为喀斯特适生植物的筛选提供更为有力的理论支撑。

2.2.2.1 PEG 6000 对碳酸酐酶活力的影响

1. 材料与方法

构树和桑树叶片的处理：于晴天上午 9 点采集江苏大学校园里同一生长环境下，同一生长部位生长较好的构树、桑树叶片，然后用打孔器在叶片上均匀打孔，得到圆形小叶片，分为两组。一组称取 0.3 g 作为一份，将叶片正面朝上浸入质量浓度分别为 0、2%、5%、10%、15%和 20%的 PEG 6000 溶液中成为六个水平，胁迫时间为 24h，每个水平做三次重复，每个重复测量三次取平均值。另一组在浸入 PEG 6000 溶液的同时添加 AZ 抑制胞外酶的活力，则胞外酶活力的大小为不含 AZ 抑制剂时的酶活力减去添加 AZ 抑制剂后的酶活力。其余处理方法同前一组。

牵牛花(*Pharbitis nil* (Linn.) Choisy)、金银花(*Lonicera japonica* Thunb.)和爬山虎(*Parthenocissus tricuspidata* (*Sieb.et Zucc.*) Planch)的处理：实验在中国科学院地球化学研究所的一个人工温室内进行。牵牛花、金银花和爬山虎种子在 12 孔穴盘内萌发，用珍珠岩固定。待长出幼苗，控制温室环境条件为每天 12 h 光照，光照强度为 300 $\mu mol \cdot m^{-2} \cdot s^{-1}$ PPFD，白天温度为 28℃，晚上温度为 20℃，相对湿度为 60%。每天用 1/4 浓度的霍格兰营养液(Hoagland and Arnon，1950)培养植物幼苗。待植物幼苗生长 2 个月后，用改进的霍格兰处理液处理幼苗，改进的霍格兰处理液成分包括 6 mM KNO_3、4 mM $Ca(NO_3)_2$、2 mM $MgSO_4$、2 mM Fe(Na)EDTA、0.25 mM $NH_4H_2PO_4$、0.75 mM NH_4Cl、2 mM KCl、50 μM H_3BO_3、4 μM $MnSO_4$、4 μM $ZnSO_4$、4 μM $CuSO_4$ 和 0.2 μM $(NH_4)_6MO_7O_{24}$，pH 调为 8.1±0.5。处理液中添加 10mM $\delta^{13}C$ C_{PDB} 值为-17.20‰的 $NaHCO_3$ 作为稳定碳同位素示踪剂。同时，用 PEG 6000 模拟 4 种不同的渗透胁迫水平，分别为：0(空白对照，渗透势为-0.08 MPa)，5(轻度胁迫，渗透势为-0.11 MPa)，20(中度胁迫，渗透势为-0.22 MPa)和 60 $g\cdot L^{-1}$(重度胁迫，渗透势为-0.75MPa)。用这四个不同的渗透胁迫水平同时处理生长健康一致的植物幼苗。轻度、中度和重度胁迫分别对应于土壤含水量为 11.0%、10.0%和 8.0%的沙质土，或者是土壤含水量分别为 18.0%、17.5%和 14.5%的壤土(Jensen et al.，2000)。每种藤本植物每个处理水平用 24 棵生长健康一致的幼苗并完全随机设计。渗透胁迫处理持续 30 天，处理期间，每两天更换一次处理液，并分别在第 10 天、20 天和 30 天测量各个指标。

CA 活力的测定方法采用锑微电极测定法。

2. 结果与分析

PEG 6000 对植物碳酸酐酶活力具有即时影响。图 2.13 分别为构树和桑树叶片经 PEG 6000 单独以及和 AZ 共同胁迫处理后 CA 活力的变化。 图 2.13(a)中构树在 PEG 6000 单独胁迫时酶活力均无显著变化，仅在 PEG 6000 为 15%浓度下略有下降，在同时加入 AZ 抑制剂后，CA 活力随即下降，降幅最大至 38%，最低也达到了 29.3%，胞外酶活力被抑制。表明 PEG 6000 模拟的水分胁迫对构树 CA 活力影响不大，但在胞外酶被抑制的情况下，对水分胁迫不再有所响应。 图 2.13(b)中桑树叶片在 2%和 5%浓度的 PEG 6000 单独胁迫下，CA 活力没有显著变化，可见 2%和 5%浓度的 PEG 6000 并未对叶片造成较大的水分胁迫。浓度为 10%时，桑树叶片为了抵抗水分逆境，体内 CA 活力迅速上升，达到最高点。当 PEG 6000 浓度升至 15%和 20%时，CA 活力分别下降了 26.9%和 20.3%，表明随着水分胁迫的加重，桑树叶片内 CA 活力受到抑制。在同时加入 AZ 抑制剂后，桑树 CA 活力出现和构树一样的下降趋势，降幅为 27%～33%，且各浓度之间无显著差异，表明桑树在胞外酶被抑制的情况下亦不再对水分胁迫有所响应。

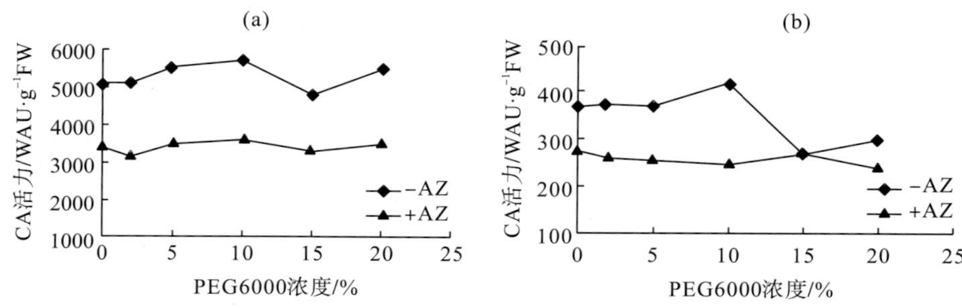

图 2.13 PEG 6000 模拟水分胁迫对叶片 CA 活力的影响［(a)构树，(b)桑树］

Figure 2.13 The effect of drought stress simulated by PEG 6000 on leaf CA activities［(a) *B. papyrifera*, (b) *M. alba*］

图 2.14 进一步给出了构树和桑树的 CA 胞外酶在 PEG 6000 处理后的变化，经比较后可以看出，构树的胞外酶远大于桑树，两者在 PEG 6000 为 10%浓度内活力均无显著变化，构树在 PEG 6000 为 15%浓度处有所下降，20%处又得到恢复，可能是由于其活力值本身较高，存在较大的变异性而并非水分胁迫所导致的活力发生改变。桑树在 15%和 20%浓度下胞外酶活力几乎被全部抑制，说明高浓度的 PEG 6000 抑制了叶片的胞外酶活力，同时也说明了胞外酶在水分胁迫中起主要的调节作用。

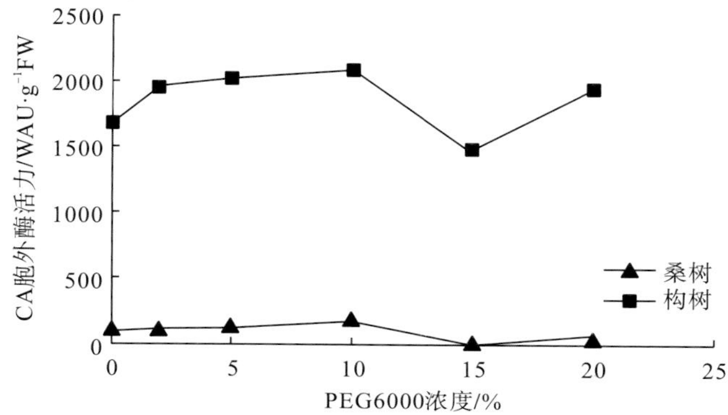

图 2.14　PEG 6000 和 AZ 共同处理后 CA 胞外酶的活力变化(■构树，▲桑树)

Figure 2.14　Variations in the activities of extracellular CA after treatments jiontly by PEG 6000 and AZ (■ *B. papyrifera*，▲ *M. alba*)

PEG 6000 对植物碳酸酐酶活力具有长期影响。不同的植物种类，渗透胁迫程度和胁迫时间，CA 活力也各不相同。牵牛花的 CA 活力明显高于其他两种藤本植物的 CA 活力。爬山虎的 CA 活力最低并且很难检测到(图 2.15)。在第 10 天，牵牛花在渗透胁迫下的 CA 活

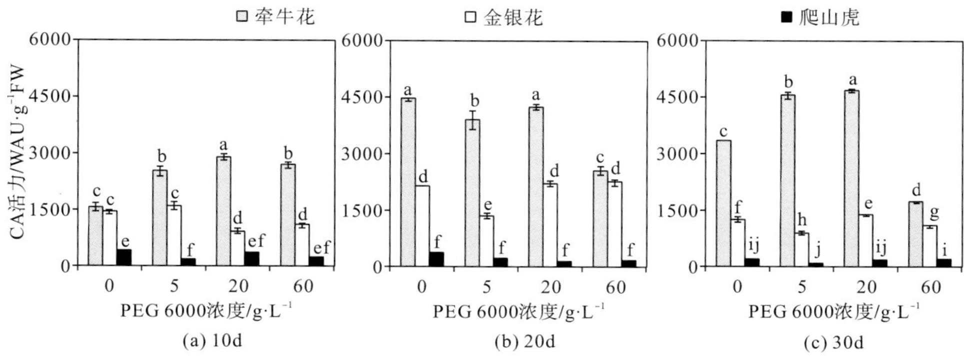

图 2.15　渗透胁迫对 3 种藤本植物 CA 活力的影响

Figure 2.15　Effects of osmotic stress on CA activities of three climber plant species

注：图中数据用平均值±标准误差表示，同一时期各种植物间的显著性水平用不同字母表示。在 $P\leqslant0.05$ 置信区间作单因素方差分析，平均值与标准方差用 *t* 检验分析

Note: The means ± SE followed by different letters in the same treatment period of climber plants differ significantly at $P\leqslant0.05$, according to one-way ANOVA and *t*-test

力高于空白对照下的值，而金银花在中度和重度渗透胁迫下的 CA 活力低于轻度或者空白对照下的 CA 活力。在第 20 天，牵牛花的 CA 活力在重度渗透胁迫下有所下降，金银花的 CA 活力则在轻度渗透胁迫下有所下降。在第 30 天，牵牛花在轻度或者中度渗透胁迫下的 CA 活力有所升高，但是在重度渗透胁迫下又急剧下降。与净光合速率和气孔导度变化不同的是，金银花在中度渗透胁迫下的 CA 活力明显高于轻度或者重度渗透胁迫下的 CA 活力。

3. 小结

植物的 CA 对 PEG 6000 有即时响应。PEG 6000 短期处理实验结果表明，构树和桑树对 PEG 6000 引起的水分胁迫均有一定的抗性，构树的 CA 活力对该胁迫的响应不显著，这可能与构树自身具有很强的抗逆性有关，这与构树在光照脱水中的表现也是一致的。桑树对水分胁迫也有较强的抗性，CA 活力会在中等浓度的胁迫下迅速上升，高浓度胁迫下降低。这两种植物在胞外酶被抑制时对干旱胁迫均失去响应，一定意义上说明了胞外酶在干旱胁迫中起主要的调节作用。

植物的 CA 对 PEG 6000 有长期响应。PEG 6000 长期处理实验结果表明，牵牛花拥有较高的 CA 活力，也具有很好的弹性，在渗透胁迫的情况下，能够显示更好的调节能力。拥有较高 CA 活力的牵牛花，其净光合速率在渗透胁迫下受到影响也不大，相反，爬山虎 CA 活力则显得太低。在第 20 天和 30 天，随着渗透胁迫程度的增加，金银花的净光合速率和气孔导度没有发生明显的变化，但是在中度渗透胁迫下，CA 活力有个大幅度增长(图 2.15)，证明受到渗透胁迫的影响，CA 活力被激发升高，而气孔就不需要关闭来降低蒸腾以节省水分，金银花就维持了较为稳定的净光合速率。因此，金银花显示出对中度渗透胁迫的长期适应性。

综上所述，可以将植物的 CA 胞外酶活力作为判定植物抗旱性的一个生理指标。

2.2.2.2 PEG 6000 对碳酸酐酶基因表达的影响

1. 植物培养与实验处理

1) 植物培养

本实验选取两种十字花科植物诸葛菜和芥菜型油菜用作实验材料。诸葛菜种子来自中国科学院地球化学研究所，芥菜型油菜来自贵州省油菜研究所。分别挑选两种当年产的籽粒饱满的种子分装于 12 孔穴盘内，用珍珠岩作为培养基质，于中国科学院地球化学研究所的人工温室内进行水培萌发。两种植物种子长出幼苗后，移到具有控制温度和湿度的培养架上，保持每天 12 h 的恒定光照强度，光照强度为 200 $\mu mol \cdot m^{-2} \cdot s^{-1}$ PPFD，白天温度保持在 25 ℃，晚上温度保持在 20 ℃，昼夜相对湿度为 50%～60%。每天供应 1/2 浓度的霍格兰营养液 (Hoagland and Arnon，1950)来培养两种植物幼苗。待两种植物幼苗长至 4 叶期时，换成改进的霍格兰培养液对两种植物幼苗开展重碳酸盐实验处理。

2) PEG 6000 模拟干旱处理

本实验通过添加不同量的 PEG 6000 到改进的霍格兰培养液中来模拟 4 种不同的干旱胁迫水平，分别为：0(对照，渗透势：0.00 MPa)，10(轻度胁迫，渗透势：−0.11 MPa)，20(中度胁迫，渗透势：−0.20 MPa)和 40 $g \cdot L^{-1}$ (重度胁迫，渗透势：−0.40 MPa)PEG，同时在所有的处理培养液中添加 10 mM 的碳酸氢钠。随机选取生长较为一致的 4 叶期幼苗用作模拟干旱胁迫处理，每种处理 6 个重复。

2. 实验方法

1) 植物水分含量测定

在模拟干旱胁迫处理诸葛菜和芥菜型油菜 7 d 后，于上午 10 点分别采取不同处理下的诸葛菜和芥菜型油菜的目的叶片用于测定植物叶片相对水分含量 RWC。这些叶子被收获后，立即测量其鲜重值，然后置于 105 ℃环境中对其杀青 30 min，接着保持 80 ℃直至干燥恒重，并称量其干重值，然后依据公式(2.5)计算不同处理下不同植物的叶片相对水分含量 RWC。其表达公式为

$$\text{RWC}(\%) = (\text{鲜重} - \text{干重}) / \text{鲜重} \times 100\% \tag{2.5}$$

2) CA 基因表达

(1) CA 同工酶基因序列获取及引物设计。

本课题组已报道过诸葛菜和芥菜型油菜的 3 种 CA 同工酶基因编码序列(CDS 序列)，并已在 NCBI 数据库 (NCBI，USA，http://www.ncbi.nlm.nih.gov/) 公布其序列信息。因此，选择已从诸葛菜和芥菜型油菜分别克隆到的 3 个 β-CA 同工酶基因(诸葛菜：*OvCA1*、*OvCA3*、*OvCA4*；芥菜型油菜：*BjCA1*、*BjCA3*、*BjCA4*，见表 2.8 所示)作为目标基因来进行后续处理分析，同时把两种植物的 *actin* 基因分别作为内标基因。运用 Primer 5.0 软件设计相应的引物，并由上海生物工程公司来合成引物，CA 同工酶序列信息及相应的普通 PCR 引物见表 2.8 和实时荧光定量 PCR 引物见表 2.9 所示。

表 2.8　扩增 CA 同工酶的普通 PCR 引物和序列信息

Table 2.8　General PCR primers and sequence information for amplification of CA isozymes

基因	登录号	引物	引物序列	产物长度/bp①
OvCA1	KC979144.1	上游引物 下游引物	atgtcgaccgctcctctct tacagagctagtttcggagag	400
OvCA3	KC979145.1	上游引物 下游引物	atgtcgacagagtcgtacgaag agacaaggcaaaggcaggggt	250
OvCA4	KC979146.1	上游引物 下游引物	atggcaacggaatcgtacgaag agagaaggcaaaagcaggagtg	380
BjCA1	KC979148.1	上游引物 下游引物	atgtcgaccgctcctctct tacagagctagtttcggagag	400
BjCA3	KC979149.1	上游引物 下游引物	atgtcgacagagtcgtacgaag agacaaggcaaaggcaggggt	250
BjCA4	KC979150.1	上游引物 下游引物	atggcaacggaatcgtacgaag agagaaggcaaaagcaggagtg	380

注：①bp,base pair(碱基对)的简称。

表 2.9 扩增 CA 同工酶的实时荧光定量 PCR 引物和序列信息

Table 2.9 The primers of Real Time Fluorescence Quantitative PCR and sequence information for amplification of CA isozymes

基因	登录号	引物	引物序列	产物长度/bp
OvCA1	KC979144.1	上游引物 下游引物	CGGCGGAACTTAAGACAGGT CTCCTTTGCCAGTCACCGTA	136
OvCA3	KC979145.1	上游引物 下游引物	CTTCGACGATCAGTGCACCA GTGAGCTCCTCTTATGGCGA	124
OvCA4	KC979146.1	上游引物 下游引物	AGAAGGCAGATCTGGGGAAC TTGATTCGTTCAACGGCGTC	103
Ovactin	KC979147.1	上游引物 下游引物	CGTTGCCCTGAGGTTCTCTT TTGAACCACCACTGAGGACG	145
BjCA1	KC979148.1	上游引物 下游引物	ATCCGTAACGAGCCCATTCT GGCCTCTTGGTATGATTCGCT	90
BjCA3	KC979149.1	上游引物 下游引物	TCCAAGCGACACATTCACAG AAGAACAGGGTCAAGCAGGAA	90
BjCA4	KC979150.1	上游引物 下游引物	GAACCGAGCACTGTCCTTCAA ATTCCAGCAACTCTGACGCC	89
Bjactin	KC979151.1	上游引物 下游引物	GGAATGGTTAAGGCTGGTTTCG GTTGTTGACGATGCCGTGTT	192

(2) RNA 提取及纯化。

利用 Trizol 试剂盒(Takara，China)对不同处理的诸葛菜和芥菜型油菜叶片总 RNA 进行提取，接着用 30～50 μL 的 DEPC 水进行溶解，分别用紫外分光光度计和凝胶电泳系统对其浓度和完整性进行检测，以备后用。RNA 的浓度换算根据公式(2.6)进行计算。分别取各处理的诸葛菜和芥菜型油菜叶片的总 RNA 2 μg 进行反转录反应，加入到 10 μL 的反应体系。由于在提取 RNA 过程中会收集到部分基因组 DNA，因基因组 DNA 会影响到后续荧光定量 PCR 反应，首先需要进行基因组 DNA 的去除反应，每个反应体系包括 5×gDNA EraserBuffer 2.0 μL，gDNA Eraser 1.0 μL，RNA 样品不超过 2 μg，之后加入 DEPC 水使反应终体积为 10.0 μL。配好之后，将所有的反应管在 42 ℃下孵育 2 min。接着进行 cDNA 的合成反应。向第一步反应液中分别加入 5×PrimeScript® Buffer 2 4.0 μL，PrimeScript® RT Enzyme Mix 1 1.0 μL，RT Primer Mix 1 1.0 μL，并补加 DEPC 水使反应体系终体积为 20 μL，轻微混匀下，将配置好的反应液在 37 ℃孵育 15 min；85 ℃，孵育 5s。最后获得的 cDNA 保存在−20 ℃冰箱里，以备后用。

$$\text{RNA}(\text{ng}/\mu\text{L}) = \text{OD}_{260} \times 40 \times \text{稀释倍数} \tag{2.6}$$

(3) 普通 PCR 分析。

为了验证设计的 PCR 引物能否扩增出预期产物大小，分别取诸葛菜和芥菜型油菜的对照组样品的植物叶片，经 Trizol 试剂盒提取总 RNA，并将总 RNA 进行反转录反应，获得两种植物的 cDNA 样品。分别将得到的 2 μg cDNA 样品添加到 20 μL 的普通 PCR 反应体系，包括［2×Reaction Mix 12.5 μL，cDNA 2 μg，上游引物(10 μM) 1 μL，下游引物(10 μM) 1 μL(表 2.8)，去离子水补充至 20 μL］。反应条件按照 94 ℃，3 min 预变性；94 ℃，

45 s，50～55 ℃，30 S，72 ℃，1 min，循环 40 次；最后延伸 5 min。将扩增好的 PCR 产物点在 1%的琼脂凝胶电泳 30 min，之后经凝胶成像系统(BINTA，Shanghai，China)进行检测，并拍照，之后送上海生工生物工程公司进行测序，进一步验证引物的特异性。

(4) 荧光定量 PCR 分析。

实时荧光定量 PCR 反应实验 (Schmittgen and Livak，2008) 在美国产的 ABI Step-One 实时荧光定量 PCR 仪器 (Applied Biosystems，California，USA) 上面进行。在进行样品定量 PCR 反应之前，需要控制定量 PCR 数据质量，通过每种植物的不同 CA 同工酶的基因扩增的溶解曲线(melt curve)来判断引物的特异性，保证同一种 CA 同工酶在各个反应体系的溶解曲线均为一直的单峰曲线(图 2.16)。整个反应体系为 20 μL。根据大连某生物公司的 SYBR® Premix Ex TaqTM II(Perfect Real Time) (Takara，Dalian，China) 试剂盒里

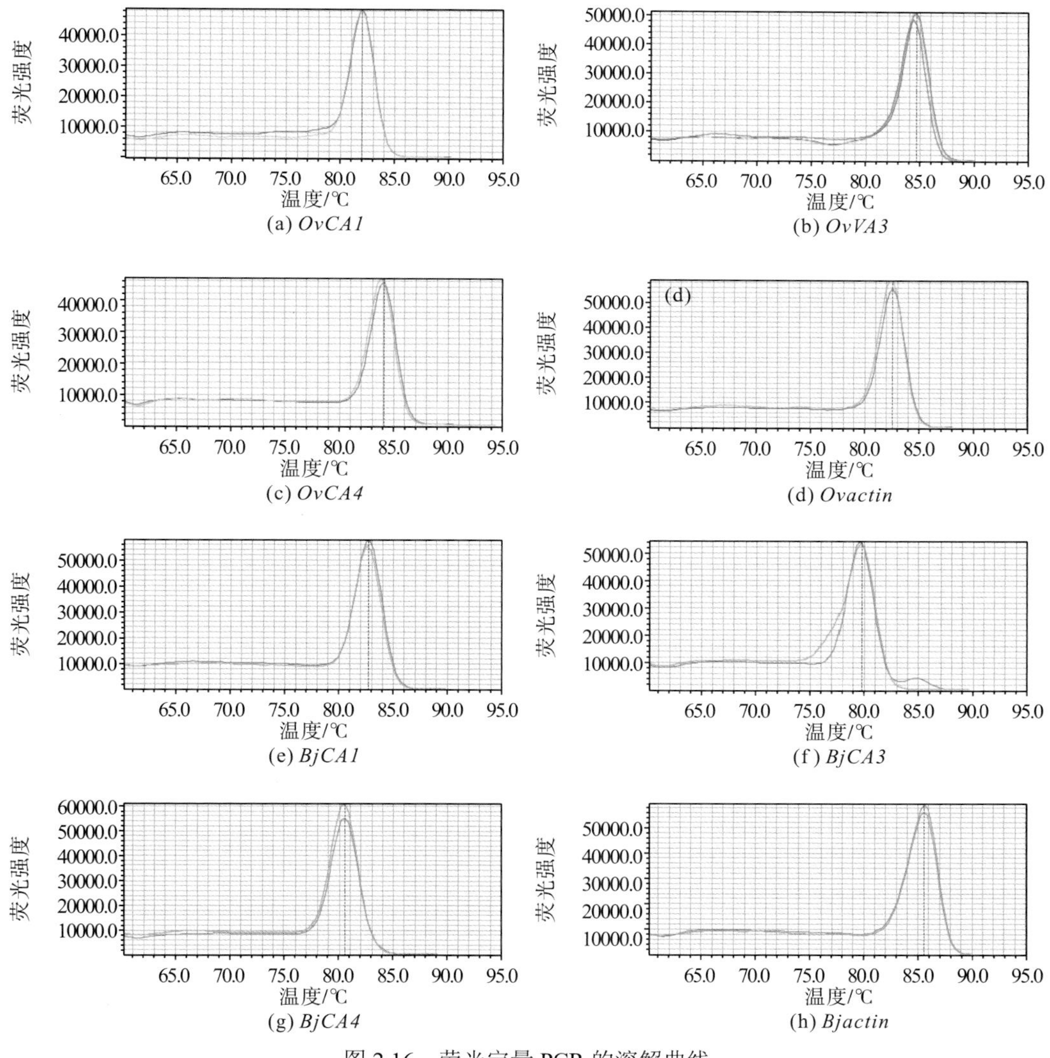

图 2.16　荧光定量 PCR 的溶解曲线

Figure 2.16　The melt curves of Real Time Fluorescence Quantitative PCR

的操作指南加入各反应成分。反应体系及加入量为 SYBR® Premix Ex TaqTM II(2×)10 μL，上下游引物(10 μM)各 0.8 μL(表 2.9)，ROX Reference Dye(50×)0.4 μL，cDNA 模版为 2.0 μL，DEPC 水补充终体积为 20.0 μL。反应条件为：95 ℃，5 s；60 ℃，30 s；循环 40 次，连接电脑自动收集记录荧光信号，直接读出 C_t 值。

(5)基因表达分析。

将处理 7 d 后的诸葛菜和芥菜型油菜的 cDNA 模版，分别用目标基因和内标基因的引物进行扩增。计算出各自的 C_t 值，并通过比较 C_t 的方法进行相对定量，分析各目标基因在不同处理水平下的差异。比较 C_t 法(Andersen et al.，2004； Schmittgen and Livak，2008)大多采用 $2^{-\Delta C_t}$ 进行计算，其表达公式为

$$\Delta C_t=(C_{t\,目的基因}-C_{t\,内标基因}) \tag{2.7}$$

(6)CA 同工酶亲缘关系。

取上述两种植物对照处理的不同 CA 同工酶的 PCR 产物，经 1%凝胶电泳检测成功后，送至上海生物工程公司进行序列分析。把获得的两种植物 3 种 CA 同工酶序列经 NCBI 在线搜索相似序列，然后利用 ClustalX 和 Mega 4.0 软件对不同的 CA 同工酶序列进行多重比对，最后做成进化树 (Howe et al.，2002)，辨识不同 CA 同工酶序列的同源进化关系。

(7)CA 活力与各同工酶基因表达量关系。

为了更好地辨识诸葛菜和芥菜型油菜 3 种不同的 CA 同工酶的相对表达量，分别将模拟干旱处理的基因相对表达量(RGE)和 CA 活力的相对量(RCA)做 log 曲线，RGE 或 RCA 的计算方程为 RGE(RCA)$=\log(a_t/a_0)$，其中 a_t 为两种植物在重碳酸盐或干旱胁迫下的 CA 活力或同工酶基因表达量；a_0 为两种植物对照的 CA 活力或同工酶基因表达量。

3. 结果与分析

1)诸葛菜和芥菜型油菜的 3 种 CA 的 PCR 扩增

图 2.17 所示的是诸葛菜和芥菜型油菜叶片的 RNA 凝胶电泳图，可以明显看出，诸葛菜和芥菜型油菜的 RNA 具有两条明显的条带，且较为清晰，说明本实验对两种植物的叶片 RNA 的提取质量完整性好，可以进行下一步反应。

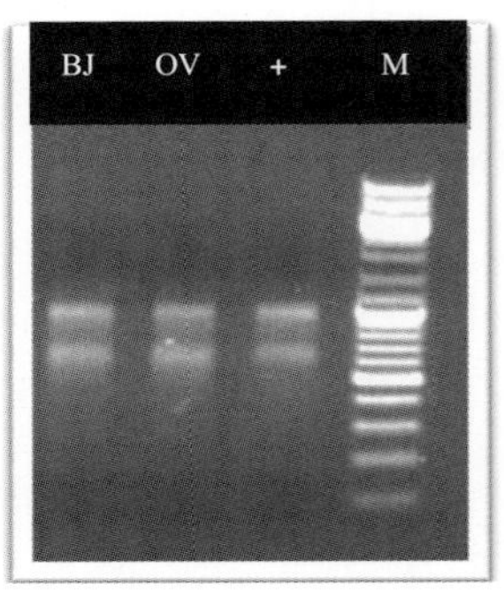

图 2.17 诸葛菜和芥菜型油菜的 RNA 电泳图

Figure 2.17 The electrophoresis patterns of RNA in *O. violaceus* and *B. juncea*

注：BJ：芥菜型油菜，OV：诸葛菜，+：阳性对照，M：内标基因

BJ: *B. juncea*, OV: *O. violaceus*, +: positive control, M: marker

图 2.18 和图 2.19 分别为诸葛菜和芥菜型油菜 3 种编码 CA 同工酶基因表达，可以明显看出，两种植物的 3 种编码 CA 同工酶的基因特异性均被克隆出来，说明本实验的普通 PCR 的引物特异性强，且各 PCR 产物均与预期产物大小一致。

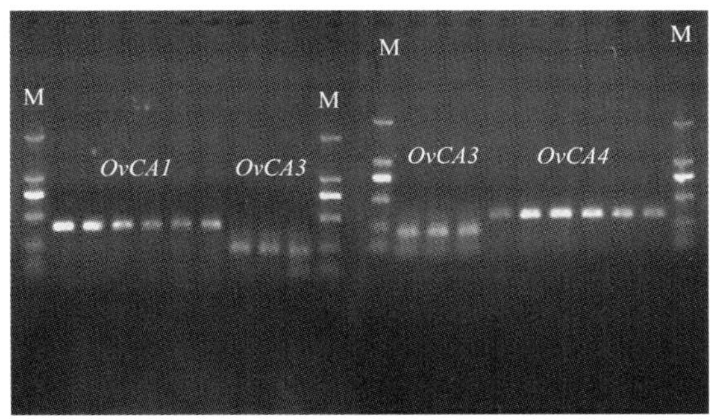

图 2.18　诸葛菜的 3 种编码 CA 同工酶的基因电泳图(M：Marker 2000)

Figure 2.18　The electrophoresis patterns of three kinds of encoding CA isozymes genes in *O. violaceus* (M：Marker 2000)

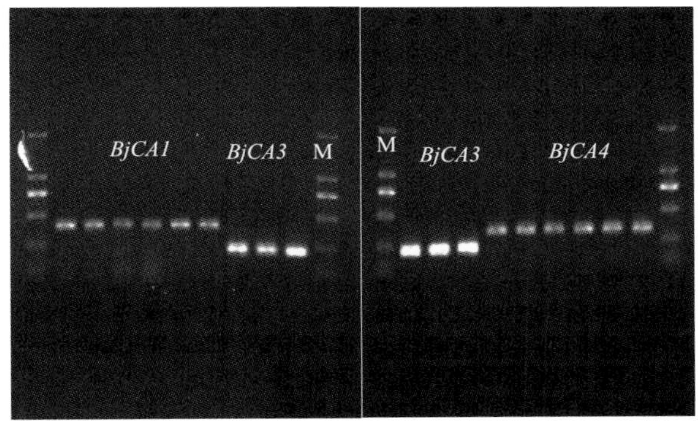

图 2.19　芥菜型油菜的 3 种编码 CA 同工酶的基因电泳图(M：Marker 2000)

Figure 2.19　The electrophoresis patterns of three kinds of encoding CA isozymes genes in *B. juncea* (M：Marker 2000)

2) 3 种编码 CA 同工酶的基因序列进化关系

诸葛菜的 3 种编码 CA 同工酶的基因分别命名为 *OvCA1*，*OvCA3*，*OvCA4*；而芥菜型油菜的 3 种编码 CA 同工酶的基因分别命名为 *BjCA1*，*BjCA3*，*BjCA4*。两种植物的 3 种编码 CA 同工酶的基因序列分别与拟南芥的 6 种 β-CA 基因序列进行比对，发现诸葛菜的 *OvCA1* 和芥菜型油菜的 *BjCA1* 序列与拟南芥的叶绿体 *β-CA1* 高度相似，诸葛菜的 *OvCA3* 和芥菜型油菜的 *BjCA3* 序列与拟南芥的细胞质 *β-CA3* 高度相似，诸葛菜的 *OvCA4* 和芥菜型油菜的 *BjCA4* 序列与拟南芥的细胞质膜 *β-CA4* 高度相似(图 2.20)。

3) 模拟干旱处理对碳酸酐酶的影响

(1) PEG 处理下植物叶片相对含水量。

图 2.21 所示的是 PEG 处理 7 d 后诸葛菜和芥菜型油菜的叶片相对含水量(RWC)变化情况。随着 PEG 浓度的增加，两种植物的 RWC 均表现出相似的下降趋势。在 10 $g\cdot L^{-1}$(轻度干旱)的 PEG 浓度下，两种植物的 RWC 相对于各自的对照组下降的幅度较为一致，但在 20 $g\cdot L^{-1}$ PEG(中度干旱)和 40 $g\cdot L^{-1}$ PEG(重度干旱)下，芥菜型油菜的 RWC 相对于对照组下降的幅度明显比诸葛菜强，尤其在重度干旱下，诸葛菜和芥菜型油菜的 RWC 分别为对照组的 61%和 59%。

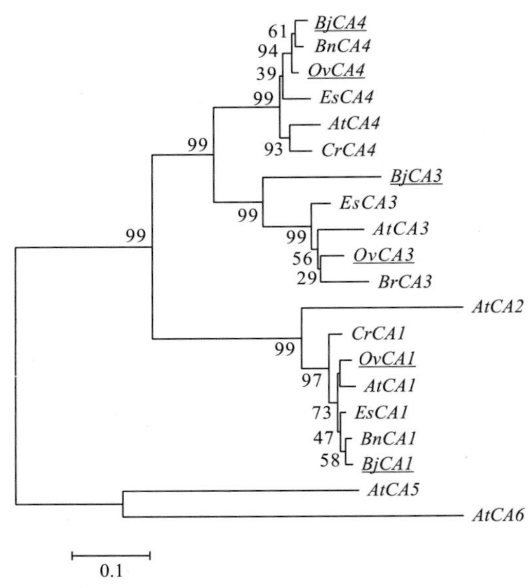

图 2.20　诸葛菜和芥菜型油菜 3 种编码 CA 同工酶的基因进化关系

Figure 2.20　The evolutionary relationships among three kinds of encoding CA isozymes genes in *O. violaceus* and *B. juncea*

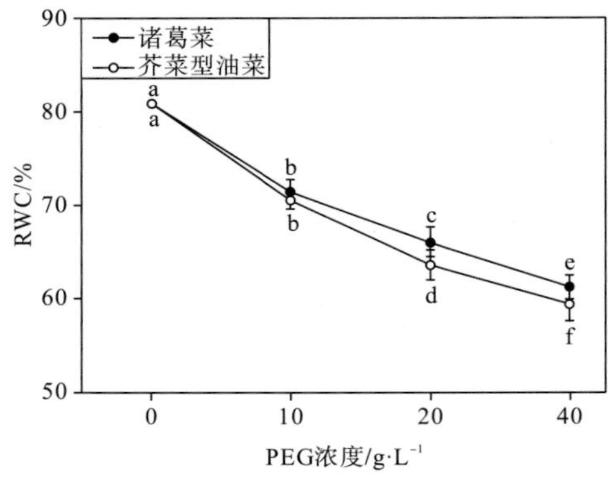

图 2.21　PEG 处理下植物叶片的 RWC

Figure 2.21　Leaf RWC of the plants under PEG treatment

注：不同的小写字母表示为 $P\leqslant0.05$ 时同一植物不同处理间的差异。

Note: Different small letters indicate difference among the four treatments in the same plant species at the $P\leqslant0.05$.

(2) PEG 处理下植物叶片 CA 活力变化。

图 2.22 所示的是 PEG 处理 7 天后的诸葛菜和芥菜型油菜的叶片 CA 活力变化。不同浓度的 PEG 对两种植物的 CA 活力影响不同。除了对照组，芥菜型油菜在各 PEG 浓度下的 CA 活力显著低于诸葛菜。更重要的是，在 PEG 处理下的诸葛菜的 CA 活力都显著高于对照组，而且在重度干旱下(40 $g\cdot L^{-1}$ PEG)，其 CA 值达到最高点，为对照组的 164%。但芥菜型油菜的 CA 活力仅在轻度胁迫(10 $g\cdot L^{-1}$ PEG)下轻度上升，其他 PEG 处理下相对于对照明显降低。

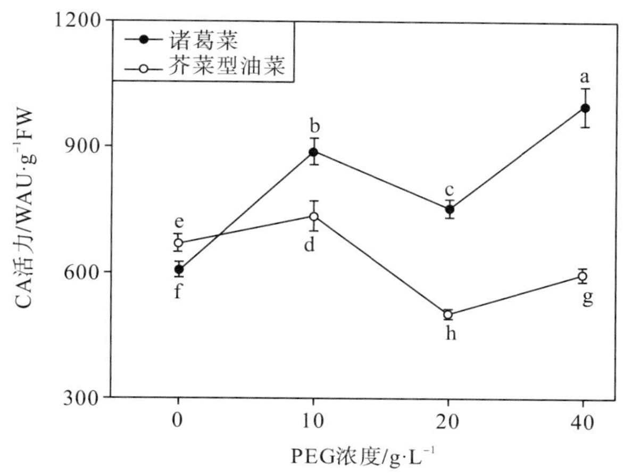

图 2.22　PEG 处理下植物叶片的 CA 活力

Figure 2.22　Leaf CA activities of the plants under PEG treatment

注：不同的小写字母表示 $P\leqslant0.05$ 时同一植物不同处理间的差异

Note: Different small letters indicate difference among the four treatments in the same plant species at the $P\leqslant0.05$

(3) PEG 处理下植物 CA 同工酶基因相对表达量。

图 2.23 所示的是 PEG 处理下诸葛菜和芥菜型油菜的 CA 同工酶基因相对表达量的变化。两种植物的 3 种 CA 相对基因表达量对 PEG 的响应各不相同。诸葛菜的 *OvCA3* 和 *OvCA4* 基因表达量随着 PEG 浓度的增大而上升，而 *OvCA1* 的相对表达量很小以至于很难检测到［图 2.23(a)］。相比之下，*OvCA3* 的相对表达量在 40 $g\cdot L^{-1}$ PEG 浓度下，达到最高，约为对照组的 26 倍；在 20 $g\cdot L^{-1}$ PEG 下，*OvCA4* 表达量几乎不变，但在 40 $g\cdot L^{-1}$ PEG 下急剧上升。芥菜型油菜的 *BjCA1* 和 *BjCA4* 相对于 *BjCA3* 在各 PEG 处理下保持着较高的基因表达量，而 *BjCA3* 相对表达量随着 PEG 浓度的增加却没有显著变化［图 2.23(b)］。

4. 讨论

在模拟干旱胁迫下，芥菜型油菜的 RWC 在 20 $g\cdot L^{-1}$ 和 40 $g\cdot L^{-1}$ 的 PEG 浓度下相对于对照组下降的程度比诸葛菜大，而诸葛菜在 20 $g\cdot L^{-1}$ 和 40 $g\cdot L^{-1}$ 的 PEG 浓度下的 CA 活力比对照组较高，但芥菜型油菜却比对照组低，说明 CA 可能参与调节植物体内水势来应对干旱环境。

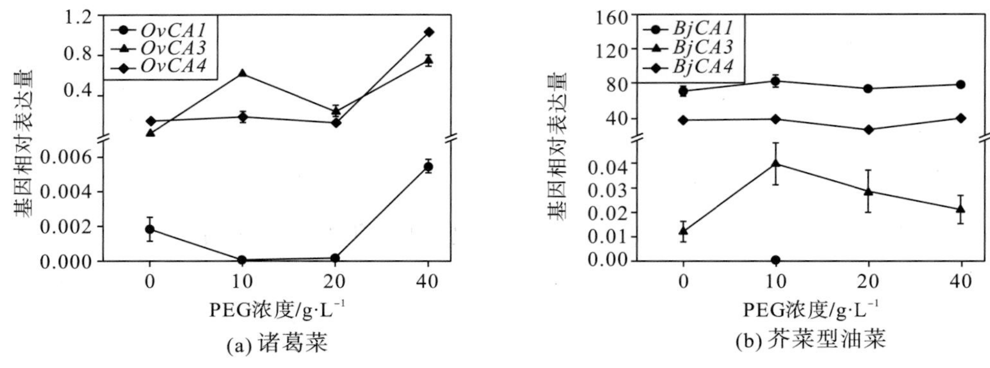

图 2.23 PEG 处理下植物编码 CA 同工酶的基因相对表达量

Figure 2.23 Relative expressions of encoding CA isozymes genes in the plants under PEG treatments

OvCA1 和 *BjCA1* 序列与拟南芥叶绿体 CA1 基因序列高度相似，*OvCA3* 和 *BjCA3* 序列与拟南芥细胞质 CA3 基因序列高度相似，*OvCA4* 和 *BjCA4* 序列与拟南芥细胞质膜 CA4 基因序列高度相似，说明诸葛菜的 3 种形式的 CA 同工酶与拟南芥的 CA 具有相同的位置和相似的功能。

诸葛菜和芥菜型油菜的 3 种 CA 同工酶基因表达量随着培养液中的 PEG 浓度的变化而不同。说明两种植物不同类型 CA 对 PEG 胁迫的反应不同。为了揭示 PEG 处理下 3 种不同形式的 CA 同工酶基因相对表达量与 CA 活力的变化关系，图 2.24 所示的是通过建立 log 曲线模型来考察 PEG 对两种植物的不同 CA 活力及 3 种 CA 同工酶基因相对表达量的影响。对于诸葛菜，*OvCA1* 相对于其他两种同工酶表达水平低，且 *OvCA3* 和 *OvCA4* 的相对基因表达量变化与 CA 活力相对量变化较为一致。而芥菜型油菜的 *BjCA3* 比其他两个基因表达量较低，且 CA 活力随着 PEG 浓度的变化与 *BjCA4* 变化较为一致。在 20 $g \cdot L^{-1}$ 和 40 $g \cdot L^{-1}$ 的 PEG 浓度下，*OvCA3* 和 *OvCA4* 表达量上升，同时 CA 活力也在增加；尽管此时芥菜型油菜的 CA 活力下降，但其 *BjCA3* 却上调表达。由于 CA4 基因的表达对 CA 活力的贡献很少，

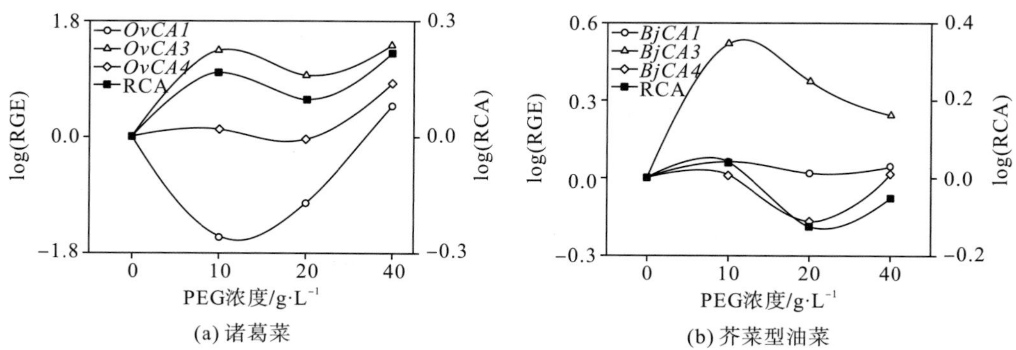

图 2.24 PEG 处理下诸葛菜和芥菜型油菜的 CA 相对基因表达量与 CA 活力对数值的关系

Figure 2.24 The relationships between relative expressions encoding CA isozymes genes and CA activities logarithm of the plants under PEG treatments

因此，它对植物水分调节的作用可忽略不计。从上述分析中，我们可以推测，诸葛菜细胞质 CA 的基因表达上调能够调节植物体内水势来应对 PEG 胁迫，这也就出现了诸葛菜能够在 20 $g \cdot L^{-1}$ 和 40 $g \cdot L^{-1}$ 的 PEG 浓度下，RWC 下降的幅度比芥菜型油菜慢的情况，说明在中等渗透胁迫的情况下诸葛菜比芥菜型油菜具有更好抗性。

2.2.3　碳酸酐酶对重碳酸盐的响应

HCO_3^- 是石灰土土壤溶液中的主要阴离子，也是喀斯特地区作物生长主要的伤害因子，该地区地表水中的 HCO_3^- 浓度能高达 5 mM（Yan et al.，2012）。石灰性土壤上植物生长速率的降低主要是由重碳酸盐对植物根部系统的生理上和生长方面的影响造成的，过多的 HCO_3^- 会影响蛋白合成和呼吸作用，降低营养的吸收，抑制许多植物的生长（Garg and Garg，1986；Lee and Woolhouse，1969；Woolhouse，1966）。基质内重碳酸盐对甜菜的影响要小于对大豆的影响，然而，重碳酸盐处理能够引起大量的草酸钠积累在甜菜叶片中（Brown and Wadleigh，1955）。也有一些研究者认为适度添加重碳酸盐有助于增加植物的光合作用（Rensen，2002）。植物对 HCO_3^- 的利用可以提高海藻产量及经济效益（Zhou et al.，2016）。

当重碳酸盐抑制了光合无机碳同化过程时，它就会同时抑制水分利用效率（WUE）。因此，重碳酸盐对光合无机碳同化的短期影响可能会降低光合碳代谢过程相关酶的活性（Kumar and Kumar，2001）。然而，重碳酸盐对光合碳代谢相关酶活性的抑制机制到目前为止还仍然是未知的。

2.2.3.1　重碳酸盐对碳酸酐酶活力的影响

1. 材料与方法

实验在中国科学院地球化学研究所的一个人工温室内进行。构树和桑树种子在 12 孔穴盘内萌发，用珍珠岩固定。待长出幼苗，控制温室环境条件为每天 12 h 光照，光照强度为 300 $\mu mol \cdot m^{-2} \cdot s^{-1}$ PPFD，白天温度为 28℃，晚上温度为 20℃，相对湿度为 60%。每天用 1/4 浓度的霍格兰营养液（Hoagland and Arnon，1950）培养植物幼苗。待植物幼苗生长 2 个月后，用改进的霍格兰处理液处理幼苗，改进的霍格兰处理液成分包括 6 mM KNO_3、4 mM $Ca(NO_3)_2$、2 mM $MgSO_4$、2 mM Fe(Na)EDTA、0.25 mM $NH_4H_2PO_4$、0.75 mM NH_4Cl、2 μM KCl、50 μM H_3BO_3、4 μM $MnSO_4$、4 μM $ZnSO_4$、0.2 μM $CuSO_4$ 和 0.2 μM $(NH_4)_6MO_7O_{24}$，pH 调为 8.1±0.5。具体不同处理如下：改进的霍格兰营养液即处理液中添加 10 mM 的 $NaHCO_3$ 来处理生长健康一致的植物幼苗。空白对照组没有添加外来 $NaHCO_3$ 到改进的霍格兰营养液中。所用的植物幼苗都是完全随机设计，每种桑科植物每个处理水平用 24 棵生长健康一致的幼苗。这些处理持续 20 d，处理期间，每两天更换一次处理液，并分别在第 10 天和 20 天测量各个指标。

CA 活力的测定方法采用锑微电极测定法。

2. 结果与分析

CA 在植物的光合碳代谢过程中发挥着重要作用，能够以 HCO_3^- 为底物，快速催化 CO_2 的可逆水合反应。构树的 CA 活力明显拥有更高的值，至少是桑树 CA 活力的 5 倍，所以

其 HCO_3^- 利用能力也很高。构树有大约 30%的光合产物碳源来自由 CA 转化重碳酸盐而产生的 CO_2，而桑树只有 0～15%。

表 2.10 不同重碳酸盐水平处理下两种桑科植物的 CA 活力（$WAU·g^{-1}$ FW）的变化

Table 2.10 CA activities（$WAU·g^{-1}$ FW）in the two moracea plant species under different bicarbonate treatments

条件 \ CA 活力 \ 项目	构树				桑树			
	10 d		20 d		10 d		20 d	
	平均值	SE	平均值	SE	平均值	SE	平均值	SE
空白	4568	138	9273	94	557	5	172	6
BT[§]	3818	76	4674	66	758	9	171	8

注：BT[§]代表重碳酸盐处理。

Note: BT[§] represents the bicarbonate treatment.

2.2.3.2 重碳酸盐对碳酸酐酶基因表达的影响

考虑到 CA 在植物体内参与调控碳酸氢根离子与二氧化碳的重要性，运用分子生物学手段，扩增出具有代表性的不同细胞部位的 CA 同工酶基因，运用实时荧光定量 PCR 技术来研究重碳酸盐胁迫下不同 CA 的基因与总 CA 活力的变化规律，探索重碳酸盐胁迫下主要 CA 同工酶与 CA 活力的耦合关系及 CA 的关键调控体系。

1. 植物培养与实验处理

1）植物培养

选取的材料同样为诸葛菜和芥菜型油菜。植物的培养方法同 2.2.2.2 节。

2）重碳酸盐处理

根据我国西南喀斯特地区土壤及地表径流的重碳酸盐含量（曹建华等，2003； Yan et al.，2012），设定 4 种不同水平的重碳酸盐浓度，分别为 0 mM、5 mM、10 mM、15 mM HCO_3^-。在改进的霍格兰营养液中分别添加不同量的碳酸氢钠，并调节培养液的 pH 为 8.30±0.05，配制成上述 4 种浓度的重碳酸盐培养液。分别随机选取两种生长健康较为一致的 4 叶期植物幼苗用做重碳酸盐培养处理，每种处理 6 个重复。

2. 实验方法

植物水分含量测定、CA 基因表达等测定和分析同 2.2.2.2 节。

3. 结果与分析

1）重碳酸盐处理下植物叶片相对含水量

图 2.25 所示的是重碳酸盐处理的诸葛菜和芥菜型油菜叶片的相对水分含量 RWC 变化。随着培养液中重碳酸盐浓度的增加，两种植物的 RWC 均没有明显的变化。

2）重碳酸盐处理下植物碳酸酐酶活力变化

图 2.26 所示的是重碳酸盐处理下诸葛菜和芥菜型油菜的 CA 活力的变化。两种植物 CA 的活力对重碳酸盐的反应各不相同。在重碳酸盐下，诸葛菜比芥菜型油菜保持着较高

的 CA 活力。诸葛菜 CA 活力在 5 mM HCO_3^- 下表现最高，而在 15 mM HCO_3^- 下表现最低，且分别为对照的 106%和 96%。而芥菜型油菜的 CA 活力随着重碳酸盐浓度的增加而下降，但在 15 mM HCO_3^- 下却上升。

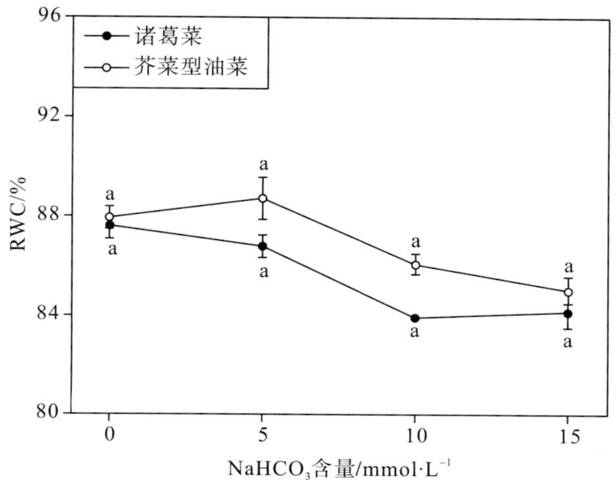

图 2.25　重碳酸盐处理下植物叶片的相对含水量(RWC)

Figure 2.25　Leaf RWC of the plants under bicarbonate treatment

注：不同的小写字母表示 $P≤0.05$ 时同一植物不同处理间的差异

Note: Different small letters indicate difference among the four treatments in the same plant species at the $P≤0.05$

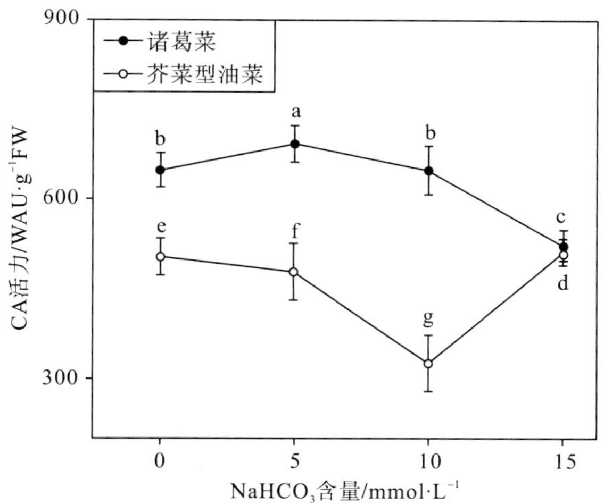

图 2.26　重碳酸盐处理下植物的 CA 活力变化

Figure 2.26　Leaf CA activities of the plants under bicarbonate treatment

注：不同的小写字母表示 $P≤0.05$ 时同一植物不同处理间的差异

Note: Different small letters indicate difference among the four treatments in the same plant species at the $P≤0.05$

3) 重碳酸盐处理下植物碳酸酐酶同工酶基因相对表达量

图 2.27 所示的是重碳酸盐处理下诸葛菜和芥菜型油菜的 3 种编码 CA 的基因相对表达量变化。对于诸葛菜而言，*OvCA1* 和 *OvCA4* 的相对表达量随着培养液中重碳酸盐浓度的增加而同步变化，并且两者的相对表达量均在 5 mM HCO_3^- 下最高；而各重碳酸盐处理下的 *OvCA3* 的相对表达量却明显低于对照组。这 3 种 CA 同工酶基因相对表达量均在 10 mM HCO_3^- 下表现最低。对于芥菜型油菜而言，*BjCA1* 和 *BjCA4* 的相对表达量随着培养液中重碳酸盐浓度的增加而同步减少，但其 *BjCA3* 的相对表达量却与诸葛菜的 *OvCA1* 和 *OvCA4* 变化一致。

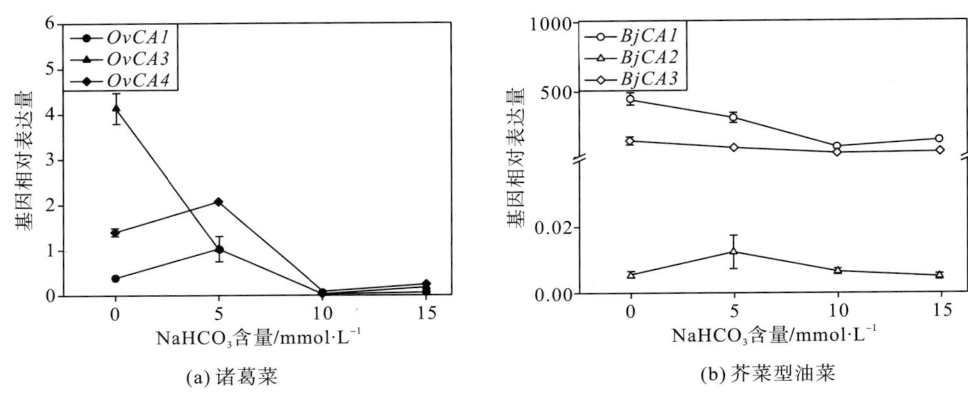

图 2.27　重碳酸盐处理下植物编码 CA 同工酶基因的相对表达量

Figure 2.27　Relative expressions of encoding CA isozymes genes in the plants under bicarbonate treatment

4. 讨论

重碳酸盐处理下两种植物的 3 种编码 CA 同工酶的基因相对表达量与 CA 活力相对量的关系明显不同。*OvCA1*、*OvCA3*、*OvCA4* 的相对基因表达量 RGE 随着重碳酸盐浓度增加而变化趋势一致，但均不与 CA 活力相对量 RCA 变化同步（图 2.28）。由此，可以初步

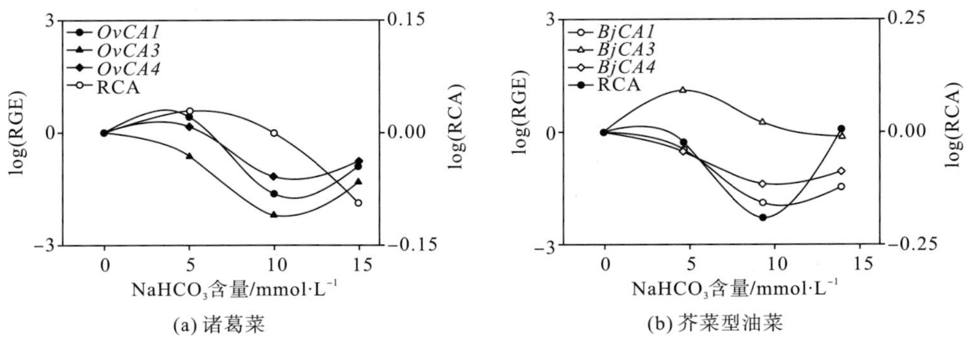

图 2.28　重碳酸盐处理下诸葛菜和芥菜型油菜的编码 CA 同工酶的基因相对表达量与 CA 活力对数值的关系

Figure 2.28　The relationships between relative expressions of encoding CA isozymes genes and CA activities logarithm of the plants under bicarbonate treatment

推测，诸葛菜的 *OvCA1*、*OvCA3*、*OvCA4* 均不参与植物对重碳酸盐胁迫的应对表达。但是，芥菜型油菜 *BjCA1*、*BjCA4* 的相对基因表达量 RGE 与 CA 活力相对量 RCA 却随着重碳酸盐浓度的变化同步变化，由于 *BjCA1* 和 *BjCA4* 表达量都远高于 *BjCA3*。由此，可以初步推测，芥菜型油菜的 CA3 不参与植物对重碳酸盐胁迫的应对表达，而芥菜型油菜的 CA1、CA4 可能参与到了芥菜型油菜对重碳酸盐胁迫的应对表达，由于 CA4 对于植物细胞 CA 总活力贡献很小，CA1 又大量存在且稳定，因此，无论诸葛菜和芥菜型油菜，CA1、CA2 和 CA3 都不是对重碳酸盐胁迫响应的关键 CA 同工酶。

2.2.4 碳酸酐酶对低磷和低营养的响应

磷是植物生长发育必不可少的大量元素，它是许多生物大分子的主要组成成分，比如 ATP，核酸，磷脂和磷酸化糖类等，它在碳代谢过程中扮演着十分关键的作用(Huang et al.，2008)。但是在许多陆地生态系统的土壤中，无机磷是有效成分含量最少的营养元素之一(Vance et al.，2003)，从而引起喀斯特地区的磷缺乏症状。此外，大部分岩溶地区由于落水洞、溶洞、漏斗的存在，蓄水能力差，导致岩溶水或土壤水流失，造成岩溶地区营养元素的含量降低。磷缺乏对植物叶片光合作用和碳代谢都有显著影响(Veronica et al.，2017)。但是在胁迫环境下，光合作用通常能够通过 CA 来调节，CA 能够参与许多生理学过程(Badger and Price，1994)。当磷缺乏胁迫加重时，碳水化合物代谢开始调节来降低磷的消耗，磷能够从磷含量比较小的代谢物中被回收利用(Huang et al.，2008)。

2.2.4.1 材料与方法

1. 低磷处理

实验在中国科学院地球化学研究所的一个人工温室内进行。牵牛花、短柄忍冬和爬山虎种子在 12 孔穴盘内萌发，用珍珠岩固定。待长出幼苗，控制温室环境条件为每天 12 h 光照，光照强度为 200 $\mu mol \cdot m^{-2} \cdot s^{-1}$ PPFD，白天温度为 28℃，晚上温度为 20℃，相对湿度为 60%。每天用 1/4 浓度的霍格兰营养液(Hoagland and Arnon，1950)培养植物幼苗。待植物幼苗生长 75 天后，用改进的霍格兰处理液处理幼苗，改进的霍格兰处理液成分包括 6 mM KNO_3、4 mM $Ca(NO_3)_2$、2 mM $MgSO_4$、2 mM Fe(Na)EDTA、0.25 mM $NH_4H_2PO_4$、0.75 mM NH_4Cl、2 mM KCl、50 μM H_3BO_3、4 μM $MnSO_4$、4 μM $ZnSO_4$、4 μM $CuSO_4$ 和 0.2μM $(NH_4)_6MO_7O_{24}$，pH 调为 8.1±0.5。处理液中添加 10 mM $NaHCO_3$。同时，通过改变 $NH_4H_2PO_4$ 和 NH_4Cl 之间不同的浓度组合来模拟 4 种磷缺乏胁迫水平，分别为：0.125、0.031、0 mM 和空白对照(0.25 mM)。每种藤本植物每个处理水平用 24 棵生长健康一致的幼苗并完全随机设计。磷缺乏胁迫处理持续 30 d，处理期间，每两天更换一次处理液，并分别在第 10 天、20 天和 30 天测量各个指标。

2. 低营养处理

以牵牛花、短柄忍冬和爬山虎 3 种藤本植物为实验材料。实验于 2008 年 5～8 月份在江苏大学生物机电工程研究院人工气候室内进行，在温度 23～27℃，湿度 70%，光照 280±20 $\mu mol \cdot m^{-2} \cdot s^{-1}$ 条件下水培 3 种植物，利用凡尔赛(Versailles)营养液作为母液，通过对原始营养液的稀释，配成原始浓度，1/2 浓度，1/4 浓度，1/8 浓度、1/16 浓度和 1/32 浓度六种不同浓度的营养液，成为六个水平，每个水平做六个重复，重复处理牵牛花、短柄忍冬和爬山虎，培养周期一个月。8 月份进行取样并测定 CA 活力。

CA 活力的测定方法采用锑微电极测定法。

2.2.4.2 结果与分析

整个磷缺乏胁迫处理期间，牵牛花和短柄忍冬的 CA 活力高于爬山虎，爬山虎的 CA 活力则很难被检测到(图 2.29)。在第 10 天，所有磷缺乏胁迫处理水平中，对于短柄忍冬来说，它在 0.031 mM 浓度处拥有最高值，但是在空白对照下，其 CA 活力最小，仅为 0.031 mM 浓度处 CA 活力的 57.42%。对于牵牛花来说，其在 0 mM 浓度处的 CA 活力高于其余水平下的值，而其余水平下的 CA 活力之间没有显著差异，另外，牵牛花的 CA 活力总是低于短柄忍冬［图 2.29(a)］。在第 20 天，牵牛花在 0.031 mM 浓度处拥有最高 CA 活力，其余水平下的值没有显著差异，短柄忍冬则在 0.125 mM 浓度处拥有最高值，在 0 mM 浓度处，短柄忍冬的 CA 活力最小，仅为 0.125 mM 浓度处 CA 活力的 14.37%［图 2.29(b)］。在第 30 天，牵牛花在 0.125 mM 和 0.031 mM 浓度下的 CA 活力高于 0 mM 浓度和空白对照下的值，0.031 mM 浓度下的 CA 活力最高，对于短柄忍冬来说，其 CA 活力也在 0.031 mM 浓度下拥有最高值，而且也是所有 3 种植物中最高的，短柄忍冬在 0 mM 浓度下的 CA 活力也低于其余浓度水平下的值［图 2.29(c)］。另外，短柄忍冬在第 30 天 0 mM 浓度下的 CA 活力高于其在第 20 天 0 mM 浓度下的值。

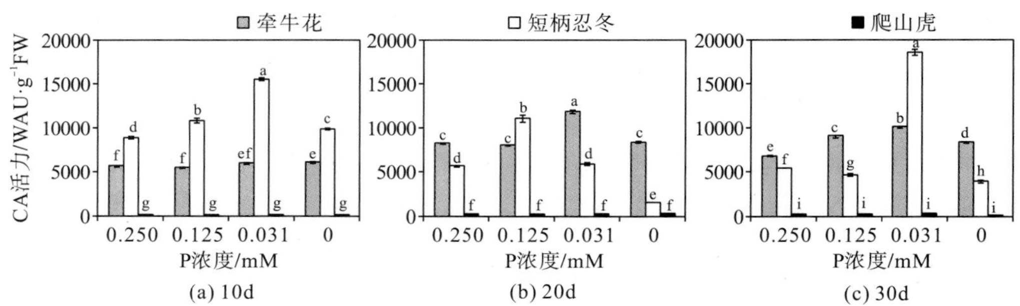

图 2.29 缺磷胁迫对 3 种藤本植物 CA 活力的影响

Figure 2.29 Effects of P deficiency stress on CA activities of three climber plant species

注：图中数据用平均值±标准误差表示，同一时期各种植物间的显著性水平用不同字母表示。在 $P\leqslant0.05$ 置信区间作单因素方差分析，平均值与标准方差用 t 检验分析。

Note: The means ± SE followed by different letters in the same treatment period of climber plants differ significantly at $P\leqslant0.05$, according to one-way ANOVA and t-test.

从表 2.11 中可以看出，整体上牵牛花 CA 活力最大，短柄忍冬则始终处于两者之间，爬山虎最低，几乎测不出活力。随着营养液浓度的降低，牵牛花在 1/16、1/32 浓度处的 CA 活力降为最低，在原始、1/2、1/4 浓度处的 CA 活力则最高且没有显著差异；短柄忍冬在

1/4 浓度处拥有活力最高值，原始与 1/2 浓度处的 CA 活力则最低；对于爬山虎，其 CA 活力除了在原始浓度处拥有一个较高的值外，其余水平下的 CA 活力都较低，也没有显著差异。

表 2.11　不同营养液浓度下 3 种藤本植物的 CA 活力（$WAU\cdot g^{-1}FW$）

Table 2.11　CA activity（$WAU\cdot g^{-1}$ FW）of three vine plants under different nutrient concentration

材料	营养液浓度					
	原始	1/2	1/4	1/8	1/16	1/32
牵牛花	1397 ± 364^{a}	1469 ± 157^{a}	1647 ± 42^{a}	1231 ± 125^{ab}	903 ± 95^{b}	717 ± 247^{b}
短柄忍冬	132 ± 18^{c}	145 ± 10^{c}	1000 ± 202^{a}	408 ± 45^{bc}	345 ± 125^{bc}	501 ± 63^{b}
爬山虎	92 ± 52^{a}	52 ± 14^{ab}	5 ± 3^{b}	5 ± 2^{b}	9 ± 2^{b}	14 ± 11^{b}

注：平均值±标准误差后面字母表示在同一显著水平 $P\leqslant0.05$ 下，通过单因素方差分析与 t 检验对同一行进行差异显著性分析。用不同字母标注表明这些数据的差异是否显著，有相同字母则差异不显著，字母不同则表示差异显著。

Note: The mean ± SE followed by different letters in the same row differ significantly at $P\leqslant0.05$, according to one-way ANOVA and *t*-test. Different letters are labelled to indicate the difference between these values, same letters indicate no significant difference, different letters indicate significant difference.

2.2.4.3　小结

通过牵牛花的高 CA 活力的催化作用，能够转化 HCO_3^- 为 CO_2 从而为光合作用过程提供足够的碳源。牵牛花光合作用过程中的碳源能够同时来自由 CA 分解转化重碳酸盐而来的 CO_2 以及通过呼吸作用氧化分解自身糖类而来的 CO_2。事实上，牵牛花能够在克隆生理整合作用下，回收利用来自较小的含磷代谢物中的磷，从被氧化的糖中释放出来的 CO_2 也能够被牵牛花的光合无机碳同化过程重新固定利用。短柄忍冬的较高的 CA 活力同样也能够为它自身提供更多的 CO_2 和水分，爬山虎则因 CA 活力过低而无此机制。

在低营养元素浓度环境中，牵牛花和短柄忍冬需要通过 CA 的调节作用保持正常生长状态，短柄忍冬 CA 具有较好的弹性，在逆境下具有一定应激性。爬山虎 CA 活力过低，无法看出其明显变化趋势。

2.2.5　碳酸酐酶对盐分逆境的响应

喀斯特山区的地表基质主要是石灰岩、白云岩等碳酸盐类岩，这些岩类主要由可溶性矿物组成，但也含有少量酸性不溶物，这些不溶物经风化、溶蚀而残留下来，形成一种富钙、偏碱性的石灰性土类（龙健等，2002），是典型的钙生性环境，许多喜酸、喜湿、喜肥的植物在这里难以生长，这就对能够在其上繁衍生长的植物的耐盐碱性有较高的要求。本研究通过 NaCl 和 AZ（Acetazolamide，乙酰唑胺）共同作用来初步研究分析构树和桑树 CA 及其胞外酶活力对盐分逆境引起的渗透胁迫的响应。

2.2.5.1 材料与方法

于晴天上午 9 点采集江苏大学校园里同一生长环境下、同一生长部位生长较好的构树、桑树叶片，然后用打孔器在叶片上均匀打孔，得到圆形小叶片，分为两组。一组称取 0.3 g 作为一份，将叶片正面朝上浸入质量浓度分别为 0、0.5%、1.0%、2.0%、5.0%和 10%的 NaCl 溶液中，成为六个水平，每个水平做三个重复，处理条件为光强 25 $\mu mol \cdot m^{-2} \cdot s^{-1}$，温度 25℃，每个重复测量三次取平均值。另一组在浸入 NaCl 溶液的同时添加 AZ 抑制胞外酶的活力。则胞外酶活力的大小为不含 AZ 抑制剂时的酶活力减去添加 AZ 抑制剂后的酶活力。其余处理方法同前一组。

测定方法参照 2.2.4 节。

2.2.5.2 结果与分析

图 2.30 分别为构树和桑树叶片经 NaCl 单独以及和 AZ 共同胁迫处理后 CA 活力的变化。比较图 2.30 中两图，可以看出构树的 CA 活力远大于桑树，构树叶片 CA 活力在 0.5%浓度下活力下降，1%浓度下活力有所上升，CA 对盐分逆境引起的渗透胁迫开始响应，在 2%到 10%浓度之间，CA 活力受到抑制下降，但下降幅度相当(30%左右)，活力大小无显著差异。桑树叶片在 NaCl 处理后，CA 活力因盐分胁迫有所上升，在浓度为 2%时有一个活力高峰，在 NaCl 浓度为 5%和 10%时出现下降，分别下降了 19.9%和 31.2%。在添加胞外酶抑制剂 AZ 后，构树和桑树呈现出一致的变化趋势，和 PEG 6000 加 AZ 引起的变化效果类似，胞外酶活力被抑制后，CA 不再对 NaCl 引起的渗透胁迫有所响应，细胞叶绿体内的 CA 同样未参与胁迫响应。

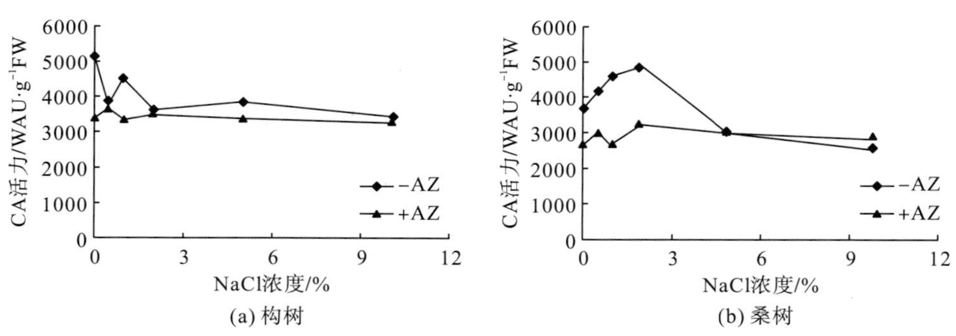

图 2.30 NaCl 处理后叶片 CA 活力变化

Figure 2.30 Variations in the activities of CA in leaves after treatments by NaCl [(a) *B. papyrifera*, (b) *M. alba*]

丁菲等(2009)对 NaCl 胁迫对构树幼苗叶片 Na^+、K^+吸收和分配的影响做过研究，构树幼苗叶片在受到盐胁迫时，为了降低叶片细胞内的水势，细胞会从外界吸收无机离子参与渗透调节，主要的离子有 Na^+、K^+和 Cl^- (Rodriguez et al.，1997)，在不同的植物中这几种离子所占比例是不一样的。不同的植物对离子的选择性也不同，有些植物选择 K^+而排斥 Na^+(如很多非盐生植物)，有些植物选择 Na^+而排斥 K^+(Volkmar et al.，1998)。构树幼苗在该实验中呈现出随盐浓度增加而 Na+增加，K^+下降的趋势，并且在各器官中叶片积累的 Na^+最多，与盐生植物的情况类似，但构树并非盐生植物，因此构树在盐分胁迫初始(0.5%浓度下)便出现活力下降可能与叶片细胞内高浓度的 Na^+积累有关。之后活力再次上升，可能此时由盐分造成的生理缺水使得 CA 胞外酶活力迅速上升来抵抗细胞缺水的逆境。当浓度持续上升时，叶片的 CA 活力开始下降，此时叶片可能因为吸收了过量的 Na^+和 Cl^-。而抑制了 CA 的活力。桑树叶片在 0.2%浓度的 NaCl 胁迫下，为了抵抗因盐分造成的生理缺水而使得 CA 活力上升，将 HCO_3^- 分解变成水分和 CO_2，维持机体正常的生理活动需要。而当浓度持续上升时，叶片的 CA 活力开始下降，此时叶片可能同样因为吸收了过量的 Na^+和 Cl^-而抑制了 CA 的活力。有很多研究表明 Na 和卤素都能够抑制 CA 的活力(Brownell et al.，1992；Ren et al.，1988)。之所以桑树的抑制现象晚于构树，在 2%浓度下才出现，也许是因为桑树 CA 的 Cl^- 抑制常数要高于构树。

2.2.5.3　小结

对 NaCl 引起的渗透胁迫，构树的胞外酶活力均有一定程度的下降，但由于其本身酶活力水平较高，因此具备的调控能力也优于其他植物。桑树是一种抗盐性较强的植物，从抑制结果来看，构树 CA 对 Na^+和 Cl^- 的变化更为敏感。但两者胞外酶被抑制的同时胞内酶均不参与胁迫响应，说明了胞外酶可能也是调节盐分胁迫的主要因素。由此也可以看出 PEG 6000 消除了不必要的离子干扰，更适合用于模拟干旱逆境造成的生理胁迫。

2.3　碳酸酐酶活力与喀斯特适生植物的鉴定

喀斯特地区由于地表水大量漏失，岩石裸露，土层瘠薄，加之缺乏半风化母质层，水资源分布不均，土壤涵水能力较低，不利于植物根系生长，大多数植物在此水土条件下生长缓慢，造成本区植被覆盖率较低。但有些植物在此条件下可以很好地生长，具有较强的适应性，形成了茂兰 2 万多公顷集中连片的原生性喀斯特森林。

2.3.1　鉴定原理

喀斯特地区的植物适应干旱条件的机制多种多样，针叶植物、角质层或蜡质层较厚的一些植物是从形态学上通过减少植物蒸腾来协调水分关系(参看第 1 章)，但有一些植物是通过体内生理生化过程的变化来适应喀斯特地区的干旱条件，其中部分植物是靠体内较强的 CA 活力来协调水分关系的，以满足植物的光合作用和其他生理活动的需要。

CA 一方面通过调节气孔的开张和固碳效率直接影响光合无机碳同化，另一方面通过影响碳酸氢根离子的利用来影响叶绿体光保护机制，间接影响植物的光合作用，再者，CA 活力的升高，可导致气孔导度减小或气孔关闭，减少蒸腾以防止植物进一步脱水，与此同时，CA 活力的升高可还将细胞内的 HCO_3^- 转化成水和 CO_2，以应对因气孔导度减小或气孔关闭造成的水分和 CO_2 不足，在逆境下进行光合碳还原。另外，CA 还与其他代谢活动有紧密的关系，在协调其他营养元素代谢中也发挥着重要作用。

诸葛菜具有喀斯特适生性的多种机制：生物多样性机制、CA 作用机制、光合作用机制、无机营养机制、对岩石的风化的作用机制、抗逆作用机制以及根系分泌有机酸作用机制等。其中 CA 作用机制为核心机制，其他机制与 CA 作用机制紧密有关。诸葛菜因具有如此众多的喀斯特适生机制，因此被作为喀斯特适生植物的模式植物(吴沿友，1997，吴沿友等，2004)。不同的植物，体内 CA 活力相差很大。由于 CA 作用机制在喀斯特适生性中占有核心位置，因此，可以通过测定植物正常展开叶的 CA 活力，以诸葛菜叶片的 CA 活力值作为参照，判断植物的喀斯特适生性。

2.3.2 技术规程

2.3.2.1 范围

本规程规定了利用 CA 活力鉴定喀斯特适生植物的方法。

本规程适用于喀斯特地区基于生理适应性的适生性鉴定，同时可推广到全国各地各种生长环境下植物的喀斯特适生性鉴定。

2.3.2.2 规范性引用文件

下列文件对于本文件的应用是必不可少的。凡是注日期的引用文件，仅注日期的版本适用于本文件。

GB/T 6379.2—2004 测量方法与结果的准确度(正确度与精确度)第二部分：确定标准测量方法重复性与再现性的基本方法。

GB/T 6682—2008 分析实验室用水规格和试验方法。

2.3.2.3 术语和定义

(1) 电化学工作站：是电化学测量系统的简称，是电化学研究和教学常用的测量设备。将这种测量系统组成一台整机，内含快速数字信号发生器、高速数据采集系统、电位电流信号滤波器、多级信号增益、IR 降补偿电路以及恒电位仪、恒电流仪。

(2) 开路电位：指的是电流强度为零时的电极电位，也就是不带负载时工作电极和参比电极之间的电位差。

(3) 参比电极：测量各种电极电势时作为参照比较的电极，例如：铂电极。

(4) 电镀：利用电解原理在某些金属表面上镀上一薄层其他金属或合金的过程，是利用电解作用使金属或其他材料制件的表面附着一层金属膜的工艺从而起到防止金属氧化(如锈蚀)，提高耐磨性、导电性、反光性、抗腐蚀性(硫酸铜等)及增进美观等作用。

(5) 电镀液：指可以扩大金属的阴极电流强度范围、改善镀层的外观、增加溶液抗氧化的稳定性等特点的液体。

(6) 碳酸酐酶：是一种含锌金属酶，存在于脊椎动物的红细胞和许多动物的各种组织以及植物的叶片中，主要催化 CO_2 可逆的水合反应，在植物的光合作用过程中发挥着重要作用。

(7) 参考植物：在本技术规程中，选择能够在喀斯特地区生长良好且 CA 活力值较高的诸葛菜作为参考植物。

(8) 缓冲液：当往某些溶液中加入一定量的酸和碱时，有阻碍溶液 pH 变化的作用，称为缓冲作用，这样的溶液叫作缓冲液。

(9) 酶的提取：指在一定的条件下，用适当的溶剂或溶液处理含酶原料，使酶充分溶解到溶剂或溶液中的过程。也称为酶的抽提。

(10) 线性拟合：用直线近似地刻画或比拟平面上离散点组所表示的坐标之间的函数关系。

2.3.2.4　试剂和材料

除非另有规定，本方法所用试剂均为分析纯，水为 GB/T 6682—2008 规定的一级水。

(1) 试剂。详见 2.1.3 节。

(2) 材料。植物叶片。

2.3.2.5　主要仪器设备

详见 2.1.3 节。

2.3.2.6　测定过程

1. 电镀液的配备

电镀液由 Sb_2O_3(50 g·L^{-1})，$C_6H_8O_7 \cdot H_2O$(184 g·L^{-1})，$C_6H_5K_3O_7 \cdot H_2O$(144 g·L^{-1})按比例配制。

2. 电极的制作

取直径 0.6 mm，长 5 cm 左右的铜丝，分别由用金相砂纸、擦镜纸打磨光滑后，使用电化学工作站电流-时间曲线法进行电镀，其中铜丝为阴极，铂丝为阳极，电流强度为 10^{-3} A，电镀时间 60 s，最后铜丝表面形成一层细致光滑的灰色锑金属层，镀上锑金属的铜丝在烘箱中 120℃烘干过夜。制备好的锑微电极在使用前需要在相应缓冲液中活化一定时间。

3. 样本采集

随机选取植物第 4、第 5 片完全展开叶，用去离子水洗净并用滤纸将叶片表面水分吸干，然后用打孔器在叶片上均匀打孔，得到圆形小叶片，混匀并随机取 20～25 片，称重。

4. 酶液提取

取称重后的植物叶片放到预冷的研钵中，迅速加入液氮，再加入 3 mL 巴比妥钠缓冲液(10 mM，含巯基乙醇 50 mM，pH＝8.3)进行研磨，取研磨液倒入 5 mL 离心管中，离心管置于冰浴中 20 min 后，在 13000 r·min^{-1} 下离心 5 min，取上清液，冷藏待测。

5. 电位变化曲线的测定

保持反应系统在 0～2℃，用移液枪提取 400～1000 μL 定测植物 CA 提取液，加入到含 4.5 mL 的巴比妥钠缓冲液(10 mM，含巯基乙醇 50 mM，pH＝8.3)的反应容器中，然后迅速加入 3 mL 预冷的(0～2℃)饱和 CO_2 蒸馏水，锑微电极及饱和甘汞参比电极与电化学工作站相连(工作站与电脑连接)，采用开路电位法(OCP)全程监测该反应体系 pH 值的变化，记录电位变化过程曲线。

2.3.2.7 计算

CA 活力的计算方法详见 2.1.3 节。计算备选植物与参考植物(诸葛菜)CA 活力的比值 r，如果 $r>0.5$，则备选植物为喀斯特适生植物，如果 $r<0.5$，则备选植物为非喀斯特适生植物。

2.3.2.8 精密度

本规程的精密度数据按照 GB/T 6379.2—2004 的规定确定，其重复性和再现性的值以 90%的可信度计算。

2.3.2.9 技术优点

(1) 本方法选择出的植物，适应性很强，能生长在土层瘠薄的喀斯特地区的土壤上。
(2) 减少了植物叶片不同时间的 CA 活力差异所造成的误差。
(3) 操作简单，成本低，利于推广。

2.3.3 应用实例

表 2.12 备选植物叶片 CA 活力值与诸葛菜的正常展开叶 CA 活力值的比值

Table 2.12 The ratio of the activities of CA in leaves of the observed plant species and that in normal expanded leaves of *Orychophragmus violaceus*

备选植物	备选植物叶片 CA 活力值与诸葛菜的正常展开叶 CA 活力值的比值
圆果化香(*Platycarya longipes* Wu.)	1.25
毛白杨(*Populus tomentosa* Carr.)	0.24
垂柳(*Salix babylonica* L.)	0.30
构树［(*Broussonetia papyrifera* (Linn.) Vent.］	3.65
蒙桑(*Morus mongolica* Schneid.)	0.00
桑(*Morus alba* L.)	0.24
枫杨(*Pterocarya stenoptera* D.DC.)	0.34
楝(*Melia azedarach* Linn.)	0.28
桃(*Prunus persica* Batsch.)	0.31
黄荆(*Vitex negundo* Linn.)	1.14
任豆(*Zenia insigins* Chun)	1.38
槐树(*Sophora japonica* L.)	0.33
番茄(*Lycopersicum esculetum* Mill.)	0.07
白菜(*Brassica chinensis*L.)	0.24

续表

备选植物	备选植物叶片 CA 活力值与诸葛菜的正常展开叶 CA 活力值的比值
碎米荠(*Cardamine hirsute* L.)	0.08
蓝花子(*Raphanus sativa* L. var. raphanistroides Makino)	0.05
埃塞俄比亚芥(*Brassica carinata* A. Braun)	0.08
茅苍术(*Atractylodes lancea* (thumb.) DC.)	0.08

从表 2.12 中可以看出，叶片 CA 活力值与诸葛菜的正常展开叶 CA 活力值比值大于 0.5 的植物为圆果化香、构树、黄荆、任豆。圆果化香、构树、黄荆、任豆可作为喀斯特适生植物的备选植物，这与实际情况相符合。

参 考 文 献

曹建华，袁道先，潘根兴. 2003. 岩溶生态系统中的土壤. 地球科学进展，18(1): 37-44.

陈东初，赖阅腾，李文芳. 2007. 氧化钨 pH 电化学传感器的 H^+响应行为研究. 微纳电子技术，44(7): 397-399.

崔婷茹，于慧敏，李会彬，等. 2017. 干旱胁迫及复水对狼尾草幼苗生理特性的影响. 草业科学，34(4): 788-793.

丁菲，杨帆，张国武，等. 2009. NaCl 协迫对构树幼苗叶片水势、光合作用及 Na^+、K^+吸收和分配的影响. 林业科学研究，22(3): 428-433.

董理，安伟奇，刘虹久. 2007. 血浆（清） HCO_3^- 碳酸酐酶比色法的特点及临床应用. 中国实验诊断学，11(9): 1255-1256.

郭芳，姜光辉，裴建国. 2003. 八宝喀斯特山区生态环境问题与治理措施. 云南地理环境研究，15(1): 80-85.

侯传嘉，张燕群. 1993. pH 测量. 北京：中国计量出版社.

黄霞，邬黛黛，杨灿军，等. 2006. 海底 pH 的原位探测镀 Nafion 膜的 Ir/IrO_2 电极. 传感技术学报，19(6):2505-2508.

龙健，李娟，黄昌勇. 2002. 我国西南地区的喀斯特环境与土壤退化及其恢复.水土保持学报，16(5): 5-8.

罗维均，王世杰，刘秀明. 2014. 喀斯特洞穴系统碳循环的烟囱效应研究现状及展望. 地球科学进展，29(12): 1333-1340.

彭国论，杨丽菊. 1999. 生命科学与电分析化学. 杭州：浙江大学出版社.

舒友琴，李清文，罗国安. 2000a. 纳米二氧化锰型固体 pH 电极的研制及其在含氟体系中的应用. 分析化学，28(5): 657-657.

舒友琴，袁道琴，李清文. 2000b. 纳米氧化铅型固体 pH 电极的研制及应用. 应用化学，7(3): 316-318.

苏渝生. 1985. pH 敏感器件的进展. 分析仪器，(2): 3-10.

万德寿，武卫民. 2005. 盐水上序 pH 值自动控制. 中国氯碱，2: 32-33.

汪厚基. 1987. pH 电极和传感器的进展. 化学传感器，7(1): 2-13.

王海珍，韩路，徐雅丽，等. 2017. 土壤水分梯度对灰胡杨光合作用与抗逆性的影响. 生态学报，37(2): 432-442

吴沿友. 1997. 喀斯特适生植物诸葛菜综合研究. 贵阳：贵州科技出版社.

吴沿友，李西腾，郝建朝，等. 2006. 不同植物的碳酸酐酶活力差异研究. 广西植物，26(4): 366-369.

吴沿友，刘丛强，王世杰. 2004. 诸葛菜的喀斯特适生性研究. 贵阳：贵州科技出版社.

殷晋尧，周锦帆. 1989. 离子选择电极. 分析试验室，8(4): 1-17.

曾华梁，吴仲达，陈钧武，等. 2002. 电镀工艺手册. 北京：机械工业出版社.

曾良宇，唐春保，张仕金，等. 1987. 电极过程微区 pH 值的测定. 材料保护，3: 36-39.

湛先保，李兆申，邹多武，等. 2007. 应激对大鼠胃黏膜黏液层 pH 梯度的影响. 第二军医大学学报，28(4): 377-380.

张艳君，李明润，高向耘，等. 2003. 血清肌红蛋白和 CA 测定在急性心肌梗塞早期诊断中的应用. 天津医科大学学报，9(2)：169-170，176.

Andersen C L，Jensen J L，Ørntoft T F. 2004. Normalization of real-time quantitative reverse transcription-PCR data: A model-based variance estimation approach to identify genes suited for normalization，applied to bladder and colon cancer data sets. Cancer Research，64(15): 5245-5250.

Avila L Z，Chu Y H，Blossey E C，et al. 1993. Use of affinity capillary electrophoresis to determine kinetic and equilibrium constants for binding of arylsulfonamides to bovine carbonic anhydrase. Journal of Medicinal Chemistry，36(1): 126-133.

Badger M R，Price G D. 1994. The role of carbonic anhydrase in photosynthesis. Annual Review of Plant Physiology and Plant Molecular Biology，45: 369-392

Baghdady N H，Sommer K. 1987. Improved construction of antimony micro-electrodes for measuring pH-changes at the soil-root interface (rhizosphere). Journal of Plant Nutrition，10(9): 1231-1238.

Brown J W，Wadleigh C H. 1955. Influence of sodium bicarbonate on the growth and chlorosis of garden beets. Botanical Gazette，116(3): 201-209.

Brownell P F，Bielig L M，Grof C P. 1992. Increased carbonic anhydrase activity in leaves of sodium deficient C_4 plants. Australian Journal of Plant Physiology，18(6): 589-592.

Capelato M D，Dossantos A M，FafibeHo O，et al. 1996. Flow injecfion potentiometric determination of coke acidity and acetic acid content in vinegar using an antimony electrode. Analytical Letters，29(5): 711-724.

Carpita N，Sabularse D，Montezinos D，et al. 1979. Determination of the pore size of cell walls of living plant cells. Science，205(4411): 1144-1147.

Champigny M L，Foyer C. 1992. Nitrate activation of cytosolic protein kinases diverts photosynthetic carbon from sucrose to amino acid biosynthesis. Plant Physiology，100(1): 7-12.

Cobb P W，Moss F K. 1927. The fixational pause of the eyes. Journal of Experimental Psychology，203(3): 460-461.

Couper A，Eley D D. 1948. Surface tension of polyethylene glycol solutions. Jouranl of Polymer Science，3(3): 345-349.

Dai X B，Zhai H Q，Zhang H S，et al. 2000. Effect of soil drought stress on photosynthetic rate and carbonic anhydrase activity of rice leaf. Acta Photophysiologica Sinica，26(2): 133-136.

Dhalla N S，Yates J C，Kleinberg I，et al. 1980. The suitability of the antimony electrode for pH determinations in mammalian heart. Journal of Pharmacological Methods，3(3): 221-234.

Fabre N，Reiter I M，Becuwe-Linka N，et al. 2007. Characterization and expression analysis of genes encoding α and β carbonic anhydrases in *Arabidopsis*. Plant，Cell and Environment，30(5): 617-629.

Fariaszewska A，Aper J，Huylenbroeck J V，et al. 2017. Mild drought stress-induced changes in yield，physiological processes and chemical composition in *Festuca*，*Lolium* and *Festulolium*. Journal of Agronomy and Crop Science，203(2): 103-116.

Fernley R T，Wright R D，Coghlan J P. 1991. Radioimmunoassay of carbonic anhydrase VI in saliva and sheep tissues. Biochemical Journal，274(2): 313-316.

Fett J P，Coleman J R. 1994. Characterization and expression of two cDNAs encoding carbonic anhydrase in *Arabidopsis thaliana*. Plant Physiology，105(2): 707-713.

Fog A，Buck R P. 1984. Electronic semi-conducting oxides as pH sensors. Sensors and Actuators，5: 137-146.

Garg B K，Garg O P. 1986. Influence of sodium bicarbonate on growth，nutrient uptake and metabolism of pea. Annals of Arid Zone，25: 69-72.

Granier C, Aguirrezabal L, Chenu K, et al. 2006. Phenopsis, an automated platform for reproducible phenotyping of plant responses to soil water deficit in *Arabidopsis thaliana* permitted the identification of an accession with low sensitivity to soil water deficit. New Phytologist, 169(3): 623-635.

Guliyev N, Bayramov S, Babayev H. 2008. Effect of water deficit on rubisco and carbonic anhydrase activities in different wheat genotypes. In: Allen J F, Grantt E, Golbeck J H, Osmond R, eds. Photosynthesis, Energy from the Sun. 14th International Congress on Photosynthesis. Berlin Heidelberg: Springer Verlag: 1465-1468.

Ha Y, Wang M. 2006. An antimony oxide pH electrode for tissue culture medium. Rare Metal Materials and Engineering, 35(3): 261-263.

Hettiarachehi S, Macdonald D D. 1984. Ceramic membranes for precise pH measurements in high temperature aqueous environments. Journal of Electrochemistry Society, 131(9): 2206-2210.

Hibi N, Shima K, Tashiro K, et al. 1984. Development of a highly sensitive enzyme-immunoassay for serum carbonic anhydrase-III. Journal of the Neurological Sciences, 65(3): 333-340.

Hirano S, Asou H, Noda, Y, et al. 1980. Radiologic assay for carbonic anhydrase. Analytical Biochemistry, 106(2): 427-431.

Hoagland D R, Arnon D I. 1950. The water-culture method for growing plants without soil. California Agricultural Experiment Station Circular, 347(5406): 1-32.

Howe K, Bateman A, Durbin R. 2002. Quicktree: building huge neighbour-joining trees of protein sequences. Bioinformatics, 18(11): 1546-1547.

Hu H, Boisson-Dernier A, Israelsson-Nordström M, et al. 2010. Carbonic anhydrases are upstream regulators of CO_2-controlled stomatal movements in guard cells. Nature Cell Biology, 12(1): 87-93.

Huang C Y, Roessner U, Eickmeier I, et al. 2008. Metabolite profiling reveals distinct changes in carbon and nitrogen metabolism in phosphate-deficiency barley plants (*Hordeum vulgare* L.). Plant and Cell Physiology, 49(5): 691-703.

Huang G E, Guo M K. 2000. Resting dental plaque pH values after repeated measurements at different sites in the oral cavity. Proceedings of the National Science Council Republic of China Part B life Science, 24(4): 187-192.

Jackson W T. 1962. Use of carbowaxes (polyethylene glycol) as osmotic agents. Plant Physiology, 39: 513-519.

Jensen C R, Jacobsen S E, Andersen M N, et al. 2000. Leaf gas exchange and water relation characteristics of field quinoa (*Chenopodium quinoa* Willd.) during soil drying. European Journal of Agronomy, 13(1): 11-25.

Juenger T E, Mckay J K, Hausmann N, et al. 2005. Identification and characterization of QTL underlying whole-plant physiology in *Arabidopsis thaliana*: $\delta^{13}C$, stomatal conductance and transpiration efficiency. Plant, Cell and Environment, 28(6): 697-708.

Kicheva M I, Lazova G N. 1998. Response of carbonic anhydrase to polyethylene glycol-mediated water stress in wheat. Photosynthetica, 34(1): 133-135.

Kinoshita K, Madou M J. 1984. Electrochemical measurement on Pt, Ir and Ti oxides as pH probes. Journal of Electrochemistry Society, 131(5): 1089-1094.

Koornneef M, Alonso-Blanco C, Vreugdenhil D. 2004. Naturally occurring genetic variation in *Arabidopsis thaliana*. Annual Review of Plant Biology, 55(1): 141-172.

Kumar N, Kumar S. 2001. Differential activation of ribulose-1, 5-bisphosphate carboxylase/oxygenase in non-radiolabelled versus radiolabelled sodium bicarbonate. Current Science, 80(3): 333-334.

Lee J A, Woolhouse H W. 1969. A comparative study of bicarbonate inhibition of root growth in calcicole and calcifuges grasses. New Phytologist, 68(1): 1-11

Li Q W, Luo G A, Shu Y Q. 2000. Response of nanosized cobalt oxide electrodes as pH sensors. Analytical Chemica Acta, 409(1-2): 137-142.

Liao H K, Chou J C, Chuang W Y, et al. 1998. Study of amorphous tin oxide thin films for ISFET applications. Sensors and Actuators B Chemical, 50(2): 104-109.

Majeau N, Arnoldo M, Coleman J R. 1994. Modification of carbonic anhydrase activity by antisense and over-expression constructs in transgenic tobacco. Plant Molecular Biology, 25(3): 377-385.

Mckay J K, Richards J H, Mitchell-Olds T. 2003. Genetics of drought adaptation in *Arabidopsis thaliana*: I. Pleiotropy contributes to genetic correlations among ecological traits. Molecular Ecology, 12(5): 1137-1151.

Meinke D W, Cherry J M, Dean C, et al. 1998. *Arabidopsis thaliana*: A model plant for genome analysis. Science, 282(5389): 662-682.

Meyre D, Leonardi A, Brisson G, et al. 2001. Drought-adaptive mechanisms involved in the escape/tolerance strategies of *Arabidopsis* Landsberg *erecta* and Columbia ecotypes and their F1 reciprocal progeny. Journal of Plant Physiology, 158(9): 1145-1152.

Min W, Yang H. 2007. An electrochemical approach to monitor pH change in agar media during plant tissue culture. Biosensors and Bioelectronics, 22(11): 2718-2723.

Morongey J V, Husic H D, Tolbert N E. 1985. Effect of carbonic anhydrase inhibitors on inorganic carbon accumulation by *Chlamydomonas remhardtii*. Plant Physiology, 79(1): 177-183.

Moustakas M, Sperdouli I, Kouna T, et al. 2011. Exogenous proline induces soluble sugar accumulation and alleviates drought stress effects on photosystem II functioning of *Arabidopsis thaliana* leaves. Plant Growth Regulation, 65(2): 315-325.

Ndong C, Danyluk J., Huner N P, et al. 2001. Survey of gene expression in winter rye during changes in growth temperature, irradiance or excitation pressure. Plant Molecular Biology, 45(6): 691-703.

Perez-Martin A, Michelazzo C, Torres-Ruiz J M, et al. 2014. Regulation of photosynthesis and stomatal and mesophyll conductance under water stress and recovery in olive trees: correlation with gene expression of carbonic anhydrase and aquaporins. Journal of Experimental Botany, 65(12): 3143-3156.

Popova L P, Tsonev T D, Lazova G N, et al. 1996. Drought- and ABA-induced changes in photosynthesis of barley plants. Physiologia Plantarum, 96(4): 623-629.

Price G D, Caemmerer S V, Evans J R, et al. 1994. Specific reduction of chloroplast carbonic anhydrase activity by antisense RNA in transgenic tobacco plants has a minor effect on photosynthetic CO_2 assimilation. Planta, 193(3): 331-340.

Ren X, Sandström A, Lindskog S. 1988. Kinetics, anion blinding and mechanism of Co(II)-substituted bovine muscle carbonic anhydrase. European Journal of Biochemistry, 173(1): 73-78.

Rensen J J. 2002. Role of bicarbonate at the acceptor side of photosyntem II. Photosynthesis Research, 73(1-3): 185-192.

Rodriguez H G, Roberts J, Jordan W R, et al. 1997. Growth, water relations, and accumulation of organic and inorganic solutes in roots of maize seedlings during salt stress. Plant Physiology, 113(3): 881-893.

Saha B, Mishra S, Awasthi J P, Sahoo L, et al. 2016. Enhanced drought and salinity tolerance in transgenic mustard [*Brassica juncea* (L.) Czern and Coss.] overexpressing *Arabidopsis* group 4 late embryogenesis abundant gene (AtLEA4-1). Environmental and Experimental Botany, 128: 99-111.

Sasaki H, Hirose T, Watanabe Y, et al. 1998. Carbonic anhydrase activity and CO_2-transfer resistance in Zn-deficient rice leaves.Plant Physiology, 118(3): 929-934.

Schmittgen T D, Livak K J. 2008. Analyzing real-time PCR data by the comparative C_T method. Nature Protocols, 3(6): 1101-1108.

Serrano L, Halanych K M, Henry R P. 2007. Salinity-stimulated changes in expression and activity of two carbonic anhydrase isoforms in the blue crab *Callinectes sapidus*. Journal of Experimental Biology, 210(13): 2320-2332.

Shingles R, Moroney J V. 1997. Measurement of carbonic anhydrase activity using a sensitive fluorometric assay. Analytical Biochemistry, 252(1): 190-197.

Shuk P, Ramanu J K V, Greenblatt M. 1996. Molybdenum oxide bronzes as pH sensors. Electrochemical Acta, 41(13): 2055-2058.

Soleimanzadeh H, Habibi D, Ardakani M R, et al. 2010. Effect of potassium levels on antioxidant enzymes and malondialdehyde content under drought stress in sunflower (*Helianthus annuus* L.). American Journal of Agricultural and Biological Science, 5(1): 56-61.

Spencer T, Sturtevant, J M. 1959. The mechanism of chymotrypsin-catalyzed reactions. III. Journal of the American Chemical Society, 81(8): 1874-1882.

Uhl A, Kestranek W. 1923. Die elektrometrische titration von säuren und basen mit der antimon-indikatorelektrode. Monatshefte für Chemie und verwandte Teile anderer Wissenschaften, 44(1): 29-34.

Valaskovic G A, Kelleher N L, Mclafferty F W. 1996. Attomole protein characterization by capillary electrophoresis-mass spectrometry. Science, 273(5279): 1199-1202.

Vance C P, Uhde-Stone C, Allan D L. 2003. Phosphorus acquisition and use: Critical adaptations by plants for sceuring a nonrenewable resource. New Phytologist, 157(3): 423-447.

Veronica N, Subrahmanyam D, Kiran T V, et al. 2017. Influence of low phosphorus concentration on leaf photosynthetic characteristics and antioxidant response of rice genotypes. Biologia Plantarum, 55(2):285-293.

Vlasov Y G, Bratov A V. 1992. Analytical applications of pH-ISFETs. Sensors and Actuators B Chemical, 10: 1-6.

Volkmar K M, Hu Y, Steppulm H. 1998. Physiological responses of plants to salinity: A review. Canadian Journal of Plant Science, 78(1): 19-27.

Wang J. 2001. Analytical Electrochemistry, Section Edition. A John Wiley and Sons, Inc., publication:140.

Wilbur K M, Anderson N G. 1948. Electrometric and colorimetric determination of carbonic anhydrase. The Journal of Biological Chemistry, 176(4): 147-154.

Winkler C A, Kittelberger A M, Schwartz G J. 1997. Expression of carbonic anhydrase IV mRNA in rabbit kidney: Stimulation by metabolic acidosis. American Journal of Physiology, 272(2): 551-560.

Woolhouse H W. 1966. Comparative physiological studies on *Deschampsia flexuosa*, *Holcus mollis*, *Arrhenatherum elatius* and *Koeleria gracilis* in relation to growth on calcareous soils. New Phytologist, 65(1): 22-31.

Yan J H, Li J M, Ye Q, et al. 2012. Concentrations and exports of solutes from surface runoff in Houzhai Karst Basin southwest China. Chemical Geology, 304-305(3): 1-9.

Yang M T, Chen S L, Lin C Y, et al. 2005. Chilling stress suppresses chloroplast development and nuclear gene expression in leaves of mung bean seedlings. Planta, 221(3): 374-385.

Yu S, Zhang X, Guan Q, et al. 2007. Expression of a carbonic anhydrase gene is induced by environmental stresses in rice (*Oryza sativa* L.). Biotechnology Letters, 29(1): 89-94.

Zhou W, Sui Z H, Wang J G, et al. 2016. Effects of sodium bicarbonate concentration on growth, photosynthesis, and carbonic anhydrase activity of macroalgae *Gracilariopsis lemaneiformis*, *Gracilaria vermiculophylla*, and *Gracilaria chouae* (Gracilariales, Rhodophyta). Photosynthesis Research, 128(3): 259-270.

第3章　植物碳酸氢根离子利用能力的检测

Chapter 3　Measurement of bicarbonate utilization by plants

【摘　要】　地球上的植物种类繁多，形体特征差别较大。根据对碳同化过程的不同，植物分为 C_3、C_4、CAM 植物。植物以碳同化途径的多样性来适应不同的喀斯特生态环境。从植物进化的角度看，在陆生植物出现初期，大气中 CO_2 浓度较高，O_2 较少，光呼吸受到抑制，故 C_3 途径能有效地发挥作用，这是光合碳代谢的基本途径。随着植物群体的增加，O_2 浓度逐渐增高，CO_2 浓度逐渐降低，一些长期生长在高温、干燥气候下的植物受生态环境的影响，也逐渐发生了相应的变化。形成了有浓缩 CO_2 机制的 C_4-二羧酸循环，形成了 C_3-C_4 中间型植物乃至 C_4 植物；或者形成了白天气孔关闭，抑制蒸腾作用，晚上气孔开启，吸收 CO_2 的 CAM 植物。

陆生植物会优先利用大气中的 CO_2 作为进行光合作用的主要无机碳源。但在喀斯特逆境下，植物对外源 CO_2 或水分的吸收受限，此时，为了应对不同的环境胁迫，植物会交替利用来自大气的 CO_2 和土壤中的碳酸氢根离子进行光合作用。利用碳酸氢根离子是植物破解喀斯特逆境的法宝，定量植物碳酸氢根离子利用能力可为更精确地估算喀斯特地区植物的生产力及碳汇能力提供科学依据。

稳定碳同位素的强烈分馏特征是识别不同无机碳来源的基础。基于质量守衡原理以及同位素混合模型和化学计量学方法，可以定量测定 CO_2 稳定碳同位素组成平均值和野外生境下植物利用不同的无机碳源份额。植物叶片稳定碳同位素组成受到环境、遗传和生理等多方面因素的影响，双向无机碳同位素示踪培养技术，因能消除这些影响可成为定量测定室内培养的植物利用不同无机碳源份额的可靠方法。

在低浓度 CO_2 的情况下，一些植物叶片因为有在碳酸酐酶作用下将 HCO_3^- 转化的水和 CO_2 的补充，表观水碳利用效率大大降低。通过比较植物叶片的表观水碳利用效率，可以快速获取植物利用 HCO_3^- 的信息，为快速筛选高效利用 HCO_3^- 的植物提供支撑。

喀斯特脆弱环境需要生态治理，其中维护并增加生态系统的稳定性是关键基础。筛选和开发高效利用 HCO_3^- 的喀斯特适生植物对于生态系统的稳定性具有重要作用。

Abstract　Numberous of plant species with different physical characteristics are grown on the earth, they are divided into C_3, C_4 and CAM plants according to their different carbon assimilation processes. Plants adapt to different karst ecological environment due to the diversity of carbon assimilation pathways. In the early stage of terrestrial plants, photorespiration was inhibited because of the higher atmospheric CO_2 concentration and lower O_2 concentration, C_3 pathway played an effectively role in the photosynthetic carbon metabolism. As plant population increased, the concentration of O_2 increased, and the CO_2 concentration decreased gradually. Plants which grew chronically in high temperature and dry climate were affected by the ecological environment, and they changed correspondingly. The C_4-dicarboxylic acid cycle with a CO_2 concentrated mechanismplants emerged in the plants, and the C_3-C_4 intermediate plants and even the C_4 plants came into being. Moreover, the stomas closed during daytime, and transpiration was inhibited, while they were opened during nighttime in order to aborb CO_2, then the CAM plants came into being.

The atmospheric CO_2 is preferentially utilized by the terrestrial plants as the main inorganic carbon resources for photosynthesis. However, the exogenous CO_2 and water absorption are limted when plants expose to karst adversities. Then the atmospheric CO_2 and bicarbonate in the soil can be alternately utilized by the plants in order to respond to different stresses. The utilization of bicarbonate by plants is the key to cope with karst adversity. The quantification on the utilization of bicarbonate can provide a scientific basis for estimating the productivity and carbon sink capacity of plants in karst areas.

The strong fractionation of stable carbon isotopes is the basis for identifying different sources of inorganic carbon. The daily average values of stable carbon isotopic composition in atmospheric CO_2 and the different inorganic carbon sources utilized by the plants in the field can be quantitatively determined based on the principle of mass conservation, isotopic mixing model and stoichiometric method. Stable carbon isotopic composition of plant leaves is influenced by environmental, genetic and physiological factors. The culture techniques of bidirectional inorganic carbon isotopic tracers, which can eliminate these effects, become reliable quantitative determination on the share of different inorganic carbon sources utilized by the plants cultured indoor.

In the case of low CO_2 concentration, the apparent water and carbon dioxide use efficiency decreased due to the supplement of CO_2 and water from bicarbonate converted by carbonic anhydrase in the plant leaves. The information of HCO_3^- utilization in the plant leaves can be quickly obtained by comparing the apparent water and carbon dioxide use efficiency, which provides support for the rapid screening of plants with high efficient HCO_3^- utilization.

Ecological management is required for the karst fragile environment, and it is the key foundation to maintain and increase the ecosystem stability. Screening and developing karst-adaptale plants which efficiently utilize HCO_3^- play an important role in the stability of ecosystems.

3.1　植物利用无机碳的途径

植物是地球上主要的生命形态之一，包含了乔木、灌木、藤类、草类、地衣及绿藻等生物，具有明显的细胞壁和细胞核，适于陆地生活，能够借助体内的叶绿素利用太阳光能将水、CO_2和矿物质合成有机物作为自身组成部分，同时释放氧气的生物总称。地球上的植物种类繁多，形态复杂，据初步统计大约有 40 万种，其中高等植物约 30 万种，低等植物约 10 万种(刘真民，1994)。直至 2004 年，其中的 287655 个物种已被确认，有 258650 种开花植物、16000 种苔藓植物、11000 种蕨类植物和 8000 种绿藻。通常而言，陆生植物会优先利用大气中的 CO_2 作为进行光合作用的主要无机碳源(Conte and Weber，2002)。当植物处于环境胁迫下，植物对大气中的 CO_2 或水分吸收受限(Smirnoff，1998；Yordanov et al.，2000)，此时，为了应对不同的环境胁迫，植物会交替利用大气中的无机碳源(CO_2)和土壤中的无机碳源［碳酸氢根离子(HCO_3^-)］进行光合作用(吴沿友等，2011a)。特别在喀斯特环境下，由于可溶性岩石(碳酸盐岩、石膏、岩盐等)发生动态的化学溶蚀作用，水和大气 CO_2 的参与，导致喀斯特地区的地表水及土壤环境下呈现出大量的可溶性无机碳源(以 HCO_3^- 为主)(贾振远，1989)。生长在喀斯特地区的植物不仅能利用大气中的 CO_2 进行光合作用，也会利用可溶性的 HCO_3^- 进行光合作用(吴沿友，2011；杭红涛等，2015)。植物叶片对大气 CO_2 的吸收利用和根部对碳酸盐岩的化学溶蚀所形成的 HCO_3^- 的吸收利用是两大重要的碳汇途径。因此，研究植物对这两大无机碳源(大气 CO_2 和溶解的 HCO_3^-)的光合同化途径能为喀斯特地区植物的生产力及碳汇提供科学依据。

3.1.1 植物的二氧化碳同化过程

植物的 CO_2 同化(CO_2 assimilation)，也称为碳同化过程，即植物利用光反应中所形成的 ATP 和 NADPH 将 CO_2 转化成稳定的碳水化合物的过程(Buchanan，1991)。根据碳同化过程中最初产物所含碳原子的数目以及碳代谢的特点，将碳同化途径分为三类：C_3 途径(C_3 pathway)、C_4 途径(C_4 pathway)和 CAM(景天酸代谢，crassulacean acid metabolism)途径(Campbell and Black，1978)。

3.1.1.1 C_3 途径

C_3 途径：是指 C_3 植物在光合作用的暗反应过程中，一个 CO_2 在 RuBP 羧化酶的催化下，在有镁离子的环境中，被一个五碳化合物(1,5-二磷酸核酮糖，简称 RuBP)固定后形成两个三碳化合物(3-磷酸甘油酸)(Charles-Edwards and Ludwig，1974；Maire et al.，2012)。CO_2 被固定后最先形成的化合物中含有三个碳原子(3-磷酸甘油酸)，而后 3-磷酸甘油酸消耗 1 分子 ATP，在甘油酸激酶的作用下形成 1,3-二磷酸甘油酸。又消耗一分子 NAPDH，形成 3-磷酸甘油醛。之后在磷酸丙糖酶的作用下，形成磷酸丙糖。继续消耗一分子 ATP，重新形成 RuBP。磷酸丙糖可以直接在叶绿体中合成淀粉，也可以转移到胞浆中合成蔗糖(图 3.1)。

C_3 途径是光合碳代谢中最基本的循环，是所有放氧光合生物所共有的同化 CO_2 的途径。C_3 植物叶片的结构特点是：叶绿体只存在于叶肉细胞中，维管束鞘细胞中没有叶绿体，整个光合作用过程都是在叶肉细胞里进行，光合产物便只积累在叶肉细胞中(颜文，2010)。其光补偿点比 C_4 植物来得高，光饱和点比 C_4 植物来得低(Moore et al.，1987)。

1. C_3途径的反应过程

整个循环如图 3.1 所示，由 RuBP 开始至 RuBP 再生结束，共有 14 步反应，均在叶绿体的基质中进行。全过程分为羧化、还原、更新(再生)3 个阶段(And and Slack，1966；Adam，2017)。

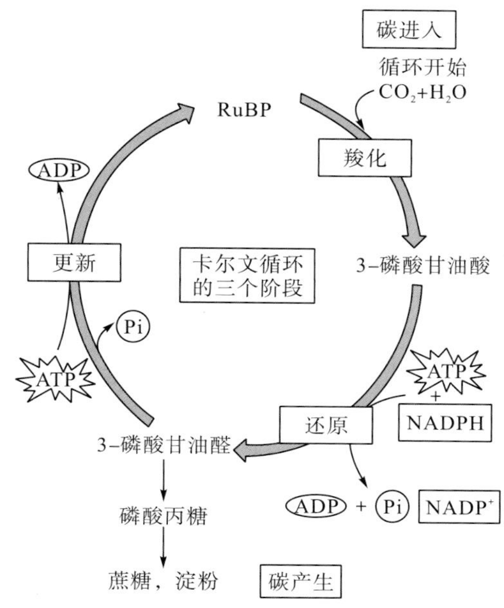

图 3.1　C_3途径的反应过程(沈康，1990)

Fig.3.1　The reaction process of C_3 pathway (Shen, 1990)

1) 羧化阶段(carboxylation phase)

羧化阶段指进入叶绿体的 CO_2 与受体 RuBP 结合，并水解产生 PGA 的反应过程。以固定 3 分子 CO_2 为例：

$$3RuBP + 3CO_2 + 3H_2 \xrightarrow{Rubisco} OPGA + 6H^+ \tag{3.1}$$

核酮糖-1,5-二磷酸羧化酶/加氧酶(Rubisco)具有双重功能，既能使 RuBP 与 CO_2 起羧化反应，推动 C_3 碳循环，又能使 RuBP 与 O_2 起加氧反应而引起 C_2 氧化循环即光呼吸。羧化阶段分两步进行，即羧化和水解。

在 Rubisco 作用下 RuBP 的 C-2 位置上发生羧化反应形成 2-羧基-3 酮基阿拉伯糖醇-1,5-二磷酸(2-carboxy-3-ketoarabinitol-1,5-bisphosphate，3-keto-2CABP)，它是一种与酶结合不稳定的中间产物，被水解后产生 2 分子 PGA。Rubisco 有活化与钝化两种形态，钝化型酶可被 CO_2 和 Mg^{2+}激活，这种激活依赖于与酶活性中心有关的赖氨酸(Lys)的 ε-NH_2 基反应(Parry et al.，2002)。首先钝化型酶的 ε-NH_2 与 CO_2(起活化的 CO_2 不是底物 CO_2)作用，形成氨基甲酰化合物(E-NH·COO-)，它与 Mg^{2+} 作用形成活化型的酶(E-NH·COO·Mg^{2+} ，也称三元复合体 ECM)，然后底物 RuBP 和 CO_2 再依次结合到活化型酶上进行羧化反应。Rubisco 只有先与 CO_2、Mg^{2+}作用才能成为活化型的 ECM，如果先与 RuBP(或 RuBP 类似物)结合，就会成为非活化型的 E-RuBP。Rubisco 活性还被叫作 Rubisco 活化酶(activase)的酶调节(韩鹰等，2000)。关于此活化酶的作用：在暗中钝化型 Rubisco 与 RuBP 结合形成 E-RuBP 后不能发生反应；在光下，活化酶由 ATP 活化，让 RuBP 与 Rubisco 解离，使 Rubisco 发生氨甲酰化，然后与 CO_2、Mg^{2+}结合形成 ECM，促进 RuBP 的羧化。

2) 还原阶段(reduction phase)

还原阶段指利用同化力将 3-磷酸甘油酸还原为甘油醛-3-磷酸的反应过程：

$$6PGA + 6ATP + 6NADPH + 6H^+ \longrightarrow 6GAP + 6ADP + 6NADP^+ + 6Pi \tag{3.2}$$

羧化反应产生的 PGA 是一种有机酸，要达到糖的能级，必须使用光反应中生成的同化力，ATP 与 NADPH 能使 PGA 的羧基转变成 GAP 的醛基。当 CO_2 被还原为 GAP 时，光合作用的贮能过程便基本完成。

3) 再生阶段(regeneration phase)

再生阶段指由甘油醛-3-磷酸重新形成核酮糖-1,5-二磷酸的过程。

$$5GAP + 3ATP + 2H_2O \longrightarrow 3RuBP + 3ADP + 2Pi + 3H^+ \tag{3.3}$$

这里包括形成磷酸化一系列反应。最后由核酮糖-5-磷酸激酶(Ru5PK)催化，消耗 1 分子 ATP，再形成 RuBP。

由反应式(3.1)，式(3.2)，或(3.3)得出 C_3 途径的总反应式，如下：

$$3CO_2 + 5H_2O + 9ATP + 6NADPH \longrightarrow GAP + 9ADP + 8Pi + 6NADP^+ + 3H^+ \tag{3.4}$$

可见，每同化一个 CO_2 需要消耗 3 个 ATP 和 2 个 NADPH，还原 3 个 CO_2 可输出 1 个磷酸丙糖(GAP 或 DHAP)，固定 6 个 CO_2 可形成 1 个磷酸己糖(G6P 或 F6P)。形成的磷酸丙糖可运出叶绿体，在细胞质中合成蔗糖或参与其他反应；形成的磷酸己糖则留在叶绿体中转化成淀粉而被临时贮藏。

2. C_3 途径的能量转化效率

以同化 3 个 CO_2 形成 1 个磷酸丙糖为例。在标准状态下每形成 1mol GAP 贮能 1460 kJ，每水解 1mol ATP 放能 32 kJ，每氧化 1mol NADPH 放能 220 kJ，则 C_3 途径的能量转化效率为 91%［1460/(32×9+220×6)］，这是一个很高的值。然而在生理状态下，各种化合物的活度低于 1.0，与上述的标准状态有差异，另外，要维持 C_3 光合还原循环的正常运转，其本身也要消耗能量，因而一般认为，C_3 途径中能量的转化效率在 80%左右。

3. C_3 途径的调节

目前地球上的高等植物大多数为 C_3 植物，其中，C_4 植物和景天酸代谢(CAM)植物是由 C_3 植物进化而来的。C_4 途径的多源进化表明，光合途径由 C_3 途径向 C_4 途径的转变相对简单。C_4 植物是从 C_3 植物进化而来的高光效种类，且地质时期以来降低的大气 CO_2 浓度和升高的大气温度以及干旱和盐渍化是 C_3 途径进化的外部动力。C_3 植物具有的 C_4 途径是环境调控的产物，是对逆境的适应性进化结果，因而光合途径的转变也是干旱地区植被的适应性生存的重要机理之一(龚春梅等，2009)。

1) 自(动)催化作用(autocatalysis)

植物同化 CO_2 速率，很大程度上取决于光合碳还原循环的运转状态，以及光合中间产物的数量(张佳华和姚凤梅，2001)。暗中的叶片移至光下，最初固定 CO_2 速率很低，需经过一个“滞后期”后才能达到光合速率的“稳态”阶段。其原因之一，是暗中叶绿体基质中的光合中间产物，尤其是 RuBP 的含量低。在 C_3 途径中存在一种自动调节 RuBP 浓度的机制(张道允和许大全，2007)，即在 RuBP 含量低时，最初同化 CO_2 形成的磷酸丙糖不输出循环，而用于 RuBP 的增生，以加快 CO_2 固定速率，待光合碳还原循环到达“稳态”时，形成的磷酸丙糖再输出。这种调节 RuBP 等光合中间产物含量，使同化 CO_2 速率处于某一“稳态”的机制，就称为 C_3 途径的自(动)催化作用。

2) 光调节作用

光除了通过光反应对 CO_2 同化提供同化力外，还调节着光合酶的活性。C_3 循环中的 Rubisco、PGAK、GAPDH、FBPase、SBPase、Ru5PK 都是光调节酶(王超，2011；Uematsu et al.，2012)。光下这些酶活性提高，暗中活性降低或丧失。光对酶活性的调节大体可分为两种情况，一种是通过改变微环境调节(Kaiser et al.，2015)，另一种是通过产生效应物调节(Stracquadanio et al.，2010)。

(1) 微环境调节。

光驱动的电子传递使 H^+向类囊体腔转移，Mg^{2+} 则从类囊体腔转移至基质，引起叶绿体基质的 pH 从 7 上升到 8，Mg^{2+}浓度增加。较高的 pH 与 Mg^{2+}浓度使 Rubisco 光合酶活化。

(2) 效应物调节。

一种假说是光调节酶可通过 Fd-Td(铁氧还蛋白-硫氧还蛋白)系统调节。FBPase、GAPDH、Ru5PK 等酶中含有二硫键(—S—S—)，当被还原为 2 个巯基(—SH)时表现活性。光驱动的电子传递能使基质中 Fd 还原，进而使 Td(硫氧还蛋白，thioredoxin)还原，被还原的 Td 又使 FBPase 和 Ru5PK 等酶的相邻半胱氨酸上的二硫键打开变成 2 个巯基，酶被活化。在暗中则相反，巯基氧化形成二硫键，酶失活。

3) 光合产物输出速率的调节

根据质量作用定律，产物浓度的增加会减慢化学反应的速度(沈允钢和沈巩楙，1962；葛才林等，1993)。磷酸丙糖是能运出叶绿体的光合产物，而蔗糖是光合产物运出细胞的运输形式。磷酸丙糖通过叶绿体膜上的 Pi 运转器运出叶绿体，同时将细胞质中等量的 Pi 运入叶绿体。磷酸丙糖在细胞质中被用于合成蔗糖，同时释放 Pi。如果蔗糖的外运受阻，或利用减慢，则其合成速度降低，随之 Pi 的释放减少，而使磷酸丙糖外运受阻。这样，磷酸丙糖在叶绿体中积累，从而影响 C_3 光合碳还原环的正常运转。另外，叶绿体的 Pi 浓度的降低也会抑制光合磷酸化，使 ATP 不能正常合成，这又会抑制 Rubisco 活化酶活性和需要利用 ATP 的反应。

4) 光呼吸的参与调节

植物的绿色细胞在光照下有吸收氧气，释放 CO_2 的反应，由于这种反应仅在光下发生，需叶绿体参与，并与光合作用同时发生，故称作为光呼吸(photorespiration)(管雪强等，2003)。

(1) 光呼吸的生化途径。

现在认为光呼吸的生化途径是乙醇酸(glycolate)的代谢(张树伟等，2016)，主要证据：①$^{14}CO_2$ 能掺入到乙醇酸中去，而且光下能检测到光呼吸释放的 $^{14}CO_2$ 来自 ^{14}C 乙醇酸；②$^{18}O_2$ 能掺入到乙醇酸以及甘氨酸与丝氨酸的羧基上；③增进光呼吸的因素，如高 O_2、高温等也能刺激乙醇酸的合成与氧化。乙醇酸的生成反应是从 Rubisco 加氧催化的反应开始的。

通常认为，乙醇酸的代谢要经过三种细胞器：叶绿体、过氧化体和线粒体。乙醇酸从叶绿体转入过氧化体，由乙醇酸氧化酶催化氧化成乙醛酸，这个过程中生成的H_2O_2在过氧化氢酶的催化下分解成H_2O和O_2。乙醛酸经转氨作用转变为甘氨酸，甘氨酸在进入线粒体后发生氧化脱羧和羟甲基转移反应转变为丝氨酸，丝氨酸再转回过氧化体，并发生转氨作用，转变为羟基丙酮酸，后者还原为甘油酸，转入叶绿体后，在甘油酸激酶催化下生成的3-磷酸甘油酸又进入C_3途径，整个过程构成一个循环。其中耗氧反应部位有两处，一是叶绿体中的Rubisco加氧反应，二是过氧化体中的乙醇酸氧化反应。脱羧反应则在线粒体中进行，2个甘氨酸形成1个丝氨酸时脱下1分子CO_2。从RuBP到PGA的整个反应总方程式为

$$\begin{aligned}&RuBP+15O_2+11H_2O+34ATP+15NADPH+10Fd_{RED}\\&\longrightarrow 5CO_2+34ADP+36Pi+15NADP^{+}+10Fd_{OX}+9H^{+}\end{aligned}\tag{3.5}$$

因为光呼吸底物乙醇酸和其氧化产物乙醛酸，以及后者经转氨作用形成的甘氨酸皆为C_2化合物，因此光呼吸途径又称为C_2光呼吸碳氧化循环（C_2 photorespiration carbon oxidation cycle，PCO循环），简称C_2循环（Tolbert，1997）。

(2) 光呼吸的意义。

从碳素角度看，光呼吸往往将光合作用固定的20%～40%的碳变为CO_2放出（C_3植物）；从能量角度看，每释放1分子CO_2需消耗6.8个ATP，3个NADPH和2个高能电子（高煜珠等，1985；彭子模，2001），显然，光呼吸是一种浪费。那么，在长期的进化历程中光呼吸为什么未被消除掉?这可能与Rubisco的性质有关。Rubisco自身不能区别CO_2和O_2，它既可催化羧化反应，又可以催化加氧反应，即CO_2和O_2竞争Rubisco同一个活性部位，并互为加氧与羧化反应的抑制剂。Rubisco是进行羧化还是加氧，取决于外界CO_2浓度与O_2浓度的比值。在人为提供相同浓度CO_2和O_2的条件下，Rubisco的羧化活性是加氧活性的80倍。在产生绿色植物光合作用的最初阶段，大气中CO_2/ O_2的比值很高，加氧酶活性被抑制，但随着绿色植物光合作用的进行，大气中CO_2/ O_2比值逐渐降低，加氧酶活性就表现出来。在25℃下，与空气平衡的水溶液中CO_2/ O_2的比值为0.0416，这时羧化作用与加氧作用的比值约为3∶1，因此，在空气中绿色植物的光呼吸是不可避免的。现在，大家推测光呼吸在生理上可能有如下意义：

①回收碳素。通过C_2碳氧化环可回收乙醇酸中3/4的碳（2个乙醇酸转化1个PGA，释放1个CO_2）。

②维持C_3光合碳还原循环的运转。在叶片气孔关闭或外界CO_2浓度低时，光呼吸释放的CO_2能被C_3途径再利用，以维持光合碳还原循环的运转。

③防止强光对光合机构的破坏作用。在强光下，光反应中形成的同化力会超过CO_2同化的需要，从而使叶绿体中NADPH/NADP、ATP/ADP的比值增高。同时由光激发的高能电子会传递给O_2，形成的超氧阴离子自由基$O_2^{\cdot -}$会对光合膜、光合器有伤害作用，而光呼吸却可消耗同化力与高能电子，降低$O_2^{\cdot -}$的形成，从而保护叶绿体，免除或减少强光对光合机构的破坏。

④消除乙醇酸。乙醇酸对细胞有毒害，光呼吸则能消除乙醇酸，使细胞免遭毒害。另外，光呼吸代谢中涉及多种氨基酸的转变，这可能对绿色细胞的氮代谢有利。C_3植物中

有光呼吸缺陷的突变体在正常空气中是不能存活的，只有在高 CO_2 浓度下(抑制光呼吸)才能存活，这也说明在正常空气中光呼吸是一个必需的生理过程。

3.1.1.2　C_4 途径

C_4 途径：亦称哈奇-斯莱克(Hatch-Slack)途径，CO_2 受体为磷酸烯醇式丙酮酸(PEP)，最初产物为草酰乙酸(OAA)。有一些植物对 CO_2 的固定反应是在叶肉细胞的胞质溶胶中进行的，在磷酸烯醇式丙酮酸羧化酶的催化下将 CO_2 连接到 PEP 上，形成草酰乙酸 OAA，这种固定 CO_2 的方式称为 C_4 途径(Schlegel，2003)。OAA 被转变成其他的四碳酸(苹果酸和天冬氨酸)后运输到维管束鞘细胞，在维管束鞘细胞中被降解成 CO_2 和丙酮酸，CO_2 在维管束鞘细胞中进入卡尔文循环。由于 PEP 羧化酶的活性很高，所以转运到叶肉细胞中的 CO_2 的浓度就高，大约是空气中的 10 倍。这样，即使在恶劣的环境中，也可保证高 CO_2 浓度，降低光呼吸作用对光合作用的影响。通过使 CO_2 浓缩减少光呼吸。在该途径中在叶肉细胞 CO_2 被整合到 C_4 酸中，然后 C_4 酸在维管束鞘细胞被脱羧，释放出的 CO_2 被卡尔文循环利用(Roberts et al.，2007)。

1. C_4 植物叶片结构特点

图 3.2 为 C_3 和 C_4 植物叶片结构差异图(颜文，2010；巩玥，2013；巩玥等，2014)。与 C_3 植物相比，C_4 植物的栅栏组织与海绵组织分化不明显，叶片两侧颜色差异小。C_3 植

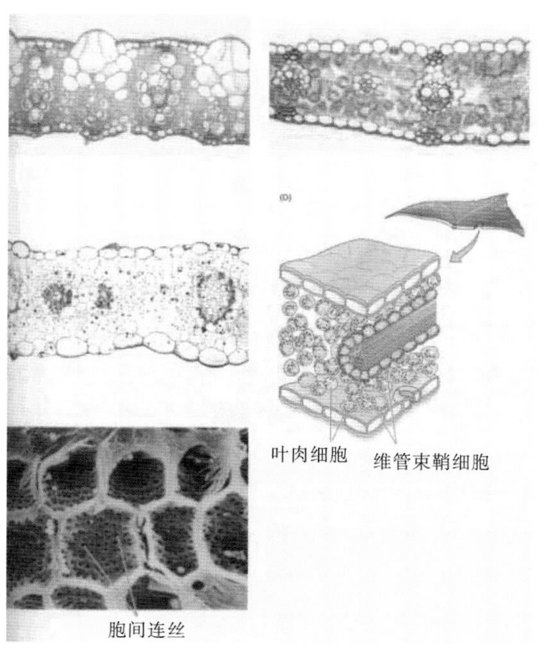

图 3.2　叶片的横切面图(沈康，1990)

Figure 3.2　Cross section of the leaves (Shen, 1990)

注：上左 C_4 单子叶植物；中左 C_3 单子叶植物；上右 C_4 双子叶植物。中右 C_4 植物叶片的三维模式图。

Note：upper-left, C_4 monocotyledonous plant; medium-left, C_3 monocotyledon (a grass); upper-right, C_4 dicotyledonous plant; middle-right, three-dimensional model of leaves in C_4 plants

物的光合细胞主要是叶肉细胞(mesophyll cell，MC)，而 C_4 植物的光合细胞有两类：叶肉细胞和维管束鞘细胞(bundle sheath cell，BSC)。C_4 植物维管束分布密集，间距小(通常每个 MC 与 BSC 邻接或仅间隔 1 个细胞)，每条维管束都被发育良好的大型 BSC 包围，外面又密接 1～2 层叶肉细胞，这种呈同心圆排列的 BSC 与周围的叶肉细胞层被称为“花环”结构。C_4 植物的 BSC 中含有大而多的叶绿体，线粒体和其他细胞器也较丰富。BSC 与相邻叶肉细胞间的壁较厚，壁中纹孔多，胞间连丝丰富。这些结构特点有利于 MC 与 BSC 间的物质交换，以及光合产物向维管束的就近转运。

此外，C_4 植物的两类光合细胞中含有不同的酶类，叶肉细胞中含有磷酸烯醇式丙酮酸羧化酶(phosphoenolpyruvate carboxylase，PEPC)以及与 C_4 二羧酸生成有关的酶；而 BSC 中含有 Rubisco 等参与 C_3 途径的酶、乙醇酸氧化酶以及脱羧酶(陶一敏，2016)。在这两类细胞中进行不同的生化反应(董衍奎，1995)。

2. C_4 途径的反应过程

C_4 途径中的反应虽因植物种类不同而有差异，但基本上可分为羧化、还原或转氨、脱羧和底物再生四个阶段(Luttge et al.，1971；李冬杰和魏景芳，2005)。

根据植物所形成的 C_4 二羧酸的种类以及脱羧反应参与的酶类，又可把 C_4 途径分为三种亚类型(林植芳和孙谷畴，1990)：①依赖 NADP 的苹果酸酶(NADP malic enzyme)的苹果酸型(NADP-ME 型)；②依赖 NAD 的苹果酸酶(NAD malic enzyme)的天冬氨酸型(NAD-ME 型)；③具有 PEP 羧激酶(PEP carboxykinase)的天冬氨酸型(PCK 型)。NADP-ME 型初期产物为 Mal，而 NAD-ME 型与 PCK 型初期产物为 Asp。这三种亚类型植物叶绿体的结构及其在 BSC 中的排列有所不同。就禾本科植物而言，NAD-ME 型植物，叶绿体在 BSC 中向心排列，而 NADP-ME 与 PCK 型，叶绿体在 BSC 中离心排列；另外 NADP-ME 型 BSC 中叶绿体的基粒不发达，PSII 活性低。

1)羧化阶段

由 PEPC 催化叶肉细胞中的磷酸烯醇式丙酮酸(phosphoenol plyruvate，PEP)与 HCO_3^- 羧化，形成 OAA。空气中的 CO_2 进入叶肉细胞后先由碳酸酐酶转化为 HCO_3^-，$CO_2+H_2O \longrightarrow HCO_3^-+H^+$。$HCO_3^-$ 被 PEP 固定在 OAA 的 C_4 羧基上，PEPC 的反应机理如下：①PEPC 先与 Mg^{2+} 结合；②再与底物 PEP 结合，形成一个三元复合物；③这个三元复合物与 HCO_3^- 作用产生羧基磷酸与 $PEPC{\cdot}Mg^{2+}$ 和烯醇式丙酮酸复合物，前者释放出 CO_2 与 Pi；④CO_2 与 $PEPC{\cdot}Mg^{2+}{\cdot}$烯醇作用产生 OAA 与 $PEPC{\cdot}Mg^{2+}$，OAA 为羧化反应的产物，$PEPC{\cdot}Mg^{2+}$ 则再次进行反应。PEPC 是胞质酶，主要分布在叶肉细胞的细胞质中，分子量 400 000，由四个相同亚基组成。PEPC 无加氧酶活性，因而羧化反应不被氧抑制。

2)还原或转氨阶段

OAA 被还原成苹果酸或经转氨作用形成天冬氨酸。

(1)还原反应。由 NADP-苹果酸脱氢酶(NADP-malate dehydrogenase)催化，将 OAA 还原为 Mal，该反应在叶肉细胞的叶绿体中进行。苹果酸脱氢酶为光调节酶，可通过 Fd-Td 系统调节其活性。

(2)转氨作用。由天冬氨酸转氨酶(aspartate amino transferase)催化，OAA 接受谷氨酸

的 NH_2 基，形成天冬氨酸，该反应在细胞质中进行。

3）脱羧阶段

生成的苹果酸或天冬氨酸从叶肉细胞经胞间连丝移动到 BSC，在那里脱羧。

3. C_4 途径的意义

C_4 植物起源于热带，在强光、高温及干燥的气候条件下，C_4 植物的光合速率要远大于 C_3 植物（罗耀华，1985；毛丹和赵玉柱，2010；任衍钢等，2015）。气候干燥时，叶片气孔的开度变小，进入叶肉的 CO_2 也随之减少，这就限制了 Rubisco 的羧化活性；气温高时，CO_2 和 O_2 在水中的溶解度虽均降低，但 CO_2 溶解度降低得更迅速，这样细胞液中 CO_2/O_2 的比值也降低，从而使得 Rubisco 的加氧活性升高，而羧化活性下降。在这些情况下，C_3 植物的光呼吸增强。但 C_4 植物的叶肉细胞中的 PEPC 对底物 HCO_3^- 的亲和力极高，细胞中的 HCO_3^- 浓度一般不成为 PEPC 固定 CO_2 的限制因素；C_4 植物由于有“CO_2 泵”浓缩 CO_2 的机制（李圆圆，2014），使得 BSC 中有高浓度的 CO_2，从而促进 Rubisco 的羧化反应，降低了光呼吸，且光呼吸释放的 CO_2 又易被再固定；加之高光强又可推动电子传递与光合磷酸化，产生更多的同化力，以满足 C_4 植物 PCA 循环对 ATP 的额外需求；另外，鞘细胞中的光合产物可就近运入维管束，从而避免了光合产物累积对光合作用可能产生的抑制作用。这些都使 C_4 植物可以具有较高的光合速率。但是 C_4 植物同化 CO_2 消耗的能量比 C_3 植物多，也可以说这个“CO_2 泵”是要由 ATP 来开动的，故在光强及温度较低的情况下，其光合效率还低于 C_3 植物。只是在高温、强光、干旱和低 CO_2 条件下，C_4 植物才显示出高的光合效率来。可见 C_4 途径是植物光合碳同化对热带环境的一种适应方式。

4. C_4 途径的调节

C_4 途径是一个极其复杂的生化过程，其运行跨越不同的细胞及细胞器，参与反应的酶类多（崔国瑞等，2009），因此各环节的协调是十分重要的，以下仅介绍较明确的一些调节。

1）酶活性的调节

C_4 途径中的 PEPC、NADP 苹果酸脱氢酶和丙酮酸磷酸二激酶（PPDK）都在光下活化，暗中钝化。NADP-苹果酸脱氢酶的活性通过 Fd-Td 系统调节，而 PEPC 和 PPDK 的活性通过酶蛋白的磷酸化、脱磷酸反应来调节（阳成伟等，2003；罗璇等，2014）。

2）光对酶量的调节

光提高光合酶活性的原因之一是光能促进光合酶的合成（李卫华等，2000）。前已提到 Rubisco 的合成受光控制，PEPC 的合成也受光照诱导，如玉米、高粱黄化叶片经连续照光后，PEPC 的活性提高，同时〔^3H〕-亮氨酸掺入到酶蛋白的数量增加，应用蛋白合成抑制剂、放线菌素 D 和光合电子传递抑制剂 DCMU 所得资料表明，光引起 PEPC 活性的增高与光合电子传递无关（不被 DCMU 抑制），而与酶蛋白的合成有关（被放线菌素 D 抑制）。光对 NADP 苹果酸酶的形成也有类似影响（吴敏贤等，1982）。

3）代谢物运输

C_4 途径的生化反应涉及两类光合细胞和多种细胞器，维持有关代谢物在细胞间、细胞器间快速运输，保持鞘细胞中高的 CO_2 浓度就显得非常重要（任艳萍等，2008；崔震海，2013）。在 C_4 植物叶肉细胞的叶绿体被膜上有一些特别的运转器，如带有 PEP 载体的磷运转器，它能保证丙酮酸、Pi 与 PEP、PGA 与 DHAP 间的对等交换；专一性的 OAA 运转器能使叶绿体内外的 OAA 与 Mal 快速交换，以维持 C_4 代谢物运输的需要。

前已提到，C_4 植物鞘细胞与相邻叶肉细胞的壁较厚，且内含不透气的脂层；壁中纹孔多，其中富含胞间连丝。由于共质体运输阻力小，使得光合代谢物在叶肉细胞和维管束鞘细胞间的运输速率增高。由于两细胞间的壁不透气，使得脱羧反应释放的 CO_2 不易扩散到鞘细胞外去。据测定，C_4 植物叶肉细胞-单鞘细胞间壁对光合代谢物的透性是 C_3 植物的 10 倍，而 CO_2 的扩散系数仅为 C_3 光合细胞的 1/100。维持维管束鞘细胞内的高 CO_2 浓度有利于 C_3 途径的运行，同时也会反馈调节 C_4 途径中的脱羧反应。因此，C_3 途径同化 CO_2 的速率以及光合产物经维管束向叶外输送的速率都会影响到整个途径的运行。

3.1.1.3 CAM 途径

1. CAM 途径的反应过程

CAM 途径：CAM 植物特别适应于干旱地区，其特点是气孔夜间张开，白天关闭。夜间 CO_2 能够进入叶中，也被固定在 C_4 化合物中，与 C_4 植物一样。白天有光时则 C_4 化合物释放出的 CO_2，参与卡尔文循环(张维经，1986)。由于 CAM 植物夜间吸进 CO_2，淀粉经糖酵解形成磷酸烯醇式丙酮酸(PEP)，在磷酸烯醇式丙酮酸羧化酶(PEPCase)催化下，与 PEP 结合，生成 OAA，进一步还原为苹果酸储存在液泡中。从而表现出夜间淀粉减少，苹果酸增加，细胞液 pH 下降。而白天气孔关闭，苹果酸转移到细胞质中脱羧，放出 CO_2，进入 C_3 途径合成淀粉；形成的丙酮酸可以形成 PEP 再还原成磷酸三糖，最后合成淀粉或者转移到线粒体，进一步氧化释放 CO_2，又可进入 C_3 途径。从而表现出白天淀粉增加，苹果酸减少，细胞液 pH 上升。

CAM 光合作用的效率不高，利用这种途径的植物可以在荒漠中、酷热的条件下存活，但生长缓慢(刘建泉，1991；苏文华和张光飞，2003)。

CAM 途径主要反应是两类羧化反应。即在黑暗中进行 PEPC 的羧化反应和在光下进行 Rubisco 的羧化反应，与此相伴随的是由 PEP 羧化生成草酰乙酸并进一步还原为苹果酸的酸化作用(acidification)和由苹果酸释放 CO_2 的脱羧作用(decarboxylation)。

2. CAM 植物的特点

进行 CAM 途径的植物有以下两个特征(李文杰，1991)：①所有的科都起源于热带或亚热带，其中许多种生长于干旱地区。②大部分植物的茎或叶是肉质的。这些特征是在高温、干旱环境中生长的植物经过长期演化而形成的，如仙人掌科、 景天科、大戟科、番杏科、百合科。夜间气孔开放，白天气孔关闭。

3. C_3、C_4、CAM 植物的特性比较及鉴别

CAM 植物与 C_4 植物固定与还原 CO_2 的途径基本相同，二者的差别在于：C_4 植物是在同一时间(白天)和不同的空间(叶肉细胞和维管束鞘细胞)完成 CO_2 固定(C_4 途径)和还原(C_3 途径)两个过程；而 CAM 植物则是在不同时间(黑夜和白天)和同一空间(叶肉细胞)完成上述两个过程的(罗红艺，2001)。

CAM 植物由于白天气孔关闭、苹果酸脱羧、细胞间的 CO_2/O_2 比例高以及 CO_2 再固定率高，因而表观光呼吸速率较低(唐微等，2002)。

1) 特性比较

C_3 植物、C_4 植物和 CAM 植物的光合作用与生理生态特性有较大的差异(焦德茂，1992；Tang，2002；郝战锋，2011)。见表 3.1。

表 3.1　C_3 植物、C_4 植物和 CAM 植物的光合作用与生理生态特性

Table 3.1　Photosynthetic, physiological and ecological characteristics of C_3, C_4 and CAM Plants

特性	C_3 植物	C_4 植物	CAM 植物
叶片结构	BSC 不发达，内无叶绿体，无“花环”结构	BSC 发达，内有叶绿体，有“花环”结构	BSC 不发达，叶肉细胞的液泡大，无“花环”结构
CO_2 固定酶	Rubisco	PEPC、Rubisco	PEPC、Rubisco
最初 CO_2 受体	RuBP	PEP	光下 RuBP，暗中 PEP
光合作用初产物	PGA	OAA	光下 PGA，暗中 OAA
同化力需求理论值(CO_2：ATP：NADPH)	1：3：2	1：5：2	1：6.5：2
最大光合速率(CO_2 吸收量)	低(10～25)	高(25～60)	极低(1～3)
CO_2 补偿点	高(40～70)	低(5～10)	光下(0～200)，暗期(5)
Warburg 效应	明显	不明显	明显
光呼吸	高，易测出	低，难测出	低，难测出
叶绿素 a/b	2.8±0.4	3.9±0.6	2.5～3.0
光饱和点	最大日照的 1/4～1/2	最大日照以上	不定
光合最适温度/℃	低(13～30)	高(30～47)	宽(～35)
生长最适温度	低	高	宽
耐旱性	弱	强	极强
光合产物运输速率	小	大	/
最大干物生长率/$g \cdot m^{-2} \cdot d^{-1}$	低(19.5±3.9)	高(30.3±13.8)	/
最大纯生产量/$t \cdot hm^{-2} \cdot a^{-1}$	少(22.0±3.3)	多(38.6±16.9)	变动大
蒸腾系数	大(450～950)	小(250～350)	极小(50～150)
增施 CO_2 对干物重的促进	大	小	/

2) 鉴别方法

除根据表 3.1 各类植物的主要特征加以鉴别外，在此再介绍几种判断的方法：

(1) 从碳同位素比上划分。是一种常用于植物碳代谢分类的测定方法(易现峰等，2005)。所谓碳同位素比是指样品与标样(美洲拟箭石，一种古生物化石，其 $^{13}C/^{12}C$ 为 1.16‰)之间碳同位素比值的相对差异，以 $\delta^{13}C$(‰)表示：

$$\delta^{13}C(‰) = [(\text{试样的})^{13}C/^{12}C/(\text{标样的})^{13}C/^{12}C - 1] \times 1000‰ \tag{3.6}$$

(2) 从植物进化上区分。C_3 植物较原始，C_4 植物较进化。蕨类和裸子植物中就没有 C_4 植物，只有被子植物中才有 C_4 植物。同样，木本植物中还未发现 C_4 植物，只有草本植物才有 C_4 植物(罗红艺，2001)。

(3) 从分类学上区分。C_4 植物多集中在单子叶植物的禾本科中，约占 C_4 植物总数的 75%，其次为莎草科。世界上危害最严重的 18 种农田杂草有 14 种是 C_4 植物，它们生长得快，具有很强的竞争优势。例如稗草、香附子、狗牙根、狗尾草、马唐、蟋蟀草等都是 C_4 植物。双子叶植物中 C_4 植物多分布于藜科、大戟科、苋科和菊科等十几个科中。而豆科、十字花科、蔷薇科、茄科和葫芦科中都未出现过 C_4 植物。

(4) 从地理分布上区分。由于 C_3 植物生长的适宜温度较低，而 C_4 植物生长的适宜温度较高，因而在热带和亚热带地区 C_4 植物相对较多，而在温带和寒带地区 C_3 植物相对较多。在北方早春开始生长的植物几乎全是 C_3 植物，直至夏初才出现 C_4 植物。CAM 植物主要分布在干旱、炎热的沙漠沙滩地区 (Nautiyal and Purohit，1980； Drennan and Nobel，1997；Yamori et al.，2014)。

(5) 从植物外形上区分。由于 C_3 植物栅栏组织和海绵组织分化明显，叶片背腹面颜色就不一致，而 C_4 植物分化不明显，叶背腹面颜色就较一致，多为深绿色 (Faraday et al.，1982)。C_3 植物 BSC 不含叶绿体，外观上叶脉是淡色的，而 C_4 植物 BSC 含有叶绿体，叶脉就显现绿色。另外，C_3 植物叶片上小叶脉间的距离较大，而 C_4 植物小叶脉间的距离较小。若从外观上断定是 C_3 植物，毫无疑问它的内部结构也属于 C_3 植物。若从外观上断定是 C_4 植物，不妨再作一下叶片的镜检，是否具有花环结构，测一下 CO_2 补偿点或光下向无 CO_2 气体中的 CO_2 释放量 (光呼吸速率)。通常 C_4 植物的这两个测定值都较低。

4. C_3、C_4、CAM 植物的 CO_2 同化过程的相互关系

从生物进化的观点看，C_4 植物和 CAM 植物是从 C_3 植物进化而来的 (龚春梅等，2009；张桂芳和丁在松，2015)。在陆生植物出现的初期，大气中 CO_2 浓度较高，O_2 较少，光呼吸受到抑制，故 C_3 途径能有效地发挥作用。随着植物群体的增加，O_2 浓度逐渐增高，CO_2 浓度逐渐降低，一些长期生长在高温、干燥气候下的植物受生态环境的影响，也逐渐发生了相应的变化。如出现了花环结构，叶肉细胞中的 PEPC 和磷酸丙酮酸二激酶含量逐步增多，形成了有浓缩 CO_2 机制的 C_4-二羧酸循环，形成了 C_3-C_4 中间型植物乃至 C_4 植物，或者形成了白天气孔关闭，抑制蒸腾作用，晚上气孔开启，吸收 CO_2 的 CAM 植物。不过，不论是哪一种光合碳同化类型的植物，都具有 C_3 途径，这是光合碳代谢的基本途径。C_4 途径、CAM 途径以及光呼吸途径只是对 C_3 途径的补充。也由于长期受环境的影响，使得在同一科属内甚至在同一植物中可以具有不同的光合碳同化途径。

总之，不同碳代谢类型之间的划分不是绝对的，它们在一定条件下可互相转化，这也反映了植物光合碳代谢途径的多样性、复杂性以及在进化过程中植物表现出的对生态环境的适应性。

3.1.2　植物对碳酸氢根离子的利用

在喀斯特地区，由于各种地质作用及人为因素的影响，使得基岩风化溶蚀，而植物、微藻及微生物也会通过分泌有机酸或酶促反应等促进基岩的溶蚀 (韩宝平，1993；王世杰等，2003；申泰铭等，2014；谢腾祥，2014；杭红涛，2015；Hang and Wu，2016)。大量的 HCO_3^- 生成，同时也消耗掉了氢离子，导致该地区的土壤呈现高重碳酸盐及高 pH，阻碍了生长在该地区的植物对一些元素如锌、铁等的吸收利用 (赵宽，2014；赵宽等，2015)，严重地影响了植物的正常生长发育 (杨成等，2007；Liu et al.，2011； 熊红福等，2011)。但植物在受到胁迫后，其体内的环境诱导酶会随着环境的变化而相应表达 (Wang et al.，2006；Amal et al.，2009；Kumar et al.，2014)。其中 CA，是一种环境诱导酶 (Qiang et al.，

2011；Müller et al.，2014)，能够快速催化 HCO_3^- 水解成 CO_2 进入植物体进行光合作用(And and Price，1994；刘再华，2001；李西腾等，2005；吴沿友等，2011a)，同时也改善了周边土壤的 pH，促进了植物对 HCO_3^- 的利用，也改善了周边土壤的 HCO_3^- 浓度。对诸葛菜、芥菜型油菜及续随子在 10 mM 的 HCO_3^- 浓度下叶片的 CA 活力随着处理时间变化的观测表明，三种植物均随着处理时间的增加，CA 活力也相应增加(王瑞等，2015)。构树和桑树在 10 mM HCO_3^- 浓度下的 CA 活力随培养时间的变化表明，在重碳酸盐处理 10 d 及 20 d 后，构树比桑树具有较高的 CA 活力，而对于构树，处理 20 d 的 CA 活力显著高于处理 10 d 的 CA 活力，桑树则相反(Xing and Wu，2012)。

综上所述，喀斯特土壤环境显著影响着植物 CA 活力的变化，而 CA 活力的变化与植物对不同无机碳的利用有着密切关系，植物能够借助体内的 CA 催化来自土壤中的 HCO_3^- 生成 CO_2 进行光合作用，增加植物对外源无机碳的利用种类，以此来提高植物对无机碳的羧化效率，改善气孔导度，有效地提高植物本身的初始生产力，高效利用 HCO_3^- 进行光合作用也是喀斯特适生植被破解恶劣生境难题的适生策略之一。因此，为了解植物在不同喀斯特环境下进行光合作用所利用的无机碳的种类和 CA 活力的变化，对于我们理解植物固碳增汇具有十分重要的作用。

3.1.3　喀斯特逆境下植物的无机碳利用策略

喀斯特生态环境较为恶劣，岩溶干旱、高钙、高 pH、高重碳酸盐等一系列逆境，使得该地区很多农作物和经济作物不能很好地生长发育(Alhendawi et al.，1997；Kaya et al.，2002；Cardozo et al.，2005；张信宝和王克林，2009；张中峰等，2012；王瑞，2016)。近些年来，不断有学者发现，在喀斯特地区还是有很多植物能够很好地生存并能发展成生态群落，有些植物在浅薄贫瘠的土壤甚至在岩石裂缝中也能正常生长，这就说明了这些植物为了适应脆弱的喀斯特逆境条件，而不得不进化出一系列能够适应该地区生存和发展的独特的生存策略(Marschner，1991；Oleksyn et al.，2000；吴沿友，2011)。而这些在喀斯特地区生长发育较好的原生植物统称为喀斯特适生植物。正由于喀斯特适生植物的发现，后来不断有学者针对不同喀斯特环境，发现喀斯特适生植物具有不同的生理生化响应、代谢调控体系以及对岩石的风化和无机营养利用等适生策略或机制(吴沿友，1997；Li et al.，2006；Ji et al.，2009；Liu et al.，2012；赵宽，2014)，上述陈列的植物适生策略或机制或目前尚未被认识到的其他机制造就了喀斯特地区适生植物的适生性。

脆弱的喀斯特生态环境严重地影响了该地区的植物生存和发育。岩溶干旱、高 pH、高重碳酸盐、低营养、高钙等逆境因子都限制着植物的正常生长(邢德科，2009；梁铮，2010；吴沿友等，2011a；杭红涛，2015)。而这些影响因子通常都是影响植物对无机碳或水分的吸收和利用来限制植物的光合作用，以此来限制植物的正常生长。

在喀斯特地区，光照和温度等环境因子对植物光合碳同化能力的影响并没有以上喀斯特逆境因子影响大。岩溶干旱下，植物的根部吸收水分能力受限，而地上部分如植物叶片不得不部分关闭气孔来减少叶片的蒸腾作用，从而减少植物本身的水分过度流失(Yordanov et al.，2000；Aroca，2012)，但由于叶片气孔的部分关闭，植物对大气 CO_2 的吸收也会随着气孔的关闭而减少，从光合底物的来源而限制了植物的正常生长；在高 pH 下，植被根部的离子运输能力也会受阻，同样也会降低植被的气孔导度，羧化效率等降低植被的光合产出(赵彦坤等，2008；吴沿友等，2009)；高重碳酸盐、高钙等因子会在植被根部外形成不同程度的渗透势，造成根部外离子浓度过高，使得植被根部吸水受限(Rensen，1984；Hawrylak-Nowak et al.，2015；Hang and Wu，2016)；但有报道也指出，一些植物能够在盐碱地或高钙地区正常生长，说明部分植物还是能够适应高重碳酸盐或高钙环境(王程媛等，2011；吴沿友等，2011b)，由此说明，对于不同种类的植物来说，其对喀斯特逆境因子的反应程度也各不相同。

喀斯特逆境的多样性影响着该地区生物多样性(余国睿，2014；李星，2016)。生物多样性是生态系统稳定性的基础，其变化往往改变着该地区生态系统的过程及生态系统对该地区环境变化的弹性及抵抗能力，因而影响着整个生态系统的稳定和发展。对于喀斯特地区，因生态环境较为脆弱，往往限制着植物的生存和发展。但喀斯特地区的适生植物也会通过增加物种多样性、生理形态多样性、遗传多样性等来弥补该地区植物数量少的不足，以此来改善并加强生态系统的稳定性。

植物受到外界逆境影响后，其受阻的往往都是对外界离子的吸收运输以及光合底物的利用等方面(Tattini，1995；Chaves et al.，2009)。逆境下，植物的气孔导度减小，羧化效率降低，延缓了光合产物的生成等而降低了植被的净光合速率。喀斯特适生植物的发现，说明生长在喀斯特地区的植物可以直接或间接地通过补充体内水分和 CO_2 进入植物叶片中，改善气孔导度，增加固定 CO_2 的羧化效率等一系列措施而改善植物对 CO_2 的同化能力，以此来提升净光合速率，使植物得以正常生长(Badger and Price，2003)。

在喀斯特逆境下，低无机营养对于植物来说，也是不可忽视的逆境因素(Mi，2002)。在多为坡度陡峭的岩溶山地，降水把浅薄土层的一些营养元素部分冲刷下来，使得土层变得更加贫瘠，对于生长在该地区的植物来说，营养匮乏是该地区的植物所面临的须迫切解决的关键问题。而生长在此地区的适生植物能够在低营养条件下正常生长，这与它们对低浓度的无机营养高效吸收利用和对岩石的溶蚀作用密不可分(Zhao and Wu，2014)。植物根部通过离子运输或释放有机酸等来获取岩石中的必需营养元素，以此来改善植物体内的生理生化反应，使得植物能够正常生长。

以上不同的喀斯特逆境对不同的植物生理生化等方面会产生不同程度的影响，造成对水分和营养元素以及 CO_2 同化利用的影响，抑制了植物的正常生长。植物在遭受喀斯特逆境(岩溶干旱、高 pH、高重碳酸盐、低无机营养等)后，根部吸收水分受阻，叶片为了减少水分蒸腾而不得不部分关闭气孔，造成大气 CO_2 的吸收同样也受阻，但植物可以通过体内储存的 HCO_3^- 经一系列生化反应来补偿短时间的水分和 CO_2 的供应不足，因此一些与逆境相关的代谢调控酶被激活而部分表达加强，以此来增强植物对外界的逆境因子的抵抗能力。而 CA 就是与逆境相关的主要调控酶之一(Lamb，1977；And and Price，1994；Escuderoalmanza et al.，2012)。植物在遭受逆境后，气孔关闭，水分和 CO_2 吸收受阻，而此时体内的 CA 活力上升，加快催化体内储存的 HCO_3^- 生成 CO_2 和水分，不但弥补了逆境下植物叶片因对大气 CO_2 吸收受阻而造成的 CO_2 的不足，也改善了叶片气孔对水分的供应状况，缓解了岩溶干旱对植物的影响，同时也增加了植物对 HCO_3^- 的利用能力。因此，

CA 活力的升高对喀斯特适生植物高效利用 HCO_3^- 起到了关键作用，这在很大程度上解决了植物在岩溶干旱和高重碳酸盐下生存和发展的难题。

3.2　二氧化碳稳定碳同位素组成日平均值的测定

从工业革命开始到现在，CO_2 浓度增加了 31%。有确切的证据表明，这些增长主要源自交通、取暖、发电等人类活动中化石燃料的燃烧。由 CO_2 引起的温室效应增加占目前温室效应增加的三分之二。在距今 10000 到 250 年间，大气中 CO_2 的浓度非常稳定，维持在 260～280ppmv①。过去的 250 年中 CO_2 浓度增加到了 370ppmv，其中大部分增长出现在最近几十年。诸多因素清楚地表明，人类活动是温室气体浓度增加的主要原因。例如，目前温室气体浓度增加率与人类排放的变化率之间有着很好的一致性，并且这在大气几千年的历史中是未曾出现过的。另外，大气 CO_2 中的碳同位素组成和 CO_2 在大气中分布的变化趋势与人类活动的排放是一致的。

由交通、取暖、发电等人类活动中化石燃料的燃烧释放的 CO_2 中的碳同位素组成与生物释放、碳酸盐溶蚀以及大气层本身的 CO_2 碳同位素组成各不相同，研究大气碳同位素组成变化规律对揭示研究区域在过去、现在以及未来 CO_2 变化趋势，对预测人类活动对未来环境变化的影响，避免和控制具有破坏性的气候环境变化，为治理和恢复生态环境及推动全球可持续发展具有重要的意义。

以往测定大气中 CO_2 稳定碳同位素组成的方法主要是收集待测区域的气体，进行碳同位素的测定。这种方法由于待测区域的气体的复杂性以及随时间的可变性，难以获得具有区域特征的大气 CO_2 稳定碳同位素组成值；只能获取某些时间点的值，并且这些值因为大气中气体的复杂性带来一定程度的测定误差。因此，建立一种能代表区域特征的大气中 CO_2 稳定碳同位素组成的测定方法，对研究全球变化具有重要的意义。

3.2.1　原理

稳定碳同位素的强烈分馏特征是识别不同无机碳来源的基础。自然界中碳元素有两种稳定同位素：^{12}C 和 ^{13}C，它们的天然平均丰度分别为 98.89%和 1.11%。稳定碳同位素组成通常用 $\delta^{13}C$(‰)表示，自然界中 $\delta^{13}C$ 的变化为−90‰～+20‰。稳定碳同位素的强烈分馏特征有利于识别不同无机碳来源(吴沿友等，2012)。质量平衡原理以及同位素混合模型和化学计量学方法，是定量识别不同无机碳源的基础。

两端元的同位素混合模型可以表示为

$$\delta_{si} = \delta_a - f_{bsi}\delta_a + f_{bsi}\delta_{Ci} \tag{3.7}$$

式中，δ_{si} 为培养植物一定时间后培养液中无机碳的 $\delta^{13}C$ 值，δ_a 为空气中 CO_2 溶解到培养液中无机碳的 $\delta^{13}C$ 值，δ_{Ci} 为初始培养液中添加的 HCO_3^- 的 $\delta^{13}C$ 值，f_{bsi} 为培养植物一定时

① ppmv：百万分之一。

间后培养液中外源添加的 HCO_3^- 占培养液中总无机碳源的份额。

很显然，必须知道 δ_{Ci}、δ_{si} 和 f_{bsi} 方可求出 δ_a，因此，本节利用两种 $\delta^{13}C$ 值差异较大的碳酸氢钠作为碳同位素标记分别添加在两种营养液中同时在待测环境中培养生长一致的同一种植物，以双向标记稳定碳同位素技术来估算标记的 HCO_3^- 占溶液中总无机碳的比例，由此计算 δ_a，再依据 δ_a 得出大气 CO_2 日平均稳定碳同位素组成。

对于同位素标记 1 来说，方程(3-7)表示如下式：

$$\delta_{s1} = \delta_a - f_{bs1}\delta_a + f_{bs1}\delta_{C1} \tag{3.8}$$

式中，δ_{s1} 为添加第一种已知 $\delta^{13}C$ 值的碳酸氢钠到营养液中培养植物一定时间后的营养液中 $\delta^{13}C$ 值，δ_a 为这段时间内大气中 CO_2 进入到培养液的无机碳 $\delta^{13}C$ 的平均值，δ_{C1} 为第一种碳酸氢钠的 $\delta^{13}C$ 值，f_{bs1} 为培养植物一定时间后培养液中第一种添加的外源 HCO_3^- 占培养液中总无机碳源的份额。

对于同位素标记 2 来说，方程(3.7)表示如下式：

$$\delta_{s2} = \delta_a - f_{bs2}\delta_a + f_{bs2}\delta_{C2} \tag{3.9}$$

式中，δ_{s2} 为添加第二种已知 $\delta^{13}C$ 值的碳酸氢钠到营养液中培养植物一定时间后的营养液中 $\delta^{13}C$ 值，δ_a 为这段时间内大气中 CO_2 进入到培养液的无机碳 $\delta^{13}C$ 的平均值，δ_{C2} 为第二种碳酸氢钠的 $\delta^{13}C$ 值，f_{bs2} 为培养植物一定时间后培养液中第二种添加的外源 HCO_3^- 占培养液中总无机碳源的份额。

方程(3.8)和方程(3.9)中，$f_{bs} = f_{bs1} = f_{bs2}$，方程(3.8)和方程(3.9)联立求解

$$f_{bs} = \frac{\delta_{s1} - \delta_{s2}}{\delta_{C1} - \delta_{C2}} \tag{3.10}$$

式中，f_{bs} 值为培养液培养植物一定时间后培养液中添加的外源 HCO_3^- 占培养液中总无机碳源的份额。

f_{bs} 值为 0～1。f_{bs} 越大则表明空气中 CO_2 进入到培养液中越少，CO_2 进入到培养液中越少，则越难以准确地测定出这段时间内大气中 CO_2 进入到培养液的无机碳 $\delta^{13}C$ 的平均值(δ_a)。f_{bs} 越小则表明空气中 CO_2 进入到培养液中越多，CO_2 进入到培养液中越多，越便于准确地测定出这段时间内大气中 CO_2 进入到培养液的无机碳 $\delta^{13}C$ 的平均值(δ_a)。因此，我们选择培养能快速利用 HCO_3^- 的植物，以期达到让空气中的 CO_2 较多地进入到培养液中。通过多次实验，确定 f_{bs} 的临界值为 0.6，当 f_{bs} 小于 0.6，方可将以上数据代入方程(3.11)。

$$\delta_a = \frac{\delta_{s1}\delta_{C2} - \delta_{C1}\delta_{s2}}{\delta_{s1} + \delta_{C2} - \delta_{C1} - \delta_{s2}} \tag{3.11}$$

因此，可以通过测定同位素标记 1 的 HCO_3^- 的 $\delta^{13}C$ 值 δ_{C1} 与同位素标记 2 的 HCO_3^- 的 $\delta^{13}C$ 值 δ_{C2}，同时测定添加对应标记的 HCO_3^- 的培养液培养植物一段时间后的溶液中的 $\delta^{13}C$ 值，即测定出 δ_{s1} 和 δ_{s2} 值，依方程(3.11)可计算出这段时间内大气中 CO_2 进入到培养液的无机碳 $\delta^{13}C$ 的平均值 δ_a。

再把 δ_a 换算成大气 CO_2 平均稳定碳同位素组成 δ_{Ca}。换算表达式为

$$\delta_{Ca} = \delta_a + \Delta_{CO_2(air)-HCO_3^-(aq)} \tag{3.12}$$

式中，δ_{Ca} 为大气 CO_2 平均稳定碳同位素组成，$\Delta_{CO_2(air)-HCO_3^-(aq)}$ 为在非平衡状态下，由 CO_2

到 HCO_3^- 的碳同位素分馏值。$\Delta_{CO_2(air)-HCO_3^-(aq)}$ 在平衡状态下约为 8.5‰，由于植物的快速吸收利用，使得 CO_2 水解平衡一直向着生成碳酸氢根的方向发展，因此，$\Delta_{CO_2(air)-HCO_3^-(aq)}$ 的值取 1.1‰。

3.2.2　技术规程

3.2.2.1　范围

本规程规定了植物能够生长的时间和环境下的大气 CO_2 日平均稳定碳同位素组成的测定方法。

本规程适用于陆生植物能够生长的时间和环境下的大气 CO_2 日平均稳定碳同位素组成的测定。

3.2.2.2　规范性引用文件

下列文件对于本文件的应用是必不可少的。凡是注日期的引用文件，仅所注日期的版本适用于本文件。

GB/T 6379.2—2004 测量方法与结果的准确度(正确度与精确度)第 2 部分：确定标准测量方法重复性与再现性的基本方法。

GB/T 1250—1989 极限数值的表示方法和判定方法。

精密度数据按照 GB/T 6379.2—2004 的规定确定，其重复性和再现性的值以 95%的可信度计算。

GB/T 1606—2008 工业碳酸氢钠。

3.2.2.3　术语和定义

下列术语和定义适用于本技术。

(1) $\delta^{13}C$：$\delta^{13}C(‰, PDB)=[(R_{样品}/R_{标准})-1]\times1000‰$，$R_{样品}$为样品中的 ^{13}C 与 ^{12}C 的比值；$R_{标准}$为标准品中的 ^{13}C 与 ^{12}C 的比值。PDB 是标准物质 Pee Dee Belemnite 的简称。

(2) PDB：为国际标准物质 Pee Dee Belemnite 的简称，标准物质的稳定同位素丰度被定义为 0‰。

3.2.2.4　试剂和材料

除非另有规定，本方法所用试剂均为分析纯，水为 GB/T 6682—2008 规定的一级水。

(1) 碳酸氢钠。

(2) 植物种子。符合 GB/T 3543.4－1995。

(3) 穴盘。依据植物种类，选择不同的规格。如：30 cm×20 cm，40 cm×30 cm 等。

(4) 栽培基质。代替土壤提供作物机械支持和物质供应的固体介质；如蛭石、石英砂等。

(5) 培养液。依据不同的植物选择不同的营养液。

3.2.2.5 主要仪器设备

气体同位素质谱仪。仪器的 $\delta^{13}C$ 测定精度 0.1‰。载气：氦气，纯度 99.99%，助燃气：氧气，纯度 99.99%。

3.2.2.6 测定过程

1. 植物预培养

选择籽粒饱满无霉变无病虫害的待测植物种子，室内采用同样规格的穴盘水培萌发植物种子，配制培养液培养幼苗宜 2 个月以上，选择生长较为一致的幼苗作为考察植物幼苗。不同植物预培养时间不同，幼苗的大小宜有 4 片展开叶出现为好。

2. 双向碳同位素标记培养液的配置

测定不同厂家生产的碳酸氢钠，选择两种 $\delta^{13}C$ 值差值宜大于 10‰的碳酸氢钠作为同位素标记 1 和同位素标记 2，其值分别为 δ_{C1} 和 δ_{C2}，两种碳酸氢钠 $\delta^{13}C$ 值差值的范围为 10‰～80‰，分别以 10 mM 量添加到培养液中。加入培养液中的碳酸氢钠 $\delta^{13}C$ 值差值越大，则空气中 CO_2 进入到溶液中 HCO_3^- 的效应更容易辨识，易于后期实验数据采集。配制 pH 为 8.30 的 10 mM 碳酸氢钠，使得培养液呈碱性环境下保证有充分的 HCO_3^- 与空气中 CO_2 进行交换，以免因营养液中的 HCO_3^- 过少造成测量误差大，或 HCO_3^- 过多而导致溶液中 HCO_3^- 过于饱和难与 CO_2 交换等问题。

3. 植物培养和培养液的稳定碳同位素组成测定

分别用同位素标记 1 和同位素标记 2 的培养液同时培养生长一致的 2 个月龄以上的植物幼苗；培养 1 天后换新培养液之前，分别测定两种同位素标记的、相对应的培养液的稳定碳同位素组成 $\delta^{13}C$ 的值，δ_{NS1} 和 δ_{NS2} 值。该步骤中，必须保证被培养的植物生长一致，而且要同时培养在同一待测环境中。

3.2.2.7 计算

1. 添加的碳酸氢钠占溶液中总无机碳的份额

将测得的 δC_1、δC_2、δ_{s1} 和 δ_{s2} 值代入方程 $f_{bs}=\dfrac{\delta_{s1}-\delta_{s2}}{\delta_{C1}-\delta_{C2}}$，计算出加入的碳酸氢钠占溶液中总无机碳的份额 f_{bs}。

2. 测定时间段内大气中 CO_2 进入到培养液的无机碳 $\delta^{13}C$ 的平均值

判断 f_{bs} 值是否小于 0.6，取 f_{bs} 值小于 0.60 时实验所获取的各测定值，代入方程 $\delta_a=\dfrac{\delta_{s1}\delta_{C2}-\delta_{C1}\delta_{s2}}{\delta_{s1}+\delta_{C2}-\delta_{C1}-\delta_{s2}}$，计算出 δ_a，即这段时间内大气中 CO_2 进入到培养液的无机碳 $\delta^{13}C$ 的平均值。

3. 大气 CO_2 日平均稳定碳同位素组成

将计算的 δ_a 值代入方程 $\delta_{Ca}=\delta_a+\Delta_{CO_2(air)-HCO_3^-(aq)}$，计算出大气 CO_2 日平均稳定碳同位素组成 δ_{Ca}。该步骤中，因 CO_2 水解形成 HCO_3^- 存在同位素分馏，25℃时在平衡状态下约为 8.5‰，由于植物的快速吸收利用，使得 CO_2 水解平衡向着生成碳酸氢根的方向发展，

此时 $\Delta_{CO_2(air)-HCO_3^-(aq)}$ 的值取 1.1‰。故本实验计算出的 δ_a 值仅为大气中 CO_2 进入到培养液的无机碳 $\delta^{13}C$ 的平均值，因此，大气 CO_2 日平均稳定碳同位素组成 δ_{Ca} 值即为(δ_a＋1.1‰)。

3.2.2.8 精密度

本规程的精密度数据按照 GB/T6379.2—2004 的规定确定，其重复性和再现性的值以 90%的可信度计算。

3.2.2.9 技术优点

(1) 本方法能快速获取不同时间不同环境下的大气 CO_2 日平均稳定碳同位素组成。

(2) 本方法步骤少，计算简单。

(3) 本方法能够克服现有技术难以获得具有区域特征的大气 CO_2 稳定碳同位素组成值、只能获取某些时间点的值等不足。

(4) 本方法由于利用了植物快速吸收利用 HCO_3^- 的特性，使 CO_2 水解成 HCO_3^- 的速度加快，且不平衡，一方面便于 CO_2 水解形成 HCO_3^- 的稳定碳同位素分馏值的获取，另一方面保证有足够的 HCO_3^- 来自于大气 CO_2，因此，获得的数据可靠。

3.2.3 应用实例

3.2.3.1 实施例

1. 实施例 1

测定不同厂家生产的碳酸氢钠，选择两种 $\delta^{13}C$ 值差值大于 10‰的碳酸氢钠作为同位素标记 1 和同位素标记 2 的示踪剂；随后，将同位素标记 1 和同位素标记 2 的示踪剂分别加入到 Hoagland 营养液中，营养液中碳酸氢钠浓度设置为 10 mM，pH 为 8.30，同位素标记 1 的营养液中 HCO_3^- 的 $\delta^{13}C$ 值为 δ_{C1}，同位素标记 2 的营养液中 HCO_3^- 的 $\delta^{13}C$ 值为 δ_{C2}；将以上配制的营养液在待测环境 1 下同时培养生长周期一致的诸葛菜，培养 24 小时后，分别测定两种同位素标记的 Hoagland 营养液中稳定碳同位素组成 $\delta^{13}C$ 值，分别记为 δ_{s1} 和 δ_{s2} 值；将测得的 δ_{C1}、δ_{C2}、δ_{s1} 和 δ_{s2} 值代入方程 $f_{bs}=\dfrac{\delta_{s1}-\delta_{s2}}{\delta_{C1}-\delta_{C2}}$，计算出加入的碳酸氢钠占营养液中总无机碳的份额 f_{bs}；判断 f_{bs} 值是否小于 0.6，取 f_{bs} 值小于 0.60 时实验所获取得各测定值，代入方程 $\delta_a=\dfrac{\delta_{s1}\delta_{C2}-\delta_{C1}\delta_{s2}}{\delta_{s1}+\delta_{C2}-\delta_{C1}-\delta_{s2}}$，计算出这段时间内大气中 CO_2 进入到培养液的无机碳 $\delta^{13}C$ 的平均值 δ_a；将计算的 δ_a 值代入方程 $\delta_{Ca}=\delta_a+\Delta_{CO_2(air)-HCO_3^-(aq)}$ 即 $\delta_{Ca}=\delta_a$＋1.1‰，计算出大气 CO_2 日平均稳定碳同位素组成 δ_{Ca}。

2. 实施例 2

测定不同厂家生产的碳酸氢钠，选择两种 $\delta^{13}C$ 值差值大于 10‰的碳酸氢钠作为同位素标记 1 和同位素标记 2 的示踪剂；随后，将同位素标记 1 和同位素标记 2 的示踪剂分别加入到 Hoagland 营养液中，营养液中碳酸氢钠浓度设置为 10 mM，pH 为 8.30，同位素标记 1 的营养液中 HCO_3^- $\delta^{13}C$ 值为 δ_{C1}，同位素标记 2 的营养液中 HCO_3^- $\delta^{13}C$ 值为 δ_{C2}；将以上配制的营养液在待测环境 2 下同时培养生长周期一致的芥菜型油菜，培养 24h 后，分别测定两种同位素标记的 Hoagland 营养液中稳定碳同位素组成 $\delta^{13}C$ 值，分别记为 δ_{s1} 和 δ_{s2} 值；将测得的 δ_{C1}、δ_{C2}、δ_{s1} 和 δ_{s2} 值代入方程 $f_{bs}=\frac{\delta_{s1}-\delta_{s2}}{\delta_{C1}-\delta_{C2}}$，计算出加入的碳酸氢钠占营养液中总无机碳的份额 f_{bs}；判断 f_{bs} 值是否小于 0.6，取 f_{bs} 值小于 0.60 时实验所获取得各测定值，代入方程 $\delta_a=\frac{\delta_{s1}\delta_{C2}-\delta_{C1}\delta_{s2}}{\delta_{s1}+\delta_{C2}-\delta_{C1}-\delta_{s2}}$，计算出这段时间内大气中 CO_2 进入到培养液的无机碳 $\delta^{13}C$ 的平均值 δ_a；将计算的 δ_a 值代入方程 $\delta_{Ca}=\delta_a+\Delta_{CO_2(air)-HCO_3^-(aq)}$ 即 $\delta_{Ca}=\delta_a+1.1‰$，计算出大气 CO_2 日平均稳定碳同位素组成 δ_{Ca}。

3. 实施例 3

测定不同厂家生产的碳酸氢钠，选择两种 $\delta^{13}C$ 值差值大于 10‰的碳酸氢钠作为同位素标记 1 和同位素标记 2 的示踪剂；随后，将同位素标记 1 和同位素标记 2 的示踪剂分别加入到 Hoagland 营养液中，营养液中碳酸氢钠浓度设置为 10 mM，pH 为 8.30，同位素标记 1 的营养液中 HCO_3^- 的 $\delta^{13}C$ 值为 δ_{C1}，同位素标记 2 的营养液中 HCO_3^- 的 $\delta^{13}C$ 值为 δ_{C2}；将以上配制的营养液在待测环境 3 下同时培养生长周期一致的诸葛菜，培养 24h 后，分别测定两种同位素标记的 Hoagland 营养液中稳定碳同位素组成 $\delta^{13}C$ 值，分别记为 δ_{s1} 和 δ_{s2} 值；将测得的 δ_{C1}、δ_{C2}、δ_{s1} 和 δ_{s2} 值代入方程 $f_{bs}=\frac{\delta_{s1}-\delta_{s2}}{\delta_{C1}-\delta_{C2}}$，计算出加入的碳酸氢钠占营养液中总无机碳的份额 f_{bs}；判断 f_{bs} 值是否小于 0.6，取 f_{bs} 值小于 0.60 时实验所获取得各测定值，代入方程 $\delta_a=\frac{\delta_{s1}\delta_{C2}-\delta_{C1}\delta_{s2}}{\delta_{s1}+\delta_{C2}-\delta_{C1}-\delta_{s2}}$，计算出这段时间内大气中 CO_2 进入到培养液的无机碳 $\delta^{13}C$ 的平均值 δ_a；将计算的 δ_a 值代入方程 $\delta_{Ca}=\delta_a+\Delta_{CO_2(air)-HCO_3^-(aq)}$ 即 $\delta_{Ca}=\delta_a+1.1‰$，计算出大气 CO_2 日平均稳定碳同位素组成 δ_{Ca}。

4. 实施例 4

测定不同厂家生产的碳酸氢钠，选择两种 $\delta^{13}C$ 值差值大于 10‰的碳酸氢钠作为同位素标记 1 和同位素标记 2 的示踪剂；随后，将同位素标记 1 和同位素标记 2 的示踪剂分别加入到 Hoagland 营养液中，营养液中碳酸氢钠浓度设置为 10 mM，pH 为 8.30，同位素标记 1 的营养液中 HCO_3^- 的 $\delta^{13}C$ 值为 δ_{C1}，同位素标记 2 的营养液中 HCO_3^- 的 $\delta^{13}C$ 值为 δ_{C2}；将以上配制的营养液在待测环境 2 下同时培养生长周期一致的芥菜型油菜，培养 24h 后，分别测定两种同位素标记的 Hoagland 营养液中稳定碳同位素组成 $\delta^{13}C$ 值，分别记为 δ_{s1} 和 δ_{s2} 值；将测得的 δ_{C1}、δ_{C2}、δ_{s1} 和 δ_{s2} 值代入方程 $f_{bs}=\frac{\delta_{s1}-\delta_{s2}}{\delta_{C1}-\delta_{C2}}$，计算出加入的碳酸氢钠占营养液中总无机碳的份额 f_{bs}；判断 f_{bs} 值是否小于 0.6，取 f_{bs} 值小于 0.60 时实验所获取得各测定值，代入方程 $\delta_a=\frac{\delta_{s1}\delta_{C2}-\delta_{C1}\delta_{s2}}{\delta_{s1}+\delta_{C2}-\delta_{C1}-\delta_{s2}}$，计算出这段时间内大气中 CO_2 进入到培养液的无机碳 $\delta^{13}C$ 的平均值 δ_a；将计算的 δ_a 值代入方程 $\delta_{Ca}=\delta_a+\Delta_{CO_2(air)-HCO_3^-(aq)}$ 即 $\delta_{Ca}=\delta_a+1.1‰$，计算出大气 CO_2 日平均稳定碳同位素组成 δ_{Ca}。

5. 实施例 5

测定不同厂家生产的碳酸氢钠，选择两种 $\delta^{13}C$ 值差值大于 10‰的碳酸氢钠作为同位素标记 1 和同位素标记 2 的示踪剂；随后，将同位素标记 1 和同位素标记 2 的示踪剂分别加入到 Hoagland 营养液中，营养液中碳酸氢钠浓度设置为 10 mM，pH 为 8.30，同位素标记 1 的营养液中 HCO_3^- 的 $\delta^{13}C$ 值为 δ_{C1}，同位素标记 2 的营养液中 HCO_3^- 的 $\delta^{13}C$ 值为 δ_{C2}；将以上配制的营养液在待测环境 2 下同时培养生长周期一致的芥菜型油菜，培养 24h 后，分别测定两种同位素标记的 Hoagland 营养液中稳定碳同位素组成 $\delta^{13}C$ 值，分别记为 δ_{s1} 和 δ_{s2} 值；将测得的 δ_{C1}、δ_{C2}、δ_{s1} 和 δ_{s2} 值代入方程 $f_{bs}=\dfrac{\delta_{s1}-\delta_{s2}}{\delta_{C1}-\delta_{C2}}$，计算出加入的碳酸氢钠占营养液中总无机碳的份额 f_{bs}；判断 f_{bs} 值是否小于 0.6，取 f_{bs} 值小于 0.60 时实验所获取得各测定值，代入方程 $\delta_a=\dfrac{\delta_{s1}\delta_{C2}-\delta_{C1}\delta_{s2}}{\delta_{s1}+\delta_{C2}-\delta_{C1}-\delta_{s2}}$，计算出这段时间内大气中 CO_2 进入到培养液的无机碳 $\delta^{13}C$ 的平均值 δ_a；将计算的 δ_a 值代入方程 $\delta_{Ca}=\delta_a+\Delta_{CO_2(air)-HCO_3^-(aq)}$ 即 $\delta_{Ca}=\delta_a+1.1‰$，计算出大气 CO_2 日平均稳定碳同位素组成 δ_{Ca}。

6. 实施例 6

测定不同厂家生产的碳酸氢钠，选择两种 $\delta^{13}C$ 值差值大于 10‰的碳酸氢钠作为同位素标记 1 和同位素标记 2 的示踪剂；随后，将同位素标记 1 和同位素标记 2 的示踪剂分别加入到 Hoagland 营养液中，营养液中碳酸氢钠浓度设置为 10 mM，pH 为 8.30，同位素标记 1 的营养液中 HCO_3^- 的 $\delta^{13}C$ 值为 δ_{C1}，同位素标记 2 的营养液中 HCO_3^- 的 $\delta^{13}C$ 值为 δ_{C2}；将以上配制的营养液在待测环境 2 下同时培养生长周期一致的的芥菜型油菜，培养 24h 后，分别测定两种同位素标记的 Hoagland 营养液中稳定碳同位素组成 $\delta^{13}C$ 值，分别记为 δ_{s1} 和 δ_{s2} 值；将测得的 δ_{C1}、δ_{C2}、δ_{s1} 和 δ_{s2} 值代入方程 $f_{bs}=\dfrac{\delta_{s1}-\delta_{s2}}{\delta_{C1}-\delta_{C2}}$，计算出加入的碳酸氢钠占营养液中总无机碳的份额 f_{bs}；判断 f_{bs} 值是否小于 0.6，取 f_{bs} 值小于 0.60 时实验所获取得各测定值，代入方程 $\delta_a=\dfrac{\delta_{s1}\delta_{C2}-\delta_{C1}\delta_{s2}}{\delta_{s1}+\delta_{C2}-\delta_{C1}-\delta_{s2}}$，计算出这段时间内大气中 CO_2 进入到培养液的无机碳 $\delta^{13}C$ 的平均值 δ_a；将计算的 δ_a 值代入方程 $\delta_{Ca}=\delta_a+\Delta_{CO_2(air)-HCO_3^-(aq)}$ 即 $\delta_{Ca}=\delta_a+1.1‰$，计算出大气 CO_2 日平均稳定碳同位素组成 δ_{Ca}。

3.2.3.2　实施效果

分别用 $\delta^{13}C$ 为−28.87‰和−1.53‰(PDB)的碳酸氢钠添加到经过改良的 Hoagland 营养液中，配制成同位素标记 1 营养液和同位素标记 2 营养液。取诸葛菜和芥菜型油菜种子播种到穴盘上，待两种植物萌发长至 4 片真叶后，分别用同位素标记 1 培养液和同位素标记 2 营养液，培养生长一致的诸葛菜和芥菜型油菜。培养 24h 后，分别测定两种同位素标记相对应的营养液的碳同位素 $\delta^{13}C$ 值。用本方法考察培养植物 24h 后营养液中添加的 HCO_3^- 占营养液中总无机碳源的份额 f_{bs}，最后计算出大气 CO_2 日平均稳定碳同位素组成 δ_{Ca}(表 3.2)。

表 3.2 营养液中添加的 HCO_3^- 占营养液中总无机碳源的份额 f_{bs} 以及大气 CO_2 日平均稳定碳同位素组成 δ_{Ca}

Table 3.2 The share (f_{bs}) of the addition of HCO_3^- to the total inorganic carbon source in the nutrient solution and the atmospheric CO_2 daily average stable carbon isotopic composition δ_{Ca}

实施例	δ_{C1}/‰	δ_{C2}/‰	δ_{s1}/‰	δ_{s2}/‰	f_{bs}	δ_a/‰	δ_{Ca}/‰
1	−1.53	−28.87	−4.70	−21.05	0.60 (0.598)	−9.42	−8.32
2	−1.53	−28.87	−6.93	−20.68	0.50	−12.40	−11.30
3	−1.53	−28.87	−12.04	−19.38	0.27	−15.90	−14.80
4	−1.53	−28.87	−11.28	−20.85	0.35	−16.53	−15.43
5	−1.53	−28.87	−11.84	−19.28	0.27	−15.69	−14.59
6	−1.53	−28.87	−11.70	−19.34	0.28	−15.65	−14.55

从表 3.2 中可以看出，6 个不同待测环境，大气 CO_2 日平均稳定碳同位素组成明显不同，待测环境 1 受到人类活动的影响最小，因此，它的大气 CO_2 日平均稳定碳同位素组成接近大气 CO_2 碳同位素 $\delta^{13}C$ 的平均值（≈−8‰），待测环境 2 受到人类活动的影响大于待测环境 1 小于待测环境 3、待测环境 4、待测环境 5、待测环境 6，因此它的大气 CO_2 日平均稳定碳同位素组成小于大气 CO_2 碳同位素 $\delta^{13}C$ 的平均值（≈−8‰），为−11.30‰。待测环境 3 和待测环境 4 为同一环境，测出的大气 CO_2 日平均稳定碳同位素组成差异不大，分别为−14.80‰和−15.43‰；待测环境 5 和待测环境 6 也为同一环境，测出的大气 CO_2 日平均稳定碳同位素组成值极为接近，分别为−14.59‰和−14.55‰。而待测环境 3、待测环境 4、待测环境 5、待测环境 6 受人类活动影响较大，人类的呼吸造成它们的大气 CO_2 日平均稳定碳同位素组成值较大气 CO_2 碳同位素 $\delta^{13}C$ 的平均值更偏负。这些结果符合实际情况。

从以上数据可看出，利用本技术获取不同环境下大气 CO_2 日平均稳定碳同位素组成具有可靠性。利用本规程来获取大气 CO_2 日平均稳定碳同位素组成，其实验过程简单，能检测到不同环境下大气 CO_2 稳定碳同位素组成变化，方便又快捷。

3.3 野外生境下植物的碳酸氢根离子利用能力的检测和评判

植物不仅能利用空气的 CO_2 为原料进行光合作用，而且也可以通过 CA 的作用，利用储存的 HCO_3^- 为原料进行光合作用（Kadono，1980）。对喀斯特地区来说，植物利用 HCO_3^- 的能力尤为重要（吴沿友，2011）。喀斯特适生植物在遭受喀斯特逆境（岩溶干旱、高钙、高 pH、高重碳酸根离子浓度以及低无机营养等）后，叶片中的 CA 活力升高，一方面导致气孔导度减小或气孔关闭，减少蒸腾以防止植物进一步脱水，另一方面将细胞内的 HCO_3^- 转化成水和 CO_2，以应对因气孔导度减小或气孔关闭造成的水分和 CO_2 的不足，在喀斯特逆境下进行光合碳还原，利用无机碳（邢德科，2012；赵宽，2014；杭红涛，2015；黄天志，2015）。植物利用 HCO_3^- 的能力可以成为喀斯特适生植物的一个评价标准。对筛选喀斯特适生植物，利用生物方法来治理和恢复脆弱的喀斯特生态环境具有重要的作用。

目前，比较准确地测定植物叶片的光合作用的仪器如 Li-6400 便携式光合仪，是采用气体交换法来测量植物光合作用，通过测量流经叶室前后的 CO_2 浓度的变化和湿度变化来计算植物的净光合速率和蒸腾速率，并计算出气孔导度和胞间 CO_2 浓度。但是植物叶片利用 HCO_3^- 进行光合作用不能为 Li-6400 便携式光合仪所测得，因为这部分的无机碳源不经过叶室，所以无法用如 Li-6400 便携式光合仪这样的仪器测出这部分碳源的光合利用。因此，必须寻找一种方法来获取植物利用 HCO_3^- 的信息。

3.3.1　原理

稳定碳同位素的强烈分馏特征是识别植物体内不同无机碳源的基础。自然界中碳元素有两种稳定同位素：^{12}C 和 ^{13}C，它们的天然平均丰度分别为 98.89%和 1.11%。稳定碳同位素组成通常用 $\delta^{13}C$(‰)表示，自然界中 $\delta^{13}C$ 的变化为−90‰～＋20‰。稳定碳同位素的强烈分馏特征有利于识别植物体内不同无机碳来源。质量平衡原理以及同位素混合模型和化学计量学方法，是定量识别植物体内不同无机碳来源的基础。

同位素两端元混合模型可以表示为

$$\delta_T = \delta_A - f_B\delta_A + f_B\delta_B \tag{3.13}$$

式中，δ_T 为被考察植物叶片的 $\delta^{13}C$ 值，δ_A 为假定植物利用大气 CO_2 为唯一碳源时叶片的 $\delta^{13}C$ 值，δ_B 为假定植物完全利用外源添加的 HCO_3^- 为唯一碳源时叶片的 $\delta^{13}C$ 值，f_B 为该考察植物利用外源添加的 HCO_3^- 占植物利用总无机碳源的份额。

很显然，只知道 δ_T 很难求出 f_B，因此，本技术采用体内 CA 活力极其小的微藻的 $\delta^{13}C$ 值作为假定完全利用外源添加的 HCO_3^- 为唯一碳源时叶片的 $\delta^{13}C$ 值，因此，以稳定同位素两端元模型来识别植物利用不同无机碳源的份额。

通过方程(3.13)可以分别算出被考察植物分别利用大气 CO_2、HCO_3^- 进行光合作用的份额分别为$(1-f_B)$、f_B，依据化学计量方法，借助光合仪测定植物利用大气 CO_2 的能力，即净光合速率 P_N，求出被考察植物利用 HCO_3^- 的能力。是将被考察植物第二片完全展开叶的净光合速率 P_N 与 f_B 代入公式 $BUC = f_BP_N/(1-f_B)$ 中，从而求出该植物利用 HCO_3^- 的能力。

3.3.2　技术规程

3.3.2.1　范围

本规程规定了利用 CA 活力极低和极高的微藻和参考植物的 $\delta^{13}C$ 值及被测定植物的净光合速率的测定来测定野外植物总利用 HCO_3^- 进行光合作用的方法。

本规程适用于陆生可室内培养的构树、桑树等木本以及诸葛菜、油菜等草本 C_3 植物 HCO_3^- 利用能力及总光合碳同化能力的测定。

3.3.2.2 规范性引用文件

下列文件对于本文件的应用是必不可少的。凡是注日期的引用文件，仅注日期的版本适用于本文件。

GB/T 6682—2008 分析实验室用水规格和试验方法

GB/T 6379.2—2004 测量方法与结果的准确度（正确度与精确度）第二部分：确定标准测量方法重复性与再现性的基本方法。

GB/T 1250—1989 极限数值的表示方法和判定方法。

3.3.2.3 术语和定义

(1) $\delta^{13}C$：$^{13}C/^{12}C$ 比值，稳定碳同位素比值，单位为‰(PDB)。

(2) PDB：国际碳同位素标准，以美国南卡罗来纳州上白垩统中拟箭石化石作为国际碳同位素标准。

(3) 净光合速率(net photosynthetic rate)：通过光合仪测定的净光合速率是指光合作用产生的糖类减去呼吸作用消耗的糖类（即净光合作用产生的糖类）的速率。

(4) HCO_3^- 利用能力(bicarbonate utilization capacity)：植物利用来自于土壤中的储存在叶片的 HCO_3^- 为底物进行光合作用的能力。

3.3.2.4 试剂和材料

除非另有规定，本方法所用试剂均为分析纯，水为 GB/T 6682—2008 规定的一级水。

(1) 植物种子。符合 GB/T 3543.4－1995。

(2) 穴盘。依据植物种类，选择不同的规格。如：30 cm×20 cm、40 cm×30 cm 等。

(3) 栽培基质。代替土壤提供作物机械支持和物质供应的固体介质；如蛭石、石英砂等。

(4) 培养液。依据不同的植物选择不同的营养液。

3.3.2.5 主要仪器设备

(1) 气体同位素质谱仪。仪器的 $\delta^{13}C$ 测定精度 0.1‰。载气：氦气，纯度 99.99%，助燃气：氧气，纯度 99.99%。

(2) 便携式光合仪。

3.3.2.6 测定过程

1. 稳定碳同位素组成 $\delta^{13}C$ 的测定

(1) 选择 CA 活力极低的植物做参照植物，将要考察的植物与参照植物的种子播种到所要考察的环境中，待植株生长有 4 片以上真叶后，分别测定被考察植物与参照植物的第一片完全展开叶的稳定碳同位素组成 $\delta^{13}C$ 值。

(2) 利用被考察植物种子播种的被考察环境的土壤溶液配制营养液，培养微藻，测定微藻的 $\delta^{13}C$ 值。

(3) 在培养考察植物与参考植物的同时培养微藻，培养时间为 2 周到 5 周。

2. 被考察植物叶片的净光合速率的测定

测定被考察植物叶片的净光合速率。

3.3.2.7　计算

(1) 将被考察植物叶片的 $\delta^{13}C$ 值作为 δ_T，参照植物的叶片的 $\delta^{13}C$ 值为 δ_A，微藻的 $\delta^{13}C$ 值为 δ_B，代入二端元模型 $\delta_T = \delta_A - f_B\delta_A + f_B\delta_B$，计算出被考察植物利用的 HCO_3^- 占无机碳源比例份额 f_B。

(2) 将被考察植物第二片完全展开叶的净光合速率 P_N 与 f_B 代入公式 $BUC = f_B P_N / (1 - f_B)$ 中，求出该植物利用 HCO_3^- 的能力。

3.3.2.8　精密度

本规程的精密度数据按照 GB/T6379.2—2004 的规定确定，其重复性和再现性的值以 90%的可信度计算。

3.3.2.9　技术优点

(1) 本方法能定量测定植物利用 HCO_3^- 的能力。

(2) 本方法所需植物材料少，因此占地小。

(3) 本方法采用的步骤少，计算简单。

3.3.3　应用实例

3.3.3.1　实施例

选择 CA 活力极低的植物物种做参照，将要考察的植物物种与参照植物物种的种子播种到所要考察的环境中，待植株生长有 4 片以上真叶后，利用光合仪如 Li-6400 便携式光合仪测定被考察植物第二片完全展开叶的净光合速率 P_N。随后分别取下被考察植物和参照物种的第一片完全展开叶，置于 60℃恒温干燥箱中烘干，将上述烘干的样品研磨后，过 0.1 mm 筛，经常规处理后，上同位素质谱仪如同位素质谱仪 MAT252 进行稳定碳同位素组成 $\delta^{13}C$ 测定。同时利用被考察环境的土壤溶液配制营养液，培养小球藻三周后，离心收集藻体，烘干，研磨，经常规处理后，上同位素质谱仪如同位素质谱仪 MAT252 进行小球藻稳定碳同位素组成 $\delta^{13}C$ 的测定。

依据二端元模型 $\delta_T = \delta_A - f_B\delta_A + f_B\delta_B$，计算被考察植物利用的 HCO_3^- 占无机碳源比例份额，这里 δ_T 为被考察植物叶片的 $\delta^{13}C$ 值，δ_A 为基本上不利用 HCO_3^- 作无机碳源、CA 活力极低的植物的叶片的 $\delta^{13}C$ 值，δ_B 为极少利用 CO_2 作碳源以 HCO_3^- 为主要无机碳源的微藻的 $\delta^{13}C$ 值，f_B 为植物利用的 HCO_3^- 占无机碳源比例份额。将上面的被考察植物叶片的 $\delta^{13}C$ 值作为 δ_T，参照物种的叶片的 $\delta^{13}C$ 值为 δ_A，小球藻的 $\delta^{13}C$ 值为 δ_B，代入二端元模型 $\delta_T = \delta_A - f_B\delta_A + f_B\delta_B$，计算出被考察植物利用的 HCO_3^- 占无机碳源比例份额 f_B。

依据公式 $BUC = f_B P_N / (1 - f_B)$，算出被考察植物利用 HCO_3^- 的能力，这里，BUC 为

被考察植物利用 HCO_3^- 的能力，P_N 为被考察植物第二片完全展开叶的净光合速率，f_B 同样为被考察植物利用的 HCO_3^- 占无机碳源比例份额。将被考察植物第二片完全展开叶的净光合速率 P_N 与它利用的 HCO_3^- 占无机碳源比例份额 f_B 代入公式 $BUC = f_B P_N / (1 - f_B)$ 中，算出该植物利用 HCO_3^- 的能力 BUC。

3.3.3.2 实施效果

本实施例中，取油菜、诸葛菜、构树和桑树与悬铃木的种子播种到喀斯特地区的土壤上。油菜、诸葛菜、构树和桑树是被考察物种，悬铃木的 CA 活力用常规 pH 计法无法测出，证明其 CA 活力极小，可作为参照物种。用该地区的土壤溶液配制营养液，培养小球藻三周后，利用用本技术规程，得出各种植物利用 HCO_3^- 的能力，如表 3.3。

表 3.3 几种植物利用 HCO_3^- 的能力的比较

Table 3.3 Comparison of the ability of several plants to utilize HCO_3^-

	诸葛菜	油菜	构树	桑树
δ_T/‰ (以 PDB 为标准)	−28.34	−31.37	−28.88	−30.25
δ_A/‰ (以 PDB 为标准)	−31.56	−31.56	−31.56	−31.56
δ_B/‰ (以 PDB 为标准)	−22.74	−22.74	−22.74	−22.74
f_B	0.37	0.02	0.30	0.15
P_N / $\mu mol \cdot m^{-2}s^{-1}$	7.65	3.89	15.40	16.00
BUC / $\mu mol \cdot m^{-2}s^{-1}$	4.49	0.08	6.60	2.82
备注	δ_T 为被考察植物叶片的 $\delta^{13}C$ 值，δ_A 为悬铃木的叶片的 $\delta^{13}C$ 值，δ_B 为小球藻的 $\delta^{13}C$ 值，f_B 为植物利用的 HCO_3^- 占无机碳源比例份额。P_N 为被考察植物第二片完全展开叶子的净光合速率，BUC 为被考察植物利用 HCO_3^- 的能力。净光合速率的测定条件为光强 800 $\mu mol \cdot m^{-2}s^{-1}$，胞间 CO_2 浓度为 396 $\mu mol \cdot mol^{-1}$，温度 22～23℃。			

从表 3.3 中可以看出，构树和诸葛菜的 BUC 明显地大于桑树和油菜的 BUC，这与构树和诸葛菜是喀斯特适生植物的事实是吻合的。尤其是构树，虽然它的利用 CO_2 的能力小于桑树，但把 BUC 加到一起，可以看出，构树整碳同化能力明显高于桑树的整碳同化能力，这是目前的光合仪无法获取的信息。

3.4 控制实验下植物的碳酸氢根离子利用能力及总光合同化能力的检测和评判

近年来，众多的实验已经证明，植物不仅能利用大气中的 CO_2 作为底物进行光合作用，而且也可以利用来自土壤中的储存在叶片中的 HCO_3^- 为底物进行光合作用。尤其在具有高浓度的 HCO_3^- 的喀斯特石灰岩地区，仅用基于测定大气 CO_2 通量的光合仪来测定植物的无机碳同化能力，严重地低估了喀斯特地区植物的生产力。鉴于植物对 HCO_3^- 的利用能力不容忽视，因此，准确测定植物对不同外源无机碳源的利用份额，测定包括 CO_2 和 HCO_3^- 同化在内的总光合碳同化能力，对正确评估植物的生产力和“碳汇”能力，筛选高生产力的喀斯特适生植物品种，用喀斯特适生植物来治理和恢复脆弱的喀斯特生态环境具有重要的作用。为国家的碳汇交易提供科学数据，为我国争取碳汇交易的主动权提供数据支撑。

稳定碳同位素技术已经成功地应用到生态学等领域，植物叶片利用大气 CO_2 能力可利用光合仪直接测出，但是，植物的 HCO_3^- 的利用能力目前还没有任何仪器直接测出。我们通过多年的努力，成功地开发出双向无机碳同位素示踪培养技术，实现了植物的 HCO_3^- 的利用能力的定量测定。该技术中，通过添加碳同位素双向标记的 HCO_3^- 到培养液中可以获取植物对外源添加的 HCO_3^- 的利用份额。但是大气中的 CO_2，也可以溶解到培养液中生成 HCO_3^-，这部分 HCO_3^- 也可以被植物利用。植物总的 HCO_3^- 利用份额是植物对外源添加的 HCO_3^- 的利用份额与植物对来自大气 CO_2 溶解形成的 HCO_3^- 利用份额之和。植物总光合碳同化能力包括植物对大气 CO_2 的同化能力和植物对来自根部吸收的 HCO_3^- 的同化能力。鉴于植物总的 HCO_3^- 利用份额测定的复杂性，致使目前没有一种方法来测定植物总光合碳同化能力。同样利用双向无机碳同位素示踪培养技术也能够实现植物总光合碳同化能力的定量测定，这些为更准确地评估植物的生产力以及“碳汇”能力提供数据支撑。

3.4.1　原理

稳定碳同位素的强烈分馏特征是识别植物体内不同无机碳源的基础。自然界中碳元素有两种稳定同位素：^{12}C 和 ^{13}C，它们的天然平均丰度分别为 98.89%和 1.11%。稳定碳同位素组成通常用 $\delta^{13}C$(‰)表示，自然界中 $\delta^{13}C$ 的变化为-90‰～+20‰。稳定碳同位素的强烈分馏特征有利于识别植物体内不同无机碳来源。质量平衡原理以及同位素混合模型和化学计量学方法，是定量识别植物体内不同无机碳来源的基础。

同位素两端元混合模型可以表示为

$$\delta_T = \delta_A - f_B\delta_A + f_B\delta_B \tag{3.13}$$

式中，δ_T 为被考察植物叶片的 $\delta^{13}C$ 值，δ_A 为假定植物利用大气 CO_2 为唯一碳源时叶片的 $\delta^{13}C$ 值，δ_B 为假定植物完全利用外源添加的 HCO_3^- 为唯一碳源时叶片的 $\delta^{13}C$ 值，f_B 为该考察植物利用外源添加的 HCO_3^- 占植物利用总无机碳源的份额。

很显然，只知道 δ_T 很难求出 f_B，因此，本技术采用双向碳同位素标记法利用两种具有较大差异的 $\delta^{13}C$ 值的 HCO_3^- 分别同时培养生长一致的植物，以稳定碳同位素双向标记来识别植物利用不同无机碳源的份额。

由于本技术是利用添加两种具有较大差异的 $\delta^{13}C$ 值的 HCO_3^-（同位素标记 1 和同位素标记 2）分别同时培养生长一致的植物，植物生长所需要的无机碳源只包括大气 CO_2 和添加在培养液中的 HCO_3^- 两种无机碳源，因此，本技术的原理如下：

根据两端元的同位素混合模型，对于同位素标记 1 来说，方程(3.13)表示如下式：

$$\delta_{T1} = \delta_{A1} - f_{B1}\delta_{A1} + f_{B1}\delta_{B1} \tag{3.14}$$

式中，δ_{T1} 为用第一种已知 $\delta^{13}C$ 值的 HCO_3^- 培养的植物叶片的 $\delta^{13}C$ 值，δ_{A1} 为假定为植物

完全利用 CO_2 为唯一碳源时叶片的 $\delta^{13}C$ 值，δ_{B1} 为假定为植物完全利用第一种已知 $\delta^{13}C$ 值的 HCO_3^- 为唯一碳源时叶片的 $\delta^{13}C$ 值，f_{B1} 为该考察植物利用外源添加的第一种 HCO_3^- 占植物利用的总碳源的份额。

对于同位素标记 2 来说，方程(3-13)表示如下式：

$$\delta_{T2} = \delta_{A2} - f_{B2}\delta_{A2} + f_{B2}\delta_{B2} \tag{3.15}$$

式中，δ_{T2} 为用第二种已知 $\delta^{13}C$ 值的 HCO_3^- 培养的植物叶片的 $\delta^{13}C$ 值，δ_{A2} 为假定为植物完全利用 CO_2 为唯一碳源时叶片的 $\delta^{13}C$ 值，δ_{B2} 为假定为植物完全利用第二种已知 $\delta^{13}C$ 值的 HCO_3^- 为唯一碳源时叶片的 $\delta^{13}C$ 值，f_{B2} 为该考察植物利用外源添加的第二种 HCO_3^- 占植物利用的总碳源的份额。

方程(3.14)和方程(3-15)中 $\delta_{A1} = \delta_{A2}$，$f_B = f_{B1} = f_{B2}$，联立求解

$$f_B = \frac{\delta_{T1} - \delta_{T2}}{\delta_{B1} - \delta_{B2}} \tag{3.16}$$

式中，$\delta_{B1}-\delta_{B2}$ 可以换算成同位素标记 1 的 HCO_3^- 的 $\delta^{13}C$ 值 δ_{C1} 与同位素标记 2 的 HCO_3^- 的 $\delta^{13}C$ 值 δ_{C2} 的差，则式(3.16)变为

$$f_B = \frac{\delta_{T1} - \delta_{T2}}{\delta_{C1} - \delta_{C2}} \tag{3.17}$$

因此，可以通过测定同位素标记 1 的 HCO_3^- 的 $\delta^{13}C$ 值 δ_{C1} 与同位素标记 2 的 HCO_3^- 的 $\delta^{13}C$ 值 δ_{C2}，同时测定用对应的标记的 HCO_3^- 培养的植物叶片的 $\delta^{13}C$ 值，即测定出 δ_{T1} 和 δ_{T2} 值，依式(3.17)计算出植物利用外源添加的 HCO_3^- 的份额 f_B。

上述算出的植物利用外源添加的 HCO_3^- 的份额 f_B 是指被考察植物的第一展开叶对外源添加的 HCO_3^- 的利用份额，而此时的第一展开叶包括“新碳”和“老碳”。实际上，这片叶的“老碳”部分是没有利用过外源添加的 HCO_3^-，只有“新碳”部分受到外源添加的 HCO_3^- 同化物的影响。因此，植物净增加的有机碳中利用了外源添加 HCO_3^- 的份额 f_{BN} 则为

$$f_{BN} = \frac{f_B}{f_{LA}} \tag{3.18}$$

式中，f_B 是式(3.17)中计算出植物利用外源添加的 HCO_3^- 的份额，f_{LA} 为被考察植物叶片在培养一定时间内有机碳的增加比例。在这里，植物的有机碳增加比例用叶面积的增加比例来表示，即为

$$f_{LA} = \frac{LA_7 - LA_0}{LA_0} \tag{3.19}$$

式中，f_{LA} 为被考察植物叶片在培养一定时间内有机碳的增加比例；LA_0 和 LA_7 分别为被考察植物叶片第 0 d 和培养 7 d 后的叶面积。

此外，大气中的 CO_2 也会溶解到培养液中生成 HCO_3^- 被植物所利用，这部分 HCO_3^- 被植物利用的份额在现有的技术中都被忽略，因此，为了测得植物对总 HCO_3^- 的利用份额，还需要考虑大气 CO_2 溶解到培养液中生成 HCO_3^- 被植物利用的份额 f_{BNS}。

HCO_3^- 被植物利用的份额与溶液中 HCO_3^- 的浓度成正比，为了测得培养液中两种来源的 HCO_3^- 浓度比，同样可以利用同位素二端元混合模型，一个端元为添加的外源 HCO_3^-，

另一个端元为大气 CO_2 溶解在培养液中形成的 HCO_3^-，它的表达式为公式为

$$\delta_{NS} = \delta_a - f_{BNS}\delta_a + f_{BNS}\delta_C \tag{3.20}$$

式中，δ_{NS} 为培养植物一定时间后培养液的 $\delta^{13}C$ 值，δ_a 为大气 CO_2 溶解在培养液中形成的 HCO_3^- 的 $\delta^{13}C$ 值，δ_C 为添加在培养液中的外源 HCO_3^- 的初始 $\delta^{13}C$ 值，f_{BNS} 为培养液培养植物一定时间后外源添加的 HCO_3^- 占培养液总无机碳源的份额。

对于同位素标记 1 来说，方程(3-20)表示如下：

$$\delta_{NS1} = \delta_a - f_{BNS1}\delta_a + f_{BNS1}\delta_{C1,0} \tag{3.21}$$

式中，δ_{NS1} 为用第一种已知 $\delta^{13}C$ 值的 HCO_3^- 培养植物一定时间后培养液的 $\delta^{13}C$ 值，δ_a 为大气 CO_2 溶解在培养液中形成的 HCO_3^- 的 $\delta^{13}C$ 值，$\delta_{C1,0}$ 为第一种标记的 HCO_3^- 添加到培养液中初始的 $\delta^{13}C$ 值，f_{BNS1} 为培养植物一定时间后外源添加的第一种 HCO_3^- 占培养液总无机碳源的份额。

对于同位素标记 2 来说，方程(3-20)表示如下：

$$\delta_{NS2} = \delta_a - f_{BNS2}\delta_a + f_{BNS2}\delta_{C2,0} \tag{3.22}$$

式中，δ_{NS2} 为用第二种已知 $\delta^{13}C$ 值的 HCO_3^- 培养植物一定时间后培养液的 $\delta^{13}C$ 值，δ_a 为大气 CO_2 溶解在培养液中形成的 HCO_3^- 的 $\delta^{13}C$ 值，$\delta_{C2,0}$ 为第二种标记的 HCO_3^- 添加到培养液中初始的 $\delta^{13}C$ 值，f_{BNS2} 为培养植物一定时间后外源添加的第二种 HCO_3^- 占培养液总无机碳源的份额。

方程(3.21)和方程(3.22)中 $f_{BNS} = f_{BNS1} = f_{BNS2}$，联立求解

$$f_{BNS} = \frac{\delta_{NS1} - \delta_{NS2}}{\delta_{C1,0} - \delta_{C2,0}} \tag{3.23}$$

因此，通过测定同位素标记 1 与同位素标记 2 的 HCO_3^- 溶解到培养液中初始的 $\delta^{13}C$ 值 $\delta_{C1,0}$ 和 $\delta_{C2,0}$，同时测定用对应标记的 HCO_3^- 培养植物一定时间后的培养液的 $\delta^{13}C$ 值，即测定出 δ_{NS1} 和 δ_{NS2} 值，依式(3-23)计算出培养植物一定时间后外源添加的 HCO_3^- 占培养液中总无机碳源的份额 f_{BNS}。

我们假设初始加入一定量的 HCO_3^- 到培养液中，此时培养液中 100%都是外源添加的 HCO_3^-，但大气 CO_2 溶解到培养液中生成 HCO_3^- 和外源添加的 HCO_3^- 同时被植物吸收利用，培养一定时间后外源添加的 HCO_3^- 占培养液中总无机碳源的份额为 f_{BNS}，这里植物净增加的有机碳中利用外源添加的 HCO_3^- 份额 f_{BN} 和植物利用大气 CO_2 溶解到培养液中生成 HCO_3^- 份额之和为 f_b，其表达式为

$$f_b = \frac{2f_{BN}}{1 + f_{BNS}} \tag{3.24}$$

而植物利用大气 CO_2 溶解到培养液中生成的 HCO_3^- 的份额为 $f_{BCO_2-HCO_3^-}$，其表达式为

$$f_{BCO_2-HCO_3^-} = \frac{f_{BN}\ (1 - f_{BNS})}{1 + f_{BNS}} \tag{3.25}$$

总的来说，植物利用总 HCO_3^- (外源添加的 HCO_3^- 和 CO_2 溶解生成的 HCO_3^-)的份额为 f_b 也可表示为

$$f_b = \frac{2f_B}{f_{LA} + f_{LA}f_{BNS}} \tag{3.26}$$

式中，f_B 为植物利用外源添加的 HCO_3^- 的份额，f_{BNS} 为培养植物一定时间后外源添加的 HCO_3^- 占培养液中总无机碳源的份额，f_{LA} 为考察植物叶片在培养一定时间内叶面积的增加比例。

以上公式可计算出植物所利用的不同无机碳源的份额，则其对不同无机碳源的光合同化能力还需要借助光合仪。基于大气 CO_2 通量的光合仪测定的植物叶片净光合速率值 P_N 是植物对大气 CO_2 的光合碳同化能力，而植物还可以利用 HCO_3^- 进行光合作用，其对 HCO_3^- 的光合同化能力表示为 BUC，即 HCO_3^- 利用能力，其表达式为

$$BUC = \frac{P_N f_b}{1 - f_b} \tag{3.27}$$

式中，BUC 为植物对 HCO_3^- 的光合同化能力，P_N 为植物对大气 CO_2 的光合同化能力，f_b 为植物利用总 HCO_3^- 的份额。

3.4.2 技术规程

3.4.2.1 范围

本规程规定了利用双向同位素示踪法结合植物的生长和净光合速率的测定来测定植物总光合碳同化能力的测定方法。

本规程适用于陆生可室内培养的构树、桑树等木本以及诸葛菜、油菜等草本 C_3 植物 HCO_3^- 利用能力及总光合碳同化能力的测定。

3.4.2.2 规范性引用文件

下列文件对于本文件的应用是必不可少的。凡是注日期的引用文件，仅注日期的版本适用于本文件。

GB/T 6682—2008 分析实验室用水规格和试验方法

GB/T 6379.2—2004 测量方法与结果的准确度(正确度与精确度)第二部分：确定标准测量方法重复性与再现性的基本方法。

GB/T 1250—1989 极限数值的表示方法和判定方法。

3.4.2.3 术语和定义

(1) $\delta^{13}C$：$^{13}C/^{12}C$ 比值，稳定碳同位素比值，单位为‰(PDB)。

(2) PDB：国际碳同位素标准，以美国南卡罗来纳州上白垩统中拟箭石化石作为国际碳同位素标准。

(3) 净光合速率(net photosynthetic rate)：通过光合仪测定的净光合速率是指光合作用产生的糖类减去呼吸作用消耗的糖类(即净光合作用产生的糖类)的速率。

(4) 总光合同化能力(total photosynthetic assimilation capacity)：植物利用大气中的 CO_2

进行光合作用的能力与利用 HCO_3^- 进行光合作用的能力之和。

(5) HCO_3^- 利用能力(bicarbonate utilization capacity)：植物利用来自于土壤中的储存在叶片的 HCO_3^- 为底物进行光合作用的能力。

3.4.2.4　试剂和材料

除非另有规定，本方法所用试剂均为分析纯，水为 GB/T 6682—2008 规定的一级水。

(1) 碳酸氢钠。

(2) 植物种子。符合 GB/T 3543.4－1995。

(3) 穴盘。依据植物种类，选择不同的规格。如：30 cm×20 cm，40 cm×30 cm 等。

(4) 栽培基质。代替土壤提供作物机械支持和物质供应的固体介质；如蛭石、石英砂等

(5) 培养液。依据不同的植物选择不同的营养液。

3.4.2.5　仪器设备

(1) 气体同位素质谱仪。仪器的 $\delta^{13}C$ 测定精度 0.1‰。载气：氦气，纯度 99.99%，助燃气：氧气，纯度 99.99%。

(2) 便携式光合仪。

(3) 叶面积仪。

3.4.2.6　测定过程

1. 植物预培养

选择籽粒饱满无霉变无病虫害的待测植物种子，室内采用同样规格的穴盘水培萌发植物种子，配制培养液培养幼苗宜 2 个月以上，选择生长较为一致的幼苗作为考察植物幼苗。不同植物预培养时间不同，幼苗的大小宜有 4 片展开叶出现为好。

2. 双向碳同位素标记培养

1) 双向碳同位素标记培养液的配置

测定不同厂家生产的碳酸氢钠，选择两种 $\delta^{13}C$ 值差值宜大于 10‰的碳酸氢钠作为同位素标记 1 和同位素标记 2，其值分别为 δ_{C1} 和 δ_{C2}，两种碳酸氢钠 $\delta^{13}C$ 值差值的范围为 10‰～80‰。分别以 10 mM 量添加到培养液中；同位素标记 1 的培养液中 HCO_3^- 的 $\delta^{13}C$ 值为 $\delta_{C1,0}$，同位素标记 2 培养液中 HCO_3^- 的 $\delta^{13}C$ 值为 $\delta_{C2,0}$。

2) 植物培养

分别用同位素标记 1 和同位素标记 2 的培养液同时培养生长一致的 2 个月龄以上的植物幼苗，每天更换新的相对应的培养液；培养时间视植物的种类和培养条件而定。

(1) 叶面积的增加比例的测定。

培养开始即培养第 0 天测定被考察植物第一展开叶的叶面积 LA_0。培养一段时间(t, 天)后同样测定被考察植物该第一展开叶的叶面积 LA_t。

(2) 培养液的稳定碳同位素组成测定。

培养 1 d 后换新培养液之前，分别测定两种同位素标记的、相对应的培养液的稳定碳同位素组成 $\delta^{13}C$ 的值，δ_{NS1} 和 δ_{NS2} 值。

(3) 第一展开叶的稳定碳同位素组成测定。

培养一段时间 (t) 后分别测定两种同位素标记的培养液培养的植物该第一展开叶的稳定碳同位素组成 $\delta^{13}C$ 的值，δ_{T1} 和 δ_{T2}。

(4) 植物对大气 CO_2 的光合同化能力测定。

利用光合仪测定被考察植物叶片的净光合速率 P_N，即为植物对大气 CO_2 的光合同化能力。

3.4.2.7　计算

1. 利用外源添加的 HCO_3^- 的份额

分别将 δ_{C1}、δ_{C2}、δ_{T1} 和 δ_{T2} 代入方程 (3-17) 中可求出植物利用外源添加的 HCO_3^- 的份额 f_B。

$$f_B = \frac{\delta_{T1} - \delta_{T2}}{\delta_{C1} - \delta_{C2}} \tag{3.17}$$

2. 植物利用大气 CO_2 溶解到培养液中生成的 HCO_3^- 的份额

分别将 $\delta_{C1,0}$、$\delta_{C2,0}$、δ_{NS1} 和 δ_{NS2} 代入方程 (3-23) 中可求出植物利用大气 CO_2 溶解到培养液中生成的 HCO_3^- 的份额 f_{BNS}。

$$f_{BNS} = \frac{\delta_{NS1} - \delta_{NS2}}{\delta_{C1,0} - \delta_{C2,0}} \tag{3.18}$$

3. 植物的有机碳增加比例

分别将 LA_0、LA_t 代入方程 (3-19) 中可求出植物的有机碳增加比例 f_{LA}。

$$f_{LA} = \frac{LA_7 - LA_0}{LA_0} \tag{3.19}$$

4. 植物利用总 HCO_3^- 的份额

分别将 f_B、f_{LA}、f_{BNS}。LA_0、LA_t 代入方程 (3.26) 中可求出植物利用总 HCO_3^- 的份额 f_b。

$$f_b = \frac{2f_B}{f_{LA} + f_{LA}f_{BNS}} \tag{3.26}$$

5. 植物对总 HCO_3^- 的光合同化能力

把利用光合仪测得的净光合速率值 P_N 和植物利用总 HCO_3^- 份额 f_b 代入方程 (3.27)，计算植物对总 HCO_3^- 的光合同化能力 BUC。

$$BUS = \frac{P_N f_b}{1 - f_b} \tag{3.27}$$

6. 植物总光合碳同化能力

把测定的植物对大气 CO_2 的光合同化能力 P_N 和测得的植物对总 HCO_3^- 的光合同化能力 BUC 代入方程 $P_N' = P_N + BUC$，计算植物总光合碳同化能力 P_N'。

3.4.2.8　精密度

本规程的精密度数据按照 GB/T 6379.2—2004 的规定确定，其重复性和再现性的值以 90%的可信度计算。

3.4.2.9　技术优点

(1) 本规程不仅能测得植物对外源添加的 HCO_3^- 的利用份额，而且能测得植物对来自大气 CO_2 溶解形成的 HCO_3^- 利用的份额。克服了现有技术低估植物对 HCO_3^- 利用能力的缺陷。

(2) 本规程能测得植物总碳同化能力，不仅包括植物对大气 CO_2 的同化能力，而且还包括了植物对来自根部吸收的 HCO_3^- 的同化能力。

(3) 本规程在完全相同的实验条件下同时开展两个培养实验，因此，获取植物对总碳同化能力的数据更为可靠。

(4) 本规程排除了老“碳”对测定结果的影响，因此，测定的结果精确度高。

3.4.3　应用实例

3.4.3.1　实施例

室内采用 12 孔穴盘水培萌发诸葛菜和芥菜型油菜两种植物种子，配制霍格兰培养液培养幼苗至 2 个月大，分别选择生长较为一致的幼苗作为被考察植物幼苗。选择用 $\delta^{13}C$ 值为−24.41‰和−2.45‰的碳酸氢钠作为同位素标记 1 和同位素标记 2，分别以 10 mM 量添加到霍格兰培养液中，配制成同位素标记 1 培养液和同位素标记 2 培养液。分别用同位素标记 1 培养液和同位素标记 2 培养液对 2 个月龄的植物幼苗同时培养，每天更换新的相对应的培养液，于培养第 0 天测定被考察植物第一展开叶的叶面积 LA_0，第 1 天换培养液之前测定两种同位素标记的、相对应的培养液的稳定碳同位素组成 $\delta^{13}C$ 的值；培养 7 d 后，分别测定两种同位素标记的培养液培养的植物该第一展开叶的叶面积值 LA_7 和净光合速率 P_N 值及稳定碳同位素组成 $\delta^{13}C$ 的值。

3.4.3.2　实施效果

用上述方法，分别得出诸葛菜和芥菜型油菜两种植物总碳光合同化能力，如下表 3.4～表 3.7 所示。

表 3.4　培养液培养诸葛菜和芥菜型油菜 7 天后被考察叶片的 $\delta^{13}C$ 值

Table 3.4　The foliar $\delta^{13}C$ of *Orychophragmus violaceus* and *Brassica juncea* after 7 days culture

植物	参数/‰	碳酸氢根处理浓度/mM		
		5	10	15
诸葛菜–2	δT1	−31.68±0.11	−30.78±0.10	−31.14±0.06
诸葛菜–24	δT2	−31.74±0.08	−32.33±0.09	−31.86±0.13
芥菜型油菜–2	δT1	−33.52±0.15	−33.12±0.06	−33.13±0.03
芥菜型油菜–24	δT2	−33.75±0.07	−33.33±0.04	−33.56±0.08

表 3.5 培养植物幼苗 1 天前后的培养液无机碳的 $\delta^{13}C$ 值

Table 3.5 The $\delta^{13}C$ of inorganic carbon in the culture solution at 1 day: before and after plant seedlings culture

参数	植物	碳酸氢根处理浓度 / mM		
		5	10	15
$\delta_{C1,0}$ / ‰	诸葛菜(*Orychophragmus violaceus*)	−1.53±0.12	−1.53±0.12	−1.53±0.12
	芥菜型油菜(*Brassica juncea*)	−1.53±0.12	−1.53±0.12	−1.53±0.12
$\delta_{C2,0}$ / ‰	诸葛菜(*Orychophragmus violaceus*)	−28.87±0.25	−28.87±0.25	−28.87±0.25
	芥菜型油菜(*Brassica juncea*)	−28.87±0.25	−28.87±0.25	−28.87±0.25
δ_{NS1} / ‰	诸葛菜(*Orychophragmus violaceus*)	−6.69±0.04	− 4.70±0.02	−2.25±0.05
	芥菜型油菜(*Brassica juncea*)	−10.04±0.10	−6.93±0.05	−2.99±0.01
δ_{NS2} / ‰	诸葛菜(*Orychophragmus violaceus*)	−17.57±0.09	−21.05±0.15	−22.40±0.12
	芥菜型油菜(*Brassica juncea*)	−18.01±0.08	−20.68±0.10	−22.22±0.23

表 3.6 被考察植物利用总 HCO_3^- 份额(f_b)

Table 3.6 The total proportion of HCO_3^- utilized by the tested plants

参数	植物	碳酸氢根处理浓度 / mM		
		5	10	15
f_{LA} / %	诸葛菜(*Orychophragmus violaceus*)	61.40±1.25^{b}	66.52±1.46^{a}	56.74±0.89^{c}
	芥菜型油菜(*Brassica juncea*)	83.77±2.58^{b}	90.55±3.74^{a}	89.98±2.15^{a}
f_B / %	诸葛菜(*Orychophragmus violaceus*)	2.27±0.05^{c}	7.06±0.08^{b}	8.55±0.10^{a}
	芥菜型油菜(*Brassica juncea*)	1.77±0.04^{c}	2.11±0.06^{b}	2.36±0.05^{a}
f_{BNS} / %	诸葛菜(*Orychophragmus violaceus*)	39.79±2.15^{c}	59.79±3.24^{b}	73.67±3.98^{a}
	芥菜型油菜(*Brassica juncea*)	29.16±1.02^{c}	50.27±2.35^{b}	70.35±2.98^{a}
f_b / %	诸葛菜(*Orychophragmus violaceus*)	5.28±0.14^{c}	13.27±0.27^{b}	17.31±0.35^{a}
	芥菜型油菜(*Brassica juncea*)	3.28±0.09^{a}	3.10±0.05^{a}	3.09±0.07^{a}

注：同一行数据的字母不同，代表结果差异显著(P<0.01)。

Note: Numbers followed by different letters within each row indicated significant difference at P<0.01.

表 3.7 植物对不同无机碳源的同化能力

Table 3.7 The differential photosynthetic inorganic carbon assimilation capacity of the plants

参数	植物	碳酸氢根处理浓度 / mM		
		5	10	15
P_N / μmol CO_2 m^{-2} s^{-1}	诸葛菜(*Orychophragmus violaceus*)	5.82±0.41a	5.57±0.19b	4.80±0.27c
	芥菜型油菜(*Brassica juncea*)	6.56±0.16b	7.71±0.25a	7.63±0.35a
BUC / μmol CO_2 m^{-2} s^{-1}	诸葛菜(*Orychophragmus violaceus*)	0.32±0.01b	0.85±0.02a	1.01±0.04a
	芥菜型油菜(*Brassica juncea*)	0.22±0.00a	0.25±0.01a	0.24±0.02a
P'_N / μmol CO_2 m^{-2} s^{-1}	诸葛菜(*Orychophragmus violaceus*)	6.14±0.31b	6.42±0.25a	5.81±0.15c
	芥菜型油菜(*Brassica juncea*)	6.78±0.45b	7.96±0.56a	7.87±0.45a

注：同一行数据的字母不同，代表结果差异显著(P<0.01)。

Note: Numbers followed by different letters within each row indicated significant difference at P<0.01.

3.5　高效利用碳酸氢根离子植物的快速筛选

中国喀斯特（岩溶）分布面积约有 130 多万 km^2，其中石漠化面积约占 28.7%。“南石（石漠化）北沙（沙漠化）”成为制约西部地区可持续发展的两大生态环境问题（卢耀如，2010）。喀斯特环境的脆弱性主要表现为基岩裸露（石漠化）、岩石透水漏水（岩溶干旱）、土壤瘠薄（低营养）、高 pH、高重碳酸盐以及钙镁浓度等特征；这种脆弱性严重影响植物生长发育以及固碳增汇能力（蒋忠诚等，2012）。配置种植喀斯特适生植物不仅优化喀斯特地区的生态环境，而且也大大增加碳汇（吴沿友，2011）。

由于喀斯特环境下土壤中的重碳酸根离子含量高以及岩溶干旱等逆境对植物同化 CO_2 能力有较大的限制，一些植物进化出能高效利用重碳酸盐的特点，形成喀斯特适生植物（吴沿友等，2011b）。利用喀斯特适生植物高效利用重碳酸盐的能力，可以最大限度提高植物的光合固碳能力。目前，虽然可以利用同位素技术来定量植物利用 HCO_3^- 的能力，由此可以筛选高效利用 HCO_3^- 的植物。但是，这种方法不仅需要培养植物（吴沿友等，2010），而且还需要昂贵的仪器和训练有素的操作人员测定植物的稳定碳同位素，野外现场测定难以实现；目前，直接利用便携式光合测定仪，简便、便宜、快速的现场测定植物的一些光合特征来筛选高效利用 HCO_3^- 的植物的方法还很缺乏，这严重地影响生态修复的进程和效率。

植物不仅能利用空气的 CO_2 为原料进行光合作用，而且也可以通过 CA 的作用，利用储存的 HCO_3^- 为原料进行光合作用。喀斯特适生植物高效利用重碳酸盐的过程就是由 CA 完成的（And and Price，1994）。CA 是催化 CO_2 的可逆水合反应的一种含锌金属酶（Maren，1967）。喀斯特逆境（岩溶干旱、高钙、高 pH、高重碳酸根离子浓度以及低无机营养等）能使植物体内 CA 活力显著升高（And and Price，1994；Qiang et al.，2011；Xing and Wu，2012；Müller et al.，2014）。CA 能快速将 HCO_3^- 分解变成水和 CO_2 来补充逆境下气孔开度变小甚至气孔关闭时的水和 CO_2 的不足，以满足植物的光合作用和其他生理活动的需要。

目前，比较准确地测定植物叶片的光合作用的仪器如 Li-6400 便携式光合仪，是采用气体交换法来测量植物光合作用，通过测量流经叶室前后的 CO_2 浓度的变化和湿度变化来计算植物的净光合速率和蒸腾速率，植物叶片利用 HCO_3^- 进行光合作用不能为这类光合仪所测得，因为这部分的无机碳源不经过叶室。

虽然，目前我们无法用如 Li-6400 便携式光合仪这样的仪器直接测出植物叶片利用 HCO_3^- 能力，也难以直接用现有的光合指标来筛选高效利用 HCO_3^- 的植物，但是，近来通过对植物光合作用的 CO_2 响应曲线的研究发现，在低浓度 CO_2 以及气孔开度不足的情况下，一些植物叶片的 CA 基因被诱导表达（Hu et al.，2010），CA 快速催化 HCO_3^- 转化成水和 CO_2，补充了叶片在气孔开度较小时的光合作用所需的水和 CO_2，这样，从表观上看，大大降低了植物 CO_2 和水分的利用效率，通过选定参照植物，对比研究可为筛选高效利用 HCO_3^- 的植物提供信息，本技术就是基于这样的原理而实现的。

3.5.1 原理

在饱和光强下，利用植物叶片的光合作用的测定仪器如 Li-6400 便携式光合仪测得的不同 CO_2 浓度下植物的水分利用率和羧化效率表征的植物利用 CO_2 和水分的利用效率，是指植物利用来自外源的水和 CO_2 的效率。在光照不足和二氧化碳浓度较低的情况下，气孔开度不足，CA 基因被诱导表达，CA 快速催化 HCO_3^- 可转化成水和 CO_2，这时的气室中的水和 CO_2 一部分从气孔来的，另一部分是通过 CA 的作用，利用储存的 HCO_3^- 转化的。可以用下面的式子表示：

$$WCUEr = dP_N/(d[H_2O]\cdot d[CO_2]) = (1-f_{bi})^2\cdot dP_N/(d[H_2O]_a\cdot d[CO_2]_a) \tag{3.28}$$

$$WCUEai = dP_N/(dP_N/(d[H_2O]_a\cdot d[CO_2]_a) = (1-f_{bi})^{-2}\cdot dP_N/(d[H_2O]\cdot d[CO_2]) \tag{3.29}$$

这里 WCUEr 为植物叶片利用整个气室中的 CO_2 和水分的效率，即为实际水碳利用效率；dP_N 为植物叶片的净光合速率的变化量；$d[H_2O]$和 $d[CO_2]$分别为叶室中 H_2O 和 CO_2 的变化量；$d[H_2O]_a$ 和 $d[CO_2]_a$ 分别为叶室中来源于外源的 CO_2 和 H_2O 的变化量；WCUEai 为植物叶片表观水碳利用效率，其中 i 代表物种，也即表示为每增加单位的来源于外源的水和 CO_2 时植物叶片的净光合效率增值。f_{bi} 为植物叶片通过 CA 的作用，利用储存的 HCO_3^- 为原料进行光合作用的份额。

由式(3-29)可看出，被考察植物叶片表观水碳利用效率与参照植物叶片表观水碳利用效率的比值可以表征植物叶片通过 CA 的作用，利用储存的 HCO_3^- 为原料进行光合作用的份额。

参照植物是被研究证明具有高效利用 HCO_3^- 能力、CA 活力高、野外常见、CO_2 响应曲线易做的物种；被考察植物与参照植物在同一生长环境下生长；这样有助于测得的结果具有可比性。

将 f_{bi} 为 30%和 0 分别作为植物高效利用 HCO_3^- 和不利用 HCO_3^- 的标准，也即被考察植物叶片表观水碳利用效率与参照植物叶片表观水碳利用效率的比值设定为 2，可作为判别植物是否高效利用 HCO_3^- 的标准。

3.5.2 技术规程

3.5.2.1 范围

本规程规定了一种用便携式光合仪就可以实现的利用光合作用的 CO_2 响应曲线筛选高效利用 HCO_3^- 的植物方法。

本规程适用于现场判定植物利用 HCO_3^- 能力的高低。

3.5.2.2 规范性引用文件

下列文件对于本文件的应用是必不可少的。凡是注日期的引用文件，仅注日期的版本适用于本文件。

GB/T 6379.2—2004 测量方法与结果的准确度（正确度与精确度）第二部分：确定标准测量方法重复性与再现性的基本方法。

GB/T 1250—1989 极限数值的表示方法和判定方法。

3.5.2.3　术语和定义

(1) 净光合速率（net photosynthetic rate）：通过光合仪测定的净光合速率是指光合作用产生的糖类减去呼吸作用消耗的糖类（即净光合作用产生的糖类）的速率。

(2) 总光合同化能力（total photosynthetic assimilation capacity）：植物利用大气中的 CO_2 进行光合作用的能力与利用 HCO_3^- 进行光合作用的能力之和。

(3) HCO_3^- 利用能力（Bicarbonate utilization capacity）：植物利用来自于土壤中的储存在叶片的 HCO_3^-为底物进行光合作用的能力。

3.5.2.4　试剂和材料

除非另有规定，本方法所用试剂均为分析纯，水为 GB/T 6682—2008 规定的一级水。植物叶片。

3.5.2.5　仪器设备

便携式光合仪。

3.5.2.6　测定过程

光合作用的 CO_2 响应曲线的测定。选择的参照植物应是被研究证明具有高效利用 HCO_3^- 能力、CA 活力高、野外常见、CO_2 响应曲线易做的物种。利用便携式光合仪用常规方法分别测定在同一生长环境下的被考察植物与参照植物叶片的光合作用的 CO_2 响应曲线。

3.5.2.7　计算

1. 植物水分利用率的计算

依据上述的 CO_2 响应曲线中的不同 CO_2 浓度下被考察植物与参照植物净光合速率和蒸腾速率，求出不同 CO_2 浓度下被考察植物与参照植物水分利用率，不同 CO_2 浓度下植物水分利用率是对应 CO_2 浓度下对应植物的净光合速率和蒸腾速率的比值。

2. 叶片表观水碳利用效率的计算

将浓度低于 320 μmol·mol^{-1} 的 CO_2 下的植物水分利用率数据拟合成植物水分利用率随 CO_2 浓度变化的直线方程；获取上述方程的斜率，即为叶片表观水碳利用效率。

3.高效利用 HCO_3^- 的植物的筛选

依据被考察植物叶片表观水碳利用效率与参照植物叶片表观水碳利用效率的比值来筛选高效利用 HCO_3^- 的植物。

3.5.2.8　精密度

本规程的精密度数据按照 GB/T 6379.2—2004 的规定确定，其重复性和再现性的值以

90%的可信度计算。

3.5.2.9 技术优点

(1) 本方法不仅无须培养植物就可以在野外现场定量测定植物利用 HCO_3^- 的能力，并能以测定结果来筛选高效利用 HCO_3^- 的植物物种；而且还可以不受季节和土壤的影响在实验室进行。

(2) 本方法，耗时少；筛选出的植物，利用 HCO_3^- 的能力具有可比性。

(3) 本方法需要的仪器价格相对便宜，操作相对简单，成本较低，工作量小，灵敏度高。

(4) 本方法既可以筛选出高效利用 HCO_3^- 的植物物种，也可以筛选出喀斯特适生植物。

3.5.3 应用实例

3.5.3.1 实施例

1.实施例 1

野外现场测定：以广泛分布、前期研究多的牵牛花为参照植物。在天气晴朗的环境，利用便携式光合仪如 Li-6400 便携式光合仪自动 ACi-curve 曲线测定功能，分别测定被考察植物与参照植物第二片完全展开叶的叶片对 CO_2 浓度的响应特征；测定时用 Li-6400 光合作用分析系统的 CO_2 注入系统控制 CO_2 浓度，将红蓝光源 LED 设定光强为 300 $\mu mol \cdot m^{-2}s^{-1}$，$CO_2$ 浓度梯度设定为不同浓度，如：80、100、120、150、200、300、400、600、800、1000、1200、1500 $\mu mol \cdot mol^{-1}$，测定不同 CO_2 浓度下叶片的净光合速率和蒸腾速率。依据上述测得的 CO_2 响应曲线中的不同 CO_2 浓度下被考察植物与参照植物净光合速率 (P_N) 和蒸腾速率 (T_r)，求出不同 CO_2 浓度下被考察植物与参照植物水分利用率 (WUE) (WUE= P_N/T_r) 如表 3.8；将低 CO_2 浓度如：80、100、120、150、200、300 $\mu mol \cdot mol^{-1}$ 下的植物水分利用率数据与对应的 CO_2 浓度数据拟合成植物水分利用率随 CO_2 浓度变化的直线方程；获取上述方程的斜率，即为叶片表观水碳利用效率，它代表植物叶片利用整个气室中的 CO_2 和水分的效率；随后获取被考察植物叶片表观水碳利用效率与参照植物叶片表观水碳利用效率的比值；依据被考察植物叶片表观水碳利用效率与参照植物叶片表观水碳利用效率的比值来筛选高效利用 HCO_3^- 的植物。

2. 实施例 2

实验室培养植物的测定：实验材料为培养 3 个月的植物材料，以广泛分布、前期研究多的牵牛花为参照植物。在室内，利用便携式光合仪如 Li-6400 便携式光合仪自动 ACi-curve 曲线测定功能，分别测定被考察植物与参照植物第二片完全展开叶的叶片对 CO_2 浓度的响应特征；测定时用 LI-6400 光合作用分析系统的 CO_2 注入系统控制 CO_2 浓度，将红蓝光源 LED 设定光强为 300 $\mu mol \cdot m^{-2}s^{-1}$，$CO_2$ 浓度梯度设定为不同浓度，如：80、100、120、150、200、300、400、600、800、1000、1200、1500 $\mu mol \cdot mol^{-1}$，测定不同 CO_2 浓度下叶片的净光合速率和蒸腾速率。依据上述测得的 CO_2 响应曲线中的不同 CO_2 浓度下被考察植物与参照植物净光合速率 (P_N) 和蒸腾速率 (T_r)，求出不同 CO_2 浓度下被考察植物与参照植物水分利用率(WUE)($WUE=P_N/T_r$)如表 3.10；将低 CO_2 浓度如：80、100、120、150、200、300 μmol·mol^{-1} 下的植物水分利用率数据与对应的 CO_2 浓度数据拟合成植物水分利用率随 CO_2 浓度变化的直线方程；获取上述方程的斜率，即为叶片表观水碳利用效率，它代表植物叶片利用整个气室中的 CO_2 和水分的效率；随后获取被考察植物叶片表观水碳利用效率与参照植物叶片表观水碳利用效率的比值；依据被考察植物叶片表观水碳利用效率与参照植物叶片表观水碳利用效率的比值来筛选高效利用 HCO_3^- 的植物。

3.5.3.2　实施效果

1. 实施例 1

本实施例中，诸葛菜与牵牛花生长在同一环境；诸葛菜是被考查植物，牵牛花是参照植物；不同 CO_2 浓度下牵牛花和诸葛菜叶片净光合速率(P_N，μmol·m^{-2}·s^{-1})、蒸腾速率(T_r，mmol H_2O·m^{-2}·s^{-1})以及水分利用率(WUE，μmol CO_2·mmol^{-1} H_2O)(C_a 为设定的 CO_2 浓度，μmol·mol^{-1})如表 3.8 所示。

表 3.8　不同 CO_2 浓度下牵牛花和诸葛菜叶片净光合速率(P_N，μmol·m^{-2}·s^{-1})、蒸腾速率(T_r，mmol H_2O·m^{-2}·s^{-1})以及水分利用率(WUE，μmol CO_2·mmol^{-1} H_2O)(C_a 为设定的 CO_2 浓度，μmol·mol^{-1})

Table 3.8　The net photosynthetic rate (P_N, μmol·m^{-2}·s^{-1}), transpiration rate (T_r, mmol H_2O·m^{-2}·s^{-1}) and water use efficiency (WUE, μmol CO_2·mmol^{-1} H_2O) of *Pharbitis nil* and *O. violaceus* under different CO_2 concentrations (Ca: the CO_2 concentration, μmol·mol^{-1})

	植物材料	P_N	T_r	C_a	WUE
参考植物	牵牛花	12.69	1.98	1500	6.41
		12.24	1.70	1200	7.20
		11.24	1.63	1000	6.89
		10.04	1.54	800	6.50
		7.27	1.69	600	4.29
		4.93	1.74	400	2.83
		3.46	1.80	300	1.92
		2.09	1.93	200	1.08
		1.39	2.04	150	0.68
		0.72	2.20	120	0.33
		0.45	2.30	100	0.19
		0.00	2.49	80	0.00
被考察植物	诸葛菜	11.33	0.74	1500	15.38
		8.52	0.66	1200	12.95
		6.37	0.61	1000	10.48
		5.05	0.58	800	8.68
		3.69	0.59	600	6.30
		2.31	0.62	400	3.75
		1.72	0.68	300	2.53
		1.02	0.78	200	1.30

续表

植物材料	P_N	T_r	C_a	WUE
	0.61	0.92	150	0.66
	0.38	1.09	120	0.35
	0.02	1.26	100	0.02
	-0.21	1.45	80	-0.15

依据表 3.8 中低 CO_2 浓度 80、100、120、150、200、300 μmol·mol^{-1} 下的植物水分利用率与对应的 CO_2 浓度数据拟合植物水分利用率随 CO_2 浓度变化的直线方程。

牵牛花为：$Y=0.0087X-0.6848$　($R^2=0.9981$，$n=6$)

诸葛菜为：$y=0.0123X-1.1615$　($R^2=0.9990$，$n=6$)

因此，牵牛花表观水碳利用效率为 0.0087，诸葛菜表观水碳利用效率为 0.0123，被考察植物叶片表观水碳利用效率与参照植物叶片表观水碳利用效率的比值则为 1.4 小于 2，表明诸葛菜是高效利用 HCO_3^- 的植物。

用同样方法，同时还对构树、桑树以及芥菜型油菜进行检测，结果如表 3.9 所示。

表 3.9　被考察植物叶片表观水碳利用效率与参照植物叶片表观水碳利用效率的比值比较

Table 3.9　Comparison of the ratio in the apparent water and carbon use efficiency of leaves in the tested plants to the apparent water and carbon use efficiency of leaves in the reference plant

植物材料	比值	是否高效利用 HCO_3^- 的植物？
牵牛花	1.0	是
构树	1.4	是
桑树	2.1	否
芥菜型油菜	2.4	否

从表 3.9 中可以看出，构树和牵牛花是高效利用 HCO_3^- 的植物，这与它们有较高的 CA 活力有关，也是与实际情况完全符合。同样，桑树和芥菜型油菜不是高效利用 HCO_3^- 的植物，这与它们有较低的 CA 活力有关，也与实际情况相符。

2. 实施例 2

本实施例中，爬山虎与牵牛花生长在同一环境；爬山虎是被考查植物，牵牛花是参照植物；不同 CO_2 浓度下牵牛花和爬山虎叶片净光合速率(P_N，μmol·m^{-2}·s^{-1})、蒸腾速率(T_r，mmol H_2O·m^{-2}·s^{-1})以及水分利用率(WUE，μmol CO_2·mmol^{-1} H_2O)(C_a 为设定的 CO_2 浓度，μmol·mol^{-1})如表 3.10 所示。

依据表 3.10 中低 CO_2 浓度 80、l00、120、150、200、300 μmol·mol^{-1} 下的植物水分利用率与对应的 CO_2 浓度数据拟合植物水分利用率随 CO_2 浓度变化的直线方程。

牵牛花为：$Y=0.0087X-0.5986$　($R^2=0.9998$，$n=6$)

爬山虎为：$y=0.0261X-1.9766$　($R^2=0.9828$，$n=6$)

表 3.10　不同 CO_2 浓度下牵牛花和爬山虎叶片净光合速率(P_N，$\mu mol \cdot m^{-2} \cdot s^{-1}$)、蒸腾速率($T_r$，$mmol\ H_2O \cdot m^{-2} \cdot s^{-1}$)以及水分利用率(WUE，$\mu mol\ CO_2 \cdot mmol^{-1}\ H_2O$)($C_a$ 为设定的 CO_2 浓度，μmol·mol-1)

Table 3.10　Net photosynthetic rate (P_N, $\mu mol \cdot m^{-2} \cdot s^{-1}$), transpiration rate ($T_r$, $mmol\ H_2O \cdot m^{-2} \cdot s^{-1}$) and water use efficiency (WUE, $\mu mol\ CO_2 \cdot mmol^{-1}\ H_2O$) of *P. nil* and *Parthenocissus tricuspidata* under different CO_2 concentrations (C_a: the CO_2 concentration, $\mu mol \cdot mol^{-1}$)

植物材料		P_n	T_r	C_a	WUE
参照植物	牵牛花	14.92	3.76	1500	3.97
		15.74	3.33	1200	4.73
		15.76	3.17	1000	4.98
		15.19	3.03	800	5.01
		11.50	3.09	600	3.72
		8.52	3.14	400	2.72
		6.61	3.31	300	2.00
		4.03	3.56	200	1.13
		2.77	3.87	150	0.72
		1.78	4.15	120	0.43
		1.13	4.39	100	0.26
		0.45	4.59	80	0.10
被考察植物	爬山虎	10.39	0.50	1500	20.96
		11.57	0.43	120	26.99
		8.68	0.43	1000	20.41
		7.00	0.44	800	15.98
		5.58	0.44	600	12.55
		3.82	0.48	400	8.01
		3.01	0.52	300	5.80
		2.01	0.56	200	3.58
		0.91	0.60	150	1.52
		0.58	0.62	120	0.94
		0.54	0.64	100	0.84
		0.14	0.67	80	0.21

因此，牵牛花表观水碳利用效率为 0.0087，爬山虎表观水碳利用效率为 0.0261，被考察植物叶片表观水碳利用效率与参照植物叶片表观水碳利用效率的比值则为 3.0 大于 2，表明爬山虎是利用 HCO_3^- 能力弱的植物。

用同样方法，同时还对构树和诸葛菜进行检测，结果如表 3.11 所示。

表 3.11　几种被考察植物叶片表观水碳利用效率与参照植物叶片表观水碳利用效率的比值比较

Table 3.11　Comparison of the ratio in the apparent water and carbon use efficiency of leaves in the tested plants to the apparent water and carbon use efficiency of leaves in the reference plant

植物材料	比值	是否高效利用 HCO_3^- 的植物?
牵牛花	1.0	是
构树	0.8	是
诸葛菜	1.1	是

从表 3.11 中也可以看出，诸葛菜、构树和牵牛花都是高效利用 HCO_3^- 的植物，这与它们有较高的 CA 活力有关，也是与实际情况完全符合。同时从对实验培养植物的测定中也可以看出，本技术检测的结果具有可信性。

参 考 文 献

崔国瑞，张立军，朱延姝，等. 2009. 植物 C_4 光合途径的形成及其影响因素. 植物生理学报，45(7): 711-720.

崔震海. 2013. PEPC 和苹果酸与玉米叶片 C_4 光合途径发育的关系研究. 沈阳: 沈阳农业大学.

董衍奎. 1995. C_4 植物光合作用中主要同功酶的测定. 哈尔滨师范大学自然科学学报，(1): 10-11.

高煜珠，王忠，孙进东，等. 1985. 关于光呼吸与光合作用关系的研究——V.不同类型植物光呼吸与光合强度之间的关系. 作物学报，11(2): 81-88.

葛才林，罗时石，龚荐，等. 1993. 作物叶片光合产物输出规律的示踪动力学研究. 核技术，(12): 751-551.

龚春梅，宁蓬勃，王根轩，等. 2009. C_3 和 C_4 植物光合途径的适应性变化和进化. 植物生态学报，33(1): 206-221.

巩玥. 2013. 高粱叶片结构量化及其在光合作用分析中的应用. 北京: 中国科学院大学硕士学位论文.

巩玥，陈海苗，姜闯道，等. 2014. 植物叶片解剖结构的量化及其在 C_4 植物高粱中的应用. 植物学报，49(2): 173-182.

管雪强，赵世杰，李德全，等. 2003. C_3 植物光呼吸及其生理功能. 西北植物学报，23(10): 1849-1854.

韩宝平. 1993. 喀斯特微观溶蚀机理研究. 中国岩溶，(2): 97-102.

韩鹰，陈刚，王忠. 2000. Rubisco 活化酶的研究进展. 植物学报，17(4): 306-311.

杭红涛. 2015. 喀斯特逆境下两种植物的碳酸酐酶基因表达及无机碳利用. 北京: 中国科学院大学.

杭红涛，吴沿友，谢腾祥. 2015. 双向标记培养植物测定大气二氧化碳稳定碳同位素组成. 广西植物，(2): 269-272.

郝战锋. 2011. C_3 植物和 C_4 植物的鉴别法. 中学生数理化:高中版·学研版，(4): 33-33.

黄天志. 2015. 诸葛菜有机酸代谢对其高钙适生机制的贡献研究. 北京: 中国科学院大学.

贾振远. 1989. 碳酸盐岩沉积相和沉积环境. 武汉: 中国地质大学出版社.

蒋忠诚，袁道先，曹建华，等. 2012. 中国岩溶碳汇潜力研究. 地球学报，33(2): 129-134.

焦德茂. 1992. C_4，C_3，CAM 植物叶磷酸烯醇式丙酮酸羧化酶分子聚体的比较. 生物化学与生物物理进展，(4): 313-314.

李冬杰，魏景芳. 2005. C_4 途径教学的探讨. 植物生理学报，41(6): 825-826.

李卫华，卢庆陶，郝乃斌，等. 2000. 大豆 C_4 途径与光系统Ⅱ光化学功能的相互关系. 植物学报，42(7): 689-692.

李文杰. 1991. 景天酸代谢(CAM)和 CAM 植物. 生命的化学，(1): 34-34.

李西腾，吴沿友，郝建朝. 2005. 喀斯特地区碳酸酐酶与环境的关系及意义. 矿物岩石地球化学通报，25(3): 252-257.

李星. 2016. 石漠化对喀斯特地区植物群落物种多样性的影响. 现代园艺，(19): 20-21.

李圆圆. 2014. C_4 研究模式植物青狐尾草的转录组分析和拟南芥对低 CO_2 的应答. 北京: 中国科学院大学.

梁铮. 2010. 构树和桑树对聚乙二醇诱导的干旱以及低磷的生理响应. 镇江: 江苏大学.

林植芳，孙谷畴. 1990. 几种 C_4 和 CAM 植物光合亚途径的鉴别. 植物生态学报，(10): 766-771.

刘建泉. 1991. 荒漠植物生态特性浅析. 甘肃林业科技，(3): 40-45.

刘再华. 2001. 碳酸酐酶对碳酸盐溶解的催化作用及其在大气 CO_2 沉降中的意义. 地质学报，22(3): 432-432.

刘真民. 1994. 地球上有多少植物? 广西林业，(3): 38-38.

卢耀如. 2010. 中国喀斯特. 北京: 高等教育出版社.

罗红艺. 2001. C_3 植物、C_4 植物和 CAM 植物的比较. 高等继续教育学报，14(5): 35-38.

罗璇，郭彤，胡银岗. 2014. 小麦和谷子 C_4 光合途径关键酶活性及其与光合和蒸腾的关系. 麦类作物学报，34(8): 1083-1091.

罗耀华. 1985. C_3、C_4 和 CAM 途径的生态学意义. 生态学报，(1): 17-29.

毛丹，赵玉柱. 2010. "C_3、C_4" 植物的多角度比较. 中学生物学，(3): 61-62.

彭子模. 2001. 试论植物光呼吸的生理意义及其调节控制. 新疆师范大学学报:自然科学版，20(2): 31-35.

任衍钢，白冠军，宋玉奇，等. 2015. C_4 途径的发现及其生物学意义. 生物学通报，50(2): 55-58.

任艳萍，Sha J，古松，等. 2008. 外来植物黄顶菊(*Flaveria bidentis*)的研究进展. 热带亚热带植物学报，16(4): 390-396.

沈康. 1990. 植物生理生化. 北京：农业出版社.

申泰铭，邢必果，李为，等. 2014. 不同种类微生物及其碳酸酐酶对 CO_2-H_2O-碳酸盐系统中碳酸盐岩的溶蚀作用. 矿物岩石地球化学通报，33(6): 797-800.

沈允钢，沈巩楙. 1962. 植物叶片光合产物输出动态的研究. 实验生物学报，(1): 47-55.

苏文华，张光飞. 2003. 铁皮石斛叶片光合作用的碳代谢途径. 植物生态学报，27(5): 631-637.

唐微，朱名安，刘俊. 2002. C_3、C_4 及 CAM 植物的光合速率日变化及叶绿素含量的比较. 湖北农业科学，(4): 000039-000040.

陶一敏. 2016. C_4 光合作用中代谢适应和分子进化的研究. 北京：中国科学院大学博士学位论文.

王超. 2011. 紫菜光合碳同化途径相关基因的表达分析. 北京：中国科学院研究生院博士学位论文.

王程媛，王世杰，容丽，等. 2011. 茂兰喀斯特地区常见蕨类植物的钙含量特征及高钙适应方式分析. 植物生态学报，35(10): 1061-1069.

王瑞. 2016. 喀斯特逆境下重碳酸盐对生物质能源植物产出影响研究. 北京：中国科学院大学博士后学位论文.

王瑞，吴沿友，邢德科，等. 2015. 重碳酸盐胁迫下 3 种能源的生理特性及无机碳利用能力对比研究. 地球与环境，43(1): 21-30.

王世杰，李阳兵，李瑞玲. 2003. 喀斯特石漠化的形成背景、演化与治理. 第四纪研究，23(6): 657-666.

吴敏贤，查静娟，汤小仪，等. 1982. 植物磷酸烯醇式丙酮酸羧化酶的研究——Ⅷ.C_4 植物 PEP 羧化酶的光诱导形成. 植物生理学报，(2): 3-12.

吴沿友. 1997. 喀斯特适生植物诸葛菜综合研究.贵阳：贵州科技出版社.

吴沿友. 2011. 喀斯特适生植物固碳增汇策略. 中国岩溶，30(4): 461-465.

吴沿友，梁铮，邢德科. 2011b. 模拟干旱胁迫下构树和桑树的生理特征比较. 广西植物，31(1): 92-96.

吴沿友，邢德科，刘丛强，等. 2010. 测定植物利用碳酸氢根离子能力的方法. CN201010247881.9，中华人民共和国国家知识产权局.

吴沿友，邢德科，李海涛，等. 2012. 利用双标记获取植物利用无机碳源份额的方法. CN201110331521.1，中华人民共和国国家知识产权局.

吴沿友，邢德科，刘莹. 2011a. 植物利用碳酸氢根离子的特征分析. 地球与环境，39(2): 273-277.

吴沿友，邢德科，朱咏莉，等. 2009. 营养液 pH 对 3 种藤本植物生长和叶绿素荧光的影响. 西北植物学报，29(2): 338-343.

谢腾祥. 2014. 微藻对碳酸盐矿物的生物溶蚀和沉淀作用及其碳汇效应. 北京：中国科学院大学.

邢德科. 2009. 三种植物对高 pH 和低营养的响应及其在生态修复中的应用. 镇江：江苏大学.

邢德科. 2012. 模拟喀斯特逆境下植物无机碳利用策略的研究. 北京：中国科学院研究生院.

熊红福，王世杰，容丽，等 2011. 极端干旱对贵州省喀斯特地区植物的影响. 应用生态学报，22(5): 1127-1134.

颜文. 2010. C_3 植物、C_4 植物的叶片结构与光合作用. 新课程学习:基础教育，(11): 107-108.

阳成伟，林桂珠，彭长连，等. 2003. 超高产杂交稻剑叶中 C_4 途径酶活性和稳定碳同位素分异作用的变化. 植物生态学报，45(11): 1261-1265.

杨成，刘丛强，宋照亮，等. 2007. 贵州喀斯特山区植物营养元素含量特征. 生态环境学报，16(2): 503-508.

易现峰，孔祥生，史国安，等. 2005. 引入稳定性碳同位素概念讲授光合碳代谢途径的尝试. 植物生理学报，41(5)：665-668.

余国睿. 2014. 中国南方喀斯特生物多样性及其世界遗产价值研究. 贵阳：贵州师范大学.

张道允，许大全. 2007. 植物光合作用对 CO_2 浓度增高的适应机制. 植物生理与分子生物学学报，(6)：463-470.

张桂芳，丁在松. 2015. C_3 植物的 C_4 光合途径. 生物学通报，50(3)：12-16.

张佳华，姚凤梅. 2001. C_3、C_4 植物叶片净 CO_2 同化速率的模拟及其对环境因子的响应. 林业研究，12(1)：9-12.

张树伟，王霞，马燕斌，等. 2016. 植物光呼吸途径及其支路研究进展. 山西农业大学学报(自然科学版)，36(12)：885-889.

张维经. 1986. CAM 途径和调节. 植物生理学报，(2)：9-13,15.

张信宝，王克林. 2009. 西南碳酸盐岩石质山地土壤-植被系统中矿质养分不足问题的思考. 地球与环境，37(4)：337-341.

张中峰，尤业明，黄玉清，等. 2012. 模拟喀斯特生境条件下干旱胁迫对青冈栎苗木的影响. 生态学报，32(20)：6318-6325.

赵宽. 2014. 几种植物光合及有机酸特征及其在喀斯特逆境检测中的应用. 镇江：江苏大学.

赵宽，吴沿友，周葆华. 2015. 缺锌和 HCO_3^- 处理对诸葛菜和油菜有机酸特征的影响. 广西植物，(2)：206-212.

赵彦坤，张文胜，王幼宁，等. 2008. 高 pH 对植物生长发育的影响及其分子生物学研究进展. 中国生态农业学报，16(3)：783-787.

Adam N R. 2017. C_3 Carbon Reduction Cycle. New Jersey: John Wiley & Sons，Ltd.

Alhendawi R A，Römheld V，Kirkby E A，et al. 1997. Influence of increasing bicarbonate concentrations on plant growth，organic acid accumulation in roots and iron uptake by barley，sorghum，and maize. Journal of Plant Nutrition，20(12)：1731-1753.

Amal A M，Hossam S E，Mohamed M R. 2009. Cadmium stress induced change in some hydrolytic enzymes，free radical formation and ultrastructural disorders in radish plant. Electronic Journal of Environmental Agricultural & Food Chemistry，8(10)：969-983.

And M D H，Slack C R. 1966. Photosynthetic CO_2-fixation pathways. Annual Review of Plant Physiology，317(21)：141-162.

And M R B，Price G D. 1994. The role of carbonic anhydrase in photosynthesis. Annual Review of Plant Biology，45(1)：369-392.

Aroca R. 2012. Plant responses to drought stress. Heidelberg Berlin: Springer.

Badger M R，Price G D. 2003. CO_2 concentrating mechanisms in cyanobacteria: molecular components，their diversity and evolution. Journal of Experimental Botany，54(383)：609-622.

Buchanan B B. 1991. Regulation of CO_2 assimilation in oxygenic photosynthesis: the ferredoxin/thioredoxin system. Perspective on its discovery，present status，and future development. Archives of Biochemistry & Biophysics，288(1)：1-9.

Campbell W H，Black C C. 1978. The relationship of CO_2 assimilation pathways and photorespiration to the physiological quantum requirement of green plant photosynthesis. Biosystems，10(3)：253-264.

Cardozo P W，Calsamiglia S，Ferret A，et al. 2005. Screening for the effects of natural plant extracts at different pH on *in vitro* rumen microbial fermentation of a high-concentrate diet for beef cattle. Journal of Animal Science，83(11)：2572-2581.

Charles-Edwards D A，Ludwig L J. 1974. A model for leaf photosynthesis by C_3 plant species. Annals of Botany，38(157)：921-930.

Chaves M M，Flexas J，Pinheiro C. 2009. Photosynthesis under drought and salt stress: regulation mechanisms from whole plant to cell. Annals of Botany，103(4)：551-560.

Conte M H，Weber J C. 2002. Plant biomarkers in aerosols record isotopic discrimination of terrestrial photosynthesis. Nature，417(6889)：639-641.

Drennan P M，Nobel P S. 1997. Frequencies of major C_3，C_4 and CAM perennials on different slopes in the northwestern Sonoran Desert. Flora Morphologie Geobotanik Oekophysiologie，192(3)：297-304.

Escuderoalmanza D J，Ojedabarrios D L，Sánchez Chávez E，et al. 2012. Carbonic anhydrase and zinc in plant physiology. Chilean

Journal of Agricultural Research，72(1): 140-146.

Faraday C D, Thomson W W, Plattaloia K A. 1982. Comparative ultrastructure of guard cells of C_3, C_4 and CAM plants. Crassulacean Acid Metabolism : Proceedings of the Fifth Symposium in Botany.

Hawrylak-Nowak B，Matraszek R，Pogorzelec M. 2015. The dual effects of two inorganic selenium forms on the growth，selected physiological parameters and macronutrients accumulation in cucumber plants. Acta Physiologiae Plantarum，37(2): 1-13.

Hang H T，Wu Y Y. 2016. Quantification of photosynthetic inorganic carbon utilisation via a bidirectional stable carbon isotope tracer. Acta Geochimica，35(2): 130-137.

Hu H，Boisson-Dernier A，Israelsson-Nordström M，et al. 2010. Carbonic anhydrases are upstream regulators of CO_2-controlled stomatal movements in guard cells. Nature Cell Biology，12(1): 87-93.

Ji F T, Nan L, Xin D. 2009. Calcium contents and high calcium adaptation of plants in karst areas of China. Journal of Plant Ecology, 33(5): 926-935.

Kadono Y. 1980. Photosynthetic carbon sources in some potamogeton species. The botanical magazine = Shokubutsu-gaku-zasshi, 93(3): 185-194.

Kaiser E, Morales A, Harbinson J, et al. 2015. Dynamic photosynthesis in different environmental conditions. Journal of Experimental Botany，66(9): 2415.

Kaya C，Kirnak H，Higgs D，et al. 2002. Supplementary calcium enhances plant growth and fruit yield in strawberry cultivars grown at high (NaCl) salinity. Scientia Horticulturae，93(1): 65-74.

Kumar A, Singh R P, Singh P K, et al. 2014. Selenium ameliorates arsenic induced oxidative stress through modulation of antioxidant enzymes and thiols in rice (*Oryza sativa* L.). Ecotoxicology，23(7): 1153-1163.

Lamb J E. 1977. Plant carbonic anhydrase. Life Sciences，20(3): 393-406.

Li M, Yu L, Li W, Li Q，et al. 2006. Ecological adaptation of *Adiantum flabellulatum* leaf in karst areas. Chinese Bulletin of Botany.

Liu C，Liu Y，Guo K，et al. 2011. Effect of drought on pigments，osmotic adjustment and antioxidant enzymes in six woody plant species in karst habitats of southwestern China. Environmental & Experimental Botany，71(2): 174-183.

Liu J Y，Pei-Li F U，Wang Y J，et al. 2012. Different drought-adaptation strategies as characterized by hydraulic and water-relations traits of evergreen and deciduous figs in a tropical Karst forest. Plant Science Journal，30(5): 484.

Luttge U，Ball E，Willert K V. 1971. Comparative study of the coupling of ion uptake to light reactions in leaves of higher plant species having the C-and C_4-pathway of photosynthesis. Journal of Organic Chemistry，72(23): 8748-8754.

Müller W E G，Qiang L，Schröder H C，et al. 2014. Carbonic anhydrase: a key regulatory and detoxifying enzyme for Karst plants. Planta，239(1): 213-229.

Maire V, Martre P, Kattge J, et al. 2012. The coordination of leaf photosynthesis links C and N fluxes in C_3 plant Species. Plos One, 7(6): 1-15.

Maren T H. 1967. Carbonic anhydrase: chemistry，physiology and inhibition. Physiological Reviews，47(4): 595.

Marschner H. 1991. Mechanisms of adaptation of plants to acid soils. Plant & Soil，134(1): 1-20.

Mi G. 2002. Differential response of rice plants to low-phosphorus stress and its physiological adaptive mechanism. Journal of Plant Nutrition，25(6): 1213-1224.

Moore B D，Ku M S B，Edwards G E. 1987. C_4 photosynthesis and light-dependent accumulation of inorganic carbon in leaves of C_3-C_4 flaveria species. Functional Plant Biology，14(6): 657-668.

Nautiyal B P，Purohit A N. 1980. Morpho-physiology of C_3，C_4 and CAM species at different altitudes. Indian Journal of Plant

Physiology, 23(2): 220-230.

Oleksyn J, Zytkowiak R, Karolewski P, et al. 2000. Genetic and environmental control of seasonal carbohydrate dynamics in trees of diverse *Pinus sylvestris* populations. Tree Physiology, 20(12): 837.

Parry M A J, Andralojc P J, Khan S, et al. 2002. Rubisco activity: Effects of drought stress. Annals of Botany, 89 Spec No(7): 833-839.

Qiang L I, Yuanyuan H E, Cao J, et al. 2011. The plant carbonic anhydrase at karst area and its ecological effects. Ecology & Environmental Sciences, 20(12): 1867-1871.

Rensen J J S V. 1984. Interaction of photosystem II herbicides with bicarbonate and formate in their effects on photosynthetic electron flow. Zeitschrift Für Naturforschung C, 39(5): 374-377.

Roberts K, Granum E, Leegood R C, et al. 2007. C_3 and C_4 Pathways of photosynthetic carbon assimilation in marine diatoms are under genetic, not environmental, control. Plant Physiology, 145(1): 230-235.

Schlegel R H J. 2003. C_4 Pathway Encyclopedic Dictionary of Plant Breeding & Related Subjects. New York: Food Products Press.

Smirnoff N. 1998. Plant resistance to environmental stress. Current Opinion in Biotechnology, 9(2): 214.

Stracquadanio G, Umeton R, Papini A, et al. 2010. Analysis and optimization of C_3 photosynthetic carbon metabolism. IEEE International Conference on Bioinformatics and Bioengineering, Philadelphia, Pennsylvania USA:44-51.

Tang W. 2002. Daily changes of photosynthetic rates of C_3, C_4 and CAM plants and the comparison of their chlorophyl contents. Hubei Agricultural Sciences, 4(4): 39-40.

Tattini M. 1995. Plant lipids and salt exclusion ability in L. and L. Plant Biosystems, 129(4): 1108-1109.

Tolbert N E. 1997. The C2 oxidative photosynthetic carbon cycle. Annual Review of Plant Physiology & Plant Molecular Biology, 48(48): 1-25.

Uematsu K, Suzuki N, Iwamae T, et al. 2012. Increased fructose 1,6-bisphosphate aldolase in plastids enhances growth and photosynthesis of tobacco plants. Journal of Experimental Botany, 63(8): 3001-3009.

Wang B, Wang J, Zhao H, et al. 2006. Stress induced plant resistance and enzyme activity varying in cucumber. Colloids Surfaces B Biointerfaces, 48(2): 138-142.

Xing D, Wu Y. 2012. Photosynthetic response of three climber plant species to osmotic stress induced by polyethylene glycol (PEG) 6000. Acta Physiologiae Plantarum, 34(5): 1659-1668.

Yamori W, Hikosaka K, Way D A. 2014. Temperature response of photosynthesis in C_3, C_4 and CAM plants: Temperature acclimation and temperature adaptation. Photosynthesis Research, 119(1-2): 101-117.

Yordanov I, Velikova V, Tsonev T. 2000. Plant responses to drought, acclimation, and stress tolerance. Photosynthetica, 38(2): 171-186.

Zhao K, Wu Y. 2014. Rhizosphere calcareous soil P-extraction at the expense of organic carbon from root-exuded organic acids induced by phosphorus deficiency in several plant species. Soil Science & Plant Nutrition, 60(5): 640-650.

第4章 植物抗干旱能力的检测

Chapter 4 Determination on the drought resistance of plants

【摘 要】 喀斯特地区因其特殊的地质条件，极易形成特有的岩溶干旱，喀斯特适生植物能够通过合理的水分利用策略，共同应对喀斯特石漠化区的水分时空异质性，以最大限度地利用有限的水资源度过临时性的干旱。干旱是植物生长和作物提高产量的最主要的限制因素，不同植物的需水量因其抗旱性不同而有所差异，为了对抗旱性不同的作物实施合理的灌水制度，植物抗干旱能力的检测至关重要，同时需要开发出能够及时快速反映叶片水分状况的技术或者方法，来精准定位植物的需水信息。

节水灌溉技术的关键问题在于从植物自身水分需求出发，准确掌握植物灌水时间点，施以合适的灌水量。参考作物法具有较好的通用性和稳定性，估算精度也较高，采用指示植物的需水信息确定被考察植物需水量的方法，具有快速、便捷、精确的特点。

植物叶片组织水势及生理电容与细胞液浓度有耦联关系，据此可推导出叶片紧张度与组织水势、生理电容的关系模型，实现叶片紧张度的快速在线检测。叶片紧张度受外界环境变化影响小，结果稳定，不仅考虑细胞液浓度的变化，还考虑了细胞体积的变化，叶片紧张度可以实时地反映植物的水分变化情况。紧张度的变化可以反映失水的快慢以及持水的能力，并表征植物的抗干旱能力。利用植物叶片相对紧张度的变化快速定量测定植物的抗干旱能力，简便快速。

植物体内发出的叶绿素荧光信号包含了十分丰富的光合作用信息，其特性与植物的营养和受胁迫程度密切相关。通过测定叶绿素荧光对失水速率的响应情况，能够定量判断植物固有的抗干旱能力，不受自然环境的限制。

干旱胁迫下植物根系分泌物增多，其中，苹果酸的含量与光呼吸代谢有直接的关系，根系分泌苹果酸的多少，决定了循环使用的CO_2和H_2O的多少，因此，可以用根系分泌的苹果酸的量来表征植物的抗干旱能力。利用生物酶电极法测定植物根系分泌苹果酸的操作过程相对简单，成本较低，工作量小，灵敏度高，可控制胁迫处理时间，能准确地、直观地、直接地反映植物的抗干旱胁迫能力的大小。

Abstract Due to the specific geological conditions, it become easy to form the distinctive karst drought in karst region, karst plants reply to the temporal and spatial heterogeneity of water in karst rocky desertification area by using appropriate water use strategy, in order to live through the temporary drought by maximizing limited water resources. Drought is the main limiting factor for plant growth and yield improvement, water requirement of different plants differ with drought resistances, in order to implement appropriate irrigation schedules on different plants which have different drought resistances, detection of drought resistance of plants is necessary. Meanwhile, technologies or methods which can timely and rapidly reflect leaf water status need to be developed to accurately determine water requirement information of plants.

The key problem of water saving irrigation is to determine irrigation time and quantum of plants, which based on water requirement of plant. Reference crop method is more universal and stable, furthermore, its estimation accuracy is higher, this research developed a method for determining water requirement of inspected plant by using water requirement information of indicator plant, it was more rapid, easy and accurate.

Foliar water potential and physiological capacitance has coupling relationship with the cell sap concentration. According to the coupling relationship, the relational model of leaf tensity and water potential, physiological capacitance was derived, and leaf tensity could be rapidly determined on line. Compared with water potential and physiological capacitance, the leaf tensity was stable. Variation of external environment had little impact on leaf tensity. Leaf tensity could timely reflect the water status in plants, because it considered not only the variation of cell sap concentration, but also the cell volume. Variation of leaf tensity reflected the water losing velocity and water holding capacity. It could represent drought resistance of plants. The quantitative determination on drought resistance of plants by using relative leaf tensity of plants is rapid and simple.

Changes in plant chlorophyll fluorescence provide information regarding almost all aspects of photosynthetic activity, reflect plant nutrition and plant tolerance to environmental stresses. Through determining the response of chlorophyll fluorescence to water lost, the inherent drought resistance of plant could be quantitatively determined, and it was not influenced by natural environment.

Root exudates of plants increased under drought stress, content of malic acid was directly related to photorespiration metabolism, quantum of recycled CO_2 and H_2O relied on root-exuded malic acid. Therefore, quantum of root-exuded malic acid could describe the drought resistance of plants. Operation of determination on root exuding malic acid by using enzyme electrode method was simple with lower cost, less work, and higher sensitivity. Stress treatment time could be controlled. This method could accurately and directly depict the drought resistance of plants.

当前，干旱是最为严重的自然灾害之一，对区域农业、水资源和环境具有破坏性的影响，其出现的次数、持续的时间、影响的范围及造成的损失居各种自然灾害之首(Sheffield et al.，2012)。干旱是植物生长和作物提高产量的最主要的限制因素。干旱胁迫几乎可以影响到植物代谢的各个方面，包括许多形态、生理、生化以及所有植物组织代谢水平的变化(Lawlor and Cornic，2002；Quiroga et al.，2017)。干旱能够影响植物的光合作用。一方面可以直接通过气孔和叶肉细胞限制自由扩散来减少 CO_2 的供应，另一方面，也可以通过产生次生的氧化胁迫来间接影响植物的光合作用(Chaves et al.，2009)。在许多植物中，干旱胁迫通过减小羧化效率等一些非气孔限制因子来降低植物净光合速率(P_N)，引起叶肉细胞光合作用的下降(Rouhi et al.，2007)。然而，许多植物也可以通过它们的光合代谢适应机制来适应干旱胁迫，较好的耐旱性植物狗牙根能够通过增加自身代谢活性来维持较高的光合作用能力(Hu et al.，2009)。与两种野生杏相比，苦杏(*Semen Armeniacae*)对干旱胁迫具有更好的适应性，因为其本身的水分利用效率(water use efficiency，WUE)随着干旱胁迫程度的增加而增加(Rouhi et al.，2007)。与对干旱敏感的菜豆相比，抗旱品种宽叶菜豆(*Phaseolus vulgaris*)在氧化性损伤情况下仍具有很好的抗氧化能力，主要通过诱导抗氧化酶活性来适应氧化毒害环境(Türkan et al.，2005)。

植物通过一系列复杂的调节机制来对干旱做出不同响应，大致可以概括为以下六个方面：①在重度干旱胁迫来临前完成植物生活史以躲避干旱(Geber and Dawson，1990)；②通过增强水分获取能力来逃避干旱，如发达的根系、关闭气孔或降低叶温(Schulze，1986；Jacksonet al.，2000)；③提高渗透调节能力和增强细胞壁弹性来维持组织膨压，增强植物抗干旱能力(Morgan，1984)；④在重度干旱胁迫下增加抗氧化代谢以维持正常生长(Bartoli et al.，1999；Penuelas et al.，2004)；⑤通过舍弃个体组成的一部分来摒弃干旱，如干旱胁迫下植物老叶子的脱落(Chaves et al.，2003)；⑥长期干旱环境下发生基因突变和遗传向适于干旱的生理生化特征进化(Hoffmann and Merilä，1999；Sherrard et al.，2009；Maherali et al.，2010)。植物对干旱胁迫的适应性机制的研究有助于植物抗干旱能力检测方法的快速开发(Wang et al.，2009a)。

在我国西南喀斯特地区，因“土在楼上，水在楼下”的双层结构，造成其土壤贫瘠，保水能力差，极易形成特有的岩溶干旱(朱守谦，1997； 黄玉清等，2006)。喀斯特区域的河流具有特殊的二元结构，即地表径流和地下径流，由于长期的溶蚀作用，喀斯特地区地下水系已相当发育，降水、岩溶水、地下水之间转化迅速，地表水大量漏失(张清海等，2006)。即使在降雨充沛的夏季，作物也经常遭受临时性的干旱胁迫(Liu et al.，2010)。而干湿频繁交替的生长环境也诱使许多植物进化出与这种环境对应的适应性机制，这些植物既具有不同程度的耐旱性，同时在供水后也具有很好的可恢复性，合理的水分利用策略是这些植物适应喀斯特干旱环境的典型的适生机制之一。如何在高度异质性的喀斯特环境中合理配置物种成为高效治理退化生态系统的关键所在。因此，研究喀斯特适生植物在干旱胁迫下的水分利用特征对于植物抗干旱能力快速检测技术的开发以及喀斯特异质性环境适生物种的及时筛选具有重要的理论及实践意义。

4.1 喀斯特适生植物水分利用特征

干旱地区存在多种不利因子，其中水分不足是首要限制因素，对水分的竞争利用平衡对植物的生存和群落结构至关重要(Li，1996；Xu et al.，1998)。为节约水分，干旱生境的很多植物采取了增加气孔阻力的形态、结构和生理机制，由于蒸腾作用对气孔关闭的敏感度高于光合作用，因此一般认为干旱提高了植物的 WUE(Fitter and Hay，1981)。然而，有些植物适应较为干旱的条件不是通过提高水分的利用效率，而是通过提高水分竞争能力、降低蒸腾耗水实现的。沙蒿(*Artemisia desertorum*)则利用高的水分消耗(蒸腾作用)来换取高的光能转换效率和物质积累，以促进根系的生长，吸收更多的水分，该植物并没有节水机制(崔骁勇等，2001)。蒸腾临界值狗骨木(*Cornus wilsoniana*)(幼树期)最小，金银花(*Lonicera japonica*)次之，任豆树(*Zenia insignis*)较大，说明阳性树种任豆具有较大的蒸腾拉力，能够从土壤提取更多的水分，以减少岩溶石漠化地区强光引起的高温灼伤(黄玉清等，2006)。按照植物的蒸腾耗水量和 WUE 进行划分，栓皮栎(*Quercus variabilis*)和酸枣(*Ziziphus jujuba*)属于蒸腾耗水量较大的植物，但它们同时也是 WUE 较高的植物；侧柏(*Platycladus orientalis*)则尽管对水分的利用率较低，但其采用较低蒸腾耗水量(节水)的策略应对环境，刺槐(*Robinia pseudoacacia*)属于节水(蒸腾耗水量低)和省水(WUE 高)的类型，具有较好的水分竞争优势(赵勇等，2010)。在干旱、半干旱地区或湿润区的干旱季节，桉树(*Eucalyptus robusta*)会利用复杂庞大的根系系统获取数米以下的浅层或深层地下水以维持正常生长(Dye，1996；White et al.，2002)。常绿种香叶树(*Lindera communis*)根系较深，对表层岩溶带水的依赖性较强；而齿叶黄皮(*Clausena dunniana*)和火棘(*Pyracantha fortuneana*)主要利用土壤下层水；乔木落叶种圆果化香(*Platycarya longipes*)对表层岩溶带水用量减少，表层水的利用比例增高，圆果化香根系分布较浅，水分提升能力小，难以利用随降水减少而水位下降的表层岩溶带水(容丽等，2012)。沙漠地区生长的白刺(*Nitraria tangutorum*)和沙蒿的水分利用策略则因水分来源的变化而变化，在生长季节的不同月份根据水分有效性的变化能够利用不同深度的土壤水(Zhu et al.，2011)。

干旱环境下，不同植物的水分利用特征也各有不同。为适应喀斯特地区的异质性环境尤其是干旱逆境，部分植物进化出独特的水分利用策略以便提高其适应能力。而对植物水分代谢过程的了解有助于我们对喀斯特适生植物水分利用策略的深入研究。

4.1.1 植物的水分代谢过程

水是植物维持生存所必需的最重要的物质。植物从水中进化而来。植物的生长发育、新陈代谢和光合作用等一切生命过程都必须在水环境中才能进行，没有了水，植物的生命活动就会停滞，植株则干枯死亡(潘瑞炽等，2012)。植物对水分的吸收、运输、利用和散失的过程，称为植物的水分代谢(water metabolism)。

4.1.1.1 植物对水分的吸收

1. 植物细胞的水势

植物细胞代谢需要不断从周围环境中吸收水分。细胞有两种吸水方式，一种是被动吸水，在未形成液泡前，植物细胞主要靠吸胀作用被动吸水，在形成液泡后，细胞主要靠渗透作用被动吸收水分，被动吸水不消耗能量；另一种是主动吸水，细胞吸水时需消耗代谢产生的能量，所以也称为代谢性吸水(潘瑞炽等，2012)。

细胞无论通过何种形式吸水，其根本原因，都是出于水的自由能差，即水势差引起的。水势通常以符号 Ψ 表示，其单位为帕斯卡。一个体系水势的高低会受能改变水的自由能的因素的影响. 例如温度、压力、溶质、衬质(能吸附水分子的物质)等。当增加压力或提高温度时，水势会加大；当降低温度或减压，加入溶质或衬质时，水势会减少。所以，细胞的水势就等于各种影响值的代数和。典型的细胞水势由三个组分组成的，它们的关系：

$$\Psi_w = \Psi_s + \Psi_p + \Psi_m$$

其中：ψ_s是溶质势；ψ_p是压力势；ψ_m是衬质势(张秀玲，2008)。

溶质势(solute potential，ψ_s)：由于溶质的存在而使水势降低的值称为溶质势或渗透势(osmotic potential，ψ_π)，以负值表示。溶质势值按公式$\psi_s = -iCRT$来计算(C为溶液的摩尔浓度，T为绝对温度，R为气体常数，i为解离系数)。

压力势(pressure potential，ψ_p)：由于细胞吸水膨胀时原生质向外对细胞壁产生膨压(turgor)，而细胞壁向内产生的反作用力——壁压使细胞内的水分向外移动，即等于提高了细胞的水势。由于细胞壁压力的存在而引起的细胞水势增加的值叫压力势，一般为正值。当细胞失水时，细胞膨压降低，原生质体收缩，压力势则为负值。当刚发生质壁分离时压力势为零。

衬质势(matrix potential，ψ_m)：衬质势是细胞胶体物质亲水性和毛细管对自由水的束缚而引起的水势降低值，如处于分生区的细胞、风干种子细胞中央液泡未形成。对已形成中心大液泡的细胞含水量很高，ψ_m只占整个水势的微小部分，通常一般忽略不计。因此一个具有液泡的成熟细胞的水势主要由渗透势和压力势组成，即$\psi_w = \psi_\pi + \psi_p$(李合生，1981)。

细胞的水势不是固定不变的，ψ_s、ψ_p、ψ_w随含水量的增加而增高；反之，则降低，植物细胞颇似一个自动调节的渗透系统。

2. 植物细胞对水分的吸收

细胞壁、原生质体以及贮藏的淀粉、蛋白质等都是亲水物质，当处于凝胶状态时，它们之间还会有大大小小的缝隙，一旦与水分接触，水分子会迅速地以扩散或毛细管作用进入凝胶内部，它们对水分子的吸引力很强，这种吸引水分子的力称为吸胀力，其大小与衬质势的高低有关，该吸水方式为吸胀吸水(王定藩，1982)。植物细胞壁主要是由纤维素分子组成的微纤丝构成，水和溶质都可以通过，而质膜和液泡膜则为选择性膜，水易于透过，对其他溶质分子或离子具有选择性。植物处于水分或盐胁迫下，通过代谢活动或吸收外界无机离子增加细胞内部的溶质浓度，减低其渗透势，使其从外界水势低的介质中继续吸水，即为渗透吸水(衣建龙和赵可夫，1987)。当多个细胞连在一起时，如果一端的细胞水势较高，依次逐渐降低，则形成一个水势梯度，水便从水势高的一端移向水势低的一端。如叶片由于不断蒸腾而散失水分，所以常保持较低水势；根部细胞因不断吸水．因而水势较高，所以，植物体的水分总是沿着水势梯度从根输送至叶(赵可夫，1959；Wheeler and Stroock，2008)。植物还可以利用细胞呼吸释放出的能量，使水分逆水势梯度经过质膜进入细胞进行主动吸水。当通气良好引起细胞呼吸加剧时，细胞吸水便增强；相反，减小O_2或以呼吸抑制剂处理时，细胞呼吸速率降低，细胞吸水也就减少(Wilson and Kramer，1949)。

3. 植物根系对水分的吸收

根是植物的一个重要器官，植物根系的基本生理功能是从土壤中摄取水分以及各种营养物质并将它们输运到植物的地面部分。根系吸水的主要部位在根尖，根系对水分吸收过程可考虑为水分从土壤通过植物根的表皮渗透进入植物根内，再通过植物内部的微管束输运到叶面，然后通过叶面上的开孔向大气蒸发(褚佳强等，2008)。植物根系对水分的吸收有两种类型：①被动吸水，被动吸水的动力是蒸腾拉力；②主动吸水，主动吸水的动力是根压，根压是“在根系中由于所吸收的水分的累积而产生的一种静水压力”，是根系导管内的一种使液流上升的压力。伤流和吐水现象则是最好的证明(丁国华，1993)。

4.1.1.2 植物对水分的运输

植物的根部从土壤吸收水分，通过茎转运到叶子及其他器官，供植物各种代谢的需要或通过蒸腾作用散失到体外去。水分在整个植物体内运输的途径为：土壤水→根毛→根导管→茎导管→叶导管→叶肉细胞→叶细胞间隙→气孔→大气(李长复，1989)(见图 4.1)。

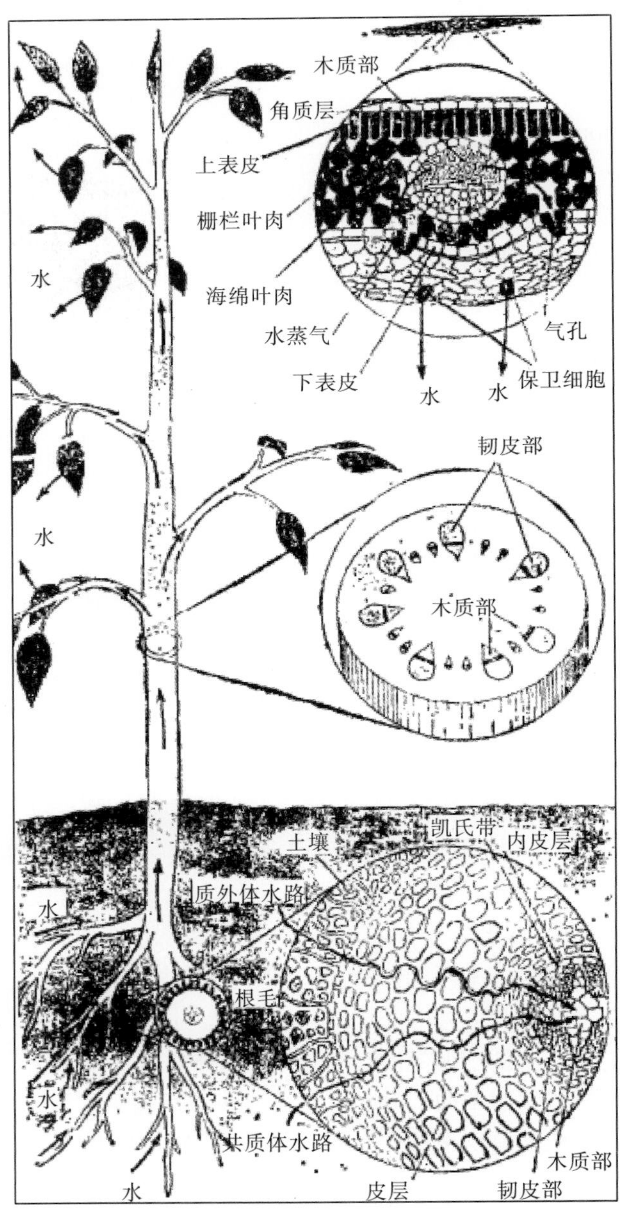

图 4.1 植物体内水分运输途径(李长复，1989)

Fig 4.1 Pathways of water transport in plants (Li, 1989)

水分从土壤进入根内，在茎、叶细胞内的运输有三种途径(Steudle and Peterson，1998)：①质外体途径(apoplastic pathaway)是经过维管束中的导管或管胞和细胞壁与细胞间隙，即质外体部分(郝燕燕等，2013)。裸子植物的水分运输途径是管胞，被子植物是导管和管胞。水分通过死细胞运输时阻力小，运输速度快，适于水分的长距离运输；②共质体途径(symplastic pathaway)是指从根毛到根部导管间以及从叶脉导管到气孔附近的叶肉细胞的运输，这些细胞都具有生活的原生质体，水分在其间运输阻力大，运输速度慢，水分运输距离短(王芳，2006)；③跨细胞途径(transcellular pathaway)指水分跨越质膜和液泡膜的运输。后两种途径因不能通过实验加以区别而统称为细胞到细胞途径(Schuler et al.，1991)。影响水分在植物体内运输的动力的因素则包括气孔的开闭、温度、光照等。

植物体内水分上升的动力来自“根压”和“蒸腾拉力”(祝英等，2015)。“根压”的产生是由于植物细胞内存在着渗透压，“蒸腾”则是由于植物顶部水势高，而顶部大气水势低，致使水分向上渗透而产生拉力(高保山等，1995)。过去几十年来，植物生理学家普遍运用 C-T(Cohesion-Tension，C-T)学说来解释植物体内长距离水分运输中的现象(万贤崇和孟平，2007)。该学说提出，叶面的蒸腾所产生的低水势(张力)提供一个吸力，通过木质部中的连续水柱将张力逐渐传递至根部，致使根表面有足够低的水势可从土壤中吸收水分，水在运输过程中要克服重力和摩擦阻力，所以木质部需要承受很大的负压(Dixon and Joly，1985)。

4.1.1.3　植物对水分的利用

1. 植物含水量

植物的含水量因植物种类、器官和生活环境的不同而差异很大。如水生植物的含水量可达鲜重的 90%以上，地衣、藓类仅占 6%左右，草本植物的含水量占其重量的 70%～80%，木本植物稍低于草本植物；根尖嫩梢、幼苗和绿叶的含水量可达 60%～90%，树干约为 40%～50%，而干燥的种子其含水量只有 10%～14%；一般来说，生长旺盛和代谢活跃的器官水分含量较高，随着器官的衰老，代谢减弱，其含水量也逐渐降低；荫蔽、潮湿环境下生长的植物，其含水量高于向阳、干燥环境下的植物(Schulze，1986)。

2. 植物体内水的存在状态

在植物细胞中，水通常以两种状态存在。植物细胞的原生质、膜系统以及细胞壁是由蛋白质、核酸和纤维素等大分子组成，它们含有大量的亲水基团，与水分子有很高的亲和力。凡是被植物细胞的胶体颗粒或渗透物质吸附、束缚不能自由移动的水分，称为束缚水(bound water)。而不被胶体颗粒或渗透物质所吸引或吸引力很小，可以自由移动的水分称为自由水(free water)。实际上，这两种状态水分的划分是相对的，它们之间并没有明显的界线。束缚水决定植物的抗性能力，束缚水越多，原生质黏性越大，植物代谢活动越弱，低微的代谢活动使植物渡过不良的外界条件，束缚水含量高，植物的抗寒抗旱能力较强。自由水决定着植物的光合、呼吸和生长等代谢活动，自由水含量越高，原生质黏性越小，新陈代谢越旺盛(余叔文等，1960；孙存华等，2005)。

3. 水对植物的重要性

水在植物的生命活动中发挥着重要作用。植物吸收的水分在植物体内主要参与各种代谢活动，其中参与光合作用和呼吸作用占 1%～5%，蒸腾散失则占 95%～99%。①水使植物细胞原生质处于溶胶状态，以保证各种生理生化代谢的进行。如果细胞中含水量减少，原生质由溶胶变成凝胶状态，细胞的生命活动将大大减缓（毕宏文，1997；贾银锁等，1989）；②水作为反应物直接参与植物体内重要的代谢过程。在光合作用、呼吸作用、有机物质合成和分解过程中均有水的参与（Bard and Fox，1995；Tezara et al.，1999；Enquist et al，2003）；③水是许多生化反应和物质吸收、运输的良好介质。各种物质在细胞内的合成、转化和运输分配，以及无机离子的吸收和运输都在水介质中完成的（Chrispeels et al.，1999）；④水能使植物保持固有的姿态。细胞含有大量的水分，产生膨压，维持细胞的紧张度，使植物枝叶挺立、花朵开放，膨压对于气孔和植物其他结构的运动以及细胞的分裂生长也很重要（Fricke et al.，2000；Aguirrezabal et al.，2010）；⑤水可调节植物的体温。因水有较高的汽化热和比热，可避免植物在强光高温下或寒冷低温中，体温变化过大灼伤或冻伤植物体（Martin et al.，1999）。

4. 植物的蒸腾作用

根系所吸收的水分，除少量用于体内物质代谢外，大量的通过蒸腾作用（transpiration）而散失。所谓蒸腾作用就是水分通过植物体表以气体状态散失到大气中去的过程（吴国辉和刘福娟，2004）。叶片蒸腾作用有两种方式：一是通过角质层的蒸腾，叫作角质蒸腾（Leide et al.，2007）；另一种是通过气孔的蒸腾，叫作气孔蒸腾（Jarvis and Mcnaughton，1986）；这两种蒸腾方式在蒸腾中所占的比重，与植物种类、生长环境、叶片年龄有关。

蒸腾作用在植物生命活动中具有重要的生理意义：①蒸腾作用是植物被动吸水的动力，特别是高大的植物，仅靠根压是无法维持水分代谢的平衡的，必须有蒸腾所形成的强大拉力才能使水分大量吸收和迅速上升（杨学荣，1981）；②蒸腾作用能促进植物体对矿质元素的吸收和传导，使溶于水的盐类迅速地分布到各部位去（曹宗巽和吴相钰，1979）；③蒸腾作用能降低叶子的温度。植物体特别是叶子吸收的阳光大部分转变为热能，可使植物体的温度大大提高。蒸腾作用能把大量的热散发出去（Pallas et al.，1967）；④蒸腾作用正常进行时，气孔是开放的，有利于 CO_2 的吸收和同化（Hall and Schulze，2010）。

影响蒸腾作用的环境因子主要是光照强度、温度、大气湿度、风速和土壤条件等。光照是影响蒸腾作用的最主要的外界条件，强光可提高大气与叶面的温度，加速水分的扩散；光还可以直接影响气孔的开闭，大多数植物的气孔在暗中关闭，在光下气孔开放，蒸腾加强（Downes，1970）。大气温度增高时，气孔下腔细胞间隙的蒸汽压的增加大于大气蒸汽压的增大，所以叶内外的蒸汽压差加大，蒸腾加强（Drake and Salisbury，1972）。当大气相对湿度增大时，大气蒸汽压也增大，叶内外蒸汽压差就变小，蒸腾变慢；反之，加快（Zou and Kahnt，2010）。微风能将气孔边的水蒸气吹走，补充一些蒸汽压低的空气，外部扩散阻力减小，蒸腾速度加快；强风可明显降低叶温，使保卫细胞迅速失水，导致气孔关闭，进而使蒸腾显著减弱（Schymanski and Or，2015）。土壤温度、土壤通气、土壤溶液浓度等土壤条件通过影响根系吸水而间接影响植物的蒸腾作用（王晶英等，2006；苏文华和张光飞，2002）。

蒸腾作用还受叶片的大小、形状和结构、根系、气孔等因素的影响（Monteiro et al.，2016；Huber et al.，2014；Mcadam and Brodribb，2014）。其中，气孔开度对蒸腾有着直接的影响。气孔开闭的实质是保卫细胞的吸水膨胀或失水，该行为受到保卫细胞膨压的调节。少量的渗透物质积累就可使保卫细胞渗透势明显下降，降低水势，促进吸水，改变膨压(Mcainsh et al.，1996)。气孔则受光、CO_2、温度、水分、风、植物激素等因素的影响(唐道彬等，2017；Vico et al.，2013；Gorsuch and Oberbauer，2002；王海珍等，2017；王林等，2015)。脱落酸(ABA)是一种对植物生长、发育、抗逆性、气孔运动和基因表达等都有重要调节功能的植物激素(匡逢春等，2003)。在水分亏缺时，ABA 的一个重要生理功能就是促进离子流出保卫细胞和降低保卫细胞膨压，诱导气孔关闭，从而降低水分损耗，增加植株在干旱条件下的保水能力(Rock and Ng，1999；Malcheska et al.，2017)。

4.1.2　植物对代谢水的利用

代谢水则是指糖类、脂肪和蛋白质等有机物在生物体内氧化时产生的水。生物体内的有机物在细胞内经过一系列的氧化分解，最终生成 CO_2、水或其他产物，并且释放出能量的总过程，叫作呼吸作用，又称为细胞呼吸(cellular respiration)(薛应龙，1980)。呼吸底物降解活性的升高可引起代谢中间产物的增加，对植物在轻度水分胁迫时可能有渗透调节的意义(李勤报和梁厚果，1988)。另一方面，这种呼吸强度的升高可释放一定水分，以维持原生质胶体的含水量(Henckel，1964)。麻疯树和油桐的较高活性的碳酸酐酶(CA)在干旱胁迫下能够催化转化胞内 HCO_3^- 为 CO_2 和水，为其光合作用过程提供碳源和水分，阻止了麻疯树光合作用的大幅下降，也保护了油桐光系统II在干旱下免受更大伤害(Xing et al.，2015)。植物对代谢水的高效利用可以缓解干旱下植物体对水分的迫切需求，维持光合作用的正常进行，在一定程度上改变植物的水分状况，增加植物抗干旱能力检测技术开发的难度。

4.1.3　喀斯特逆境下植物的水分利用策略

适生植物对喀斯特逆境具有独特的适应机制，而水分利用策略则在其中发挥着重要作用。喀斯特适生植物采用多种策略，如保持比较低的水势、较高的 WUE、落叶、转变水分吸收来源等，共同应对喀斯特石漠化区的水分时空异质性，以最大限度地利用有限的水资源渡过临时性的干旱(邓艳等，2015)。

生长在喀斯特地区浅层土壤的成熟常绿树很少利用地下水，储存在 2～3m 深土壤-岩石介质中的水足以维持它们渡过长时间的旱季(Querejeta et al.，2007)。桂西北喀斯特地区的半落叶乔木粉苹婆(*Sterculia euosma*)、落叶乔木菜豆树(*Radermachera sinica*)、常绿灌木鹅掌柴(*Schefflera octophylla*)以及落叶灌木红背山麻杆(*Alchornea trewioides*)和紫弹树(*Celtis biondii*)在旱、雨季均以储存在不同深度裂隙中的雨水为主要水源(聂云鹏等，2011)。在热带喀斯特森林山地，大部分植物具有很深的根系，藤本植物根系更深，旱季能利用地下深层岩石下的缝隙水。有些植物如木棉(*Bombax ceiba*)、董棕(*Caryota urens*)则能够利用树干储存水保持旱季必要的生理代谢(曹坤芳等，2014)。喀斯特坡地的桉树、青冈栎(*Cyclobalanopsis glauca*)在土壤含水量较低条件下(如雨季下坡和旱季上坡)对深层土壤水利用比例明显增加且主要对应土壤含水量较高层次，反映了在水分较亏缺时尾巨桉、青冈栎能够较为灵活地变更水分来源（丁亚丽等，2016；Gu et al.，2015）。喀斯特地区生长的任豆树和狗骨木以及金银花都具有发达的根系，它们可分布在石缝中，即使地表十分干旱，在蒸腾拉力的驱动下，其根系仍然能够从其所在的石缝里吸收水分，充分利用深层次的水资源，保证旺盛的光合作用，同时免受强光引起的高温灼伤；任豆树能够通过气孔调节，适应临时性水分不足（黄玉清等，2006）。

热带喀斯特地区，直脉榕（*Ficus orthoneura*）枝条木质部导水率低且有较强的抗栓塞化能力，保证水力传导的安全性；豆果榕（*Ficus pisocarpa*）通过弹性调节维持叶片膨压直至叶片失水到含水量过低，干旱初期就脱落叶片避免水分的蒸腾散失和导管气穴化的产生，在雨季凭借较高的水分传导和光合能力快速积累光合产物（刘金玉等，2012）。采取保守水分利用策略的植物，通常具有较低的蒸腾速率、P_N、生长速率和较高的光合 WUE，有利于植物在严重干旱的胁迫条件下生存；而采取冒险的水分利用策略的植物则恰恰相反，有利于植物在水分较好的条件下发挥出较强的竞争力（Passioura，1982；Heilmeier et al.，2002）。

4.2 植物的需水量与抗干旱能力

中国是水资源十分匮乏的农业大国，水资源贫乏的大国，目前，人均水资源量只有不足 2300m^3，仅为世界平均水平的 1/4，北方和西部部分地区已出现重度缺水（王瑷等，2008）。如何从战略高度和可持续发展角度有效地保护和合理利用有限的农业灌溉水资源，已成为我国研究的重要课题（秦明军，2009；高照阳等，2003）。而水对植物的生长至关重要，在保证农业稳产、高产的前提下，如何准确、简便、快速测得植物需水信息，获取植物合理需水量，做到适时灌水、停水，实现节水增产是当前十分紧迫而重要的任务（Zhang et al.，2011）。植物需水量系指植物在适宜的土壤水分和肥力水平下，经过正常生长发育，获得高产时的植株蒸腾、颗间蒸发以及构成植株体的水量之和（谢立群和郑淑红，2007）。

在植物整个生长发育全过程中，一直保持充分供水，虽然产量最高，但耗水量也最多，WUE 最低，不是科学的供水方法（Costa et al.，2007）。非充分供水是针对水资源的紧缺性与用水效率低下的普遍性而提出的，非充分供水作为一种新的灌溉制度，不追求单位面积上最高产量，允许一定限度的减产（吕金印等，2002）。据报道，非充分灌溉已经成功地应用于某些作物，尤其是那些典型的耐旱品种（Lima et al.，2015；Zhang et al.，2017）。植物在适度水分亏缺的逆境下，对于有限缺水具有一定的适应性和抵抗效应，适度水分亏缺不一定使产量显著降低，反而使植物 WUE 显著提高（汤章成，1983）。干旱缺水对植物的影响，从适应到伤害有一个过程。只要不超过适应范围的缺水，往往在复水后，可产生水分利用和生长上的补偿效应，对形成终产量有利或无害，这就是植物的有限缺水效应（胡田田和康绍忠，2005）。

无论是农田水利工程技术，还是农艺技术，节水灌溉技术的关键问题在于准确掌握植物灌水时间点，施以合适的灌水量，从植物自身水分需求出发，实现节水灌溉的目的。同

物与指示植物 P_N 和 E，求出不同 CO_2 浓度下被考察植物与指示植物 WUE。其中，不同 CO_2 浓度下植物 WUE 是对应 CO_2 浓度下对应植物的 P_N 和 E 的比值。

(4) 被考察植物水分利用系数的计算。将被考察植物的 WUE 的数据与对应 CO_2 浓度下指示植物 WUE 的数据拟合成正比例函数，获取该方程的斜率，即为被考察植物水分利用系数。其中，被考察植物的 WUE 数据与对应 CO_2 浓度下指示植物 WUE 数据都是指 CO_2 饱和点下的植物 WUE 数据，选定 850 μmol·mol^{-1}CO_2 浓度所对应的数据为上限，以被考察植物和指示植物 WUE 都大于 0 时的 CO_2 浓度下的数据为下限进行正比例函数的拟合。

(5) P_N 的测定。利用便携式光合仪用常规方法分别测定被考察植物叶片与指示植物叶片的 P_N。其中，被考察植物叶片与指示植物同一叶位的完全展开叶的 P_N 在上午 9～11 时进行测定。

7. 计算

依据被考察植物水分利用系数、被考察植物叶片与指示植物叶片的 P_N 以及指示植物的需水量获得被考察植物需水量。其中，被考察植物水分利用系数记为 C，被考察植物的净光合速率记为 $P_{N\text{-}ob}$，指示植物的净光合速率记为 $P_{N\text{-}re}$，指示植物的需水量记为 Q，被考察植物需水量 (Q_{ob}) 的计算则为 $Q_{ob}=Q\cdot P_{N\text{-}ob}\cdot C^{-1}/P_{N\text{-}re}$。

8. 精密度

本规程的精密度数据按照 GB/T 6379.2—2004 的规定确定，其重复性和再现性的值以 90%的可信度计算。

9. 技术优点

(1) 本方法使用的指示植物与被考察植物生物学特性相似，栽培方法和栽培环境相同，它消除了用常规方法计算植物需水量时因参照作物与被考察植物生物学特性、栽培方法以及生长环境差异带来的误差，结果更可信。

(2) 本方法在测定植物的光合参数时，就可以获得被考察植物的需水量，节约研究成本和时间。

(3) 本方法需要的仪器价格相对便宜，操作相对简单，工作量小。

4.2.3.3　应用实例

1. 实施例

1) 实施例 1

诸葛菜是一种极有前途的保健蔬菜、花卉以及能源植物，是一种具有较大开发价值的潜力型植物，相对于常规作物油菜，它的各方面研究还很薄弱，尤其是需水信息的研究，更是寥寥无几。为了节省有限的研究成本和时间，可以通过油菜的需水信息确定诸葛菜的需水量。

具体方法如下：在种植诸葛菜时，同时种植一小区的油菜用以作指示植物。在天气晴朗的 2012 年 11 月 20 日上午 9:00～10:00，利用便携式光合仪如 Li-6400 便携式光合仪自动 ACi-curve 曲线测定功能，分别测定诸葛菜与油菜第二片完全展开叶的 P_N 对不同 CO_2 浓度的响应特征；测定时用 Li-6400 光合作用分析系统的 CO_2 注入系统控制 CO_2 浓度，将红蓝光源 LED 设定光强为饱和光，CO_2 浓度梯度设定如表 4.1，测定不同 CO_2 浓度下叶片

的 P_N 和 E 如表 4.1。依据上述测得的 CO_2 响应曲线中的不同 CO_2 浓度下诸葛菜与油菜 P_N 和 E，求出不同 CO_2 浓度下诸葛菜与油菜植物 WUE（WUE＝P_N/E）如表 4.1；将不同 CO_2 浓度（CO_2 饱和点下）：120、150、200、400、600、800 μmol·mol^{-1} 下诸葛菜 WUE（WUE_{ob}）数据与对应 CO_2 浓度下油菜 WUE（WUE_{re}）的数据拟合成正比例函数；获取上述方程的斜率，即为诸葛菜水分利用系数 C；在天气晴朗的 2012 年 11 月 20 日上午 9:00～11:00，利用便携式光合仪如 Li-6400 便携式光合仪分别测定诸葛菜与油菜第二片完全展开叶的 P_N，分别记为 $P_{N\text{-}ob}$ 和 $P_{N\text{-}re}$，$P_{N\text{-}ob}$＝1.82，$P_{N\text{-}re}$＝3.65；根据前期的实验得知，油菜 11 月份的需水量 Q＝30.00 mm，依据诸葛菜水分利用系数、诸葛菜叶片与油菜叶片的 P_N 以及油菜的需水量获得诸葛菜需水量。

表 4.1　不同 CO_2 浓度下油菜和诸葛菜叶片 P_N（μmol·m^{-2}·s^{-1}）、E（mmolH_2O·m^{-2}·s^{-1}）以及 WUE（μmolCO_2·mmol$^{-1}H_2O$）（C_a 为设定的 CO_2 浓度，μmol·mol^{-1}）

Table 4.1 Net photosynthetic rate P_N (μmol·m^{-2}·s^{-1}), E (mmol H_2O·m^{-2}·s^{-1}), and WUE (μmol CO_2·mmol^{-1} H_2O) of *Brassica napus* and *Orychophragmus violaceus* under different CO_2 concentrations (C_a represented CO_2 concentration, μmol·mol^{-1})

	植物材料	P_N	E	C_a	WUE
指示植物	油菜	10.2	1.33	2000	7.67
		9.16	0.934	1800	9.81
		9.44	0.716	1500	13.18
		8.64	0.635	1200	13.61
		8.12	0.566	1000	14.35
		7.18	0.542	800	13.25
		5.9	0.563	600	10.48
		4.08	0.678	400	6.02
		2.01	0.834	200	2.41
		1.37	1.09	150	1.26
		0.75	1.23	120	0.61
被考察植物	诸葛菜	11.33	0.74	1500	15.38
		8.52	0.66	1200	12.95
		6.37	0.61	1000	10.48
		5.05	0.58	800	8.68
		3.69	0.59	600	6.30
		2.31	0.62	400	3.75
		1.72	0.68	300	2.53
		1.02	0.78	200	1.30
		0.61	0.92	150	0.66
		0.38	1.09	120	0.35
		0.02	1.26	100	0.02
		−0.21	1.45	80	-0.15

2) 实施例 2

爬山虎和牵牛花都是藤本植物。为了节省有限的研究成本和时间，可以通过爬山虎的需水信息确定牵牛花的需水量。

具体方法如下：在种植牵牛花时，同时种植一小区的爬山虎用以作指示植物。在天气晴朗的 2011 年 10 月 28 日上午，利用便携式光合仪如 Li-6400 便携式光合仪自动 ACi-curve 曲线测定功能，分别测定爬山虎和牵牛花第二片完全展开叶的 P_N 对不同 CO_2 浓度的响应特征；测定时用 Li-6400 光合作用分析系统的 CO_2 注入系统控制 CO_2 浓度，将红蓝光源设定光强为饱和光，CO_2 浓度梯度设定如表 4.2，测定不同 CO_2 浓度下叶片的 P_N 和 E 如表 4.2。依据上述测得的 CO_2 响应曲线中的不同 CO_2 浓度下爬山虎和牵牛花 P_N 和 E，求出不同 CO_2 浓度下爬山虎和牵牛花植物 WUE（$WUE=P_N/E$）如表 4.2；将不同 CO_2 浓度（CO_2 饱和点下）：80、100、120、150、200、300、400、600、800 $\mu mol\cdot mol^{-1}$ 下牵牛花 WUE（WUE_{ob}）数据与对应 CO_2 浓度下爬山虎 WUE 的数据（WUE_{re}）拟合成正比例函数；获取上述方程的斜率，即为牵牛花水分利用系数 C；在天气晴朗的 2011 年 10 月 28 日 9:00～11:00，利用便携式光合仪如 Li-6400 便携式光合仪分别测定爬山虎和牵牛花第二片完全展开叶的 P_N，分别记为 $P_{N\text{-}ob}$ 和 $P_{N\text{-}re}$，$P_{N\text{-}ob}=5.80$，$P_{N\text{-}re}=3.75$；根据前期的实验得知，爬山虎 10 月份的日需水量 $Q=2.00$ mm，依据牵牛花水分利用系数、牵牛花叶片与爬山虎叶片的 P_N 以及爬山虎 10 月份的日需水量获得牵牛花 10 月份的日需水量。

表 4.2　不同 CO_2 浓度下爬山虎和牵牛花叶片 P_N（$\mu mol\cdot m^{-2}\cdot s^{-1}$）、$E$（$mmolH_2O\cdot m^{-2}\cdot s^{-1}$）以及 WUE（$\mu molCO_2\cdot mmol^{-1}H_2O$）（$C_a$ 为设定的 CO_2 浓度，$\mu mol\cdot mol^{-1}$）

Table 4.2　Net photosynthetic rate P_N（$\mu mol\cdot m^{-2}\cdot s^{-1}$）, E（mmol $H_2O\cdot m^{-2}\cdot s^{-1}$）, and WUE（μmol $CO_2\cdot mmol^{-1}$ H_2O）of *Japanese creeper* and *Pharbitis nil* under different CO_2 concentrations（C_a represented CO_2 concentration, $\mu mol\cdot mol^{-1}$）

	植物材料	P_N	E	C_a	WUE
指示植物	爬山虎	10.39	0.50	1500	20.96
		11.57	0.43	1200	26.99
		8.68	0.43	1000	20.41
		7.00	0.44	800	15.98
		5.58	0.44	600	12.55
		3.82	0.48	400	8.01
		3.01	0.52	300	5.80
		2.01	0.56	200	3.58
		0.91	0.60	150	1.52
		0.58	0.62	120	0.94
		0.54	0.64	100	0.84
		0.14	0.67	80	0.21
被考察植物	牵牛花	14.92	3.76	1500	3.97
		15.74	3.33	1200	4.73
		15.76	3.17	1000	4.98
		15.19	3.03	800	5.01
		11.50	3.09	600	3.72

续表

植物材料		P_N	E	C_a	WUE
		8.52	3.14	400	2.72
		6.61	3.31	300	2.00
		4.03	3.56	200	1.13
		2.77	3.87	150	0.71
		1.78	4.15	120	0.43
		1.13	4.39	100	0.26
		0.45	4.59	80	0.10

3) 实施例 3

桑树(*Mulberry alba*)和构树(*Broussonetia papyrifera*)都是属于桑科的木本植物。桑树的研究远多于构树，为了节省有限的研究成本和时间，可以通过桑树的需水信息确定构树的需水量。

具体方法如下：在种植构树时，同时种植一小区的桑树用以作指示植物。在天气晴朗的 2012 年 4 月 10 日上午，利用便携式光合仪如 Li-6400 便携式光合仪自动 ACi-curve 曲线测定功能，分别测定桑树和构树第二片完全展开叶的 P_N 对不同 CO_2 浓度的响应特征；测定时用 Li-6400 光合作用分析系统的 CO_2 注入系统控制 CO_2 浓度，将红蓝光源设定光强为饱和光，CO_2 浓度梯度设定如表 4.3，测定不同 CO_2 浓度下叶片的 P_N 和 E 如表 4.3。依据上述测得的 CO_2 响应曲线中的不同 CO_2 浓度下桑树和构树 P_N 和 E，求出不同 CO_2 浓度下桑树和构树植物 WUE(WUE$=P_N/E$)如表 4.3；将不同 CO_2 浓度(CO_2 饱和点下)：100、120、150、200、300、400、600、800 $\mu mol\cdot mol^{-1}$ 下构树 WUE(WUE_{ob})数据与对应 CO_2 浓度下桑树 WUE 的数据(WUE_{re})拟合成正比例函数；获取上述方程的斜率，即为构树水分利用系数 C；在天气晴朗的 2012 年 4 月 10 日 9:00～11:00，利用便携式光合仪如 Li-6400 便携式光合仪分别测定桑树和构树第二片完全展开叶的 P_N，分别记为 $P_{N\text{-}ob}$ 和 $P_{N\text{-}re}$，$P_{N\text{-}ob}=2.52$，$P_{N\text{-}re}=1.98$；根据前期的实验得知，桑树 4 月份的日需水量 Q=3.00 mm，依据构树水分利用系数、桑树叶片与构树叶片的 P_N 以及桑树 4 月份的日需水量获得构树 4 月份的日需水量。

表 4.3 不同 CO_2 浓度下桑树和构树叶片 P_N($\mu mol\cdot m^{-2}\cdot s^{-1}$)、$E$($mmolH_2O\cdot m^{-2}\cdot s^{-1}$)以及 WUE($\mu molCO_2\cdot mmol^{-1}H_2O$)($C_a$ 为设定的 CO_2 浓度，$\mu mol\cdot mol^{-1}$)

Table 4.3 Net photosynthetic rate P_N ($\mu mol\cdot m^{-2}\cdot s^{-1}$), E ($mmol\ H_2O\cdot m^{-2}\cdot s^{-1}$), and WUE ($\mu mol\ CO_2\cdot mmol^{-1}\ H_2O$) of *Morus alba* and *Broussonetia papyrifera* under different CO_2 concentrations (C_a represented CO_2 concentration, $\mu mol\cdot mol^{-1}$)

植物材料		P_N	E	C_a	WUE
指示植物	桑树	10.30	0.40	1500	25.94
		7.48	0.32	1200	23.52
		4.68	0.23	1000	20.53
		3.60	0.23	800	15.86
		2.83	0.25	600	11.19

续表

植物材料		P_N	E	C_a	WUE
		2.09	0.33	400	6.26
		1.86	0.47	300	4.00
		1.33	0.62	200	2.15
		0.90	0.79	150	1.14
		0.52	0.94	120	0.55
		0.32	1.06	100	0.30
		-0.03	1.14	80	-0.03
被考察植物	构树	11.30	0.69	1500	16.28
		9.93	0.68	1200	14.67
		8.99	0.71	1000	12.66
		7.94	0.80	800	9.93
		6.58	0.91	600	7.26
		4.52	1.03	400	4.39
		3.48	1.17	300	2.97
		2.03	1.30	200	1.56
		1.40	1.42	150	0.99
		0.93	1.54	120	0.61
		0.62	1.66	100	0.37
		0.31	1.80	80	0.17

2. 实施效果

1) 实施效果 1

本实施例中，诸葛菜是被考察植物，油菜是指示植物；不同 CO_2 浓度下油菜和诸葛菜叶片 P_N、E 以及 WUE 如表 4.1 所示。

将不同 CO_2 浓度(CO_2 饱和点下)：120、150、200、400、600、800 $\mu mol \cdot mol^{-1}$ 下诸葛菜 WUE(WUE_{ob}) 数据与对应 CO_2 浓度下油菜 WUE(WUE_{re}) 的数据拟合成正比例函数为

$$Y=0.6309X \quad (R^2=0.9955，n=6) \tag{4.2}$$

式中，Y 为诸葛菜 WUE(WUE_{ob})，X 为油菜 WUE(WUE_{re})。

从式(4.2)中可以看出诸葛菜水分利用系数 C=0.6309。

由此，可计算诸葛菜 11 月份的需水量 Q_{ob}，$Q_{ob}=Q \cdot P_{N\text{-}ob} \cdot C^{-1}/P_{N\text{-}re}=23.45$ mm。表明 11 月份的诸葛菜耗水不到油菜的 3/4，这是有些冬季水分不足、不宜生长油菜的环境仍然适合生长诸葛菜的原因，也即诸葛菜更耐旱，这符合生产实际。

2) 实施效果 2

本实施例中，牵牛花是被考察植物，爬山虎是指示植物；不同 CO_2 浓度下爬山虎和牵牛花叶片 P_N、E 以及 WUE 如表 4.2 所示。

将不同 CO_2 浓度(CO_2 饱和点下)：80、100、120、150、200、300、400、600、800 $\mu mol \cdot mol^{-1}$ 下牵牛花 WUE(WUE_{ob}) 数据与对应 CO_2 浓度下爬山虎 WUE(WUE_{re}) 的数据拟合成正比例函数为

$$Y=0.3147X \quad (R^2=0.9917,\ n=9) \tag{4.3}$$

式中，Y 为牵牛花 WUE(WUE_{ob})，X 为爬山虎 WUE(WUE_{re})。

从式(4.3)中可以看出牵牛花水分利用系数 $C=0.3147$。

由此，可计算牵牛花 10 月份的需水量 Q_{ob}，$Q_{ob}=Q \cdot P_{N\text{-}ob} \cdot C^{-1}/P_{N\text{-}re}=9.83$ mm。表明 10 月份的牵牛花日需水量大约是爬山虎的 5 倍，表明牵牛花是需水植物，而爬山虎具有很强的耐旱性，这也符合生产实际。

3) 实施效果 3

本实施例中，构树是被考察植物，桑树是指示植物；不同 CO_2 浓度下桑树和构树叶片 P_N、E 以及 WUE 如表 4.3 所示。

将不同 CO_2 浓度(CO_2 饱和点下)：100、120、150、200、300、400、600、800 μmol·mol^{-1} 下构树 WUE(WUE_{ob})数据与对应 CO_2 浓度下桑树 WUE(WUE_{re})的数据拟合成正比例函数为

$$Y=0.6458X \quad (R^2=0.9934,\ n=8) \tag{4.4}$$

式中，Y 为构树 WUE(WUE_{ob})，X 为桑树 WUE(WEU_{re})。

从式(4-4)中可以看出构树水分利用系数 C=0.6458。

由此，可计算构树 4 月份的需水量 Q_{ob}，$Q_{ob}=Q \cdot P_{N\text{-}ob} \cdot C^{-1}/P_{N\text{-}re}=5.91$ mm。表明 4 月份的构树日需水量大约是桑树的 2 倍，这有待于实践的检验，可以指导构树的种植。

4.3 叶片紧张度与植物的水分状况

水是植物体的重要组成成分，参与植物的各项生理活动，也是影响植物形态结构、生长发育等的重要生态因子(解婷婷，2008)，因此快速检测植物的水分状况对于掌握植物的受旱情况及节水灌溉有着重要的意义(Fu et al.，2010)。事实上，植物缺水会引起植物在很多方面的生理变化，诸如叶片的相对含水量下降，叶面蒸腾量减少以及叶水势、水分状况等的变化，而针对植物生理特性的研究则可以很好地诊断作物的水分需求状况，从而为植物的精确灌溉提供更为精确的需水信息。这对于提高水资源的利用率、改善农业用水的紧张状况有着深远的理论应用价值及社会生态意义。

随着现代技术的高速发展，人类行为已逐渐危害自然生态系统平衡，各种环境问题凸显。干旱、水资源短缺是我国传统农业发展面临巨大挑战。在一些发达国家，高效节水灌溉技术已十分成熟，而我国还处于发展阶段，如何获取植物缺水信息、掌握其受旱情况是解决水资源短缺问题的关键所在。过去常用的气象信息、土壤信息法，可以间接反映植物的需水情况，但易受一些不确定因素的影响，不利于及时采取措施和农业智能化、一体化技术的实现。因此一些如叶水势、光合参数、叶绿素荧光及植物电容电阻等生理变化指标逐渐用于确定植物的水分状况。这些方法是利用外部手段获取作物的内在信息，能直接有效、准确地反映出作物水分状况。植物生理特性中以电特性尤为引人关注。

4.3.1　叶片生理电容与叶片水势

4.3.1.1　叶片水势

1. 叶片水势与植物水分状况

叶片水势即叶片细胞的持水能力。在研究抗旱植物的水分关系时，叶水势已被广泛用于反映植物的水分状况(高俊风，2000；魏冠东和侯庆春，1990；单长卷和梁宗锁，2006)。Krame 认为，当植物水势和膨压减少至足以干扰植物的正常功能时即发生水分胁迫，叶片水势是植物水分状况的最好度量(Kramer，1983)。

沈维良等用 SPAC 理论分析大豆、花生、玉米、甘薯 4 种作物水势分布特点及耐旱性结果表明，植物叶片水势是反映植物水分状况的较好的生理指标，不同作物叶片水势差异显著，作物叶片水势越高，其耐旱性越强(Thomas，1966)。但张喜英却指出在用叶水势作为作物水分亏缺程度的判定指标时，必须区分是土壤水分变化还是外界条件变化引起叶水势的变化。由于叶片水势反映的是作物水分亏缺程度，因此，应该选择与作物蒸腾强度变化规律相一致的叶片水势(张喜英，1997)。

植物水分状况发生变化时，细胞液浓度与细胞体积均发生变化。细胞液浓度与组织水势有关，所以组织水势通常被认为可直接反映植物的水分状况(王丁等，2011)，越来越多的研究发现受土壤条件和气象条件等外界因素的干扰，水势只有在相同的时段内才具有规律性(鲍一丹和沈杰辉，2005)，原因是组织水势只与细胞液浓度的变化有关。

与午后叶水势最低值相比，黎明前叶水势受大气变化影响较小、较稳定，可以更好地反映作物水分亏缺(Mastrorilli et al.，1999)。张英普等和 Rana 分别定性和定量研究了作物黎明前叶水势的临界值与土水势、土壤含水量的关系(张英普等，2001；Rana et al.，1997)；胡继超等用阻滞方程描述了黎明前叶水势和土壤含水量的关系，用模糊聚类方法确定了冬小麦不同生育阶段的黎明前叶水势临界值(胡继超等，2004)。但也有学者认为叶水势对作物缺水并不十分敏感，建议将受短暂天气影响较小的茎水势，作为确定植物水分亏缺的敏感指标(Naor，1998)；杨朝选等则提出，茎、叶水势之差更能反映水分状况变化，但测量中时有负值反常，还有待进一步研究(杨朝选等，1999)。

2. 叶片水势测定方法

本研究中测定植物叶片水势选用的仪器为露点水势仪(water potential system，WESCOR ，USA)(图 4.2)。

露点水势仪由露点微伏计与其相匹配的系列探头(传感器)组成。露点微伏计是一个内含电子系统的，通过热电偶传感器来专门测量水势的仪器，而与露点微伏计匹配的探头有 C-52、C-30、L-51、PCT/PST 等。本研究需要快速测取某个时刻叶片生理电容对应的组织水势值，所以选择 C-52 测试探头的传感器(图 4.3)，主要原因是 C-52 样本室封闭性较好，且平衡时间较短，约为 6min。同时借助打孔器选择适合 C-52 样本室大小的叶片(图 4.3)。

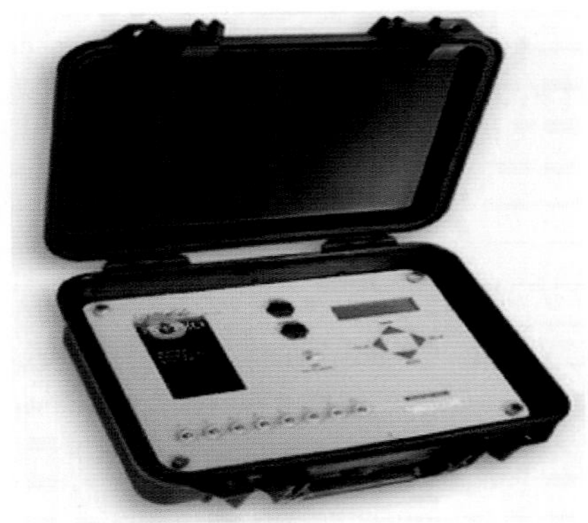

图 4.2 露点水势仪主机

Fig 4.2 The dew point water potential instrument

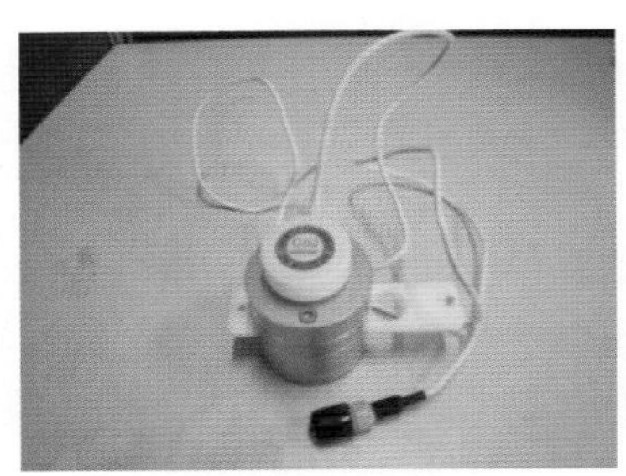

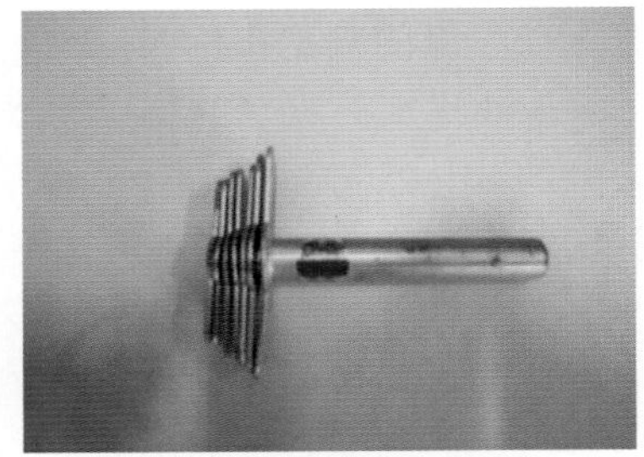

图 4.3 C-52 测试探头和打孔器

Fig 4.3 C-52 test probes and hole puncher

4.3.1.2 叶片生理电容

1. 叶片生理电容与植物水分状况

人们对植物电信号的认识真正始于 1873 年。Burdon Sanderson(1873)证明了捕蝇草(*Dionaea muscipula*)中存在电，从此拉开了植物电信号科学研究的序幕。Garroway(1973)指出了玉米遭受病害侵染后的导电性增加速率与其染病相关。Yang 等(1995)测定了温室植物冠层中温度、冠层上方温度、叶片温度与蒸腾量以及植物表面电位等参数，以确定空气条件变化对植物生长的影响。Ksenzhek 等(2004)对玉米叶片不同方向主脉的电阻进行测量，结果显示随着叶片枯竭，叶片直流电阻降低。Kandala 等(2007，2010)将平行板电容器与射频阻抗湿度计相连，测量花生果仁的电容值、相位角，测得值用于估计样品的水分含量；结果与标准热风烘箱法获得的水分含量值非常吻合。

20 世纪 50 年代，我国植物生理学家娄成后院士及其研究小组开始了对植物电现象的研究。到了 20 世纪末，在探索植物电信号的基础理论方面进行了大量研究(于海业等，2009)。金树德和张世芳(1999)以玉米为例，利用套针式电阻传感器对植物生理电特性指标进行了研究；结果显示，玉米茎秆的生理电阻和叶片的生理电容都能真实准确地反映植株水分情况。鲍一丹和沈杰辉(2005)研究了植物缺水信息与植物叶片电特性和叶水势之间的变化规律；结果表明，植株干旱程度与叶片电特性和叶水势按一定规律变化，且叶片电容受环境影响较小，是快速准确获取植物缺水信息较为理想的方法。郭文川等(2007)以吊兰和玉米等植物为研究对象，研究了干旱对植物叶片生理特性参数和电特性参数的影响。栾中奇等(2008)利用 LCR 测量仪、电子天平等仪器测量不同水分胁迫下小麦叶片电容值变化；表明生理电容值能较灵敏地反映小麦叶片含水量的变化，电容值变化大小可以反映其抗旱性强弱及受旱程度。宣奇丹等(2010)利用数字电容仪和植物压力室研究水分胁迫对植物叶片的电容值、含水量和水势的影响；结果表明随着胁迫时间的延长叶片组织含水量降低，电容值及水势值逐渐下降，且电容值与含水量、电容值与水势间均存在显著的相关关系。

因此，叶片的干旱能力可以用叶片电特性(电阻、电容)变化情况来反映。干旱作物体液浓度增加，使得导电率增加而电阻减少；以叶片为电容介质，叶片的水分变化，其介电常数必不同，从而在电容值上反映出来。但是由于植物叶片结构及叶片内部比较复杂，干旱胁迫时叶片的生理特性与电特性之间并非简单的线性关系。

另外，细胞液浓度及细胞体积的变化，也反映在植物叶片生理电容的变化上。近年来，一些学者利用叶片电特性(如生理电容)的变化来反映植物的水分状况，如 Kandala 等(2007)由早期的研究得出频率为 1 和 5 MHz 时，介电常数的增加和含水率间的关系更为显著，将平行板电容器与射频阻抗湿度计相连，测量花生果仁的电容值、相位角，形成预测公式，用于估计样品的水分含量。魏永胜等(2008)对于测量中电压、频率的选择以及电容与电阻测定差异做了专门研究。宣奇丹等(2010)研究水分胁迫对植物叶片的电容值、含水量和水势的影响，首先进行最优测试频率的筛选，确定 1000Hz 作为实验材料的电容值的最优测定频率。生理电容法需要测量同一层次叶片的相同部位，而且研究显示实验时电容受测试频率及测试电压的影响(鲍一丹和沈杰辉，2005；　宣奇丹等，2010；魏永胜等，2008)，需要事先确定灵敏的、适宜的测试频率和电压。

2. 叶片生理电容测定方法

1) 电容传感器的工作原理

在外电场的作用下一对电极便构成了一个电容器，夹于电极之间的物质则是电容器的介质，电介质介电常数的大小主要取决于电介质的水分含量，水分含量越高，介电常数越大。当极板面积、极板间距固定时，电容与介电常数成正比。以叶片为电容器的电介质，保持极板面积不变，忽略叶片个体厚度上的微小差异，如果叶片水分状况发生变化，则会引起介电常数及电容值的变化，即电容的变化反映了电介质内水分含量的变化。

由两平行极板组成的介电常数型电容器，其电容 C 的表达式为 $C=\dfrac{\varepsilon_0\varepsilon_r A}{d}$，在两电容极板间夹入叶片，便构成了叶片生理电容传感器，叶片水分状况发生变化时，必然引起生理电容值的变化。电容传感器的模拟结构图如图 4.4 所示。

2) 测试仪器的选择与研究

植物叶片的电容值测量采用电流电压五端法。所谓“电流电压五端法”，是指测试系统包括两个电流端、两个电压端和一个屏蔽端。选择五端测量技术能弥补三端、四端测量不足，提高测试精度。而 LCR 测试仪(HIOKI，日本日置，3532-50)就是利用电流电压五端法原理进行测量的。

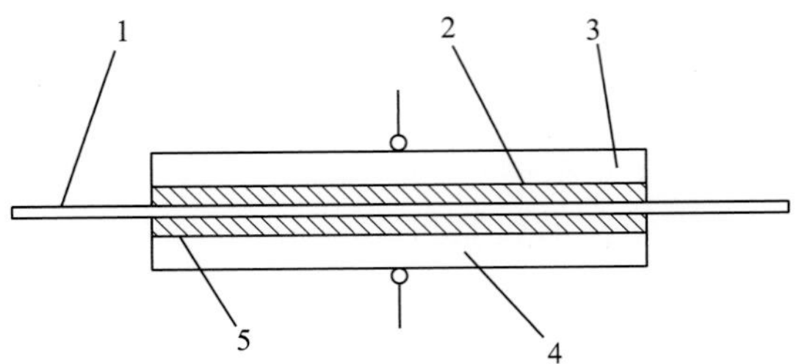

图 4.4 电容传感器的模拟结构图

Fig 4.4 Simulation diagram capacitance sensor

1. 植物叶片 2、5. 绝缘板 3、4. 电容极板

1. plant leaf 2, 5. insulation boards 3, 4. capacitor plates

(1) 主机的选择。LCR 测试仪是在用户接口使用触摸面板的阻抗测量仪器(图 4.5)。对话形式的触摸面板具有极其简单的操作性，测量频率可在 42kHz-5MHz 的高分辨能力进行设定。可测量包括阻抗 Z、相位角 θ、电感 L、电容 C、电阻 R 等 14 个参数中，使用时最多可同时测量 4 个参数。

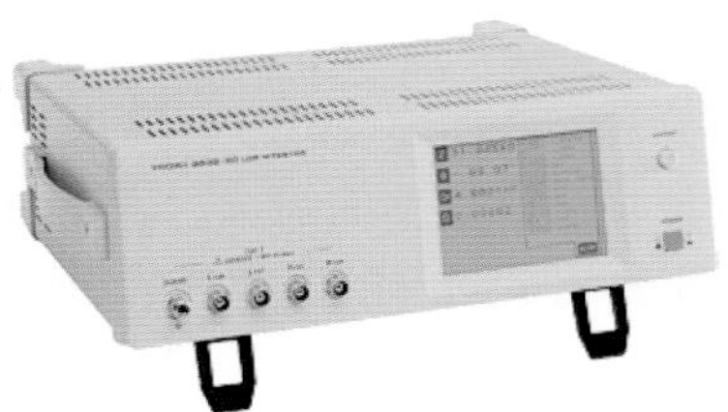

图 4.5 LCR 测试仪主机

Fig 4.5 LCR meter Host

测试仪正面有 5 个测量端子，分别为：HCUR——施加测量信号的端子，HPOT——检测电压的高电平端子，LPOT——检测电压的低电平端子，LCUR——检测测量电流的端子，GUARD——起保护作用的接地端。

(2) 附件的选择。

①四端子测试探头。

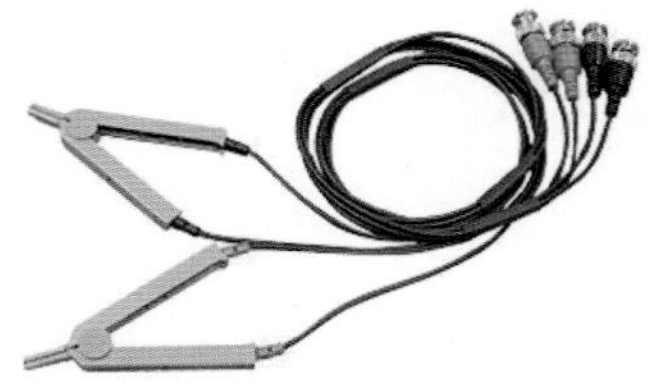

图 4.6 9140 四端子测试探头

Fig 4.6 9140Four-terminal test probe

夹钳型测量测试探针 9140 四端子测试探头的 4 个插头分为两个红色、两个黑色(图 4.6)，实验中进行测量接线时，红色插头接到 9269 偏置电流单元的 HCUR、HPOT 端子，而黑色插头则接到 LPOT、LCUR 端子。实验时，两个夹钳同时夹住叶片，配套软件 LCR403E 通过 FT232 转串口线直接对实验结果进行记录(图 4.7，图 4.8)。

图 4.7　配套软件 LCR403E

Fig 4.7　The supporting software of LCR403E

图 4.8　FT232 转串口线

Fig 4.8　FT232 serial cable

②偏置电流单元。

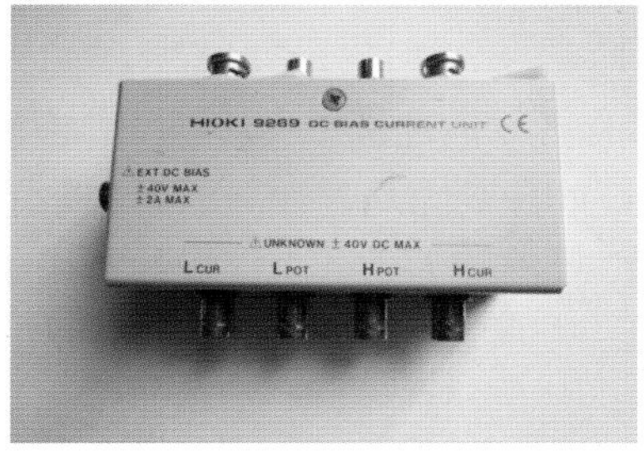

图 4.9　9269 偏置电流单元

Fig 4.9　9269 bias current unit

9269 偏置电流单元在电路中起到的作用主要是稳定输入电流，两侧都有 HCUR、HPOT、LPOT 和 LCUR 四个端子，接线时 9140 四端子测试探头通过 9269 偏置电流单元与主机连接(图 4.9)。

③存在的问题。

实验过程中利用夹钳型测试探针进行测量时发现测量值不断变化，主要是因为夹钳探针的压力变化所导致的。为解决此问题，依据电容传感器的原理及模拟结构图，自制了平行板电容器，用于测量植物叶片电参数(图 4.10，图 4.11)。

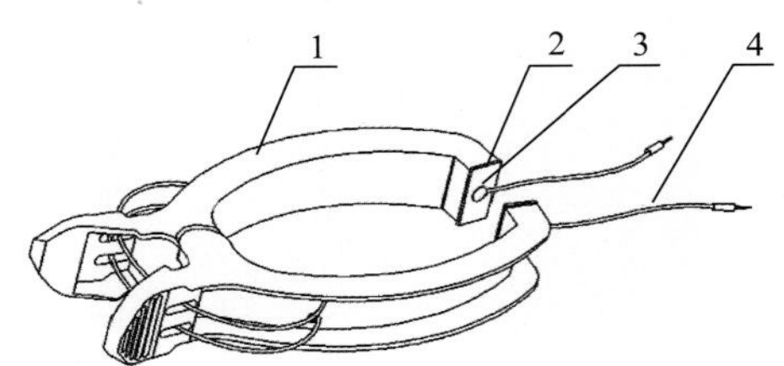

图 4.10　平行板电容器示意图

Fig 4.10　Parallel plate capacitor

1. 塑料夹　2. 泡沫板　3. 电极　4. 导线

1. Plastic clip　2.Foam board　3.Electrode　4.Wire

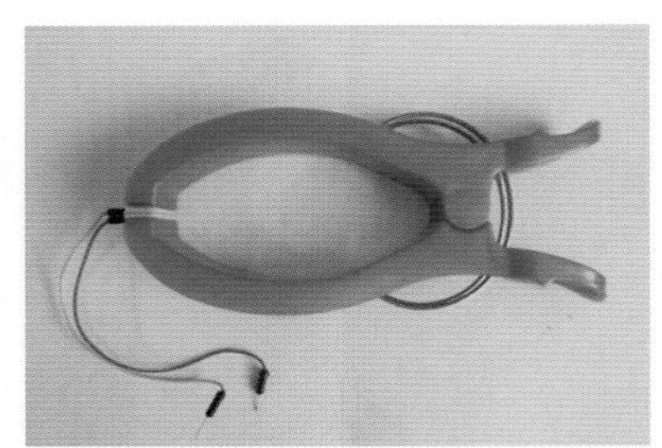

图 4.11　平行板电容器实物图

Fig 4.11　The parallel plate capacitor chart in kind

3) 平行板电容器设计

平行板电容器由塑料夹、极片、泡沫板、导线组成；泡沫板粘在塑料夹上，以避免夹子夹持力太大，同时也可以保证叶片受力均匀；将极板镶嵌在夹子上的泡沫内并保持对齐，电容传感器的极板为圆形极片，目的是为了减少电极的边缘效应；考虑到经济性和实用性，圆形极板选择不锈钢材料。两个极片同时连出两根导线，使得此电容传感器可与 LCR 测试仪连接。在应用时，先将传感器的两根导线与 LCR 测试仪的 9140 四端子测试探头连接，设定好需要测量的参数，再张开两电极板将叶片夹持住，用相应的软件进行计数。此电容传感器可以无损地在线测量不同厚度的植物叶片的各项电参数。

4) LCR 测试仪测试模式的选择

LCR 测试仪有串联和并联两种测试模式，测定前需要确定选用串联模式还是并联模式(图 4.12)。

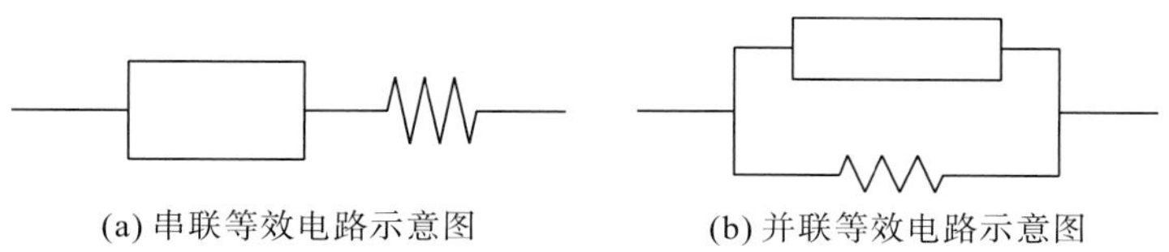

(a) 串联等效电路示意图　　(b) 并联等效电路示意图

图 4.12　LCR 测试仪的两种测试模式示意图

Fig 4.12　Two test modes of LCR meter Host

通过对 LCR 测试仪的研究，发现仪器的串并联测量模式选择主要取决于被测物的电容和阻抗的实际情况：低电容高阻抗选择并联模式(对应的测试参数为 C_p、R_p)，高电容低阻抗选择串联模式(对应的测试参数为 C_s、R_s)。由于所用实验材料为低电容高阻抗，故选择并联测试模式。

5) 验证自制平行板电容器的可行性

(1) 实验材料。实验当天上午 9:40 于江苏大学校园内随机选取一株构树，从树上摘取叶片，放入保鲜袋后，迅速返回实验室。选取一片长势较好的构树叶片，清理表面灰尘后，将其放在干燥通风处。

(2) 测量指标与方法。连接好实验平台，上午 10:00 时，用实验平台测量构树叶片的生理电容值。根据构树叶片的结构特点，分别均匀取 10 个部位，每个部位连续 10s 测定 10 个值，即一个叶片上有规则地取 100 个数值点。测量完毕仍放在原干燥通风处，让其自然失水；之后每隔 1h 重复上述操作步骤(每次实验的测量点不变)。各个时刻测定的数据取平均值后作为此时刻的生理电容测得值。

(3) 实验结果与分析。

从实验前后构树叶片的变化，可以看出植物叶片置于自然状态下时间越长，叶片萎蔫程度越明显，表明叶片的含水量在逐渐减少(图 4.13)。

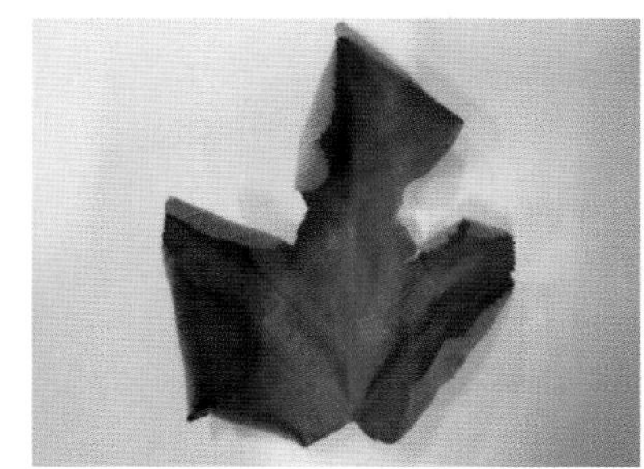

图 4.13　实验前后构树叶片对比

Fig 4.13　Contrast the leaf in *Broussonetia papyrifera* before and after the experiment

按照上述测量指标与方法，测得的构树叶片生理电容值结果如表 4.4 所示。

表 4.4 失水不同时刻构树叶片的生理电容值

Table 4.4 Physiological capacitance in *Broussonetia papyrifera* after water loss

时刻	生理电容值
10:00	132.580
11:00	126.830
12:00	119.395
13:00	110.480
14:00	109.636
15:00	124.773
16:00	130.266

实验测定数据显示，植物叶片的生理电容值随着叶片含水量的逐渐减少而变小，但在第 5 个测定时刻(14:00)之后电容值呈变大趋势。生理电容值与叶片水分含量之间不存在简单的线性关系。

当植物叶片细胞失水时，叶肉细胞的细胞壁、细胞都因失水而收缩，细胞体积变小；反之叶片细胞吸收水分，体积变大。细胞中水分状况与膨胀度或收缩度紧密相关，本研究中用叶片紧张度来表示叶片细胞的这种膨胀度或收缩度。水分的变化引起叶片细胞的膨胀或收缩，这种膨胀收缩必然引起叶片紧张度大小的变化，因此叶片紧张度可以实时地反映植物的水分变化情况。

4.3.2 叶片紧张度

植物根系从土壤中吸收的水分通过叶面蒸腾回到大气中，叶片的水分状况能较敏感地反映植株的生长情况(潘瑞炽等，2008)。因此，常以植物叶片作为生理特性和电特性参数测试的有效部位，利用生理特性、电特性参数的变化来表征植物的水分情况。以叶片中细胞液溶质作为电介质，将叶片夹在平行板电容器的两平行极板之间，构成平行板电容传感器。叶片中细胞液溶质浓度的变化势必引起两极板间叶片组织介电常数的变化，从而影响植物生理电容值。另外植物叶片的组织水势与细胞液浓度有关。

植物叶片组织水势及生理电容与细胞液浓度有偶联关系，植物叶片生理电容与叶片有效厚度(d)、极板接触的叶片有效面积(A)有关，定义叶片紧张度($T_d = A/d$)为极板接触的叶片有效面积(A)与叶片有效厚度(d)的比值，依据这种偶联关系推导出叶片紧张度与组织水势、生理电容的关系模型。叶片紧张度也即反映植物细胞的有效体积大小。

4.3.3 叶片紧张度测定方法

通过对植物叶片紧张度的测定，可以在线实时判断植物体的蒸腾和吸水的相对大小，在线实时获取植物叶片的水分状况，为精确灌溉提供科学数据。

4.3.3.1　原理

构建组织水势和生理电容模型的具体方法如下。

植物叶片组织水势(W)与细胞液溶质浓度的关系为

$$W = -iQRT \tag{4.5}$$

式中，W 为植物组织水势(MPa)，i 为解离系数(其值为 1)，Q 为细胞液溶质浓度($mol \cdot L^{-1}$)，R 为气体常数(其值为 0.0083 $L \cdot MPa \cdot mol^{-1} \cdot K^{-1}$)，$T$ 为热力学温度(K，$T=273+t$℃，t 为环境温度)。

由两平行极板组成的电容器，忽略其边缘效应，它的电容量表达式为

$$C = \frac{\varepsilon_0 \varepsilon_r A}{d} \tag{4.6}$$

若将植物叶片放在两平行极板间，便构成了介电常数型电容传感器。此时式(4. 6)中的 C 为植物生理电容(F)；ε_0 为真空介电常数(其值为 $8.854 \times 10^{-12} F \cdot m^{-1}$)；$\varepsilon_r$ 为细胞液溶质的相对介电常数($F \cdot m^{-1}$)；A 为极板接触的叶片有效面积(m^2)；d 为叶片有效厚度(m)。

设想叶片细胞液主要分为水和溶质两大部分，溶质质量占叶片总质量的百分比为 P，则水占叶片总质量的百分比为 $1-P$。常温下水的相对介电常数为 81 $F \cdot m^{-1}$，设溶质的相对介电常数为 $a F \cdot m^{-1}$。

所以，叶片的相对介电常数

$$\varepsilon_r = 81 \times (1-P) + Pa = 81 - (81-a)P \tag{4.7}$$

代入式(4.6)，得

$$C = \frac{\varepsilon_0 A \left[81 - (81-a) \cdot P\right]}{d} \tag{4.8}$$

溶质质量占叶片总质量的百分比 P 与浓度 Q 的关系为 $Q=1000P/M$，式中 M 为细胞液溶质的相对分子质量。

由 P 与 Q 的关系，

$$C = \frac{\varepsilon_0 A \left[81 - \frac{(81-a)MQ}{1000}\right]}{d} \tag{4.9}$$

联立植物组织水势 W 与细胞液浓度的关系式、植物生理电容值 C 与细胞液溶质的相对介电常数的表达式，推算出组织水势与生理电容的关系如下：

$$C = \frac{\varepsilon_0 A \left[81 + \frac{(81-a)MW}{1000iRT}\right]}{d} \tag{4.10}$$

对组织水势与生理电容的关系式(4-10)进行变形，得

$$\frac{d}{A} = \frac{\varepsilon_0 \left[81 + \frac{(81-a)MW}{1000iRT}\right]}{C} \tag{4.11}$$

令 $y = \frac{d}{A}$，则公式(4-11)变形为

$$y=\frac{d}{A}=\frac{\varepsilon_0}{C}\left[81+\frac{(81-a)MW}{1000iRT}\right] \tag{4.12}$$

若将细胞假设成椭圆状，公式(4.12)中：A 是极板接触的叶片有效面积；d 是叶片有效厚度；A/d 即为细胞紧张度；由紧张度的大小反映细胞充盈情况，从而反映叶片水分状况。我们定义植物叶片紧张度 $T_{\mathrm{d}}=1/y$ (the degree of tensity)，用来表征植物的水分状况。

对于某特定物质来说，其相对介电常数 a 与相对分子质量 M 都是既定值，而 i 为常数1，R 的数值为 0.0083 L·MPa·mol^{-1}·K^{-1}，ε_0 为 8.854×10^{-12}F·m^{-1}，记录环境温度 t，即可表示 T 的具体数值。这样只要测定生理电容值和组织水势值，就可以求出叶片紧张度 T_{d} 的具体数值，从而反映植物水分状况。

4.3.3.2 技术规程

1. 范围

本规程规定了叶片紧张度的测定方法。

本规程适用于农业工程节水灌溉领域。

2. 规范性引用文件

下列文件对于本文件的应用是必不可少的。凡是注日期的引用文件，仅注日期的版本适用于本文件。

GB/T 6379.2—2004 测量方法与结果的准确度(正确度与精确度)第二部分：确定标准测量方法重复性与再现性的基本方法。

GB/T 1250—1989 极限数值的表示方法和判定方法。

3. 术语和定义

(1)平行板电容器：在外电场的作用下一对电极便构成了一个电容器，夹于电极之间的物质则是电容器的介质，由两平行极板组成的介电常数型电容器。

(2)叶片生理电容：在两电容极板间夹入叶片，便构成了叶片生理电容传感器，叶片水分状况发生变化时，必然引起生理电容值的变化。电容 C 的表达式为 $C=\dfrac{\varepsilon_0\varepsilon_r A}{d}$，单位为 F。

(3)植物组织水势：植物组织水势(W)反映了植物的持水能力，是植物水分状况的最好度量。叶片水势与细胞液溶质浓度的关系为：$W=-iQRT$；其中 W 为植物叶片水势(MPa)，i 为解离系数(其值为 1)，Q 为细胞液溶质浓度(mol·L^{-1})，R 为气体常数(其值为 0.0083 L·MPa·mol^{-1}·K^{-1})，T 为热力学温度(K，$T=273+t$℃，t 为环境温度)。

(4)细胞液溶质浓度：细胞内所有溶质的浓度，单位为 mol·L^{-1}。假想叶片细胞液主要分为水和溶质两大部分，溶质质量占叶片总质量的百分比为 P，则水占叶片总质量的百分比为 $1-P$。

(5)相对介电常数：表征介质材料的介电性质或极化性质的物理参数。电介质介电常数的大小主要取决于电介质的水分含量，水分含量越高，介电常数越大。当极板面积、极板间距固定时，电容与介电常数成正比。真空介电常数值为 8.854×10^{-12} F·m^{-1}，常温下水的相对介电常数为 81 F·m^{-1}。

(6) 叶片紧张度：若将细胞假设成椭圆状，A 是平行板电容器极板接触的叶片有效面积，d 是叶片有效厚度，A/d 即为细胞紧张度，由紧张度的大小反映细胞充盈情况，从而反映叶片水分状况。我们定义植物叶片紧张度 $T_d = 1/y$ (the degree of tensity)，用来表征植物的水分状况。

4. 试剂和材料

植物叶片。

5. 主要仪器设备

(1) 露点水势仪。

(2) LCR 仪。

(3) 平行板电容器。

(4) C-52 探头。

(5) 打孔器。

6. 测定过程

(1) 植物样品的准备。在待测时间内取带有叶片的待测植物枝条，并用湿布包住植株枝干基部，以减缓水分散发。

(2) 叶片生理电容和水势的测定。清理叶片表面灰尘后，取植物叶片，将植物叶片夹在平行板电容器中，用电容传感器测量叶片的植物生理电容值，同时测量所述叶片的植物组织水势 W。

(3) 叶片有效厚度 d 与电容器极板接触的所述叶片有效面积 A 比值 y 的公式推导。利用植物组织水势 W 与细胞液溶质浓度的关系以及植物生理电容值 C 与细胞液溶质的相对介电常数的表达式，推导出所述叶片有效厚度 d 与电容器极板接触的所述叶片有效面积 A 的比值 y 的公式如下：

$$y = \frac{d}{A} = \frac{\varepsilon_0}{C}\left[81 + \frac{(81-a)MW}{1000iRT}\right]$$

式中，W 为植物组织水势，单位 MPa；i 系解离系数为 1；R 为气体常数，0.0083 $L \cdot MPa \cdot mol^{-1} \cdot K^{-1}$；$T$ 为热力学温度，K，$T = 273 + t$ ℃，t 为环境温度；C 为植物生理电容值，单位为 F；真空介电常数 $\varepsilon_0 = 8.854 \times 10^{-12}$ $F \cdot m^{-1}$；A 为电容器极板接触的叶片有效面积，单位为 m^2；d 为叶片有效厚度，单位为 m；a 为细胞液溶质的相对介电常数，单位为 $F \cdot m^{-1}$；M 为细胞液溶质的相对分子质量。

7. 计算

记录环境温度 t，将测得的植物组织水势 W、植物生理电容值 C 以及 T、a、ε_0、M、i、R 代入公式(4.12)中，计算出叶片有效厚度 d 与电容器极板接触的叶片有效面积 A 的比值 y；定义植物叶片紧张度 $T_d = 1/y$，获得各待测时间的待测植物叶片紧张度。

8. 精密度

本规程的精密度数据按照 GB/T 6379.2—2004 的规定确定，其重复性和再现性的值以 90%的可信度计算。

9. 技术优点

(1) 本技术可以实现在线实时检测植物叶片的水分状况。

(2) 本技术可以为精确灌溉提供科学数据。

4.3.3.3 应用实例

1. 实施例

1) 实施例 1

第一，即时取样，于 2013 年 11 月 8 日 8：00、10:00、12:00、14:00、16:00、18:00 前 10min 采摘构树枝条，并用湿布包住植株枝干基部，以减缓水分散发。

第二，清理构树叶片表面灰尘后，取枝条上的构树叶片，将构树叶片夹在平行板电容器中，电容器的直径 D=7 mm，接上日本日置的电容传感器 LCR 测试仪 HIOKI 3532-50，用对应的软件计数。分 10 个均匀部位，每个部位取 10 个点，即每组数据中包含 100 个数据，取平均后作为每个时刻的植物生理电容值 C，同时测量构树同枝上相近叶位的叶片的植物组织水势，构树叶片的植物组织水势：将构树叶片打孔后迅速放在 C-52 水势探头平衡 6 min 后用水势仪进行构树叶片的植物组织水势的测量，每次测量 3 个数据，平均值作为该构树叶片此时刻的植物组织水势测量值 W。

第三，利用构树叶片的植物组织水势 W 与细胞液溶质浓度的关系以及构树生理电容值 C 与细胞液溶质的相对介电常数的表达式，推导出构树叶片有效厚度 d 与电容器极板接触的构树叶片有效面积 A 的比值 y 的公式，得出公式为 $y=\dfrac{d}{A}=\dfrac{\varepsilon_0}{C}\left[81+\dfrac{(81-a)MW}{1000iRT}\right]$，在式中 W 为植物组织水势，MPa；i 系解离系数为 1；R 为气体常数，0.0083 L·MPa·mol^{-1}·K^{-1}；T 为热力学温度，K，$T=273+t$ ℃，其中 t 为环境温度；C 为植物生理电容值，单位为 F；ε_0 为真空介电常数，8.854×10^{-12} F·m^{-1}；A 为电容器极板接触的叶片有效面积，单位为 m^2；d 为叶片有效厚度，单位为 m；a 为叶片细胞液溶质的相对介电常数，单位为 F·m^{-1}，M 为叶片细胞液溶质的相对分子质量。叶片细胞液溶质假定为蔗糖 $C_{12}H_{22}O_{11}$，此时 a 为 3.3 F·m^{-1}，M 为 342。

第四，记录环境温度 t 为 20 ℃，则公式 $y=\dfrac{d}{A}=\dfrac{\varepsilon_0}{C}\left[81+\dfrac{(81-a)MW}{1000iRT}\right]$ 化简为 $y=\dfrac{d}{A}=\dfrac{8.854}{C}\left[81+10.927W\right]$，将测得的植物组织水势 W、植物生理电容值 C 代入公式 $y=\dfrac{d}{A}=\dfrac{8.854}{C}\left[81+10.927W\right]$，计算出所述构树叶片有效厚度 d 与电容器极板接触的叶片有效面积 A 的比值 y，定义构树叶片紧张度 $T_{\mathrm{d}}=1/y$，获得各时刻的待测构树叶片紧张度结果如表 4.5 所示。

2) 实施例 2

以桑树代替实施例 1 中的构树，以桑树叶片代替实施例 1 中的构树叶片，其他实验条件和步骤与实施例 1 同，最后获得各时刻的待测桑树叶片紧张度结果如表 4.5 所示。

3) 实施例 3

以楝树代替实施例 1 中的构树，以楝树叶片代替实施例 1 中的构树叶片。分 5 个均匀部位，每个部位取 10 个点，即每组数据中包含 50 个数据，取平均后作为每个时刻的楝树

生理电容值 C，同时测量所述楝树的植物组织水势。其他实验条件和步骤与实施例 1 同，最后获得各时刻的待测楝树叶片紧张度结果如表 4.5 所示。

表 4.5　不同时刻构树、桑树、楝树的叶片紧张度(2013 年 11 月 8 日)

Table 4.5　Leaf tensity in *Broussonetia papyrifera*, *Mulberry alba* and *Melia azedarach* L. at different time (8 th, Nov., 2013)

时刻	构树	桑树	楝树
8:00	1.406	14.391	2.889
10:00	1.105	4.984	2.530
12:00	1.391	4.680	3.268
14:00	0.410	4.343	1.296
16:00	2.350	6.114	0.992
18:00	1.921	8.263	3.302

4) 实施例 4

第一，即时取样，于 2013 年 11 月 12 日 8:00、10:00、12:00、14:00、16:00、18:00 前 10 min 分别采摘构树枝条，并用湿布包住构树植株枝干基部，以减缓水分散发。

第二，清理构树叶片表面灰尘后，取构树枝条上的叶片，将构树叶片夹在平行板电容器(电容器的直径 D＝7 mm)中，接上电容传感器 LCR 测试仪(HIOKI 3532-50，日本日置)，用对应的软件计数。分 10 个均匀部位，每个部位取 10 个点，即每组数据中包含 100 个数据，取平均后作为每个时刻的构树生理电容值 C，同时测量所述构树叶片的植物组织水势，构树叶片的植物组织水势测定方法为：将构树叶片打孔后迅速放在 C-52 水势探头平衡 6 min 后进行构树叶片植物组织水势的测量，每次测量 3 个数据，平均值作为所述构树叶片此时刻的植物组织水势测量值 W。

第三，利用构树植物组织水势 W 与细胞液溶质浓度的关系以及构树生理电容值 C 与细胞液溶质的相对介电常数的表达式，推导出构树叶片有效厚度 d 与电容器极板接触的叶片有效面积 A 的比值 y 的公式，得出公式为 $y=\frac{d}{A}=\frac{\varepsilon_0}{C}\left[81+\frac{(81-a)MW}{1000iRT}\right]$，在式中 W 为构树叶片植物组织水势，MPa；i 系解离系数为 1；R 为气体常数，0.0083 $L\cdot MPa\cdot mol^{-1}\cdot K^{-1}$；$T$ 为热力学温度，K，T＝273＋t ℃，其中 t 为环境温度； C 为构树生理电容值，单位为 F；ε_0 为真空介电常数，$8.854\times10^{-12}\ F\cdot m^{-1}$；$A$ 为极板接触的叶片有效面积，单位为 m^2；d 为叶片有效厚度，单位为 m； a 为溶质的相对介电常数，单位为 $F\cdot m^{-1}$，M 为细胞液溶质的相对分子质量。设溶质为蔗糖 $C_{12}H_{22}O_{11}$，此时 a 为 3.3 $F\cdot m^{-1}$，M 为 342。

第四，记录环境温度 t 为 20 ℃，则公式 $y=\frac{d}{A}=\frac{\varepsilon_0}{C}\left[81+\frac{(81-a)MW}{1000iRT}\right]$ 化简为 $y=\frac{d}{A}=\frac{8.854}{C}[81+10.927W]$，将测得的植物组织水势 W、植物生理电容值 C 代入公式 $y=\frac{d}{A}=\frac{8.854}{C}[81+10.927W]$，计算出构树叶片有效厚度 d 与电容器极板接触的构树叶片有效面

积 A 的比值 y，最后获得各时刻的待测构树叶片紧张度结果如表 4.6 所示。

5) 实施例 5

以桑树代替实施例 4 中的构树，以桑树叶片代替实施例 4 中的构树叶片，其他实验条件和步骤与实施例 4 同，最后获得各时刻的待测桑树叶片紧张度结果如表 4.6 所示。

6) 实施例 6

以楝树代替实施例 4 中的构树，以楝树叶片代替实施例 4 中的构树叶片。

分 5 个均匀部位，每个部位取 10 个点，即每组数据中包含 50 个数据，取平均后作为每个时刻的楝树生理电容值 C，同时测量所述楝树叶片植物组织水势。其他实验条件和步骤与实施例 4 同，最后获得各时刻的待测楝树叶片紧张度结果如表 4.6 所示。

表 4.6　不同时刻构树、桑树、楝树的叶片紧张度(2013 年 11 月 12 日)

Table 4.6　Leaf tensity in *Broussonetia papyrifera*, *Mulberry alba* and *Melia azedarach* L. at different time (12 th, Nov., 2013)

时刻	构树	桑树	楝树
8:00	0.838	8.393	7.216
10:00	0.3028	2.327	1.116
12:00	1.108	6.361	1.690
14:00	2.663	4.530	2.361
16:00	0.3045	2.719	1.679
18:00	1.569	3.662	0.805

2. 实施效果

分别用连接 LCR 测试仪的电容传感器与水势仪 C-52 探头测量各叶片的生理电容值 C、植物组织水势 W。用本方法计算叶片紧张度 T_d。从表 4.5 中可以看出，构树与楝树在上午 8:00 至中午 12:00 有一致的趋势。从表 4.6 中可以看出，所有植物在上午 8:00 至中午 12:00 都有一致的趋势。两天中三种植物在上午 8:00～10:00 都有一致的趋势，即由大到小，这是因为随着时间的推进，蒸腾作用加强，失水较多，致使上午 8:00～10:00，植物叶片的紧张度减小。而至中午 12:00 及以后，不同植物的光合反应和气孔开张程度的调节模式不同，导致叶片的紧张度也不同。本方法所得到的结果符合实际情况。

4.3.4　利用叶片紧张度反映植物水分状况

植物细胞中含有大量的水分，可产生静水压，以维持细胞的紧张度。当细胞失水如蒸腾时，叶肉细胞的细胞壁、细胞都因失水而收缩，细胞体积变小；反之细胞吸水膨胀、体积变大(潘瑞炽等，2008)。Horiguchi 等(2006)提出成熟叶片的大小由细胞的大小和数量来控制。白瑞霞和张瑞芳(2013)提出水分是植物体的重要组成部分，能够维持细胞和组织的紧张度，保持植物体的固有姿态。植物叶片由大量细胞组成，其水分状况与细胞的膨胀度或收缩度紧密相关(Turner and Burch，1983)。在这里，我们利用植物叶片的组织水势和生理电容都与细胞液浓度有耦联关系，基于同时测定植物的叶片组织水势和生理电容，构建叶片紧张度与组织水势和生理电容的关系模型，从而反映植物的水分状况。

4.3.4.1　实验材料

本实验在江苏大学农业装备工程学院现代农业装备与技术教育部重点实验室进行。选取构树和桑树叶片为实验材料，采摘于江苏大学校园内同一生长区域。

4.3.4.2　实验材料处理

即时取样，于实验当天 7:50、9:50、11:50、13:50、15:50 以及 17:50 6 个时刻采摘两种植物的同一层次长为 0.6 m 的枝条若干，并用湿布包住植株枝干基部，以减缓水分散发。迅速返回实验室，每个测定时刻前挑拣枝条上第 3、4、5 叶位的长势较为一致新鲜叶片，清理叶片表面灰尘后进行相关参数测定。

4.3.4.3　测量指标与方法

利用自制的平行板电容器接上 LCR 测试仪，用对应的 LCR403E 配套软件测定植物生理电容值 C; 利用露点水势仪 C-52 水势探头样本室测定植物叶片水势 W; 利用 LI-6400XT 便携式光合仪(美国 LICOR 公司生产)对构树、桑树叶片光合指标日变化分别进行测定，测定指标包括 P_N 和 E。上述测量结果通过统计分析软件 SPSS17.0 进行分析。

4.3.4.4　结果与分析

1. 不同时刻两种植物叶片的生理电容值、组织水势值

表 4.7 为实验过程中两种植物叶片生理电容和组织水势的测得数据。表中数据显示构树的生理电容值变化没有一定的规律性，主要趋势是下降、回升交替出现，生理电容最大值出现在 16:00，最小值出现在 14:00。14:00 时温度最高，蒸发量也比较大，而 16:00 显著增大，表明构树可复水性较强，抗旱能力比较好。桑树的生理电容值呈先减小后增大的趋势，8:00 的数值最大，而 14:00 的数值最小。10:00 时，生理电容值显著减小；之后的数值逐渐变小，但是变化趋势不显著；16:00～18:00，电容值显著增大。主要原因是白天蒸发量逐渐变大，植物叶片水分降低，生理电容值逐渐下降，傍晚时，蒸发量变小，叶片水分得到补充，生理电容值逐渐回升。

表 4.7　不同时刻两种植物的生理电容值、组织水势值

Table 4.7　Physiological capacitance and tissue water potential of the two species of plants at different moment

时刻/h	构树		桑树	
	生理电容/PF	组织水势/MPa	生理电容/PF	组织水势/MPa
8:00	65.518±10.468b	−2.597±0.015a	704.874±31.419d	−2.350±0.006b
10:00	58.296±9.793b	−1.960±0.031c	254.421±12.422a	−2.137±0.012cd
12:00	73.219±6.787bc	−1.973±0.023c	267.734±11.516ab	−1.500±0.061e

续表

时刻/h	构树		桑树	
	生理电容/PF	组织水势/MPa	生理电容/PF	组织水势/MPa
14:00	21.586±2.411a	−1.970±0.010c	218.175±17.739a	−2.220±0.060c
16:00	117.401±10.670d	−2.250±0.060b	316.408±7.985b	−2.063±0.023d
18:00	96.754±9.410cd	−2.207±0.035b	391.424±14.326c	−2.517±0.020a

表 4.7 中构树的组织水势值日变化比较平缓，10:00 时显著增大，16:00 时又显著减小，不能直接反映构树水分状况的变化。而桑树的组织水势变化没有很明显的规律，整体上是先增大后减小，增大和减小的过程中有一定的波动。

2. 不同时刻两种植物的叶片紧张度

假设植物叶片内的溶质为蔗糖 $C_{12}H_{22}O_{11}$，此时 a 为 3.3 $F·m^{-1}$，M 为 342。记录实验时的环境温度 t 为 20 ℃，则式(4.12) $y=\frac{d}{A}=\frac{\varepsilon_0}{C}\left[81+\frac{(81-a)MW}{1000iRT}\right]$化简为

$$y=\frac{d}{A}=\frac{8.854}{C}[81+10.927W] \tag{4.13}$$

将表 4.7 中的生理电容值 C 和组织水势值 W 代入公式(4.13)，计算出叶片有效厚度 d 与极板接触的叶片有效面积 A 的比值 y。利用定义式 $T_d=1/y$ 计算出两种植物各测定时刻的叶片紧张度。结果见表 4.8。

表 4.8 不同时刻两种植物的叶片紧张度

Table 4.8 Leaf tensity of the two species of plants at different moment

时刻	构树	桑树
8:00	0.141	1.439
10:00	0.111	0.498
12:00	0.139	0.468
14:00	0.041	0.434
16:00	0.235	0.611
18:00	0.192	0.826

从表 4.8 中叶片紧张度的数据可以看出，两种植物的叶片紧张度在上午 8:00～10:00 都有一致的趋势，即由大到小，14:00 降低到最小值，从 16:00 开始相对于前几个测定时刻的数值有所回升。

3. 不同时刻两种植物的光合指标

在测定两种植物的生理电容和组织水势时，在实验材料取样点利用 Li-6400XT 便携式光合仪同时测量了两种植物光合指标的日变化，以验证叶片紧张度。结果如表 4.9 所示。

表 4.9　不同时刻两种植物的光合指标

Table 4.9　Photosynthetic parameters of the two species of plants at different moment

时刻	P_N/μmol·m^{-2}·s^{-1}		E/mmol·m^{-2}·s^{-1}	
	构树	桑树	构树	桑树
8:00	9.630	1.480	3.017	0.607
9:00	13.930	7.910	3.520	1.436
10:00	19.830	6.740	8.768	2.485
11:00	18.540	6.440	11.800	2.873
12:00	17.100	11.780	10.228	8.032
13:00	16.380	13.360	7.123	6.854
14:00	9.990	13.660	4.865	6.474
15:00	14.040	12.740	5.352	5.558
16:00	4.890	3.120	1.915	1.700
17:00	−2.870	−2.630	0.109	1.040

表 4.9 中的 P_N 和 E 指标整体上均呈先增大后减小的趋势。构树的 P_N 最大值出现在 10:00，17:00 出现最小值；而桑树的最大值和最小值分别出现在下午 14:00 和 17:00。11:00 构树的 E 最大，17:00 的 E 最小；而桑树 E 的最大值在 12:00，最小值在 8:00。

4.3.4.5　讨论

构树叶片的生理电容和叶片紧张度在 8:00～14:00(除中午 12:00 外)一直减小，这是由于随着 P_N、E 的加快，植物叶片消耗水分增多，叶片为亏缺状态，其生理电容及紧张度呈现减小的趋势；中午 12:00 时构树因 CA 活力较强，迅速将叶片中储存的碳酸氢根离子转化为水和 CO_2，增加了水分供给，改变叶片水分状况(吴沿友等，2011； Wu et al.，2009；吴沿友等，2006)，使得生理电容及叶片紧张度增大；下午 16:00～18:00 构树叶片的 P_N、E 剧烈下降(其中 18:00 的 P_N 指标类似于 17:00)，叶片水分利用增多，吸水能力变强，生理电容及叶片紧张度增大。

桑树叶片的生理电容和叶片紧张度在 8:00～14:00 一直减小，这同样是由于光合作用速率、E 的加快，使得生理电容及紧张度减小；下午 16:00～18:00 桑树叶片的光合作用速率、E 的下降也较为明显，其生理电容及叶片紧张度呈变大的趋势。

4.3.4.6　验证叶片紧张度

使用 SPSS17.0 软件分别对两种植物的组织水势、生理电容、叶片紧张度和净光合速率进行非线性回归分析，结果如表 4.10 所示。

从表 4.10 可见构树的叶片紧张度和生理电容均与净光合速率存在较好的相关性，且达到极显著水平(P＜0.01)，可以反映其水分状况；而组织水势与净光合速率的相关性较差，不能很好地反映出植物水分状况的变化。

表 4.10 构树的组织水势、生理电容、叶片紧张度和净光合速率的相关关系

Table 4.10 The relationship between tissue water potential, physiological capacitance, leaf tensity and net photosynthetic rates of *Broussonetia papyrifera*

参数	相关系数(r)	显著性(P)
组织水势	0.631	0.204
生理电容	0.926	0.002
叶片紧张度	0.933	0.002

表 4.11 桑树的组织水势、生理电容、叶片紧张度净光合速率的相关关系

Table 4.11 The relationship between tissue water potential, physiological capacitance, leaf tensity and net photosynthetic rates of *Mulberry alba*

参数	相关系数(r)	显著性(P)
组织水势	0.217	0.876
生理电容	0.820	0.031
叶片紧张度	0.843	0.021

从表 4.11 可见桑树的叶片紧张度和生理电容与净光合速率的相关性达到显著水平($P<0.05$)，也可以用来反映桑树的水分状况；组织水势与净光合速率存在相关性很差，不能反映水分状况的变化情况。

4.3.4.7 小结

外界环境如温度、光照、风速等均会引起细胞液浓度的变化，反映在叶片组织水势的数值变化上，但植物水分状况还与细胞体积相关，实验数据也表明组织水势不能完整地、较好地反映出植物水分状况的变化情况。而叶片紧张度受外界环境变化影响小，结果稳定；其耦联了组织水势和生理电容，不仅考虑细胞液浓度的变化，还考虑了细胞体积的变化。

以野外自然生长的构树、桑树叶片为实验材料，测定不同时刻叶片的生理电容值和组织水势，利用这种关系模型计算出两种植物各测定时刻的叶片紧张度。结果显示，不同植物不同时刻的叶片紧张度是不同的；构树叶片紧张度、生理电容、组织水势日变化与净光合速率日变化的相关系数(r)分别为 0.933、0.926、0.631，桑树叶片紧张度、生理电容、组织水势日变化与净光合速率日变化的相关系数(r)分别为 0.843、0.820、0.217，由此可以看出叶片紧张度比生理电容、组织水势能更好地反映植物水分状况的变化情况。

构树和桑树叶片紧张度的日变化较好地反映了植物在每个时刻的水分状况；另外叶片紧张度还可以指示植物光合作用的变化情况。因此利用叶片紧张度反映植物的水分状况是可行的，但目前，这方面的研究只适用于比较分析同一种植物水分状况的变化情况，而对于比较不同植物间的水分状况，则需要考虑植物叶片细胞的大小，基于单位细胞体积的叶片紧张度即叶片相对紧张度，从而比较分析不同植物间的水分状况。

4.4　利用电生理信息快速定量植物固有抗干旱能力的方法

叶片紧张度只适用于比较分析同一种植物水分状况的变化，为了比较不同植物间的水分状况，我们将干燥失水后第一个测定时刻的叶片紧张度定为 1，计算出其他时刻的相对叶片紧张度(relative degree of tensity)，通过相对叶片紧张度来定量植物的抗干旱能力(resistance of drought capability)，这样就可以比较不同植物的水分状况。

4.4.1　原理

叶片紧张度的定义及计算参考 4.3 中的叶片紧张度测定方法部分。

植物的持水能力强弱与植物的抗干旱能力有关。植物细胞的持水能力可以表征植物的抗干旱能力。细胞的紧张度可以表征植物的水分的状况，紧张度的变化可以反映失水的快慢以及持水的能力。

让植物叶片充分吸水，使其处于饱水状态。在饱水状态下失水越慢，其保水和持水能力越强，表明其抗干旱能力越强。让植物处在饱水状态，目的是让植物保持一个标准水分状态，失水的速度就可以代表植物的抗干旱能力。人工设定一个失水环境，可以不受自然气候的影响，使测定结果具有可比性。

本技术就是基于通过同时测定植物的叶片水势和生理电容，来计算植物叶片紧张度，通过考察植物叶片相对紧张度的变化来判断植物抗干旱能力。本方法可以快速定量测定植物的抗干旱能力，既可以对不同品种的抗干旱能力进行比较，也可以对同一品种不同苗龄的抗旱能力进行比较，简便快速，为精确灌溉提供科学数据。

4.4.2　技术规程

4.4.2.1　范围

本规程规定了利用叶片紧张度快速定量计算植物抗干旱能力的方法。

本规程适用于作物栽培、抗旱育种、农业工程和农作物信息检测技术领域。

4.4.2.2　规范性引用文件

下列文件对于本文件的应用是必不可少的。凡是注日期的引用文件，仅注日期的版本适用于本文件。

GB/T 6379.2—2004 测量方法与结果的准确度(正确度与精确度)第二部分：确定标准测量方法重复性与再现性的基本方法。

GB/T 1250—1989 极限数值的表示方法和判定方法。

4.4.2.3 术语和定义

(1) 新鲜枝条：新近生长的叶片较大，营养生长旺盛，育芽能力较强的枝条。

(2) 饱水状态：将叶片浸入水中一段时间，使叶片吸水成饱和状态。

(3) 干燥失水：将叶片放在干燥通风的桌面上让其干燥失水。

(4) 叶片生理电容：设溶质的相对介电常数为在两电容极板间夹入叶片，便构成了叶片生理电容传感器，叶片水分状况发生变化时，必然引起生理电容值的变化 $C=\frac{\varepsilon_0\varepsilon_r A}{d}$。电容 C 的表达式为，单位为 F。

(5) 植物组织水势：植物叶片组织水势 (W) 与细胞液溶质浓度的关系为：$W=-iQRT$；其中 W 为植物组织水势 (MPa)，i 为解离系数 (其值为 1)，Q 为细胞液溶质浓度 (mol·L^{-1})，R 为气体常数 (其值为 0.0083 L·MPa·mol^{-1}·K^{-1})，T 为热力学温度 (K，T=273+t℃，t 为环境温度)。反映了植物的持水能力，是植物水分状况的最好度量。

(6) 叶片紧张度：若将细胞假设成椭圆状，A 是平行板电容器极板接触的叶片有效面积，d 是叶片有效厚度，A/d 即为细胞紧张度，由紧张度的大小反映细胞充盈情况，从而反映叶片水分状况。我们定义植物叶片紧张度 $T_{\rm d}=1/y$ (the degree of tensity)，用来表征植物的水分状况。

(7) 叶片相对紧张度：将干燥失水后 0 h 的干燥失水叶片的植物叶片紧张度定义为 $T_{\rm d0}$，干燥失水 j h 后的干燥失水叶片的植物叶片紧张度则为 $T_{{\rm d}j}$；待测植物干燥失水后每个时刻的干燥失水叶片相对紧张度 $RT_{{\rm d}j}$ 则可以通过公式 $RT_{{\rm d}j}=T_{{\rm d}j}/T_{{\rm d}_0}$ 计算获得。

(8) 植物抗干旱能力：植物对干旱环境的适应或抗御能力，将饱水叶片干燥失水后的前 5 h 的待测植物的干燥失水叶片相对紧张度相加得到待测植物的抗干旱能力；也即植物的抗干旱能力 RDC。

4.4.2.4 试剂和材料

植物叶片。

4.4.2.5 主要仪器设备

详见技术规程“叶片紧张度测定方法”部分。

4.4.2.6 测定过程

1. 样品的采集

取带有叶片的待测植物的新鲜枝条，并用湿布包住植株枝干基部，以减缓水分散发。

2. 样品的处理

迅速返回实验室，清理所述叶片表面灰尘后，采摘所述新鲜枝条上长势较为一致的叶片 10 片，放入装有水的盆中浸泡 30 min；待叶片浸泡 30 min 后，成饱水状态，取出浸泡后得到的 10 片饱水叶片，用面巾纸将叶片表面上的水快速轻轻吸干；放在干燥通风的桌面上让其干燥失水；在叶片干燥失水后的 0 h、1 h、2 h、3 h、4 h、5 h、6 h，分别取出一片上述干燥失水叶片，用电容传感器测量干燥失水后不同时刻的各叶片的植物生理电容 C，随后测量相应干燥失水叶片的植物组织水势 W。

3. 叶片有效厚度 d 与电容器极板接触的所述相应干燥失水叶片有效面积 A 的比值 y 的公式推导

利用植物组织水势 W 与细胞液溶质浓度的关系以及植物生理电容 C 与细胞液溶质的相对介电常数的表达式，推导出干燥失水后不同时刻测得的各叶片有效厚度 d 与电容器极板接触的所述相应干燥失水叶片有效面积 A 的比值 y 的公式如下：

$$y=\frac{d}{A}=\frac{\varepsilon_0}{C}\left[81+\frac{(81-a)MW}{1000iRT}\right]$$

W 为植物组织水势，单位 MPa；i 系解离系数为 1；R 为气体常数，0.0083 $\mathrm{L \cdot MPa \cdot mol^{-1} \cdot K^{-1}}$；$T$ 为热力学温度，K，$T=273+t$ ℃，t 为环境温度；C 为植物生理电容，单位为 F；真空介电常数 $\varepsilon_0=8.854\times10^{-12}\ \mathrm{F \cdot m^{-1}}$；$A$ 为电容器极板接触的所述相应干燥失水叶片有效面积，单位为 m^2；d 为所述相应干燥失水叶片有效厚度，单位为 m；a 为细胞液溶质的相对介电常数，单位为 $\mathrm{F \cdot m^{-1}}$；M 为细胞液溶质的相对分子质量。

4.4.2.7　计算

1. 比值 y 的计算

记录环境温度 t，将干燥失水后不同时刻测得的各叶片植物组织水势 W、植物生理电容 C 以及 T、a、ε_0、M、i、R 成组数据代入公式 $y=\frac{d}{A}=\frac{\varepsilon_0}{C}\left[81+\frac{(81-a)MW}{1000iRT}\right]$ 中，计算出干燥失水后不同时刻的所述各相应叶片有效厚度 d 与电容器极板接触的所述相应干燥失水叶片有效面积 A 的比值 y。

2. 叶片紧张度的计算

由植物叶片紧张度 $T_{\mathrm{d}}=1/y$，获得待测植物干燥失水后不同时刻的干燥失水叶片的植物叶片紧张度；将干燥失水 0 h 后的干燥失水叶片的植物叶片紧张度定义为 T_{d0}，干燥失水 1 h 后的干燥失水叶片的植物叶片紧张度则为 T_{d1}，干燥失水 2 h 后的干燥失水叶片的植物叶片紧张度则为 T_{d2}，干燥失水 3 h 后的干燥失水叶片的植物叶片紧张度则为 T_{d3}，干燥失水 j h 后的干燥失水叶片的植物叶片紧张度则为 $T_{\mathrm{d}j}$；j 大于 5。

3. 叶片相对紧张度的计算

计算待测植物干燥失水后每个时刻的干燥失水叶片相对紧张度 $RT_{\mathrm{d}j}$，$RT_{\mathrm{d}j}=T_{\mathrm{d}j}/T_{\mathrm{d0}}$，$j$ 为饱水叶片干燥失水后 j h；$RT_{\mathrm{d}j}$ 为饱水叶片干燥失水后 j h 植物的干燥失水叶片相对紧张度。

4. 植物抗干旱能力的计算

将饱水叶片干燥失水后的前 5 h 的待测植物的干燥失水叶片相对紧张度相加得到待测植物的抗干旱能力；也即植物的抗干旱能力 RDC，RDC=$RT_{\mathrm{d0}}+RT_{\mathrm{d1}}+RT_{\mathrm{d2}}+RT_{\mathrm{d3}}+RT_{\mathrm{d4}}+RT_{\mathrm{d5}}$。

4.4.2.8 精密度

本规程的精密度数据按照 GB/T 6379.2—2004 的规定确定，其重复性和再现性的值以90%的可信度计算。

4.4.2.9 技术优点

(1) 本技术可以快速定量测定植物的抗干旱能力，可以不受自然环境的限制，测定的结果具有可比性。

(2) 既可以对不同品种的抗干旱能力进行比较，也可以对同一品种不同苗龄的抗旱能力进行比较，简便快速，为精确灌溉提供科学数据。

4.4.3 应用实例

4.4.3.1 实施例

1．实施例 1

在江苏大学校园内采摘长势较为一致的带有叶片的构树新鲜枝条来进行测定，定量检测构树抗干旱能力。

步骤一，取带有叶片的构树新鲜枝条，并用湿布包住植株枝干基部，以减缓水分散发；

步骤二，迅速返回实验室，清理叶片表面灰尘后，采摘长势较为一致的构树叶片 10 片，放入装有水的盆中浸泡 30 min。

步骤三，待叶片浸泡 30 min 后，成饱水状态，取出浸泡后得到的 10 片饱水叶片，用面巾纸将叶片表面上的水快速轻轻吸干；放在干燥通风的桌面上让其干燥失水；在叶片干燥失水后的 0 h、1 h、2 h、3 h、4 h、5 h、6 h，分别取出一片上述干燥失水叶片，用电容传感器测量干燥失水后不同时刻的各叶片的植物生理电容 C，随后测量相应干燥失水叶片的植物组织水势 W；结果如表 4.12 所示。

步骤四，利用植物组织水势 W 与细胞液溶质浓度的关系以及植物生理电容 C 与细胞液溶质的相对介电常数的表达式，推导出干燥失水后不同时刻测得的各叶片有效厚度 d 与电容器极板接触的所述相应干燥失水叶片有效面积 A 的比值 y 的公式如下：

$$y=\frac{d}{A}=\frac{\varepsilon_0}{C}\left[81+\frac{(81-a)MW}{1000iRT}\right]$$

式中，W 为植物组织水势，单位 MPa；i 系解离系数为 1；R 为气体常数，0.0083 $\mathrm{L\cdot MPa\cdot mol^{-1}\cdot K^{-1}}$；$T$ 为热力学温度，K，$T=273+t$ ℃，t 为环境温度；C 为植物生理电容，单位为 F；真空介电常数 $\varepsilon_0=8.854\times10^{-12}\mathrm{F\cdot m^{-1}}$；$A$ 为电容器极板接触的所述相应干燥失水叶片有效面积，单位为 m^2；d 为所述相应干燥失水叶片有效厚度，单位为 m；a 为细胞液溶质的相对介电常数，单位为 $\mathrm{F\cdot m^{-1}}$；M 为细胞液溶质的相对分子质量；设叶片细胞液溶质为蔗糖 $C_{12}H_{22}O_{11}$，此时 a 为 3.3 $\mathrm{F\cdot m^{-1}}$，M 为 342。

步骤五，记录环境温度 t，将干燥失水后不同时刻测得的各叶片植物组织水势 W、植

物生理电容 C 以及 T、a、ε_0、M、i、R 成组数据代入公式 $y=\dfrac{d}{A}=\dfrac{\varepsilon_0}{C}\left[81+\dfrac{(81-a)MW}{1000iRT}\right]$ 中，计算出干燥失水后不同时刻的所述各相应叶片有效厚度 d 与电容器极板接触的所述相应干燥失水叶片有效面积 A 的比值 y。

步骤六，由植物叶片紧张度 $T_{\mathrm{d}}=1/y$，获得待测植物干燥失水后不同时刻的干燥失水叶片的植物叶片紧张度；将干燥失水后 0 h 的干燥失水叶片的植物叶片紧张度定义为 $T_{\mathrm{d}0}$，干燥失水后 1 h 的干燥失水叶片的植物叶片紧张度则为 T_{d1}，干燥失水后 2 h 的干燥失水叶片的植物叶片紧张度则为 T_{d2}，干燥失水后 3 h 的干燥失水叶片的植物叶片紧张度则为 T_{d3}，干燥失水后 j 小时的干燥失水叶片的植物叶片紧张度则为 $T_{\mathrm{d}j}$；j 大于 5 h。得构树干燥失水后不同时刻的干燥失水叶片的叶片紧张度。

步骤七，计算待测植物干燥失水后每个时刻的干燥失水叶片相对紧张度 $RT_{\mathrm{d}j}$，$RT_{\mathrm{d}j}=T_{\mathrm{d}j}/T_{\mathrm{d}0}$，$j$ 为饱水叶片干燥失水后 j h；$RT_{\mathrm{d}j}$ 为饱水叶片干燥失水后 j h 构树的干燥失水叶片相对紧张度。

步骤八，将饱水叶片干燥失水后的前 5 h 的待测植物的干燥失水叶片相对紧张度相加得到构树的抗干旱能力；也即构树的抗干旱能力 RDC，RDC=$RT_{\mathrm{d0}}+RT_{\mathrm{d1}}+RT_{\mathrm{d2}}+RT_{\mathrm{d3}}+RT_{\mathrm{d4}}+RT_{\mathrm{d5}}$。

2. 实施例 2

所有步骤同上述实施例。

测得的饱水叶片干燥失水后不同时刻桑树叶片的植物生理电容(C)、植物组织水势(W)如表 4.12 所示；饱水叶片干燥失水后不同时刻桑树的叶片紧张度如表 4.13 所示；得桑树叶片相对紧张度及抗干旱能力如表 4.16 所示。

测得的饱水叶片干燥失水后不同时刻油菜、诸葛菜叶片的植物生理电容(C)、植物组织水势(W)如表 4.14 所示；饱水叶片干燥失水后不同时刻油菜、诸葛菜的叶片紧张度如表 4.15 所示。油菜、诸葛菜叶片相对紧张度及抗干旱能力如表 4.17 所示。

表 4.12　饱水叶片干燥失水后不同时刻构树、桑树叶片的植物生理电容(C)、植物组织水势(W)

Table 4.12　Physiology capacitance and water potential of the leaves contained full water in *Broussonetia papyrifera* and *Mulberry alba* at different dehydrated times

时刻	植物生理电容(C)/PF		植物组织水势(W)/MPa	
	构树	桑树	构树	桑树
0	57.4305	64.7961	−1.8333	−1.6767
1	79.0003	81.0027	−1.4167	−1.9767
2	44.8183	9.2418	−1.5600	−1.9833
3	18.4729	4.0453	−1.7867	−1.8167
4	12.3351	3.4418	−1.9667	−2.0233
5	22.8365	2.2110	−1.990	−1.7767
6	18.6871	1.9523	−2.000	−2.0033

表 4.13 饱水叶片干燥失水后不同时刻构树、桑树的叶片紧张度

Table 4.13 Leaf tensity of the leaves contained full water in *Broussonetia papyrifera* and *Mulberry alba* at different dehydrated times

时刻	构树	桑树
0	10.6590	11.6952
1	13.6363	15.4335
2	7.9270	1.7630
3	3.3999	0.7485
4	2.3459	0.6615
5	4.3618	0.4062
6	3.5759	0.3738

表 4.14 饱水叶片干燥失水后不同时刻油菜、诸葛菜叶片的植物生理电容(*C*)、植物组织水势(*W*)

Table 4.14 The physiology capacitance and water potential of the leaves contained full water in *Orychophragmus violaceus* and *Brassica napus* at different dehydrated times

时刻	生理电容值/PF		组织水势值/MPa	
	油菜	诸葛菜	油菜	诸葛菜
0	140.884	430.933	−1.82	−1.4433
1	40.0757	426.307	−1.3033	−1.7600
2	21.1597	587.258	−0.5367	−0.6733
3	19.3854	229.471	−0.5933	−1.15
4	14.3864	188.964	−1.4200	−0.52
5	13.274	333.506	−1.5867	−0.5633
6	12.8137	175.955	−1.3533	−1.2167

表 4.15 饱水叶片干燥失水后不同时刻油菜、诸葛菜的叶片紧张度

Table 4.15 Leaf tensity of the leaves contained full water in *Orychophragmus violaceus* and *Brassica napus* at different dehydrated times

时刻	油菜	诸葛菜
0	26.0369	74.6159
1	6.7801	77.9500
2	3.1807	90.066
3	2.9382	37.8719
4	2.4813	28.3362
5	2.3549	50.3274
6	2.1857	29.3521

表 4.16 构树、桑树叶片的相对紧张度及抗干旱能力

Table 4.16 The relative leaf tensity and drought resistance of *Broussonetia papyrifera* and *Mulberry alba*

	构树	桑树
RT_{d0}	1	1
RT_{d1}	1.279	1.320
RT_{d2}	0.744	0.151
RT_{d3}	0.319	0.064
RT_{d4}	0.220	0.057
RT_{d5}	0.409	0.035
RT_{d6}	0.336	0.320
植物的抗干旱能力 RDC	3.971	2.627

表 4.17 油菜、诸葛菜叶片的相对紧张度及抗干旱能力

Table 4.17 The relative leaf tensity and drought reisitance of *Orychophragmus violaceus* and *Brassica napus*

	油菜	诸葛菜
RT_{d0}	1	1
RT_{d1}	0.260	1.045
RT_{d2}	0.122	1.207
RT_{d3}	0.113	0.508
RT_{d4}	0.095	0.380
RT_{d5}	0.090	0.675
RT_{d6}	0.084	0.393
植物的抗干旱能力 RDC	1.680	4.815

4.4.3.2 实施效果

利用本发明方法测定饱水叶片干燥失水后不同时刻的构树、桑树叶片的植物生理电容(C)、植物组织水势(W)(表 4.12)，此时实验室内的温度为 18℃，依据表 4.12，计算饱水叶片干燥失水后不同时刻构树、桑树的叶片紧张度(表 4.13)。利用本发明方法测定饱水叶片干燥失水后不同时刻的油菜、诸葛菜叶片的植物生理电容(C)、植物组织水势(W)(表 4.14)，此时实验室内的温度为 20℃，依据表 4.14，计算饱水叶片干燥失水后不同时刻油菜、诸葛菜的叶片紧张度(表 4.15)。依据表 4.13，利用本发明可以计算构树、桑树叶片的相对紧张度及抗干旱能力(表 4.16)。依据表 4.15，利用本发明可以计算油菜、诸葛菜叶片的相对紧张度及抗干旱能力(表 4.17)。从表 4.16 和表 4.17 中可以看出，诸葛菜的抗干旱能力(4.815)最强，构树(3.971)其次，桑树的抗干旱能力(2.627)小于构树，油菜的抗干旱能力(1.680)最弱。这与实际情况相符合的。

4.5 利用叶绿素荧光信息快速定量植物固有抗干旱能力的方法

植物的生长发育离不开光合作用，光合作用是生物界所有物质代谢和能量代谢的基础，包括一系列光物理、光化学和生物化学转变的复杂过程(Lawlor and Cornic，2002)。在光合作用的原初反应将吸收的光能传递、转换为电能的过程中，有一部分光能损耗是以较长的荧光方式释放的(Maxwell and Johnson，2000)。

自然条件下的叶绿素荧光和光合作用有着十分密切的关系。当植物被暴露在过强的光照条件下，荧光可以避免叶绿体吸收光能超过光合作用的消化能力，将植物被强光灼伤的可能降低到最小，自然条件下叶绿素荧光和 P_N 是相互负关联的(李晓等，2006)。叶绿素荧光动力学技术在测定叶片光合作用过程中针对光系统对光能的吸收、传递、耗散、分配等方面具有独特的作用，与“表观性”的气体交换指标相比，叶绿素荧光参数更具有反映“内在性”的特点(Tol et al.，2009)。

研究表明植物体内发出的叶绿素荧光信号包含了十分丰富的光合作用信息，其特性与植物的营养和受胁迫程度密切相关，可以快速、灵敏和无损地探测植物在胁迫下光合作用的真实行为(Ögren，1990)。通过植物光合过程中荧光特性的探测可以了解植物受胁迫的状况。

由于叶绿素荧光动力学技术具有灵敏、简便、快速和无损伤检测等优点，目前叶绿素荧光动力学技术广泛应用于植物生理学、植物育种、园艺学、农艺学、林学、生态学、农用化学、海洋与湖沼学、微藻生物技术和环境保护等领域。其中在植物生理学上的研究主要有以下几个方面：光照(光强和光质)、养分胁迫、温度、水分、CO_2 和盐度胁迫等影响因子对其叶绿素荧光参数的影响(李晓等，2006)。在测定植物叶绿素荧光参数时，使用 IMAGING-PAM 调制式叶绿素荧光仪一次可测多点、多个参数，比普通的叶绿素荧光仪方便快速。

光合作用受多种因素的影响，水分胁迫是其中一个重要因素。在水分胁迫条件下，植物叶片光合能力降低。目前，植物的抗干旱能力是通过测定已处于干旱条件下的、包括叶绿素荧光参数等的植物生理生化参数来表征的，这需要一个复杂的实验设计和较长的时间，而且不同植物的测定值不具有可比性(Poormohammad Kiani et al.，2008)，使得测定的叶绿素荧光参数等只能定性地反映植物即时的抗逆性，而对于固有的抗干旱能力则无法定量。为了消除植物的叶绿素荧光参数受到先前干旱逆境胁迫状态的影响，本方法建立植物的饱水状态和标准的失水模式，在动态失水过程中，测定叶绿素荧光对失水速率的响应情况，进而定量判断植物固有的抗干旱能力。

4.5.1 原理

自然条件下，植物受到先前干旱逆境胁迫的影响，叶绿素荧光参数等植物的生理生化参数只能定性地反映植物即时的抗逆性。本方法设定植物的饱水状态和标准的失水模式，可消除外界环境的影响；利用 IMAGING-PAM 调制式叶绿素荧光仪通过测定叶绿素荧光参数，响应植物叶片的失水速率，以定量植物固有的抗干旱能力。

从光响应角度反映植物的抗干旱胁迫能力，使用 IMAGING-PAM 调制式叶绿素荧光仪测定叶绿素荧光参数，测定时稳定、所需时间短，一次可测多点、多个参数，可以快速、稳定地响应植物失水情况，进而诊断抗干旱能力。

4.5.2 技术规程

4.5.2.1 范围

本规程规定了利用叶绿素荧光信息快速定量计算植物固有抗干旱能力的方法。

本规程适用于抗旱选种、农业工程和农作物信息检测技术领域。

4.5.2.2 规范性引用文件

下列文件对于本文件的应用是必不可少的。凡是注日期的引用文件，仅注日期的版本适用于本文件。

GB/T 6379.2—2004 测量方法与结果的准确度（正确度与精确度）第二部分：确定标准测量方法重复性与再现性的基本方法。

GB/T 1250—1989 极限数值的表示方法和判定方法。

4.5.2.3 术语和定义

(1) 调制式叶绿素荧光：全称脉冲振幅调制（pulse-amplitude-modulation，PAM）叶绿素荧光，国内一般简称调制叶绿素荧光。测量调制叶绿素荧光的仪器叫调制荧光仪，或叫PAM。调制叶绿素荧光技术是研究光合作用的强大工具，与光合放氧、气体交换并称为光合作用测量的三大技术。由于其测量快速、简单、可靠，且测量过程对样品生长基本无影响，目前已成为光合作用领域发表文献最多的技术。

(2) 初始荧光：反映 PSII 反应中心完全开放时的荧光产量，与叶绿素浓度有关。

(3) PS II 最大光化学量子产量：反映 PS II 反应中心内禀光能转换效率（intrinsic PS II efficiency）或称最大 PS II 的光能转换效率（optimal/maximal PS II efficiency），叶暗适应 20 min 后测得。非胁迫条件下该参数的变化极小，不受物种和生长条件的影响，胁迫条件下该参数明显下降。

4.5.2.4 试剂和材料

植物叶片。

4.5.2.5 主要仪器设备

IMAGING-PAM 调制式叶绿素荧光仪。

4.5.2.6 测定过程

1．植物样品的准备

取带有叶片的待测植物的新鲜枝条，并用湿布包住植株枝干基部，以减缓水分散发；立即返回实验室，清理叶片表面灰尘后，将新鲜枝条的叶片采摘下来，放入装有水的盆中浸泡 30 min；叶片浸泡 30 min 后，成饱水状态，取出浸泡后的饱水叶片，用面巾纸小心地将叶片表面上的水快速吸干。

2．荧光参数的测定

取上述叶片，用德国 Heinz Walz GmbH 公司生产的 IMAGING-PAM 调制式叶绿素荧光仪，于实验室内测定 0 水平荧光时植物叶片初始荧光值(F_0)和 PSⅡ最大光化学量子产量(F_v/F_m)；每片植物叶片重复测定 3 次；随后，将所述饱水叶片，放在干燥通风的桌面上让其失水；每隔 1 h 用 IMAGING-PAM 调制式叶绿素荧光仪，测定光照强度为 0 时即 0 水平荧光时该叶片初始荧光值(F_0)和 PSⅡ最大光化学量子产量(F_v/F_m)。

4.5.2.7 计算

1．相对荧光参数值的计算

将饱水 0h 即饱水后未失水时测得的结果作为参照，计算各个测定时刻的相对初始荧光值和相对最大光化学量子产量值；饱水后不同失水时刻相对初始荧光值的计算公式为 $R_{SFi}=SF_i/SF_0$，其中 SF_i 为饱水后 i 失水时刻叶绿素初始荧光值 F_0，i 分别为 0 h，1 h，2 h，3 h，4 h，5 h；饱水后不同失水时刻相对最大光化学量子产量的计算公式为 $R_{PFi}=PF_i/PF_0$，其中 PF_i 为饱水后 i 失水时刻 PSⅡ最大光化学量子产量 F_v/F_m，i 分别为 0 h、1 h、2 h、3 h、4 h、5 h。

2．累积相对荧光参数值的计算

将饱水后前 5h 待测植物叶片的相对初始荧光值相加得到待测植物的累积相对初始荧光值 T_{RSF}。即 $T_{RSF}=\sum R_{SFi}=R_{SF0}+R_{SF1}+R_{SF2}+R_{SF3}+R_{SF4}+R_{SF5}$。将饱水后前 5h 待测植物叶片的相对最大光化学量子产量相加得到待测植物的累积相对最大光化学量子产量 T_{RPF}，即 $T_{RPF}=\sum R_{PFi}=R_{PF0}+R_{PF1}+R_{PF2}+R_{PF3}+R_{PF4}+R_{PF5}$。

3．植物固有抗干旱能力的计算

分别比较待测植物叶片的累积相对初始荧光值 T_{RSF} 和累积相对最大光化学量子产量 T_{RPF} 数值大小，从而定量计算出不同植物固有的抗干旱能力。

4.5.2.8 精密度

本部分的精密度数据按照 GB/T 6379.2—2004 的规定确定，其重复性和再现性的值以 90%的可信度计算。

4.5.2.9 技术优点

(1) 本技术精确度高，操作简便快捷，能快速定量地反映植物固有的抗干旱能力，不受自然环境的限制。

(2)既可以对不同品种植物的抗干旱能力进行比较，也可以对同一品种植物不同苗龄的抗旱能力进行比较，简便快速，为耐旱品种的选育及精确灌溉提供科学数据。

4.5.3　应用实例

4.5.3.1　实施例

1. 实施例 1

第一步，实验前，于江苏大学校园内采摘长势较为一致的构树植物的新鲜枝条，并用湿布包住植株枝干基部，以减缓水分散发。

第二步，迅速返回实验室，清理叶片表面灰尘后，将 6 片大小一致的构树新鲜叶片采摘下来，放入装有水的盆中浸泡 30min。

第三步，叶片浸泡 30min 后，成饱水状态，取出浸泡后的饱水叶片，用干毛巾及面巾纸等将叶片表面上的水快速轻轻吸干后，放在干燥通风的桌面上。

第四步，取上述叶片用 IMAGING-PAM 调制式叶绿素荧光仪测定 0 水平荧光时构树叶片的初始荧光值(F_0)和 PSⅡ最大光化学量子产量(F_v/F_m)，重复测定 3 次，平均值作为此时刻的测量值。

第五步，每隔 1 h 重复第四步进行测定其他时刻的叶绿素荧光参数指标。

第六步，将饱水 0 h 测得的结果作为参照，计算各个测定时刻的相对初始荧光值和相对最大光化学量子产量值。饱水后不同失水时刻相对初始荧光值的计算按公式：$R_{SFi} = SF_i / SF_0$，其中 SF_i 为饱水后 i 失水时刻叶绿素初始荧光值 F_0，i 分别为 0 h、1 h，2 h、3 h、4 h、5 h；在饱水后的不同失水时刻相对最大光化学量子产量的计算按公式：$R_{PFi} = PF_i / PF_0$，其中 PF_i 为饱水后 i 失水时刻 PSⅡ最大光化学量子产量 F_v/F_m，i 分别为 0 h、1 h、2 h、3 h、4 h、5 h。

第七步，将饱水后前 5h 待测构树叶片的相对初始荧光值相加得到累积相对初始荧光值 T_{RSF}。即 $T_{RSF} = \sum R_{SFi} = R_{SF0} + R_{SF1} + R_{SF2} + R_{SF3} + R_{SF4} + R_{SF5}$。将饱水后前 5h 待测构树叶片的相对最大光化学量子产量相加得到累积相对最大光化学量子产量 T_{RPF}。即 $T_{RPF} = \sum R_{PFi} = R_{PF0} + R_{PF1} + R_{PF2} + R_{PF3} + R_{PF4} + R_{PF5}$。

第八步，分别比较待测构树叶片的累积相对初始荧光值 T_{RSF} 和累积相对最大光化学量子产量 T_{RPF} 数值大小，量化计算构树固有的抗干旱能力。

2. 实施例 2

第一步，实验前，于江苏大学校园内采摘长势较为一致桑树叶片 6 片，并装入保鲜袋中。

第二步，迅速返回实验室，将采摘的新鲜叶片放入装有水的盆中浸泡 30min。

第三步，30min 后取出浸泡的叶片，用干毛巾及面巾纸等将叶片表面的水吸干后，放在干燥通风的桌面上。

第四步，取上述叶片用 IMAGING-PAM 调制式叶绿素荧光仪测定 0 水平荧光时桑树叶片的初始荧光值(F_0)和 PSⅡ最大光化学量子产量(F_v/F_m)，重复测定 3 次，平均值作为此时刻的测量值。

第五步，每隔 1 h 重复第四步进行测定其他时刻的叶绿素荧光参数指标。

第六步，将饱水 0h 测得的结果作为参照，计算各个测定时刻的相对初始荧光值和相对最大光化学量子产量值。饱水后不同失水时刻相对初始荧光值的计算按公式：$R_{SFi}=SF_i/SF_0$，其中 SF_i 为饱水后 i 失水时刻叶绿素初始荧光值 F_0，i 分别为 0 h、1 h、2 h、3 h、4 h、5 h；饱水后不同失水时刻相对最大光化学量子产量的计算按公式：$R_{PFi}=PF_i/PF_0$，其中 PF_i 为饱水后 i 失水时刻 PS II 最大光化学量子产量 F_v/F_m，i 分别为 0 h、1 h、2 h、3 h、4 h、5 h。

第七步，将饱水后前 5 h 待测桑树叶片的相对初始荧光值相加得到累积相对初始荧光值 T_{RSF}。即 $T_{RSF}=\sum R_{SFi}=R_{SF0}+R_{SF1}+R_{SF2}+R_{SF3}+R_{SF4}+R_{SF5}$。将饱水后前 5 h 待测桑树叶片的相对最大光化学量子产量相加得到累积相对最大光化学量子产量 T_{RPF}。即 $T_{RPF}=\sum R_{PFi}=R_{PF0}+R_{PF1}+R_{PF2}+R_{PF3}+R_{PF4}+R_{PF5}$。

第八步，分别比较待测桑树叶片的累积相对初始荧光值 T_{RSF} 和累积相对最大光化学量子产量 T_{RPF} 数值大小，量化计算桑树固有的抗干旱能力。

4.5.3.2 实施效果

表 4.18 是不同时刻构树、桑树叶片初始荧光值、PS II 最大光化学量子产量值。从表 4.18 中可以看出，构树叶片初始荧光值小于桑树，说明构树反应中心的开放程度低于桑树，且两种植物叶片初始荧光值的变化呈相反趋势；构树的 PS II 最大光化学量子产量大于桑树，两种植物的 PS II 最大光化学量子产量的变化呈相反趋势。表 4.19 是不同时刻构树、桑树叶片的相对初始荧光值及相对最大光化学量子产量。将每个时刻叶片的相对初始荧光值及相对最大光化学量子产量相加，得到两种植物叶片的累积相对初始荧光值 T_{RSF} 及累积相对最大光化学量子产量 T_{RPF}。

表 4.18 不同时刻构树、桑树初始荧光值及最大光化学量子产量

Table 4.18 Initial fluorescence and maximum photochemical quantum yield of *Broussonetia papyrifera* and *Mulberry alba* at different times

时刻	初始荧光(F_0)		最大光化学量子产量(F_v/F_m)	
	构树	桑树	构树	桑树
0	0.123	0.1	0.654	0.813
1	0.109	0.154	0.754	0.692
2	0.129	0.138	0.728	0.715
3	0.102	0.118	0.713	0.705
4	0.108	0.106	0.74	0.711
5	0.105	0.149	0.712	0.721

初始荧光值越大表明植物受到逆境越大，植物抗逆能力也就越弱。根据 $T_{RSF}=\sum R_{SFi}$ 和 $T_{RPF}=\sum R_{PFi}$，得到待测植物的累积相对初始荧光值 T_{RSF} 及累积相对最大光化学量子产量

T_{RPF}，结果如表 4.19 所示。从表 4.19 可以看出构树叶片的相对初始荧光之和是 5.496、桑树为 7.65，说明构树的抗干旱能力大于桑树。PS II 最大光化学量子产量越大表明植物受逆境影响较小，植物抗逆能力越强。表 4.19 中构树叶片的相对最大光化学量子产量是 6.576、桑树为 5.359，同样说明构树的抗干旱能力大于桑树。从这里可以看出本方法可以由累积相对初始荧光值 T_{RSF} 及累积相对最大光化学量子产量 T_{RPF} 的数值来判断植物固有的抗干旱能力。这个结果与本章上一节中的植物抗干旱能力的测定结果一致，本章上一节中的植物抗干旱能力的测定需要 30min，而这里使用 IMAGING-PAM 调制式叶绿素荧光仪完成每个时间段的测定大概需要 2min，因此，本方法更能快速准确定量出植物固有的抗干旱能力。

表 4.19　不同时刻构树、桑树的相对初始荧光和相对最大光化学量子产量

Table 4.19　Relative initial fluorescence and relative maximum photochemical quantum yield of *Broussonetia papyrifera* and *Mulberry alba* at different times

时刻	相对初始荧光		时刻	相对最大光化学量子产量	
	构树	桑树		构树	桑树
0	1	1	0	1	1
1	0.886	1.54	1	1.153	0.851
2	1.049	1.38	2	1.113	0.879
3	0.829	1.18	3	1.09	0.867
4	0.878	1.06	4	1.131	0.875
5	0.854	1.49	5	1.089	0.887
T_{RSF}	5.496	7.65	T_{RPF}	6.576	5.359

本技术精确度高，操作简便快捷，能快速定量地反映植物固有的抗干旱能力，不受自然环境的限制。既可以对不同品种植物的抗干旱能力进行比较，也可以对同一品种植物不同苗龄的抗旱能力进行比较，简便快速，为耐旱品种的选育及精确灌溉提供科学数据。

4.6　利用根系分泌的苹果酸特征评估植物抗干旱胁迫能力

干旱是影响植物生长发育的重要因素。植物抗干旱逆境能力的鉴定，对准确判断植物的抗逆性以及筛选抗性品种，为植物的环境适应性以及不同生态系统植物的选择与配置具有一定的理论意义与应用价值。

4.6.1　原理

干旱胁迫下植物会产生一系列生理反应来适应这种环境胁迫，如根系分泌物增多、脱落酸的增加，叶片水势的增加及 WUE 的增高等(Reid，1974；Wang et al.，2009b；Anjum et al.，2011；Sharma et al.，2012)。苹果酸是植物根系分泌物中最常见的低分子量有机酸之一(Reid，1974；Henry et al.，2007)。苹果酸是光呼吸代谢过程中最活跃的中间代谢物，根系分泌物中苹果酸的含量与光呼吸代谢有直接的关系(潘瑞炽等，2008；Jones et al.，2009)。

光呼吸代谢的总反应可表示为

$$2\ RuBP + 3O_2 + ATP \rightarrow 3PGA + CO_2 + H_2O + ADP + 2Pi \tag{4.14}$$

式(4.14)中 RuBP 为 1，5-二磷酸核酮糖，PGA 为三磷酸甘油酸。每 2 个 RuBP(10C)被氧化，生成 3 个 PGA(9C)，放出 1 个 CO_2 和 H_2O。也就是说有 1/10 的 CO_2 和 H_2O 可以在干旱时被回用，从而避免了干旱胁迫下光合器官的伤害。所以，根系分泌的苹果酸的多少，决定了循环使用的 CO_2 和 H_2O 的多少，因此，可以用根系分泌的苹果酸的量来表征植物的抗干旱能力。苹果酸含量越多表明光呼吸代谢越活跃。在干旱胁迫下，植物气孔关闭，植物可通过加强光呼吸途径为叶绿体补充水和 CO_2 进行光合作用，从而避免干旱胁迫下光合器官的伤害。

由于人为添加聚乙二醇到营养液中制造生理干旱，因此根系分泌物中有大量的聚乙二醇。聚乙二醇会影响用诸如高效液相色谱法、毛细管电泳法、气相色谱法等方法的苹果酸测定。因此，选用生物酶电极方法测定根系分泌物中的苹果酸含量，灵敏度高、检测限低、特异性好、仪器简单便宜、操作简便快速。

生物酶电极法检测根系分泌物中的苹果酸的电化学方法的反应原理如下：

$$\text{Malic} + NAD^+ \underset{\text{MDH}}{\rightleftharpoons} \text{Oxaloacetate} + NADH + H^+$$

电化学法直接测定酶促反应中生成的氧化电流和底物的浓度关系，方法简便。

苹果酸脱氢酶(malate dehydrogenase，MDH)催化氧化苹果酸的反应机制如图 4.14 所示：在氧化态辅酶 NAD^+ 存在下，苹果酸脱氢酶催化转化苹果酸成为草酰乙酸，同时 NAD^+ 转化为还原态形式（NADH），再生的 NADH 被修饰电极催化氧化产生氧化电流，而且氧化电流与溶液中苹果酸浓度成正比。

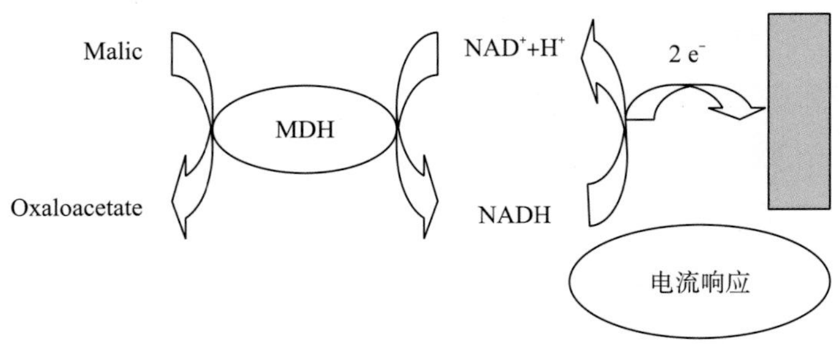

图 4.14 苹果酸脱氢酶催化苹果酸的氧化机制

Fig.4.14 Mechanism of malic oxidation in the presence of MDH/NAD^+

国内研究学者纪学锋和章咏华(1993)通过化学交联法将苹果酸脱氢酶固定在玻碳电极表面，使用 N-甲基吩嗪甲基硫酸盐(PMS)和铁氰化钾为媒介，间接的测定酶促反应中的还原辅酶 I (NADH)，苹果酸的线性范围在 25～300μmol·L^{-1}。

干宁和葛从辛(2006)研制了 TiO_2 凝胶的苹果酸脱氢酶安培电化学传感器，利用气相沉积法在玻碳电极表面形成的 TiO_2 凝胶膜，为固定化的 MDH 提供了一个生物兼容性的微环境。在溶解氧存在的条件下，苹果酸被凝胶膜中的 MDH 催化氧化，其氧化产物在电位 55 mV 下有电流响应，利用此响应值对苹果酸进行测定，测定时不需要向体系中添加媒介体。苹果酸生物传感中，国外学者固定双酶体系的研究比较多。例如苹果酸脱氢酶与黄递酶结合(Gamella et al.，2010)、NADH 氧化酶(Gurban et al.，2006；Mizutani et al.，1991)、抗坏血酸氧化酶(Manzoli et al.，2004)、辣根过氧化酶(Mazzei et al.，2007)，Lupu 等(2004)将 $NADP^+$为氢受体的苹果酸酶(ME，EC.1.1.1.40)固定在麦尔多拉蓝修饰的丝网印刷电极表面，并用聚乙烯亚胺-戊二醛交联，在优化条件下，对苹果酸的检测限是 10 μM。Messia 等(1996)将苹果酸酶与丙酮酸氧化酶固定、在 $NADP^+$存在下，苹果酸酶催化氧化苹果酸生成丙酮酸盐，然后丙酮酸氧化酶将丙酮酸盐氧化生成 H_2O_2，通过检测 H_2O_2 来求得苹果酸浓度。该酶电极对苹果酸的检测限在 0.5 $\mu mol \cdot L^{-1}$。

Arif 等(2002)将苹果酸酶固定在丝网印刷电极表面，研制苹果酸生物传感器检测苹果、马铃薯、番茄中的苹果酸含量，有良好的效果。当碳纳米管处于研究热潮时，国内外很多学者对碳纳米管在生物传感器领域的应用进行了大量的理论和实践研究，并取得了突破性的进展，充分显示了碳纳米管作为新型电极材料的应用前景(Dillion et al.，1997；Wang et al.，2009b；Liu et al.，2011；Jacobs et al.，2010；Chaleraborty and Raj.，2007)。Arvinte 等(2009)将 MDH 固定在麦尔多拉蓝/单壁碳纳米管/Nafion 修饰的玻碳电极表面，并且优化了实验参数，3 倍噪声下，对苹果酸的检测限是 3 $\mu mol \cdot L^{-1}$。聚乙二醇(PEG 6000)分子量大于 6000，是一种惰性的、非离子的不能渗透细胞的大分子，聚乙二醇小到足以影响渗透压，也大到足以不被植物吸收(张立军等，2004)。因此，它们经常被用于模拟生理干旱。用统一的、固定浓度的化学试剂来模拟生理干旱，可使对不同植物的检测结果具有可比性。营养液中加入 50 $g \cdot L^{-1}$ 的聚乙二醇(PEG 6000)，营养液的水势达到−0.58 MPa，可以起到中度干旱的效果，15d 的处理，抗干旱品种和干旱敏感品种的根系分泌的苹果酸增加量有显著的差异。抗干旱品种根系分泌苹果酸含量的增加都超过 80%，而干旱敏感品种根系分泌苹果酸含量的增加都小于 80%。

一些传统的抗逆性检测方法如叶片观察法、红外线气体分析法、叶绿素荧光动力学技术分析法、植物理化实验指标分析法等都存在着各种不同的缺点，在实际应用中不利于推广与普及。利用生物酶电极法测定植物根系分泌苹果酸的操作过程相对简单，成本较低，工作量小，灵敏度高，可控胁迫处理时间，能准确地、直观地、直接地反映植物的抗干旱胁迫能力的大小。

4.6.2　技术规程

4.6.2.1　范围

本规程规定了利用根系分泌的苹果酸含量鉴定植物抗干旱胁迫能力的方法。

本规程适用于干旱地区基于生理适应性的植物抗干旱能力的鉴定，同时可推广到全国各地各种生长环境下植物的抗干旱能力的鉴定。

4.6.2.2 规范性引用文件

下列文件对于本文件的应用是必不可少的。凡是注日期的引用文件，仅注日期的版本适用于本文件。

GB/T 6379.2—2004 测量方法与结果的准确度(正确度与精确度)第二部分：确定标准测量方法重复性与再现性的基本方法。

GB/T 6682—2008 分析实验室用水规格和试验方法。

GB/T 1250—1989 极限数值的表示方法和判定方法。

4.6.2.3 术语和定义

(1) 营养液与收集液：本技术采用霍格兰(Hoagland)等各种植物的专用营养液，用于植物培养，收集在穴盘里面的营养液并用去离子水冲洗植物的根部，即为植物的根系分泌物收集液。

(2) 干旱：使用霍格兰等各种植物的专用营养液作为母液，幼苗培养 1 个月后，开始进行模拟干旱的胁迫处理。干旱胁迫的处理以 PEG 6000(聚乙二醇，分子量为 6000)的加入量进行调节，分别是 $0\ g{\cdot}L^{-1}$、$10\ g{\cdot}L^{-1}$、$30\ g{\cdot}L^{-1}$、$50\ g{\cdot}L^{-1}$。

(3) 电化学工作站：是电化学测量系统的简称，是电化学研究和教学常用的测量设备。其主要有 2 大类，单通道工作站和多通道工作站，应用于生物技术、物质的定性定量分析等。

(4) 开路电位：是电流强度为零时的电极电位，也就是不带负载时工作电极和参比电极之间的电位差。

(5) 参比电极：测量各种电极电势时作为参照比较的电极。

(6) 电镀：利用电解原理在某些金属表面上镀上一薄层其他金属或合金的过程，是利用电解作用使金属或其他材料制件的表面附着一层金属膜的工艺从而起到防止金属氧化(如锈蚀)，提高耐磨性、导电性、反光性、抗腐蚀性(硫酸铜等)及增进美观等作用。

(7) 电镀液：指可以扩大金属的阴极电流强度范围、改善镀层的外观、增加溶液抗氧化的稳定性等特点的液体。

(8) 苹果酸脱氢酶：是细胞溶酶体中的一种氧化还原酶。

(9) 聚乙二醇：聚乙二醇 (PEG) 是一种可溶于水和大多数溶剂的乙醇聚合物，由于其分子含有非离子化长链，因而化学性质不活泼，由于其毒性很小，实验中常作为渗透调节物质。

4.6.2.4 试剂和材料

除非另有规定，本规程所用试剂均为分析纯，水为 GB/T 6682—2008 规定的一级水。

1. 试剂

霍格兰营养液、聚乙二醇(PEG6000)、$CaCl_2$、$Cd(NO_3)_2$、H_2S 气体、焦磷酸钠。

2. 材料

氧化石墨片、金相砂纸、Al_2O_3 抛光粉、植物叶片。

4.6.2.5　主要仪器设备

电化学工作站。

4.6.2.6　测定过程

1. 植物的培养

选择生长状况相似的植物幼苗，用正常配方的营养液培养植物 30d 后随机进行分组。一组继续在正常配方的营养液中培养；另一组是在模拟干旱胁迫环境下培养，模拟干旱胁迫环境的培养液为每升正常配方的营养液添加 50 g 聚乙二醇(PEG 6000)。培养时间为 15d。

2. 根系分泌物的收集

利用 $CaCl_2$ 溶液收集培养 15d 后两组植物的根系分泌物，采用生物酶电极方法测定根系分泌物中的苹果酸含量。

3. 苹果酸脱氢酶电极的制备

首先合成富含羧基、羟基等官能团的氧化石墨片。以氧化石墨片为初始材料进一步合成 CdS/G 纳米复合物，其制备方法如下：称取 17 mg 氧化石墨片(GO)超声分散于 10 mL 二次蒸馏水中，通过超声将氧化石墨片剥离为单层氧化石墨烯，30min 后得到均相棕色溶液，即氧化石墨烯的水溶液。在搅拌情况下向该溶液逐滴加入 50 mL 0.035 mol/L$Cd(NO_3)_2$ 溶液，并在常温下搅拌 3h 使混合液中的 Cd^{2+}与氧化石墨的—COOH、—OH 等官能团充分发生离子交换。然后向混合液中通入 H_2S 气体，1h 后得到绿色沉淀，所得的固体经离心分离，分别用二次蒸馏水，丙酮各洗涤 3 次，最后在 45℃下真空干燥 24h 即得到石墨烯参杂量为 4.6%的 CdS/G 纳米复合物。

然后，在金相砂纸上打磨玻碳电极(GCE，Φ=3.0 mm)，依次用 1.0 μm，0.3 μm Al_2O_3 抛光粉在抛光布上抛光成镜面，用二次蒸馏水冲洗干净后依次在 0.1 $mol\cdot L^{-1}$ HCl 溶液、1.0 $mol\cdot L^{-1}$ NaOH 溶液和无水乙醇中超声清洗 1min，再用二次蒸馏水超声清洗两分钟，晾干备用。

称取 1.0 mg CdS/G 纳米复合物分散在 1.0 mL 0.5% 壳聚糖溶液中，超声分散后得到 CdS-G 纳米复合物的均匀悬浮液。取 6 μL 该悬浮液滴涂在预先处理好的玻碳电极表面，室温下晾干，制得 CdS-G 纳米复合物修饰电极(记为 CdS/G/CHIT/GCE)。

最后取 5 μL 10 $mg\cdot mL^{-1}$ 的苹果酸脱氢酶(MDH)溶液滴在 CdS-G 纳米复合物修饰电极表面，室温晾干，待电极表面晾干之后放入 4℃冰箱保存待用。这样获得了苹果酸脱氢酶电极。

4. 组成电解反应池

电化学工作站与苹果酸脱氢酶电极、饱和甘汞电极与铂丝电极连接，在恒温 30℃电磁搅拌下，焦磷酸钠缓冲液的 pH 为 9.0，氧化电位是 0.7 V，氧化态辅酶 NAD^+浓度为 $5\times10^{-3}\ mol\cdot L^{-1}$，待背景电流稳定后，连续加入一定浓度的苹果酸溶液到电解池中，利用恒电位计时电流法，测定不同苹果酸浓度下相应的电流变化值，得到一个催化电流与苹果酸浓度的线性范围图。

5. 根系分泌苹果酸的测定

温度控制为30℃，操作电压控制为0.7 V，取 1 mL 待测样品加入到 4 mL 的 pH＝9.0、辅酶 NAD^+浓度为 5×10^{-3}mol·L^{-1} 的焦磷酸钠缓冲液中，电磁搅拌下，待背景电流稳定后，每 50 s 进样一次，每次加入 5 μL 浓度为 0.01 mol·L^{-1} 标准苹果酸溶液到电解池中，共 4 次，测定相应的电流变化值，保存下恒电位计时电流曲线，如下图 4.15，将电流的增加值作为 Y 轴，纯苹果酸标准溶液加入量作为 X 轴，拟合曲线，如图 4.16，令 Y=0，求出 X 的值，X 的绝对值就是稀释了 5 倍后样品的苹果酸的浓度，可求出在正常配方的营养液中和模拟干旱胁迫环境下培养的植物根系分泌的苹果酸含量。

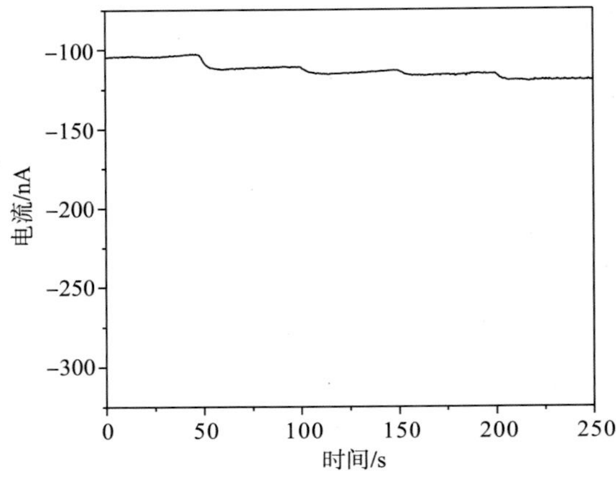

图 4.15 根系分泌物中苹果酸测定恒电位计时电流曲线图

Fig. 4.15 Typical current-time curve at the MDH-CdS-G-CHIT-GCE for the malic acid in root exudates

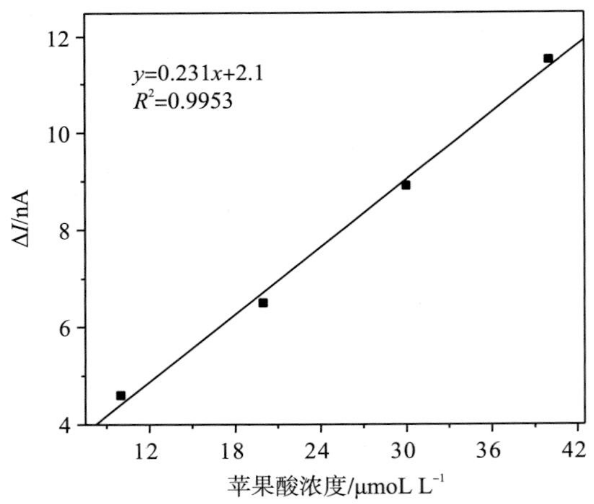

图 4.16 根系分泌物中苹果酸测定校正曲线

Fig. 4.16 The calibration curves of the malic acid in root exudates

4.6.2.7 计算

将在正常配方的营养液中培养的植物根系分泌的苹果酸含量记为 M_n，模拟干旱胁迫环境下培养的植物根系分泌的苹果酸含量记为 M_s。由此得到干旱胁迫处理的植物根系分泌苹果酸含量比正常配方的营养液中培养的植物根系分泌苹果酸含量的增加比记为 $\Delta M_{sn} = \dfrac{M_s - M_n}{M_n}$，选择 ΔM_{sn} 大于 80%的植物作为抗干旱材料，由此也可以判断出不同植物抗干旱能力大小。

4.6.2.8 精密度

本规程的精密度数据按照 GB/T 6379.2—2004 的规定确定，其重复性和再现性的值以 90%的可信度计算。

4.6.2.9 技术优点

(1) 本方法能定量检测植物的抗干旱能力，不同植物的检测结果具有可比性。

(2) 根系分泌物中苹果酸的收集采用 $CaC1_2$ 溶液收集，该方法是一种最为经济可行的有效途径。

(3) 用生物酶电极方法可以直接测定根系分泌物中苹果酸，无须分离纯化和浓缩过程，技术成熟，操作简单，成本较低，工作量小，灵敏度高。

(4) 本方法既可以表征植物的即时抗干旱能力，也可以表征植物的中长期抗干旱能力。

(5) 本方法不受季节和土壤的影响，在实验室中就可以实现植物抗干旱能力的检测，具有较好的可控性。

4.6.3 应用实例

构树、桑树、诸葛菜和油菜四种植物在模拟干旱胁迫处理下的 ΔM_{sn} 见表 4.20。由表 4.20 可知，在模拟干旱胁迫处理下，四种植物根系分泌的苹果酸含量均显著高于正常配方的营养液中培养的植物根系分泌的苹果酸含量。四种植物 ΔM_{sn} 的大小顺序为构树＞诸葛菜＞桑树＞油菜，且油菜和桑树的 ΔM_{sn} 小于 50%，因此，油菜和桑树的抗干旱胁迫能力较差，为干旱敏感植物。构树和诸葛菜在干旱逆境下根系分泌的苹果酸急剧增多，光呼吸代谢活跃，被循环使用的 CO_2 和 H_2O 多。因此，它们是抗干旱植物，更能适应在干旱地区的土壤中生长。这与我们在关于这几种植物的其他研究及实际情况相符合，为选择抗干旱植物以及喀斯特地区树种的配置和生态修复提供了重要的理论支撑。同时利用根系分泌的苹果酸含量作为一种检验植物抗干旱胁迫能力的方法，也为植物逆境生理学研究提出了一种新的手段。

表 4.20 四种植物的抗干旱胁迫能力

Table 4.20 The drought-resistant ability of four plant species

植物种类	构树	桑树	诸葛菜	油菜
ΔM_{sn}/%	180.6±10.3	42.7±3.9	112.4±7.4	35.1±2.4

参考文献

白瑞霞，张瑞方. 2013. 谈园林植物的水分管理. 河北林业科技，5: 80-83.

鲍一丹，沈杰辉. 2005. 基于叶片电特性和叶水势的植物缺水度研究. 浙江大学学报(农业与生命科学版)，31(3): 341-345.

毕宏文. 1997. 水分对蔬菜产品质量影响. 北方园艺，6: 68-69.

曹坤芳，付培立，陈亚军，等. 2014. 热带岩溶植物生理生态适应性对于南方石漠化土地生态重建的启示. 中国科学：生命科学，44(3): 238-247.

曹宗巽，吴相钰. 1979. 植物生理学. 北京:人民教育出版社.

褚佳强，焦潍苹，徐鉴君. 2008. 稳定生长的细长植物单根对水分吸收的数学模型研究. 中国科学(G 辑:物理学力学天文学)，38(3): 289-309.

崔骁勇，陈佐忠，杜占池. 2001. 半干旱草原主要植物光能和水分利用特征的研究. 草业学报，10(2): 14-21.

邓艳，蒋忠诚，李衍青，等. 2015. 广西不同石漠化程度下典型植物水分来源分析. 热带地理，35(3): 416-421.

丁国华. 1993. 根压与根系的主动吸水. 植物生理学通讯，29(1): 123.

丁亚丽，陈洪松，聂云鹏，等. 2016. 基于稳定同位素的喀斯特坡地尾巨桉水分利用特征. 应用生态学报，27(9): 2729-2736.

樊引琴，蔡焕杰. 2002. 单作物系数法和双作物系数法计算作物需水量的比较研究. 水利学报，33(3): 50-54.

干宁，葛从辛. 2006. 无试剂二氧化钛凝胶酶传感器检测苹果酸对映异构体研究. 中国食品学报，6 (6): 105-110.

高保山，刘德祖，王保柱. 1995. 渗透压在植物体内水分运输中的作用. 河北林果研究，10(2): 155-159.

高洪燕，毛罕平，张晓东，等. 2012. 基于多信息融合的番茄冠层水分诊断. 农业工程学报，28(16): 140-144.

高俊凤. 2000. 植物生理学试验技术. 西安: 世界图书出版社.

高照阳，李保谦，杨东英. 2003. 精确灌溉概述. 节水灌溉，3:1-3.

郭生练. 1994. 气候变化与水面蒸发计算. 武汉大学学报(工学版)，1: 99-106.

郭文川，伍凌，魏永胜. 2007. 失水对植物生理特性和电特性的影响. 西北农林科技大学学报(自然科学版)，35(4): 185-191.

郝燕燕，赵丽琴，张鹏飞，等. 2013. 枣离体果实水分吸收与质外体运输的研究. 园艺学报，40(3): 433-440.

胡继超，曹卫星，姜东，等. 2004. 小麦水分胁迫影响因子的定量研究 I. 干旱和渍水胁迫对光合、蒸腾及干物质积累与分配的影响.作物学报，30(4): 315-320.

胡田田，康绍忠. 2005. 植物抗旱性中的补偿效应及其在农业节水中的应用. 生态学报，25(4): 885-891.

黄玉清，王晓英，陆树华，等. 2006. 岩溶石漠化治理优良先锋植物种类光合、蒸腾及水分利用效率的初步研究. 广西植物，26(2): 171-177.

纪瑞鹏，张玉书，陈鹏狮，等. 2004. 农田土壤水分动态估算模式的研究. 干旱区资源与环境，18(1): 64-67.

纪学锋，章咏华. 1993. 以铁氰化钾为介体的苹果酸脱氢酶电极的研制. 生物化学与生物物理进展，20 (4): 301-305.

贾银锁，崔四平，李玉英. 1989. 小麦苗期细胞原生质特性与水分胁迫的关系. 华北农学报，4(s1): 92-96.

金树德，张世芳. 1999. 从玉米生理电特性诊断旱情 .农业工程学报，15(3):91-95.

匡逢春，萧浪涛，夏石头. 2003. 脱落酸对植物气孔运动的调控作用. 植物生理学通讯，39(3): 262-266.

李长复. 1989. 植物体内水分的运输. 植物杂志，4: 45-46.

李合生. 1981. 水势与植物. 植物生理学通讯，3: 55-62.

李勤报，梁厚果. 1988. 轻度水分胁迫的小麦幼苗中与呼吸有关的几种酶活性变化. 植物生理学报，3: 217-222.

李绍家，侯开卫，刘凤书，等. 1997. 几种紫胶虫优良寄主树的自然分布概况及耐旱性与水分生理. 林业科学研究，10(5): 519-524.

李晓，冯伟，曾晓春. 2006. 叶绿素荧光分析技术及应用进展. 西北植物学报，26(10): 2186-2196.

刘金玉，付培立，王玉杰，等. 2012. 热带喀斯特森林常绿和落叶榕树的水力特征和水分关系与抗旱策略. 植物科学学报，30(5): 484-493.

栾忠奇，刘晓红，王国栋. 2008. 水分胁迫下小麦叶片的电容与水分含量关系. 西北植物学报，27(11): 2323-2327.

吕金印，山仑，高俊凤. 2002. 非充分灌溉及其生理基础. 西北植物学报，22(6): 1512-1517.

马海燕，缴锡云. 2006. 作物需水量计算研究进展. 水科学与工程技术，5: 5-7.

莫凌，黄玉清，覃家科，等. 2008. 西南喀斯特地区四种植物水分生理的初步研究. 广西植物，28(3): 402-406.

聂云鹏，陈洪松，王克林. 2011. 石灰岩地区连片出露石丛生境植物水分来源的季节性差异. 植物生态学报，35(10): 1029-1037.

潘瑞炽，王小菁，李娘辉. 2008. 植物生理学. 北京: 高等教育出版社:7-26.

潘瑞炽，王小菁，李娘辉. 2012. 植物生理学. 7 版. 北京:高等教育出版社.

秦明军. 2009. 精确灌溉及前景分析. 东北水利水电，27 (295):38-41.

容丽，王世杰，俞国松，等. 2012. 荔波喀斯特森林 4 种木本植物水分来源的稳定同位素分析. 林业科学，48(7): 14-22.

单长卷，梁宗锁. 2006. 土壤干旱对刺槐幼苗水分生理特征的影响.山东农业大学学报(自然科学版)，37(4):598-602.

斯拉维克. 1986. 植物与水分关系研究法. 北京:科学出版社.

苏培玺，解婷婷，丁松爽. 2010. 荒漠绿洲区临泽小枣及枣农复合系统需水规律研究. 中国生态农业学报，18(2): 334-341.

苏培玺，周紫鹃，张海娜，等. 2013. 荒漠植物生理需水量及耗水规律研究. 中国植物学会会员代表大会暨八十周年学术年会.

苏文华，张光飞. 2002. 土壤温度与气温对紫花雪山报春光合作用和蒸腾作用的影响. 西北植物学报，22(4): 824-830.

孙存华，李扬，贺鸿雁，等. 2005. 藜对干旱胁迫的生理生化反应. 生态学报，25(10): 2556-2561.

孙莉，王军，陈嘻，等. 2004. 新疆棉花精准灌溉指标体系试验示范研究. 中国棉花，31 (9): 22-24.

孙宁宁，董斌，罗金耀. 2006. 大棚温室作物需水量计算模型研究进展. 节水灌溉，2: 16-19.

唐道彬，张晓勇，王季春，等. 2017.不同光质对水培脱毒马铃薯光合与结薯特性的影响. 园艺学报，44(4): 691-702.

汤章成. 1983. 植物对水分胁迫的反应和适应性. 植物生理学通讯，3: 24-29.

万贤崇，孟平. 2007. 植物体内水分长距离运输的生理生态学机制. 植物生态学报，31(5): 804-813.

王丁，姚健，杨雪，等. 2011.干旱胁迫条件下 6 种喀斯特主要造林树种苗木叶片水势及吸水潜能变化. 生态学报，31(8): 2216-2226.

王定藩. 1982. 植物细胞-水分关系中的吸水势. 植物生理学报，1: 70-73.

王芳. 2006. 甘草质膜水通道蛋白 GuPIP1 的分子克隆、定位和表达调控. 长春：东北师范大学.

王海珍，韩路，徐雅丽，等. 2017. 土壤水分梯度对灰胡杨光合作用与抗逆性的影响. 生态学报，37(2):432-442.

王晶英，赵雨森，杨海如，等. 2006. 银中杨光合作用和蒸腾作用对土壤干旱的响应. 中国水土保持科学，4(4): 56-61.

王林，代永欣，樊兴路，等. 2015. 风对黄花蒿水力学性状和生长的影响. 生态学报，35(13): 4454-4461.

王瑷，盛连喜，李科，等. 2008. 中国水资源现状分析与可持续发展对策研究. 水资源与水工程学报，19(3): 10-14.

魏冠东，侯庆春. 1990. 黄试区灌木树种蒸腾特征及土壤水分变化初探. 水土保持通报，10(6): 104-107.

魏永胜，李得孝，牟长灵，等. 2008. 小麦叶片电特性与外加电压和频率的关系研究. 农业工程报，24(5):166-169.

吴国辉，刘福娟. 2004. 植物的蒸腾作用分析. 农机化研究，5: 287.

吴沿友，李西腾，郝建朝，等. 2006. 不同植物的碳酸酐酶活力差异研究. 广西植物，26(4): 366-369.

吴沿友，梁铮，邢德科. 2011. 模拟干旱胁迫下构树和桑树的生理特征比较. 广西植物，31(1): 92-96.

谢立群，郑淑红. 2007. 作物需水量的计算方法. 农业与技术，27(1): 128-129.

解婷婷. 2008. 塔里木沙漠公路防护林植物水分生理生态特性对灌溉量的响应. 乌鲁木齐:中国科学院新疆生态与地理研究所.

宣奇丹，冯晓旺，张文杰. 2010. 植物叶片电容与含水量间关系研究. 现代农业科技，2: 216-218.

薛应龙. 1980. 呼吸代谢的生理意义及调控问题. 植物生理学报，1: 62-74.

杨朝选，焦国利，王新峰，等. 1999. 干旱过程中桃树茎和叶水势的变化. 果树科学，16(4):267-271.

杨戈. 1992. 干旱地区植物结构与水的关系. 干旱区研究，3: 16-21.

杨杰，魏邦龙. 2008. 精确灌溉中作物需水量的研究进展. 甘肃农业科技，11: 34-37.

杨学荣. 1981. 植物生理学. 北京: 人民教育出版社.

衣建龙，赵可夫. 1987. 论植物细胞的渗透调节. 曲阜师范大学学报(自然科学版)，13(3): 57-63.

于海业，杨昊谕，刘静. 2009. 植物生理信息无损检测研究进展. 农机化研究，31(12):1-5.

余叔文，宋廷生，龚燦霞. 1960. 从杜曼斯基的束缚水测定法谈水在植物体内的状态. 植物生理学报，2: 30-36.

张俊斌，蔡尚惠，吴志峰. 2008. 台湾水保特殊地优势植物需水量预测. 热带亚热带植物学报，16(5): 419-424.

张立军，樊金娟，阮燕晔，等. 2004. 聚乙二醇在植物渗透胁迫生理研究中的应用. 植物生理学报，40(3):361-364.

张清海，林昌虎，何腾兵. 2006. 贵州喀斯特山区水土流失因素与生态修复对策探讨. 贵州科学，24(3): 62-65.

张喜英. 1997. 叶水势反映冬小麦和夏玉米水分亏缺程度的试验. 植物生理学通讯，33(4): 249-253.

张秀玲. 2008. 关于植物细胞水势的计算问题. 植物生理学报，44(2): 315-316.

张英普，何武全，韩键. 2001. 玉米不同时期水分胁迫指标. 灌溉排水，20(4): 18-20.

赵可夫. 1959. 论植物细胞与周围环境间的水分交换. 山东师范学院学报(生物版)，2: 104-112.

赵文智，常学礼，何志斌，等. 2006. 额济纳荒漠绿洲植被生态需水量研究. 中国科学: D 辑地球科学，36(6): 559-566.

赵勇，陈桢，樊巍，等. 2010. 太行山低山丘陵区 7 种典型植物水分利用特征. 中国水土保持科学，8(5): 61-66.

朱守谦. 1997. 喀斯特森林生态研究(III). 贵阳: 贵州科技出版社:32-35.

祝英，熊俊兰，吕广超，等. 2015. 丛枝菌根真菌与植物共生对植物水分关系的影响及机理. 生态学报，35(8): 2419-2427.

朱永华，仵彦卿. 2003. 干旱荒漠区植物骆驼刺的耗水规律. 水土保持通报，23(4): 43-45.

Aguirrezabal L, Bouchier-Combaud S, Radziejwoski A, et al. 2010. Plasticity to soil water deficit in *Arabidopsis thaliana*: Dissection of leaf development into underlying growth dynamic and cellular variables reveals invisible phenotypes. Plant Cell and Environment，29(12): 2216-2227.

Allen R G，Pereira L S，Smith M，et al. 2005. FAO-56 dual crop coefficient method for estimating evaporation from soil and application extensions. Journal of Irrigation and Drainage Engineering，131(1): 2-13.

Anadranistakis M, Liakatas A, Kerkides P, et al. 2000. Crop water requirements model tested for crops grown in Greece. Agricultural Water Management，45(3): 297-316.

Anjum S A，Xie X，Wang L C，et al. 2011. Morphological，physiological and biochemical responses of plants to drought stress. African Journal of Agricultural Research，6(9): 2026-2032.

Arif M，Setford S J，Burton K S，et al. 2002. L-Malic acid biosensor for field-based evaluation of apple，potato and tomato horticultural produce. Analyst，127 (1): 104-108.

Arvinte A, Rotariu L, Bala C, et al. 2009. Synergistic effect of mediator–carbon nanotube composites for dehydrogenases andperoxidases based biosensors. Bioelectrochemistry, 76 (1-2): 107-114.

Bartoli C G, Simontacchi M, Tambussi E, et al. 1999. Drought and watering-dependent oxidative stress: Effect on antioxidant content in *Triticum aestivum* L. leaves. Journal of Experimental Botany, 50(332): 375-383.

Bard A J, Fox M A. 1995. Artificial photosynthesis: solar splitting of water to hydrogen and oxygen. Accounts of Chemical Research, 28(3): 141-145.

Batchelor C H. 1984. The accuracy of evapotranspiration estimated with the FAO modified penman equation. Irrigation Science, 5(4): 223-233.

Burdon Sanderson J. 1872. Note on the electrical phenomena which accompany stimulation of the leaf of dionaea muscipula. Nature, 21 (139-147): 495-496.

Cai J B, Liu Y, Lei T W, et al. 2007. Estimating reference evapotranspiration with the FAO Penman-Monteith equation using daily weather forecast messages. Agricultural and Forest Meteorology, 145(1-2): 22-35.

Cammalleri C, Agnese C, Ciraolo G, et al. 2010. Actual evapotranspiration assessment by means of a coupled energyhydrologic balance model: Validation over an olive grove by means of scintillometry and measurements of soil water contents. Journal of Hydrology, 392(1): 70-82.

Campostrini E, Lima R S, Glenn D M, et al. 2015. Partial rootzone drying (PRD) and regulated deficit irrigation (RDI) effects on stomatal conductance, growth, photosynthetic capacity, and water-use efficiency of papaya. Scientia Horticulturae, 183:13-22.

Chakraborty S, Raj C R. 2007. Amperometric biosensing of glutamate using carbon nanotubebased electrode. Electrochem. Commun. 9(6): 1323-1330.

Chaves M M, Flexas J, Pinheiro C. 2009. Photosynthesis under drought and salt stress: Regulation mechanisms from whole plant to cell. Annals of Botany, 103(4): 551-560.

Chaves M M, Maroco J P, Pereira J S. 2003. Understandingplant response to drought-from genes to the wholeplant. Functional Plant Biology, 30(3): 239-64.

Chrispeels M J, Crawford N M, Schroeder J I. 1999. Proteins for transport of water and mineral nutrients across the membranes of plant cells. Plant Cell, 11(4): 661-676.

Costa J M, Ortuño M F, Chaves M M. 2007. Deficit irrigation as a strategy to save water: physiology and potential application to horticulture. Journal of Integrative Plant Biology, 49(10):1421-1434.

Dillion A C, Jones K M, Bekkedahl T A. 1997. Storeage of hydgyon in single-walled carbon nanotubes. Nature, 386 (6623): 377-379.

Dixon H H, Joly J.1985. On the ascent of sap. Philosophical Transactions of the Royal Society of London B, 186(4): 563-576.

Downes R W. 1970. Effect of light intensity and leaf temperature on photosynthesis and transpiration in wheat and sorghum. Australian Journal of Biological Sciences, 23(4): 775-782.

Drake B G, Salisbury F B. 1972. Aftereffects of low and high temperature pretreatment on leaf resistance, transpiration, and leaf temperature in *Xanthium*. Plant Physiology, 1972, 50(5): 572-575.

Dye P J. 1996. Response of *Eucalyptus grandis* trees to soil water deficits. Tree Physiology, 16(1-2): 233-238.

Enquist B J, Economo E P, Huxman T E, et al. 2003. Scaling metabolism from organisms to ecosystems. Nature, 423(6940): 639-642.

Er-Raki S, Rodriguez J C, Garatuza-Payan J, et al. 2013. Determination of crop evapotranspiration of table grapes in a semi-arid region of Northwest Mexico using multi-spectral vegetation index. Agricultural Water Management, 122(2): 12-19.

Fitter A H, Hay R K. 1981. Environmental physiology of plants . London: Acadamic Press.

Fricke W, Jarvis M C, Brett C T. 2000. Turgor pressure, membrane tension and the control of exocytosis in higher plants. Plant Cell and Environment, 23(9): 999-1003.

Fu A H, Chen Y N, Li W H. 2010. Analysis on the change of water potential of *Populus euphratica* Oliv. and *P. Russkii Jabl* under different irrigation volumes in temperate desert zone. Chinese Science Bulletin, 2010, 55(10): 965-972.

Gamella M, Campuzano S, Conzuelo F, et al. 2010. Integrated multienzyme electrochemical biosensors for monitoring malolactic fermentation in wines. Talanta, 81(3): 925-933.

Garroway M O. 1973. Electrolyte and peroxidase leakage as indicators of susceptibility of various maize inbreds to *Helminthorium maydis* races O and T. Plant Disease Reporter, 57:518-221.

Geber M A, Dawson T E. 1990. Genetic variation in and covariation between leaf gas exchange, morphology, and development in *Polygonum arenastrum*, an annual plant. Oecologia, 85(2): 153-158.

Gorsuch D M, Oberbauer S F. 2002. Effects of mid-season frost and elevated growing season temperature on stomatal conductance and specific xylem conductivity of the arctic shrub, *Salix pulchra*. Tree Physiology, 22(14): 1027-1034.

Gu D X, Zhang Z F, Mallik A, et al. 2015. Seasonal water use strategy of *Cyclobalanopsis glauca* in a karst area of southern China. Environmental Earth Sciences, 74(2): 1007-1014.

Gurban A M, Prieto-Simon B, Marty J L, et al. 2006. Malate biosensors for the monitoringof malolactic fermentation:Different approaches. Analytical Letters, 39 (8): 1543-1558.

Hall A E, Schulze E D. 2010. Stomatal response to environment and a possible interrelation between stomatal effects on transpiration and CO_2 assimilation. Plant Cell and Environment, 3(6): 467-474.

Heilmeier H, Wartinger A, Erhad M, et al. 2002. Soil drought increases leaf and whole-plant water use of *Prunus dulcis* grown in the Negev Desert. Oecologia, 130(3): 329-336.

Henckel P A. 1964. Physiology of plants under drought. Annual Review of Plant Physiology, 15(15): 363-386.

Henry A, Doucette W, Norton J, et al. 2007. Changes in crested wheatgrass root exudation caused by flood, drought, and nutrient stress. Journal of Environment Quality, 36: 904-912.

Hoffmann A A, Merilä J. 1999. Heritable variation and evolutionunder favourable and unfavourable conditions. Trends in Ecology and Evolution, 14(3):96-101.

Horiguchi G, Ferjani A, Fujikura U, et al. 2006. Coordination of cell proliferation and cell expansion in the control of leaf size in *Arabidopsis thaliana*. Journal of Plant Research, 119(1): 37-42.

Hu L X, Wang Z L, Huang B R. 2009. Photosynthetic responses of bermudagrass to drought stress associated with stomatal and metabolic limitations. Crop Science, 49(5): 1902-1909.

Huber K, Vanderborght J, Javaux M, et al. 2014. Modelling the impact of heterogeneous rootzone water distribution on the regulation of transpiration by hormone transport and/or hydraulic pressures. Plant and Soil, 384(1-2): 93-112.

Jackson R B, Sperry J S, Dawson T E. 2000. Root water uptake and transport: using physiological processes in global predictions. Trends in Plant Science, 5(11): 482-488.

Jackson R D, Reginato R J, Idso S B. 1977. Wheat canopy temperature: A practical tool for evaluating water requirements. Water Resources Research, 13(3): 651-656.

Jacobs C B, Peairs M J, Venton B J. 2010. Review: Carbon nanotube based electrochemical sensors for biomolecules. Analytica ChimicaActa, 662(2): 105-127.

Jarvis P G, Mcnaughton K G. 1986. Stomatal control of transpiration: scaling up from leaf to region. Advances in Ecological Research, 15(15): 1-49.

Jones D L, Nguyen C, Finlay R D. 2009. Carbon flow in the rhizosphere: carbon trading at the soil-root interface. Plant and Soil, 321(1): 5-33.

Kandala C V, Sundaram J. 2010. Nondestructive measurement of moisture content using a parallel-plate capacitance sensor for grain and nuts. IEEE Sensors Journal, 10(7): 1282-1287.

Kandala C V , Butts C L, Nelson S O. 2007. Capacitance sensor for nondestructive measurement of moisture content in nuts and grain. IEEE Transactions on Instrumentation and Measurement, 56(5): 1809-1813.

Kramer P J. 1983. Water Relation of Plants. New York: Academic Press.

Ksenzhek O, Petrova S, Kolodyazhny M. 2004. Electrical properties of plant tissues: Resistance of a maize leaf. Bulgarian Journal of Plant Physiology, 30(3-4): 61-67.

Lawlor D W, Cornic G. 2002. Photosynthetic carbon assimilation and associated metabolism in relation to water deficits in higher plants. Plant Cell and Environment, 25(2): 275-294.

Leide J, Hildebrandt U, Reussing K, et al. 2007. The developmental pattern of tomato fruit wax accumulation and its impact on cuticular transpiration barrier properties: Effects of a deficiency in a β-ketoacyl-coenzyme a synthase (LeCER6). Plant Physiology, 144(3): 1667-1679.

Li Y H. 1996. Ecological vicariance of steppe species and communities on climate gradient in Inner Mongolia anditsindication to steppe dynamics under the global changes. Journal of Plant Ecology, 20(3): 193 -206.

Liu C C, Liu Y G, Guo K, et al. 2010. Influence of drought intensity on the response of six woody karst species subjected to successive cycle of drought and rewatering. Physiologia Plantarum, 139(1):39-54.

Liu X G, Peng Y H, Qu X J, et al. 2011. Muti-walled carbon nanotube-chitosan/poly(amidoamine)/DNA nanocompositemodified gold electrode for determination of dopamine and uric acid undercoexistence of ascorbic acid. Journal of Electroanalytical Chemistry, 654(1-2): 72-78.

Lupu A, Compagnone D, Palleschi G. 2004. Screen-printed enzyme electrodes for the detectionof marker analytes during winemaking. Analytica Chimica Acta, 513 (1): 67-72.

Maherali H, Caruso C M, Sherrard M E, et al. 2010. Adaptive value and costs of physiological plasticity tosoil moisture limitation in recombinant inbred lines of *Avena barbata*. American Naturalist, 175(2):211-224.

Malcheska F, Ahmad A, Batool S, et al. 2017. Drought enhanced xylem sap sulfate closes stomata by affecting ALMT12 and guard cell ABA synthesis. Plant Physiology, 174(2): 798-814.

Manzoli A, Tomita I N, Fertonani F L, et al. 2004. Determination of malic acid in real samples by using enzyme immobilized reactors and amperometric detection. Analytical Letters, 37 (9): 1823-1832.

Martin T A, Hinckley T M, Meinzer F C, et al. 1999. Boundary layer conductance, leaf temperature and transpiration of *Abies amabilis* branches. Tree Physiology, 19(7): 435-443.

Mastrorilli M, Katerji N, Rana G. 1999. Productivity and water use efficiency of sweet sorghumas affected by soil water deficit occurring at different vegetative growth stages. European Journal of Agronomy, 11(3-4): 207-215.

Maxwell K, Johnson G N. 2000. Chlorophyll fluorescence—a practical guide. Journal of Experimental Botany, 51(345): 659-668.

Mazzei F, Botrè F, Favero G. 2007. Peroxidase based biosensors for the selective determinationof D, L-lactic acid and L-malic acid in wines. Microchemical Journal, 87(1): 81-86.

Mcadam S A, Brodribb T J. 2014. Separating active and passive influences on stomatal control of transpiration. Plant Physiology, 164(4): 1578-1586.

Mcainsh M R, Mansfield T A, Hetherington A M. 1996. Changes in stomatal behavior and guard cell cytosolic free calcium in response to oxidative stress. Plant Physiology, 111(4): 1031-1042.

Messia M C, Compagnone D, Esti M, et al. 1996. A bienzyme electrode probe for malate. Analytical Chemistry, 68(2): 360-365.

Mizutani F, Yabuki S, Asai M. 1991. L-Malate-sensing electrode based on malate dehydrogenase and NADH oxidase. Analytica Chimica Acta, 245(2): 145-150.

Monteiro M V, Blanuša T, Verhoef A, et al. 2016. Relative importance of transpiration rate and leaf morphological traits for the regulation of leaf temperature. Australian Journal of Botany, 64(1): 32-44.

Morgan J M. 1984. Osmoregulation and water stress in higher plants. Annual Review of Plant Biology, 35(1): 299-319.

Naor A. 1998. Relationship between leaf and stem water potential and stomatal conductance in three field grown woody species. Journal of Horticultural Science and Biotechnology, 73(4): 431- 436.

Ögren E. 1990. Evaluation of chlorophyll fluorescence as a probe for drought stress in willow Leaves. Plant Physiology, 93(4): 1280-1285.

Pallas J E, Michel B E, Harris D G. 1967. Photosynthesis, transpiration, leaf temperature, and stomatal activity of cotton plants under varying water potentials. Plant Physiology, 42(1): 76-88.

Paredes P, Melo-Abreu J P D, Alves I, et al.2014. Assessing the performance of the FAO AquaCrop model to estimate maize yields and water use under full and deficit irrigation with focus on model parameterization. Agricultural Water Management, 144(3): 81-97.

Passioura J B. 1982. Water in the Soil-Plant-Atmosphere Continuum. New York: Springer.

Penuelas J, Munnebosch S, Llusia J, et al. 2004. Leaf reflectance and photo and antioxidant protection in field-grown summer-stressed *Phillyrea angustifolia*. Optical signals of oxidative stress? New Phytologist , 162(1): 115-124.

Poormohammad Kiani S, Maury P, Sarrafi A, et al. 2008. QTL analysis of chlorophyll fluorescence parameters in sunflower (*Helianthus annuus* L.) under well-watered and water-stressed conditions. Plant Science, 175(4): 565-573.

Querejeta J I, Estrada-Medina H, Allen M F, et al. 2007. Water source partitioning among trees growing on shallow karst soils in a seasonally dry tropical climate. Oecologia, 152(1): 26-36.

Quiroga G, Erice G, Aroca R, et al. 2017. Enhanced drought stress tolerance by the arbuscular mycorrhizal symbiosis in a drought-sensitive maize cultivar is related to a broader and differential regulation of host plant aquaporins than in a drought-tolerance cultivar. Frontiers in Plant Science, 8: 1056-1070.

Rana G, Katerji N, Mastrorilli M. 1997. Environmental and soil-plant parameters for modeling actual crop evapotranspiration under water stress conditions. Ecological Modelling, 101(2): 363-371.

Reid C P. 1974. Assimilation, distribution and root exudation of ^{14}C by ponderosa pine seedlings under induced water stress. Plant Physiology, 54(1): 44-49.

Rock C D, Ng P P. 1999. Dominant wilty mutants of *Zea mays* (Poaceae) are not impaired in abscisic acidperception or metabolism. American Journal of Botany, 86(12):1796-1800.

Rouhi V, Samson R, Lemeur R, et al. 2007. Photosynthetic gas exchange characteristics in three different almond species during drought stress and subsequent recovery. Environmental and Experimental Botany, 59(2): 117-129.

Schuler I, Milon A, Nakatani Y, et al. 1991. Differential effects of plant sterols on water permeability and on acyl chain ordering of soybean phosphatidylcholine bilayers. Proceedings of the National Academy of Sciences of the United States of America, 88(16):6926-6930.

Schulze E D. 1986. Carbon dioxide and water vapor exchange in response to drought in the atmosphere and in the soil. Annual Review of Plant Biology, 37(37): 247-274.

Schymanski S J, Or D. 2015. Wind effects on leaf transpiration challenge the concept of "potential evaporation. Proceedings of the International Association of Hydrological Sciences, 371:99-107.

Sharma P, Jha A B, Dubey R S, et al. 2012. Reactive oxygen species, oxidative damage, and antioxidative defense mechanism in plants under stressful conditions. Journal of Botany, 2012: 1-26.

Sheffield J, Wood E F, Roderick M L. 2012. Little change in global drought over the past 60 years. Nature, 491(7424): 435-8.

Sherrard M E, Maherali H, Latta R G. 2009. Water stress altersthe genetic architecture of functional traits associatedwith drought adaptation in *Avena barbata*. Evolution, 63(3):702-715.

Steudle E, Peterson C A. 1998. How does water get through roots? Journal of Experimental Botany, 49(322):775-788.

Tezara W, Mitchell V J, Driscoll S D, et al. 1999. Water stress inhibits plant photosynthesis by decreasing coupling factor and ATP. Nature, 401 (6756): 914-917.

Thomas A. 1966. In situ measurement of moisture in soil and similar substances by fringe capacitan . Journal of Scientific Instruments, 43(1):21-26.

Tol C V, Verhoef W, Rosema A. 2009. A model for chlorophyll fluorescence and photosynthesis at leaf scale. Agricultural and Forest Meteorology, 149(1): 96-105.

Turner N C, Burch G J. 1983. The role of water in plants. Teare I D, Peet M M. Crop-water relations. New York:Wiley-Interscience, 73-126.

Türkan I, Bor M, Özdemir F, et al. 2005. Differential responses of lipid peroxidation and antioxidants in the leaves of drought-tolerant *P. acutifolius* gray and drought-sensitive *P. vulgaris* L. subjected to polyethylene glycol mediated water stress. Plant Science, 168(1): 223-231.

Vico G, Manzoni S, Palmroth S, et al. 2013. A perspective on optimal leaf stomatal conductance under CO_2 and light co-limitations. Agricultural and Forest Meteorology, 182-183(1): 191-199.

Wang W B, Kim Y H, Lee H S, et al. 2009a. Analysis of antioxidant enzyme activity during germination of alfalfa under salt and drought stress. Plant Physiology and Biochemistry, 47(7): 570-577.

Wang Y, Wei Z Y, Liu X Y, et al. 2009b. Carbon nanotube/chitosan/gold nanoparticles-based glucose biosensor prepared by alayer-by-layer technique. Materials Science and Engineering: C, 29 (1): 50-54.

Wheeler T D, Stroock A D. 2008. The transpiration of water at negative pressures in a synthetic tree. Nature, 455(7210): 208-212.

White D A, Dunin F X, Turner N C, et al. 2002. Water use by contour-planted belts of trees comprised of four *Eucalyptus* species. Agricultural Water Management, 53(1): 133-152.

Wilson C C, Kramer P J. 1949. Relation between root respiration and absorption. Plant Physiology, 24(1): 55-59.

Wu Y Y, Liu C Q, Li P P, et al. 2009. Photosynthetic characteristics involved in adaptability to karst soil and alien invasion of paper mulberry (*Broussonetia papyrifera*) in comparison with mulberry (*Morus alba*). Photosynthetica, 47(1):155-160.

Xing D K, Wu Y Y, Wang R, et al. 2015. Effects of drought stress on photosynthesis and glucose-6-phosphate dehydrogenase activity of two biomass energy plants (*Jatropha curcas* L. and *Vernicia fordii* H.). Journal of Animal and Plant Sciences, 25(3): 172-179.

Xu X Y, Zhang R D, Xue X Z, et al. 1998. Determination of evapotranspiration in the desert area using lysimeters.Communication of Soil Science and Plant Analysis, 29(1-2):1-13.

Yang X, Ducharme K M, Mcavoy R J, et al. 1995. Effect of aerial conditions on heat and mass exchange between plants and air in greenhouse. Trans of ASAE, 38(1): 225-229.

Zhang H, Wang D, Ayars J E, et al. 2017. Biophysical response of young pomegranate trees to surface and sub-surface drip irrigation and deficit irrigation. Irrigation Science, 1: 1-11.

Zhang L, Clarke M L, Steven M D, et al. 2011. Spatial patterns of wilting in sugar beet as an indicator for precision irrigation. Precision Agriculture, 12(2): 296-316.

Zhu Y J, Jia Z Q, Yang X H. 2011. Resource-dependent water use strategy of two desert shrubs on interdune, Northwest China. Journal of Food Agriculture and Environment, 9(3): 832-835.

Zou D S, Kahnt G. 2010. Effect of air humidity on photosynthesis and transpiration of soybean leaves. Journal of Agronomy and Crop Science, 161(3): 190-194.

第 5 章　植物耐低营养能力的检测

Chapter 5　Determination on the low-nutrient tolerance of plants

【摘　要】　岩溶干旱、高 pH、高钙和高重碳酸氢根离子以及低营养是喀斯特土壤环境的最典型特征，其中养分不足直接影响着喀斯特地区植物的生长发育。喀斯特适生植物为了适应这种环境，逐渐形成一整套特有的对氮、磷和微量元素等吸收利用机制。

喀斯特适生植物进化出掠夺式吸收限制性的铵态氮、补偿式吸收硝态氮的无机氮利用机制和策略来适应喀斯特逆境。依据植物铵态氮吸收的动力学参数获取植物对限制性的铵态氮的掠夺式吸收能力的大小；利用双向无机氮同位素示踪培养技术可以定量植物利用硝酸盐的能力。

喀斯特适生植物同样进化出掠夺式吸收无机磷的机制和策略来适应喀斯特逆境。依据植物对无机磷的离子吸收动力学、根系分泌有机酸以及低磷环境下磷铁元素的变化特征，检测植物耐低磷能力；这些可为筛选优良作物品种和物种配置提供技术支撑，同时可推广到多种生长环境下植物耐低营养能力的检测。

Abstract　Karst drought, high pH, high concentration of calcium, bicarbonate, and the nutrient deficiency in karst soil environment are the most typical characteristics, and the nutrients deficiency directly influences the growth and development of plants in the karst area. The karst-adaptable plants gradually formed unique mechanism in the absorption and utilization of nitrogen, phosphorus and microelements , in order to adapt to this environment.

The karst-adaptable plants, which had to evolve the mechanisms and strategies involved in inorganic nitrogen utilization such as predatory uptake of the restrictive ammonium nitrogen and compensated uptake of nitrate nitrogen, adapt to the karst adversity. Based on the kinetics of absorption on ammonium nitrogen by plants, the capacity of predatory uptake of the restrictive ammonium nitrogen was acquired. The culture technique with bidirectional inorganic nitrogen isotope tracers is used to quantify the ability of nitrate ulitilization by plants.

Similarly, the karst-adaptable plants, which had to evolve the mechanism and strategies of predatory uptake of phosphate, adapt to the karst adversity. According to the plant' s phosphate uptake kinetics, the characteristics of root-exude organic acid, the changes in phosphorus and iron of leaves under low phosphorus environment, the resistance to P deficiency was determined. The techniques provided scientific support for selecting excellent crop variety and plant species configuration, which could extend to determination of plant low nutrient resistance in other environments.

5.1 喀斯特适生植物的养分利用特征

5.1.1 植物对氮素的利用

氮(nitrogen)是植物必需的大量矿质元素之一，氮是大部分物质的组成元素，在植物体内占有首要地位。植物主要通过根系从土壤中吸收氮，主要以无机态氮的形式(硝态氮和铵态氮)被植物利用。当氮缺乏时，植株短小、植物叶片会出现显著的叶黄或发红症状，植物的光合作用、生理生化特征等都会受到显著影响。

5.1.1.1 植物吸收利用氮的生理机制

植物主要吸收硝态氮和铵态氮，在一般的情况下硝态氮是植物吸收利用的最主要氮源。植物对氮素的利用如下图 5.1 所示，在硝酸还原酶(nitrate reductase，NR)的作用下，从土壤中吸收的硝酸盐(NO_3^-—N，+5 价)在辅酶(NADH，NADPH)的作用下，首先被还原为亚硝酸盐(NO_2^-—N，+3 价)，该过程在胞质(cytoplasm)内进行；之后亚硝酸盐

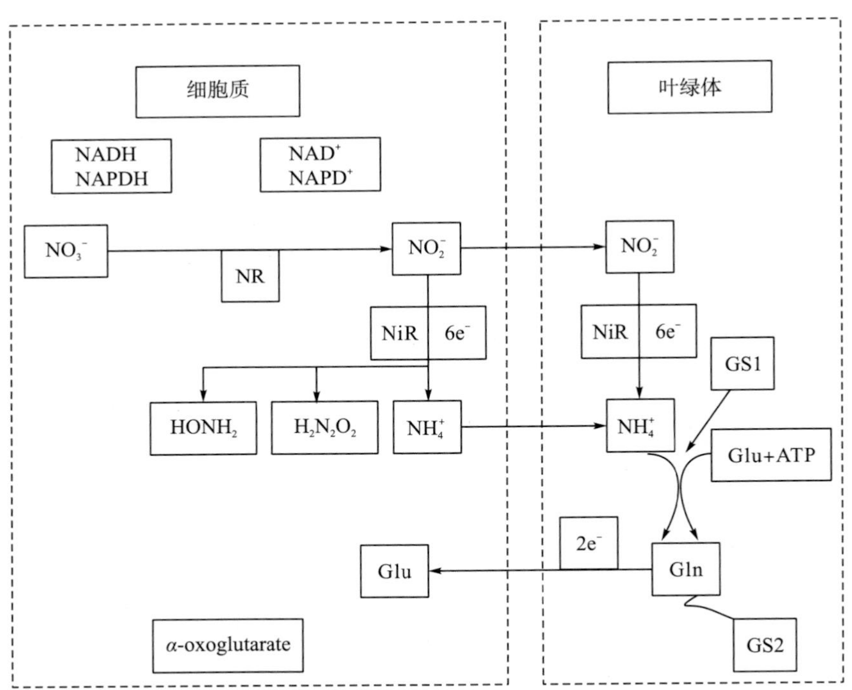

图 5.1 植物对氮素吸收利用的生理机制

Figure 5.1 The physiological mechanism of nitrogen uptake and ulitization by plant

图中 NR：nitrate reductase，硝酸还原酶； NiR：nitrite reductase，亚硝酸还原酶；Glu: glutamate，谷氨酸盐；Gln: glutamine，谷氨酰胺；α-oxoglutarate：氧化戊二酸；e^-：电子；NADH：还原性辅酶；NADPH：还原性辅酶 II；Cytoplasm：胞质；Chloroplasts：叶绿体；GS1: Glutamine synthetase，谷氨酰胺合成酶；GS2: Glutamate synthase，谷氨酸合酶

在亚硝酸还原酶(nitrite reductase，NiR)的作用下进一步被还原为铵态氮(NH_4^+—N，-3 价)，以及少量的连二硝酸($H_2N_2O_2$)或羟胺($HONH_2$)，该过程主要是在叶绿体(chloroplasts)中进行的，一部分在胞质(cytoplasm)内完成转化；NH_4^+立即进入谷氨酸合酶循环转变为可以被植物直接利用的氨基酸和氨基化合物(主要是谷氨酸盐及谷氨酰胺)，此过程是在叶绿体中的谷氨酰胺合成酶(glutamine synthetase，GS1)和谷氨酸合酶(glutamate synthase，GS2)两个关键酶的催化作用下完成的；谷氨酸在植物体内过氧化物酶体、叶绿体、线粒体、细胞质等部位通过氨基交换作用合成其他氨基酸和酰胺，最终形成植物可以直接利用的有机氮素化合物(许振柱和周广胜，2004；吴巍和赵军，2010；Barker and Pilbeam，2015)。

其分子机制为：植物的体内存在 2 种吸收硝态氮的系统，分别是低亲和运输系统(low-affinity transport systems，LATS) 和高亲和运输系统(high-affinity transport systems，HATS)。当植物生长介质中 NO_3^- 浓度较低时，HATS 高效运转；而当植物的生长介质中 NO_3^- 浓度较高时，LATS 在氮素的吸收利用中发挥重要的作用且没有饱和性，故认为 LATS 是组成型的硝酸根转运系统。人们普遍认为 LATS 大致与 NRT1 家族蛋白相对应，而 HATS 大致与 NRT2 家族蛋白相对应(Fraisier et al.，2000；吴巍和赵军，2010)。

5.1.1.2　氮素对植物生长发育的影响

氮是许多物质的必需组成元素，在氮缺乏的情况下，植物的生长发育明显受到抑制，植物的光合作用、活性氧系统、水分利用情况和内源激素等都受到显著影响(孙群等，2001；郭卫东等，2009；林郑和等，2011；李宪利等，1997；Garcia and Lamattia，2002)。通过淋溶、土壤侵蚀、氨的挥发、硝化和反硝化作用等方式引起的土壤氮素流失，降低植物对氮素的吸收和利用(黄满湘等，2001)。在喀斯特地区，高 pH 环境、岩溶干旱等土壤特征使得土壤中全氮含量较低，随着石漠化程度的加深，土壤全氮含量降低，能被植物直接吸收利用的铵态氮大量丧失(吴沿友，2011；张清海等，2009；刘丛强，2009)；喀斯特地区的植被类型和树种配置、坡位、凋落物的输入和土壤微生物等显著影响土壤氮素的迁移转化，从而影响植物的氮素利用特征(刘欣等，2016；盛茂银等，2013；魏媛等，2014；李菲等，2015；曾昭霞等，2015)。氮素限制直接导致喀斯特生态系统异常脆弱且植被群落正向演替进程缓慢(朱晓锋等，2017)，喀斯特退化生态系统恢复初期主要受 N 限制，演替后期主要受 P 限制，而在恢复中期，则受 N、P 共同限制(Zhang et al.，2015；朱晓锋等，2017)。研究表明在水分缺乏情况下，植物特别是豆科植物根瘤菌对氮的固定显著降低，减少了植物对无机氮的利用(许振柱和周广胜，2004；Vadez et al.，2000)，而在喀斯特地区，水土流失及岩溶干旱的加剧使氮素的流失趋于严重化，深层渗漏和壤中流是西南喀斯特地区坡面氮素流失的主要水分路径(朱晓锋等，2017；陈洪松等，2012；张信宝等，2007)。

喀斯特适生植物在长期的进化过程中，形成了高效吸收铵态氮和高效利用硝态氮的能力，通过掠夺吸收限制性的铵态氮源和以补偿式吸收硝态氮来破解氮的限制，成为植物克服氮源限制的重要手段(吴沿友，2011)。喀斯特适生植物构树和诸葛菜对硝酸盐的利用能力较强，在干旱条件下构树的硝酸盐利用能力大大增强，但整体氮的利用能力并未下降(吴沿友等，2004；Wu and Zhao，2011)。

5.1.2 植物对无机磷的利用

磷是植物生长发育的限制元素之一，以正磷酸盐的形式（$H_2PO_4^-$ 或 HPO_4^{2-}）被植物加以吸收利用，通过植物根系从土壤中进行吸收，在碳水化合物的代谢、蛋白质的合成代谢和植物能量的提供等方面具有重要的生理作用(潘瑞炽，2008)。土壤中的磷主要为难溶性的磷(如难溶性有机磷、钙磷络合物、铝磷络合物、铁磷络合物)和易溶性的磷(易溶性有机磷、矿物态磷、水溶性磷、吸附态磷)，其中能被植物吸收利用的易溶性的磷(liable P)所占的比例为 1%～5%，可以说有效磷的缺乏是世界各地土壤中普遍存在的问题(杨珏和阮晓红，2001；来璐等，2003；Barker and Pilbeam，2015)。在喀斯特土壤中有效磷的含量比其他土壤中还要低，这与喀斯特的土壤 pH 较高、难溶性的 Ca-P 种类多且含量较高等因素有关(刘丛强，2009)。

5.1.2.1 土壤中磷的迁移转化过程

按形态可将土壤中的磷分为有机磷和无机磷，有机磷主要来源于植物残体和凋落物、微生物细胞、代谢产物等，60%以上的磷以肌醇多磷酸的形式存在，这类物质是腐殖质的重要组成部分；以磷脂或核酸等易降解形式存在的有机磷大约为 10%，它们容易被微生物快速降解利用。如图 5.2 所示(Barker and Pilbeam，2015)，由微生物矿化降解的有机磷可转移至土壤水溶性磷库中，被植物吸收利用或者通过渗漏和径流等流失到其他区域；无机磷主要有三方面的来源，①施用磷肥料直接到磷库中；②通过溶解-沉淀的化学平衡转化的矿物磷；③吸附态磷与水溶性磷直接的吸附-解吸过程。在喀斯特土壤中，P-Ca 的吸附比 P-Al，P-Fe 的吸附要重要得多，受喀斯特土壤 pH 影响较大，在石灰性土壤中，难溶性磷随着 pH 值下降而溶解度加大(尹逊霄等，2005；梁建宏等，2016)。

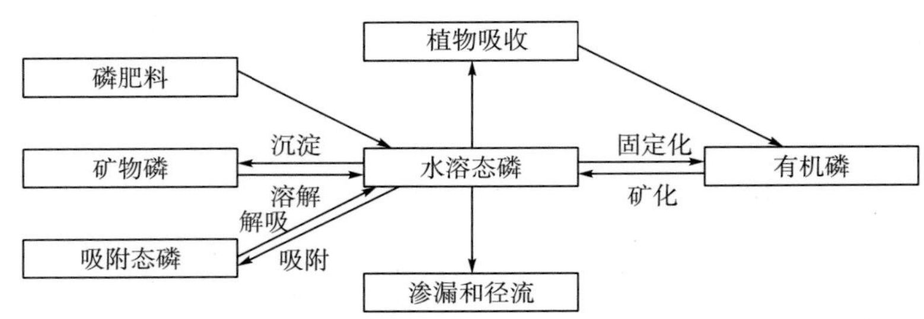

图 5.2 土壤中磷的迁移转化过程

Figure 5.2 Transformation and transfer processes of soil phosphorus

5.1.2.2 植物吸收利用磷的生理机制

磷的吸收主要是植物根系在土壤中进行的。当外界磷缺乏时植物利用自身的潜力能感受外界的环境胁迫，并诱导植物发生一系列的生理生化过程，其中根系分泌物组成含量的变化是植物适应磷胁迫的最重要的生理机制。

根系分泌物是植物根系向根际土壤分泌的一类物质，主要包括各类低分子量有机物(有机酸、酚酸、氨基酸和糖类)，高分子类有机物(黄酮类物质，黏胶等)和细胞溶出物等。根际土壤中的有效磷含量被根系分泌物组成含量特征直接或间接的影响，其中根系分泌的 H^+、有机酸和磷酸酶是最重要的几类物质。研究表明根系分泌的 H^+可能导致根际土壤的酸化，可增强石灰性土壤中的无机 P 尤其是 Ca-P 难溶性化合物的溶解度，影响土壤中正磷酸盐的吸附-解吸动力学特征以及各种微量元素的吸收利用，这是植物对缺磷胁迫的生理响应(Hinsinger et al.，2003；Richardson et al.，2009)。

根系分泌有机酸组成含量的增加是植物应对磷缺乏的最重要的生理机制，根际土壤(rhizosphere soils)中有机酸浓度较之大田土壤(bulk soils)要高出 10 倍以上。这些有机酸通过配位基交换减少磷的吸附固定；溶解吸附磷的金属氧化物的活性表面，消除其吸附位点，从而释放出被吸附的磷；与 Fe、Al、Ca 等形成络合物，促进土壤难溶性磷酸盐的溶解或抑制其生成等三种方式促进磷的活化与吸收(Khademi et al.，2010；Jones and Brassington，1998；马祥庆和梁霞，2004)。许多研究表明磷缺乏时植物根系分泌有机酸的组成含量增加以应对这种环境胁迫，如水稻、甘蓝、羽扇豆、苜蓿等植物根系分泌的草酸、柠檬酸、苹果酸、丁二酸等低分子量有机酸含量显著增加(Vance et al.，2003；Shahbaz et al.，2006；Gardner et al.，1983；Lipton et al.，1987；Neumann et al.，1999)。磷缺乏下喀斯特适生植物构树和诸葛菜根系分泌的草酸、柠檬酸和苹果酸含量较高，可以有效地络合石灰性土壤中 Ca-P 等难溶性化合物，释放出可供植物吸收的无机态磷，提高其磷吸收效率(Zhao and Wu，2014；Wu and Zhao，2013)。

根系分泌的酸性磷酸酶也是植物适应缺磷胁迫的生理学机制之一。酸性磷酸酶可以促进复杂的有机磷化合物水解成较为简单的物质，或者直接分解为植物可吸收的无机磷。酸性磷酸酶的分泌主要受植物种类及基因型、环境胁迫的程度及根际土壤的理化性质等的影响(Caradus et al.，1992；Fan and Zhang，2000；Fernandez and Ascencio，1994；黄宇等，2008)，缺磷情况下，玉米、小麦、大麦、番茄、水稻等植物根系磷酸酶的活性和数量显著提高(孙海国和张福锁，2002；吴沂珀等，2013；樊明寿等，2001；徐静等，2015；Tadano et al.，1993；李德华等，2006；Lim et al.，2003)。然而根系在缺磷条件下分泌酸性磷酸酶的能力在不同作物上也表现出极大的差异。Lee 和 Phillips(1988)的研究表明根分泌的酸性磷酸酶可促进根际土壤中有机磷的水解过程，其催化有机磷的水解过程比正常情况下有机磷的水解过程要快 1～2 个数量级，从而有效地改善植物的磷吸收。

除了根系分泌物的生理机制之外，菌根真菌可以入侵植物根部，与其形成菌-根共生体，V A-菌根可有效改善土壤中植物磷营养，促进植物对磷素的吸收(马祥庆和梁霞，2004；Bais et al.，2007)。另外缺磷胁迫下根系对磷酸根离子的吸收动力学特征的变化，以及磷酸的再利用等也是缺磷环境下植物高效利用磷的重要生理机制(Gardner et al.，1983；Strom et al.，2005；Haichar et al.，2014)。

5.1.3 植物对微量元素的吸收利用

微量元素(microelement)是环境各圈层中(水圈、岩石圈、土壤圈和生物圈)广泛存在的、含量较低的一类元素，对促进植物生长具有重要的作用，一般植物所需的微量元素的含量较低(小于 10 mmol/kg 干重)，过高的微量元素会导致植物受限或者出现中毒的现象。植物所需的微量元素包括铁(Fe)、锰(Mn)、铜(Cu)、锌(Zn)、硼(B)、镍(Ni)和钼(Mo)，都以离子态的形式被植物吸收利用。土壤中微量元素的生物有效性较低，且分布不均匀，主要是依靠地质条件划分的，温度、土壤 pH、含水量和成土母质等深刻影响土壤中微量元素及植物的吸收利用。植物体内的微量元素大多数是酶的骨架元素之一，通过酶促参与和影响大部分的生理生化过程如光合作用、呼吸作用、激素合成、活性氧代谢等(张文韬等，2010；柯世省，2008；魏孝荣等，2005；彭令发等，2004；朱明远和牟学延，2000；刘成明和秦煊南，1996；杜新民和张永清，2008；鲁艳等，2009；孙学成等，2006)。在微量元素匮乏的喀斯特土壤中，植物通过自身生理的调节提高对微量元素的吸收利用，维持和促进自身的生长发育。

喀斯特适生植物构树和诸葛菜耐低微量元素的能力较强，在干旱胁迫和缺磷胁迫下构树植株组织内部累积吸收锌、铜、铁和锰等微量元素的能力强于非适生植物桑树，诸葛菜则显示出较好的同化吸收锌、锰的能力(梁铮，2010；吴沿友等，1996)。这可能与植物利用碳酸氢根离子能力、碳酸酐酶活性以及根系分泌有机酸组成含量特征等因素有关(吴沿友等，2011a；Zhao and Wu，2014；吴沿友等，2011b)。碳酸酐酶直接被锌元素影响，在缺锌情况下植物碳酸酐酶活性减小，而喀斯特适生植物的碳酸酐酶活力较高，无机碳利用能力较高，光合活性反应中心未明显受损，这可能是决定其吸收微量元素的一个重要生理机制(Xing et al.，2016；Wu and Xing，2012)。另一方面，喀斯特适生植物根系分泌有机酸的能力强于非喀斯特适生植物，有机酸可以活化喀斯特土壤中难溶性矿物，增强土壤中微量元素的有效性，提高植物生长微量元素的吸收能力，这是喀斯特适生植物吸收利用微量元素的另一个重要的生理机制(Zhao and Wu，2014；Zhao and Wu，2017；Treeby et al.，1989；Rengel，2015；安玉亭等，2013)。

5.2 植物氮利用能力的检测

由于喀斯特地区土壤干旱、pH 值以及重碳酸盐浓度高，铵态氮容易生成氨气进入大气。因此，喀斯特地区土壤的铵态氮含量常常低于非喀斯特地区，而硝态氮含量则常常高于非喀斯特地区。刘丛强(2009)对喀斯特地区石漠化和非石漠化区域的土壤的氮的研究表明，20 个土壤样本平均铵态氮的含量为 5.09 mg/kg，而平均硝态氮的含量为 13.60 mg/kg。这样的铵态氮的含量仅为黄土高原的 70%，而硝态氮的含量则是黄土高原的 6.5 倍。土壤中低铵态氮高硝态氮是喀斯特地区土壤无机氮的赋存特征。

喀斯特适生植物为了适应喀斯特地区的土壤干旱、高 pH、高钙和高重碳酸盐的环境，逐步进化出一套独特的无机氮利用机制和策略。这种无机氮利用策略可以概括为掠夺式吸收限制性的铵态氮，补偿式吸收硝态氮。这种无机氮利用策略，一方面使得植物最大限度地利用限制性的铵态氮，另一方面在铵态氮不足时，植物能够高效利用硝态氮，以此来破解喀斯特生境中的无机氮限制，表现出喀斯特适生植物对喀斯特环境的高度适应性。

植物对限制性的铵态氮的掠夺式吸收能力大小，决定这种植物适应喀斯特环境能力的大小，但是，到目前为止，还没有一个很好方法来测定植物这种掠铵能力。

5.2.1　植物耐低铵能力的检测

5.2.1.1　原理

离子吸收直接涉及载体、离子通道等酶的反应，与酶促反应中的酶系统极为相似，因而可以用酶促反应动力学来描述植物对离子的动力学吸收过程，其动力学方程为

$$I=\frac{I_{max}C}{K_M+C} \tag{5.1}$$

式中：I 为植物对养分的吸收速率；I_{max} 为植物体对养分的最大吸收速率；K_M 为米氏常数，即当吸收速率为最大吸收速率 I_{max} 一半时的外界养分浓度， 植物对离子的亲和力则用 $1/K_M$ 表征。

由于离子吸收与一般酶反应又有不同，离子吸收中植物细胞膜不能完全将环境中的离子吸收干净，而且细胞中的离子还有被动扩散过程。能很好满足酶动力学方程的是涉及酶促过程的主动吸收和运转。考虑到植物根系在吸收离子的同时也发生离子的溢泌现象。因此在进行离子吸收动力学研究时，实际的吸收速率是净吸收速率，也就是植物根系对离子的净吸收速率＝总吸收速率-溢泌速率。因此，对上述的离子吸收动力学方程(5.1)可以进行如下矫正：

$$I_n=\frac{I_{max}\ (C-C_{min})}{K_M+C-C_{min}} \tag{5.2}$$

式中：C_{min} 为植物根对某种离子的净吸收速率等于零时的外界养分浓度；I_n 为表示在外界养分浓度为 C 时的条件下植物根系对养分的净吸收速率。

与方程(5.1)相比，方程(5.2)更符合植物根系对离子的吸收和代谢过程。因此，方程(5-2)现已被离子吸收动力学在植物营养的应用研究所广泛采用。C_{min} 是吸收速率为零时外液离子的浓度。C_{min} 值越小，植物吸收能力越强，耐贫瘠能力越大。

将方程(5. 2)变形为

$$P=\frac{I_n}{I_{max}}=\frac{C-C_{min}}{K_M+C-C_{min}} \tag{5.3}$$

式中，P 为相对吸收速率。

将式(5.3)变形为

$$P_I=\frac{K_M}{K_M+C-C_{min}} \tag{5.4}$$

式中，P_I 为吸收抑制率为 $1-P$，取值为 0～1。

一般表示某种效应物的生物学效应都采用半抑制率来表示，达到最大效应值的一半时的效应物浓度为半抑制浓度。同样，可以把吸收抑制率为 50%时的环境中的离子浓度(IC_{50})作为评判植物掠夺离子的能力。

$$IC_{50}=K_M+C_{min} \tag{5.5}$$

诸葛菜为喀斯特适生模式植物，以诸葛菜的掠夺式吸收限制性铵态氮能力(掠铵能力)为参照，评价被考察植物的掠铵能力。用下式(5.6)表示诸葛菜绝对掠铵能力：

$$IC_{50\text{-}o}=K_{M\text{-}o}+C_{min\text{-}o} \tag{5.6}$$

被考察植物的绝对掠铵能力，可用下式(5-7)表示：

$$IC_{50\text{-}ob}=K_{M\text{-}ob}+C_{min\text{-}ob} \tag{5.7}$$

定义诸葛菜的掠铵能力为10，因此被考察植物的掠铵能力 P_{am} 为

$$P_{am}=\frac{10\,(K_{M-o}+C_{min-o})}{K_{M-ob}+C_{min-ob}} \tag{5.8}$$

5.2.1.2 技术规程

1. 范围

本规程规定了植物耐低铵能力的检测方法。

本规程可定量评判植物对其他无机营养元素的低浓度的耐受能力，为筛选优良作物品种提供技术支撑。

2. 规范性引用文件

下列文件对于本文件的应用是必不可少的。凡是注日期的引用文件，仅注日期的版本适用于本文件。

GB/T 6379.2—2004 测量方法与结果的准确度(正确度与精确度)第二部分：确定标准测量方法重复性与再现性的基本方法。

GB/T 6682—2008 分析实验室用水规格和试验方法。

GB/T 1250—1989 极限数值的表示方法和判定方法。

3. 术语和定义

(1)培养液与吸收液：用于培养植物所用，包含 N、P、K 等大量元素和 B、Mg、Zn 等微量元素，本规程所用的是未加 NH_4^+-N 的培养液，用于缺氮的饥饿处理；吸收液：用于离子吸收动力学实验所用的溶液，本规程中所用的是附加了 0.2 mmol/L $CaSO_4$ 的含铵离子吸收液。

(2)米氏方程：表示一个酶促反应的起始速度与底物浓度关系的速度方程。

(3)离子吸收动力学：表示待吸收离子的浓度随着吸收时间的变化显示出的特征。

(4)铵态氮：以铵根离子(NH_4^+)的形态存在和流通于土壤、植物、肥料和大气中。可以与其他形式的氮元素在一定条件下相互转化。

4. 试剂和材料

除非另有规定，本规程所用试剂均为分析纯，水为 GB/T 6882—2008 规定的一级水。

(1)硫酸钙。

(2)硝酸铵。

(3)过氧化氢。

5. 主要仪器设备

(1)紫外分光光度计。

(2)各种规格移液管、微量进样器。

6. 测定过程

第一，将被考察植物和参照植物诸葛菜水培到适合大小，选择大小一致的幼苗，以相同株数的幼苗为单位，分别在未加 NH_4^+-N 的培养液中饥饿培养 48 h；依据植物的生长快慢决定萌发时间，萌发和生长快于诸葛菜的植物种类推迟萌发，萌发和生长慢于诸葛菜的植物种类提前萌发。依据幼苗大小和随后的溶液中铵离子浓度以及吸收体积，确定用于吸收实验的幼苗株数。

第二，将经过饥饿培养后的被考察植物和参照植物诸葛菜幼苗，分别放到附加 0.2 mmol/L $CaSO_4$ 的含铵离子的吸收液中进行铵离子吸收实验。所叙的铵离子吸收实验中含铵离子吸收液为附加了 0.2 mmol/L $CaSO_4$、铵的浓度与喀斯特地区土壤的铵态氮的平均含量处在同一数量级的溶液。在吸收实验过程中滴加 0.3%过氧化氢以补充氧气。

第三，依据上述离子吸收实验，分别获得被考察植物和参照植物诸葛菜的铵离子吸收的米氏常数 $K_{\mathrm{M\text{-}ob}}$ 和 $K_{\mathrm{M\text{-}o}}$ 以及最小浓度，也即植物根对铵离子的净吸收速率等于零时的外界养分浓度 $C_{\mathrm{min\text{-}ob}}$ 和 $C_{\mathrm{min\text{-}o}}$。

第四，依据上述获取的被考察植物和参照植物诸葛菜的铵离子吸收的米氏常数 $K_{\mathrm{M\text{-}ob}}$ 和 $K_{\mathrm{M\text{-}o}}$ 以及最小浓度 $C_{\mathrm{min\text{-}ob}}$ 和 $C_{\mathrm{min\text{-}o}}$，分别计算被考察植物和参照植物诸葛菜吸收抑制率为 50%时的环境中的离子浓度，也即吸收半抑制浓度 $\mathrm{IC}_{50\text{-}ob}$ 和 $\mathrm{IC}_{50\text{-}ob}$。

第五，依据上述获取的考察植物和参照植物诸葛菜吸收抑制率为 50%时的环境中的离子浓度 $\mathrm{IC}_{50\text{-}ob}$ 和 $\mathrm{IC}_{50\text{-}ob}$，计算被考察植物的掠铵能力 P_{am}。

7. 计算

吸收速率通过测定吸收液中铵离子随时间的变化量来计算，将浓度 C 及对应浓度下的吸收速率 I_{n} 代入方程 $I_{\mathrm{n}}=\dfrac{I_{\max}\ (C-C_{\min})}{K_{\mathrm{M}}+C-C_{\min}}$ 估算被考察植物和参照植物诸葛菜的铵离子吸收的米氏常数 $K_{\mathrm{M\text{-}ob}}$ 和 $K_{\mathrm{M\text{-}o}}$ 以及最小浓度 $C_{\mathrm{min\text{-}ob}}$ 和 $C_{\mathrm{min\text{-}o}}$。

计算被考察植物和参照植物诸葛菜吸收抑制率为 50%时的环境中的离子浓度 $\mathrm{IC}_{50\text{-}ob}$ 和 $\mathrm{IC}_{50\text{-}o}$ 的公式分别为：$\mathrm{IC}_{50\text{-}ob}=\mathrm{K}_{\mathrm{M\text{-}ob}}+C_{\mathrm{min\text{-}ob}}$ 和 $\mathrm{IC}_{50\text{-}o}=K_{\mathrm{M\text{-}o}}+C_{\mathrm{min\text{-}o}}$。

在第五步骤中，被考察植物的掠铵能力 P_{am} 的计算采用公式：

$$P_{\mathrm{am}}=10\ \mathrm{IC}_{50\text{-}o}/\mathrm{IC}_{50\text{-}ob}$$

8. 精密度

本规程的精密度数据按照 GB/T 6379.2—2004 的规定确定，其重复性和再现性的值以 90%的可信度计算。

9. 技术优点

(1) 本方法能快速获取植物的掠铵能力。

(2) 本方法步骤少、计算简单、数据可靠。

(3) 本方法运用的半抑制浓度，一方面结合使用了最小浓度和亲和力两个指标，另一方面也具有明确的生物学意义，因此，可以很好地表征植物耐低铵能力；不仅优于现有技术或仅用最小浓度 $C_{\min}$ 或仅用米氏常数 K_{M} 来表征耐瘠薄能力，也优于现有技术中用 β 值 [$\beta=(K_{\mathrm{M}}C_{\min})^{1/2}$] 与 α 值 [$\alpha=I_{\max}/K_{\mathrm{M}}$] 来描述的耐瘠薄能力。因为无论 β 值与 α 值都没有明确的生物学意义，并且可能放大或缩小离子对植物的实际效应。

(4) 本方法以喀斯特适生植物的模式植物诸葛菜为参照，定量的结果可以直接比较不同植物的喀斯特适生性。

(5) 可以借用本方法，定量评判植物对其他无机营养元素的低浓度的耐受能力，为筛选优良作物品种提供技术支撑。

5.2.1.3 应用实例 1——诸葛菜和油菜的掠铵能力

通过上述技术规程的实施，检验了诸葛菜和油菜的掠铵能力，如表 5.1 所示，结果表明诸葛菜的掠铵能力(P_{am}=10)显著高于油菜，这是诸葛菜氮同化能力强的体现，与诸葛菜的光合作用强于油菜的结论是一致的。

表 5.1 诸葛菜和油菜的掠铵能力

Table 5.1 The capacity of the plundering ammonium in *Orychophragmus violaceus* and *Brassica napus*

植物种类	C_{min}	K_M	IC_{50}	P_{am}
诸葛菜	22.86	32.14	55.00	10.00
油菜	75.71	512.14	587.86	0.94

5.2.1.4 应用实例 2——多效唑影响下的植物耐低铵能力

利用上述技术规程，检测了多效唑影响下的植物耐低铵能力(表 5.2)。结果表明，两种植物的掠铵能力差异显著，诸葛菜的掠铵能力明显大于油菜，这与诸葛菜的喀斯特适生性明显优于油菜相符合。多效唑能提高油菜的掠铵能力，但提高的幅度有限。低浓度多效唑(10 mg/L)能显著提高诸葛菜的掠铵能力，高浓度多效唑却抑制了诸葛菜的掠铵能力，但抑制的程度也有限，这充分体现了多效唑的生长调节剂的“低浓度促进，高浓度抑制”特性。利用多效唑在降低油菜的生长的同时可以促进它的掠铵能力。

表 5.2 多效唑影响的诸葛菜和油菜的离子吸收动力学参数及植物耐低铵能力

Table 5.2 The ion uptake kinetics and low ammonium tolerance in *Orychophragmus violaceus* and *Brassica napus* under different concentration of paclobutrazol addition

种类	参数	多效唑处理浓度/mg/L			
		1	10	100	1000
诸葛菜	C_{min}	22.86	46.43	40.00	50.71
	K_M	7.14	26.43	25.00	24.29
	IC_{50}	30.00	72.86	65.00	75.00
	P_{am}	18.33	7.55	8.46	7.33
油菜	C_{min}	235.00	120.00	105.00	131.43
	K_M	292.14	152.86	205.71	55.00
	IC_{50}	527.14	272.86	310.71	186.43
	P_{am}	1.04	2.02	1.77	2.95

5.2.2　植物利用硝酸盐能力的测定

植物不仅能利用铵态氮作为无机氮源还可以利用硝酸盐作无机氮源。多数植物可以吸收硝态氮和铵态氮两种氮源，但有些植物对不同类型的无机氮源呈现不同的喜好，人们因此将植物分为喜铵植物和喜硝植物。又根据喜硝的专一性把喜硝植物又分为兼性喜硝植物和专性喜硝植物。同一植物对不同氮源的反应不同，不同植物对同一氮源反应也有所不同。不同的环境有利于植物对不同类型氮源吸收利用。在酸性土壤上生长的植物偏好吸收利用铵态氮，在碱性土壤上生长的植物偏好吸收利用硝态氮。对喀斯特地区来说，植物的利用硝酸盐的能力大小对植物的生长发育非常重要。喀斯特地区土壤的主要特征是高钙、高 pH、高重碳酸根离子以及高硝酸盐，这样的环境使 NH_4^+ 去质子化而容易生成氨气挥发进入大气，造成土壤中铵态氮的大量丢失，因此只有具有较强的硝酸盐利用能力的植物，才能获取足够的无机氮供植物生长发育之需。植物利用硝酸盐的能力甚至可以作为喀斯特适生植物的一个评价标准。对筛选喀斯特适生植物，利用生物方法来治理和恢复脆弱的喀斯特生态环境具有重要的作用。

目前，评价植物利用硝酸盐的能力是通过测定植物对硝酸盐的吸收以及测定植物硝酸还原能力来确定。但是测定植物对硝酸盐吸收或测定植物硝酸还原能力方法比较烦琐，且测定的结果不稳定，只能定性反映植物即时的利用硝酸盐能力。植物在一段生育期内的硝酸盐的利用能力，通过测定植物对硝酸盐吸收或测定植物硝酸还原能力是无能为力的。因此，必须寻找一种方法来定量测定植物利用硝酸盐的能力。

稳定氮同位素的强烈分馏特征是识别植物体无机氮来源的基础。自然界中氮元素有两种稳定同位素：^{14}N 和 ^{15}N，它们的天然平均丰度分别为 99.64%和 0.36%。稳定氮同位素组成通常用 $\delta^{15}N$(‰)表示，自然界中 $\delta^{15}N$ 的变化为-50‰～＋50‰。稳定氮同位素的强烈分馏特征有利于我们识别植物体无机氮来源。质量平衡原理以及同位素混合模型和化学计量学方法是我们定量识别植物体内无机氮来源的基础，因此，本发明利用同位素技术来测定植物利用硝酸盐的能力。

5.2.2.1　原理

利用二端元模型 $\delta_T = \delta_A - f_B\delta_A + f_B\delta_B$ 来计算 f_B。这里 δ_T 为被考察植物叶片的 $\delta^{15}N$ 值，δ_A 为基本上没有利用硝酸盐仅以铵态氮作无机氮源的叶片 $\delta^{15}N$ 值，δ_B 为极少利用铵态氮作氮源而主要以硝酸盐为无机氮源的植物，f_B 为植物利用的硝酸盐占无机氮源比例份额。通过计算，可以求出 f_B。根据常规方法测得的植物叶片的净光合速率 P_N(μmol·m^{-2}·s^{-1})和含氮量 C_N(mg·g^{-1})，利用公式 NRUC＝$90C_NP_Nf_B$ 可测得该植物利用硝酸盐的能力(μg·m^{-2}·h^{-1})，这里 NRUC 为植物利用硝酸盐的能力，C_NP_N 可表征为植物氮的代谢速率，90 是换算因子，它是陆生高等植物的光合产物换算成植株干重的干重换算因子 0.025 与时间秒(s)换算成小时(h)的时间换算因子 3600 的乘积。高等植物的平均碳含量为 40,000 μmol·g^{-1}，因此净光合速率每 1 μmol(CO_2) ·m^{-2}·s^{-1} 就相当于生成干物质的速率为 0.025 mg·m^{-2}·s^{-1}。

5.2.2.2 技术规程

1. 范围

本规程规定了植物利用硝酸盐能力的计算方法和判别依据等技术要求。

本规程可直接为作物施肥的肥料种类的选择和施肥量提供依据，适用于任何生长环境下植物对硝酸盐的利用能力。

2. 规范性引用文件

下列文件对于本文件的应用是必不可少的。凡是注日期的引用文件，仅注日期的版本适用于本文件。

GB/T 6379.2—2004 测量方法与结果的准确度(正确度与精确度)第二部分：确定标准测量方法重复性与再现性的基本方法。

GB/T 6682—2008 分析实验室用水规格和试验方法。

GB/T 1250—1989 极限数值的表示方法和判定方法。

3. 术语和定义

(1)硝态氮：指硝酸盐中所含有的氮元素。水和土壤中的有机物分解生成铵盐，被氧化后变为硝态氮。是植物吸收利用氮的主要方式。

(2)稳定氮同位素：^{15}N 与 ^{14}N 原子序数相同，原子质量不同，化学性质基本相同。可用于反映植物氮生物地球化学循环行为。

(3)净光合速率：通过 Li-6400 光合仪测定的净光合速率是指光合作用产生的糖类减去呼吸作用消耗的糖类(即净光合作用产生的糖类)的速率。

(4)培养液：用于培养植物所用，包含 N、P、K 等大量元素和 B、Mg、Zn 等微量元素，如 Hogaland 营养液、凡尔赛营养液等，视植物的不同而不同。

4. 试剂和材料

(1)硝酸钾。

(2)磷酸二氢铵。

(3)氯化钙。

(4)钼酸钠。

(5)钼酸铵。

(6)硝酸钙。

5. 主要仪器设备

(1)紫外可见分光光度计。

(2)移液器。

6. 测定过程

选择极少利用硝酸盐作氮源而主要以铵态氮为无机氮源的植物和基本上没有利用铵态氮仅以硝酸盐作无机氮源的植物作为参照植物，将参照植物与被考察的植物进行水培，水培营养液用已知的 $\delta^{15}N$ 差异悬殊的硝态氮和铵态氮来配制。待植株生长有 5 片以上真叶后，分别测定两个参照植物第三完全展开叶的稳定氮同位素组成($\delta^{15}N$)的值，以及被考察植物第三完全展开叶的净光合速率(P_N)、叶片氮的含量(C_N)以及第三完全展开叶的

$\delta^{15}N$ 值。

7. 计算

将上面的被考察植物叶片的 $\delta^{15}N$ 值作为 δ_T，极少利用硝酸盐作氮源而主要以铵态氮为无机氮源的参照植物的叶片的 $\delta^{15}N$ 值为 δ_A，极少利用铵态氮作氮源而主要以硝酸盐为无机氮源的参照植物的叶片的 $\delta^{15}N$ 值为 δ_B，代入二端元模型 $\delta_T = \delta_A - f_B\delta_A + f_B\delta_B$，计算出被考察植物利用的硝酸盐占无机氮源比例份额 f_B。

被考察植物第三完全展开叶的净光合速率 P_N、叶片氮的含量 C_N 和 f_B 代入 NRUC＝$90C_NP_Nf_B$ 中，可求出该植物利用硝酸盐的能力 NRUC。

8. 精密度

本规程的精密度数据按照 GB/T 6379.2—2004 的规定确定，其重复性和再现性的值以 90%的可信度计算。

9. 技术优点

(1) 本方法不仅能定量测定植物利用硝酸盐的能力，还能方便地测定出该植物在不同的生长环境下的硝酸盐利用能力。

(2) 本方法所需植物材料少，因此占地也小。

(3) 本方法采用的步骤少，计算简单。

(4) 可以同时测定植物利用按态氮的能力。

(5) 本方法所测得的结果可直接为作物施肥的肥料种类的选择和施肥量提供依据。

5.2.2.3　应用实例

用 $\delta^{15}N$ 为 16.99‰的硝酸钾(KNO_3)和 $\delta^{15}N$ 为−1.21‰的磷酸二氢铵($NH_4H_2PO_4$)配制营养液，营养液的配方为经过改良的 Hoagland 营养液。即将 Hoagland 营养液中的硝酸钙换成氯化钙，把钼酸铵换成钼酸钠。取诸葛菜、构树和桑树的种子播种到穴盘上。待萌发后，用上述改良的 Hoagland 营养液培养。桑树是喜铵植物，在 pH 为酸性环境下，它极少利用硝酸盐作氮源而主要以铵态氮为无机氮源，可作为参照植物 A，诸葛菜在碱性环境下重碳酸盐浓度较高的情况下，它极少利用铵态氮作氮源而主要以硝酸盐为无机氮源，可作为参照植物 B。在营养液中加不同浓度(单位：$g\cdot L^{-1}$)的聚乙二醇(PEG 6000)处理构树和桑树，营养液的 pH 为 5.5；在营养液中加不同浓度的碳酸氢钠(单位：mM)处理诸葛菜，营养液的pH为8.2;待这些植物长到5片真叶后,分别测定这些植物第三完全展开叶的 $\delta^{15}N$ 值，净光合速率(P_N)以及叶片氮的含量(C_N)。用本发明方法，得出各种植物在不同处理下的利用硝酸盐的能力，如表 5.3。

表 5.3　几种植物不同处理下的硝酸盐利用能力的比较

Table 5.3　Comparison of nitrate utilization in several plant speices under different treatments

植物种类	处理物质/浓度	$\delta^{15}N$ / ‰	P_N / $\mu mol\cdot m^{-2}\cdot s^{-1}$	C_N / $mg\cdot g^{-1}$	f_B	AMUC / $\mu g\cdot m^{-2}\cdot h^{-1}$	NRUC / $\mu g\cdot m^{-2}\cdot h^{-1}$
桑树	PEG/0	−2.41	6.3	25.5	0.01	14313.9	144.6
桑树	PEG/5	−1.31	2.1	28.2	0.07	4956.7	373.1

续表

植物种类	处理物质/浓度	$\delta^{15}N$ / ‰	P_N / $\mu mol\cdot m^{-2}\cdot s^{-1}$	C_N / $mg\cdot g^{-1}$	f_B	AMUC / $\mu g\cdot m^{-2}\cdot h^{-1}$	NRUC / $\mu g\cdot m^{-2}\cdot h^{-1}$
桑树	PEG/10	−1.35	4.1	23.6	0.07	8098.8	609.6
桑树	PEG/20	−1.51	1.0	29.4	0.06	2487.2	158.8
桑树 A	PEG/40	−2.64	0.7	25.6	0.00	1612.8	0
桑树	PEG/60	−1.53	0.1	24.3	0.06	205.6	13.1
构树	PEG/0	−1.25	2.8	24.3	0.07	5694.9	428.7
构树	PEG/5	1.08	4.9	21.6	0.20	7620.5	1905.1
构树	PEG/10	1.08	3.9	23.9	0.20	6711.1	1677.8
构树	PEG/20	3.19	2.9	24.1	0.31	4340.2	1949.9
构树	PEG/40	2.33	3.5	24.0	0.27	5518.8	2041.2
构树	PEG/60	2.91	3.9	23.9	0.30	5872.2	2516.7
诸葛菜	$NaHCO_3$/0	12.73	3.9	21.3	0.82	1345.7	6130.6
诸葛菜	$NaHCO_3$/0.5	13.33	4.1	23.8	0.85	1317.3	7464.9
诸葛菜	$NaHCO_3$/1	14.04	5.1	22.2	0.89	1120.9	9068.9
诸葛菜	$NaHCO_3$/2.5	15.95	2.1	25.5	0.99	48.2	4771.3
诸葛菜	$NaHCO_3$/5	13.00	2.2	24.1	0.84	763.5	4008.3
诸葛菜 B	$NaHCO_3$/10	16.08	3.3	23.9	1.00	0	7098.3

注：P_N为植物第三完全展开叶的净光合速率；NRUC为植物利用硝酸盐的能力。净光合速率的测定条件为光强300 $\mu mol\cdot m^{-2}s^{-1}$，胞间二氧化碳浓度为396 $\mu mol\cdot mol^{-1}$，温度22～23℃。A为参照植物A，B为参照植物B。AMUC为植物利用铵态氮的能力。

Note: P_N is the net photosynthetic rate of the third fully expanded leaf in plant; NRUC is the nitrate use capacity of plant. The measurement conditions are as follows: light intensity is 300 $\mu mol\cdot m^{-2}\cdot s^{-1}$, intercellular CO_2 concentration is 396 $\mu mol\cdot mol^{-1}$, temperature is 22~30℃. A it the reference plant A, B is the reference plant B. AMUC is the ammonium nitrogen use capacity of plants.

从表5.3中可以看出，诸葛菜和构树的NRUC明显地大于桑树的NRUC。其中诸葛菜有80%以上的氮源来自于硝酸盐，而桑树有90%以上的氮源来自于铵态氮。这与诸葛菜是喜硝植物、桑树是喜铵植物的事实是吻合的，与构树和诸葛菜是喀斯特适生植物的事实也是吻合的。在PEG模拟干旱的条件下，构树的硝酸盐利用的能力大大增强，整体氮的利用能力并未下降，这对构树抗岩溶干旱有重要意义。而桑树在PEG模拟严重干旱的条件下，氮的利用能力下降很快。诸葛菜在碱性环境下用较大的硝酸盐利用能力来获取氮素，维持自己的生长发育，这对喀斯特环境也具有重要的意义。这些结果也为这三种植物的施肥提供依据。其他方法如测定硝酸还原酶以及硝酸盐的吸收是难以达到这个效果的，也不能同时测得植物利用铵态氮的能力。

5.3 植物耐低磷能力的测定

5.3.1 基于离子吸收动力学特征的植物耐低磷能力的检测

土壤中无机磷(P)是影响植物生长的最主要限制因子之一。许多研究表明，磷缺乏影响植物的光系统Ⅱ(photosystem II)过程，导致气孔关闭，净光合速率减小，叶绿素含量及叶绿素荧光参数发生改变。由于磷的高吸附性和难溶性，土壤中的磷形态不能以植物生长所需的无机态磷（HPO_4^{2-} 或 $H_2PO_4^-$）直接进行吸收，无机磷的供给受到严重限制，制约了喀斯特地区植物的生长发育。喀斯特适生植物为了适应喀斯特地区的土壤低磷环境，逐步进化出一套独特的无机磷利用机制和策略。植物这种对低磷环境的适应性，成为其在低磷环境下生存的法宝，鉴定量化植物对低磷环境的适应性，对筛选喀斯特适生植物，治理喀斯特环境具有重大意义。

浮床植物也是治理水体富营养化的一条重要途径，很多陆生植物因为对低磷环境不适应，而不能成为浮床植物，耐低磷环境的陆生植物成为陆生浮床植物的先决条件，因此，鉴定量化植物对水体低磷环境的适应性，对筛选陆生浮床植物，拓宽浮床植物资源，治理水体富营养化具有重大意义。

5.3.1.1　原理

请参阅 5.2.1 节，其中的外界养分为无机磷，无机离子为磷酸二氢根离子。式(5.3)表达的是植物对无机磷的相对吸收速率。

$$P=\frac{I_{\rm n}}{I_{\max}}=\frac{C-C_{\min}}{K_{\rm M}+C-C_{\min}} \tag{5.3}$$

从式(5.3)中可以看出，外界无机磷浓度越大，植物对无机磷相对吸收速率越大，无机磷相对植物生长发育就越充足。因此可以用植物对无机磷吸收的相对速率来表示植物生长发育对无机磷的需求，由此来判断植物对低磷环境的适应性。

5.3.1.2　技术规程

1. 范围

本规程规定了基于离子吸收动力学特征的植物耐低磷能力的检测方法。

本规程可以直接用于喀斯特适生植物和陆生浮床植物的筛选，可为筛选优良作物品种提供技术支撑。

2. 规范性引用文件

下列文件对于本文件的应用是必不可少的。凡是注日期的引用文件，仅注日期的版本适用于本文件。

GB/T 6379.2—2004 测量方法与结果的准确度(正确度与精确度)第二部分：确定标准测量方法重复性与再现性的基本方法。

GB/T 6682—2008 分析实验室用水规格和试验方法。

GB/T 1250—1989 极限数值的表示方法和判定方法。

3. 术语和定义

(1)培养液与吸收液：用于培养植物所用，包含 N、P、K 等大量元素和 B、Mg、Zn 等微量元素，本规程所用的是未加无机磷的培养液，用于缺磷的饥饿处理；吸收液：用于离子吸收动力学实验所用溶液，本规程中所用的是附加了 0.2 mmol/L $CaSO_4$ 的含磷酸二氢根离子的吸收液。

(2) 米氏方程：表示一个酶促反应的起始速度与底物浓度关系的速度方程。

(3) 离子吸收动力学：表示待吸收离子的浓度随着吸收时间的变化显示出的特征。

(4) 有效磷：是土壤中可被植物吸收的磷组分，包括全部水溶性磷、部分吸附态磷及有机态磷

(5) 根际环境：与植物根系发生紧密相互作用的土壤微域环境，是植物在其生长、吸收、分泌过程中形成的物理、化学、生物学性质不同于土体的、复杂的、动态的微型生态系统。它是土壤圈、水圈、大气圈和生物圈相互作用的结果。

4. 试剂和材料

(1) 硫酸钙。

(2) 磷酸二氢钾。

5. 主要仪器设备

(1) 紫外可见分光光度计。

(2) 烧杯。

(3) 试管。

6. 测定过程

(1) 将被考察植物水培到适合大小，选择大小一致的幼苗，以一定数量的幼苗为单位，在未加无机磷的培养液中饥饿培养 48 h；一定数量的幼苗，是依据幼苗大小和随后的溶液中磷酸二氢根离子浓度以及吸收体积，确定用于吸收实验的幼苗株数。

(2) 将经过饥饿培养后的被考察植物幼苗，放到附加了 0.2 mmol/L $CaSO_4$ 的含磷酸二氢根离子的吸收液中进行磷酸二氢根离子吸收实验。所述的磷酸二氢根离子吸收实验中含磷酸二氢根离子吸收液为附加了 0.2 mmol/L $CaSO_4$、磷酸二氢根离子的浓度与喀斯特地区土壤的有效磷的平均含量处在同一数量级的溶液。在吸收实验过程中滴加 0.3%过氧化氢以补充氧气。

(3) 依据上述离子吸收实验，分别获得被考察植物的磷酸二氢根离子吸收的米氏常数 K_M 和最小浓度，也即植物根对磷酸二氢根离子的净吸收速率等于零时的外界养分浓度 C_{min}。

(4) 测定生长在待测环境中的被考察植物的根际环境中的速效磷含量 C_E，所述的被考察植物的根际环境是指生长在待测的低磷环境中的根际周围的土壤或水体环境，测定生长在待测环境中的被考察植物的根际环境中的速效磷含量 C_E 是指测定上述根际周围的土壤或水体环境的速效磷含量 C_E。

7. 计算

吸收速率通过测定吸收液中磷酸二氢根离子随时间的变化量来计算，将磷酸二氢根离子浓度 C 及对应浓度 C 下的吸收速率 I_n 代入方程 $I_n=\dfrac{I_{max}\ (C-C_{min})}{K_M+C-C_{min}}$ 估算被考察植物的磷酸二氢根离子吸收的米氏常数 K_M 和最小浓度 C_{min}。

依据上述获取的被考察植物的磷酸二氢根离子吸收的米氏常数 K_M 以及最小浓度 C_{min}，以及根际土壤中的速效磷含量 C_E 作为 C 代入公式 $P=\dfrac{C-C_{min}}{K_M+C-C_{min}}$，计算被考察植

物磷酸二氢根离子的相对吸收速率 P。

依据上述获取的被考察植物相对吸收速率 I_n 评估被考察植物对被考察的低磷环境的适应性。特征是将上述获取的被考察植物相对吸收速率按 0～0.20、0.20～0.40、0.40～0.60、0.60～0.80、0.80～1.00 分成 5 级，分别表示不适应、微适应、适应、强适应、超强适应，由此评估被考察植物对被考察的低磷环境的适应性。

8. 精密度

本规程的精密度数据按照 GB/T 6379.2—2004 的规定确定，其重复性和再现性的值以 90%的可信度计算。

9. 技术优点

(1) 本方法能量化植物对低磷环境的适应能力。

(2) 本方法步骤少、计算简单、数据可靠。

(3) 本方法综合使用了磷酸二氢根离子吸收最小浓度和亲和力两个指标，不仅优于现有技术或仅用最小浓度 C_{min} 或仅用米氏常数 K_M 来表征耐瘠薄能力，也优于现有技术中用 β 值[$\beta = (K_M C_{min})^{1/2}$]与 α 值[$\alpha = I_{max}/K_M$]来描述的耐瘠薄能力。因为无论 β 值与 α 值都没有明确的生物学意义，并且可能放大或缩小离子对植物的实际效应。

(4) 本方法考虑到了被考察植物的根际环境中的无机磷浓度，一方面可以很好地表征植物对实际的低磷环境的适应能力。另一方面，考虑了被考察植物的根际环境中的无机磷浓度，将植物根系生理生化作用下的无机营养元素活化能力纳入植物适应低磷环境的能力中，这避免了仅用离子吸收动力学参数表达的植物对低磷环境适应能力的偏低估算，代表了植物对低磷环境的实际适应能力。

(5) 喀斯特石灰土和湖泊水体大多为低磷环境，本方法可以直接用于喀斯特适生植物和陆生浮床植物的筛选。

(6) 可以借用本方法，定量评判植物对其他无机营养元素的低浓度的耐受能力，为筛选优良作物品种提供技术支撑。

5.3.1.3　应用实例

应用本技术规程，以构树、桑树、诸葛菜和油菜检验了其实际应用效果。对于待测的喀斯特地区石灰土来说，构树为强适应树种，桑树为微适应树种，一方面因为构树能分泌大量有机酸活化了土壤结合态磷，提高了根际土壤中速效磷含量，另一方面因构树具有较强的对无机磷的亲和力以及极小的最小浓度，掠磷能力极强造成的。这与实际情况相符，构树对喀斯特环境适应性强，而桑树难以适应喀斯特环境。

诸葛菜和油菜都对待考察的喀斯特石灰土的低磷环境有超强的适应性。诸葛菜是喀斯特适生植物，它对低磷的强适应性可能是它的喀斯特适生机制的重要体现。芥菜型油菜是一种耐低磷的植物，因此所得的结果也与实际相符。但是喀斯特土壤有效磷含量变化很大。依据诸葛菜和油菜的磷酸二氢根离子吸收的米氏常数 K_M、最小浓度 C_{min}，可以算出诸葛菜和油菜适应的低磷浓度阈值分别是 4.49 μmol/L 和 6.40 μmol/L，因此在无机磷浓度为 4.5 μmol/L 的情况下，诸葛菜还具有适应性（生存），而此时油菜就不具有适应性，难以生存。喀斯特地区有相当区域的石灰土有效磷含量不足 0.2 mg/kg DW soil（6.40 μmol/L），但这些区域中，仍然有部分区域(有效磷含量大于 0.14 mg/kg DW soil(4.49 μmol/L)适应诸葛菜的生长。

一些岩溶湖泊水体可溶性无机磷含量在 0.5mg/L(15.63 μmol/L)左右，从表 5.4 中可以看出，这个值大于诸葛菜适应低磷环境(3 级)的浓度 11.92 μmol/L 小于油菜适应低磷环境(3 级)的浓度 16.93 μmol/L。再者，从表 5.4 中还可以看出，诸葛菜和油菜磷酸二氢根离子吸收的最小浓度 C_{min} 分别为 0.03 μmol/L 和 0.08 μmol/L，而南方喀斯特地区的纯净的泉水无机磷的含量大多在 0.05 μmol/L 左右，因此，可以说油菜对岩溶湖泊水体低磷环境只有微弱的适应性，加之外来纯净的“水”的交换造成无机磷营养的阻断，使之不能成为浮床植物；而诸葛菜，一方面具有对岩溶湖泊水体低磷环境的适应性，另一方面又具有较小的磷酸二氢根离子吸收的最小浓度(0.03 μmol/L)，导致纯净的“泉水”都可以提供无机磷营养，因此，诸葛菜有条件成为陆生浮床植物。而实际上诸葛菜已成为浮床植物被应用在富营养化的水体环境的治理上。

表 5.4　植物无机磷吸收相对吸收速率及耐低磷能力

Table 5.4　The relative absorption rate of inorganic phosphorus and plant tolerance to low phosphorus

种类	米氏常数 K_M /(μmol/L)	最小浓度 C_{min} /(μmol/L)	根际土壤中的速效磷含量 C_E /(μmol/kg)	相对吸收速率 P
构树	92.00	0.24	153.13	0.62
桑树	151.18	18.85	107.19	0.37
诸葛菜	17.83	0.03	131.56	0.88
油菜	25.28	0.08	110.62	0.81

5.3.2　利用根系分泌有机酸特征检测植物抗缺磷胁迫的能力

缺磷是影响植物生长发育的重要因素之一，磷缺乏影响植物体内的很多生理生化过程，研究表明缺磷胁迫会增加植物根系分泌有机酸的组成含量，根系分泌的有机酸通过酸化、络合或螯合作用以活化土壤中难溶性磷化合物如钙磷、铁磷和铝磷，从而缓解磷胁迫(Baetz and Martinoia，2014；Bais et al.，2006)。有机酸活化释放有效磷主要是由于其与难溶性重金属矿物的络合/螯合作用，能释放出其中的无机磷供植物吸收(Marsehner，1995；Gerke et al.，2000a，2000b；李欣雨等，2017；胡华锋等，2013)，这与有机酸本身的性质以及配体性质等相关(Chen et al.，2016；Parker et al.，1995)。苹果酸、柠檬酸和草酸是植物根系分泌常见的低分子量有机酸，约占植物根系分泌的有机酸的 50%以上，在含量高的钙磷、铝磷和铁磷的石灰性土壤中，根系分泌有机酸能显著促进 Ca-P，Al-P 和 Fe-P 等难溶性物质的溶解，并释放出供植物生长所需要的无机态磷。这三种有机酸对土壤中难溶性磷化合物的活化能力强于其他有机酸，其顺序依次为柠檬酸>草酸≈苹果酸(陆文龙等，1999a，1999b；介晓磊等，2005；Parker et al.，1995；Marschner，1995)。柠檬酸、苹果酸和草酸与钙的一级络合常数分别为 4.85、2.72 和 3.19；与铝的一级络合常数分别为 7.87、6.00 和 6.1；与铁的一级络合常数分别为 11.50、7.74 和 7.1。其他有机酸的络合能力则明显小于这三种有机酸，如丁二酸和酒石酸与钙的一级络合常数分别为 1.20 和 1.50，对铝和铁则无络合作用，一元弱酸如甲酸、乙酸等与这些离子的络合能力更低，因此可以忽略丁二酸、酒石酸及其他的一元弱酸对金属离子的络合作用。柠檬酸、苹果酸和草酸对金属离子的络合释放磷的能力可以表征植物对磷的提取作用。许多研究表明有机酸的浓度和提取时间对磷提取能力有显著影响，然而有机酸浓度与其提取磷含量之间的相关关系尚不明确(陆文龙，1998；胡华锋等，2005)。因此建立外源有机酸与其提取磷含量之间的关系模型，并将该模型应用于根系分泌的有机酸对磷提取量的计算，从而定量得到根系分泌的有机酸对磷提取的能力。

5.3.2.1　原理

缺磷胁迫下根系有机酸的分泌量增加以应对环境胁迫，调节植物对环境的适应及对不良环境的抗性，这是植物对缺磷胁迫环境的一种适应性机制(Jones，1998；Jones et al.，2009)。然而，由于根系分泌的有机酸种类繁多，不同的植物根系分泌的有机酸种类可能有所差异。苹果酸，柠檬酸和草酸作为三梭酸循环的中间产物，在大部分高等绿色植物根系分泌物中均能鉴定出，因此利用根系分泌的这三种有机酸含量表征抗缺磷胁迫的方法具备可行性。

苹果酸，柠檬酸和草酸是植物-土壤-根际界面最活跃的碳循环方式，是三羧酸循环中重要的三种物质，最初来源于植物光合作用所固定的碳，在植物根际作用中参与呼吸作用，因此根系分泌的有机酸碳损失量不能忽视(Jones et al.，2009；López-Bucio et al.，2000)。缺磷胁迫下，不同植物根系分泌的有机酸种类和含量不同，造成不同植物根系分泌有机酸的碳损失量不同。根系分泌有机酸中所含的碳原子数目也影响有机酸的碳损失量，如柠檬酸的碳原子数目为 6 个，苹果酸为 4 个，草酸为 2 个，若根系分泌出相同摩尔质量的三种有机酸，则柠檬酸的碳损失量较大，苹果酸次之，草酸最小。

根系分泌有机酸对磷的提取成本是根系分泌有机酸提取同样的磷所损失的碳量。即根系分泌有机酸对磷提取的成本=根系分泌有机酸的碳损失量 / 根系分泌有机酸磷提取的增加量。缺磷胁迫下，不同植物根系分泌的有机酸提取同样的磷损失的碳不同，也就是说根系分泌有机酸对磷提取的成本，不同植物差异显著。

由于植物体内的磷可以进行再利用，并且植物体内磷的移动活化速度较快，可以从老化的组织器官中迅速转移到新的组织器官中，因此处理时间太短不容易看出缺磷的效果且根系分泌有机酸的含量不易检测，太长则会导致植物缺乏磷过度而凋亡，因此我们选择 30d 的处理时间，耐缺磷品种和缺磷敏感品种的根系分泌的有机酸增加量有显著的差异，从而使得耐缺磷品种和缺磷敏感品种根系分泌的有机酸对磷提取的成本有显著差异。

以光呼吸回收磷的成本(2.0)为临界值，耐缺磷植物根系分泌的有机酸对磷提取的成本小于 2.0，缺磷敏感植物根系分泌的有机酸对磷提取的成本大于 2.0。

然而，由于根系分泌的有机酸种类繁多，不同的植物根系分泌的有机酸种类可能有所差异。苹果酸、柠檬酸和草酸是三羧酸循环的主要过渡中间产物，在大部分高等绿色植物的根系分泌物中均能鉴定出，因此利用根系分泌的苹果酸、柠檬酸和草酸含量表征抗缺磷胁迫的方法具备可行性。与一些常用的传统方法如叶片观察法、植物理化实验指标分析法、叶绿素荧光动力学技术分析法等相比，本方法相对简单、成本较低、灵敏度高，具有重要的应用价值。利用植物根系分泌的有机酸变化特征来表征植物的抗缺磷胁迫能力可以定量植物抗缺磷胁迫能力。

5.3.2.2 技术规程

1. 范围

本规程规定了利用根系分泌有机酸特征检测植物抗缺磷胁迫的能力的方法。

本规程适用于缺磷地区基于生理适应性的植物的抗缺磷能力的鉴定，同时可推广到全国各地各种生长环境下植物的抗缺磷能力的鉴定。

2. 规范性引用文件

下列文件对于本文件的应用是必不可少的。凡是注日期的引用文件，仅注日期的版本适用于本文件。

GB/T 6379.2—2004 测量方法与结果的准确度（正确度与精确度）第二部分：确定标准测量方法重复性与再现性的基本方法。

GB/T 6682—2008 分析实验室用水规格和试验方法。

GB/T 1250—1989 极限数值的表示方法和判定方法。

3. 术语和定义

(1) 营养液与收集液：营养液用于培养植物所用，包含 N、P、K 等大量元素和 B、Mg、Zn 等微量元素，本规程所用的是霍格兰营养液；收集液用于根系分泌物的收集，能如实反映植物根系分泌物质组成含量特征，本规程标准所用的是 100 mmol·L^{-1} $CaCl_2$ 溶液。

(2) 缺磷：磷是植物生长所必需的大量元素，缺磷是土壤或生长基质中的磷不足以满足植物吸收和生长需要，使植物出现缺磷的症状。本规程中所说的缺磷是利用磷酸二氢钾 (KH_2PO_4) 进行调节的。

(3) 离子交换树脂：可用于同电荷离子之间的等量电荷之间的交换反应树脂，属高分子化合物，有阴离子交换树脂和阳离子交换树脂之分，可分别用于阴阳离子的等量交换。本规程中所用的阳离子交换树脂为 Amberlite IR-120B H^+型树脂，阴离子交换树脂为 Dowex 1×8OH^-型离子树脂（100～200 目）。

(4) 参考植物：用来与被测植物进行对比的植物，一般要求与被测植物性质相像，属同科植物，但在某些方面的性质具有较大的差异。

(5) 有效磷：是土壤中可被植物吸收的磷组分，包括全部水溶性磷、部分吸附态磷及有机态磷。

(5) 有机酸：有机酸是含有一个或多个羧基基团（—COOH），主要含碳氢氧元素的有机化合物；包括脂肪酸和芳香酸，特别是低分子脂肪酸种类较多。有机酸在植物-土壤-大气界面中具有重要的作用。

4. 试剂和材料

除非另有规定，本规程所用试剂均为分析纯，水为 GB/T 6682—2008 规定的一级水。

(1) 穴盘。依据植物种类，选择不同的规格。如：30 cm×20 cm，40 cm×30 cm 等。

(2) 氯化钙。

(3) 柠檬酸。色谱级标准样品。

(4) 苹果酸。色谱级标准样品。

(5) 草酸。色谱级标准样品。

(6) 磷酸二氢钾。

(7) 浓磷酸。

5. 主要仪器设备

(1) 旋转蒸发仪：用于物质浓缩所用，本规程中用于根系分泌物的浓缩。具体条件为：40℃水浴，旋转蒸发 1～2 h 至样品瓶中近干。

(2) 高效液相色谱仪：一种广泛应用于各行业，可进行定性定量检测的仪器。本实验所用的高效液相色谱仪为日本岛津 LA-20 型号，用于定量分析柠檬酸、苹果酸和草酸的分析条件为：色谱柱：Kromasil C18 (4 mm i.d.×250mm)；检测波长：214 nm；流动相：0.01 mol L^{-1} KH_2PO_4 (用浓磷酸调节 pH 为 2.7)；流速：0.6 mL min^{-1}；记录速度：1 cm min^{-1}；进样量：10μL。流动相溶液在使用之前须超声脱气并过 0.22 μm 水相滤膜。所有样品也必须过 0.22 μm 水相滤膜。

(3) 紫外-可见光分光光度计：基于朗伯比尔定律为依据，可检测在紫外-可见光波段 (100～760 nm) 具有吸收光谱的物质。本规程标准中用于有效磷的检测，检测波长为 760 nm。

(4) 超声波清洗仪。

6. 测定过程

(1) 植物缺磷胁迫的处理：选择生长状况相似的植物幼苗，用正常配方的营养液培养 30d 后随机进行分组。一组继续在正常配方的营养液中培养(营养液中含有正常的磷浓度)；另一组则在缺磷胁迫处理的环境下培养，即缺磷配方的营养液中培养，缺磷胁迫处理的营养液为每升正常配方的营养液中不含任何形态的磷。处理时间为 30d。

(2) 根系分泌物的收集、分离与纯化：利用 $CaCl_2$ 溶液收集培养 30d 的两组植物的根系分泌物，并优先选择阴阳离子树脂法分离纯化、旋转蒸发仪浓缩根系分泌物中的有机酸；利用高效液相色谱法测定根系分泌物中的苹果酸、柠檬酸和草酸含量。

(3) 建立外源有机酸与磷提取的关系：选择被考察植物的根际土壤，取出其根际土壤，风干过筛后室温保存，即为风干的根际土样。配置浓度为 0～10 mmol/L 的单一有机酸(苹果酸、柠檬酸、草酸)标准溶液，分别加入 30 mL 有机酸(苹果酸、柠檬酸、草酸)的标准溶液于 3.0 g 风干的根际土样中，振荡后分别取各自的上清液，用紫外-可见光分光光度法分析各自的上清液中的有效磷含量。并建立各有机酸标准溶液的浓度与相应的上清液中的有效磷含量之间的关系模型。

7. 计算

(1) 计算根系分泌有机酸的磷提取增加比：以有机酸标准溶液的浓度与有效磷之间的相关模型计算出根系分泌的有机酸对被考察植物根际土壤的磷提取能力。将正常配方的营养液中培养的植物根系分泌的有机酸对根际土壤的磷提取能力记为 PEX_n，缺磷胁迫处理的营养液中培养的植物根系分泌的有机酸对根际土壤的磷提取能力记为 PEX_s。由此得到缺磷胁迫处理的营养液中培养的植物根系分泌的有机酸对根际土壤的磷提取能力比正常配方的营养液中培养的植物根系分泌的有机酸对根际土壤的磷提取能力的增加比记为 $IP_{PEX}(\%)=\frac{PEX_s-PEX_n}{PEX_n}\times 100$ 。

(2) 计算根系分泌有机酸碳损失量的增加比：将正常配方的营养液中培养的植物根系分泌的有机酸中的碳含量记为 OC_n，缺磷胁迫处理的营养液中培养的植物根系分泌的有机酸中的碳含量记为 OC_s。由此得到缺磷胁迫处理的营养液中培养的植物根系分泌的有机酸中的碳含量比正常配方的营养液中培养的植物根系分泌的有机酸中的碳含量的碳损失的增加比记为 $LOC(\%)=\frac{OC_s-OC_n}{OC_n}\times 100$ 。

(3) 计算根系分泌有机酸对磷提取的成本：根据计算出的 IP_{PEX} 和 LOC，计算根系分泌的有机酸对磷提取的成本=根系分泌有机酸的碳损失量/根系分泌有机酸的磷提取能力，即 LOC/IP_{PEX}。依据根系分泌有机酸磷提取的成本 LOC/IP_{PEX} 判断出不同植物抗缺磷胁迫能力的大小。选择根系分泌有机酸磷提取的成本 LOC/IP_{PEX} 小于 2.0 的植物作为抗缺磷胁迫材料。

8. 精密度

本规程的精密度数据按照 GB/T 6379.2—2004 的规定确定，其重复性和再现性的值以 90%的可信度计算。

9. 技术优点

(1) 本方法能定量检测植物的抗缺磷能力，不同植物的检测结果具有可比性。

(2) 实验周期短、成本低、利于推广。

(3) 筛选出的植物适应性很强，能生长在土层瘠薄的缺磷土壤上。

(4) 本方法不受任何时间和空间地理因素的影响，在实验室就可以进行检测，具有较好的可控性。

(5) 本方法能长期动态监测植物体内生理的变化特征，具有长期性、时效性等优点。

5.3.2.3 应用实例

通过上述技术规程的实施，检验了构树、桑树、诸葛菜和油菜四种植物的磷提取成本特征，结果如表 5.5 所示，在缺磷胁迫处理下，根系分泌的有机酸对磷的提取成本有显著差异。缺磷胁迫处理下的四种植物根系分泌的有机酸对磷的提取成本 LOC/IP_{PEX} 为诸葛菜≈构树＜桑树＜油菜(LOC/IP_{PEX} 越大，表明抗缺磷能力越弱)，且油菜和桑树的磷提取成本 LOC/IP_{PEX} 大于 2.0。因此，油菜和桑树的抗缺磷胁迫能力较差，为缺磷敏感植物。构树和诸葛菜在缺磷逆境下根系分泌的有机酸对磷的提取成本较小，以较小的有机酸碳损失代价提取更多的无机磷。因此，它们是抗缺磷植物，更能适应在缺磷的土壤环境中生长。这与我们在关于这几种植物的矿质元素吸收以及其他研究相符合，与实际情况相一致，为选择抗缺磷植物以及喀斯特地区树种的配置和生态修复提供了重要的理论支撑。同时利用根系分泌的有机酸磷提取的成本作为一种检验植物抗缺磷胁迫能力的方法，也为植物逆境生理学研究提出了一种新的手段。

表 5.5　四种植物有机酸标准溶液与磷提取的模型及植物抗缺磷能力

Table 5.5　The models between rhizosphere soil P-extraction and exogenous organic acid concentration（≤10 mM）for different plant species and organic acid types, and plant resistence to phosphorus deficiency

植物	有机酸	模型方程	相关系数	IP_{PEX} / %	LOC / %	LOC/IP_{PEX}	抗缺磷能力
构树	柠檬酸	$Y=5.397X+2.040$	0.998	19.35±1.81	30.79±4.47	1.56±0.10	强 抗缺磷植物
	草酸	$Y=4.545X+2.166$	0.996				
	苹果酸	$Y=2.970X+1.850$	0.986				
桑树	柠檬酸	$Y=2.510X+1.544$	0.997	16.15±1.34	37.43±4.30	2.31±0.18	较强 缺磷敏感植物
	草酸	$Y=2.171X+1.341$	0.996				
	苹果酸	$Y=1.222X+1.649$	0.992				
诸葛菜	柠檬酸	$Y=2.178X+3.827$	0.972	21.90±1.19	33.20±5.26	1.49±0.17	强 抗缺磷植物
	草酸	$Y=1.941X+3.540$	0.976				
	苹果酸	$Y=1.526X+3.356$	0.999				
油菜	柠檬酸	$Y=2.078X+2.463$	0.991	14.81±0.69	54.34±2.08	3.68±0.06	弱 缺磷敏感植物
	草酸	$Y=0.743X+2.501$	0.975				
	苹果酸	$Y=0.457X+2.229$	0.942				

5.3.3　植物固有抗低磷胁迫能力的检测

中国西南喀斯特地区岩石易风化且土壤瘠薄，土壤中的有效磷含量大约仅为 0.033 mmol/L（Alloush et al.，2003），十分匮乏，不利于植物的正常生长，生态系统十分脆弱，导致当地经济产量低下，影响农民收入，使得地区贫困现象日益加剧，较低的有效磷含量是植被恢复的重要限制因子之一。为了营建一个功能良好的稳定的生态系统，植被恢复的成败与否至关重要，在生态系统脆弱的喀斯特地区发展与培育优势物种已被证明是可行的（Bongerset al.，2002）。然而在喀斯特地区的缺磷环境中进行植树造林，合适物种的筛选仍然是关键所在，这也成为限制喀斯特地区生态修复的技术瓶颈。

磷在植物的生长和代谢活动中发挥着非常重要的作用，植物对低磷的适生机制也可以成为其对喀斯特环境的适生策略之一。植物在长期的进化过程中形成了各种不同的对土壤缺磷的适应性反应，以完成其生命周期（Shahbaz et al.，2006）。

上文利用根系有机酸的分泌特征检测植物抗缺磷胁迫能力的方法，主要利用根系分泌的有机酸对磷的提取成本来检测植物的抗低磷胁迫能力（Zhao and Wu，2014），由于根系分泌物本身的复杂性，对测试方法要求较高，需要对几种有机酸分别进行分离纯化和浓缩；同时，无法高度还原自然状况下植株在土壤中的分泌情况。因此，该方法在一定程度上也受到限制。

也有许多研究主要集中在植物对低磷胁迫的适生机制，光合、生理特性、根系形态和生长对低磷胁迫的响应，以及植物对磷的吸收能力等方面（Rao，1996； Fredeen et al.，1989）。研究结果仅仅定性分析了不同植物对低磷胁迫的适应能力。

在喀斯特地区，为了提高脆弱生态环境的治理效率，适生物种与异质性环境的精确锚定需要一种能够高效、准确定量植物固有抗低磷胁迫能力的方法。利用植物在缺磷环境下磷含量的相对下降速率能够定量植物固有抗低磷胁迫的能力。

5.3.3.1　原理

缺磷条件下大多数植物最典型的变化是根冠比增加，可使植物利用有限的碳水化合物形成更大的吸收根表面积，以获得更多的营养。缺磷胁迫还会增加植物根系有机酸分泌量，根系分泌的有机酸通过酸化、络合或螯合作用以活化土壤中难溶性磷化合物如钙磷、铁磷和铝磷，从而缓解磷胁迫(Jones and Darrah，1994)。缺磷条件下不同植物不仅因所表现出的适应性反应不同而对土壤磷的利用能力不同，而且同一植物的不同品种在对土壤中磷的吸收以及体内磷的利用率方面也可能存在明显差异。

植物组织中磷含量的变化特征能够反映植物对土壤中无机磷的吸收利用情况，植物较强的无机磷获取能力能够减缓缺磷胁迫下植物组织中磷含量的下降速率，维持植物的正常生长，从而增强植物对喀斯特地区低磷环境的适应性。因此可以依据植物在缺磷环境下磷含量的相对下降速率判断不同植物的固有抗低磷胁迫能力，为筛选喀斯特适生植物提供新方法。

考虑到喀斯特环境的高度异质性，即使在同一地区，也存在着程度大小不一的低磷胁迫，为了能够使抗低磷胁迫能力不同的植物合理配置到对应的缺磷环境中，需要定量比较不同植物的抗低磷胁迫能力。

5.3.3.2　技术规程

1. 范围

本规程规定了一种植物固有抗低磷胁迫能力的检测方法。

本规程适用于基于生理适应性的植物固有抗低磷胁迫能力的鉴定，同时可推广到全国各地各种生长环境下利用植物在缺磷环境下磷含量的相对下降速率能够定量植物固有抗低磷胁迫的能力。

2. 规范性引用文件

下列文件对于本文件的应用是必不可少的。凡是注日期的引用文件，仅注日期的版本适用于本文件。

GB/T 6379.2—2004 测量方法与结果的准确度(正确度与精确度)第二部分：确定标准测量方法重复性与再现性的基本方法。

GB/T 6682—2009 分析实验室用水规格和试验方法。

GB/T 1250—1989 极限数值的表示方法和判定方法。

3. 术语和定义

(1)培养液：用于培养植物所用，包含 N、P、K 等大量元素和 B、Mg、Zn 等微量元素，本规程所用的为凡尔赛(Versailles)营养液。

4. 试剂和材料

除非另有规定，本规程所用试剂均为分析纯，水为 GB/T 6682—2008 规定的一级水。

穴盘：依据植物种类，选择不同的规格。如：30 cm×20 cm、40 cm×30 cm 等。

5. 主要仪器设备

连续流动分析仪

6. 测定过程

步骤一，实验室内采用同样规格的穴盘萌发植物种子，配制培养液培养植物幼苗，至 3 叶期以上，随机选取生长状况相似的植物幼苗，由高到低依次设置不同磷含量的培养液，分别对选取的植物幼苗进行相同时间段的培养。

步骤二，选取每一磷含量培养液培养后的植物 5 株，将植物组织置于烘箱中烘干、研碎、过筛，并称取 0.3～0.5 g 研碎的粉末进行消解。

步骤三，测定消解液中磷的浓度 n，并计算植物组织中的磷含量 C。

步骤四，将磷含量最高的培养液培养过的植物组织中的磷含量作为参照，计算各磷含量的培养液培养后的植物组织中的相对磷含量值 RC_i，i 为 1，2，3，…。

步骤五，将各磷含量的培养液培养后的植物组织中的相对磷含量值相加得到植物组织累积相对磷含量值 T_{RC}。

步骤六，比较植物组织累积相对磷含量值 T_{RC} 的大小，从而定量计算出不同植物固有抗低磷胁迫的能力。

进一步，所述步骤一中水培处理的时间不小于 2 周。

进一步，所述步骤三中采用连续流动分析仪测定消解液中磷的浓度 n。

进一步，所述步骤四中各磷含量的培养液培养后的植物组织中的相对磷含量值的计算公式为 $\mathrm{RC}_i = C_i / C_1$，其中 C_i 为第 i 个磷含量的培养液培养后的植物组织中的磷含量，i 为 1，2，3，…。

进一步，所述步骤五中植物组织累积相对磷含量值 T_{RC} 的计算公式为 $T_{\mathrm{RC}} = \sum \mathrm{RC}_i = \mathrm{RC}_1 + \mathrm{RC}_2 + \mathrm{RC}_3 + \cdots$，$i$ 为 1，2，3，…。

7. 计算

利用连续流动分析仪分别测定消解液中磷的浓度 n，单位为 mg/L；植物叶片中的磷含量 C，单位为 mg/g，通过如下公式计算：

$$C = \frac{ndV}{M} \tag{5.9}$$

其中：d 是稀释倍数；V 是消解液的体积，单位为 mL；M 是用于消解的植物叶片的干重，单位为 g。

8. 精密度

本规程的精密度数据按照 GB/T 6379.2—2004 的规定确定，其重复性和再现性的值以 90%的可信度计算。

9. 技术优点

(1) 本方法无须分离纯化过程，技术成熟，工作效率高，精确度高，一次性可以对大量植物进行检测评估。

(2) 本方法不受任何时间和空间地理因素的影响，在实验室就可以进行检测，具有较好的可控性。

(3) 喀斯特石灰土多为低磷环境，本法可直接用于喀斯特适生植物的筛选。

5.3.3.3 应用实例

实验室内采用同样规格的穴盘萌发牵牛花、金银花和爬山虎种子，配制培养液培养植物幼苗，至 3 叶期以上，随机选取生长状况相似的牵牛花、金银花和爬山虎幼苗，由高到低依次设置浓度分别为 1.000 mmol/L、0.500 mmol/L、0.250 mmol/L、0.125 mmol/L、0.063 mmol/L 和 0.032 mmol/L 共 6 个不同磷含量的培养液，分别对牵牛花、金银花和爬山虎幼苗同时进行水培处理，其中以磷含量为 1.000 mmol/L 的培养液水培处理的一组作为对照组。

处理 30d 后，于同一天同一时刻，选取各磷含量培养液水培处理后的牵牛花、金银花和爬山虎各 5 株，同时将其叶片分别置于烘箱中烘干、研碎、过筛，并准确称取 0.3～0.5 g 研碎的粉末进行消解。

表 5.6 培养液不同磷浓度水培处理后牵牛花、金银花和爬山虎叶片中的磷含量

Table 5.6 Foliar phosphorus content in *Petunia hybrida*, *Lonicera japonica* and *Parthenocissus tricuspidata* after hydroponic treatment with different phosphate concentration in culture solution

磷含量水平 / (mmol/L)	植物叶片中的磷含量 / (mg/g)		
	牵牛花	金银花	爬山虎
1.000	1.769	1.730	1.972
0.500	2.008	2.122	1.337
0.250	1.219	1.574	1.228
0.125	1.185	1.423	0.765
0.063	1.514	1.618	0.858
0.032	1.201	2.652	0.569

表 5.6 是各磷含量培养液水培处理后牵牛花、金银花和爬山虎叶片中的磷含量，从表 5.6 中可以看出，在根系周围环境中的磷含量水平下降的情况下，金银花叶片中的磷含量在各磷含量的培养液水培处理后均为最高，牵牛花次之，爬山虎则最低，说明在缺磷环境下金银花叶片中的磷含量下降速率较慢，而爬山虎则下降最快。将对照组中的牵牛花、金银花和爬山虎叶片中的磷含量作为参照，分别计算各磷含量的培养液水培处理后的三种植物叶片中的相对磷含量值 RC_i，i 为 1，2，3，4，5，6。

各磷含量的培养液水培处理后的植物叶片中的相对磷含量值的计算公式为

$$\mathrm{RC}_i = C_i / C_1 \tag{5.10}$$

其中：C_i 为第 i 个磷含量的培养液水培处理后的植物叶片中的磷含量，i 分别为 1，2，3，4，5，6。

将各磷含量的培养液水培处理后的牵牛花、金银花和爬山虎叶片中的相对磷含量值分别相加得到累积相对磷含量值 T_{RC}，即

$$T_{\mathrm{RC}} = \Sigma\mathrm{RC}_i = \mathrm{RC}_1 + \mathrm{RC}_2 + \mathrm{RC}_3 + \mathrm{RC}_4 + \mathrm{RC}_5 + \mathrm{RC}_6 \tag{5.11}$$

分别比较待测牵牛花、金银花和爬山虎叶片的累积相对磷含量 T_{RC} 数值的大小，定量

计算三种植物的抗低磷胁迫能力。

表 5.7　培养液不同磷浓度水培处理后牵牛花、金银花和爬山虎叶片中的相对磷含量

Table 5.7　Foliar relative phosphorus content in *Petunia hybrida*, *Lonicera japonica* and *Parthenocissus tricuspidata* after hydroponic treatment with different phosphate concentration in culture solution

磷含量水平/(mmol/L)	植物叶片中的相对磷含量		
	牵牛花	金银花	爬山虎
1.000	1.000	1.000	1.000
0.500	1.135	1.226	0.678
0.250	0.689	0.910	0.623
0.125	0.670	0.823	0.388
0.063	0.856	0.935	0.435
0.032	0.679	1.533	0.289
T_{RC}	5.029	6.427	3.412

表 5.7 是每个磷含量的培养液水培处理后牵牛花、金银花和爬山虎叶片中的相对磷含量，从表 5.7 可以看出，牵牛花、金银花和爬山虎叶片中的累积相对磷含量值 T_{RC} 的大小分别为 5.029、6.427 和 3.412，从而定量计算出不同植物抗低磷胁迫的能力为：金银花＞牵牛花＞爬山虎。因此，本发明可以由累积相对磷含量值 T_{RC} 的大小来判定植物的抗低磷胁迫能力。缺磷环境下，植物较强的无机磷获取能力能够减缓缺磷胁迫下植物组织中磷含量的下降速率，维持植物的正常生长，从而增强植物对喀斯特地区低磷环境的适应性。植物叶片中的磷含量下降越慢，植物叶片中的累积相对磷含量值就越大，其抗低磷胁迫能力就越强。

5.3.4　利用不同磷水平下铁含量变化特征判定植物的喀斯特适应性

在喀斯特地区，土壤中较低的有效磷含量是植被恢复的重要限制因子之一，该地区土壤中的有效磷十分匮乏，且喀斯特地区各异质性环境之间的土壤有效磷含量存在较大差异，总体上在一定范围内变化。然而磷在植物的生长和代谢活动中发挥着非常重要的作用，植物对低磷的适生策略也可以成为对喀斯特环境的适生策略之一。

5.3.4.1　原理

土壤中有效磷的匮乏通常会刺激植物根系分泌物的增加，提升根系周围微量元素的生物有效性，从而有利于植物对微量元素的获取(Jones and Darrah，1994)。虽然喀斯特地区土壤中有效铁的含量高于其他微量元素，但是植物对铁元素的需求同样也高于其他微量元素，同时考虑到铁对植物生理代谢活动的重要性以及铁的缺乏对植物生长的限制作用(Hao et al.，2007；Bertamini et al.，2002)，植物叶片中铁含量的变化特征更能反映环境对植物生长的影响程度，而低磷胁迫下植物根系分泌物的增加有助于植物对铁的吸收，减缓植物叶片中铁含量的下降速率(Hoffland et al.，1992)。另据研究，在喀斯特地区还存在着重碳酸盐浓度(5 mmol·L^{-1})过高的现象(Yan et al.，2012)，而过高浓度的重碳酸盐极易造成植物的铁缺乏症状，破坏植物叶片的叶绿素结构，限制叶绿素的形成，引发黄叶病(Jelali et al.，2011)。铁含量较慢的下降速率则可以减缓喀斯特地区高重碳酸盐胁迫所引发的植物铁缺乏症状，维持植物的正常生长，从而增强植物对该喀斯特低磷环境的适应性，植物的这种铁含量变化特征是其对喀斯特低磷胁迫环境的一种适应性响应策略。因此可以依据植物在某喀斯特目标环境对应的磷含量处铁含量的下降速率判断不同植物对该喀斯特环境的适应性。

喀斯特适生植物为了适应喀斯特地区土壤的低磷环境，逐步进化出一套独特的无机磷利用机制和策略，喀斯特适生植物叶片中微量元素的含量变化特征则是这种机制与策略的一种体现。植物的这种对低磷环境的适应性，成为其在低磷环境下生存的法宝。

5.3.4.2 技术规程

1. 范围

本规程规定了利用不同磷水平下铁含量变化特征判定植物的喀斯特适应性的方法。

本规程适用于不同磷水平下利用铁含量变化特征判定植物的喀斯特适应性的鉴定，同时可推广到依据植物在某喀斯特目标环境对应的磷含量处铁含量的下降速率判断不同植物对该喀斯特环境的适应性，为筛选喀斯特适生植物提供新方法。还可以推广到植物对非喀斯特环境适应性的判断。

2. 规范性引用文件

下列文件对于本文件的应用是必不可少的。凡是注日期的引用文件，仅注日期的版本适用于本文件。

GB/T 6379.2—2004 测量方法与结果的准确度(正确度与精确度)第二部分：确定标准测量方法重复性与再现性的基本方法。

GB/T 6682—2008 分析实验室用水规格和试验方法。

GB/T 1250—1989 极限数值的表示方法和判定方法。

3. 术语和定义

(1)4 参数 logistic 方程：用于表征植物生长或者离子动力学吸收释放的常见方程。反应了物种或者植物对元素的吸收从慢到快到慢的过程。

4. 试剂和材料

(1)穴盘。

(2)营养液。

营养液是人为添加植物所需矿质营养来培养植物的溶液，它的组成应包含作物所需要的完全成分，如氮、磷、钾、钙、镁、硫等大中量元素和铁、锰、锌、铜等微量元素。不同植物采用不同的营养液。本规程中的营养液的无机磷的水平分别为正常营养液的 1/4、1/8、1/16、1/32、1/64、0。以霍格兰营养液为例，无机磷的水平为 0.250、0.125、0.065、0.031、0.016 及 0 mmol·L^{-1}6 个磷含量水平改进的霍格兰营养液。

5. 主要仪器设备

原子吸收分光光度计。

6. 测定过程

步骤一，选择生长状况相似的植物幼苗，用正常配方的霍格兰营养液培养植物 15d 后，随机选取长势一致的植物 72 株，其中 12 株为 1 组，共分为 6 组，分别设置不同磷含量水平的改进霍格兰营养液，并利用改进的霍格兰营养液对植物进行处理；改进霍格兰营养液设置 0.250 $mmol \cdot L^{-1}$、0.125 $mmol \cdot L^{-1}$、0.065 $mmol \cdot L^{-1}$、0.031 $mmol \cdot L^{-1}$、0.016 $mmol \cdot L^{-1}$ 及 0 $mmol \cdot L^{-1}$6 个磷含量水平。

步骤二，30 天后，每个磷含量水平随机选取 5 株植物，将其叶片置于烘箱中烘干、研碎、过筛，并准确称取 0.3~0.5g 研碎的粉末进行消解，测定并计算植物叶片中的铁含量；收集 5 株植物的全部叶片，铁含量的测定重复 5 次。

步骤三，对植物叶片中铁含量随着营养液中磷含量水平的变化曲线采用 4 参数 logistic 方程进行拟合；对拟合的 4 参数 logistic 方程进行求导。

步骤四，选定喀斯特地区的某个区域作为目标环境，对该目标环境的土壤进行科学取样，测定并计算该目标环境土壤中的有效磷含量，记为 C($mmol \cdot L^{-1}$)。

步骤五，将每种植物各自对应的 a、X_0、b 的参数拟合值代入求导后的 4 参数 logistic 方程，并计算 $\frac{dY}{dX}$ 在 $X=C$ 时的值，即为拟合曲线在 $X=C$ 处的斜率。

步骤六，通过对比不同植物随着磷含量的下降在磷含量为 C 时铁含量的下降速率，可以判断出不同植物对该喀斯特目标环境的适应性。

7. 计算

第一，对植物叶片中铁含量随着营养液中磷含量水平的变化曲线采用 4 参数 logistic 方程进行拟合。4 参数 logistic 方程为

$$Y = Y_0 + \frac{a}{1+(X/X_0)^b} \tag{5.12}$$

式中，Y 为植物叶片每克干重的铁含量，$mg \cdot g^{-1}$；Y_0 为对数增长期的起始铁含量，$mg \cdot g^{-1}$；a 为植物叶片每克干重中铁含量的上限，$mg \cdot g^{-1}$；X_0 为达到对数增长期最大增长的 50%时对应的磷含量，$mmol \cdot L^{-1}$；b 为增长系数。

第二，对拟合的 4 参数 logistic 方程进行求导，得到如下方程：

$$\frac{dY}{dX} = \frac{a\times(-b)\times(X/X_0)^{b-1}}{X_0\times[1+(X/X_0)^b]^2} \tag{5.13}$$

第三，选定喀斯特地区的某个区域作为目标环境，对该目标环境的土壤进行科学取样，测定并计算该目标环境土壤中的有效磷含量，记为 C($mmol \cdot L^{-1}$)。

第四，将每种植物各自对应的 a、X_0、b 的参数拟合值代入求导后的 4 参数 logistic 方程，并计算 $\frac{dY}{dX}$ 在 $X=C$ 时的值，即为拟合曲线在 $X=C$ 处的斜率。

8. 精密度

本规程的精密度数据按照 GB/T 6379.2—2004 的规定确定，其重复性和再现性的值以

90%的可信度计算。

9．技术优点

(1) 本方法无须分离纯化过程，技术成熟，工作效率高，灵敏度高，一次性可以对大批量植物进行快速高效的检测评估。

(2) 本方法不受任何时间和空间地理因素的影响，在实验室就可以进行检测，具有较好的可控性。

(3) 本方法利用能够表征植物生长状况的4参数logistic方程对铁含量的变化进行曲线拟合，能够更好地将铁含量变化特征与植物的生长状况联系起来，并更加贴切的表征植物对逆境的适应性。

(4) 喀斯特石灰土多为低磷环境，本法可直接用于喀斯特适生植物的筛选。

5.3.4.3 应用实例

选择生长状况相似的构树和桑树幼苗，用正常配方的霍格兰营养液培养15d后，随机选取长势一致的构树和桑树幼苗各72株，其中12株为1组，共分为6组，分别设置不同磷含量水平(0.250 mmol·L^{-1}、0.125 mmol·L^{-1}、0.065 mmol·L^{-1}、0.031 mmol·L^{-1}、0.016 mmol·L^{-1}和0 mmol·L^{-1})的改进霍格兰营养液对构树和桑树分别进行处理。

30d后，每个磷含量水平分别随机选取5株构树和桑树，实施叶片的随机采样，将随机采样的叶片置于烘箱中；先在105℃下将叶片烘半小时进行杀青，之后于80℃下烘至叶片重量不再发生变化即为烘干，将烘干的叶片研碎、过筛，准确称取0.3～0.5g研碎的粉末并通过H_2SO_4-H_2O_2法进行消解，利用原子吸收分光光度计(PE-5100-PC，PerkinElmer，USA)测定并计算各个水平下构树和桑树叶片中各自的铁含量，测量结果见表5.8，表5.8中的数据用平均值±标准误差表示，平均值与标准方差用t检验分析。

表5.8 营养液不同磷处理下构树和桑树叶片铁含量

Table 5.8 Foliar iron content in *Broussonetia papyrifera* and *Morus alba* L. under different phosphorus levels in nutrient solution

元素	磷含量 / mmol·L^{-1}	构树	桑树
铁(Fe) / mg g^{-1}	0.250	0.118±0.001	0.098±0.001
	0.125	0.090±0.000	0.095±0.001
	0.063	0.060±0.000	0.093±0.000
	0.031	0.043±0.000	0.090±0.000
	0.016	0.038±0.001	0.015±0.001
	0.000	0.033±0.000	0.010±0.001

构树和桑树叶片中铁含量随着营养液中磷含量水平的变化曲线的拟合均采用4参数logistic方程：

$$Y = Y_0 + \frac{a}{1+(X/X_0)^b} \tag{5.12}$$

拟合的构树和桑树铁含量变化的曲线图如图 5.3 所示。

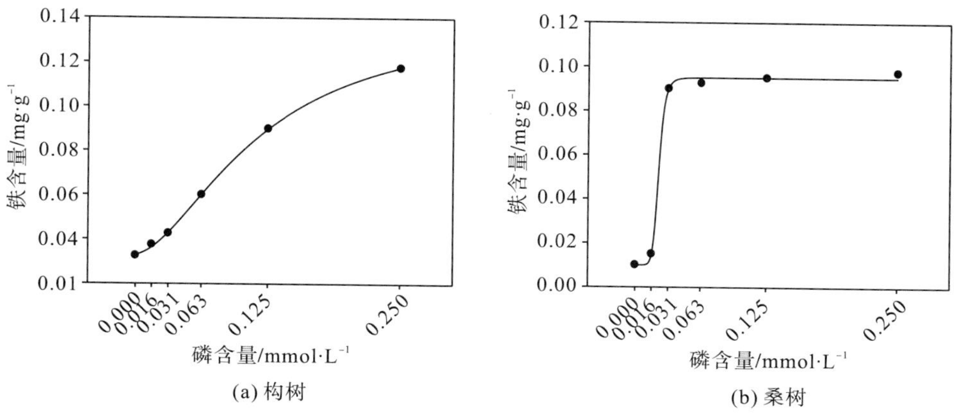

图 5.3　4 参数 logistic 方程拟合的构树和桑树铁含量变化的曲线图

Figure 5.3　Curve of variation in Fe content of *Broussonetia papyrifera* and *Morus alba* fitted using 4-parameters logistic equation

构树和桑树各自对应的 4 参数 logistic 方程参数的拟合值见表 5.9。

表 5.9　构树和桑树的 4 参数 logistic 方程的参数拟合值

Table 5.9　The fitted parameters of 4-parameter logistic equation for *Broussonetia papyrifera* and *Morus alba* L.

植物	a / mg·g^{-1}	X_0 / mmol•L^{-1}	Y_0 / mg·g^{-1}	b	R^2	P
构树	0.107	0.117	0.033	−1.732	0.9996	0.0005
桑树	0.085	0.022	0.010	−7.965	0.9986	0.0021

对方程(5.12)求导数，可以计算获得拟合曲线上某点处的斜率，即为 Y 随 X 的变化在该点处的变化速率，基于此，可以求得植物在某个磷含量处的铁含量的变化速率或者下降速率。对 4 参数 logistic 方程进行求导，得到方程(5.13)：

$$\frac{\mathrm{d}Y}{\mathrm{d}X}=\frac{a\times(-b)\times(X/X_0)^{b-1}}{X_0\times[1+(X/X_0)^b]^2} \tag{5.13}$$

选取贵州省六盘水市水城县、安顺市普定县与非喀斯特地区江苏省金坛区三个地点作为目标环境，检测当地土壤中的有效磷含量，记为 C，检测的结果分别为：0.031、0.015 与 0.067 mmol·L^{-1}。

将表 5.9 中构树和桑树各自对应的 a、X_0、b 的参数拟合值分别代入方程(5.13)，可得到方程(5.14)、方程(5.15)：

$$\frac{\mathrm{d}Y}{\mathrm{d}X}=\frac{1.584\times(X/0.117)^{-2.732}}{[1+(X/0.117)^{-1.732}]^2} \tag{5.14}$$

$$\frac{\mathrm{d}Y}{\mathrm{d}X}=\frac{30.774\times(X/0.022)^{-8.965}}{[1+(X/0.022)^{-7.965}]^2} \tag{5.15}$$

通过方程(5.14)和方程(5.15)分别计算构树和桑树各自$\frac{dY}{dX}$在$X=C$时的值，即为各自拟合曲线在$X=C$处的斜率。由于喀斯特地区选定的目标环境下土壤中有效磷的背景值为C，则构树和桑树各自对应的拟合曲线随着磷含量的下降在$X=C$时的斜率即为各自铁含量在选定的喀斯特或非喀斯特目标环境中的下降速率。

三个目标环境中构树和桑树各自铁含量的下降速率如表5.10所示。

表5.10　三个目标环境中构树和桑树各自铁含量的下降速率

Table 5.10　The decreasing rate of iron content in *Broussonetia papyrifera* and *Morus alba* in three target environments

植物	目标环境	磷含量 /$mmol \cdot L^{-1}$	铁含量的下降速率 /$mg \cdot L \cdot mmol^{-1} \cdot g^{-1}$
构树	水城	0.031	0.495
	普定	0.015	0.333
	金坛	0.067	0.552
桑树	水城	0.031	1.254
	普定	0.015	1.948
	金坛	0.067	0.001

根据铁元素含量的生物学意义，铁含量较慢的下降速率可以减缓喀斯特地区高重碳酸盐胁迫所引发的植物铁缺乏症状，维持植物的正常生长，从而增强植物对该喀斯特环境的适应性，可以依据植物在某喀斯特目标环境对应的磷含量处铁含量的下降速率判断不同植物对该喀斯特目标环境的适应性；而在非喀斯特环境下，植物铁含量较慢的下降速率可以反映植物铁含量受环境影响的缓冲能力，同样可以判断不同植物对目标环境的适应性。水城县喀斯特环境下构树铁含量的下降速率显著低于桑树，则构树在该喀斯特环境下对铁元素的获取能力明显高于桑树，构树对该喀斯特环境的适应性高于桑树，同理构树对普定县的喀斯特环境的适应性同样高于桑树，而构树对金坛市的土壤环境的适应性则不如桑树。

参 考 文 献

安玉亭，薛建辉，吴永波，等. 2013. 喀斯特山地不同类型人工林土壤微量元素含量与有效性特征. 南京林业大学学报(自然科学版)，37(3)：65-70.

鲍士旦. 2000. 土壤农化分析. 北京:中国农业出版社:263-270.

陈洪松，杨静，傅伟，等. 2012. 桂西北喀斯特峰丛不同土地利用方式坡面产流产沙特征. 农业工程学报，28(16)：121-126.

陈淑芳，窦锟贤. 2007. 不同营养液浓度对黄瓜幼苗生长的影响. 安徽农业科学，35(34)：11056-11057.

陈训，龙成昌. 2006. 贵州喀斯特生态恢复与生态立省. 贵州林业科技，34(1)：27-30.

杜新民，张永清. 2008. 施锌对石灰性褐土上小白菜光合作用及保护酶活性的影响. 西北植物学报，28(6)：1203-1207.

樊明寿，徐冰，王艳. 2001. 缺磷条件下玉米根系酸性磷酸酶活性的变化. 中国农业科技导报，3(3)：33-36.

丰茂武，吴云海，冯仕训，等. 2008. 不同氮磷比对藻类生长的影响. 生态环境学报，17(5)：1759-1763.

郭卫东，桑丹，郑建树，等. 2009. 缺氮对佛手气体交换、叶绿素荧光及叶绿体超微结构的影响. 浙江大学学报(农业与生命科学版)，35(3)：307-314.

胡华锋，程璞，王兴祥，等. 2013. 柠檬酸、草酸和苹果酸对高岭石的溶解作用. 土壤通报，44(3)：635-640.

胡华锋，刘世亮，介晓磊，等. 2005. 低分子量有机酸对矿物的溶解作用. 中国农学通报，21(4):104-109.

黄满湘，章申，唐以剑，等. 2001. 模拟降雨条件下农田径流中氮的流失过程. 土壤与环境，10(1)：6-10.

黄宇，张海伟，徐芳森. 2008. 植物酸性磷酸酶的研究进展. 华中农业大学学报，27(1):148-154.

介晓磊，李有田，庞荣丽，等. 2005. 低分子量有机酸对石灰性土壤磷素形态转化及有效性的影响. 土壤通报，36(6)：856-860.

柯世省. 2008. 铜对苋菜幼苗光合参数和活性氧代谢的影响. 中国农业科学，41(5)：1317- 1325.

来璐，郝明德，彭令发. 2003. 土壤磷素研究进展. 水土保持研究，10(1)：65-67.

李德华，向春雷，姜益泉，等. 2006. 低磷胁迫下不同水稻品种根系生理特性的研究. 华中农业大学学报，25(6)：626-629.

李菲，李娟，龙健，等. 2015. 典型喀斯特山区植被类型对土壤有机碳、氮的影响. 生态学杂志，34(12)：3374-3381.

李宪利，高东升，顾曼如，等. 1997. 铵态和硝态氮对苹果植株 SOD 和 POD 活性的影响.植物生理学通讯，33(4)：254-256.

李欣雨，夏建国，李琳佳，等. 2017. 低分子量有机酸对茶园土壤团聚体吸附 Cu2+的影响. 农业环境科学学报，36(2):272-278.

梁建宏，曹建华，杨慧，等. 2016. 钙、铁、铝形态对岩溶石灰土磷有效性的影响. 中国岩溶，35(2)：211-217.

梁铮. 2010. 构树和桑树对聚乙二醇诱导的干旱以及低磷的生理响应. 镇江：江苏大学.

林郑和，陈荣冰，陈常颂. 2011. 植物对氮胁迫的生理适应机制研究进展. 湖北农业科学，50(23)：4761-4764.

刘成明，秦煊南. 1996. 铁锰元素对温州蜜柑光合生理的影响及营养诊断研究. 西南大学学报(自然科学版)，1: 29-33.

刘丛强. 2009. 生物地球化学过程与地表物质循环——西南喀斯特土壤-植被系统生源要素循环. 北京:科学出版社.

刘欣，黄运湘，袁红，等. 2016. 植被类型与坡位对喀斯特土壤氮转化速率的影响. 生态学报，36(9)：2578-2587.

陆文龙，曹一平，张福锁. 1999b. 根分泌的有机酸对土壤磷和微量元素的活化作用. 应用生态学报，10(3):379-382.

陆文龙，王敬国. 1998. 低分子量有机酸对土壤磷释放动力学的影响. 土壤学报，4:493-500.

陆文龙，张福锁，曹一平，等. 1999a. 低分子量有机酸对石灰性土壤磷吸附动力学影响. 土壤学报，36(2)：89-197.

鲁艳，何明珠，赵昕，等. 2009. 镍对高冰草幼苗生长及活性氧代谢的影响. 生态学杂志，28(11)：2208-2212.

马祥庆，梁霞. 2004. 植物高效利用磷机制的研究进展. 应用生态学报，15(4)：712-716.

潘瑞炽. 2008. 植物生理学. 北京：高等教育出版社.

彭令发，郝明德，邱莉萍，等. 2004. 干旱条件下锰肥对玉米生长及光合色素含量的影响. 干旱地区农业研究，22(3)：35-37.

盛茂银，刘洋，熊康宁. 2013. 中国南方喀斯特石漠化演替过程中土壤理化性质的响应. 生态学报，33(19)：6303-6313.

孙海国，张福锁. 2002. 缺磷条件下的小麦根系酸性磷酸酶活性研究. 应用生态学报，13(3)：379-381.

孙群，梁宗锁，王渭玲，等. 2001. 氮对水分亏缺下玉米幼苗膜脂过氧化及光合速率的影响. 西北农业学报，10(1)：7-10.

孙晓方，何家庆，黄训端，等. 2008. 不同光强对加拿大一枝黄花生长和叶绿素荧光的影响. 西北植物学报，28(4)：752-758.

孙学成，胡承孝，谭启玲，等. 2006. 低温胁迫下钼对冬小麦光合作用特性的影响. 作物学报，32(9)：1418-1422.

王保栋，陈爱萍，刘峰. 2003. 海洋中 redfield 比值的研究. 海洋科学进展，21(2)：232-235.

魏孝荣，郝明德，张春霞，等. 2005. 土壤干旱条件下外源锌、锰对夏玉米光合特性的影响. 作物学报，31(8)：1101-1104.

魏媛，吴长勇，孙云，等. 2014. 不同树种配置模式对喀斯特山地土壤理化性质的影响. 贵州农业科学，9: 81-85.

吴春笃，沈明霞，储金宇，等. 2006. 北固山湿地藕草氮磷积累和转移能力的研究. 环境科学学报，26(4)：674-678.

吴巍，赵军. 2010. 植物对氮素吸收利用的研究进展. 中国农学通报，26(13)：75-78.

吴沿友. 2011. 喀斯特适生植物固碳增汇策略. 中国岩溶，30(4)：461-465.

吴沿友，李西腾，郝建朝，等. 2006. 不同植物的碳酸酐酶活力差异研究. 广西植物，26(4)：366-369.

吴沿友，梁铮，邢德科. 2011b. 模拟干旱胁迫下构树和桑树的生理特征比较. 广西植物，31(1)：92-96.

吴沿友，刘丛强，王世杰. 2004. 诸葛菜的喀斯特适生性研究. 贵阳:贵州科技出版社.

吴沿友，蒋九余，帅世文，等. 1997. 诸葛菜的喀斯特适生性的无机营养机制探讨. 中国油料，1: 47-49.

吴沿友，邢德科，刘莹. 2011a. 植物利用碳酸氢根离子的特征分析. 地球与环境，39(2)：273-277.

吴沂珀，张锡洲，李廷轩，等. 2013. 小麦不同磷效率品种对不同磷源的利用差异及酸性磷酸酶的作用. 核农学报，27(3)：351-357.

肖丽，高瑞凤，隋方功. 2008. 氯胁迫对大白菜幼苗叶绿素含量及光合作用的影响. 中国土壤与肥料，2: 44-47.

徐静，张锡洲，李廷轩，等. 2015. 野生大麦对土壤磷吸收及其酸性磷酸酶活性的基因型差异. 草业学报，24(1)：88-98.

许振柱，周广胜. 2004. 植物氮代谢及其环境调节研究进展. 应用生态学报，15(3)：511-516.

杨珏，阮晓红. 2001. 土壤磷素循环及其对土壤磷流失的影响. 土壤与环境，10(3)：256-258.

尹逊霄，华珞，张振贤，等. 2005. 土壤中磷素的有效性及其循环转化机制研究. 首都师范大学学报(自然科学版)，26(3)：95-101.

曾昭霞，王克林，刘孝利，等. 2015. 桂西北喀斯特森林植物-凋落物-土壤生态化学计量特征. 植物生态学报，39(7)：682-693.

张朝阳，周凤霞，许桂芳. 2009. 藤本植物在边坡生态恢复中的应用. 水土保持研究，16(3):291-293.

张清海，林昌虎，陆洋，等. 2009. 贵州西部喀斯特石漠化环境下土壤氮磷变异特征. 水土保持研究，16(2)：265-268.

张文韬，黄保健，郭世荣，等. 2010. 铜对空心菜光合作用及保护酶活性的影响. 江苏农业学报，26(2)：303-307.

张信宝，王世杰，贺秀斌，等. 2007. 碳酸盐岩风化壳中的土壤蠕滑与岩溶坡地的土壤地下漏失. 地球与环境，35(3)：202-206.

朱明远，牟学延. 2000. 铁对三角褐藻生长，光合作用及生化组成的影响. 海洋学报，22(1)：110-116.

朱晓锋，陈洪松，付智勇，等. 2017. 喀斯特灌丛坡地土壤-表层岩溶带产流及氮素流失特征. 应用生态学报，28(7)：2197-2206.

Alloush G A，Boyer D G，Belesky D P，et al. 2003. Phosphorus mobility in a karst landscape under pasture grazing system. Agronomie，23:593-600.

Baetz U，Martinoia E. 2014. Root exudates: the hidden part of plant defense. Trends in Plant Science，19(2)：90-98.

Bais H P，Broeckling C D，Vivanco J M. 2007. Root Exudates Modulate Plant—Microbe Interactions in the Rhizosphere. Secondary Metabolites in Soil Ecology. Heidelberg Berlin: Springer，241-252.

Bais H P，Weir T L，Perry L G，et al. 2006. The role of root exudates in rhizosphere interactions with plants and other organisms. Annual Review of Plant Biology，57(1)：233-266.

Barker A V，Pilbeam D J. 2015. Handbook of Plant Nutrition. Florida：CRC press.

Bertamini M，Muthuchelian K，Nedunchezhian N.2002. Iron deficiency induced changes on the donor side of PSII in field grown grapevine（*Vitisvinifera* L. cv. Pinot noir）leaves. Plant Science，162:599-605.

Bongers F, Schnitzer S A, Traore´ D. 2002. The importance of lianas and consequences for forest management in west africa.Bioterre: revue internationale scientifique de la vie et de la terre:59-70.

Caradus J R, Mackay A D, Wewala S, et al. 1992. Inheritance of phosphorus response in white clover（*Trifolium repens* L.）. Plant and soil，146(1-2)：199-208.

Chen J R, Shafi M, Wang Y, et al. 2016. Organic acid compounds in root exudation of Moso Bamboo（*Phyllostachys pubescens*）and its bioactivity as affected by heavy metals. Environmental Science and Pollution Research，23(20)：20977-20984.

Fan M，Zhang F. 2000. The variation in plant phosphorus acquisition efficiency and its physiological mechanism. Chinese Bulletin of Life Sciences，13(3)：129-131，128.

Fernandez D S, Ascencio J. 1994. Acid phosphatase activity in bean and cowpea plants grown under phosphorus stress. Journal of Plant Nutrition, 1994, 17(2-3): 229-241.

Fraisier V, Gojon A, Tillard P, et al. 2000. Constitutive expression of a putative high - affinity nitrate transporter in Nicotiana plumbaginifolia: evidence for post - transcriptional regulation by a reduced nitrogen source. Plant Journal for Cell and Molecular Biology, 23(4): 489-496.

Fredeen A L, Rao I M, Terry N. 1989. Influence of phosphorus nutrition on growth and carbon partitioning in *Glycine max*.Plant Physiology, 89:225-230.

Garcia M C, Lamattia L. 2002. Nitric oxide and abscisic acid cross talk in guard cells. Plant Physiol, 128: 790-792.

Gardner W K, Barber D A, Parbery D G. 1983. The acquisition of phosphorus by *Lupinus albus* L.: The probable mechanism by which phosphorus movement in the soil/root interface is enhanced. Plant and Soil, 70(1): 7-24.

Gerke J, Beiβner L, Römer W. 2000a. The quantitative effect of chemical phosphate mobilization by carboxylate anions on P uptake by a single root. I. The basic concept and determination of soil parameters. Journal of Plant Nutrition and Soil Science, 163(2): 207-212.

Gerke J, Römer W, Beiβner L. 2000b. The quantitative effect of chemical phosphate mobilization by carboxylate anions on P uptake by a single root. II. The important of soil and plant parameters for uptake of mobilized P. Journal of Plant Nutrition and Soil Scienle, 163, 213-219.

Haichar F E , Santaella C, Heulin T, et al. 2014. Root exudates mediated interactions belowground. Soil Biology and Biochemistry, 77(7): 69-80.

Hao H L, Wei Y Z, Yang X E, et al. 2007. Effects of different nitrogen fertilizer levels on Fe, Mn, Cu and Zn concentrations in shoot and grain quality in rice (*Oryza sativa*).Rice Science, 14:289-294.

Hinsinger P, Plassard C, Tang C, et al. 2003. Origins of root-mediated pH changes in the rhizosphere and their responses to environmental constraints: A review. Plant and soil, 248(1-2): 43-59.

Hoffland E, Boogaard R V D, Nelemans J, et al. 1992. Biosynthesis and root exudation of citric and malic acids in phosphate-starved rape plants. New Phytologist, 122:675-680.

Jelali N, Salah I B, M' sehli W, et al. 2011. Comparison of three pea cultivars (*Pisum sativum*) regarding their responses to direct and bicarbonate-induced iron deficiency. Scientia Horticulturae, 129(4):548-553.

Jones D L, Brassington D S. 1998. Sorption of organic acids in acid soils and its implications in the rhizosphere. European Journal of Soil Science, 1998, 49(3): 447-455.

Jones D L, Darrah P R. 1994. Role of root derived organic-acids in the mobilization of nutrients from the rhizosphere. Plant and Soil, 166:247-257.

Jones D L, Nguyen C, Finlay R D. 2009. Carbon flow in the rhizosphere: Carbon trading at the soil-root interface. Plant and Soil, 321(1): 5-33.

Jones D L. 1998. Organic acids in the rhizosphere-a critical review. Plant and Soil, 205: 25-44.

Jung D Y, Ha H, Lee H Y, et al. 2008. Triterpenoid saponins from the seeds of *Pharbitis nil*. Chem. Pharm. Bull, 56(2): 203-206.

Khademi Z, Jones D L, Malakouti M J, et al. 2010. Organic acids differ in enhancing phosphorus uptake by *Triticum aestivum* L. - effects of rhizosphere concentration and counterion. Plant and Soil, 334(1/2): 151-159.

Kim H.J, Saleem M, Seo S H, et al. 2005. Two new antioxidant stilbene dimers, parthenostilbenins A and B from *Parthenocissus tricuspidata*.Planta Medica, 71(10): 973-976.

Kumar N, Singh B, Bhandari P, et al. 2005. Biflavonoids from *Lonicera japonica*. Phytochemistry, 66(23): 2740-2744.

Lee M, Phillips R L. 1988. The chromosomal basis of somaclonal variation. Annual Review of Plant Physiology and Plant Molecular Biology, 39(1): 413-437.

Lim J H, Chung I M, Ryu S S, et al. 2003. Differential responses of rice acid phosphatase activities and isoforms to phosphorus deprivation. Journal of Biochemistry and Molecular Biology, 36(6): 597-602.

Lipton D S, Blanchar R W, Blevins D G. 1987. Citrate, malate and succinate concentration in exudates from P-sufficient and P-stressed *Medicago sativa* L. Seedlings. Plant Physiology, 1987, 85: 315-317.

Loeppert R H, Schwab A P, Goldberg S.1995. Chemical Equilibria Models: Applications to Plant Research. Soil Science Society of America, Madison, Wisconsin:163-200.

López-Bucio J, Nieto-Jacobo M F, Ramírez-Rodríguez V, et al. 2000. Organic acid metabolism in plants: from adaptive physiology to transgenic varieties for cultivation in extreme soils. Plant Science, 160(1): 1-13.

Marschner H. 1995. Mineral Nutrition of Higher Plants. London: Academic Press:65-69.

Mooney H A. 1972. The carbon balance of plants. Annu Rev Ecol Syst, 3:315-346.

Moroney J V, Bartlett S G, Samuelsson G. 2001. Carbonic anhydrases in plants and algae. Plant Cell Environment, 24:141-153.

Neumann G, Massonneau A, Martinoia E, et al. 1999. Physiological adaptations to phosphorus deficiency during proteoid root development in white lupin. Planta, 208(3): 373-382.

Panda D, Sharma S G, Sarkar R K. 2008. Chlorophyll fluorescence parameters, CO_2 photosynthetic rate and regeneration capacity as a result of complete submergence and subsequent re-emergence in rice (*Oryza sativa* L.). Aquatic Botany, 88(2):127-133.

Rao I M. 1996. The role of phosphorus in photosynthesis. In Pessarakli M.(ed.) Handbook of Photosynthesis. Marcel Dekker, New York:173-194.

Rengel Z. 2015. Availability of Mn, Zn and Fe in the rhizosphere. Journal of Soil Science and Plant Nutrition, 15(2): 397-409.

Richardson A E, Barea J M, McNeill A M, et al. 2009. Acquisition of phosphorus and nitrogen in the rhizosphere and plant growth promotion by microorganisms. Plant and soil, 321(1-2): 305-339.

Shahbaz A M, Oki Y, Adachi T, et al. 2006. Phosphorus starvation induced root-mediated pH changes in solublization and acquisition of sparingly soluble P sources and organic acids exudation by *Brassica* cultivars. Soil Science and Plant Nutrition, 52(5): 623-633.

Stanturf A, Conner W H, Gardiner E S, et al. 2004. Practice and perspective: Recognizing and overcoming difficult site conditions for afforestation of Bottomland Hardwoods. Ecological Restoration, 22:183-193.

Strom L, Owen A G, Godbold D L, et al. 2005. Organic acid behaviour in a calcareous soil implications for rhizosphere nutrient cycling. Soil Biology and Biochemistry, 37(11): 2046-2054.

Tadano T, Ozawa K, Sakai H, et al. 1993. Secretion of acid phosphatase by the roots of crop plants under phosphorus-deficient conditions and some properties of the enzyme secreted by lupin roots. Plant and Soil, 155-156(1): 95-98.

Tavallali V, Rahemi M, Maftoun M, et al. 2009. Zinc influence and salt stress on photosynthesis, water relations, and carbonic anhydrase activity in pistachio. Scientia Horticulturae, 123(2): 272-279.

Treeby M, Marschner H, Römheld V. 1989. Mobilization of iron and other micronutrient cations from a calcareous soil by plant-borne, microbial, and synthetic metal chelators. Plant and Soil, 114: 217-226.

Vadez V, Sinclair T R, Serraj R, et al. 2000. Manganese application alleviates the water deficit-induced decline of N_2 fixation. Plant, Cell and Environment, 23(5): 497-505.

Vance C P, Uhde-Stone C, Allan D L. 2003. Phosphorus acquisition and use: Critical adaptations by plants for securing a nonrenewable resource. New Phytologist, 157(3): 423-447.

Walters M B, Kruger E L, Reich P B. 1993. Relative growth rate in relation to physiological and morphological traits for northern hardwood tree seedlings: Species, light environment and ontogenetic considerations. Oecologia, 96(2):219-231.

Wang W B, Kim Y H, Lee H S, et al. 2009. Analysis of antioxidant enzyme activity during germination of alfalfa under salt and drought stress. Plant Physiology and Biochemistry, 47(7): 570-577.

Wu Y Y, Xing D K. 2012. Effect of bicarbonate treatment on photosynthetic assimilation of inorganic carbon in two plant species of Moraceae. Photosynthetica, 50(4): 587-594.

Wu Y Y, Zhao K. 2011. Determination on nitrate use capacity in plants via isotope tracer. Mineralogical Magazine, 75(3): 2183-2183.

Wu Y Y, Zhao K. 2013. Root-exuded malic acid versus chlorophyll fluorescence parameters in four plant species under different phosphorus levels. Journal of Soil Science and Plant Nutrition, 13(3): 604-610.

Xing D K, Wu Y Y. 2012. Photosynthetic response of three climber plant species to osmotic stress induced by polyethylene glycol (PEG) 6000. Acta Physiologiae Plantarum, 34(5): 1659-1668.

Xing D K, Wu Y Y, Yu R, et al. 2016. Photosynthetic capability and Fe, Mn, Cu, and Zn contents in two Moraceae species under different phosphorus levels. Acta Geochim, 35(3): 309-315.

Yan J H, Li J M, Ye Q, et al. 2012. Concentrations and exports of solutes from surface runoff in Houzhai Karst Basin southwest China. Chemical Geology, 304/305: 1-9.

Zhang W, Zhao J, Pan F J, et al. 2015. Changes in nitrogen and phosphorus limitation during secondary succession in a karst region in southwest China. Plant and Soil, 391(1-2): 77-91.

Zhao K, Wu Y Y. 2014. Rhizosphere calcareous soil P-extraction at the expense of organic carbon from root-exuded organic acids induced by phosphorus deficiency in several plant species. Soil Science and Plant Nutrition, 60(5): 640-650.

Zhao K, Wu Y Y. 2017. Effect of Zn deficiency and excessive HCO_3^- on the allocation and exudation of organic acids in two Moraceae plants. Acta Geochimica, DOI: 10.1007/s11631-017-0174-2.

第 6 章　植物光呼吸及 1,5–二磷酸核酮糖再生能力的检测

Chapter 6 Determination on photorespiration and regeneration of ribulose–1,5–disphosphate in plants

【摘　要】 在光合作用和呼吸作用的能量转换过程中，1,5-二磷酸核酮糖起作交联作用。植物的 1,5-二磷酸核酮糖受到光合作用和呼吸作用共同控制。与生长发育相适应的 1,5-二磷酸核酮糖成为植物生存和发展的基础。核酮糖-1,5-二磷酸羧化酶/加氧酶(Rubisco)是光合碳同化作用的关键酶，也是植物光呼吸代谢途径的关键酶。Rubisco 具有“一酶双效”的作用，二氧化碳与氧气竞争地与之结合。Rubisco 与二氧化碳结合则是羧化作用，与氧气结合则是氧化作用。光合作用和光呼吸是耦合的，周期性振荡，交替地进行。Rubisco 作为主要开关调节这两个途径。Rubisco 多方面受到环境的影响。逆境下，喀斯特适生植物的 Rubisco 具有良好的表现，在适应喀斯特逆境方面发挥重要作用。

测定不同环境下的植物光呼吸速率及份额对阐明植物的环境适应性具有重要的意义。测定特定光强下的光合作用的二氧化碳响应曲线和特定的二氧化碳浓度下光合作用的光响应曲线，可以计算出特定二氧化碳浓度和特定光强下的光呼吸速率及份额。

磷酸戊糖途径为生命体提供物质合成和抵抗不利环境所需的还原力，植物糖代谢中的糖酵解和磷酸戊糖途径份额可以反映植物的环境适应性。用磷酸果糖激酶的酶活力和葡萄糖-6-磷酸脱氢酶的酶活力分别代表糖酵解途径和磷酸戊糖途径，无须归一化，计算出的糖代谢中的糖酵解途径和磷酸戊糖途径的比例具有可靠性，可以整体反映植物在环境变化时葡萄糖代谢的歧化情况以及葡萄糖代谢在各途径中的分配情况。逆境下植物以增强磷酸戊糖途径来适应环境。

定量反映光合产物对生长的支持能力，将有利于判断植物的生产力。刚完全展开的植物叶片累积的糖类经过糖酵解途径可致植物的生长。测定刚完全展开的叶片糖代谢的歧化情况和光合速率，可反映植物光合生长力。不同植物在不同环境下光合生长力明显不同，逆境下，喀斯特适生植物的光合生长力高于非喀斯特适生植物。

定量不同环境下植物 1,5-二磷酸核酮糖再生能力，对理解植物光合作用的维持能力具有重要意义。刚完全展开的植物叶片累积的糖类经过磷酸戊糖途径可补充 1,5-二磷酸核酮糖。净光合能力和糖代谢中的磷酸戊糖途径份额决定了植物 1,5-二磷酸核酮糖再生能力。不同植物在不同环境下 1,5-二磷酸核酮糖再生能力明显不同，逆境下，喀斯特适生植物的 1,5-二磷酸核酮糖再生能力高于非喀斯特适生植物。

Abstract During the energy conversion of photosynthesis and respiration, the ribulose-1,5-disphosphate acts as cross linking. The ribulose-1,5-disphosphate in plants is jointly controlled by photosynthesis and respiration. Ribulose-1,5-disphosphate, which is compatible with growth and development, is the basis for plant survival and development. Ribulose-1,5-bishosphate carboxylase/oxygenase (Rubisco) is a key enzyme in photosynthetic inorganic carbon assimilation, and also in photorespiration in plants. Rubisco has "dual effect", which one is that it combines with carbon dioxide, and the other with oxygen. The combination of Rubisco with carbon dioxide is called carboxylation, which with oxygen is called oxidation. Photosynthesis and photorespiration, which two pathways were regulated by Rubisco as primary switch, are alternatively coupled, and periodically oscillated. Rubisco is influenced by the environment in many ways. Rubisco of the karst-adaptable plants have good performance under adversity, and play an important role in the adaptation to karst environment.

It is important to determine the rate and share of photorespiration in different environments for expounding the plants' adaptation to environment. The rate and share of photorespiration under certain light intensity and specific concentration of carbon dioxide can be calculated by determining the responses of net photosynthetic rate to CO_2 under certain light intensity and the responses of net photosynthetic rate to light under the specific concentration of carbon dioxide.

Pentose phosphate pathway provided the reducing power for synthesis of substances in life, and resistance to adverse conditions, and the proportion of glycolysis and pentose phosphate pathway of sugar metabolism in plants can reflect plants' adaptation to environment. The activities of phosphofructokinase and glucose-6-phosphate dehydrogenase represent the intensity of glycolysis and the pentose phosphate pathway in glucose metabolism, respectively. The proportion of glycolysis and pentose phosphate pathway was reliably owing to the calculation without normalization. It can overall demonstrate the disproportionation and distribution among different pathways of glucose metabolism in plants under different environment. Plants adapt to the environment by increasing the pentose phosphate pathway under stresses.

Quantifying the photosynthetic products which support the growth will help determine the productivity of plants. The accumulated sugar of the newly developed leaves can promote plant growth through glycolysis. Determining the disproportionation of glucose metabolism and photosynthetic rate in the newly developed leaves can reflect the photosynthetic-growth capability of plants. The photosynthetic-growth capability changed with plant species and environmental factors. The photosynthetic-growth capability in the karst-adaptable plants is stronger than that in the karst-inadaptable plants under stresses.

Quantifying the regeneration of ribulose-1,5-disphosphate of plants in different environments is important for understanding the maintenance of photosynthesis. The accumulated sugar of the newly developed leaves in plants can be supplemented with ribulose-1,5-disphosphate *via* phosphate pentose pathway. The net photosynthetic capacity and the share of pentose phosphate pathway in glucose metabolism determine the regeneration of ribulose-1,5-disphosphate in plants. Similarly, the regeneration of ribulose-1,5-disphosphate changed with plant species and environmental factors. The regeneration of ribulose-1,5-disphosphate in the karst-adaptable plants is greater than that in the karst-inadaptable plants under stresses.

光合作用是将光能转化成储存的化学能的过程。而呼吸作用则是将化学能转变成生物能的过程。在光合作用和呼吸作用的能量转换过程中，1,5-二磷酸核酮糖(Ribulose-1，5-bisphosphate，RuBP)起作交联作用。在光合循环(卡尔文循环，Calvin cycle)中 1,5-二磷酸核酮糖既可以固定二氧化碳，生成六碳磷酸盐，又可以消耗生物能，再生成自身。在呼吸过程中，既可以消耗自身产生 ATP 和 NADPH，又可以利用 ATP 和 NADPH 再生成自身。同时，在光呼吸中，1,5-二磷酸核酮糖也可被氧化消耗。因此，植物的 1,5-二磷酸核酮糖受到光合作用和呼吸作用共同控制。与生长发育相适应的 1,5-二磷酸核酮糖成为植物生存和发展的基础。

6.1 1,5-二磷酸核酮糖的来龙去脉

一方面，1,5-二磷酸核酮糖在核酮糖-1,5-二磷酸羧化酶/加氧酶(Ribulose-1,5-bisphosphate carboxylase/oxygenase，E.C.4.1.1.39，Rubisco)的作用下，结合 CO_2，转变成两个分子的 3-磷酸甘油酸，3-磷酸甘油酸被 NADPH 还原，产物是 3-磷酸丙糖。后来经过一系列复杂的生化反应，一个碳原子将会被用于合成葡萄糖而离开循环。剩下的五个碳原子经一系列变化，最后在生成一个 1,5-二磷酸核酮糖，循环重新开始。循环运行六次，生成一分子的葡萄糖(Andersson and Backlund，2008，Caemmerer and Quick，2000)。

另一方面，1,5-二磷酸核酮糖在核酮糖-1,5-二磷酸羧化酶/加氧酶的作用下，结合 O_2，产生磷酸乙醇酸；磷酸乙醇酸在叶绿体中脱磷形成乙醇酸然后进入过氧化物酶体，在过氧化物酶体的氧化酶作用下被氧化成甘氨酸，然后转运到线粒体，在线粒体中两分子的甘氨酸被转变成一分子的丝氨酸，同时释放一分子的 CO_2。丝氨酸被运回到过氧化物酶体，在那里被转变成甘油酸后再被转运到叶绿体进入卡尔文循环。上述的过程称为乙醇酸途径(glycolate pathway)，通过这一途径，消耗了 1/4 的 1,5-二磷酸核酮糖(Andersson，2008；Keys，1986)。

再者，磷酸戊糖途径中由 6-磷酸葡萄糖(G-6-P)经葡萄糖-6-磷酸脱氢酶和 6-磷酸葡萄糖酸脱氢酶脱氢生成 6-磷酸葡糖酸内酯，然后水解生成 6-磷酸葡糖酸，再氧化脱羧生成 5-磷酸核酮糖，这种 5-磷酸核酮糖既可在磷酸核酮糖激酶(EC2.7.1.19)作用下，被 ATP 磷酸化而产生 1,5-二磷酸核酮糖，也可经过一系列转酮基及转醛基反应，形成磷酸丁糖、磷酸戊糖及磷酸庚糖等中间代谢物，这些中间代谢物一部分作为 5-P-核糖、核苷酸、芳香族氨基酸等合成的原料，一部分可生成 3-磷酸甘油醛及 6-磷酸果糖，重新进入糖酵解途径。

由此可以看出，核酮糖-1,5-二磷酸羧化酶/加氧酶以及磷酸戊糖途径在调控体内 1,5-二磷酸核酮糖的流动方面具有关键作用。

6.1.1 核酮糖-1,5-二磷酸羧化酶/加氧酶的羧化作用

核酮糖-1,5-二磷酸羧化酶/加氧酶(Rubisco)是光合碳同化作用的关键酶。据估计它每年固定的 CO_2 超过 100 Pmol（Field et al.，1998；陈为钧等，1999；Raven，2009）。该酶催化光合作用的 CO_2 固定的第一步反应，使 CO_2 和 1,5-二磷酸核酮糖(RuBP)转变成两个分子的 3-磷酸甘油酸(Portis and Parry，2007)，这一步是有机物的羧化过程，因此也称核酮糖-1,5-二磷酸羧化酶/加氧酶的羧化作用(Schneider et al.，1992)。

Rubisco 在自然界分布广泛，在大多数真核生物如植物和原核生物中均有报道。虽然 Rubisco 是碳同化的限速酶，但不是一种高效的催化剂，对二氧化碳有着较低的亲和力，所以它在植物体内的含量极高，是陆生植物可溶性蛋白中含量最高的蛋白质，同时也是一种重要的储藏蛋白，占叶绿体可溶蛋白的 50%以上(Ellis，1979；李凤玲和吴光耀，1996；全光华和刘锴栋，2011；Raven，2013)。据估计全世界 Rubisco 的量约有 4×10^7 t。Rubisco 在 C_3 植物中主要定位于叶肉细胞叶绿体间质中，在基粒片层上也有少量分布；在 C_4 植物中则定位于维管束鞘细胞中的叶绿体间质内。低等藻类的 Rubisco 主要定位在淀粉核上(梅杨等，2007)。

高等植物的 Rubisco 由 8 个大亚基(50～60 kD)和 8 个小亚基(12～18 kD)组成(L_8S_8)(Spreitzer and Salvucci，2002)。大亚基是由叶绿体基因(*rbcL*)编码的，具有催化功能；小亚基是由核基因(*rbcS*)编码的，仅具有调节作用(Dean et al.，1989；Spreitzer，1993；Gutteridge and Gatenby，1995)。

Rubisco 的羧化需要两个受体，一个是二氧化碳，一个是 1,5-二磷酸核酮糖；Rubisco 接受二氧化碳和 1,5-二磷酸核酮糖，催化二氧化碳并入 1,5-二磷酸核酮糖进入光合碳循环，消耗光合作用的光反应的产物，调节光合作用重要中间体(Sharkey，1989)。目前，一般情况下 Rubisco [K_M (CO_2)] 为 450 μM，而在室温下，自然水体中 CO_2 平衡浓度大约 10 μM，因此，增加 CO_2 和 1,5-二磷酸核酮糖可以显著地促进 Rubisco 的羧化作用，进而促进光合作用(Parry et al.，2007；Jensen，2000)。

有着 29 亿年历史的 Rubisco 具有广泛的多样性(Nisbet et al.，2007)，它的结构和功能是植物长期适应环境形成的(Kellogg and Juliano，1997)。Rubisco 酶动力学是由过去大气中的 CO_2/O_2 比例变化和现在环境压力影响所决定的。现在的 Rubisco 酶动力学参数是为了适应逐渐降低的 CO_2/O_2 比例和羧化效率提高了 Rubisco 对 CO_2 的亲和力和叶片 Rubisco 蛋白质含量(Galmés et al.，2014)。

光合速率直接受 CO_2 和体内 RuBP 的浓度以及酶的含量和活化作用等性质的影响。通常空气中的 CO_2 浓度是相当恒定的，而根据 Perchorowicz 等(1981)分析，在一般光强下，体内 RuBP 的水平对羧化作用都是饱和的。因此，它们都不是 CO_2 固定的限制因素。但是，在环境限制的情况下，二氧化碳和 RuBP 的水平对羧化作用影响显著。

Rubisco 羧化酶活性及叶绿体结构与作物光合速率密切相关(Wareing et al.，1968；Evans and Seemann，1984)，在很多植物中都曾经报道过 Rubisco 含量或羧化活性与光合速率密切相关。野生型烟草 Rubisco 羧化酶活性的降低对光合作用影响很小(Quick et al.，

1991)。但在 Rubisco 羧化酶活性下降一半前，烟草的光合速率和生长并没有受到多大抑制，只是当 Rubisco 羧化酶活性进一步下降，光合速率和生长才有较大的下降(Quick et al.，1991)。中午 Rubisco 初始活性和气孔导度下降可能是造成中午光合速率下降的原因(韩鹰等，1999；Collatz et al.，1990)。大豆叶片衰老时的光合速率的降低与 Rubisco 的转录水平的降低而导致的 Rubisco 量的减少密切相关(Jiang et al.，1993)。大豆在不同的硫水平下，叶片总氮含量和 Rubisco 量线性相关，同时 Rubisco 含量与叶片的净光合速率呈线性相关(Sexton et al.，1997)。二氧化碳的浓度与 Rubisco 羧化有密切关系，水体中低浓度的二氧化碳限制了 Rubisco 羧化酶的活力，提高 Rubisco 羧化酶活力也能相应地增加光合速率。Beer 等(1991)研究了 42 种水生植物的光合速率与 Rubisco 羧化酶活力关系，发现光合速率与 Rubisco 羧化酶活力的相关系数接近 1。

有两个蛋白质对 Rubisco 活力维持起决定性作用，一个是 Rubisco 活化酶，另一个是碳酸酐酶(CA)。Rubisco 活化酶(RCA)是 Rubisco 分子伴侣蛋白，这是一种依赖 ATP 的酶，它控制亚基正确组装成活跃复杂构象的活性中心，消除糖使 Rubisco 结合正确的底物，通过能货和氧化-还原调节 Rubisco 的羧化和加氧活性中心的活化；CA 是一个含 Zn 酶，它能催化二氧化碳可逆水合成碳酸氢根离子，不需要 ATP。在叶绿体中，CA 供应的气态二氧化碳，是激活 Rubisco 羧化酶的活性中心以及 RuBP 羧化作用所必需的(Salvucci，1989；Siedlecka and Krupa，2004；Portis et al.，2007)。

抑制 Rubisco 羧化酶活性对整个光合作用有很大影响。羧化作用下降导致卡尔文循环的功能下降，从而导致 ATP 和还原性辅酶 II 的积累，光合电子传递因此受到反馈抑制，从而增加内囊体质子梯度，损伤光系统 II，抑制了光合作用(Siedlecka and Krupa，2004)。

另外，有些植物能在黑暗中或弱光下产生 2-羧基阿拉伯糖醇-1-磷酸(2-carboxyarabinitol 1-phosphate CA I-P)，这些植物利用 CA I-P 与活化的 Rubisco 紧密结合，阻断了 RuBP 与二氧化碳的结合，抑制羧化反应(Gutteridge et al.，1986；Salvucci，1989；Gutteridge and Gatenby，1995)。

6.1.2 核酮糖-1,5-二磷酸羧化酶/加氧酶的氧化作用

核酮糖-1,5-二磷酸羧化酶/加氧酶(Rubisco)也是植物光呼吸代谢途径的关键酶。这个酶也可催化 1,5-二磷酸核酮糖与 O_2 结合，产生磷酸乙醇酸；这一步是有机物的氧化过程，因此也称 1,5-二磷酸核酮糖羧化酶/加氧酶的氧化作用(Keys，1986)。由于这一步骤消耗植物光合作用合成的有机物，并且经过乙醇酸循环释放了来自光合固定的 CO_2，由此造成了净光合效率的损失(Spreitzer and Salvucci，2002；Portis and Parry，2007；Parry et al.，2007)。这个过程是在光下进行的消耗氧气释放二氧化碳的过程，因此也称为光呼吸过程。光呼吸过程中由于有甘氨酸向丝氨酸的转换，因此在释放二氧化碳的同时也释放氨(Keys，2006)。另外，光呼吸还可能牺牲 20%～35%固定的二氧化碳实现硝酸还原(Bloom，2015)。

核酮糖-1,5-二磷酸羧化酶/加氧酶(Rubisco)具有“一酶双效”的作用，二氧化碳与氧气竞争地结合 Rubisco，Rubisco 与二氧化碳结合则是羧化作用，与氧气结合则是氧化作用。在正常的条件下(大气二氧化碳和氧气浓度，温度 25℃)，C_3 植物的羧化与氧化的化学计

量比为 4：1，这种化学计量关系随着氧气和二氧化碳的成分变化而变化(Ogren，2005)。光合作用和光呼吸是耦合的，周期性振荡，交替地进行，Rubisco 作为主要开关调节这两个途径(Ivlev and Kalinkina，2001)。

植物吸收阳光进行光合作用，但光本身对植物是有危害的，它们需要保护自己免受其破坏。光呼吸可以有效地转移来自光反应过剩的还原力和能量。甘氨酸脱羧酶缺乏可以引起叶绿体能量和还原力过载(Igamberdiev et al.，2001)。叶绿体氧化还原状态和光呼吸之间具有很强的相关关系。光呼吸可以调整体内氧化还原的平衡。通过光呼吸保护光合作用免除光抑制(Voss et al.，2013)。Kozaki 和 Takeba(1996)通过构建光呼吸的关键酶转基因烟草倍增或减少叶绿体谷氨酰胺合成酶来研究光呼吸的防御机制，发现谷氨酰胺合成酶比正常植物高 2 倍的植物，光呼吸和耐高强度光的能力增加；谷氨酰胺合成酶比正常植物少的转基因植物，光呼吸减弱，受高光强抑制严重，表明光呼吸保护 C_3 植物免受光抑制。

光合作用捕获光能产生 ATP 和 NADPH。这些分子中在二氧化碳转换成糖，光呼吸和硝酸盐同化中被消耗(Walker et al.，2014)。抑制拟南芥和小麦的光呼吸，也强烈抑制硝酸盐同化。在双子叶和单子叶植物的硝酸盐同化取决于光呼吸(Rachmilevitch et al.，2004)。Betsche 和 Eising(1986)用 ^{15}N 谷氨酸和 ^{15}N 丙氨酸进行同位素示踪实验研究光呼吸过程中的氮代谢，结果表明，叶绿体氨在光呼吸过程中的再固定主要通过谷氨酰胺合成酶进行的，丙氨酸是光呼吸中甘氨酸形成的一个重要的氨基供体。.

高光增强卡尔文循环和光呼吸，增强混合营养下异养小球藻(*Chlorella sorokiniana*)的乙醛酸循环(Xie et al.，2016)。光呼吸与光合速率的比例随温度的升高而升高(Lehnherr et al.，1985)。从早上到中午，光呼吸速率持续增加(Zhang et al.，2009)。高温和高光的中午，不到 60%的总光合电子流用于碳同化，约 40%总光合电子流在光呼吸中消耗掉。由光呼吸导致的碳损失占净同化速率平均达 56%(Valentini et al.，1995)。阳生叶的光合午睡现象是由气孔关闭引起的光呼吸速率的增加造成的，而阴生叶则遭受到严重的光抑制。对于阳生叶来说，增加光呼吸和非光化学淬灭能力是避免高气温、水分胁迫和高光照下光抑制的必不可少的生理过程。阳生叶的二磷酸核酮糖羧化酶含量增加提高光合作用同化能力，同时也提高了光呼吸(Muraoka et al.，2000)。随着温度的增加，光呼吸释放的二氧化碳的速率要大于光合固定二氧化碳，从而增加了光补偿点。阳生叶的光补偿点随温度增加要快于阴生叶。与阳生叶相比，阴生叶有较低的光补偿点(Meidner，1970)。增加光合电子传递向光呼吸的分配比例可能是植物在夏天强烈光线和高温条件下的一种保护性机制(Lin et al.，2000)。

在干旱以及干旱和高温共同逆境下，抗性品种有较高的光呼吸和交替呼吸速率(Hu et al.，2010)。在水分胁迫下，二磷酸核酮糖羧化酶大亚基有着较低的基因表达，但生物调节剂可诱导它的表达。两个重要的与光呼吸相关基因，例如乙醇酸氧化酶和甘氨酸脱羧酶 H 亚基在水分胁迫下表达较差，但生物调节剂和细胞分裂素可以诱导 Rubisco 大亚基和光呼吸的相关基因来应对水分胁迫(Vineeth et al.，2016)。在水分亏缺条件下，转基因植物显示出过氧化氢酶的增加，并增加二氧化碳补偿点，表明细胞分裂素调节的光呼吸出现在转基因植物中。光呼吸在转基因植物抗水分亏缺过程中的贡献表现在乙醇酸转化成 1,5-二磷酸核酮糖的转化上。同样说明，细胞分裂素诱导的光呼吸的提高对水分胁迫下的光合过程的保护具有较大的贡献和有益的作用(Rivero et al., 2009)。另外，在干旱条件下，葡萄光合器官也因光呼吸的提高而得到有效保护(Guan et al., 2004)。光呼吸在不同 C_4 亚型中有显著的差异。拥有一个更高的光呼吸被认为是羊草和粟具有抗旱优势的原因(Sato and Kubota, 2004)。

另外，二氧化碳浓缩机制(CO_2 concentrating mechanisms, CCM 机制)对光呼吸起抑制作用。光呼吸驱动的二氧化碳浓缩机制是 C_4 光合作用进化的第一步，C_4 植物具有较小的光呼吸(Bauwe, 2010)。单细胞绿藻可以通过主动运输积累无机碳。一些单细胞绿藻可以使用重碳酸盐作为无机碳的来源，但人们认为碳酸氢盐只是间接地使用，后转换为二氧化碳。无机碳的主动运输导致细胞内的二氧化碳浓度大幅增加，抑制 Rubisco 加氧酶活性，从而抑制光呼吸(Spalding, 1989)。

6.1.3 核酮糖-1,5-二磷酸羧化酶/加氧酶对环境的响应和调控

Rubisco 控制光合碳还原应对短期环境变化(Geiger and Servaites, 1994)。与低光(50 $\mu mol \cdot m^{-2} \cdot s^{-1}$)培养的微小四角藻(*Tetraedron minimum*)相比，高光(500 $\mu mol \cdot m^{-2} \cdot s^{-1}$)培养的微小四角藻的 Rubisco 和光合速率都显著增加，但是，Rubisco 与光合速率只是非线性关系(Fisher et al., 1989)。黄瓜叶片 Rubisco 羧化酶活性，随 CO_2 浓度的增加而升高，Rubisco 加氧酶活性降低，Rubisco 加氧酶与羧化酶之比亦下降。但在 CO_2 浓度超过 500 $\mu mol \cdot mol^{-1}$ 后，Rubisco 羧化酶活性增长幅度变小(于国华，1997)。

Rubisco 的基因表达受到环境的调控。小亚基的基因(*rbcS*)表达受到光的诱导(Tobin and Silverthorne, 1985)。弱光下调黄瓜叶片 Rubisco 基因表达，降低 Rubisco 大小亚基蛋白含量及基因表达，耐弱光的品种 Rubisco 大小亚基蛋白含量及基因表达的下降幅度明显低于不耐弱光的品种(Sun et al., 2014；孙建磊等，2017)。低温弱光下引起 Rubisco 活化酶(RCA)和 Rubisco 活性及其基因表达量下降，从而导致黄瓜幼苗 P_N 降低(姜振升等，2010)。高的二氧化碳浓度和严重的干旱均降低 *rbcS*(Rubisco 小亚基)的转录水平，同时减少 Rubisco 蛋白质的量和蛋白活性，对 Rubisco 对二氧化碳的亲和力［$K_M(CO_2)$］没有影响；从中度干旱提升到重度干旱，24 h 内 *rbcS*(Rubisco 小亚基)转录水平迅速下降，但在这个过程中，高浓度的二氧化碳能延迟 *rbcS*(Rubisco 小亚基)转录水平和 Rubisco 活力的下降，使水稻能延长 1d 的光合作用(Vu et al., 1999)。

植物 Rubisco 羧化酶活性受土壤、光照、水分等环境因子影响(Evans and Poorter, 2001；Kumar and Singh, 2009；Omoto et al., 2012)。弱光处理后，黄瓜气孔发育受到抑制，气孔开张度、气孔密度、气孔指数、叶片叶绿素含量、植株净光合速率(P_N)、气孔导度(G_s)、PSⅡ实际量子效率(ΦPSⅡ)、Rubisco 活力均有所降低，且不耐弱光的品种表现更为明显，而耐弱光品种色素含量较高，光能捕获和利用能力较强，分配于光合作用的量子产量较高，Rubisco 活性也较高，因而 P_N 相对降低较少(孙建磊等，2017)。吴正锋等(2014)研究了弱光胁迫对花生功能叶片 Rubisco 羧化酶活性和叶绿体超微结构的影响。结果表明：光强为自然光照 50%和 15%的处理，各品种 Rubisco 羧化酶活性均降低，但是耐弱光品种与对照相比虽有降低，但差异不显著，而敏感品种分别比对照低 40.1%和 59.4%。

高光强导致 Rubisco 羧化酶活性下降(Siedlecka and Krupa，2004)。在高光强下，与野生型的烟草相比，具有较低含量的 Rubisco 的反义 Rubisco 植物(转基因植物)的保卫细胞和叶肉的光合作用严重受抑制，但在气孔导度上没有明显差异。光合能力并不与气孔导度相关而是与 Rubisco 相关(Caemmerer et al.，2004)。

温度和二氧化碳对 Rubisco 也有着深刻的影响。高温会导致 Rubisco 羧化酶活性下降(Siedlecka and Krupa，2004)。低温锻炼虽不能明显提高 Rubisco 活性，却提高了冷胁条件下 Rubisco 的稳定性和增强了胁迫后正常生长条件下其活性的恢复能力(赵军和缪有刚，1997)。在超最适温度下，水稻和大豆的生长和光合速率都降低，而在富二氧化碳(两倍于空气中的浓度)的环境下，水稻和大豆的生长和光合速率都增加；富二氧化碳可以逆转高温引起的植物生长和光合速率降低的效应，但水稻和大豆逆转的程度明显不同；升高二氧化碳浓度和温度均能降低 Rubisco 的蛋白含量；同时，升高二氧化碳浓度和温度也能影响 Rubisco 的活性和活化，但水稻的 Rubisco 的活性和活化都降低，Rubisco 表观催化周转率不受影响，而升高二氧化碳浓度和温度仅降低大豆的 Rubisco 的活化，却提高 Rubisco 表观催化周转率(Vu et al.，1997)。在红薯、菠菜和烟草中，高温并不限制 Rubisco 活化酶的活化作用，但在北美针叶林优势种黑云杉(*Picea mariana*)中，高温可能限制 Rubisco 活化酶的活化(Sage et al.，2008)。Rubisco 羧化酶的失活是对高温胁迫的一个调节反应，却与植物耐热性无关(Sharkey，2005)。在干热地区，伴随干旱的高温对棉花的 Rubisco 活性影响更大，但适应性强的抗干旱品种下降得慢，气孔限制和 Rubisco 活性的下降直接导致光合速率的下降(Carmo-Silva et al.，2012)。

水分状态对 Rubisco 有着深刻的影响。不同的灌溉方式，使植物具有不同的水分状况，对 Rubisco 含量与活力影响不同。杨朝旭等(2005)研究了不同灌溉方式下萝卜(*Raphanus sativus*)叶片的光合速率以及 Rubisco 含量与活性的变化，结果表明：在萝卜的生长过程中，滴灌处理的萝卜叶片的 Rubisco 的初始活力、总活力、Rubisco 含量以及光合速率始终高于漫灌处理的萝卜；Rubisco 含量与活力共同限制叶片光合速率，进而影响到萝卜的产量与质量。

干旱对 Rubisco 影响在不同的植物中表现明显不同，甚至还出现互相矛盾的结果(Demirevska et al.，2009)。Galmés 等(2011)研究了干旱胁迫对地中海的各种类型植物的 Rubisco 的影响，结果发现，所有物种具有大致相同的模式，Rubisco 的钝化是由气孔导度、叶绿体二氧化碳的浓度决定的，而不是由叶片水势等水分状况决定的。不同的植物引发的 Rubisco 的钝化的叶绿体二氧化碳的浓度阈值是不同的。在干旱逆境下，Rubisco 钝化，成为光合作用的非气孔限制因素(Lawlor，2002； Lawlor and Cornic，2002； Reddy et al.，2004)。Medrano 等(1997)对三叶草的研究表明，干旱降低 Rubisco 活性，可是，对 Rubisco 蛋白质的量影响较少。白桦(*Betula pendula*)在干旱胁迫下 Rubisco 增加(Pääkkönen et al.，1998)；经受 34 d 干旱的地中海松(*Pinus halepensis*)的 Rubisco 的总活力和大亚基量并没有减小(Pelloux et al.，2001)；但是，冬青栎(*Quercus ilex*)经过 7 d 的干旱 Rubisco 大亚基量就显著减少(Inmaculada et al.，2006)。也有一些资料显示，逆境下 Rubisco 蛋白质的量减少(Majumdar et al.，1991；Parry et al.，2002)，这可能是与逆境下作为叶片氮源的可溶蛋白的 Rubisco 被分解重新分配运输到氮库，尤其是在衰老的叶片中有关(Makino et al.，

1984； Feller et al.，2008)。

无机营养对 Rubisco 含量和活性影响显著。氮、磷、镁、硫等为 Rubisco 的构成和活化所必需，它们的缺乏必然引起 Rubisco 含量和活性降低。在拟南芥中，氮的限制和二氧化碳浓度的升高都会降低 Rubisco 含量和活性(Sun et al.，2002)。大豆在硫缺乏的情况下，不仅叶片中可溶性蛋白含量下降，而且叶片中 Rubisco 组分占可溶性蛋白质的百分比也呈线性下降，从近 50%降到不足 10%(Sexton et al.，1997)。

盐环境也影响 Rubisco 的活性。Takabe 等(1988)研究表明，耐盐蓝藻嗜盐隐杆藻(*Aphanothece halophytica*)在高盐环境下，光合作用固定二氧化碳的能力提高 3.7 倍，Rubisco 含量也随着盐度增加而增加，甜菜碱在其中起着稳定 Rubisco 的作用，但藻的生长速度并未改变。盐度对 Rubisco 的氧化作用也有显著的影响，抗盐品种光呼吸所占的份额大于敏感的品种(Mert，1989)。脯氨酸积累被认为逆境下保护细胞的功能，但是，脯氨酸可以抑制 Rubisco 羧化酶的活性，即使在浓度低至 100 mM 时仍然具有抑制作用，这种抑制还随着脯氨酸浓度的增加而增加(Sivakumar et al.，1998)。干旱、盐胁迫、低温胁迫等降低 Rubisco 活性可能部分与脯氨酸和甜菜碱等抗渗透胁迫物质的积累有关。

6.1.4 喀斯特适生植物核酮糖-1,5-二磷酸羧化酶/加氧酶特征

在岩溶作用下，喀斯特地区土壤具有岩溶干旱、高钙镁、高 pH、高碳酸氢根、低营养的特征。在逆境下，Rubisco 的良好表现是作物高产的基础(Parry et al.，2012)。喀斯特环境也是逆境，Rubisco 的良好表现也同样是喀斯特适生植物适应环境的基础。由于镁是 Rubisco 活化中心结合的金属元素，因此，在喀斯特地区 Rubisco 的活性不会出现镁的限制情形。但其他逆境条件都或多或少、甚至是严重地影响 Rubisco 基因表达、活化、含量以及其他调控。

当出现岩溶干旱等逆境时，气孔开度减少或气孔关闭，胞间二氧化碳浓度及 CO_2/O_2 比例迅速减少时，喀斯特适生植物一方面可以启动光呼吸机制氧化有机物提高 CO_2/O_2 比例，另一方面可以启动碳酸酐酶作用机制将碳酸氢根离子转换成水和二氧化碳，提高 CO_2/O_2 比例，这两方面结果导致了胞间水分关系改善，Rubisco 活化，重启 Rubisco 羧化作用，减少 Rubisco 氧化过程的时间，减少了因有机物的分解、氮的释放以及能量的消耗造成的浪费。这主要是碳酸酐酶的快速催化补偿了胞间二氧化碳，不需要消耗有机物和能量。

当出现高 pH、高碳酸氢根、低营养等逆境时，植物体营养缺乏，尤其是 N、P、K 缺乏时，Rubisco 含量因受到缺氮的影响而减少(Sun et al.，2002)，Rubisco 活性因缺磷的磷酸化的减弱和缺钾的同化产物运输受阻的反馈抑制而下降，喀斯特适生植物启动无机营养机制可以缓解营养元素的缺乏，使叶片内 Rubisco 含量和活性在喀斯特逆境下减少得少，甚至不影响光合作用，因为在一定范围内 Rubisco 含量和活性并不与光合作用相关(Quick et al.，1991)。

在喀斯特逆境下，高温和高光强使植物 Rubisco 羧化作用“雪上加霜”，高温和岩溶干旱叠加可使植物的 Rubisco 活性下降得更多，喀斯特适生植物也如适应性强的抗干旱品种一样，Rubisco 活化酶的热稳定性高(Kurek et al.，2007)，受钝化的程度少(Sage et al.，

2008)，Rubisco 活性下降得比非适生植物慢(Carmo-Silva et al.，2012)。这一方面与 Rubisco 的基因表达、转录以及大小亚基的装配有关，另一方面与碳酸酐酶作用机制有关，再者还与活性氧的清除能力有关(Badger et al.，2000)，最后还与 1,5-二磷酸核酮糖的再生和补充有关。高温和高光强使植物的羧化作用降低，光呼吸作用增强，原因也是多方面的，一方面是因为高温和高光强，引起气孔开度减小或气孔关闭，CO_2/O_2 比例迅速减少，降低了羧化，增加了光呼吸，另一方面是光合产物运输受阻，再者，Rubisco 活化酶由于能货过多受到钝化(Sharkey，2005)，减少了对 Rubisco 的活化。喀斯特适生植物为了应对 Rubisco 活性下降的问题，采取了启动碳酸酐酶作用机制、调制光呼吸和磷酸戊糖途径增加 Rubisco 羧化作用，减少光合速率的下降。碳酸酐酶作用机制和光呼吸途径均能增加 CO_2/O_2 比例，增加羧化作用，清除高温和高光强产生的 ROS；但是光呼吸过程消耗 1,5-二磷酸核酮糖，又会使 Rubisco 羧化作用减弱，持续地进行光呼吸会使 1,5-二磷酸核酮糖耗尽，导致光合作用持续降低。因此，植物要维持 1,5-二磷酸核酮糖的量，需要协调 1,5-二磷酸核酮糖的消耗与再生和补充，也就是说，喀斯特适生植物需要协调好碳酸氢根离子利用、光呼吸、磷酸戊糖途径综合应对喀斯特逆境对 Rubisco 的影响，这与第 1 章中所提出的喀斯特适生植物的代谢途径多样性机制相一致。

6.2 基于光/二氧化碳响应曲线的植物光呼吸份额的检测

光呼吸(photorespiration)是所有进行光合作用的细胞在光照和高氧低二氧化碳情况下发生的一个生化过程。在光呼吸过程中，参与光合作用的一对组合：反应物 RuBP 和催化剂 Rubisco 发生了与其在光合作用中不同的反应。RuBP 在 Rubisco 的作用下增加两个氧原子，再经过一系列反应，最终生成 3-磷酸甘油酸(Keys，1986)。这个过程中氧气被消耗，并且会生成二氧化碳。光呼吸约抵消 30%的光合作用(Spreitzer and Salvucci，2002；Portis and Parry，2007；Parry et al.，2007)。因此降低光呼吸被认为是提高光合作用效能的途径之一(Leegood，2007)。但是人们后来发现，光呼吸有着很重要的其他功能，如对细胞的保护、对疾病的抵抗、对水分关系的调节和利用效率的提高以及对氮代谢的促进等(Kangasjärvi et al.，2012；Peñuelas and Llusià，2002；Rachmilevitch et al.，2004；Igamberdiev et al.，2004；Huang et al.，2012；Voss et al.，2013；Zhou et al.，2013；Timm et al.，2016)。因此，测定不同环境下的植物光呼吸速率及份额对阐明植物的环境适应性具有重要的意义。

一般的气体交换方法不能测出光呼吸的二氧化碳/氧气使用情况。能够测定光呼吸的可用方法有如下几种：①对植物进行光照，突然停止，这时会发生所谓的“二氧化碳猝发”，其速率可代表植物光呼吸的速率(Balaur et al.，2013；Sharkey，1988)。这种方法难以测定与光合作用相同量纲的光呼吸速率，更不可能测定光呼吸速率占总光合速率的份额。②先让植物在低氧环境下进行光合作用，此时光呼吸不能进行。在将植物置于大气中，可根据两种状态之间的差异推算光呼吸的速率(Yoshimura et al.，2001；Sharkey，1988)。这种测定方法难以控制低氧环境，也难以定量光呼吸途径的份额。③用具有 ^{14}C 同位素的二氧化碳供应植物进行光合作用。然后在暗室向植物通入不含二氧化碳的空气，测定其呼吸情况一次。再在光照条件下测定一次。可根据两次之差进行推算(Cheng and Colman，1974；Sharkey，1988)。这种方法所需条件苛刻，并且不能定量光呼吸途径的份额。④采用测定无二氧化碳空气中的二氧化碳的释放；或将二氧化碳与光合速率关系曲线移动至二氧化碳为 0，光合速率为负的位置，即可读出光呼吸速率(Hall et al.，1984；Sharkey，1988)。这种方法实际上测定的光呼吸速率为光下所进行的总呼吸速率(包括光呼吸和暗呼吸)，测不出光呼吸速率占总光合速率的份额。⑤通过标记 $^{13}CO_2$ 施喂植物，利用固态 ^{13}C 核磁共振技术来测量完整的植物叶片二氧化碳交换过程的稳定碳同位素的变化，计算出植物光呼吸释放的二氧化碳占光合作用同化的二氧化碳份额(Cegelski and Schaefer，2006)。⑥依靠短期喂施 $^{14}CO_2$ 和测定 RuBPC 和 RuBPO 的活力测定光呼吸速率(Aliyev，2012)。⑦这两种方法虽然能测出光呼吸速率占总光合速率的份额，但测不出自然状态下的光呼吸，且条件极为苛刻，仪器也很昂贵。因此需要开发一种既可以测定光呼吸速率也可以测定出光呼吸途径份额，且能够准确反映植物的真实光合同化能力的方法，为研究不同环境对植物的光合同化能力以及光合产物在光呼吸和暗呼吸之间的歧化的影响，提供了科学数据。

6.2.1 原理

光合速率是光合作用强弱的一种表示法，又称“光合强度”。光合速率的大小可用单位时间、单位叶面积所吸收的二氧化碳或释放的氧气表示，亦可用单位时间、单位叶面积所生成的糖类表示。总光合速率是指光合作用产生糖类的速率，而净光合速率(P_N)是指光合作用产生的糖类减去呼吸作用消耗的糖类(即植物累积的糖类)的速率，净光合速率＝总光合速率－呼吸速率消耗。这里的呼吸速率实际上为总呼吸速率。

总呼吸速率包括无论光下和暗下都进行的呼吸速率和光呼吸速率。无论光下和暗下都进行的呼吸速率我们有别于光呼吸称为暗呼吸速率。因此，光呼吸速率＝总呼吸速率－暗呼吸速率。特定光强下的光合作用的二氧化碳响应曲线是表征净光合速率随二氧化碳浓度的变化而变化，在二氧化碳为 0 μmol·mol^{-1} 时的净光合速率的绝对值则为特定光强下的总呼吸速率 R_T；特定的二氧化碳浓度下光合作用的光响应曲线是表征净光合速率随光强的变化而变化，在光强为 0 μmol·m^{-2}·s^{-1} 时的净光合速率的绝对值则为特定的二氧化碳浓度下的暗呼吸速率 R_D。根据特定光强下的光合作用的二氧化碳响应曲线找出特定二氧化碳浓度和特定光强下的净光合速率 P_N；特定二氧化碳浓度和特定光强下的总光合速率 R_T 的计算公式为 $P_T = P_N + R_T$；特定二氧化碳浓度和特定光强下的光呼吸速率 R_P 的计算公式为 $R_P = R_T - R_D$；因此，光呼吸途径份额 S_P 的计算公式则为 $S_P = R_P / P_T$。

6.2.2 技术规程

6.2.2.1 范围

本规程规定了利用光合作用的光响应曲线和二氧化碳响应曲线来测定植物光呼吸强度和光呼吸份额的测定方法。

本规程适用于陆生能测定植物光合作用的光响应曲线和二氧化碳响应曲线的 C_3 植物光呼吸强度和光呼吸份额的测定。

6.2.2.2　规范性引用文件

下列文件对于本文件的应用是必不可少的。凡是注日期的引用文件，仅注日期的版本适用于本文件。

GB/T 6379.2—2004 测量方法与结果的准确度(正确度与精确度)第二部分：确定标准测量方法重复性与再现性的基本方法。

GB/T 1250—1989 极限数值的表示方法和判定方法。

6.2.2.3　术语和定义

(1) 净光合速率(net photosynthetic rate)：通过光合仪测定的净光合速率是指光合作用产生的糖类减去呼吸作用消耗的糖类(即净光合作用产生的糖类)的速率。

(2) 光合作用的光响应曲线：通过光合仪测定植物不同光强下的净光合速率，拟合成曲线。

(3) 光合作用的二氧化碳响应曲线：通过光合仪测定植物不同二氧化碳浓度下的净光合速率，拟合成曲线。

(4) 暗呼吸速率：在黑暗下植物的呼吸速率。

(5) 光呼吸速率：在光下，植物叶片中 Rubisco 催化 1,5-二磷酸核酮糖与 O_2 结合，消耗植物光合作用合成的有机物，释放二氧化碳的过程。消耗氧气释放二氧化碳的速率，即为光呼吸速率。

(6) 总呼吸速率：在光下，植物既行暗呼吸，也进行光呼吸，两者呼吸速率之和则为植物的总呼吸速率。

(7) 总光合速率：植物同化无机碳的速率，是指光合作用产生的糖类的速率。

6.2.2.4　仪器设备

便携式光合仪。

6.2.2.5　测定过程

1. 上午 10:00～11:00 所处的环境中的平均二氧化碳浓度和平均光强的测定

选定待测植物，测定待测植物在上午 10:00～11:00 所处的环境中的平均二氧化碳浓度和平均光强；具体为：测定待测植物在上午 10:00～11:00 所处的环境中的平均二氧化碳浓度和平均光强是指测定上午 10:00～11:00 时间段中 3～5 个时间点的待测植物所处的环境中二氧化碳浓度和光强值，分别取这些时间点的平均值为待测植物在上午 10:00～11:00 所处的环境中的平均二氧化碳浓度和平均光强。

2. 光合作用的光响应曲线的测定

取待测植物第 3 完全展开叶，按常规方法测定该叶片在特定的二氧化碳浓度下的光合作用的光响应曲线；所述的特定的二氧化碳浓度是指待测植物在上午 10:00～11:00 所处的环境中的平均二氧化碳浓度。

3. 光合作用的二氧化碳响应曲线的测定

同样，取待测植物第三完全展开叶，按常规方法测定该叶片在特定光强下的光合作用的二氧化碳响应曲线；所述的特定光强是指待测植物在上午10:00～11:00所处的环境中的平均光强。

4. 特定的二氧化碳浓度下暗呼吸速率的测定

依特定的二氧化碳浓度下光合作用的光响应曲线获取特定的二氧化碳浓度下暗呼吸速率R_D。

5. 特定光强下的总呼吸速率的测定

依特定光强下的光合作用的二氧化碳响应曲线获取特定光强下的总呼吸速率R_T；取特定的二氧化碳浓度下光合作用的光响应曲线中光强为0 $\mu mol \cdot m^{-2} \cdot s^{-1}$时的净光合速率的绝对值为特定的二氧化碳浓度下暗呼吸速率R_D。

6. 特定二氧化碳浓度和特定光强下的净光合速率的测定

根据特定光强下的光合作用的二氧化碳响应曲线找出特定二氧化碳浓度和特定光强下的净光合速率P_N；依据插值法从特定光强下的光合作用的二氧化碳响应曲线中获取特定二氧化碳浓度下的净光合速率P_N。

6.2.2.6 计算

1.特定二氧化碳浓度和特定光强下的光呼吸速率

依据特定光强下的总呼吸速率R_T和特定的二氧化碳浓度下暗呼吸速率R_D计算特定二氧化碳浓度和特定光强下的光呼吸速率R_P，计算公式为$R_P = R_T - R_D$。

2. 特定二氧化碳浓度和特定光强下的总光合速率

依据特定二氧化碳浓度和特定光强下的净光合速率P_N和特定光强下的总呼吸速率R_T计算特定二氧化碳浓度和特定光强下的总光合速率P_T，计算公式为$P_T = P_N + R_T$。

3. 光呼吸途径份额

依据特定二氧化碳浓度和特定光强下的总光合速率P_T和特定二氧化碳浓度和特定光强下的光呼吸速率R_P计算该植物在此环境下光呼吸途径份额S_P，计算公式为$S_P = R_P / P_T$。光呼吸途径份额以百分比值来进行体现。

6.2.2.7 精密度

本规程的精密度数据按照GB/T 6379.2—2004的规定确定，其重复性和再现性的值以90%的可信度计算。

6.2.2.8 技术优点

(1) 本规程不仅可以定量和预测任何环境下植物的光呼吸速率和光呼吸途径的份额，而且还能快速定量同一环境下不同植物的光呼吸途径份额，测定结果具有可比性。

(2) 通过本规程的定量测定，可以为筛选低光呼吸植物提供科学依据。

(3) 本规程既考虑到光呼吸又考虑到光下的暗呼吸，不仅可以准确地反映植物的能量分配，而且还可以准确反映植物的真实光合同化能力，为研究不同环境对植物的光合同化能力以及光合产物在光呼吸和暗呼吸之间的歧化的影响，提供了科学数据，克服了现有技术难以研究不同环境对植物的真实光合同化能力的影响的弱点。

(4) 本规程所测定的光合作用的光响应曲线以及二氧化碳响应曲线，都是人为控制条件下进行的，可以避开恶劣天气等因素的影响。

(5) 本规程依据光合作用的光响应曲线以及二氧化碳响应曲线外推结果，比单点测定的结果，其数据更具可靠性。

6.2.3　应用实例

6.2.3.1　实施例

1. 实施例 1

分别将生长 4 个月的桑树幼苗分成三个处理组培养，三个处理组分别是对照组(Hoagland 营养液)、轻度干旱(Hoagland 营养液+20 g·L^{-1}PEG 6000)和中度干旱(Hoagland 营养液+60 g·L^{-1}PEG 6000)。分别在处理 7 d 和 14 d 后，进行测定环境的平均光强和平均二氧化碳浓度，随后测定该平均光强下的光合作用的二氧化碳响应曲线以及该平均二氧化碳浓度下光合作用的光响应曲线，依据光合作用的二氧化碳响应曲线以及光合作用的光响应曲线，分别获取总呼吸速率 R_T 和暗呼吸速率 R_D。随后再从光合作用的二氧化碳响应曲线找出特定二氧化碳浓度和特定光强下的净光合速率 P_N；依据净光合速率 P_N、总呼吸速率 R_T 和暗呼吸速率 R_D，分别计算光呼吸速率 R_P 和光呼吸途径份额 S_P。其结果如表 6.1 所示。

表 6.1　桑树在不同处理条件下光呼吸速率 R_P 和光呼吸途径份额 S_P(环境中平均光强 300 μmol·m^{-2}·s^{-1}、平均二氧化碳浓度 400μmol·mol^{-1})(R_T、R_D、R_P、P_N 单位为 μmol·m^{-2}·s^{-1})

Table 6.1　The photorespiration rate (R_P) and share of photorespiration pathway to total photosynthetic rate (S_P) in *Morus alba* under different treatments (The average light intensity in the determining environment is 300 μmol·m^{-2}·s^{-1}, the average CO_2 concentration in the determining environment is 400 μmol·mol^{-1}) (The unit of R_T, R_D, R_P, and P_N is μmol·m^{-2}·s^{-1})

处理	处理时间/d	R_T	R_D	R_P	P_N	S_P/%
对照组	7	1.07	0.61	0.46	2.09	14.6
轻度干旱	7	0.82	0.62	0.20	1.67	8.0
中度干旱	7	1.04	0.44	0.60	2.10	19.1
对照组	14	0.90	0.50	0.40	3.66	8.1
轻度干旱	14	0.85	0.61	0.24	3.09	6.1
中度干旱	14	1.09	0.70	0.39	2.10	12.2

2. **实施例** 2

分别将生长 3 个月的构树幼苗分成三个处理组培养，三个处理组分别是对照组(Hoagland 营养液)、轻度干旱(Hoagland 营养液+20 $g·L^{-1}$PEG 6000)和中度干旱(Hoagland 营养液+60 $g·L^{-1}$PEG 6000)。分别在处理 7 d 和 14 d 后，进行测定环境的平均光强和平均二氧化碳浓度，随后测定该平均光强下的光合作用的二氧化碳响应曲线以及该平均二氧化碳浓度下光合作用的光响应曲线，依据光合作用的二氧化碳响应曲线以及光合作用的光响应曲线，分别获取总呼吸速率 R_T 和暗呼吸速率 R_D。随后再从光合作用的二氧化碳响应曲线找出特定二氧化碳浓度和特定光强下的净光合速率 P_N；依据净光合速率 P_N、总呼吸速率 R_T 和暗呼吸速率 R_D，分别计算光呼吸速率 R_P 和光呼吸途径份额 S_P。其结果如表 6.2。

表 6.2 构树在不同处理条件下光呼吸速率 R_P 和光呼吸途径份额 S_P(环境中平均光强 300 μmol m^{-2} s^{-1}、平均二氧化碳浓度 400 μmol·mol^{-1})(R_T、R_D、R_P、P_N 单位为 μmol·m^{-2}·s^{-1})

Table 6.2 The photorespiration rate (R_P) and share of photorespiration pathway to total photosynthetic rate (S_P) in *Broussonetia papyrifera* under different treatments (The average light intensity in the determining environment is 300 μmol·m^{-2}·s^{-1}, the average CO_2 concentration in the determining environment is 400 μmol·mol^{-1}) (The unit of R_T, R_D, R_P, and P_N is μmol·m^{-2}·s^{-1})

处理	处理时间/d	R_T	R_D	R_P	P_N	S_P/%
对照组	7	1.05	0.37	0.68	4.51	12.2
轻度干旱	7	1.34	0.37	0.97	6.10	13.0
中度干旱	7	1.11	0.41	0.70	4.23	13.1
对照组	14	1.23	0.50	0.73	5.16	11.4
轻度干旱	14	1.25	0.93	0.32	2.94	7.6
中度干旱	14	1.01	0.68	0.33	1.93	11.2

6.2.3.2 实施效果

从表 6.1 和表 6.2 结果中可以看出，同样处理的无论是构树还是桑树，处理 7 d 的光呼吸途径份额大于处理 14 d；无论是 7 d 还是 14 d，桑树轻度干旱的光呼吸途径份额都小于其他两个处理的，中度干旱的光呼吸途径份额大于其他两个处理；构树的处理 7d 的光呼吸途径份额无显著差异，处理 14 d 时，轻度干旱的光呼吸途径份额最小。最小的光呼吸途径份额与最小的光呼吸相对应，如轻度干旱的桑树和处理 14 d 的构树就具有极小的光呼吸。无论是对照还是处理，处理 7 d 的，构树的光呼吸大于桑树的，但是处理 14 d 的，构树的光呼吸却小于桑树的。这些结果表明，无干旱或轻度干旱时构树具有较高的光呼吸来适应环境。但对于中度干旱来说，短期处理使桑树光呼吸大大增加，随着处理时间的增加，光呼吸则趋于稳定(与对照相近)；而构树随着处理时间的增加光呼吸则大大减少，但光呼吸途径份额则与对照相近。这些结果为认识植物的抗旱机理提供新的视野。

6.3　植物糖代谢中的糖酵解和磷酸戊糖途径份额的检测

生物在不利生境条件下，往往通过在形态和生理上发生改变使它们能适应环境的变化以获得生存的机会。生物的生长发育都是以代谢为基础。因此，判断生物在逆境情况下代谢系统发生的复杂变化，是研究植物对环境适应性的基础。葡萄糖代谢是维持生命体基本活动的最重要的代谢过程，为生命体提供能量、还原力和合成其他生物大分子的底物。生命体内葡萄糖的代谢途径有很多种，分别是糖酵解途径、磷酸戊糖途径、糖醛酸途径、有氧氧化途径、多元醇途径、糖原合成与糖原分解、糖异生以及其他己糖代谢。其中，糖酵解途径和磷酸戊糖途径是葡萄糖的两个最主要的代谢途径，两者占葡萄糖代谢的份额超过 80%，在植物体中占的比例更大。糖酵解途径为生命体提供进行生命活动所必需的能量 ATP，而磷酸戊糖途径为生命体提供物质合成和抵抗不利环境所需的还原力 NAPDH（Heerden et al.，2003；Liu et al.，2013；Xing et al.，2015）。因此，植物糖代谢中的糖酵解和磷酸戊糖途径份额可以反映植物的环境适应性。

研究代谢途径的调控情况，常常通过研究其限速酶的活性变化来进行。在糖酵解途径中，磷酸果糖激酶（PFK）是此途径的限速酶，其功能是不可逆的催化果糖-6-磷酸生成果糖-1,6-二磷酸，导致葡萄糖进入糖酵解途径进行代谢；而葡萄糖-6-磷酸脱氢酶（G6PDH，EC 1.1.1.49）是磷酸戊糖途径的限速酶，其功能为催化葡萄糖-6-磷酸不可逆的转化为 6-磷酸葡萄糖酸，从而导致葡萄糖进入磷酸戊糖途径进行代谢（Wakao and Benning，2005； Yao and Wu，2016）。

以往常常通过研究一个代谢途径或几个代谢途径的变化情况来研究植物葡萄糖代谢在环境变化时发生的改变，这样的研究方法割裂了各个代谢途径之间的联系，难以反映各代谢途径之间的影响，不能够反映生物葡萄糖代谢整体的变化情况。因此，建立一种能反映葡萄糖代谢整体变化趋势的方法，对研究生物葡萄糖代谢在环境变化时的歧化情况具有极其重要的意义。

6.3.1　原理

对限速酶活力的研究是研究葡萄糖代谢途径的基本手段。限速酶的酶活力能够代表该途径进行葡萄糖代谢的活跃程度。磷酸果糖激酶（PFK）是糖酵解途径的限速酶，而葡萄糖-6-磷酸脱氢酶（G6PDH）是磷酸戊糖途径的限速酶，而磷酸果糖激酶（PFK）和葡萄糖-6-磷酸脱氢酶（G6PDH）酶活力的比值可以代表葡萄糖代谢在糖酵解途径和磷酸戊糖途径之间的分配情况。

当生物体内的葡萄糖通过糖酵解途径进行代谢生成甘油时，会消耗生物体内的还原性辅酶 I（NADH），而还原性辅酶 I（NADH）的消耗能够通过吸光度的变化来进行测量，即可以通过测定一定波长下吸光度的变化来测量糖酵解途径关键酶 PFK 的酶活力。而在生物体内的葡萄糖通过磷酸戊糖途径进行代谢时，会在生物体内生成还原性辅酶 II

(NADPH)，同样 NADPH 的增加也能够通过吸光度的变化来进行测量，即也可以通过测定一定波长下吸光度的变化来测量磷酸戊糖途径关键酶 G6PDH 的酶活力。

生物体酶液的提取。取 0.1 g 的生物组织放置于冰浴研钵中，加入液氮进行冷冻研磨，待液氮挥发后，加入 1 mL 酶提取液，其中含有 50 mM HEPES Tris-HCl(pH＝7.8)，3 mM $MgCl_2$，1 mM EDTA，1 mM 二硫苏糖醇和 1 mM 苯甲基磺酰氟。把研磨后的匀浆移入离心管中，在 4℃下，12 000g 离心 20 min，取上清液冷藏待测。

PFK 的总活力等于 ATP-PFK 酶活力加上 PPi-PFK 酶活力。ATP-PFK 酶活力的测定方法为：把 200 μL 酶提取液加入 1.8 mL ATP-PFK 酶活分析液中以测定 ATP-PFK 的酶活，ATP-PFK 酶活分析液包括 50 mM HEPES Tris-HCl(pH＝7.8)、2.5 mM $MgCl_2$、0.1 mM NADH、5 mM 果糖-6-磷酸、2 unit mL 的醛缩酶、1 unit mL 丙糖磷酸异构酶、2 unit mL 3-磷酸甘油脱氢酶和 1 mM ATP；PPi-PFK 酶活力的测定方法为：把 200 μL 酶提取液加入 1.8 mL PPi-PFK 酶活分析液中以测定 PPi-PFK 的酶活，PPi-PFK 酶活分析液包括 50 mM HEPES Tris-HCl(pH＝7.8)、2.5 mM $MgCl_2$，0.1 mM NADH、5 mM 果糖-6-磷酸、2 unit mL 的醛缩酶、1 unit mL 丙糖磷酸异构酶，2 unit mL 3-磷酸甘油脱氢酶和 1 mM PPi。利用紫外分光光度计在 340 nm 处测定反应混合液的光吸收，以测量反应混合液中 NADH 氧化为 NAD^+ 的速率的变化情况。

G6PDH 酶活的值等于 G6PDH 和 6PGDH 总酶活值减去 6PGDH 酶活值。首先测定 G6PDH 和 6PGDH(6-磷酸葡萄糖酸脱氢酶)的总活力，把 200 μL 酶提取液加入 1.8 mL G6PDH 和 6PGDH 总酶活分析液中以测定 G6PDH 和 6PGDH 的总酶活。G6PDH 和 6PGDH 总酶活分析液包括 50 mM HEPES Tris-HCl(pH＝7.8)、3.3 mM $MgCl_2$、0.5 mM 6-磷酸葡萄糖酸脂二钠盐、0.5 mM 6-磷酸葡萄糖酸脂和 0.5 mM $NADPNa_2$。把 200 μL 酶提取液加入 1.8 mL 6PGDH 酶活分析液中以测定 6PGDH 的酶活。6PGDH 酶活分析液中包括 50 mM HEPES Tris-HCl(pH＝7.8)，3.3 mM $MgCl_2$、0.5 mM 6-磷酸葡萄糖酸脂和 0.5 mM $NADPNa_2$。利用紫外分光光度计在 340 nm 处测定反应混合液的光吸收，以测量反应混合液中 $NADP^+$ 还原为 NADPH 的速率的变化情况。

酶活力的计算公式见式 6.1，其单位为 $nmol \cdot min^{-1} \cdot mg^{-1}$ Pr。

$$p = \frac{\left(\frac{\Delta A}{\Delta t}\right)\frac{1}{\varepsilon_{\mu M}}1000}{C_{Pr}V_E} \tag{6.1}$$

式中：ΔA 为在测定时间 Δt(min)内反应系统在测定波长的吸光值的变化；V_E 为测定的酶液加入的体积(μL)；$\varepsilon_{\mu M}$ 为所用的底物的微摩尔消光系数，可由底物的标准曲线求出；C_{Pr} 为酶液的蛋白浓度($g \cdot L^{-1}$ 或 $\mu g \cdot mL^{-1}$)。

NADPH 和 NADH 在 340 nm 的毫摩尔消光系数均为 6.22 $mM \cdot cm^{-1}$，其微摩尔消光系数即 0.00622 $\mu M \cdot m^{-1}$，其意义即在 1 cm 的光路中 1.0 $\mu mol \cdot L^{-1}$ 浓度的 NADPH 或 NADH 其在 340 nm 的吸光值为 0.00622。

由以上的方法和式(6.1)，可以计算出 PFK 酶活力为 EA_{pfk}，G6PDH 酶活力为 EA_{g6pdh}，同时假设生物体内参与葡萄糖代谢的代谢途径的关键酶的总活性为 EA_{Σ}，除糖酵解途径和磷酸戊糖途径之外参加葡萄糖代谢的各途径的限速酶活力为 EA_{else}，且各途径的限速酶的活力代表了该途径进行葡萄糖代谢的活跃程度。则生物体内参与葡萄糖通过糖酵解途径代谢的占比 P_{EMP} 可表示为

$$P_{EMP} = EA_{pfk} / (EA_{pfk} + EA_{g6pdh} + EA_{else}) \times 100\ \% \tag{6.2}$$

同理，磷酸戊糖途径在葡萄糖代谢中的占比 P_{PPP} 可表示为

$$P_{PPP} = EA_{g6pdh} / (EA_{pfk} + EA_{g6pdh} + EA_{else}) \times 100\ \% \tag{6.3}$$

在式(6.2)和式(6.3)中，因为 EA_{else} 的占比很小，且我们只研究 PFK 和 G6PDH 的酶活力关系，在此我们对其忽略。所以，糖酵解途径进行葡萄糖代谢与磷酸戊糖途径进行葡萄糖代谢之比可简单的表示为

$$P=P_{EMP}/P_{PPP}=EA_{pfk}:EA_{g6pdh} \tag{6.4}$$

由于测定时间 Δt、酶液加入的体积、所用的底物的微摩尔消光系数 $\varepsilon_{\mu M}$ 以及酶液的蛋白浓度相同，所以无论是磷酸果糖激酶的酶活力 EA_{pfk} 还是葡萄糖-6-磷酸脱氢酶的酶活力都可以以单位体积单位时间吸光度变化值表示其活力，它们的比值更是如此。

6.3.2　技术规程

6.3.2.1　范围

本规程规定了高等植物糖代谢中的糖酵解和磷酸戊糖途径份额的检测方法。

本规程适用于高等植物糖代谢中的糖酵解和磷酸戊糖途径份额的检测。

6.3.2.2　规范性引用文件

下列文件对于本文件的应用是必不可少的。凡是注日期的引用文件，仅注日期的版本适用于本文件。

GB/T 6379.2—2004 测量方法与结果的准确度(正确度与精确度)第二部分：确定标准测量方法重复性与再现性的基本方法。

GB/T 6682—2008 分析实验室用水规格和试验方法。

GB/T 1250—1989 极限数值的表示方法和判定方法。

6.3.2.3　术语和定义

(1)磷酸果糖激酶活力：单位时间单位质量的磷酸果糖激酶不可逆地催化果糖-6-磷酸生成果糖-1,6-二磷酸的速率。

(2)葡萄糖-6-磷酸脱氢酶活力：单位时间单位质量的葡萄糖-6-磷酸脱氢酶催化葡萄糖-6-磷酸不可逆的转化为 6-磷酸葡萄糖酸的速率。

(3)吸光度(absorbance)：是指光线通过溶液或某一物质前的入射光强度与该光线通过溶液或物质后的透射光强度比值的以 10 为底的对数［即 $\lg(I_0/I_1)$］，其中 I_0 为入射光强，I_1 为透射光强。

6.3.2.4 试剂和材料

除非另有规定，本规程所用试剂均为分析纯，水为 GB/T 6682—2008 规定的一级水。

1. 试剂

液氮、4-羟乙基哌嗪乙磺酸(HEPES)、盐酸三羟甲基氨基甲烷(Tris-HCl)、$MgCl_2$、乙二胺四乙酸(EDTA)、二硫苏糖醇、苯甲基磺酰氟、果糖-6-磷酸、醛缩酶、丙糖磷酸异构酶、3-磷酸甘油脱氢酶、三磷酸腺苷(ATP)、还原型烟酰胺腺嘌呤二核苷酸或还原型辅酶Ⅰ(NADH)、焦磷酸(PPi)、6-磷酸葡萄糖酸脂二钠盐、6-磷酸葡萄糖酸脂、氧化型辅酶Ⅱ二钠盐($NADPNa_2$)。

2. 材料

植物叶片。

6.3.2.5 主要仪器设备

(1) 紫外分光光度计。
(2) 研钵。
(3) 各种规格移液管、微量进样器。
(4) 高速冷冻离心机、离心管。

6.3.2.6 测定过程

1. 酶液的提取

选取待测植株，取第 2、第 3 和第 4 完全展开叶各一片；将上述叶片剪碎充分混合，取其中 0.1 g 进行酶液的提取；酶液的提取方法为：取 0.1 g 的叶片组织放置于冰浴研钵中，加入液氮进行冷冻研磨，待液氮挥发后，加入 1 mL 酶提取液；把研磨后的匀浆移入离心管中，在 4℃下，12 000 g 离心 20 min，取上清液冷藏待测；其中酶提取液为 50 mM HEPES Tris-HCl(pH 7.8)、3 mM $MgCl_2$、1 mM EDTA、1 mM 二硫苏糖醇和 1 mM 苯甲基磺酰氟；这里的 HEPES 为 4-羟乙基哌嗪乙磺酸、Tris-HCl 为盐酸三羟甲基氨基甲烷、EDTA 为乙二胺四乙酸。

2. 以单位体积单位时间吸光度变化值表示的磷酸果糖激酶活力的测定

上述提取的酶液中以单位体积单位时间吸光度变化值表示的磷酸果糖激酶活力 EA_{pfk} 的测定方法为：磷酸果糖激酶的酶活力等于 ATP-PFK 酶活力加上 PPi-PFK 酶活力。ATP-PFK 酶活力的测定方法为：把 200 μL 酶提取液加入 1.8 mL ATP-PFK 酶活分析液中，利用紫外分光光度计在 340 nm 处测定反应混合液中 5 min 的吸光度的变化 $D1$。ATP-PFK 酶活分析液 pH＝7.8，包括 50 mM HEPES Tris-HCl、2.5 mM $MgCl_2$、0.1 mM NADH、5 mM 果糖-6-磷酸、2 unit mL 的醛缩酶、1 unit mL 丙糖磷酸异构酶、2 unit mL 3-磷酸甘油脱氢酶和 1 mM ATP；PPi-PFK 酶活力的测定方法为：把 200 μL 酶提取液加入 1.8 mL PPi-PFK 酶活分析液中，利用紫外分光光度计在 340 nm 处测定反应混合液中 5 min 的吸光度的变化 $D2$；PPi-PFK 酶活分析液 pH＝7.8，包括 50 mM HEPES Tris-HCl、2.5 mM $MgCl_2$、0.1 mM NADH、5 mM 果糖-6-磷酸、2 unit mL 的醛缩酶、1 unit mL 丙糖磷酸异构酶、2 unit mL

3-磷酸甘油脱氢酶和 1 mM PPi。酶液中磷酸果糖激酶的酶活力 EA_{pfk} 可表示为 $D1+D2$。这里的 PFK 为磷酸果糖激酶，ATP 为三磷酸腺苷，PPi 为焦磷酸，NADH 为还原型烟酰胺腺嘌呤二核苷酸或还原型辅酶Ⅰ。

3. 以单位体积单位时间吸光度变化值表示的葡萄糖-6-磷酸脱氢酶的酶活力的测定

上述提取的酶液中以单位体积单位时间吸光度变化值表示的葡萄糖-6-磷酸脱氢酶的酶活力 EAg6pdh 的测定方法为：葡萄糖-6-磷酸脱氢酶的酶活力等于 G6PDH 和 6PGDH 总酶活力减去 6PGDH 酶活力。测定 G6PDH 和 6PGDH 的总活力的方法为：把 200μL 酶提取液加入 1.8 mL G6PDH 和 6PGDH 总酶活分析液中，利用紫外分光光度计在 340 nm 处测定反应混合液中 5 min 的吸光度的变化 D_T。G6PDH 和 6PGDH 总酶活分析液 pH＝7.8，包括 50 mM HEPES Tris-HCl、3.3 mM $MgCl_2$、0.5 mM 6-磷酸葡萄糖酸脂二钠盐、0.5 mM 6-磷酸葡萄糖酸脂和 0.5 mM NADPNa$_2$。6PGDH 的酶活力的测定方法为：把 200 μL 酶提取液加入 1.8 mL 6PGDH 酶活分析液中，利用紫外分光光度计在 340 nm 处测定反应混合液中 5 min 的吸光度的变化 D_P。6PGDH 酶活分析液 pH＝7.8，包括 50 mM HEPES Tris-HCl、3.3 mM $MgCl_2$、0.5 mM 6-磷酸葡萄糖酸脂和 0.5 mM NADPNa$_2$。酶液中葡萄糖-6-磷酸脱氢酶的酶活力 EAg6pdh 可表示为 $D_T–D_P$。这里的 G6PDH 为葡萄糖-6-磷酸脱氢酶，6PGDH 为 6-磷酸葡萄糖酸脱氢酶，NADPNa$_2$ 为氧化型辅酶 II 二钠盐。

6.3.2.7 计算

1. 糖代谢关键酶的总活性

将磷酸果糖激酶的酶活力 EA_{pfk} 与葡萄糖-6-磷酸脱氢酶的酶活力 EA_{g6pdh} 累加获得糖代谢关键酶的总活性 EA_Σ，计算公式为 $EA_\Sigma=EA_{pfk}+EA_{g6pdh}$。

2. 糖代谢中的糖酵解途径份额

依据磷酸果糖激酶的酶活力 EA_{pfk} 和糖代谢关键酶的总活性 EA_Σ，计算出糖代谢中的糖酵解途径份额 P_{EMP}，计算公式为 $P_{EMP}=EA_{pfk}/EA_\Sigma$；以百分比值来表示。

3. 糖代谢中的磷酸戊糖途径份额

依据葡萄糖-6-磷酸脱氢酶的酶活力 EA_{g6pdh} 和糖代谢关键酶的总活性 EA_Σ，计算出糖代谢中的磷酸戊糖途径份额 P_{PPP}；计算公式为 $P_{PPP}=EA_{g6pdh}/EA_\Sigma$；以百分比值来表示。

4. 糖代谢中的糖酵解途径和磷酸戊糖途径的比例

依据糖代谢中的糖酵解途径份额 P_{EMP} 和糖代谢中的磷酸戊糖途径份额 P_{PPP}，计算出糖代谢中的糖酵解途径和磷酸戊糖途径的比例 P，计算公式为 $P=P_{EMP}/P_{PPP}$。以百分比值来表示。

6.3.2.8 精密度

本规程的精密度数据按照 GB/T 6379.2—2004 的规定确定，其重复性和再现性的值以 90%的可信度计算。

6.3.2.9 技术优点

(1) 由于还原型烟酰胺腺嘌呤二核苷酸磷酸或还原型辅酶 II(NADPH) 和还原型烟酰胺

腺嘌呤二核苷酸或还原型辅酶Ⅰ(NADH)在340 nm的毫摩尔消光系数均为6.22 $mM·cm^{-1}$，测出的磷酸果糖激酶的酶活力和葡萄糖-6-磷酸脱氢酶的酶活力量纲相同，一个单位的葡萄糖通过糖酵解途径消耗 2 个单位的 NADH，而通过 PPP 途径恰好生成 2 个单位的NADPH，因此，用磷酸果糖激酶的酶活力和葡萄糖-6-磷酸脱氢酶的酶活力代表两个途径无须归一化，计算出的糖代谢中的糖酵解途径份额、糖代谢中的磷酸戊糖途径份额以及糖代谢中的糖酵解途径和磷酸戊糖途径的比例具有可靠性。

(2) 能快速定量不同环境下植物体糖代谢中的糖酵解途径份额、糖代谢中的磷酸戊糖途径份额以及糖代谢中的糖酵解途径和磷酸戊糖途径的比例，测定结果具有可比性。

(3) 本方法无须测定酶液中的蛋白质浓度，步骤少，计算简单。

(4) 本方法克服了现有研究将糖酵解途径和磷酸戊糖途径割裂开来的缺点，可以整体反映植物在环境变化时葡萄糖代谢的歧化情况以及葡萄糖代谢在各途径中的分配情况。

6.3.3 应用实例

6.3.3.1 实施例

1. 实施例 1

选取在1/2 Hoagland营养液(对照)中培养的构树植株，分别取第2、第3和第4完全展开叶各一片；将上述叶片剪碎充分混合，取其中0.1 g进行酶液的提取；测定构树叶片中糖酵解途径限速酶磷酸果糖激酶(PFK)的酶活力 EA_{pfk} 和磷酸戊糖途径限速酶葡萄糖-6-磷酸脱氢酶(G6PDH)的酶活力 EA_{g6pdh}；计算糖代谢关键酶的总活性 $EA_{\sum}$；将 EA_{pfk}、EA_{g6pdh} 和 $EA_{\sum}$ 分别代入 $P_{EMP}=EA_{pfk}/EA_{\sum}$、$P_{PPP}=EA_{g6pdh}/EA_{\sum}$ 计算出糖代谢中的糖酵解途径份额 P_{EMP} 和糖代谢中的磷酸戊糖途径份额 P_{PPP}；最后，将糖代谢中的糖酵解途径份额 P_{EMP} 和糖代谢中的磷酸戊糖途径份额 P_{PPP} 代入到公式 $P=P_{EMP}/P_{PPP}$ 中，计算出糖代谢中的糖酵解途径和磷酸戊糖途径的比例 P，如表6.3。

表 6.3 桑树和构树在不同处理条件下糖酵解途径和磷酸戊糖途径之间的比值

Table 6.3 The proportion of glycolysis and pentose phosphate pathway in *Morus alba* and *Broussonetia papyrifera* under different treatments

实施例	待测环境	P_{EMP}	P_{PPP}	$P=P_{EMP}/P_{PPP}$	物种
1	对照	76 %	24 %	76 %∶24 %	构树
2	胁迫 1	36 %	64 %	36 %∶64 %	构树
3	胁迫 2	48 %	52 %	48 %∶52 %	构树
4	对照	74 %	26 %	74 %∶26 %	桑树
5	胁迫 1	44%	56 %	44%∶56 %	桑树
6	胁迫 2	40 %	60 %	40 %∶60 %	桑树

2. 实施例 2

选取在 1/2 Hoagland 营养液（对照）中培养的桑树植株，分别取第 2、第 3 和第 4 完全展开叶各一片；将上述叶片剪碎充分混合，取其中 0.1 g 进行酶液的提取；测定桑树叶片中糖酵解途径限速酶磷酸果糖激酶（PFK）的酶活力 EA_{pfk} 和磷酸戊糖途径限速酶葡萄糖-6-磷酸脱氢酶（G6PDH）的酶活力 EA_{g6pdh}；计算糖代谢关键酶的总活性 EA_{Σ}；将 EA_{pfk}、EA_{g6pdh} 和 EA_{Σ} 分别代入 $P_{EMP}=EA_{pfk}/EA_{\Sigma}$、$P_{PPP}=EA_{g6pdh}/EA_{\Sigma}$ 计算出糖代谢中的糖酵解途径份额 P_{EMP} 和糖代谢中的磷酸戊糖途径份额 P_{PPP}；最后，将糖代谢中的糖酵解途径份额 P_{EMP} 和糖代谢中的磷酸戊糖途径份额 P_{PPP} 代入到公式 $P=P_{EMP}/P_{PPP}$ 中，计算出糖代谢中的糖酵解途径和磷酸戊糖途径的比例 P，如表 6.3。

3. 实施例 3

选取在 1/2 Hoagland+80 $g \cdot L^{-1}$PEG 6000 的营养液（胁迫 1）中培养的构树植株，培养 6 d 后分别取第 2、第 3 和第 4 完全展开叶各一片；将上述叶片剪碎充分混合，取其中 0.1 g 进行酶液的提取；测定构树叶片中糖酵解途径限速酶磷酸果糖激酶（PFK）的酶活力 EA_{pfk} 和磷酸戊糖途径限速酶葡萄糖-6-磷酸脱氢酶（G6PDH）的酶活力 EA_{g6pdh}；计算糖代谢关键酶的总活性 EA_{Σ}；将 EA_{pfk}、EA_{g6pdh} 和 EA_{Σ} 分别代入 $P_{EMP}=EA_{pfk}/EA_{\Sigma}$、$P_{PPP}=EA_{g6pdh}/EA_{\Sigma}$ 计算出糖代谢中的糖酵解途径份额 P_{EMP} 和糖代谢中的磷酸戊糖途径份额 P_{PPP}；最后，将糖代谢中的糖酵解途径份额 P_{EMP} 和糖代谢中的磷酸戊糖途径份额 P_{PPP} 代入到公式 $P=P_{EMP}/P_{PPP}$ 中，计算出糖代谢中的糖酵解途径和磷酸戊糖途径的比例 P，如表 6.3。

4. 实施例 4

选取在 1/2 Hoagland+80 $g \cdot L^{-1}$PEG 6000 的营养液（胁迫 1）中培养的桑树植株，培养 6d 后分别取第 2、第 3 和第 4 完全展开叶各一片；将上述叶片剪碎充分混合，取其中 0.1 g 进行酶液的提取；测定桑树叶片中糖酵解途径限速酶磷酸果糖激酶（PFK）的酶活力 EA_{pfk} 和磷酸戊糖途径限速酶葡萄糖-6-磷酸脱氢酶（G6PDH）的酶活力 EA_{g6pdh}；计算糖代谢关键酶的总活性 EA_{Σ}；将 EA_{pfk}、EA_{g6pdh} 和 EA_{Σ} 分别代入 $P_{EMP}=EA_{pfk}/EA_{\Sigma}$、$P_{PPP}=EA_{g6pdh}/EA_{\Sigma}$ 计算出糖代谢中的糖酵解途径份额 P_{EMP} 和糖代谢中的磷酸戊糖途径份额 P_{PPP}；最后，将糖代谢中的糖酵解途径份额 P_{EMP} 和糖代谢中的磷酸戊糖途径份额 P_{PPP} 代入到公式 $P=P_{EMP}/P_{PPP}$ 中，计算出糖代谢中的糖酵解途径和磷酸戊糖途径的比例 P，如表 6.3。

5. 实施例 5

选取在 1/2 Hoagland + 30 mM $NaHCO_3$ 的营养液（胁迫 2）中培养的构树植株，培养 6d 后分别取第 2、第 3 和第 4 完全展开叶各一片；将上述叶片剪碎充分混合，取其中 0.1 g 进行酶液的提取；测定构树叶片中糖酵解途径限速酶磷酸果糖激酶（PFK）的酶活力 EA_{pfk} 和磷酸戊糖途径限速酶葡萄糖-6-磷酸脱氢酶（G6PDH）的酶活力 EA_{g6pdh}；计算糖代谢关键酶的总活性 EA_{Σ}；将 EA_{pfk}、EA_{g6pdh} 和 EA_{Σ} 分别代入 $P_{EMP}=EA_{pfk}/EA_{\Sigma}$、$P_{PPP}=EA_{g6pdh}/EA_{\Sigma}$ 计算出糖代谢中的糖酵解途径份额 P_{EMP} 和糖代谢中的磷酸戊糖途径份额 P_{PPP}；最后，将糖代谢中的糖酵解途径份额 P_{EMP} 和糖代谢中的磷酸戊糖途径份额 P_{PPP} 代入到公式 $P=P_{EMP}/P_{PPP}$ 中，计算出糖代谢中的糖酵解途径和磷酸戊糖途径的比例 P，如表 6.3。

6. 实施例 6

选取在 1/2 Hoagland + 30 mM $NaHCO_3$ 的营养液（胁迫 2）中培养的桑树植株，培养

6d 后分别取第 2、第 3 和第 4 完全展开叶各一片；将上述叶片剪碎充分混合，取其中 0.1 g 进行酶液的提取；测定桑树叶片中糖酵解途径限速酶磷酸果糖激酶（PFK）的酶活力 EA_{pfk} 和磷酸戊糖途径限速酶葡萄糖-6-磷酸脱氢酶（G6PDH）的酶活力 EA_{g6pdh}；计算糖代谢关键酶的总活性 $EA_{\sum}$；将 EA_{pfk}、EA_{g6pdh} 和 $EA_{\sum}$ 分别代入 $P_{EMP}=EA_{pfk}/EA_{\sum}$、$P_{PPP}=EA_{g6pdh}/EA_{\sum}$ 计算出糖代谢中的糖酵解途径份额 P_{EMP} 和糖代谢中的磷酸戊糖途径份额 P_{PPP}；最后，将糖代谢中的糖酵解途径份额 P_{EMP} 和糖代谢中的磷酸戊糖途径份额 P_{PPP} 代入到公式 $P=P_{EMP}/P_{PPP}$ 中，计算出糖代谢中的糖酵解途径和磷酸戊糖途径的比例 P，如表 6.3。

6.3.3.2 实施效果

从表 6.3 中可以看出，桑树和构树在对照条件下 P_{EMP}∶P_{PPP} 的比值分别为 74%∶26% 和 76%∶24%，其结果较为接近。在胁迫条件下，我们可以看到 P_{PPP} 的比值分布在 52%～64%，这与逆境下植物以增强磷酸戊糖途径来适应环境的事实相符的。也与前人的估算结果相近。

从以上数据可看出，利用本技术获取葡萄糖代谢在 EMP 途径和 PPP 途径之间分配比例的方法简单可靠，能够很好地说明在不同环境条件下生物体内葡萄糖在 EMP 途径和 PPP 途径之间的歧化情况。

6.4 植物光合生长力的检测

光合作用（photosynthesis），即光能合成作用，是指含有叶绿体的绿色植物、动物和某些细菌，在可见光的照射下，经过光反应和碳反应（旧称暗反应），利用光合色素，将二氧化碳（或硫化氢）和水转化为有机物，并释放出氧气（或氢气）的生化过程。同时也有将光能转变为有机物中化学能的能量转化过程。光合作用是一系列复杂的代谢反应的总和，是生物界赖以生存的基础，也是地球碳-氧平衡的重要媒介。光合作用可分为产氧光合作用（oxygenic photosynthesis）和不产氧光合作用（anoxygenic photosynthesis）。对于生物界的几乎所有生物来说，这个过程是它们赖以生存的关键，而地球上的碳氧循环，光合作用是必不可少的。

糖是光合作用的产物，又是呼吸作用的底物，它为植物的生长发育提供碳骨架和能量。展开叶通过光合作用所累积的糖类主要有两个去向，一个是通过磷酸果糖激酶催化不可逆的进入糖酵解途径，另一个是通过葡萄糖-6-磷酸脱氢酶催化不可逆的进入磷酸戊糖途径。糖酵解途径（glycolytic pathway）又称 EMP 途径，是将葡萄糖和糖原降解为丙酮酸并伴随着 ATP 生成的一系列反应，是一切生物有机体中普遍存在的葡萄糖降解的途径。在需氧生物中，糖酵解途径是葡萄糖氧化成二氧化碳和水的前奏。糖酵解生成的丙酮酸可进入线粒体，通过三羧酸循环及电子传递链彻底氧化成二氧化碳和水，并生成 ATP，引起植物的生长。磷酸戊糖途径（pentose phosphate pathway）是葡萄糖氧化分解的一种方式。由于此途径是由 6-磷酸葡萄糖（G-6-P）开始，故亦称为己糖磷酸旁路。磷酸戊糖途径可分成氧化阶段和还原阶段两个部分，氧化阶段产生的还原型烟酰胺腺嘌呤二核苷酸磷酸或还原型辅酶 II(NADPH) 和还原阶段产生的核糖-5-磷酸在植物对抗胁迫环境时都具有极其重要的作用，核糖-5-磷酸能通过进入卡尔文循化对 RuBP 形成补充从而使植物在胁迫条件下光合作用能够得以维持(Heerden et al.，2003；Liu et al.，2013；Xing et al.，2015)。因此，植物光合累积的糖类通过糖酵解途径可致植物的生长。

植物的光合作用导致的糖类累积，并不一定总伴随着植物的生长。很多重要的生理过程如离子吸收、对抗逆境、器官形成、开花结实等都需要消耗来自光合作用所产生糖类，定量反映光合产物对生长的支持能力，将有利于判断植物的生产力，为生态系统植被的生产力的评估提供技术支撑。

6.4.1　原理

糖是光合作用的产物，又是呼吸作用的底物，它为植物的生长发育提供碳骨架和能量。净光合作用能够直接体现植物的累积糖类效果。展开叶通过光合作用所累积的糖类有两个途径：一个去向是通过磷酸果糖激酶催化不可逆的进入糖酵解途径，另一个是通过葡萄糖-6-磷酸脱氢酶催化不可逆的进入磷酸戊糖途径。糖酵解途径(glycolytic pathway)又称 EMP 途径，是将葡萄糖和糖原降解为丙酮酸并伴随着 ATP 生成的一系列反应，是一切生物有机体中普遍存在的葡萄糖降解的途径。在需氧生物中，糖酵解途径是葡萄糖氧化成二氧化碳和水的前奏(Michael et al.，2002；王镜岩等，2007)。糖酵解生成的丙酮酸可进入线粒体，通过三羧酸循环及电子传递链彻底氧化成二氧化碳和水，并生成 ATP，引起植物的生长，也即是展开叶将光合作用所累积的糖类歧化到糖酵解途径可导致植物的生长。

由于第 2、第 3 和第 4 完全展开叶中净光合速率(P_N)所积累的糖类歧化到糖酵解途径可导致植物的生长，因此可以通过计算糖类歧化到糖酵解途径的速率，获取植物光合生长力。也就是依据糖代谢中的糖酵解途径份额 P_{EMP} 乘以植物日均净光合速率 AP_N，计算出植物光合生长力 GC，计算公式为 $GC = P_{EMP} \times AP_N$。

由于光合作用所累积的糖类是用于一天的生长，而累积净光合速率 CP_N 是指在净光合速率大于 0 时的整个时间段内净光合速率时数，在一天的其他时期没有光合产物的积累，因此，叶片日均净光合速率 LAP_N 则为平均每时净光合速率，计算公式为 $LAP_N = CP_N / 24$。

6.4.2　技术规程

6.4.2.1　范围

本规程规定了高等植物糖代谢中的糖酵解、磷酸戊糖途径份额以及植物光合生长力的检测方法。

本规程适用于高等植物糖代谢中的糖酵解、磷酸戊糖途径份额以及植物光合生长力的检测。

6.4.2.2 规范性引用文件

下列文件对于本文件的应用是必不可少的。凡是注日期的引用文件，仅注日期的版本适用于本文件。

GB/T 6379.2—2004 测量方法与结果的准确度(正确度与精确度)第二部分：确定标准测量方法重复性与再现性的基本方法。

GB/T 6682—2008 分析实验室用水规格和试验方法。

GB/T 1250—1989 极限数值的表示方法和判定方法。

6.4.2.3 术语和定义

(1)磷酸果糖激酶活力：单位时间单位质量的磷酸果糖激酶不可逆地催化果糖-6-磷酸生成果糖-1,6-二磷酸的速率。

(2)葡萄糖-6-磷酸脱氢酶活力：单位时间单位质量的葡萄糖-6-磷酸脱氢酶催化葡萄糖-6-磷酸不可逆的转化为6-磷酸葡萄糖酸的速率。

(3)吸光度：是指光线通过溶液或某一物质前的入射光强度与该光线通过溶液或物质后的透射光强度比值的以10为底的对数［即 $\lg(I_0/I_1)$］，其中 I_0 为入射光强，I_1 为透射光强。

(4)光合作用日变化：植物叶片光合作用中净光合速率在一天之内的变化，为光合作用日变化。

(5)植物光合生长力。将植物光合作用生成的糖类用于植物生长的能力定义为植物光合生长力。

6.4.2.4 试剂和材料

除非另有规定，本规程所用试剂均为分析纯，水为GB/T 6682—2008规定的一级水。

1. 试剂

液氮、4-羟乙基哌嗪乙磺酸(HEPES)、盐酸三羟甲基氨基甲烷(Tris-HCl)、$MgCl_2$、乙二胺四乙酸(EDTA)、二硫苏糖醇、苯甲基磺酰氟、果糖-6-磷酸、醛缩酶、丙糖磷酸异构酶、3-磷酸甘油脱氢酶、三磷酸腺苷(ATP)、还原型烟酰胺腺嘌呤二核苷酸或还原型辅酶Ⅰ(NADH)、焦磷酸(PPi)、6-磷酸葡萄糖酸脂二钠盐、6-磷酸葡萄糖酸脂、氧化型辅酶Ⅱ二钠盐($NADPNa_2$)。

2. 材料

植物叶片。

6.4.2.5 主要仪器设备

(1)光合仪。

(2)紫外分光光度计。

(3)研钵。

(4)各种规格移液管、微量进样器。

(5)高速冷冻离心机、离心管。

6.4.2.6　测定过程

1. 测定叶片光合作用日变化

选第 2、第 3 和第 4 完全展开叶，无损测定各叶片在净光合速率大于 0 时各个时间段的净光合速率，即为光合作用日变化，依据光合作用日变化计算待测植株日均净光合速率 AP_N。

2. 酶液的提取

在第 2 天下午 15:00～16:00 取上述已测过日均净光合速率的叶片各 1 片，剪碎充分混合，取其中 0.1 g 进行酶液的提取；酶液的提取方法为：取 0.1 g 的叶片组织放置于冰浴研钵中，加入液氮进行冷冻研磨，待液氮挥发后，加入 1 mL 酶提取液；把研磨后的匀浆移入离心管中，在 4℃下，12 000 g 离心 20 min，取上清液冷藏待测；其中酶提取液为 50 mM HEPES Tris-HCl（pH＝7.8）、3 mM $MgCl_2$、1 mM EDTA、1 mM 二硫苏糖醇和 1 mM 苯甲基磺酰氟；这里的 HEPES 为 4-羟乙基哌嗪乙磺酸，Tris-HCl 为盐酸三羟甲基氨基甲烷，EDTA 为乙二胺四乙酸。

3. 以单位体积单位时间吸光度变化值表示的磷酸果糖激酶活力的测定

上述提取的酶液中以单位体积单位时间吸光度变化值表示的磷酸果糖激酶活力 EA_{pfk} 的测定方法为：磷酸果糖激酶的酶活力等于 ATP-PFK 酶活力加上 PPi-PFK 酶活力。ATP-PFK 酶活力的测定方法为：把 200 μL 酶提取液加入 1.8 mL ATP-PFK 酶活分析液中，利用紫外分光光度计在 340 nm 处测定反应混合液中 5 min 的吸光度的变化 $D1$。ATP-PFK 酶活分析液 pH＝7.8，包括 50 mM HEPES Tris-HCl、2.5 mM $MgCl_2$、0.1 mM NADH、5 mM 果糖-6-磷酸、2 unit mL 的醛缩酶、1 unit mL 丙糖磷酸异构酶、2 unit mL 3-磷酸甘油脱氢酶和 1 mM ATP。PPi-PFK 酶活力的测定方法为：把 200μL 酶提取液加入到 1.8 mL PPi-PFK 酶活分析液中，利用紫外分光光度计在 340 nm 处测定反应混合液中 5 min 的吸光度的变化 $D2$。PPi-PFK 酶活分析液 pH＝7.8，包括 50 mM HEPES Tris-HCl、2.5 mM $MgCl_2$、0.1 mM NADH、5 mM 果糖-6-磷酸、2 unit mL 的醛缩酶、1 unit mL 丙糖磷酸异构酶、2 unit mL 3-磷酸甘油脱氢酶和 1 mM PPi。酶液中磷酸果糖激酶的酶活力 EA_{pfk} 可表示为 $D1+D2$。这里的 PFK 为磷酸果糖激酶，ATP 为三磷酸腺苷，PPi 为焦磷酸，NADH 为还原型烟酰胺腺嘌呤二核苷酸或还原型辅酶 I。

4. 以单位体积单位时间吸光度变化值表示的葡萄糖-6-磷酸脱氢酶的酶活力的测定

上述提取的酶液中以单位体积单位时间吸光度变化值表示的葡萄糖-6-磷酸脱氢酶的酶活力 EA_{g6pdh} 的测定方法为：葡萄糖-6-磷酸脱氢酶的酶活力等于 G6PDH 和 6PGDH 总酶活力减去 6PGDH 酶活力。测定 G6PDH 和 6PGDH 的总活力的方法为：把 200 μL 酶提取液加入 1.8 mL G6PDH 和 6PGDH 总酶活分析液中，利用紫外分光光度计在 340 nm 处测定反应混合液中 5 min 的吸光度的变化 D_T。G6PDH 和 6PGDH 总酶活分析液 pH 为 7.8，包括 50 mM HEPES Tris-HCl、3.3 mM $MgCl_2$、0.5 mM 6-磷酸葡萄糖酸脂二钠盐、0.5 mM 6-磷酸葡萄糖酸脂和 0.5 mM $NADPNa_2$。6PGDH 的酶活力的测定方法为：把 200 μL 酶提取液加入 1.8 mL 6PGDH 酶活分析液中，利用紫外分光光度计在 340 nm 处测定反应混合液中 5 min 的吸光度的变化 D_P。6PGDH 酶活分析液 pH＝7.8，包括 50 mM HEPES Tris-HCl、

3.3 mM $MgCl_2$、0.5 mM 6-磷酸葡萄糖酸脂和 0.5 mM $NADPNa_2$。酶液中葡萄糖-6-磷酸脱氢酶的酶活力 EA_{g6pdh} 可表示为 $D_T–D_P$。这里的 G6PDH 为葡萄糖-6-磷酸脱氢酶，6PGDH 为 6-磷酸葡萄糖酸脱氢酶，$NADPNa_2$ 为氧化型辅酶 II 二钠盐。

6.4.2.7 计算

1. 植物日均净光合速率

根据净光合速率随光合时间的变化，利用积分法获得累积净光合速率，也即累积净光合速率 CP_N 是在净光合速率大于 0 时的整个时间段内进行净光合速率对时间的积分，单位为 $\mu molm^{-2}s^{-1}h$；依据累积净光合速率，计算出各叶片日均净光合速率 LAP_N，也即平均每时净光合速率，计算公式为 $LAP_N = CP_N / 24$；依据第 2、第 3 和第 4 完全展开叶的叶片日均净光合速率的平均值代表该株植物日均净光合速率 AP_N。

2. 糖代谢关键酶的总活性

将磷酸果糖激酶的酶活力 EA_{pfk} 与葡萄糖-6-磷酸脱氢酶的酶活力 EA_{g6pdh} 累加获得糖代谢关键酶的总活性 EA_{Σ}，计算公式为 $EA_{\Sigma}=EA_{pfk}+EA_{g6pdh}$。

3. 糖代谢中的糖酵解途径份额

依据磷酸果糖激酶的酶活力 EA_{pfk} 和糖代谢关键酶的总活性 EA_{Σ}，计算出糖代谢中的糖酵解途径份额 P_{EMP}，计算公式为 $P_{EMP}=EA_{pfk} / EA_{\Sigma}$；以百分比值来表示。

4. 植物光合生长力

依据糖代谢中的糖酵解途径份额 P_{EMP} 乘以植物日均净光合速率 AP_N，计算出植物光合生长力 GC，计算公式为 $GC=P_{EMP}\times AP_N$。

6.4.2.8 精密度

本规程的精密度数据按照 GB/T 6379.2—2004 的规定确定，其重复性和再现性的值以 90%的可信度计算。

6.4.2.9 技术优点

(1) 能快速定量不同环境下植物光合生长力，测定结果具有可比性。

(2) 由于还原型烟酰胺腺嘌呤二核苷酸磷酸或还原型辅酶 II（NADPH）和还原型烟酰胺腺嘌呤二核苷酸或还原型辅酶 I（NADH）在 340 nm 的毫摩尔消光系数均为 6.22 $mM\cdot cm^{-1}$，测出的磷酸果糖激酶的酶活力和葡萄糖-6-磷酸脱氢酶的酶活力量纲相同，一个单位的葡萄糖通过糖酵解途径消耗 2 个单位的 NADH，而通过磷酸戊糖途径恰好生成 2 个单位的 NADPH，因此，用磷酸果糖激酶的酶活力和葡萄糖-6-磷酸脱氢酶的酶活力代表两个途径无须归一化，计算出的糖代谢中的糖酵解途径份额稳定可靠。

(3) 本规程无须测定酶液中的蛋白质浓度，步骤少，计算简单。

(4) 刚已完全展开的植物叶片，其中累积的糖类主要有两个去向，一个去向是通过磷酸果糖激酶催化不可逆的进入糖酵解途径，另一个是通过葡萄糖-6-磷酸脱氢酶催化不可逆的进入磷酸戊糖途径，其中的糖酵解途径绝大多数会产生植物的生长效应，因此计算出的植物光合生长力具有理论依据和可信性。

(5) 本规程克服了现有技术难以定量反映胁迫条件下光合产物造成的生长效应的弱点。

6.4.3　应用实例

6.4.3.1　实施例

1. 实施例 1

选取在 1/2 Hoagland 营养液(对照)中培养的构树植株，分别在培养 1 d、3 d、5 d、7 d 后取第 2、第 3 和第 4 完全展开叶各 1 片；使用进口 Li-6400XT 便携式光合测量系统(Li-COR，Lincoln，NE，USA)测定各叶片光合作用日变化，计算出日均净光合速率，取上述 3 个叶片日均净光合速率的平均值代表该株植物日均净光合速率 AP_N；随后，在各自的第 2 天，也即 2 d、4 d、6 d、8 d 15:00～16:00 取上述已测过日均净光合速率的叶片各 1 片，剪碎充分混合，取其中 0.1 g 进行酶液的提取；测定上述提取的酶液中以单位体积单位时间吸光度变化值表示的磷酸果糖激酶活力 EA_{pfk}；测定上述提取的酶液中以单位体积单位时间吸光度变化值表示的葡萄糖-6-磷酸脱氢酶的酶活力 EA_{g6pdh}；将磷酸果糖激酶的酶活力 EA_{pfk} 与葡萄糖-6-磷酸脱氢酶的酶活力 EA_{g6pdh} 累加获得糖代谢关键酶的总活性 EA_{Σ}，计算公式为 $EA_{\Sigma}=EA_{pfk}+EA_{g6pdh}$；依据磷酸果糖激酶的酶活力 EA_{pfk} 和糖代谢关键酶的总活性 EA_{Σ}，计算出糖代谢中的糖酵解途径份额 P_{EMP}，计算公式为 $P_{EMP}=EA_{pfk}/EA_{\Sigma}$；依据糖代谢中的糖酵解途径份额 P_{EMP} 乘以植物日均净光合速率 AP_N，计算出植物光合生长力 GC，计算公式为 $GC=P_{EMP}\times AP_N$，如表 6.4。

表 6.4　桑树和构树在不同处理条件下不同时间的植物光合生长力

Table 6.4　The photosynthetic-growth capability in *Morus alba* and *Broussonetia papyrifera* under different treatments at different times

实施例	物种	待测环境	时间/d	AP_N	P_{EMP}	GC
1	构树	对照	1～2	3.77	74%	2.79
	构树	对照	3～4	3.38	73%	2.47
	构树	对照	5～6	3.59	75%	2.69
	构树	对照	7～8	4.04	73%	2.95
2	构树	胁迫 1	1～2	2.36	30%	0.71
	构树	胁迫 1	3～4	1.61	35%	0.56
	构树	胁迫 1	5～6	1.05	43%	0.45
	构树	胁迫 1	7～8	1.01	47%	0.47
3	构树	胁迫 2	1～2	3.51	32%	1.12
	构树	胁迫 2	3～4	2.99	39%	1.16
	构树	胁迫 2	5～6	2.61	40%	1.04
	构树	胁迫 2	7～8	2.34	48%	1.12
4	桑树	对照	1～2	3.96	75%	2.97
	桑树	对照	3～4	2.95	76%	2.24

续表

实施例	物种	待测环境	时间/d	AP_N	P_{EMP}	GC
	桑树	对照	5～6	3.81	78%	2.97
	桑树	对照	7～8	3.53	74%	2.61
5	桑树	胁迫 1	1～2	1.63	23%	0.37
	桑树	胁迫 1	3～4	1.37	23%	0.32
	桑树	胁迫 1	5～6	1.34	36%	0.48
	桑树	胁迫 1	7～8	0.84	48%	0.40
6	桑树	胁迫 2	1～2	1.69	37%	0.63
	桑树	胁迫 2	3～4	1.01	31%	0.31
	桑树	胁迫 2	5～6	0.76	48%	0.36
	桑树	胁迫 2	7～8	0.63	69%	0.43

2. 实施例 2

选取在 1/2 Hoagland 营养液(对照)中培养的桑树植株，分别在培养 1 d、3 d、5 d、7 d 后取第 2、第 3 和第 4 完全展开叶各 1 片；使用进口 Li-6400XT 便携式光合测量系统(Li-COR，Lincoln，NE，USA)测定各叶片光合作用日变化，计算出日均净光合速率，取上述 3 个叶片日均净光合速率的平均值代表该株植物日均净光合速率 AP_N；随后，在各自的第 2 天，也即 2 d、4 d、6 d、8 d 15:00～16:00 取上述已测过日均净光合速率的叶片各 1 片，剪碎充分混合，取其中 0.1 g 进行酶液的提取；测定上述提取的酶液中以单位体积单位时间吸光度变化值表示的磷酸果糖激酶活力 EA_{pfk}；测定上述提取的酶液中以单位体积单位时间吸光度变化值表示的葡萄糖-6-磷酸脱氢酶的酶活力 EA_{g6pdh}；将磷酸果糖激酶的酶活力 EA_{pfk} 与葡萄糖-6-磷酸脱氢酶的酶活力 EA_{g6pdh} 累加获得糖代谢关键酶的总活性 EA_Σ，计算公式为 $EA_\Sigma = EA_{pfk} + EA_{g6pdh}$；依据磷酸果糖激酶的酶活力 EA_{pfk} 和糖代谢关键酶的总活性 EA_Σ，计算出糖代谢中的糖酵解途径份额 P_{EMP}，计算公式为 $P_{EMP} = EA_{pfk}/EA_\Sigma$；依据糖代谢中的糖酵解途径份额 P_{EMP} 乘以植物日均净光合速率 AP_N，计算出植物光合生长力 GC，计算公式为 $GC = P_{EMP} \times AP_N$，如表 6.4。

3. 实施例 3

选取在 1/2 Hoagland + 80 $g \cdot L^{-1}$PEG 6000 的营养液(胁迫 1)中培养的构树植株，分别在培养 1 d、3 d、5 d、7 d 后取第 2、第 3 和第 4 完全展开叶各 1 片；使用进口 Li-6400XT 便携式光合测量系统(Li-COR，Lincoln，NE，USA)测定各叶片光合作用日变化，计算出日均净光合速率，取上述 3 个叶片日均净光合速率的平均值代表该株植物日均净光合速率 AP_N；随后，在各自的第 2 天，也即 2 d、4 d、6 d、8 d 15:00～16:00 取上述已测过日均净光合速率的叶片各 1 片，剪碎充分混合，取其中 0.1 g 进行酶液的提取；测定上述提取的酶液中以单位体积单位时间吸光度变化值表示的磷酸果糖激酶活力 EA_{pfk}；测定上述提取的酶液中以单位体积单位时间吸光度变化值表示的葡萄糖-6-磷酸脱氢酶的酶活力 EA_{g6pdh}；将磷酸果糖激酶的酶活力 EA_{pfk} 与葡萄糖-6-磷酸脱氢酶的酶活力 EA_{g6pdh} 累加获得糖代谢关键酶的总活性 EA_Σ，计算公式为 $EA_\Sigma = EA_{pfk} + EA_{g6pdh}$；依据磷酸果糖激酶的

酶活力 EA_{pfk} 和糖代谢关键酶的总活性 EA_{Σ}，计算出糖代谢中的糖酵解途径份额 P_{EMP}，计算公式为 $P_{EMP}=EA_{pfk}/EA_{\Sigma}$；依据糖代谢中的糖酵解途径份额 P_{EMP} 乘以植物日均净光合速率 AP_N，计算出植物光合生长力 GC，计算公式为 $GC=P_{EMP}\times AP_N$，如表 6.4。

4. 实施例 4

选取在 1/2 Hoagland＋30 mM $NaHCO_3$ 的营养液(胁迫 2)中培养的构树植株，分别在培养 1 d、3 d、5 d、7 d 后取第 2、第 3 和第 4 完全展开叶各 1 片；使用进口 Li-6400XT 便携式光合测量系统(Li-COR，Lincoln，NE，USA)测定各叶片光合作用日变化，计算出日均净光合速率，取上述 3 个叶片日均净光合速率的平均值代表该株植物日均净光合速率 AP_N；随后，在各自的第 2 天，也即 2 d、4 d、6 d、8 d 15:00～16:00 取上述已测过日均净光合速率的叶片各 1 片，剪碎充分混合，取其中 0.1 g 进行酶液的提取；测定上述提取的酶液中以单位体积单位时间吸光度变化值表示的磷酸果糖激酶活力 EA_{pfk}；测定上述提取的酶液中以单位体积单位时间吸光度变化值表示的葡萄糖-6-磷酸脱氢酶的酶活力 EA_{g6pdh}；将磷酸果糖激酶的酶活力 EA_{pfk} 与葡萄糖-6-磷酸脱氢酶的酶活力 EA_{g6pdh} 累加获得糖代谢关键酶的总活性 EA_{Σ}，计算公式为 $EA_{\Sigma}=EA_{pfk}+EA_{g6pdh}$；依据磷酸果糖激酶的酶活力 EA_{pfk} 和糖代谢关键酶的总活性 EA_{Σ}，计算出糖代谢中的糖酵解途径份额 P_{EMP}，计算公式为 $P_{EMP}=EA_{pfk}/EA_{\Sigma}$；依据糖代谢中的糖酵解途径份额 P_{EMP} 乘以植物日均净光合速率 AP_N，计算出植物光合生长力 GC，计算公式为 $GC=P_{EMP}\times AP_N$，如表 6.4。

5. 实施例 5

选取在 1/2 Hoagland＋80 $g\cdot L^{-1}$PEG 6000 的营养液(胁迫 1)中培养的桑树植株，分别在培养 1 d、3 d、5 d、7 d 后取第 2、第 3 和第 4 完全展开叶各 1 片；使用进口 Li-6400XT 便携式光合测量系统(Li-COR，Lincoln，NE，USA)测定各叶片光合作用日变化，计算出日均净光合速率，取上述 3 个叶片日均净光合速率的平均值代表该株植物日均净光合速率 AP_N；随后，在各自的第 2 天，也即 2 d、4 d、6 d、8 d 15:00～16:00 取上述已测过日均净光合速率的叶片各 1 片，剪碎充分混合，取其中 0.1 g 进行酶液的提取；测定上述提取的酶液中以单位体积单位时间吸光度变化值表示的磷酸果糖激酶活力 EA_{pfk}；测定上述提取的酶液中以单位体积单位时间吸光度变化值表示的葡萄糖-6-磷酸脱氢酶的酶活力 EA_{g6pdh}；将磷酸果糖激酶的酶活力 EA_{pfk} 与葡萄糖-6-磷酸脱氢酶的酶活力 EA_{g6pdh} 累加获得糖代谢关键酶的总活性 EA_{Σ}，计算公式为 $EA_{\Sigma}=EA_{pfk}+EA_{g6pdh}$；依据磷酸果糖激酶的酶活力 EA_{pfk} 和糖代谢关键酶的总活性 EA_{Σ}，计算出糖代谢中的糖酵解途径份额 P_{EMP}，计算公式为 $P_{EMP}=EA_{pfk}/EA_{\Sigma}$；依据糖代谢中的糖酵解途径份额 P_{EMP} 乘以植物日均净光合速率 AP_N，计算出植物光合生长力 GC，计算公式为 $GC=P_{EMP}\times AP_N$，如表 6.4。

6. 实施例 6

选取在 1/2 Hoagland + 30 mM $NaHCO_3$ 的营养液(胁迫 2)中培养的桑树植株，分别在培养 1 d、3 d、5 d、7 d 后取第 2、第 3 和第 4 完全展开叶各 1 片；使用进口 Li-6400XT 便携式光合测量系统(Li-COR，Lincoln，NE，USA)测定各叶片光合作用日变化，计算出日均净光合速率，取上述 3 个叶片日均净光合速率的平均值代表该株植物日均净光合速率 AP_N；随后，在各自的第 2 天，也即 2 d、4 d、6 d、8 d 15:00～16:00 取上述已测过日均净光合速率的叶片各 1 片，剪碎充分混合，取其中 0.1 g 进行酶液的提取；测定上述提取的酶液中以单位体积单位时间吸光度变化值表示的磷酸果糖激酶活力 EA_{pfk}；测定上述提取的酶液中以单位体积单位时间吸光度变化值表示的葡萄糖-6-磷酸脱氢酶的酶活力 EA_{g6pdh}；将磷酸果糖激酶的酶活力 EA_{pfk} 与葡萄糖-6-磷酸脱氢酶的酶活力 EA_{g6pdh} 累加获得糖代谢关键酶的总活性 EA_{Σ}，计算公式为 $EA_{\Sigma}=EA_{pfk}+EA_{g6pdh}$；依据磷酸果糖激酶的酶活力 EA_{pfk} 和糖代谢关键酶的总活性 EA_{Σ}，计算出糖代谢中的糖酵解途径份额 P_{EMP}，计算公式为 $P_{EMP}=EA_{pfk}/EA_{\Sigma}$；依据糖代谢中的糖酵解途径份额 P_{EMP} 乘以植物日均净光合速率 AP_N，计算出植物光合生长力 GC，计算公式为 $GC=P_{EMP}\times AP_N$，如表 6.4。

6.4.3.2 实施效果

从表 6.4 的数据可看出，虽然在对照环境下桑树的光合生长力与构树的差异不大，但是，在两种胁迫环境下，构树的光合生长力都大于桑树，表明构树适应于相关逆境，与其在该逆境下光合生长力强有关；这与构树比桑树更适应喀斯特环境的事实是相吻合的；高浓度的重碳酸盐对构树光合作用的影响显著小于对其光合生长力的影响，这或许是光合速率与生长不匹配的一个重要原因。另外，从表 6.4 的数据还可以看出，两种植物对高浓度的碳酸氢钠的耐性都强于模拟干旱逆境(胁迫 1)，也就是说，与岩溶干旱逆境相比，这两种植物更适应高浓度的重碳酸盐。同时，也可以看出，利用本技术获取的植物光合生长力的方法简单可靠，能够很好地说明在不同环境条件下植物光合能力的强弱。

6.5 植物 1,5-二磷酸核酮糖再生能力的检测

生物在受到胁迫的情况下，往往因为气孔关闭而使光合作用受到影响，这主要是由卡尔文循环对 1,5-二磷酸核酮糖(RuBP)的再生能力下降所致。这时，磷酸戊糖途径能通过生成核糖-5-磷酸进入到卡尔文循环，通过磷酸化生成 RuBP，从而对卡尔文循环进行物质补充，使胁迫条件下植物光合作用的进行得到一定程度的补充(Onoda et al., 2004, 2005)。

磷酸戊糖途径(pentose phosphate pathway)是葡萄糖氧化分解的一种方式。由于此途径是由 6-磷酸葡萄糖(G-6-P)开始，故亦称为己糖磷酸旁路。磷酸戊糖途径可分成氧化阶段和还原阶段两个部分，氧化阶段产生的还原型烟酰胺腺嘌呤二核苷酸磷酸或还原型辅酶 II (NADPH)和还原阶段产生的核糖-5-磷酸在植物对抗胁迫环境时都具有极其重要的作用，核糖-5-磷酸能通过进入卡尔文循化对 RuBP 形成补充从而使植物在胁迫条件下光合作用能够得以维持(Mott et al., 1984)。

以往常常研究磷酸戊糖途径时，很少注意到其在胁迫条件下对植物光合作用维持的重要作用，更没有方法用于定量测定植物 1,5-二磷酸核酮糖再生能力。

1,5-二磷酸核酮糖与植物的碳氮代谢紧密相连，1,5-二磷酸核酮糖的流动影响了很多代谢过程；尤其是叶绿体中的 1,5-二磷酸核酮糖的再生，它直接与 Rubisco 的羧化效率和光呼吸速率和份额有关。不同的环境下植物 1,5-二磷酸核酮糖再生能力明显不同，1,5-二磷酸核酮糖再生能力强的物种，它对相应的环境适应性也强。定量不同环境下，植物 1,5-

二磷酸核酮糖再生能力，可为适应性的物种选择提供科学依据。

6.5.1 原理

总光合速率是指光合作用产生糖类的速率，而净光合速率（P_N）是指光合作用产生的糖类减去呼吸作用消耗的糖类(即植物累积的糖类)的速率，净光合作用＝总光合作用－呼吸作用消耗，能够直接体现植物的糖类累积效果。

叶片中累积的糖类主要有两个去向，一个是通过磷酸果糖激酶催化不可逆的进入糖酵解途径，另一个是通过葡萄糖-6-磷酸脱氢酶催化不可逆的进入磷酸戊糖途径。糖酵解途径(glycolytic pathway)又称 EMP 途径，是将葡萄糖和糖原降解为丙酮酸并伴随着 ATP 生成的一系列反应，是一切生物有机体中普遍存在的葡萄糖降解的途径。在需氧生物中，糖酵解途径是葡萄糖氧化成二氧化碳和水的前奏。糖酵解生成的丙酮酸可进入线粒体，通过三羧酸循环及电子传递链彻底氧化成二氧化碳和水，并生成 ATP。可以用下式表示：

$$\text{葡萄糖-6-磷酸} + 2NADH \longrightarrow 2\ \text{甘油酸-3-磷酸} + 2NAD^+ \tag{6.5}$$

磷酸戊糖途径可分成氧化阶段和还原阶段两个部分，氧化阶段产生的还原型烟酰胺腺嘌呤二核苷酸磷酸或还原型辅酶 II(NADPH)和还原阶段产生的核糖-5-磷酸在植物对抗胁迫环境时都具有极其重要的作用，核糖-5-磷酸能通过进入卡尔文循化对 RuBP 形成补充从而使植物光合作用在胁迫条件下能够得以维持。在磷酸戊糖途径中葡萄糖-6-磷酸的去向有 3 个：

去向 1，当机体迫切需要核糖-5-磷酸时：

$$5\ \text{葡萄糖-6-磷酸} + ATP \longrightarrow 6\ \text{核糖-5-磷酸} + ADP + H^+ \tag{6.6}$$

去向 2，当机体迫切需要 NADPH 时：

$$\text{葡萄糖-6-磷酸}+7H_2O+12NADP \longrightarrow 12NADPH+12H^++12CO_2+Pi \tag{6.7}$$

去向 3，当机体同时需要核糖-5-磷酸和 NADPH 时：

$$\text{葡萄糖-6-磷酸}+H_2O+2NADP^+ \longrightarrow \text{核糖-5-磷酸}+2NADPH+2H^++CO_2 \tag{6.8}$$

在进行光合作用时的第 2、第 3 和第 4 完全展开叶中，叶片同时需要核糖–5–磷酸和 NADPH 时，其中的磷酸戊糖途径中葡萄糖-6-磷酸的去向为去向 3。

此外，核糖-5-磷酸也是合成核酸的重要底物，但是由于细胞内核酸的量和可溶性糖的量相差巨大(相差两个数量级)，故在光合作用有关的计算中，除细胞处于分裂旺盛期时，可以忽略核糖-5-磷酸转化为核糖所消耗的量。所以在进行光合作用时的第 2、第 3 和第 4 完全展开叶，可以用式(6.8)表示磷酸戊糖途径对 1,5–二磷酸核酮糖的再生作用：

由于第 2、第 3 和第 4 完全展开叶中净光合速率（P_N）所积累的糖类物质有两个去向，一个为糖酵解途径如式(6.5)，另一个为磷酸戊糖途径中的去向 3 如式(6.8)，而糖酵解途径为 1 个单位的葡萄糖通过糖酵解途径消耗 2 个单位的 NADH，而通过磷酸戊糖途径中的去向 3 恰好生成 2 个单位的 NADPH，因此可以通过计算糖类歧化到磷酸戊糖途径，获取植物 1,5–二磷酸核酮糖再生能力。也就是依据糖代谢中的磷酸戊糖途径份额 P_{PPP} 乘以植物叶片的净光合速率 P_N，计算出植物 1,5–二磷酸核酮糖再生能力 RC_{RuBP}，计算公式为 $RC_{RuBP}=P_{PPP}\times P_N$。

6.5.2 技术规程

6.5.2.1 范围

本规程规定了高等植物1,5-二磷酸核酮糖再生能力的检测方法。

本规程适用于能够测定其净光合速率的高等植物1,5-二磷酸核酮糖再生能力的检测。

6.5.2.2 规范性引用文件

下列文件对于本文件的应用是必不可少的。凡是注日期的引用文件，仅注日期的版本适用于本文件。

GB/T 6379.2—2004 测量方法与结果的准确度(正确度与精确度)第二部分：确定标准测量方法重复性与再现性的基本方法。

GB/T 6682—2008 分析实验室用水规格和试验方法。

GB/T 1250—1989 极限数值的表示方法和判定方法。

6.5.2.3 术语和定义

(1) 磷酸果糖激酶活力：单位时间单位质量的磷酸果糖激酶不可逆地催化果糖-6-磷酸生成果糖-1,6-二磷酸的速率。

(2) 葡萄糖-6-磷酸脱氢酶活力：单位时间单位质量的葡萄糖-6-磷酸脱氢酶催化葡萄糖-6-磷酸不可逆的转化为6-磷酸葡萄糖酸的速率。

(3) 吸光度：是指光线通过溶液或某一物质前的入射光强度与该光线通过溶液或物质后的透射光强度比值的以10为底的对数［即$\lg(I_0/I_1)$］，其中I_0为入射光强，I_1为透射光强。

(4) 净光合速率：净光合速率是指植物光合作用积累有机物的速率，是总光合速率减去呼吸速率的值。一般可以用氧气的净生成速率、二氧化碳的净消耗速率和有机物的积累速率表示。

(5) 植物 1,5-二磷酸核酮糖再生能力：植物对叶绿体中消耗的 1,5-二磷酸核酮糖的补充能力。

6.5.2.4 试剂和材料

除非另有规定，本规程所用试剂均为分析纯，水为GB/T 6682—2008规定的一级水。

1. 试剂

液氮、4-羟乙基哌嗪乙磺酸(HEPES)、盐酸三羟甲基氨基甲烷(Tris-HCl)、$MgCl_2$、乙二胺四乙酸(EDTA)、二硫苏糖醇、苯甲基磺酰氟、果糖-6-磷酸、醛缩酶、丙糖磷酸异构酶、3-磷酸甘油脱氢酶、三磷酸腺苷(ATP)、还原型烟酰胺腺嘌呤二核苷酸或还原型辅酶Ⅰ(NADH)、焦磷酸(PPi)、6-磷酸葡萄糖酸脂二钠盐、6-磷酸葡萄糖酸脂、氧化型辅酶Ⅱ二钠盐($NADPNa_2$)

2. 材料

植物叶片。

6.5.2.5　主要仪器设备

(1) 光合仪
(2) 紫外分光光度计
(3) 研钵
(4) 各种规格移液管、微量进样器
(5) 高速冷冻离心机、离心管

6.5.2.6　测定过程

1. 测定植物的净光合速率

选第 2、第 3 和第 4 完全展开叶，无损测定其净光合速率，取上述 3 个叶片的平均值代表该株植物的净光合速率 P_N。

2. 酶液的提取

即刻取上述已测过净光合速率的叶片各 1 片，剪碎充分混合，取其中 0.1 g 进行酶液的提取；酶液的提取方法为：取 0.1g 的叶片组织放置于冰浴研钵中，加入液氮进行冷冻研磨，待液氮挥发后，加入 1 mL 酶提取液；把研磨后的匀浆移入离心管中，在 4℃下，12 000 g 离心 20 min，取上清液冷藏待测；其中酶提取液为 50 mM HEPES Tris-HCl (pH＝7.8)、3 mM $MgCl_2$、1 mM EDTA、1 mM 二硫苏糖醇和 1 mM 苯甲基磺酰氟；这里的 HEPES 为 4-羟乙基哌嗪乙磺酸，Tris-HCl 为盐酸三羟甲基氨基甲烷，EDTA 为乙二胺四乙酸。

3. 以单位体积单位时间吸光度变化值表示的磷酸果糖激酶活力的测定

上述提取的酶液中以单位体积单位时间吸光度变化值表示的磷酸果糖激酶活力 EA_{pfk} 的测定方法为：磷酸果糖激酶的酶活力等于 ATP-PFK 酶活力加上 PPi-PFK 酶活力。ATP-PFK 酶活力的测定方法为：把 200 μL 酶提取液加入 1.8 mL ATP-PFK 酶活分析液中，利用紫外分光光度计在 340 nm 处测定反应混合液中 5 min 的吸光度的变化 $D1$。ATP-PFK 酶活分析液 pH＝7.8，包括 50 mM HEPES Tris-HCl、2.5 mM $MgCl_2$、0.1 mM NADH、5 mM 果糖-6-磷酸、2 unit mL 的醛缩酶、1 unit mL 丙糖磷酸异构酶、2 unit mL 3-磷酸甘油脱氢酶和 1 mM ATP。PPi-PFK 酶活力的测定方法为：把 200μL 酶提取液加入 1.8 mL PPi-PFK 酶活分析液中，利用紫外分光光度计在 340 nm 处测定反应混合液中 5 min 的吸光度的变化 $D2$。PPi-PFK 酶活分析液 pH＝7.8，包括 50 mM HEPES Tris-HCl、2.5 mM $MgCl_2$、0.1 mM NADH、5 mM 果糖-6-磷酸、2 unit mL 的醛缩酶、1 unit mL 丙糖磷酸异构酶、2 unit mL 3-磷酸甘油脱氢酶和 1 mM PPi。酶液中磷酸果糖激酶的酶活力 EA_{pfk} 可表示为 $D1+D2$。这里的 PFK 为磷酸果糖激酶，ATP 为三磷酸腺苷，PPi 为焦磷酸，NADH 为还原型烟酰胺腺嘌呤二核苷酸或还原型辅酶Ⅰ。

4. 以单位体积单位时间吸光度变化值表示的葡萄糖-6-磷酸脱氢酶的酶活力的测定

上述提取的酶液中以单位体积单位时间吸光度变化值表示的葡萄糖-6-磷酸脱氢酶的酶活力 EA_{g6pdh} 的测定方法为：葡萄糖-6-磷酸脱氢酶的酶活力等于 G6PDH 和 6PGDH 总酶

活力减去 6PGDH 酶活力。测定 G6PDH 和 6PGDH 的总活力的方法为：把 200μL 酶提取液加入 1.8 mL G6PDH 和 6PGDH 总酶活分析液中，利用紫外分光光度计在 340 nm 处测定反应混合液中 5 min 的吸光度的变化 D_T。G6PDH 和 6PGDH 总酶活分析液 pH=7.8，包括 50 mM HEPES Tris-HCl、3.3 mM $MgCl_2$、0.5 mM 6-磷酸葡萄糖酸脂二钠盐、0.5 mM 6-磷酸葡萄糖酸脂和 0.5 mM $NADPNa_2$。6PGDH 的酶活力的测定方法：把 200 μL 酶提取液加入 1.8 mL 6PGDH 酶活分析液中，利用紫外分光光度计在 340 nm 处测定反应混合液中 5 min 的吸光度的变化 D_P。6PGDH 酶活分析液 pH＝7.8，包括 50 mM HEPES Tris-HCl、3.3 mM $MgCl_2$、0.5 mM 6-磷酸葡萄糖酸脂和 0.5 mM $NADPNa_2$。酶液中葡萄糖-6-磷酸脱氢酶的酶活力 EA_{g6pdh} 可表示为 $D_T–D_P$。这里的 G6PDH 为葡萄糖-6-磷酸脱氢酶，6PGDH 为 6-磷酸葡萄糖酸脱氢酶，$NADPNa_2$ 为氧化型辅酶 II 二钠盐。

6.5.2.7 计算

1. 糖代谢关键酶的总活性

将磷酸果糖激酶的酶活力 EA_{pfk} 与葡萄糖-6-磷酸脱氢酶的酶活力 EA_{g6pdh} 累加获得糖代谢关键酶的总活性 EA_{Σ}，计算公式为 $EA_{\Sigma}＝EA_{pfk}＋EA_{g6pdh}$。

2. 糖代谢中的磷酸戊糖途径份额

依据葡萄糖-6-磷酸脱氢酶的酶活力 EA_{g6pdh} 和糖代谢关键酶的总活性 EA_{Σ}，计算出糖代谢中的磷酸戊糖途径份额 P_{PPP}；计算公式为 $P_{PPP}＝EA_{g6pdh}/EA_{\Sigma}$；以百分比值来表示。

3. 植物 1,5-二磷酸核酮糖再生能力

依据糖代谢中的磷酸戊糖途径份额 P_{PPP} 乘以植物的净光合速率 P_N，计算出植物 1,5-二磷酸核酮糖再生能力 RC_{RuBP}，计算公式为 $RC_{RuBP}＝P_{PPP}\times P_N$。

6.5.2.8 精密度

本规程的精密度数据按照 GB/T 6379.2—2004 的规定确定，其重复性和再现性的值以 90%的可信度计算。

6.5.2.9 技术优点

(1) 能快速定量不同环境下植物对卡尔文循环中 1,5-二磷酸核酮糖的再生能力，测定结果具有可比性。

(2) 由于还原型烟酰胺腺嘌呤二核苷酸磷酸或还原型辅酶 II（NADPH）和还原型烟酰胺腺嘌呤二核苷酸或还原型辅酶 I（NADH）在 340 nm 的毫摩尔消光系数均为 6.22 $mM^{-1}\cdot cm^{-1}$，测出的磷酸果糖激酶的酶活力和葡萄糖-6-磷酸脱氢酶的酶活力量纲相同，1 个单位的葡萄糖通过糖酵解途径消耗 2 个单位的 NADH，而通过磷酸戊糖途径恰好生成 2 个单位的 NADPH，因此，用磷酸果糖激酶的酶活力和葡萄糖-6-磷酸脱氢酶的酶活力代表两个途径无须归一化，计算出的糖代谢中的糖酵解途径份额以及糖代谢中的磷酸戊糖途径份额稳定可靠。

(3) 本方法无须测定酶液中的蛋白质浓度，步骤少，计算简单。

(4) 刚已完全展开的植物叶片，为同时需要核糖-5-磷酸和 NADPH 时期，它的磷酸戊糖途径主要用于 1,5-二磷酸核酮糖的再生，1 个单位的葡萄糖通过磷酸戊糖途径可生成 2 个单位的 NADPH 和一个单位核糖-5-磷酸，1 个单位核糖-5-磷酸继而可再生成 1 个单位的 1,5-二磷酸核酮糖，因此计算出的植物 1,5-二磷酸核酮糖的再生能力具有理论依据和可信性。

(5) 本方法克服了现有技术难以定量反映胁迫条件下光合作用的维持能力的弱点。

6.5.3 应用实例

6.5.3.1 实施例

1. 实施例 1

选取在 1/2 Hoagland 营养液(对照)中培养的构树植株，取第 2、第 3 和第 4 完全展开叶各 1 片；使用进口 Li-6400XT 便携式光合测量系统(Li-COR，Lincoln，NE，USA)测定植株叶片的净光合速率，取 3 个叶片的平均值代表该株植物的净光合速率 P_N；测定时间固定在 15:00～16:00；设置标准测定条件，测定光照强度为 300 μmol·m^{-2}·s^{-1} PPFD，温度设置为 25 ℃，CO_2 浓度设置为 400 μmol·mol^{-1}；随后，即刻取上述已测过净光合速率的叶片各 1 片，剪碎充分混合，取其中 0.1 g 进行酶液的提取；测定上述提取的酶液中以单位体积单位时间吸光度变化值表示的磷酸果糖激酶活力 EA_{pfk}；测定上述提取的酶液中以单位体积单位时间吸光度变化值表示的葡萄糖-6-磷酸脱氢酶的酶活力 EA_{g6pdh}；将磷酸果糖激酶的酶活力 EA_{pfk} 与葡萄糖-6-磷酸脱氢酶的酶活力 EA_{g6pdh} 累加获得糖代谢关键酶的总活性 EA_{Σ}，计算公式为 $EA_{\Sigma}=EA_{pfk}+EA_{g6pdh}$；依据葡萄糖-6-磷酸脱氢酶的酶活力 EA_{g6pdh} 和糖代谢关键酶的总活性 EA_{Σ}，计算出糖代谢中的磷酸戊糖途径份额 P_{PPP}；计算公式为 $P_{PPP}=EA_{g6pdh}/EA_{\Sigma}$；依据糖代谢中的磷酸戊糖途径份额 P_{PPP} 乘以植物的净光合速率 P_N，计算出植物 1,5-二磷酸核酮糖再生能力 RC_{RuBP}，计算公式为 $RC_{RuBP}=P_{PPP}\times P_N$，如表 6.5。

表 6.5 桑树和构树在不同处理条件下植物 1,5-二磷酸核酮糖再生能力

Table 6.5 Regeneration capacity of ribulose-1,5-disphosphate in *Morus alba* and *Broussonetan papyrifera* under different treatments

实施例	物种	待测环境	P_N	P_{PPP}	RC_{RuBP}
1	构树	对照	7.18	25 %	1.80
2	构树	胁迫 1	4.72	70 %	3.30
3	构树	胁迫 2	7.02	68 %	4.77
4	桑树	对照	7.91	25 %	1.98
5	桑树	胁迫 1	3.26	77 %	2.51
6	桑树	胁迫 2	3.37	63 %	2.12

2. 实施例 2

选取在 1/2 Hoagland+80 g·L^{-1}PEG 6000 的营养液(胁迫 1)中培养的构树植株，取第 2、第 3 和第 4 完全展开叶各 1 片；使用进口 Li-6400XT 便携式光合测量系统(Li-COR，Lincoln，NE，USA)测定植株叶片的净光合速率，取 3 个叶片的平均值代表该株植物的净光合速率

P_N；测定时间固定在 15:00～16:00；设置标准测定条件，测定光照强度为 300 μmol·m^{-2}·s^{-1} PPFD，温度设置为 25 °C，CO_2 浓度设置为 400 μmol mol^{-1}；随后，即刻取上述已测过净光合速率的叶片各 1 片，剪碎充分混合，取其中 0.1 g 进行酶液的提取；测定上述提取的酶液中以单位体积单位时间吸光度变化值表示的磷酸果糖激酶活力 EA_{pfk}；测定上述提取的酶液中以单位体积单位时间吸光度变化值表示的葡萄糖-6-磷酸脱氢酶的酶活力 EA_{g6pdh}；将磷酸果糖激酶的酶活力 EA_{pfk} 与葡萄糖-6-磷酸脱氢酶的酶活力 EA_{g6pdh} 累加获得糖代谢关键酶的总活性 EA_{Σ}，计算公式为 $EA_{\Sigma}=EA_{pfk}+EA_{g6pdh}$；依据葡萄糖-6-磷酸脱氢酶的酶活力 EA_{g6pdh} 和糖代谢关键酶的总活性 EA_{Σ}，计算出糖代谢中的磷酸戊糖途径份额 P_{PPP}；计算公式为 $P_{PPP}=EA_{g6pdh}/EA_{\Sigma}$；依据糖代谢中的磷酸戊糖途径份额 P_{PPP} 乘以植物的净光合速率 P_N，计算出植物 1,5-二磷酸核酮糖再生能力 RC_{RuBP}，计算公式为 $RC_{RuBP}=P_{PPP}\times P_N$，如表 6.5。

3. 实施例 3

选取在 1/2 Hoagland+30 mM $NaHCO_3$ 的营养液(胁迫 2)中培养的构树植株，取第 2、第 3 和第 4 完全展开叶各 1 片；使用进口 Li-6400XT 便携式光合测量系统(Li-COR，Lincoln，NE，USA)测定植株叶片的净光合速率，取 3 个叶片的平均值代表该株植物的净光合速率 P_N；测定时间固定在 15:00～16:00；设置标准测定条件，测定光照强度为 300 μmol·m^{-2}·s^{-1} PPFD，温度设置为 25 ℃，CO_2 浓度设置为 400 μmol mol^{-1}；随后，即刻取上述已测过净光合速率的叶片各 1 片，剪碎充分混合，取其中 0.1 g 进行酶液的提取；测定上述提取的酶液中以单位体积单位时间吸光度变化值表示的磷酸果糖激酶活力 EA_{pfk}；测定上述提取的酶液中以单位体积单位时间吸光度变化值表示的葡萄糖-6-磷酸脱氢酶的酶活力 EA_{g6pdh}；将磷酸果糖激酶的酶活力 EA_{pfk} 与葡萄糖-6-磷酸脱氢酶的酶活力 EA_{g6pdh} 累加获得糖代谢关键酶的总活性 EA_{Σ}，计算公式为 $EA_{\Sigma}=EA_{pfk}+EA_{g6pdh}$；依据葡萄糖-6-磷酸脱氢酶的酶活力 EA_{g6pdh} 和糖代谢关键酶的总活性 EA_{Σ}，计算出糖代谢中的磷酸戊糖途径份额 P_{PPP}；计算公式为 $P_{PPP}=EA_{g6pdh}/EA_{\Sigma}$；依据糖代谢中的磷酸戊糖途径份额 P_{PPP} 乘以植物的净光合速率 P_N，计算出植物 1,5-二磷酸核酮糖再生能力 RC_{RuBP}，计算公式为 $RC_{RuBP}=P_{PPP}\times P_N$，如表 6.5。

4. 实施例 4

选取在 1/2 Hoagland 营养液(对照)中培养的桑树植株，取第 2、第 3 和第 4 完全展开叶各 1 片；使用进口 Li-6400XT 便携式光合测量系统(Li-COR，Lincoln，NE，USA)测定植株叶片的净光合速率，取 3 个叶片的平均值代表该株植物的净光合速率 P_N；测定时间固定在 15:00～16:00；设置标准测定条件，测定光照强度为 300 μmol·m^{-2}·s^{-1} PPFD，温度设置为 25 ℃，CO_2 浓度设置为 400 μmol·mol^{-1}；随后，即刻取上述已测过净光合速率的叶片各 1 片，剪碎充分混合，取其中 0.1 g 进行酶液的提取；测定上述提取的酶液中以单位体积单位时间吸光度变化值表示的磷酸果糖激酶活力 EA_{pfk}；测定上述提取的酶液中以单位体积单位时间吸光度变化值表示的葡萄糖-6-磷酸脱氢酶的酶活力 EA_{g6pdh}；将磷酸果糖激酶的酶活力 EA_{pfk} 与葡萄糖-6-磷酸脱氢酶的酶活力 EA_{g6pdh} 累加获得糖代谢关键酶的总活性 EA_{Σ}，计算公式为 $EA_{\Sigma}=EA_{pfk}+EA_{g6pdh}$；依据葡萄糖-6-磷酸脱氢酶的酶活力 EA_{g6pdh} 和糖代谢关键酶的总活性 EA_{Σ}，计算出糖代谢中的磷酸戊糖途径份额 P_{PPP}；计算公式为

$P_{PPP}=EA_{g6pdh}/EA_{\Sigma}$；依据糖代谢中的磷酸戊糖途径份额 P_{PPP} 乘以植物的净光合速率 P_N，计算出植物 1,5-二磷酸核酮糖再生能力 RC_{RuBP}，计算公式为 $RC_{RuBP}=P_{PPP}\times P_N$，如表 6.5。

5. 实施例 5

选取在 1/2 Hoagland + 80 g·L^{-1}PEG 6000 的营养液（胁迫 1）中培养的桑树植株，取第 2、第 3 和第 4 完全展开叶各 1 片；使用进口 Li-6400XT 便携式光合测量系统（Li-COR，Lincoln，NE，USA）测定植株叶片的净光合速率，取 3 个叶片的平均值代表该株植物的净光合速率 P_N；测定时间固定在 15:00～16:00；设置标准测定条件，测定光照强度为 300μmol·m^{-2}·s^{-1} PPFD，温度设置为 25 ℃，CO_2 浓度设置为 400 μmol mol^{-1}；随后，即刻取上述已测过净光合速率的叶片各 1 片，剪碎充分混合，取其中 0.1 g 进行酶液的提取；测定上述提取的酶液中以单位体积单位时间吸光度变化值表示的磷酸果糖激酶活力 EA_{pfk}；测定上述提取的酶液中以单位体积单位时间吸光度变化值表示的葡萄糖-6-磷酸脱氢酶的酶活力 EA_{g6pdh}；将磷酸果糖激酶的酶活力 EA_{pfk} 与葡萄糖-6-磷酸脱氢酶的酶活力 EA_{g6pdh} 累加获得糖代谢关键酶的总活性 EA_{Σ}，计算公式为 $EA_{\Sigma}=EA_{pfk}+EA_{g6pdh}$；依据葡萄糖-6-磷酸脱氢酶的酶活力 EA_{g6pdh} 和糖代谢关键酶的总活性 EA_{Σ}，计算出糖代谢中的磷酸戊糖途径份额 P_{PPP}；计算公式为 $P_{PPP}=EA_{g6pdh}/EA_{\Sigma}$；依据糖代谢中的磷酸戊糖途径份额 P_{PPP} 乘以植物的净光合速率 P_N，计算出植物 1,5-二磷酸核酮糖再生能力 RC_{RuBP}，计算公式为 $RC_{RuBP}=P_{PPP}\times P_N$，如表 6.5。

6. 实施例 6

选取在 1/2 Hoagland + 30 mM $NaHCO_3$ 的营养液（胁迫 2）中培养的桑树植株，取第 2、第 3 和第 4 完全展开叶各 1 片；使用进口 Li-6400XT 便携式光合测量系统（Li-COR，Lincoln，NE，USA）测定植株叶片的净光合速率，取 3 个叶片的平均值代表该株植物的净光合速率 P_N；测定时间固定在 15:00～16:00；设置标准测定条件，测定光照强度为 300μmol·m^{-2}·s^{-1} PPFD，温度设置为 25 ℃，CO_2 浓度设置为 400 μmol·mol^{-1}；随后，即刻取上述已测过净光合速率的叶片各 1 片，剪碎充分混合，取其中 0.1 g 进行酶液的提取；测定上述提取的酶液中以单位体积单位时间吸光度变化值表示的磷酸果糖激酶活力 EA_{pfk}；测定上述提取的酶液中以单位体积单位时间吸光度变化值表示的葡萄糖-6-磷酸脱氢酶的酶活力 EA_{g6pdh}；将磷酸果糖激酶的酶活力 EA_{pfk} 与葡萄糖-6-磷酸脱氢酶的酶活力 EA_{g6pdh} 累加获得糖代谢关键酶的总活性 EA_{Σ}，计算公式为 $EA_{\Sigma}=EA_{pfk}+EA_{g6pdh}$；依据葡萄糖-6-磷酸脱氢酶的酶活力 EA_{g6pdh} 和糖代谢关键酶的总活性 EA_{Σ}，计算出糖代谢中的磷酸戊糖途径份额 P_{PPP}；计算公式为 $P_{PPP}=EA_{g6pdh}/EA_{\Sigma}$；依据糖代谢中的磷酸戊糖途径份额 P_{PPP} 乘以植物的净光合速率 P_N，计算出植物 1,5-二磷酸核酮糖再生能力 RC_{RuBP}，计算公式为 $RC_{RuBP}=P_{PPP}\times P_N$，如表 6.5。

6.5.3.2　实施效果

从表 6.5 中可看出，虽然在对照环境下桑树的 1,5-二磷酸核酮糖再生能力大于构树，但是，在两种胁迫环境下，构树的 1,5-二磷酸核酮糖再生能力都大于桑树，表明构树适应于相关逆境，与其在该逆境下 1,5-二磷酸核酮糖再生能力强有关；这与构树比桑树更适应喀斯特环境的事实是相吻合的；由此可以看出，利用本方法获取植物 1,5-二磷酸核酮糖再生能力简单可靠，能够很好地说明在不同环境条件下植物体内磷酸戊糖途径对维持植物光合能力的贡献情况。

参 考 文 献

陈为钧，赵贵文，顾月华. 1999. Rubisco 的研究进展. 生物化学与生物物理进展，26(5): 433-436.

韩鹰， 陈刚，李克武，等. 1999. 外部因素对小麦旗叶光合速率和 Rubisco 活性的影响. 江苏农业研究，20(3): 27-32.

姜振升，孙晓琦，艾希珍，等. 2010. 低温弱光对黄瓜幼苗 Rubisco 与 Rubisco 活化酶的影响. 应用生态学报，21(8): 2045-2050.

李凤玲，吴光耀. 1996. Rubisco 的研究进展. 生物学通报，31(3): 7-9.

梅杨，李海蓝，谢晋，等. 2007. 核酮糖-1，5-二磷酸羧化酶/加氧酶(Rubisco). 植物生理学通讯，43(2): 363-368.

全光华，刘错栋. 2011. Rubisco 的研究进展. 安徽农业科学，39(21): 12652-12652.

孙建磊，王崇启，肖守华，等. 2017. 弱光对黄瓜幼苗光合特性及 Rubisco 酶的影响. 核农学报，31(6): 1200-1209.

王镜岩，朱圣庚，徐长法. 2007. 生物化学. 3 版. 北京：高等教育出版社.

吴正锋，孙学武，王才斌，等. 2014. 弱光胁迫对花生功能叶片 RuBP 羧化酶活性及叶绿体超微结构的影响. 植物生态学报，38(7): 740-748.

杨朝旭，周宜君，李璇，等. 2005. 不同灌溉方式下萝卜叶片光合速率和 Rubisco 的变化. 中央民族大学学报(自然科学版)，14(1): 58-63.

于国华. 1997. CO_2 浓度对黄瓜叶片光合速率、Rubisco 活性及呼吸速率的影响. 华北农学报，12(4): 101-106.

赵军，缪有刚. 1997.低温锻炼对水稻幼苗叶片中 Rubisco 的影响. 植物生理学报，23(2): 123-129.

Aliyev J A. 2012. Photosynthesis, photorespiration and productivity of wheat and soybean genotypes . Physiologia plantarum, 145(3): 369-383.

Andersson I. 2008. Catalysis and regulation in Rubisco. Journal of Experimental Botany，59(7): 1555-1568.

Andersson I, Backlund A. 2008. Structure and function of Rubisco. Plant Physiology and Biochemistry，46(3): 275-291.

Badger M R，Caemmerer V S，Ruuska S，et al. 2000. Electron flow to oxygen in higher plants and algae: Rates and control of direct photoreduction (Mehler reaction) and rubisco oxygenase. Philosophical Transactions of the Royal Society of London B: Biological Sciences，355(1402): 1433-1446.

Balaur N S，Vorontsov V A，Merenyuk L F. 2013. Specific features of photorespiration in photosynthetically active organs of C_3 plants. Russian journal of plant physiology，60(2): 184-192.

Bauwe H. 2010. Photorespiration: The bridge to C_4 photosynthesis. In C_4 photosynthesis and related CO_2 concentrating mechanisms Netherlands: Springer，81-108.

Beer S，Sand-Jensen K，Madsen T V，et al. 1991. The carboxylase activity of Rubisco and the photosynthetic performance in aquatic plants. Oecologia，87(3): 429-434.

Betsche T，Eising R. 1986. Refixation of photorespiratory ammonia and the role of alanine in photorespiration: Studies with ^{15}N. Plant and soil，91(3): 367-371.

Bloom A J. 2015. Photorespiration and nitrate assimilation: A major intersection between plant carbon and nitrogen. Photosynthesis Research，123(2): 117-128.

Caemmerer S V，Lawson T，Oxborough K，et al. 2004. Stomatal conductance does not correlate with photosynthetic capacity in transgenic tobacco with reduced amounts of Rubisco. Journal of Experimental Botany, 55(400): 1157-1166.

Caemmerer S V, Quick W P. 2000. Rubisco: Physiology in vivo. Photosynthesis, Springer:85-113.

Carmo-Silva A E, Gore M A, Andrade-Sanchez P, et al. 2012. Decreased CO_2 availability and inactivation of Rubisco limit photosynthesis in cotton plants under heat and drought stress in the field. Environmental and Experimental Botany, 83(17): 1-11.

Cegelski L, Schaefer J. 2006. NMR determination of photorespiration in intact leaves using in vivo $^{13}CO_2$ labeling. Journal of Magnetic Resonance, 178(1): 1-10.

Cheng K H, Colman B. 1974. Measurements of photorespiration in some microscopic algae. Planta, 115(3): 207-212.

Collatz G J, Berry J A, Farquhar G D, et al. 1990. The relationship between the Rubisco reaction mechanism and models of photosynthesis. Plant, Cell and Environment, 13(3): 219-225.

Dean C, Pichersky E, Dunsmuir P. 1989. Structure, evolution, and regulation of *RbcS* genes in higher plants. Annual Review of Plant Biology, 40(1): 415-439.

Demirevska K, Simova-Stoilova L, Vassileva V, et al. 2008. Rubisco and some chaperone protein responses to water stress and rewatering at early seedling growth of drought sensitive and tolerant wheat varieties. Plant Growth Regulation, 56(2): 97-106.

Demirevska K, Zasheva D, Dimitrov R, et al. 2009. Drought stress effects on Rubisco in wheat: changes in the Rubisco large subunit. Acta Physiologiae Plantarum, 31(6): 1129-1138.

Ellis R J. 1979. The most abundant protein in the world. Trends in Biochemical Sciences, 4(11): 241-244.

Evans J R, Seemann J R. 1984. Differences between wheat genotypes in specific activity of ribulose-1,5-bisphosphate carboxylase and the relationship to photosynthesis. Plant Physiology, 74(4): 759-765.

Evans J R, Poorter H. 2001. Photosynthetic acclimation of plants to growth irradiance: The relative importance of specific leaf area and nitrogen partitioning in maximizing carbon gain. Plant, Cell and Environment, 24(8): 755-767.

Feller U, Anders I, Mae T. 2008. Rubiscolytics: Fate of Rubisco after its enzymatic function in a cell is terminated. Journal of Experimental Botany, 59(7): 1615-1624.

Field C B, Behrenfeld M J, Randerson J T, et al. 1998. Primary production of the biosphere: Integrating terrestrial and oceanic components. Science, 281(5374):237-240.

Fisher T, Shurtz-Swirski R, Gepstein S, et al. 1989. Changes in the levels of ribulose-l,5-bisphosphate carboxylase/oxygenase (Rubisco) in *Tetraedron minimum* (Chlorophyta) during light and shade adaptation. Plant and Cell physiology, 30(2): 221-228.

Galmés J, Kapralov M V, Andralojc P, et al. 2014. Expanding knowledge of the Rubisco kinetics variability in plant species: environmental and evolutionary trends.Plant, Cell and Environment, 37(9): 1989-2001.

Galmés J, Ribas-Carbó M, Medrano H, et al. 2011. Rubisco activity in Mediterranean species is regulated by the chloroplastic CO_2 concentration under water stress. Journal of Experimental Botany, 62(2): 653-665.

Geiger D R, Servaites J C. 1994. Dynamics of self-regulation of photosynthetic carbon metabolism. Plant Physiology and Biochemistry, 32(2): 173-183.

Guan X Q, Zhao S J, Li D Q, et al. 2004. Photoprotective function of photorespiration in several grapevine cultivars under drought stress. Photosynthetica, 42(1): 31-36.

Gutteridge S, Gatenby A. 1995. Rubisco synthesis, assembly, mechanism and regulation. The Plant Cell, 7(7): 809-818.

Gutteridge S, Parry M, Burton S, et al. 1986. A nocturnal inhibitor of carboxylation in leaves. Nature, 324(6094): 274-276.

Hall N P, Reggiani R, Franklin J, et al. 1984. An investigation into the interaction between nitrogen nutrition, photosynthesis and photorespiration. Photosynthesis research, 5(4): 361-369.

Heerden P D, Villiers M F, Staden J V, et al. 2003. Dark chilling increases glucose-6-phosphate dehydrogenase activity in soybean leaves. Physiologia Plantarum, 119(2): 221-230.

Hu W H, Xiao Y A, Zeng J J, et al. 2010. Photosynthesis, respiration and antioxidant enzymes in pepper leaves under drought and heat stresses. Biologia Plantarum, 54(4): 761-765.

Huang M, Xu Q, Deng X. 2012. The photorespiratory pathway is involved in the defense response to powdery mildew infection in chestnut rose. Molecular Biology Reports, 39(8): 8187-8195.

Igamberdiev A U, Bykova N V, Lea P J, et al. 2001. The role of photorespiration in redox and energy balance of photosynthetic plant cells: a study with a barley mutant deficient in glycine decarboxylase. Physiologia Plantarum, 111(4): 427-438.

Igamberdiev A U, Mikkelsen T N, Ambus P, et al. 2004. Photorespiration contributes to stomatal regulation and carbon isotope fractionation: A study with barley, potato and *Arabidopsis* plants deficient in glycine decarboxylase. Photosynthesis Research, 81(2): 139-152.

Inmaculada J, Navarro R M, Lenz C, et al. 2006. Variation in the holm oak leaf proteome at different plant developmental stages, between provenances and in response to drought stress. Proteomics, 6: S207–S214.

Ivlev A A, Kalinkina L G. 2001. Experimental evidence for the isotope effect in photorespiration. Russian Journal of Plant Physiology, 48(3): 400-412

Jensen R G. 2000. Activation of Rubisco regulates photosynthesis at high temperature and CO_2. Proceedings of the National Academy of Sciences, 97(24): 12937-12938.

Jiang C Z, Rodermel S R, Shibles R M. 1993. Photosynthesis, Rubisco activity and amount, and their regulation by transcription in senescing soybean leaves. Plant Physiology, 101(1): 105-112.

Kangasjärvi S, Neukermans J, Li S, et al. 2012. Photosynthesis, photorespiration, and light signalling in defence responses. Journal of Experimental Botany, 63(4): 1619-1636

Keys A J. 1986. Rubisco: Its role in photorespiration. Philosophical Transactions of the Royal Society of London. Series B, Biological Sciences, pp 325-336.

Keys A J. 2006. The re-assimilation of ammonia produced by photorespiration and the nitrogen economy of C_3 higher plants. Photosynthesis Research, 87(2): 165-175.

Kellogg E. Juliano N. 1997. The structure and function of Rubisco and their implications for systematic studies. American journal of Botany, 84(3): 413-413.

Kozaki A, Takeba G. 1996. Photorespiration protects C_3 plants from photooxidation. Nature, 384(6609): 557-560.

Kumar S, Singh B. 2009. Effect of water stress on carbon isotope discrimination and Rubisco activity in bread and durum wheat genotypes. Physiology and Molecular Biology of Plants, 15(3):281-286.

Kurek I, Chang T K, Bertain S M, et al. 2007. Enhanced thermostability of *Arabidopsis* Rubisco activase improves photosynthesis and growth rates under moderate heat stress. The Plant Cell, 19(10): 3230-3241.

Lawlor D W. 2002. Limitation to photosynthesis in water-stressed leaves: Stomata vs. metabolism and the role of ATP. Annals of Botany, 89(7): 871-885.

Lawlor D W, Cornic G. 2002. Photosynthetic carbon assimilation and associated metabolism in relation to water deficits in higher plants. Plant, Cell and Environment, 25(2): 275-294.

Leegood R C. 2007. A welcome diversion from photorespiration. Nature biotechnology, 25(5): 539-539.

Lehnherr B, Mächler F, Nösberger J. 1985. Influence of temperature on the ratio of ribulose bisphosphate carboxylase to oxygenase activities and on the ratio of photosynthesis to photorespiration of leaves. Journal of Experimental Botany, 36(7): 1117-1125.

Lin Z, Peng C, Sun Z, et al. 2000. Effect of light intensity on partitioning of photosynthetic electron transport to photorespiration in four subtropical forest plants. Science in China Series C: Life Sciences, 43(4): 347-354.

Liu J, Wang X, Hu Y, et al. 2013. Glucose-6-phosphate dehydrogenase plays a pivotal role in tolerance to drought stress in soybean roots. Plant Cell Reports, 32(3): 415-429.

Majumdar S, Ghosh S, Glick B R, et al. 1991. Activities of chlorophyllase, phosphoenolpiruvate carboxylase and ribulose-1, 5-bisphosphate carboxylase in the primary leaves of soybean during senescence and drought. Physiologia Plantarum, 81(4): 473-480.

Makino A, Mae T, Ohira K. 1984. Relation between nitrogen and ribulose-1, 5-bisphosphate carboxylase in rice leaves from emergence through senescence. Plant and Cell Physiology, 25(3): 429-437.

Medrano H, Parry M A, Socias X, et al. 1997. Long term water deficit inactivates Rubisco in subtertanean clover. Annals of Applied Biology, 131(3): 491-501.

Meidner H. 1970. Light compensation points and photorespiration. Nature, 228(5278): 1349-1349.

Mert H H. 1989. Photosynthesis and photorespiration in two cultivars of cotton under salt stress. Biologia Plantarum, 31(5):413-414.

Michael E, Maurino V, Kanppe S. 2002. The plastidie pentose phosphate translocator represents a link between the cytosolic and the plastidie pentose phosphate pathways in plants. Plant physiology 128(2): 512-522.

Mott K A, Jensen RG, O' Leary J W, et al. 1984. Photosynthesis and ribulose 1, 5-bisphosphate concentrations in intact leaves of *Xanthium strumarium* L. Plant Physiology, 76(4): 968-971.

Muraoka H, Tang Y, Terashima I, et al. 2000. Contributions of diffusional limitation, photoinhibition and photorespiration to midday depression of photosynthesis in *Arisaema heterophyllum* in natural high light. Plant, Cell and Environment, 23(3): 235-250.

Nisbet E G, Grassineau N V, Howe C J, et al. 2007. The age of Rubisco: The evolution of oxygenic photosynthesis. Geobiology, 5(4): 311-335.

Ogren W L. 2005. Affixing the O to Rubisco: Discovering the source of photorespiratory glycolate and its regulation. Discoveries in Photosynthesis, Springer: 911-921.

Omoto E, Taniguchi M, Miyake H. 2012. Adaptation responses in C_4 photosynthesis of maize under salinity. Journal of Plant Physiology, 169(5): 469-477.

Onoda Y, Hikosaka K, Hirose T. 2005. The balance between RuBP carboxylation and RuBP regeneration: a mechanism underlying the interspecific variation in acclimation of photosynthesis to seasonal change in temperature. Functional Plant Biology, 32(10):903-910.

Onoda Y, Hikosaka K, Hirose T. 2004. Seasonal change in the balance between capacities of RuBP carboxylation and RuBP regeneration affects CO_2 response of photosynthesis in *Polygonum cuspidatum*. Journal of Experimental Botany, 56(412); 755-763.

Pääkkönen E, Vahala J, Pohjola M, et al. 1998. Physiological, stomatal and ultrastructural ozone responses in birch (*Betula pendula* Roth.) are modified by water stress. Plant, Cell and Environment, 21(7): 671-684.

Parry M A, Andralojc P J, Khan S, et al. 2002. Rubisco activity: Effects of drought stress. Annals of Botany, 89(7): 833-839.

Parry M A, Andralojc P J, Scales J C, et al. 2012. Rubisco activity and regulation as targets for crop improvement. Journal of Experimental Botany, 64(3): 717-730.

Parry M A, Keys A J, Madgwick P J, et al. 2008. Rubisco regulation: A role for inhibitors. Journal of Experimental Botany, 59(7):

1569-1580.

Parry M, Madgwick P J, Carvalho J, et al. 2007. Prospects for increasing photosynthesis by overcoming the limitations of Rubisco. Journal of Agricultural Science, 145(1): 31-43.

Pelloux J, Jolivet Y, Fontaine V, et al. 2001. Changes in Rubisco and Rubisco activase gene expression and polypeptide content in *Pinus halepensis* M. subjected to ozone and drought. Plant, Cell and Environment, 24(1): 123-131.

Perchorowicz J T, Raynes D A, Jensen R G. 1981. Light limitation of photosynthesis and activation of ribulose-1, 5-bisphosphate carboxylase in wheat seedlings. Proceedings of the National Academy of Sciences, 78(5): 2985-2989.

Peñuelas J, Llusià J. 2002. Linking photorespiration, monoterpenes and thermotolerance in Quercus. New Phytologist, 155(2): 227-237.

Portis A R, Li C, Wang D, et al. 2007. Regulation of Rubisco activase and its interaction with Rubisco. Journal of Experimental Botany, 59(7): 1597-1604.

Portis A R, Parry M A. 2007. Discoveries in Rubisco (Ribulose 1,5-bisphosphate carboxylase/oxygenase): A historical perspective. Photosynthesis Research, 94(1): 121-143.

Quick W P, Schurr U, Fichtner K, et al. 1991. The impact of decreased Rubisco on photosynthesis, growth, allocation and storage in tobacco plants which have been transformed with antisense rbcS. The Plant Journal, 1(1): 51-58

Rachmilevitch S, Cousins A B, Bloom A J. 2004. Nitrate assimilation in plant shoots depends on photorespiration. Proceedings of the National Academy of Sciences of the United States of America, 101(31): 11506-11510.

Raven J A. 2009. Contributions of anoxygenic and oxygenic phototrophy and chemolithotrophy to carbon and oxygen fluxes in aquatic environments. Aquatic Microbial Ecology, 56: 177-192.

Raven J A. 2013. Rubisco: still the most abundant protein of Earth? New Phytologist, 198(1): 1-3.

Reddy A R, Chaitanya K V, Vivekanandan M. 2004. Drought-induced responses of photosynthesis and antioxidant metabolism in higher plants. Journal of Plant Physiology, 161(11): 1189-1202.

Rivero R M, Shulaev V, Blumwald E. 2009. Cytokinin-dependent photorespiration and the protection of photosynthesis during water deficit. Plant Physiology, 150(3): 1530-1540.

Sage R F, Way D A, Kubien D S. 2008. Rubisco, Rubisco activase, and global climate change. Journal of Experimental Botany, 59(7): 1581-1595.

Salvucci M E. 1989. Regulation of Rubisco activity in vivo. Physiologia Plantarum, 77(1): 164-171.

Schneider G, Lindqvist Y, Branden C I. 1992. Rubisco: Structure and mechanism. Annual Review of Biophysics and Biomolecular Structure, 21(1): 119-143.

Sexton P J, Batchelor W D, Shibles R. 1997. Sulfur availability, rubisco content, and photosynthetic rate of soybean. Crop science, 37(6): 1801-1806.

Sharkey T D. 2005. Effects of moderate heat stress on photosynthesis: Importance of thylakoid reactions, rubisco deactivation, reactive oxygen species, and thermotolerance provided by isoprene. Plant, Cell and Environment, 28(3): 269-277.

Sharkey T D. 1989. Evaluating the role of Rubisco regulation in photosynthesis of C_3 plants. Philosophical Transactions of the Royal Society of London. Series B, Biological Sciences: 435-448.

Sharkey T D. 1988. Estimating the rate of photorespiration in leaves.Physiologia Plantarum, 73(1): 147-152.

Siedlecka A. Krupa Z. 2004. Rubisco activity maintenance in environmental stress conditions-how many strategies. Cellular and Molecular Biology Letters, 9: 56-57.

Sivakumar P, Sharmila P, Saradhi P P. 1998. Proline suppresses Rubisco activity in higher plants. Biochemical and Biophysical Research Communications, 252(2): 428-432.

Spalding M H. 1989. Photosynthesis and photorespiration in fresh-water green-algae. Aquatic Botany, 34(1-3): 181-209.

Spreitzer R J. 1993. Genetic dissection of Rubisco structure and function.Annual Review of Plant Biology, 44(1): 411-434.

Spreitzer R J, Salvucci M E. 2002. Rubisco: Structure, regulatory interactions, and possibilities for enzyme. Annual Review of Plant Biology, 53(4): 449-475.

Sun J, Gibson K M, Kiirats O, et al. 2002. Interactions of nitrate and CO_2 enrichment on growth, carbohydrates, and Rubisco in arabidopsis starch mutants. Significance of starch and hexose. Plant Physiology, 130(3): 1573-1583.

Sun J L, Sui X L, Huang H Y, et al. 2014. Low light stress down-regulated Rubisco gene expression and photosynthetic capacity during cucumber (*Cucumis sativus* L.) leaf development. Journal of Integrative Agriculture, 13(5): 997-1007.

Takabe T, Incharoensakdi A, Arakawa K, et al. 1988. CO_2 fixation rate and Rubisco content increase in the halotolerant cyanobacterium, *Aphanothece halophytica*, grown in high salinities. Plant physiology, 88(4): 1120-1124.

Tobin E M, Silverthorne J. 1985. Light regulation of gene expression in higher plants. Annual Review of Plant Physiology, 36(3): 569-593.

Timm S, Florian A, Fernie A R, et al. 2016. The regulatory interplay between photorespiration and photosynthesis. Journal of Experimental Botany, 67(10): 2923-2929.

Valentini R, Epron D, Angelis P D, et al. 1995. In situ estimation of net CO_2 assimilation, photosynthetic electron flow and photorespiration in Turkey oak (*Q. cerris* L.) leaves: Diurnal cycles under different levels of water supply. Plant, Cell and Environment, 18(6): 631-640.

Vineeth T V, Kumar P, Krishna G K. 2016. Bioregulators protected photosynthetic machinery by inducing expression of photorespiratory genes under water stress in chickpea. Photosynthetica, 54(2): 234-242.

Voss I, Sunil B, Scheibe R, et al. 2013. Emerging concept for the role of photorespiration as an important part of abiotic stress response. Plant Biology, 15(4): 713-722.

Vu J C, Allen L H, Boote K J, et al. 1997. Effects of elevated CO_2 and temperature on photosynthesis and Rubisco in rice and soybean. Plant, Cell and Environment, 20(1): 68-76.

Vu J C, Gesch R W, Allen L H, et al. 1999. CO_2 enrichment delays a rapid, drought-induced decrease in Rubisco small subunit transcript abundance. Journal of Plant Physiology, 155(1): 139-142.

Wakao S, Benning C. 2005. Genome-wide analysis of glucose-6-phosphate dehydrogenases in *Arabidopsis*. The Plant Journal, 41: 243-256.

Walker B J, Strand D D, Kramer D M, et al. 2014. The response of cyclic electron flow around photosystem I to changes in photorespiration and nitrate assimilation. Plant Physiology, 165(1): 453-462.

Wareing P F, Khalifa M M, Treharneet K J. 1968. Rate-limiting processes in photosynthesis at saturating light intensities. Nature, 220(5166): 453-457.

Xie X J, Huang A Y, Gu W H, et al. 2016. Photorespiration participates in the assimilation of acetate in *Chlorella sorokiniana* under high light. New Phytologist, 209(3): 987-998.

Xing D K, Wu Y Y, Wang R, et al. 2015. Effects of drought stress on photosynthesis and glucose-6-phosphate dehydrogenase activity of two biomass energy plants (*Jatrophacurcas* L. and *Verniciafordii* H.). Journal of Animal and Plant Sciences, 25(S1):172-179.

Yao K, Wu Y Y. 2016. Phosphofructokinase and glucose-6-phosphate dehydrogenase in response to drought and bicarbonate stress at transcriptional and functional levels in Mulberry. Russian Journal of Plant Physiology，6(2): 235-242.

Yoshimura Y, Kubota F, Hirao K. 2001. Estimation of photorespiration rate by simultaneous measurements of CO_2, gas exchange rate, and chlorophyll fluorescence quenching in the C_3 plant *Vigna Radiata* (L.) wilczek and the C_4 plant *Amaranthus Mongostanus* L. Photosynthetica，39(3): 377-382.

Zhang J L，Meng L Z，Cao K F. 2009. Sustained diurnal photosynthetic depression in uppermost-canopy leaves of four dipterocarp species in the rainy and dry seasons: Does photorespiration play a role in photoprotection? Tree Physiology，29(2): 217-228.

Zhou Y，Guo D，Li J，et al. 2013. Coordinated regulation of anthocyanin biosynthesis through photorespiration and temperature in peach（*Prunus persica f. atropurpurea*）.Tree Genetics and Genomes，9(1): 265-278.

第7章 室内培养植物的喀斯特适生性评价

Chapter 7 Evaluation on the plants' adaptation to karst environment under control experiment

【摘 要】 对喀斯特地区不同逆境条件下植物的生长及生理响应进行研究，可以深入了解植物在不同的喀斯特逆境下的适应性及具体适生机制。综合评价植物的喀斯特适生性，进而对喀斯特石漠化地区的生态治理效果进行监测及评价，这对喀斯特退化生态环境的恢复和重建具有重要理论和实际意义。

在实验室有限的时间和空间内，动态测定生物量等常规指标是不现实的。在线测定不同喀斯特逆境下单个叶片的形态变化，在不破坏被考察植物的前提下，可以快捷、简便、精确地测定植物的抗逆能力。

模拟诸如干旱、高pH、高重碳酸盐、低营养等喀斯特土壤逆境，筛选诸如光合作用、叶绿素荧光参数、碳酸酐酶、叶片稳定同位素组成等生理指标，对植物的喀斯特适生性进行研究，发现，不同植物对不同逆境的响应存在着较大差异。构树比桑树更适应干旱和缺P环境。构树有大约30%的光合产物碳源来自由CA转化重碳酸盐而产生的CO_2，而桑树只有0～15%。金银花在偏碱性及低营养环境下都具有较稳定的N、P吸收能力，爬山虎能够适应长期缺P环境。在低营养环境中，金银花的生长状况好于牵牛花。牵牛花能够适应长期的重度干旱胁迫，金银花主要适应中度干旱胁迫，爬山虎则对短期干旱胁迫或者长期轻度干旱胁迫有较好的适应性。麻疯树对HCO_3^-的利用能力要高于枫杨，在低磷、偏碱性和高重碳酸盐环境中表现出较好的光合能力。

Abstract The studies on the growth and physiological response of plants to different karst stresses in karst area help to deeply understand the karst-adaptability and adaptive mechanisms. It's meaningful to evaluate the plants' karst-adaptability synthetically and furtherly monitor the effect of ecological restoration in karst rocky desertification region for the restoration and reconstruction of the degraded ecological environment.

In the limited time and laboratory spaces, it was unpractical to determine those common parameters such as biomass dynamically. The on-line determination of the changes in morphological traits of individual leaves under different karst stresses can rapidly, easily and accurately measure the stress-resistance without destroying the observeded plants.

Plants were cultured in simulated karstic stresses such as drought, high pH, high concentration of bicarbonate, and low nutrition. Plant adaptability to karst environment was conducted by determining photosynthesis, chlorophyll fluorescence parameters, carbonic anhydrase activity, and stable isotopic composition in plants. The responses to different stresses differed with plant species. *Broussonetia papyrifera* showed better drought and P deficiency resistances than *Morus alba*. *B. papyrifera* had approximately 30% of its photosynthetic inorganic carbon resources derived from the CO_2 converted by CA, whereas *M. alba* had only 0–15%. *Lonicera japonica* had stable uptake on N, P under weakly alkaline and low nutrition environments. *Parthenocissus tricuspidata* adapted to long term P deficiency environment. In low nutrition environment, *L. japonica* grew better than *Pharbitis nil*. *P. nil* could adapt to long term serious drought stress, *L. japonica* mainly adapted to moderate drought stress, and *P. tricuspidata* adapted to short term drought stress and long term slight drought stress. *Jatropha carcass* had higher bicarbonate use capacity than *Pterocarya stenoptera*. *J. carcass* exhibited better photosynthetic capacity in phosphorus deficiency, weakly alkaline and high bicarbonate environment.

中国喀斯特分布区达 363.1 万 km^2，超过全国陆地总面积的 1/3，其中裸露的碳酸盐类岩石面积约为 130 万 km^2，约占全国陆地总面积的 1/7，主要分布在以贵州高原为中心的西南地区，是世界上最大的喀斯特集中分布区之一(罗维均等，2014)。喀斯特地区植物生长缓慢，种群较少，缺乏多样性，群落演替很难达到顶级阶段，植被一旦被破坏，很快向石漠化方向发展，生态环境极其脆弱。喀斯特适生植物能很好地适应喀斯特环境，具有较高的生产力，能在石缝中生长，能在土壤瘠薄的石灰土上生长，能在常常出现岩溶干旱的条件下生长。因此，在西南喀斯特退化生态环境的治理上，喀斯特适生植物的选择和培育就显得至关重要。

喀斯特适生植物具有生物多样性、光合作用、无机营养、对岩石的风化作用以及碳酸酐酶(CA)作用等诸多机制(吴沿友等，2004)。研究喀斯特地区不同胁迫条件(偏碱性、高重碳酸盐、岩溶干旱、低营养)下植物的生长及生理响应特征，可以深入了解植物在喀斯特不同异质性的环境下适应性及具体适生机制；这对人工构建的喀斯特森林生态系统多样性及稳定性的评估、喀斯特石漠化地区的生态治理效果的监测及评价、喀斯特退化生态环境的恢复和重建都具有重要的理论和实际意义。

7.1 模拟喀斯特逆境下植物的生长及生理响应

作为生态系统的一分子，植物无时无刻不在不同环境下进行着物质、信息和能量的交流。环境中与植物的生长发育相关的因子多种多样，且处于动态变化之中，植物对每一个因子都有一定的耐受限度，一旦环境因子的变化超越了这一耐受限度，就形成了逆境(陈辉蓉等，2001)。在逆境条件下，植物体会受到危害，发生一系列生理变化。另一方面，植物经过长期的逆境锻炼也进化产生了一系列抵制不良环境的机制，即植物对逆境的适应性(齐宏飞和阳小成，2008)。植物的生长跟其生存环境密切相关，植物对不同逆境的生理响应也存在巨大差异。

7.1.1 模拟喀斯特逆境条件的选择

喀斯特生境就是由多种小生境类型如溶面、溶沟、溶蚀裂隙、溶洞、溶槽和土面镶嵌构成的复合体。各种小生境的外部形态不同，在光照条件、热量条件，水分的接受、贮存、蒸发等方面均有较大差异(周游游等，2003)。喀斯特生境具有高度复杂性，不同生境下分布着性质不同的土壤，土壤空间的异质性不仅改变土壤养分和水分的空间分布，同时造成植物分布格局与生长过程的变化(刘方等，2008)。喀斯特地区土壤偏碱性，还极易形成特有的岩溶干旱，而且土壤瘠薄，氮(N)、磷(P)、钾(K)等营养元素较缺乏。

7.1.1.1　高重碳酸盐

碳酸氢根离子(HCO_3^-)在喀斯特地区地表水中的浓度能高达 5 mM(Yan et al.，2012)。土壤重碳酸盐浓度过高，这会导致该地区的土壤 pH 值偏高，也阻碍了植物正常的生长发育(Overstreet et al.，1940；Wallihan，1961；Yang et al.，1994；Mengel et al.，1984)。石灰性土壤上植物生长速率的降低主要由重碳酸盐对植物的生理和生长方面的影响引起的，过多的 HCO_3^- 会影响蛋白合成和呼吸作用，降低营养的吸收，抑制植物的生长，导致植物叶片出现萎黄病(Woolhouse，1966；Garg and Garg，1986；Lee and Woolhouse，1969)。也有一些研究者认为适度添加重碳酸盐有助于增加植物的光合作用(Rensen，2002)。

7.1.1.2　干旱

喀斯特地区的基岩较多为可溶性的碳酸盐岩类(Chuanming，2003)，且该地区的土地岩石裸露率高，土层较贫瘠而浅薄，虽喀斯特地区的常年降水量较多，但由于其地表和地下双重空间结构让降下的大部分雨水很快渗透到地下，成为地下水，而地表的浅薄的土层很难储存较多的雨水，加上该地区降雨量和降雨季节的不稳定性，使得地表水分严重不足，很容易形成不同地区下岩溶干旱的结果(张伟等，2006；陈洪松等，2013)。

水分在植物的正常生命活动中发挥着极其重要的作用，因此，岩溶干旱是影响喀斯特地区植物生长发育最为重要的环境因子。绝大多数植物在遭受干旱逆境后，其生理活动均受到不同程度的影响(Aroca，2012；Chaves et al.，2003；Lipiec et al.，2013)。

聚乙二醇(PEG 6000)分子量大于 6000，是一种惰性、非离子、不能渗透细胞的大分子。PEG 小到足以影响渗透压，也大到不能被植物所吸收(Radhouane，2007)。因此，它们经常被用于模拟干旱胁迫环境(Bhargava and Paranjpe，2004)。

7.1.1.3　低营养

国内外的研究表明，石灰土富钙偏碱的地球化学背景使得土壤的元素有效态含量很低，造成某些矿质养分供应不足，这不但影响了植物的生长发育，而且可导致如“失绿病”等元素缺乏的植物病症。而南方的一些岩溶地区，由于强烈的岩溶作用，许多岩石的元素能够以植物易吸收的离子形式溶解于岩溶水或土壤水中，这不但可以弥补土壤元素供应的不足，而且有的岩溶水甚至具有独立承担供应植物矿质营养元素的功能(蒋忠诚，2000；吴沿友等，2004)。但是大部分岩溶地区由于落水洞、溶洞、漏斗的存在，蓄水能力差，导致岩溶水或土壤水流失，造成岩溶地区营养元素的含量的下降。

植物在生长过程中，需要不断地从外界摄入水分和各种营养元素，这些营养元素在植物体内发挥着各种不同的生理功能(李红双和刘巧辉，2008)。营养元素影响着植物体内光合作用过程中光能向化学能的转化，适宜的浓度能提高叶片的净光合速率(P_N)(林多等，2007)。营养浓度过低，不利于植物对营养元素的吸收，进而影响植物的光合作用，对植物生长会造成一定危害。

磷在碳代谢过程中扮演着十分关键的作用(Huang et al.，2008)。但无机磷在许多陆地生态系统的土壤中都非常匮乏(Vance et al.，2003)。在现代农业系统中，磷的缺乏能够通过施肥来加以缓解，但对农民来说，随着肥料费用的增加，将会产生一定的财政困难，不适当的施肥将会引发环境问题(Zhang et al.，2009)。对磷持续增加的需求会在21世纪末使得全球磷储量大大减少(Byme et al.，2011)。

综上所述，为了深入准确了解喀斯特逆境与植物生理响应特征之间的关系，着重选取偏碱性、高重碳酸盐、岩溶干旱、低磷以及低营养等典型喀斯特环境作为模拟对象，选取喀斯特适生与非适生等合适植物进行对比培养，研究植物生长及生理对模拟喀斯特逆境的响应规律，进而综合评价植物的喀斯特适生性。

7.1.2 植物生长和抗逆境能力的在线测定

众多研究表明，对植物造成的外界逆境因素多，且影响程度各不相同。尤其在生态环境较为脆弱的喀斯特地区，其母岩造土能力差，土壤资源贫瘠，保水性差，植被覆盖少，生态环境较为恶劣，导致许多农作经济作物不能在该地区很好的生长发育(刘方等，2008)。而作为喀斯特适生植物，其能够很好地适应喀斯特生境，在喀斯特地区生态环境保护和修复中起到先锋作用(吴沿友等，2004)。可见有效筛选和种植喀斯特适生植物对治理和修复脆弱生态环境，提高农民经济收入具有重要的实践意义。

考察植物的生长对逆境的响应，通常以其生物量作为关键考察指标。但是在实验室有限的空间内，动态测定生物量等指标是不现实的，尤其是不同大小的植物对不同逆境的抗性具有明显的差异，因此选择合适的指标来反映实验室培养植物的生长对逆境的响应，至关重要。为此，我们开发出了在线测定植物抗逆境能力的方法，解决了在不破坏被考察植物的前提下，简便快捷地精确测定植物抗逆境的能力的难题。

7.1.2.1 原理

与植物生物量相比，叶片的生长发育可以很好地表征植物的生长对逆境的响应。这是因为，叶片不仅数目多，生长周期短，易于动态测量，而且它们也是植物生理生化反应的最敏感的器官。动态监测植物叶片生长指标，利用叶片的动态生长参数定量表征植物的生长对逆境的响应，可以很好地实现对植物抗逆境能力的测定。目前，植物叶片的生物量测定在植物学、生态学及农学等领域的研究中占有相当重要的位置。其测定方法较多，尤其以利用目的叶片的最大叶长、最大叶宽或最大叶长和最大叶宽之积等指标的回归方程来评估植物叶片生物量是最为有效且常用的非破坏性测定方法。

本方法采用非破坏性的测定方法测定了与叶片生物量高度相关的最大叶长、最大叶宽等易测指标；基于最大叶长和最大叶宽 2 个指标拟合的叶面积回归方程，动态监测被考察植物在不同逆境下的最大叶长和最大叶长等指标，借助 4 参数的 logistic 生长模型建立方程表征不同逆境下植物的生长发育情况。这种简便快捷地精确测定植物抗逆境的能力的方法，可为喀斯特地区生态系统初级生产力评估及脆弱生境恢复研究等提供技术依据。

7.1.2.2　技术规程

1. 范围

本规程规定了一种模拟喀斯特逆境下在线测定植物生长和抗逆境能力的方法。

本规程适用于抗旱选种、农业工程和农作物信息检测技术领域。

2. 规范性引用文件

下列文件对于本文件的应用是必不可少的。凡是注日期的引用文件，仅注日期的版本适用于本文件。

GB/T 6379.2—2004 测量方法与结果的准确度(正确度与精确度)第二部分：确定标准测量方法重复性与再现性的基本方法。

GB/T 1250—1989 极限数值的表示方法和判定方法。

3. 术语和定义

以下术语和定义适用于本标准。

(1)培养液：用于培养植物所用，包含 N、P、K 等大量元素和 B、Mg、Zn 等微量元素，如 Hogaland 营养液、凡尔赛营养液等，视植物的不同而不同。同时也可以根据实际需求通过添加不同化学试剂来配置目标培养液。

(2)水培：通过添加改进的培养液，对普通的植物进行培养或者处理。

(3)非线性回归：是在掌握大量观察数据的基础上，利用数理统计方法建立因变量与自变量之间的回归关系函数表达式(称回归方程式)。回归分析中，当研究的因果关系只涉及因变量和一个自变量时，叫作一元回归分析；当研究的因果关系涉及因变量和 2 个或 2 个以上自变量时，叫作多元回归分析。

(4)4 参数 Logistic 方程：Logistic 函数或 Logistic 曲线是一种常见的 S 形函数。4 参数的 Logistic 方程模型为：$Y=Y_0+\dfrac{a}{1+(X/X_0)^b}$，$a$、$X_0$、$b$ 均为生长参数。

(5)GR_{50}：叶片叶面积处在对数生长期一半时的生长速率。

(6)DT_{log}：对数生长期持续时间。

(7)植物抗逆境能力的判定：根据叶片叶面积的生长量上限值 a、对数生长期一半时的生长速率 GR_{50} 和对数生长期持续时间 DT_{log} 等参数来判断植物的抗不同逆境能力的大小。

4. 试剂和材料

(1)培养液。

(2)聚乙二醇(PEG6000)等模拟逆境的化学试剂。

(3)植物叶片。

5. 主要仪器设备

(1)叶面积扫描仪。

(2)穴盘。

6. 测定过程

1) 植物材料的培养及处理

室内采用同样规格的穴盘水培萌发植物种子，配制培养液培养幼苗至5叶期，选择生长较为一致的健康幼苗分成两个部分，一部分用于构建叶面积模型，一部分进行逆境处理后考察叶片生长情况。

2) 叶面积模型的构建

取用于构建叶面积模型的幼苗，采摘具有统计学意义的一定数量 $n \geqslant 15$、不同大小正常健康的植物叶片，分别测量出不同大小的植物叶片的叶面积 S_{LA}、最大叶长 X_L 和最大叶宽 X_W；分别将上述测得的 n 组最大叶长 X_L、最大叶宽 X_W 以及对应的叶片叶面积 S_{LA} 代入非线性方程 $S_{LA}=b_0(X_L \times X_W)^{b_1}$ 进行回归分析，确定回归方程的回归系数 b_0、b_1，得到不同植物叶片叶面积的非线性方程 $S_{LA}=b_0(X_L \times X_W)^{b_1}$。

3) 被考察植物的处理

施加逆境因子(添加PEG到培养液来模拟干旱逆境、添加重碳酸盐到培养液来模拟重碳酸盐逆境或是其他逆境因子)培养用于考察叶片生长情况的植物幼苗，每天更换新的相对应的培养液。

7. 计算

1) 被考察植物叶面积值 S_{LA} 的计算

分别于第1 d、3 d、5 d、7 d、9 d、11 d、13 d，每株幼苗选出一个刚展开的幼叶作为目的叶片，测定上述考察植物的目的叶片最大叶长 X_L 和最大叶宽 X_W，并代入到非线性方程 $S_{LA}=b_0(X_L \times X_W)^{b_1}$，计算不同时间点的目的叶片叶面积值 S_{LA}。

2) 目的叶片 GR_{50} 及 DT_{log} 的计算

将各时间点作为 X、计算出的各时间点的目的叶片叶面积值 S_{LA} 作为 Y，构建4参数的Logistic 方程 $Y=Y_0+\dfrac{a}{1+(X/X_0)^b}$ 模型，求得不同逆境培养下的目的叶片叶面积的生长参数 a、X_0、b；把生长参数 a、X_0、b 代入方程 $GR_{50}=-ab/4x_0$、$DT_{log}=-4x_0/b$，分别计算出目的叶片叶面积处在对数生长期一半时的生长速率 GR_{50} 及对数生长期持续时间 DT_{log}。

3) 植物抗逆境能力的计算

根据上述获得的目的叶片叶面积的生长量上限值 a、对数生长期一半时的生长速率 GR_{50} 和对数生长期持续时间 DT_{log} 等参数来判断植物的抗不同逆境能力的大小。

8. 精密度

本规程的精密度数据按照GB/T 6379.2—2004的规定确定，其重复性和再现性的值以90%的可信度计算。

9. 技术优点

(1) 本方法基于动态监测植物叶片的最大叶长、最大叶宽等易测指标来快速测定植物抗不同逆境能力。

(2) 本方法能够克服以往测定植物生物量所需要较长时间及破坏被考察植物组织等不足。

(3) 本方法通过建立4参数的Logistic方程对植物初始叶片最大叶长、最大叶宽及叶面积进行归一化处理尽可能减少叶片个体间差异，能够获得处在对数生长期一半时的生长速率、对数生长持续时间，获得的数据准确可靠，不同植物抗同一逆境、同一植物对不同逆境的抗性能力具有可比性。

7.1.2.3　应用实例

具体实施效果如下：

室内采用同样规格的穴盘水培萌发诸葛菜（*Orychophragmus violaceus*）和芥菜型油菜（*Brassica juncea*）两种植物种子，配制培养液培养幼苗至 5 叶期，分别选择生长较为一致的幼苗作为被考察植物幼苗。分别采摘具有统计学意义的一定数量 $n \geqslant 15$、不同大小正常健康的诸葛菜和芥菜型油菜叶片，利用叶面积扫描仪，分别测量出 2 种植物不同大小叶片的叶面积 S_{LA}、最大叶长 X_L 和最大叶宽 X_W 等数据，分别将上述测得的 n 组最大叶长 X_L、最大叶宽 X_W 以及对应的叶片叶面积 S_{LA} 代入非线性方程 $S_{LA} = b_0(X_L \times X_W)^{b_1}$ 进行回归分析，确定回归方程的回归系数 b_0、b_1，分别得到诸葛菜和芥菜型油菜叶片叶面积的非线性方程 $S_{LA} = b_0(X_L \times X_W)^{b_1}$（表 7.1）。配置不同浓度的 PEG 培养液（0、10、20、40 $g \cdot L^{-1}$ PEG）和重碳酸盐培养液（0、5、10、15 mM $NaHCO_3$）培养 5 叶期的生长健康一致的诸葛菜和芥菜型油菜幼苗，分别于第 1 d、3 d、5 d、7 d、9 d、11 d、13 d，每株幼苗选出一个刚展开的幼叶作为目的叶片，测定 2 种植物目的叶片的最大叶长 X_L 和最大叶宽 X_W，然后把最大叶长 X_L 和最大叶宽 X_W 代入方程 $S_{LA} = b_0(X_L \times X_W)^{b_1}$ 计算不同时间点的目的叶片叶面积值 S_{LA}，然后将各时间点作为 X，计算出的各时间点的目的叶片叶面积值作为 Y，构建 4 参数的 Logistic 方程 $Y = Y_0 + \dfrac{a}{1+(X/X_0)^b}$ 模型，求得不同逆境下培养的目的叶片叶面积的生长参数 a、X_0、b；随后再把生长参数 a、X_0、b 代入方程 $GR_{50} = -ab/4x_0$、$DT_{log} = -4x_0/b$，利用这段培养时间的不同逆境下 2 种植物的生长参数 a、GR_{50} 和 DT_{log} 等参数，预测 2 种植物抗干旱和重碳酸盐胁迫的能力大小。如表 7.2、表 7.3 所示。

表 7.1　诸葛菜和芥菜型油菜叶片叶面积 S_{LA}、最大叶长 X_L 和最大叶宽 X_W 的回归方程

Table 7.1　Regression equation between leaf area (S_{LA}) and maximum leaf length (X_L), leaf width (X_W) in *O. violaceus* and *B. juncea*

植物	叶面积回归方程
诸葛菜	$S_{LA}=2.5479(X_L \times X_W)^{0.8557}$ $R^2=0.974$ $P<0.001$ $n=15$
芥菜型油菜	$S_{LA}=0.6037(X_L \times X_W)^{1.0487}$ $R^2=0.954$ $P=0.001$ $n=17$

表 7.2　模拟干旱逆境下诸葛菜和芥菜型油菜生长参数

Table 7.2　Growth parameters of *O. violaceus* and *B. juncea* under simulated drought stress

指标	PEG 处理 /($g \cdot L^{-1}$)	植物	a	GR_{50}	DT_{log}	方程和 R^2
叶面积	0	诸葛菜	4102.2	2.9	59.6	$Y = 408.6 + \dfrac{4102.2}{1+(X \div 23.8)^{-1.6}}$ $R^2=0.999$ (n=7，P<0.0001)

续表

指标	PEG 处理/$(g\cdot L^{-1})$	植物	a	GR_{50}	DT_{log}	方程和 R^2
叶面积		芥菜型油菜	36790.7	470.8	78.1	$Y=329.9+\frac{36790.7}{1+(X\div 35.6)^{-1.8}}$ R^2=0.999(n=7, P<0.0001)
	10	诸葛菜	741.8	0.5	60.4	$Y=263.5+\frac{741.8}{1+(X\div 16.4)^{-1.1}}$ R^2=0.999(n=7, P<0.0001)
		芥菜型油菜	1307.7	60.4	21.6	$Y=295.2+\frac{1307.7}{1+(X\div 9.5)^{-1.8}}$ R^2=0.999(n=7, P=0.0003)
	20	诸葛菜	167.4	0.7	10.7	$Y=321.8+\frac{167.4}{1+(X\div 4.9)^{-1.8}}$ R^2=0.999(n=7, P<0.0001)
		芥菜型油菜	1249.0	27.0	46.2	$Y=223.7+\frac{1249.0}{1+(X\div 16.1)^{-1.4}}$ R^2=0.998(n=7, P<0.0001)
	40	诸葛菜	50.9	0.2	9.6	$Y=223.5+\frac{50.9}{1+(X\div 4.7)^{-1.9}}$ R^2=0.995 (n=7, P<0.0001)
		芥菜型油菜	428.1	25.1	17.1	$Y=205.0+\frac{428.1}{1+(X\div 7.7)^{-1.8}}$ R^2=0.999(n=7, P<0.0001)

表 7.3　重碳酸盐逆境下诸葛菜和芥菜型油菜生长参数

Table 7.3　Growth parameters of *O. violaceus* and *B. juncea* under bicarbonate stress

指标	$NaHCO_3$ 处理/mM	植物	a	GR_{50}	DT_{log}	方程和 R^2
叶面积	0	诸葛菜	5768.8	8.7	28.3	$Y=574.2+\frac{5768.8}{1+(X\div 14.5)^{-2.1}}$ R^2=0.998 (n=7, P<0.0001)
		芥菜型油菜	22836.5	295.2	77.4	$Y=430.7+\frac{22836.5}{1+(X\div 31.2)^{-1.6}}$ R^2=0.999(n=7, P<0.0001)
	5	诸葛菜	1193.0	2.4	20.7	$Y=413.5+\frac{1193.0}{1+(X\div 10.6)^{-2.0}}$ R^2=0.995(n=7, P=0.0005)
		芥菜型油菜	12246.8	261.6	46.8	$Y=298.1+\frac{12246.8}{1+(X\div 21.7)^{-1.9}}$ R^2=0.998(n=7, P<0.0001)
	10	诸葛菜	4102.2	2.9	59.6	$Y=408.6+\frac{4102.2}{1+(X\div 23.8)^{-1.6}}$ R^2=0.999(n=7, P<0.0001)

续表

指标	$NaHCO_3$ 处理/mM	植物	a	GR_{50}	DT_{log}	方程和 R^2
		芥菜型油菜	29683.4	427.8	69.4	$Y=326.9+\frac{29683.4}{1+(X\div 32.0)^{-1.8}}$ R^2=0.999（n=7，P<0.0001）
	15	诸葛菜	1506.4	1.5	42.9	$Y=278.0+\frac{1506.4}{1+(X\div 16.1)^{-1.5}}$ R^2=0.999（n=7，P<0.0001）
		芥菜型油菜	84503.1	444.9	189.9	$Y=400.9+\frac{84503.1}{1+(X\div 77.4)^{-1.6}}$ R^2=0.999（n=7，P<0.0001）

从表 7.1 中可以看出，诸葛菜和芥菜型油菜的叶片叶面积拟合方程较好，能够利用叶片的最大叶长和最大叶宽来拟合叶片的叶面积，这样可在不破坏目的叶片的同时仅测定最大叶长和最大叶宽就可以估算目的叶片的叶面积。

从表 7.2 可以看出，PEG 处理对诸葛菜和芥菜型油菜的叶面积的生长参数均有不同程度的影响。随着培养液中 PEG 浓度的增加，2 种植物的叶面积整个生长过程生长指标的生长量的上限 a 值、对数生长期一半时的生长速率（GR_{50}）和对数生长期的持续时间（DT_{log}）表现出不同程度的下降，而且都在 40 $g\cdot L^{-1}$ 的 PEG 浓度下最小，说明 40 $g\cdot L^{-1}$ 的 PEG 对 2 种植物的最大叶长、最大叶宽和叶面积的生长均不利；更重要的是芥菜型油菜的叶面积的 a、GR_{50} 及 DT_{log} 随着培养液中 PEG 的增加下降的程度比诸葛菜强，而且芥菜型油菜在 10 $g\cdot L^{-1}$ 的 PEG 浓度出现拐点，而诸葛菜却在 20 $g\cdot L^{-1}$ 的 PEG 浓度下才出现拐点，说明诸葛菜相比于芥菜型油菜更抗旱，这与之前报道的诸葛菜属于喀斯特地区耐旱的适生植物是较为一致的。

同样从表 7.3 中也可以看出，重碳酸盐逆境对 2 种植物的不同生长参数影响也略不相同，随着培养液中 $NaHCO_3$ 浓度的增加，诸葛菜叶片叶面积的 a、GR_{50} 及 DT_{log} 呈下降趋势，但在 $NaHCO_3$ 处理下，诸葛菜叶片叶面积在 10 mM 浓度下达到最高，说明低浓度的 HCO_3^-（<10 mM）对诸葛菜的生物量是促进的，高浓度的 HCO_3^-（>10 mM）抑制其生长；但对于芥菜型油菜来说，其叶面积的 a、GR_{50} 及 DT_{log} 均随着培养液的 $NaHCO_3$ 浓度的增加呈上升走势，说明这种芥菜型油菜对重碳酸盐具有高的抗性。通过以上结果可以看出，利用生长参数可以测定植物对外源逆境的抵抗能力，测得的数据较为可靠，方法较为简便。

7.1.3　生理指标的选择和测定

通过长期的适应性进化，喀斯特适生植物拥有诸多适生机制，如生物多样性、光合作用、无机营养、对岩石的风化作用以及 CA 作用等。因此，模拟喀斯特逆境下，筛选合理生理指标，对植物的适应性特征进行研究，有助于深入探讨不同植物在不同逆境下的具体适生机制。

7.1.3.1 光合作用

光合作用是绿色植物最基本、最重要的生理生态特征(殷大聪等，2008)，也是植物生长发育的基础，为植物的生长发育提供了所需的物质和能量(寇伟锋等，2006)。温度、光照强度、pH 值和盐度等因素是影响植物生长状况最重要的环境因子，在不同逆境胁迫下，植物光合作用相应的会受到不同程度的抑制。光合活性可以作为植物生长潜力的象征(Mooney，1972； Walters et al.，1993)。干旱能够影响植物的光合作用。一方面可以直接通过气孔和叶肉细胞限制自由扩散来减少 CO_2 的供应，另一方面，也可以通过产生次生的氧化胁迫来间接影响植物的光合作用(Chaves et al.，2009)。在许多植物中，干旱胁迫通过减小羧化效率(CE)等一些非气孔限制因子来降低植物 P_N，引起叶肉细胞光合作用能力的下降(Rouhi et al.，2007)。

7.1.3.2 碳酸酐酶

一些植物不仅能够利用空气中的 CO_2，同时也可以利用基质内的重碳酸盐作为无机碳的来源(Wu et al.，2010；吴沿友等，2011a)。CA 能够催化无机碳之间的转化，这是陆生植物利用重碳酸盐的重要方式之一(Wu et al.，2010；吴沿友等，2011a)。CA 是一种含锌金属酶，它的主要作用是通过生物膜传递 CO_2 和质子，保持无机碳在细胞中(Tavallali et al.，2009)。CA 广泛分布在动物、植物、细菌内，并参与生物的多种生理学过程，诸如离子交换、酸碱平衡、羧化作用以及无机碳在细胞和环境、细胞与细胞之间的扩散等(Badger and Price，1994，Sasaki et al.，1998)。干旱胁迫下，CA 对光合作用过程可以起调节作用。较大的 CA 活力可以更高效地转化重碳酸盐为水和 CO_2。

余龙江等(2004)以从西南岩溶地区筛选的一株产胞外 CA 的细菌 GLCa102 为例，借助室内模拟实验来研究其胞外 CA 对灰岩的溶蚀驱动作用。结果表明，微生物 CA 对石灰岩有显著的酶促溶蚀驱动作用。李涛和余龙江(2006)的研究表明，在不同岩溶生态系统的表层土壤中都能检测到不同程度的 CA 活力，在非碳酸盐岩的砂页岩对照区土壤中也检测到了 CA 活力，这说明广泛存在于动植物和原核生物中的 CA 可以通过生物的腐烂或分泌，存在于生物所处的周围环境例如土壤中，在研究岩溶环境中喜钙植物可能适应机制时，CA 的作用是不能忽略的。由于 CA 具有高效快速催化 CO_2 和 HCO_3^- 之间相互转化反应的功能，因而可能对周围的环境产生影响，如对大气 CO_2 沉降、碳酸盐岩的溶解等产生影响(李为等，2004)。其研究还表明土壤 CA 活力与岩溶生态系统的地球化学背景、岩溶地形和植被类型及生长状况高度相关。

据刘再华(2001)的研究，CA 对石灰岩的溶解具有促进作用，使石灰岩溶解形成 HCO_3^- 离子，在 CA 的作用下，HCO_3^- 可以转化成 H_2O 和 CO_2，从而为植物在水分逆境条件下的生长提供了水分。另据吴沿友等(2006)研究，藻类、苔藓、蕨类植物、裸子植物以及被子植物都有 CA 活力，各种 CA 活力相差很大。草本植物中，诸葛菜酶活性较高，木本植物中，椿和贵州榕活力也较高，而这些植物都是喀斯特地区常见植物，较高的 CA 活力可以为植物在水分逆境下的生长提供水分，使得这些植物在喀斯特干旱的环境下仍能维持正常代谢水平。

总之，CA 的功能是多种多样的，在植物的生长发育过程中具有重要的作用。

7.1.3.3 叶绿素荧光

光合作用包括一系列光物理、光化学和生物化学转变的复杂过程，在光合作用的原初反应，将吸收光能传递、转换为电能的过程中，有一部分光能损耗是以较长的荧光方式释放的。自然条件下的叶绿素荧光和光合作用有着十分密切的关系(李晓等，2006)。近年来，随着叶绿素荧光技术的发展和进步，越来越多的人在利用叶绿素荧光技术无损探测植物各种生理特性，如光合作用特性，植物逆境生理特性和作物增产潜力等。

天然色素叶绿素a 的荧光值被用来评测光合结构的稳定性以及整个植物组织的健康状况(Baker，1991；Roháček and Barták，1999)。光合结构尤其是光系统 II(PSII)的叶绿素荧光发射的变化能够反映植物的光合活性。逆境胁迫对植物光合作用的影响是多方面的不仅直接引发光合机构的损伤，同时也影响光合电子传递及与暗反应有关的酶活性，逆境胁迫的轻重与 PSII 捕获激发能的效率(F_m/F_0)、PSII 潜在活性(F_v/F_0)、光化学淬灭系数(qp)、非光化学淬灭系数(qN)、电子传递速率(ETR)等的参数值被抑制的程度之间存在着正相关，它们可作为植物抗逆的指标(Serrano et al.，2007；杨晓青等，2004)，PSII 潜在最大光合效率(F_v/F_m)也是较常用的参数，它和 F_v/F_0 能说明 PSII 潜在的量子效率(罗青红等，2006)。当植物受到光抑制时，常伴随着 F_v/F_m 的降低和 qN 的增加；低温胁迫时，初始荧光(F_0)上升，qN、ETR、F_v/F_0 和 F_v/F_m 的值则明显降低；盐胁迫时，F_v/F_0 和 F_v/F_m 值下降，qN 值则上升；水分胁迫则导致 F_v/F_m 的下降(Serrano et al.，2007)。不同胁迫下，各叶绿素荧光特性出现不同的变化趋势，反映了植物生长受到逆境胁迫程度的大小(Panda et al.，2008)。

利用叶绿素荧光动力学方法可以快速、灵敏、无损伤探测逆境对植物光合作用的影响，进而研究植物对环境胁迫的忍受能力(Jiang et al.，2003；Mommer and Visser，2005；Panda et al.，2006；Vyal et al.，2007)。叶绿素荧光经常被用作环境胁迫的潜在指示器，也被用来筛选抗逆性植物(Guo et al.，2005；Li et al. 2006；Razavi et al.，2008)。

7.1.3.4 稳定同位素组成

目前，比较准确地测定植物叶片的光合作用的仪器如 Li-6400 便携式光合仪，是采用气体交换法来测量植物光合作用，通过测量流经叶室前后的 CO_2 浓度的变化和湿度变化来计算植物的 P_N 和蒸腾速率，并计算出气孔导度(G_s)和胞间 CO_2 浓度。但是植物叶片利用 HCO_3^- 进行光合作用不能为 Li-6400 便携式光合仪所测得，因为这部分的无机碳源不经过叶室，所以无法用如 Li-6400 便携式光合仪这样的仪器测出这部分碳源的光合利用。

稳定碳同位素的强烈分馏特征是识别植物体无机碳来源的基础(Tcherkez et al.，2009；Tomescu et al.，2009；Skrzypek et al.，2007)。自然界中碳元素有两种稳定同位素：^{12}C 和 ^{13}C，它们的天然平均丰度分别为 98.89%和 1.11%。稳定碳同位素组成通常用 $\delta^{13}C$(‰)表示，自然界中 $\delta^{13}C$ 的变化为-90‰～+20‰。稳定碳同位素的强烈分馏特征有利于我们识别植物体无机碳来源。质量平衡原理以及同位素混合模型和化学计量学方法，是我们定量识别植物体内无机碳来源的基础，因此，我们可以通过利用同位素技术结合常规 P_N 的测

定植物利用 HCO_3^- 的能力。

稳定同位素技术是鉴别物质来源的一种重要手段。稳定碳、氢同位素比值($\delta^{13}C$，δD)已经成功地被用来研究光合作用(Motomura et al.，2008；Schwender et al.，2004；Tcherkez et al.，2009)和水分代谢(Nichols et al.，2010)。当植物碳代谢途径和光合作用无机碳源发生变化的时候，植物的稳定碳、氢同位素比值($\delta^{13}C$，δD)也相应地发生变化。对于外部重碳酸盐的稳定碳，氢同位素标记能够示踪 H_2O 和 CO_2 来源，检验其是否来自 CA 催化的来自重碳酸盐的转化。因此，稳定碳，氢同位素比值($\delta^{13}C$，δD)被用来示踪光合作用过程中无机碳源的代谢途径(Motomura et al.，2008)。

因此，在研究过程中，常常对模拟逆境处理的植物进行光合作用、叶绿素荧光、CA、稳定同位素组成等生理指标的测定，基于这些指标的变化特征来分析植物不同的生理适应性机制。

7.1.4 不同植物生长及生理对不同逆境的响应差异

生态环境与植物之间关系紧密，相互影响。一方面植物对环境不断适应，形成了植物生长发育的内在规律；另一方面，植物对环境又具有反作用，不断改变着环境。两者是相互矛盾而又辩证统一的有机体。

7.1.4.1 植物对干旱的响应

干旱通过限制植物对外界水分和无机盐类的吸收利用(He and Dijkstra，2014；Rajasekar et al.，2016)，抑制植物的正常生长，降低叶片的生长速率，使得植株各个组织生长缓慢(Araus et al.，2002；Hsiao and Acevedo，1974)。干旱也会直接降低植物的光合作用(Bashtanova and Flowers，2012)。因光合作用是植物正常生长和发育的基础，因此，干旱一方面通过降低植物叶片的 G_s，使得大气 CO_2 进入叶片阻力加大(Medrano et al.，2002)，另一方面通过抑制叶绿体内光合途径来影响植物的光合作用(Nilsen，1992；Rebey et al.，2012；Zhou et al.，2013)，进而抑制植物的正常生长。

许多植物可以通过它们的光合代谢适应机制来适应干旱胁迫，较好的耐旱性植物狗牙根能够通过增加自身代谢活性来维持较高的光合作用能力(Hu et al.，2009)。同两种野生杏相比，苦杏对干旱胁迫具有更好的适应性，因为其本身的水分利用效率(WUE)随着干旱胁迫程度的增加而增加(Rouhi et al.，2007)。同对干旱敏感的菜豆相比，抗旱品种宽叶菜豆具有很好的抗氧化能力，主要是通过诱导抗氧化酶活性来适应氧化毒害环境(Türkan et al.，2005)。受到 PEG 诱导而产生的干旱胁迫的影响，小麦幼苗的 CA 活力在轻度干旱胁迫影响下有所下降，但是在严重干旱胁迫情况下又有所升高(Kicheva and Lazova，1997)。不同的小麦品种 CA 活力也有所不同，它们对干旱胁迫的忍受能力也有所不同(Guliyev et al.，2008)。当玉米叶片水势低于−2.0 MPa 时，其 CA 活力显著下降(Prakash and Rao，1996)，在加入 PEG 引起水胁迫的处理下，玉米叶子的 CA 活力反而增强(Kicheva and Lazova，1997)，大麦叶片的脱水也会引起 CA 活力的增加(Popova et al.，1996)。

与麻疯树(*Jatropha carcas*)相比，油桐的光合活性对干旱更为敏感，然而干旱环境下油桐较高的 G6PDH 活性有助于细胞内氧化还原平衡的维持(Xing et al.，2015)。牵牛花(*Pharbitis nil*)能够适应长期严重干旱胁迫，金银花(*Lonicera japonica*)则在中度干旱环境下能够维持较好的光合活性，爬山虎(*Parthenocissus tricuspidata*)在长期轻度干旱下具有较好的适应性(Xing and Wu，2012)。稳定的 CA 活力、较强的光合能力则是构树(*Broussonetia papyrifera*)适应干旱环境的重要机制(吴沿友等，2011b)。

7.1.4.2　植物对弱碱性的响应

喀斯特先锋植物被作为喀斯特地区生态修复的优选物种，与其耐弱碱性有一定关系。植物的生长与其生存环境密切相关，不同生境对植物体中的营养元素有着一定的影响，不同的地质背景下，土壤 pH 值、营养元素的含量及植物可利用性不同，因而植物的生长及其营养元素含量特征不同(杨成等，2007)。高 pH 环境即碱性环境下，植物对营养元素的吸收受到影响，进而影响到植物的生长，不同植物对碱性的耐受程度不同。程广有等(1996)曾利用模拟盐碱池对水稻品种在分蘖盛期和孕穗期的耐盐与耐碱性，以及耐盐碱性的鉴定指标进行了研究，结果表明，水稻品种在分蘖盛期和孕穗期对盐碱敏感，且品种间耐盐碱性差异显著，水稻分蘖数、株高、和单茎绿叶数的抑制率可作为鉴定标准。巩爱歧等(巩爱歧等，1998)关于平菇菌丝耐碱性的研究证明，平菇菌丝在 pH＝5～13 范围内均可生长，但 pH＝10 以上长势显著减弱。崔美燕等(2008)将 Na_2CO_3 溶液浓度为 25 $mmol \cdot L^{-1}$ 作为玉米苗期耐碱性的理想碱溶液，并证明该浓度下的株高变化率、鲜重变化率、干重变化率和含水量变化率均可作为玉米苗期耐碱性筛选的鉴定指标。金银花对碱性环境具有较强的适应性，能够保持较好的生长状况，爬山虎则在酸性至中性环境下生长良好，牵牛花普遍适生于弱酸至中性、偏碱性的环境(吴沿友等，2009)。麻疯树在偏碱性环境下同样表现出较好的光合能力(邢德科等，2016)。

7.1.4.3　植物对高重碳酸盐的响应

重碳酸盐是由 HCO_3^- 和 CO_3^{2-} 相互水解和水合形成的一系列物质。高浓度 HCO_3^- 是石灰土中铁诱导“萎黄病”和锌缺乏的主要因素，抑制蛋白质的合成，减缓呼吸作用和营养吸收，抑制植物的生长(徐晓燕等，2001；Alhendawi et al.，1997；Lee and Woolhouse，1969；McCray and Matocha，1992)。高浓度 HCO_3^- 诱导耐锌水稻根系分泌物中的苹果酸，柠檬酸和莽草酸大量增加，而锌敏感水稻根系大量累积苹果酸、柠檬酸和丁二酸(Hoffland et al.，2006；Hajiboland et al.，2005)。HCO_3^- 处理对不同锌基因型水稻的响应机制表明耐锌水稻根能适应高浓度 HCO_3^- 的逆境，而锌敏感水稻根的生长则被严重抑制(Hajiboland et al.，2003；Wissuwa et al.，2006；Widodo et al.，2010)。重碳酸盐被看作石灰性土壤生长的大米锌缺乏以及玉米，高粱和大麦出现铁缺乏症状的主要诱导因子，然而，高粱和玉米比大麦对重碳酸盐更为敏感，营养液中重碳酸盐浓度的增加显著降低了作物的根和芽的干重(Yang et al.，1993，Alhendawi et al.，1997)。基质内重碳酸盐对甜菜的影响要较小于对大豆的影响，然而，重碳酸盐处理能够引起大量的草酸钠积累在甜菜叶片中(Brown and Wadleigh，1955)。桑树(*Morus alba*)对于重碳酸盐的长期适应性好于构树，重碳酸盐对光合无机碳同化的长期影响可能是 HCO_3^- 的获取和利用，重碳酸盐逆境下，构树对 HCO_3^- 的利用远高于桑树(Wu and Xing，2012)。诸葛菜在重碳酸盐逆境下拥有较高的CA活力以及无机碳利用能力，表现出较好的适生性(王瑞等，2015)。因此，重碳酸盐对不同植物种类的影响在生长和生理指标上都不尽相同。

7.1.4.4 植物对低营养的响应

目前，大多数研究都集中在低浓度的营养对植物生长和光合作用以及植物生长品质的研究上(袁方等，2008；翁忙玲等，2004)，这些研究主要探讨了N、P对植物生长的影响，以及最适生长浓度。别之龙等人的研究结果表明，2个生菜品种采收时地上部的产量均以1/2单位营养液浓度处理最高，1/4单位营养液浓度处理下，生菜的生长受到抑制(别之龙等，2005)。在养分吸收方面，关于不同施肥尤其是低浓度N肥、P肥对植物生长的影响的研究较多(陈尚平等，2007；张文君等，2006；于飞等，2005)，Wissuwa(2003)研究了植物在P缺乏状态下的耐受性，分析了植物根系生长对植物在P缺乏状态下有效吸收P的贡献；在P缺乏时水稻，甘蓝，羽扇豆，苜蓿等植物根系分泌的柠檬酸、苹果酸、丁二酸等含量显著增加(Vance et al.，2003；Shahbaz et al.，2006；Gardner et al.，1983；Lipton et al.，1987)；低磷环境下，构树和诸葛菜以最低的无机碳消耗成本表现出较强的P获取能力，体现出对磷缺乏环境的适应性(Zhao and Wu，2014)。灌木根系和根系分泌物在获取营养方面具有重要作用，这种作用同根系大小、形态和根系生理特性有关(Marschner，1998)。低营养下，牵牛花生长较差，金银花则能够保持较好的光合能力，爬山虎则因其本身较慢的生长速率，受到低营养影响不大(Xing and Wu，2015)。

P缺乏会诱导产生限制植物生长的各种各样的代谢影响。研究证明比较低的P含量会引发根部和枝的相对生长的变化，而不是每单位质量或者面积的这些器官碳获取速率的变化(Hogh-Jensen et al.，2002)。在P缺乏处理的玉米中，与空白对照植物相比，其可溶性和不溶的蛋白含量都有所降低(Usuda and Shimogawara，1995)。也有部分研究证明P缺乏对植物叶片光合作用和碳代谢都有显著影响(Rao，1996；Foyer and Spencer，1986；Fredeen et al.，1989；Rao and Terry，1995)。由P缺乏引起的光合作用抑制主要是由于1,5-二磷酸核酮糖(RuBP)合成的降低(Jacob and Lawlor，1992；Pieters et al.，2001)。P缺乏的情况下，构树和桑树植物体内Cu和Zn含量下降，引起类囊体膜结构以及电子传递效率稳定性的减弱，导致循环磷酸化与光合效率受到抑制(Xing et al.，2016)。

植物可以通过调节其自身生理和生物化学活性来增加P的获取能力(Mathew et al.，2000)。在P缺乏环境中，植物能将其自身的即将死亡的组织中的P元素转移到新生组织中，回收利用并重新分配利用P元素，这种生理代谢过程对于植物适应P缺乏胁迫环境是非常重要的(马祥庆和梁霞，2004)。对于大麦，当P缺乏胁迫加重时，碳水化合物代谢开始调节来降低P的消耗，P能够从P含量比较小的代谢物种被回收利用(Huang et al.，2008)。对于克隆植物，它们能够通过克隆生长无性繁殖形成在遗传学上同一的个体(无性系分株)，互相连接的分株能够通过生理整合作用共享资源，诸如水分、碳水化合物和矿质营养元素等来保护克隆植物免受局部效应的危害(Sui et al.，2011；Wang et al.，2011；Stuefer et al.，2004)。例如，克隆生理整合增加了沙鞭的耐受风沙掩埋的能力，沙鞭出现在深部掩埋层很可能是通过相连接的未被掩埋的分株输送能量到被掩埋部分来延伸纵向结构从而适应环境(Yu et al., 2004)。克隆品种东方草莓能够通过生理整合作用适应土壤水分的异质性环境，逐渐增加的水分差异水平提升了这种生理整合作用，克隆植物能够通过它们优越的生存策略而成为合适的植被恢复种(Zhang et al., 2008)。事实上，克隆生理整合常常能够平衡不同无性系分株之间的物质浓度(Alpert, 1999)。

7.2　植物对模拟喀斯特逆境的生理响应与喀斯特适生性评价

不同植物对不同喀斯特逆境都有各自不同的生理生态响应，有对长期与短期逆境胁迫的响应，也有对重度与轻度逆境胁迫的响应。喀斯特适生植物能够快速适应这些不同逆境，在遭受各种喀斯特逆境时能够通过各种各样的生理代谢调节作用维持正常的生理功能而保持旺盛的生长力，体现出良好的适应性。而喀斯特适生植物在适应各种喀斯特逆境的过程中能够采取各种不同的生理调节策略与无机碳利用策略，所以表现出多种不同的适生机制。因此，基于不同适生机制，通过对喀斯特逆境下植物生理生态响应的分析，来综合评价不同植物对不同喀斯特逆境的适应性。

通过人工模拟高 pH、高重碳酸盐、干旱、低 P 以及低营养等多种不同喀斯特逆境，同时以普通营养液作为对照，对不同植物进行同步处理，测定其生长指标、光合作用、叶绿素荧光参数和 $\delta^{13}C$ 值等生理指标的变化情况，分析这些植物对不同逆境的生理响应特征，综合评价它们对不同逆境的适应性，为喀斯特地区退化生态系统植被恢复合适建群植物种的快速甄选提供科学依据。

实验于人工温室内进行，以构树、桑树、牵牛花、金银花、爬山虎、麻疯树和枫杨(*Pterocarya stenoptera*)为材料。植物种子在 12 孔穴盘内萌发，用珍珠岩固定。待长出幼苗，控制培养条件为：夜温/昼温为 22℃/28℃，空气湿度为(65±5)%，光周期为 14 h，光照强度为 300 $\mu mol\cdot m^{-2}\cdot s^{-1}$ PPFD，每天用 1/4 浓度的霍格兰营养液培养植物幼苗(Xing and Wu, 2012; Hoagland and Arnon, 1950)。一段时间后，对生长良好且一致的植物幼苗同步进行 5 种不同逆境的处理[改进的霍格兰营养液、高 pH(pH＝8.1±0.5)、模拟干旱(60 $g\cdot L^{-1}$PEG 6000)、低营养(1/8 霍格兰营养液)、低 P(0.02 mM)、高重碳酸盐(20 mM$NaHCO_3$)]，或者以此为基准，逐次设置不同浓度梯度的单一逆境控制实验，其中所添加的 $NaHCO_3$ 的 $\delta^{13}C$ 值均为−6.69‰PDB，以霍格兰营养液作为对照，记为 CK。分别在处理后每隔一段时间多次对植物进行相关参数的测定，每次测定每个指标均重复 5 次。其中，生长指标、光合作用、CA、叶绿素荧光、$\delta^{13}C$ 值的测定方法详见参考文献(Xing and Wu, 2012; 邢德科等, 2016)。

7.2.1　构树和桑树对不同喀斯特逆境的响应

7.2.1.1　干旱

1. 光合特征

图 7.1 和 7.2 分别表示的是构树和桑树的光合作用对不同光强和 CO_2 浓度的响应。通

过观察 2 种植物 P_N 对光强的响应曲线，可以看出构树的 P_N 受干旱影响较小，干旱下的最大净光合速率甚至高于对照，而桑树的 P_N 受干旱影响较大，干旱下的最大净光合速率都明显小于对照，在 20、40 g·L^{-1}PEG 下，最大净光合速率只有对照的 1/5，而在 60 g·L^{-1}PEG 下，桑树的 P_N 为负值。通过观察 2 种植物 P_N 对 CO_2 的响应曲线，同样可以看出构树的 P_N 整体上受干旱影响较小。

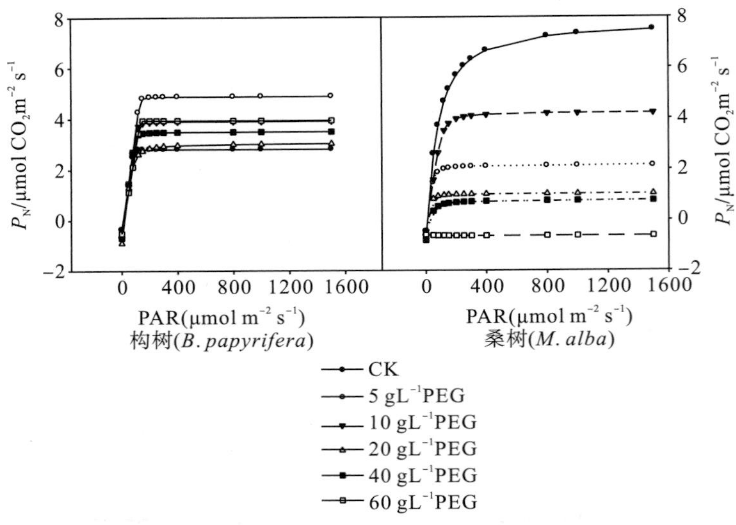

图 7.1 模拟干旱处理下构树和桑树 P_N 对光强的响应

Figure 7.1 The response of P_N in *B. papyrifera* and *M. alba* to different actinic light under simulated drought stress

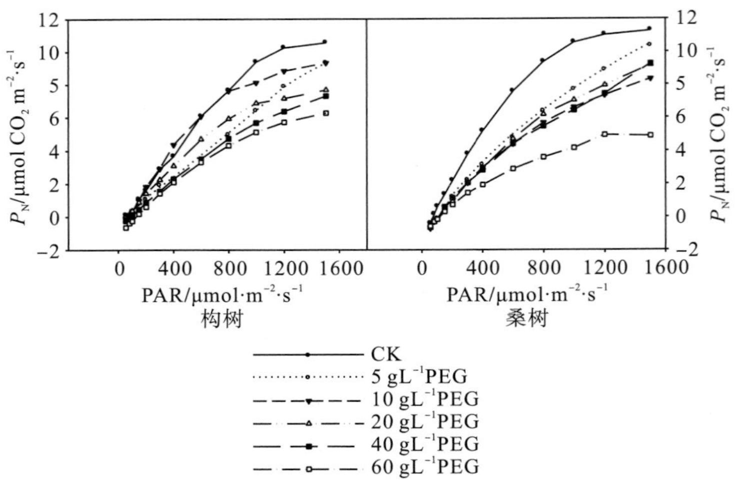

图 7.2 模拟干旱处理下构树和桑树 P_N 对 CO_2 浓度的响应

Figure 7.2 The response of P_N in *B. papyrifera* and *M. alba* to different CO_2 concentration under simulated drought stress

构树在干旱逆境下仍然具有很高的 P_N 值，这一方面与 CA 的水分调节作用有关(Wu et al.，2009)，另一方面与构树在干旱逆境下仍然保持较高的光能转化效率以及 PS II 的电子传递活性有关。构树对干旱逆境的适应性是这两个方面综合作用的结果。

2. 叶绿素荧光特征

表 7.4 表示的是干旱处理对构树和桑树 F_v/F_m 和 PS II 实际光合效率($\Phi_{PS\,II}$)的影响。不同干旱水平下构树的 F_v/F_m 和 $\Phi_{PS\,II}$ 值没有显著差异，而桑树则在 10、40 g·L^{-1}PEG 下受到抑制，表明桑树叶片的 PS II 反应中心受到破坏。图 7.3 是干旱处理对构树和桑树 qP 和 ETR 的影响。构树的 ETR 和 qP 值都明显高于桑树。不同干旱水平下构树的 qP 值之间没有显著差异，而其 ETR 则差异显著。

表 7.4 模拟干旱处理对构树和桑树 F_v/F_m 和 $\Phi_{PS\,II}$ 的影响

Table 7.4 The effect on F_v/F_m and $\Phi_{PS\,II}$ of *B. papyrifera* and *M. alba* induced by simulated drought stress

	PEG 处理/g·L^{-1}	构树	桑树
F_v/F_m	0	0.79±0.004^a	0.79±0.006^a
	5	0.79±0.011^a	0.78±0.018^a
	10	0.80±0.008^a	0.73±0.013^b
	20	0.79±0.005^a	0.77±0.019^a
	40	0.79±0.012^a	0.66±0.031^c
	60	0.80±0.005^a	0.75±0.029^a
$\Phi_{PS\,II}$	0	0.48±0.027^a	0.42±0.073^a
	5	0.46±0.041^a	0.41±0.029^a
	10	0.49±0.099^a	0.29±0.051^c
	20	0.46±0.086^a	0.40±0.042^a
	40	0.46±0.092^a	0.25±0.029^c
	60	0.45±0.012^a	0.36±0.039^b

注：同列数据后不同字母表示差异显著($P<0.05$)。

Note: Numbers followed by different letters within each column indicated significant difference at $P<0.05$.

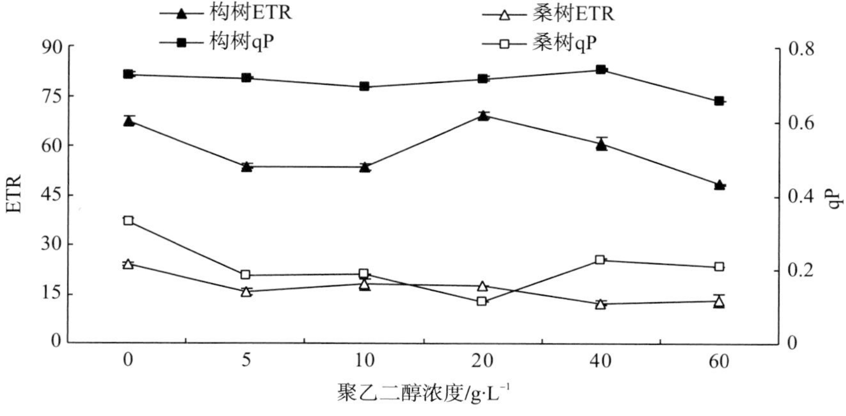

图 7.3 模拟干旱对构树和桑树 qP 和 ETR 的影响

Figure 7.3 The effect on qP and ETR of *B. papyrifera* and *M. alba* induced by simulated drought stress

模拟干旱对构树光合作用的抑制不显著，同时，构树具有较强的耐涝性(Wu et al.，2009)。本研究采用水培实验，桑树受到双重逆境(淹水和干旱)的影响，干旱逆境在一定程度上能够抵消水培处理带来的淹水逆境。构树的电子传递速率明显大于桑树，这也是构树光合作用可以忍耐干旱逆境的原因之一。

3. **碳酸酐酶变化特征**

结果与分析及讨论详见 2.2。

7.2.1.2 低磷

1. **光合特征**

图 7.4 和图 7.5 分别是低 P 处理下构树和桑树光合作用对光强和 CO_2 浓度的响应。通过观察 2 种植物的光合作用对光强的响应曲线，可以看出构树的 P_N 受低 P 胁迫影响较小，

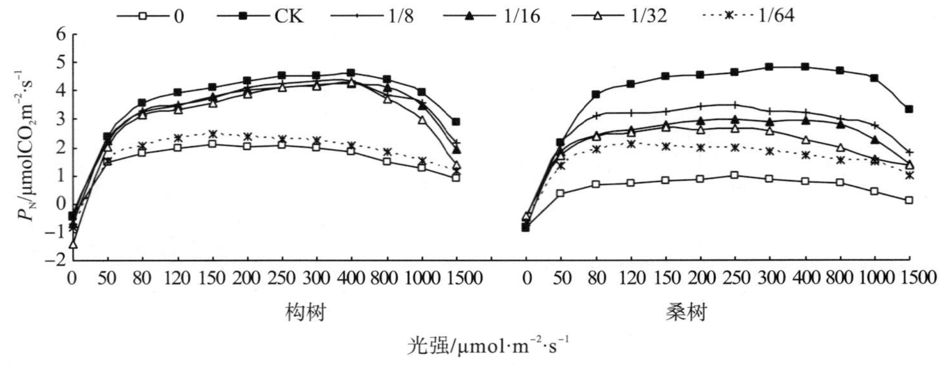

图 7.4 低 P 处理下构树和桑树 P_N 对光强的响应

Figure 7.4 The response of P_N in *B. papyrifera* and *M. alba* to different actinic light under P deficiency

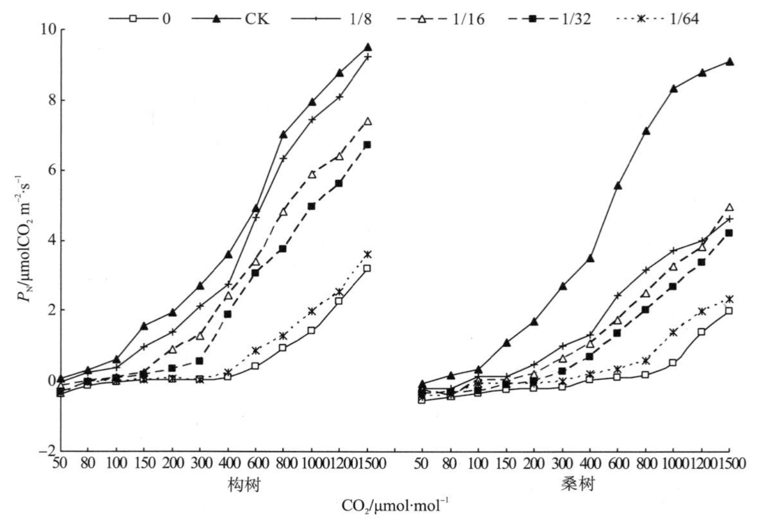

图 7.5 低 P 处理下构树和桑树 P_N 对 CO_2 浓度的响应

Figure 7.5 The response of P_N in *B. papyrifera* and *M. alba* to different concentration of CO_2 under P deficiency

仅在 P 缺乏(P 浓度为 1/64 霍格兰营养液和 0)情况下，P_N 才会受到严重抑制，其值还维持在对照(P 浓度为 1/4 霍格兰营养液)的 1/2。而桑树的 P_N 受低 P 胁迫影响较大，低磷胁迫下的最大净光合速率都明显小于对照，在 P 缺乏(P 浓度为 0)情况下其最大净光合速率仅为对照的 1/5；通过观察构树和桑树的光合作用对 CO_2 的响应曲线，可以看出构树的 P_N 随着 P 含量的下降而逐渐下降，在 P 浓度为 1/8 霍格兰营养液时其最大净光合速率基本与对照一致，P 浓度为 1/16 和 1/32 霍格兰营养液时，其最大净光合速率降为对照的 1/2，在 P 缺乏(P 浓度为 1/64 霍格兰营养液和 0)情况下，其值降为对照的 1/3，而桑树的 P_N 受低 P 胁迫的影响较大，低磷胁迫下的最大净光合速率都明显小于对照，在 P 含量为 0 时其最大净光合速率仅为对照的 1/5，以上结果表明构树的光合作用受低 P 胁迫的影响明显小于桑树。

缺 P 处理会导致叶片光合能力的下降和 RuBP 再生能力受限(朱隆静和喻景权，2005)，桑树在低 P 处理后，光合速率下降。而构树下降较慢，说明构树比桑树更适应低 P 环境。

2. 叶绿素荧光特征

表 7.5 表示的是低 P 处理对构树和桑树 F_v/F_m 和 Φ_{PSII} 的影响。构树和桑树的 F_v/F_m 和 Φ_{PSII} 随着 P 缺乏的加剧逐渐下降，桑树下降更为显著。图 7.6 表示的是低 P 处理对构树和桑树 qP 和 ETR 的影响。构树的 qP 和 ETR 值都明显高于桑树。构树的 qP 和 ETR 值随着 P 缺乏加剧而逐渐下降，其中在 P 浓度为 1/4、1/8、1/16 霍格兰营养液时 qP 和 ETR 值没有显著差异；而桑树的 qP 和 ETR 值在缺 P(P 含量为 0)时，其值只有 P 含量为 1/4 霍格兰营养液时 qP 和 ETR 值的 1/5。桑树的耐低 P 能力远小于构树。

表 7.5　低 P 处理对构树和桑树 F_v/F_m 和 Φ_{PSII} 的影响

Table 7.5　The effect on F_v/F_m and Φ_{PSII} of *B. papyrifera* and *M. alba* induced by P deficiency

	缺 P 处理	构树	桑树
F_v/F_m	1/4	0.82 ± 0.005^a	0.80 ± 0.005^a
	1/8	0.82 ± 0.006^a	0.77 ± 0.004^b
	1/16	0.80 ± 0.008^a	0.74 ± 0.003^b
	1/32	0.80 ± 0.006^a	0.73 ± 0.002^b
	1/64	0.79 ± 0.003^b	0.72 ± 0.007^b
	0	0.78 ± 0.004^b	0.66 ± 0.006^c
Φ_{PSII}	1/4	0.15 ± 0.002^a	0.07 ± 0.003^a
	1/8	0.14 ± 0.004^a	0.03 ± 0.004^b
	1/16	0.14 ± 0.006^a	0.03 ± 0.003^b
	1/32	0.12 ± 0.002^a	0.03 ± 0.003^b
	1/64	0.09 ± 0.004^b	0.01 ± 0.008^c
	0	0.09 ± 0.008^b	0.009 ± 0.009^c

注：同列数据后不同字母表示差异显著($P<0.05$)。

Note：Numbers followed by different letters within each column indicated significant difference at $P<0.05$.

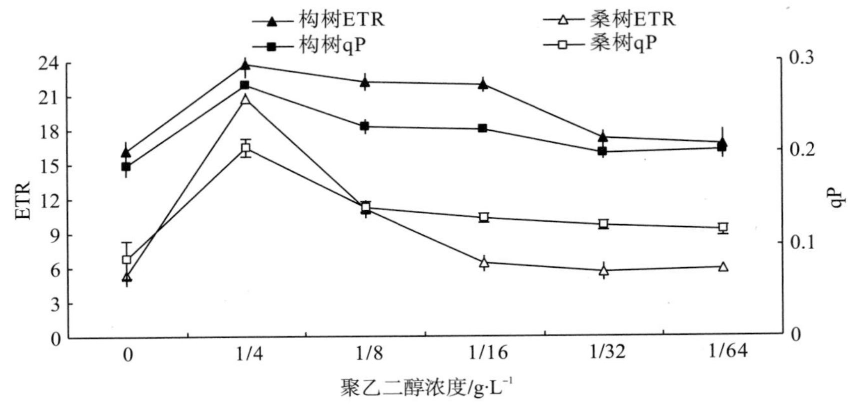

图 7.6　低 P 处理对构树和桑树 qP 和 ETR 的影响

Figure 7.6　The effect on qP and ETR of *B. papyrifera* and *M. alba* induced by P deficiency

3. 碳酸酐酶变化特征

图 7.7 表示的是低 P 处理下构树和桑树 CA 活力差异。低 P 胁迫下构树的 CA 活力远高于桑树，且桑树 CA 活力对干旱较为敏感。受低 P 逆境激发，构树和桑树的 CA 活力均在 P 浓度为 1/4 霍格兰营养液时最高，随着胁迫的加重，桑树的 CA 活力比构树较早受到抑制而降低。

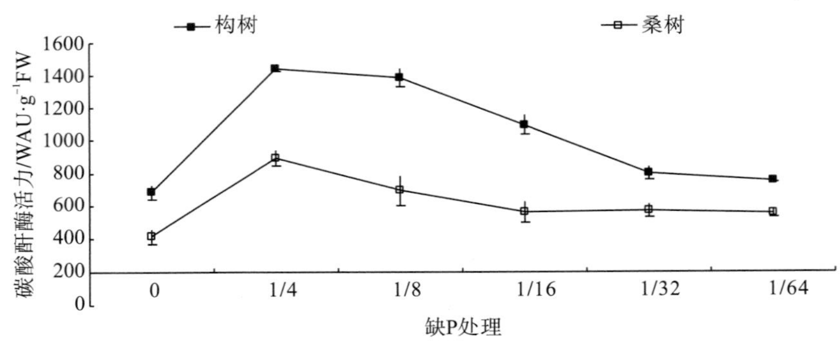

图 7.7　缺 P 处理对构树和桑树 CA 活力的影响

Figure 7.7　The effect on CA activity of *B. papyrifera* and *M. alba* induced by P deficiency treatments

7.2.1.3　重碳酸盐

1. 光合特征

表 7.6 为不同处理水平下构树和桑树的 P_N 和 WUE 的变化。空白对照下，构树比桑树拥有更高的 P_N 和 WUE 值。在重碳酸盐处理下，构树和桑树的 P_N 和 WUE 都有较大幅度的下降，然而，构树和桑树的 P_N 和 WUE 对重碳酸盐处理的响应又各自不同。在重碳酸盐处理下，构树的 P_N 和 WUE 值比桑树下降幅度更大，另外，P_N 和 WUE 值随着重碳酸盐处理时间的不同而不同。在第 10 天，构树在重碳酸盐处理下的 P_N 是空白对照组 P_N 值

的 42%，在第 20 天，构树在重碳酸盐处理下的 P_N 仅是空白对照组 P_N 值的 31%。同样地，在第 10 天，桑树在重碳酸盐处理下的 P_N 是空白对照组 P_N 值的 45%，而在第 20 天，构树在重碳酸盐处理下的 P_N 则是空白对照组 P_N 值的 52%。在第 10 和 20 天，构树在重碳酸盐处理下的 WUE 值分别是各自空白对照组下 WUE 值的 12%和 43%，同时，桑树在重碳酸盐处理下的 WUE 值分别是各自空白对照组下 WUE 值的 49%和 67%。

表 7.6 不同重碳酸盐水平处理下构树和桑树的 P_N/$\mu mol \cdot m^{-2} \cdot s^{-1}$ 和 WUE/$\mu mol \cdot mmol^{-1}$

Table 7.6 The P_N ($\mu mol \cdot m^{-2} \cdot s^{-1}$) and WUE ($\mu mol \cdot mmol^{-1}$) in *B. papyrifera* and *M. alba* under different treatments

处理		构树				桑树			
		第 10 天		第 20 天		第 10 天		第 20 天	
		平均值（标准误差）	百分比‡	平均值（标准误差）	百分比‡	平均值（标准误差）	百分比‡	平均值（标准误差）	百分比‡
空白对照	P_N	5.91 (0.34)	100%	6.13 (0.02)	100%	4.08 (0.39)	100%	4.89 (0.21)	100%
重碳酸盐处理	P_N	2.49 (0.14)	42%	1.91 (0.10)	31%	1.82 (0.32)	45%	2.55 (0.18)	52%
空白对照	WUE	13.14 (1.16)	100%	6.91 (0.42)	100%	5.70 (0.48)	100%	4.02 (0.43)	100%
重碳酸盐处理	WUE	1.56 (0.14)	12%	2.95 (0.39)	43%	2.81 (0.60)	49%	2.68 (0.45)	67%

注：‡这列代表植物在重碳酸盐处理下的值占空白对照下的值的百分比。

Note: This column stands for the percent value after bicarbonate treatment with reference to that of the control plants.

重碳酸盐能够抑制植物的 P_N 的值，这种抑制可能是长期也可能是短期的影响。本研究着重论述构树和桑树在第 10 和 20 天的 P_N 的值对 10mM 的重碳酸盐的不同响应。对于构树来说，随着处理时间的增加，其 P_N 的值受到的抑制程度也相应增加，而对于桑树来说，随着处理时间的增加，其受到的抑制逐渐减弱。桑树对于重碳酸盐的长期适应性较好于构树。在第 10 天，构树和桑树的 P_N 的值在重碳酸盐处理下的值低于空白对照下的值的 50%，而在第 20 天，桑树在重碳酸盐处理下的 P_N 的值高于其空白对照下的值的 50%。这些结果表明重碳酸盐对于不同的植物种类有不同的影响方式，短期影响使得 2 种桑科植物的光合无机碳同化速率在第 10 天都降到了空白对照下的 50%以下，并且非常明显。这些影响可以被解释为 PSII 的水氧化复合物对重碳酸盐的需求（Klimov and Baranov，2001）或者可能是重碳酸盐对蛋白合成的抑制（Nikolic et al.，2000；Srivastava et al.，1997；Stemler，2002）。当重碳酸盐抑制了光合无机碳同化过程时，它就会同时抑制 WUE。因此，重碳酸盐对光合无机碳同化的短期影响可能会降低光合碳代谢过程相关酶的活性（Kumar and Kumar，2001）。

重碳酸盐对光合无机碳同化的长期影响可能是 HCO_3^- 的获取和利用。在重碳酸盐处理下，随着处理时间的增加，构树的 P_N 的值有所降低，而桑树 P_N 的值反而有所增加。因为 2 种桑科植物对重碳酸盐的利用有所不同，我们可以得出这样的结论，植物利用的重碳酸盐越多，重碳酸盐对其本身的危害就越大。植物获取和利用重碳酸盐的量越多，重碳酸盐就会在更大程度上抑制糖类代谢和蛋白合成（Yang et al.，1993；Nikolic et al.，2000；Srivastava et al.，1997），或者引起核酮糖-1,5-二磷酸合成酶或者加氧酶活性的逐渐下降

(Bertamini et al., 2001)。

2. 叶绿素荧光特征

表 7.7 为不同重碳酸盐水平处理下的 2 种桑科植物的 F_v/F_m 和 Φ_p(开放的 PSII 的光化学效率)的变化。无论是在第 10 天还是第 20 天，与空白对照相比，构树和桑树在重碳酸盐处理下的 F_v/F_m 都没有发生明显变化。而与空白对照相比，在第 10 天，2 种桑科植物在重碳酸盐处理下的 Φ_p 值都有所升高，然而，在第 20 天，构树在重碳酸盐处理下的 Φ_p 值明显低于空白对照下的 Φ_p 值，而桑树在重碳酸盐处理下的 Φ_p 值则高于空白对照下的 Φ_p 值但并不是很显著。

表 7.7 不同重碳酸盐水平处理下构树和桑树 F_v/F_m 和 Φ_p 的变化

Table 7.7 The F_v/F_m and Φ_p in *B. papyrifera* and *M. alba* under different treatments.

处理		构树		桑树	
		第 10 天	第 20 天	第 10 天	第 20 天
空白对照	F_v/F_m	0.77±0.02	0.81±0.00	0.76±0.01	0.74±0.03
重碳酸盐处理	F_v/F_m	0.78±0.01	0.78±0.01	0.77±0.01	0.79±0.01
空白对照	Φ_p	0.47±0.04	0.58±0.02	0.40±0.01	0.38±0.03
重碳酸盐处理	Φ_p	0.53±0.01	0.50±0.00*	0.44±0.02	0.44±0.01

注：†这些值都用平均值±标准误差(SE)表示。*表示通过在 5%显著水平上的 LSD 检验，在第 20 天，空白对照和重碳酸盐处理的 Φ_p 值具有显著性差异。

Note: †These values were expressed as mean ± standard error (SE). * represents the least significant difference (LSD) post-hoc test at the 5% significance level ($P<0.05$), on day 20, Φ_p values between control and bicarbonate treatment differed significantly.

重碳酸盐会持续影响 PSII 复合系统的氧气的产生(Klimov et al., 2003)，可以增强开放的 PSII 的量子效率。本研究中，我们发现在第 10 和 20 天，桑树在重碳酸盐处理下的 F_v/F_m 和 Φ_p 值都有轻微的增加，说明重碳酸盐处理对桑树光合作用的 PSII 反应中心没有任何损害，然而，在第 20 天，重碳酸盐处理使得构树的 Φ_p 值有所降低。因此，在第 20 天，构树的 PSII 的量子效率受到一定影响。

3. 碳酸酐酶变化特征

结果与分析及讨论详见 2.2 节。

4. 无机碳利用特征和水分利用特征

1)稳定同位素组成

表 7.8 为不同重碳酸盐水平处理下的 2 种桑科植物的叶片 δD 值变化。构树的 δD 值高于桑树，而且无论在第 10 天还是在第 20 天，构树在重碳酸盐处理下的 δD 值高于空白对照下的 δD 值。在第 10 天，桑树在 HCO_3^- 处理下的 δD 值与空白对照下的 δD 值没有明显不同。在第 20 天，桑树在重碳酸盐处理下的 δD 值低于空白对照下的 δD 值。

表 7.8 不同重碳酸盐水平处理下的构树和桑树的 δD 值(‰)的变化

Table 7.8 Values of δD (‰) in *B. papyrifera* and *M. alba* under different treatments.

	构树		桑树	
	第 10 天*	第 20 天*	第 10 天*	第 20 天*
空白对照	−92.9 ± 1.6	−92.4 ± 0.2	−102.9 ± 1.9	−94.5 ± 1.5
重碳酸盐处理	−85.0 ± 0.8	−85.0 ± 1.3	−101.6 ± 2.7	−107.6 ± 0.0

注：*这些值用平均值±标准误差(SE)表示。

Note：*These values were expressed as mean±standard error (SE).

2)碳酸氢根离子利用和总光合同化能力

植物碳酸氢根离子利用能力(BUC)采用双向无机碳同位素示踪培养技术来获取(参看 3.4 节)。

双向无机碳同位素示踪培养技术只能研究在较高浓度 HCO_3^- 的营养液培养下的植物碳酸氢根离子利用能力。而实际上，由于空气中 CO_2 也能溶解到溶液中变成碳酸氢根离子，对于无添加 $NaHCO_3$ 的营养液培养的植物的碳酸氢根离子利用能力双向无机碳同位素示踪培养技术也无能为力。因此还需要结合野外生境下植物的碳酸氢根离子利用能力的检测方法来检测对照植物的碳酸氢根离子利用能力(参看 3.3 节)。

除了应用双向无机碳同位素示踪培养技术可以获取植物碳酸氢根离子利用能力，利用氢同位素技术也可以测定植物碳酸氢根离子利用能力。

当植物利用由重碳酸盐转化而来的 CO_2 和 H_2O 时，碳和氢元素的物质的量的比率为 1。光合作用过程中氢的来源有三个方面：水分，由 CA 催化重碳酸盐转化而来的氢和细胞内代谢产生的氢。因此，植物的稳定氢同位素比值适用三端元同位素混合模型。

根据三端元的同位素混合模型：

$$\delta_S = f_P\delta_P + f_M\delta_M + f_N\delta_N \tag{7.1}$$

$$f_P + f_M + f_N = 1 \tag{7.2}$$

这里 δ_S 为用 HCO_3^- 培养的植物叶片的 δD 值，δ_P 为假定为植物完全利用 H_2O 为唯一氢源时叶片的 δD 值，δ_M 为假定为植物完全利用 HCO_3^- 为唯一氢源时叶片的 δD 值，δ_N 为假定为植物完全利用细胞内代谢产生的氢为唯一氢源时叶片的 δD 值，f_M 为该考察植物利用 HCO_3^- 中的氢所占的份额，f_N 为该考察植物利用细胞内代谢产生的氢所占的份额。

HCO_3^- 中的氢与细胞内代谢产生的氢同时为植物光合作用过程提供水分并且具有相同当量。因此 $f_M = f_N$。

那么 f_M 可以通过如下方程计算获得：

$$f_M = \frac{\delta_S - \delta_P}{(\delta_M + \delta_N) - 2\delta_P} \tag{7.3}$$

这里 δ_S 为用 HCO_3^- 培养的植物叶片的 δD 值，δ_P 为假定为植物完全利用 H_2O 为唯一氢源时叶片的 δD 值，δ_M 为假定为植物完全利用 HCO_3^- 为唯一氢源时叶片的 δD 值，δ_N 为假定为植物完全利用细胞内代谢产生的氢为唯一氢源时叶片的 δD 值，f_M 为该考察植物利用 HCO_3^- 中的氢所占的份额。

方程(7.3)中的 f_M 与双向无机碳同位素示踪培养技术获取的碳酸氢根离子利用份额 f_B 非常接近，可看成相等。因此可以依据已知的 f_B 获取 $\delta_M+\delta_N$ 。

在这里，我们将构树幼苗分别用 10mM 具有不同 $\delta^{13}C$ 值−17.20‰和−6.69‰PDB 的两种 $NaHCO_3$ 来培养。在第 20 天，这些用两种 $NaHCO_3$ 培养出来的植物幼苗叶片的 $\delta^{13}C$ 值，δ_{T1} 和 δ_{T1} 分别是−32.30‰和−29.30‰。根据双向无机碳同位素示踪培养技术，计算得到 $f_B=0.28$。

当构树用 10mM 的 $NaHCO_3$ 培养 20 天后，这里的 f_B 值与构树的重碳酸盐中氢的利用份额 f_M 值几乎完全相等。

在第 20 天，重碳酸盐处理下的桑树的 δD 值是最低的(表 7.8)，因此我们可以假设桑树没有利用重碳酸盐。在这个时期，桑树的 δD 值只会受到来自营养液中的 H_2O 的影响，因此，重碳酸盐处理下的桑树的 δD 值被看作是 $\delta_P=-107.60‰$。将构树培养 20 天后的 $f_B=f_M=0.28$ 和表 7.8 的数据，代入方程(7.3)计算，$\delta_M+\delta_N=-134.60‰$，那么，方程(7.3)可以被写为

$$f_M=\frac{\delta_S+107.6‰}{80.6‰} \tag{7.4}$$

根据表 7.8 和方程(7.4)，在第 10 天和 20 天，构树在重碳酸盐处理下的 $f_B=f_M$ 值都是 0.28，而桑树则分别是 0.07 和 0.00。空白对照下，营养液中的 HCO_3^- 浓度大约为 1.16±0.08，此时构树和桑树的 $f_B=f_M$ 值则分别为 0.30 和 0.15(Wu et al.，2011b)。

总光合同化能力 P_N' 也因此可以通过如下方程计算获得：

$$P_N'=P_N+P_Nf_B/(1-f_B) \tag{7.5}$$

这里 P_N 是植物叶片的净 CO_2 同化速率，f_B 是植物的 HCO_3^- 利用份额。而 $P_Nf_B/(1-f_B)$ 被定义为植物碳酸氢根离子利用能力(BUC)。

表 7.9 所示为不同重碳酸盐水平处理下两种桑科植物的 BUC 和 P_N' 的变化。在同一个处理周期同一个水平下，构树的 BUC 至少是桑树的三倍。构树和桑树在空白对照下的 BUC 都比重碳酸盐处理下的值大很多。在重碳酸盐处理下，桑树的 BUC 很小，在第 10 天仅有 0.15 $\mu mol\cdot m^{-2}\cdot s^{-1}$，在第 20 天基本为零，然而，构树在重碳酸盐处理下拥有较大的 BUC。构树和桑树在空白对照下的 P_N' 的值都高于其各自在重碳酸盐处理下的值。重碳酸盐处理下第 10 天，构树的 P_N' 的值是桑树的 1.8 倍，在第 20 天，构树的 P_N' 的值仅稍微高出桑树。

表 7.9 不同重碳酸盐水平处理下构树和桑树的 BUC/$\mu mol\cdot m^{-2}\cdot s^{-1}$ 和 P_N'/$\mu mol\cdot m^{-2}\cdot s^{-1}$ 的变化

Table 7.9 BUC ($\mu mol\cdot m^{-2}\cdot s^{-1}$) and P_N' ($\mu mol\cdot m^{-2}\cdot s^{-1}$) of *B. papyrifera* and *M. alba* under different treatments.

		构树				桑树			
		第 10 天		第 20 天		第 10 天		第 20 天	
		平均值†	百分比§	平均值†	百分比§	平均值†	百分比§	平均值†	百分比§
空白对照	BUC	2.54	100%	2.64	100%	0.73	100%	0.88	100%
重碳酸盐处理	BUC	0.97	38%	0.74	28%	0.15	21%	0	0
空白对照	P_N'	8.45	100%	8.77	100%	4.81	100%	5.77	100%
重碳酸盐处理	P_N'	3.46	41%	2.65	30%	1.97	41%	2.55	45%

注：§这一列代表重碳酸盐处理下的值占空白对照下各自相对应值的百分比。

Note：§This column stands for the percent value after bicarbonate treatment with reference to that of the control plants.

通过对带有稳定同位素标记的重碳酸盐的使用以及稳定碳、氢同位素比值的测定能够获得在高浓度重碳酸盐处理下的构树的HCO_3^-利用份额。进而获得构树和桑树的 BUC 水平。构树有大约 30%的光合产物碳源来自由 CA 转化重碳酸盐而产生的CO_2，而桑树只有 0～15%。因此，光合作用过程中生成的氧的底物是由重碳酸盐转化而来的H_2O而不是重碳酸盐本身。这样的结论也与 Clausen 等的研究结果一致(Clausen et al.，2005)。

7.2.2　牵牛花、金银花和爬山虎对不同喀斯特逆境的响应

7.2.2.1　干旱

1. 光合特征

图 7.8 显示了 3 种藤本植物的P_N在模拟干旱胁迫下的变化。P_N随着植物种类，干旱胁迫水平以及胁迫时间的变化而不同。在整个干旱胁迫期间，牵牛花的P_N一直高于其他 2 种藤本植物，爬山虎P_N最低。在第 10 天，牵牛花P_N最高，而爬山虎最低。重度干旱胁迫下，牵牛花的P_N低于轻度(5 $g{\cdot}L^{-1}$ PEG)或者中度(20 $g{\cdot}L^{-1}$ PEG)干旱胁迫下的值。金银花和爬山虎在空白对照下的P_N的值都高于干旱胁迫下的P_N值［图 7.8(a)］。在第 20 天，牵牛花的P_N在重度(60 $g{\cdot}L^{-1}$ PEG)干旱胁迫下的值低于空白对照、轻度和中度干旱胁迫下的值，而空白对照、轻度和中度干旱胁迫下的值之间没有显著性差异。金银花的P_N在空白对照下最高，而在轻度和重度干旱胁迫下，P_N则较低，中度干旱胁迫下的值仅次于空白对照下的值。爬山虎在空白对照下的P_N最高，而在中度和重度干旱胁迫下的P_N则最低［图 7.8(b)］。在第 30 天，3 种藤本植物的P_N在空白对照下的值都是最高的。牵牛花，金银花和爬山虎在重度干旱胁迫下的P_N的值分别是各自在空白对照下的P_N值的 38.2%、1.9%和 9.5%。对于牵牛花来说，其中度和重度干旱胁迫下的P_N没有显著变化，而爬山虎在轻度干旱胁迫下的P_N则高于中度干旱胁迫下的值。然而，金银花在中度干旱胁迫下的P_N则高于轻度干旱胁迫下的值［图 7.8(c)］。

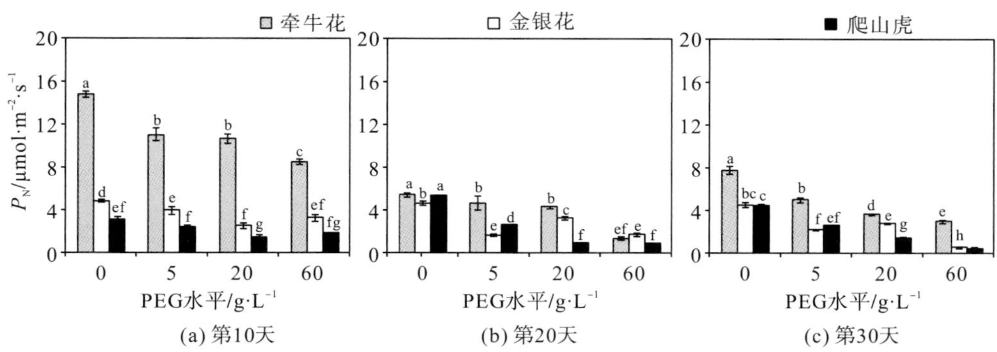

图 7.8　模拟干旱胁迫对牵牛花、金银花、爬山虎P_N的影响

Figure 7.8　Effects of simulated drought stress on P_N of *P. nil*, *L. japonica* and *P. tricuspidata*

注：图中数据用平均值±标准误差表示，同一时期各种植物间的显著性水平用不同字母表示。在$P \leqslant 0.05$置信区间作单因素方差分析，平均值与标准方差用 t 检验分析。

Note: The means ± SE followed by different letters in the same treatment period of climber plants differ significantly at $P \leqslant 0.05$, according to one-way ANOVA and t-test.

图 7.9 显示的是 3 种藤本植物的 G_s 在模拟干旱胁迫下的变化情况。整体上来说，牵牛花的 G_s 最高，而金银花和爬山虎的 G_s 则很低。在第 10 天，牵牛花在重度干旱胁迫下的 G_s 最低，金银花和爬山虎的 G_s 在空白对照下的值都明显高于其各自在干旱胁迫下的值［图 7.9(a)］。在第 20 天，牵牛花的 G_s 在轻度、中度和重度干旱胁迫下的值分别是其空白对照下的值的 91.6%，65.2%和 22.5%［图 7.9(b)］。金银花在空白对照下的 G_s 最高，但是干旱胁迫下，金银花的 G_s 的值没有显著变化。爬山虎在中度和重度干旱胁迫下的 G_s 值低于空白对照或者轻度干旱胁迫下的值。在第 30 天，牵牛花在干旱胁迫下的 G_s 低于空白对照下的值，3 种藤本植物都在重度干旱胁迫下拥有最低的 G_s 值。同样的，爬山虎在中度干旱胁迫下的 G_s 低于轻度干旱胁迫下的值，但是金银花在中度干旱胁迫下的 G_s 则高于轻度干旱下的值［图 7.9(c)］。

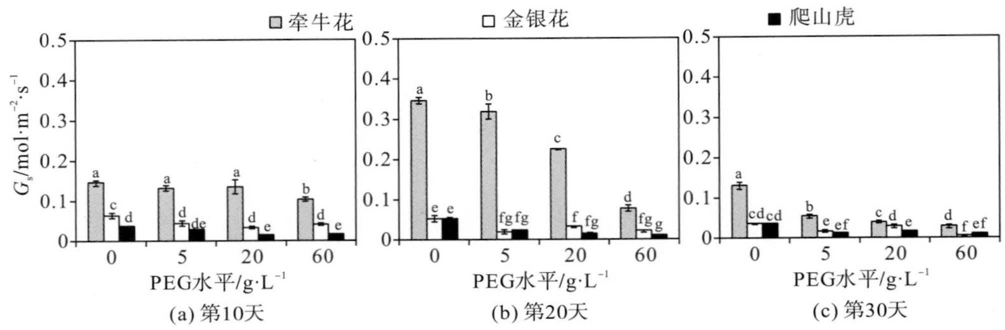

图 7.9 模拟干旱胁迫对牵牛花、金银花、爬山虎 G_s 的影响

Figure 7.9 Effects of simulated drought stress on G_s of *P. nil*, *L. japonica* and *P. tricuspidata*

注：图中数据用平均值±标准误差表示，同一时期各种植物间的显著性水平用不同字母表示。在 $P \leqslant 0.05$ 置信区间作单因素方差分析，平均值与标准方差用 *t* 检验分析。

Note: The means ± SE followed by different letters in the same treatment period of climber plants differ significantly at $P \leqslant 0.05$, according to one-way ANOVA and *t*-test.

图 7.10 显示的是 3 种藤本植物的 WUE 在模拟干旱胁迫下的变化情况。不同的藤本植物的 WUE 随着干旱胁迫程度和胁迫时间的增加有着不同的变化趋势。在第 10 天，3 种藤本植物的 WUE 和干旱胁迫水平之间都没有明显的相关性。随着干旱胁迫程度的增加，牵牛花和金银花的 WUE 的值在第 10 天都没有明显变化［图 7.10(a)］。在第 20 天，在重度干旱胁迫下，牵牛花的 WUE 有所降低。爬山虎的 WUE 在中度和重度干旱胁迫下的值低于其在空白对照和轻度干旱胁迫下的 WUE。金银花在中度干旱胁迫下的 WUE 则高于其在轻度干旱胁迫下的值［图 7.10(b)］。在第 30 天，牵牛花在轻度干旱胁迫下的 WUE 高于空白对照、中度和重度干旱胁迫下的值，而且空白对照、中度和重度干旱胁迫下牵牛花的 WUE 之间没有明显的差异。金银花的 WUE 在中度和重度干旱胁迫下的值低于其在空白对照或者轻度干旱胁迫下的值。爬山虎的 WUE 在轻度干旱胁迫下拥有最高值，在重度干旱胁迫下拥有最低值，而其在中度干旱胁迫下的 WUE 低于空白对照下的值［图 7.10(c)］。同第 10 和 30 天相比，牵牛花的 WUE 在第 20 天则相对较低。随着干旱胁迫时间的增加，金银花的 WUE 则没有明显的变化。爬山虎在第 20 天的 WUE 随着干旱胁迫程度的增加发生较

为明显的变化，尤其在第 30 天，在重度干旱胁迫下，爬山虎的 WUE 明显下降。

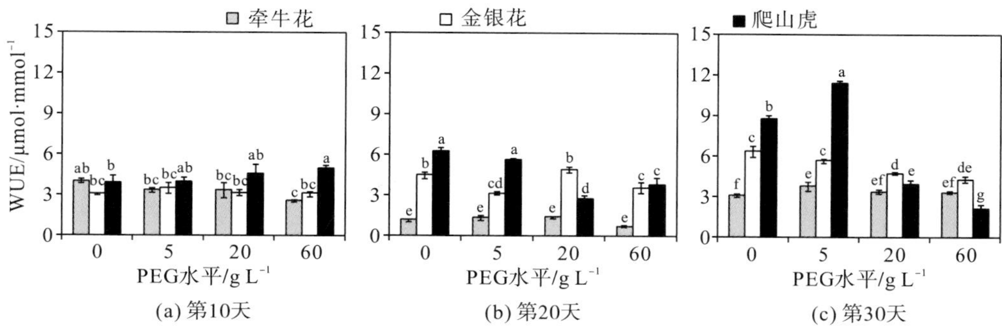

图 7.10　模拟干旱胁迫对牵牛花、金银花、爬山虎 WUE 的影响

Figure 7.10　Effects of simulated drought stress on WUE of *P. nil*, *L. japonica* and *P. tricuspidata*

注：图中数据用平均值±标准误差表示，同一时期各种植物间的显著性水平用不同字母表示。在 $P\leqslant 0.05$ 置信区间作单因素方差分析，平均值与标准方差用 t 检验分析。

Note: The means ± SE followed by different letters in the same treatment period of climber plants differ significantly at $P\leqslant 0.05$, according to one-way ANOVA and *t*-test.

3 种藤本植物对不同水平的干旱胁迫具有不同的光合响应。随着干旱胁迫时间的增加，牵牛花的 P_N 没有随着 G_s 的变化而发生变化。然而，在同一胁迫时间内，牵牛花的 P_N 则随着 G_s 的变化而变化。这说明牵牛花有两种对干旱胁迫的适应性机制，即气孔和非气孔因素的调节。在第 20 和 30 天，随着干旱胁迫程度的增加，金银花的 P_N 和 G_s 没有发生明显的变化，但是在中度干旱胁迫下，而气孔就不需要关闭来降低蒸腾以节省水分，金银花就维持了较为稳定的 P_N。因此，金银花显示出对中度干旱胁迫的长期适应性。在整个胁迫处理期间，爬山虎都保持这较小的 G_s 值，随着干旱胁迫程度的增加，其 P_N 逐渐降低。整个干旱胁迫期间，爬山虎的 P_N 没有随着 G_s 的变化而变化。因此，爬山虎的光合作用被认为是受气孔调节限制的，能够适应长期的干旱胁迫。

WUE 是植物适应干旱环境的一个重要指标。随着干旱胁迫时间的增加，牵牛花在重度干旱胁迫情况下能够维持较为稳定的 WUE。金银花的 WUE 则在第 20 天的中度干旱胁迫下有所增加，说明金银花对中度干旱胁迫具有一定适应性。在第 20 和 30 天，爬山虎的 WUE 在中度和重度干旱胁迫下有所降低，在第 30 天，爬山虎的 WUE 在轻度干旱胁迫下有所升高，之后在中度干旱胁迫下急剧下降，尤其是重度干旱胁迫下。这说明爬山虎只能适应长期的轻度干旱胁迫。

2. 叶绿素荧光特征

整个 30 天的干旱胁迫处理期间，随着干旱胁迫程度的增加，牵牛花的 F_v / F_m 没有发生显著的变化(表 7.10)。而金银花在重度干旱胁迫下的 F_v / F_m 值最低，爬山虎在第 10 天的中度干旱胁迫下有个最低值，在第 20 和 30 天，爬山虎的 F_v / F_m 值都低于重度干旱胁迫下的 F_v / F_m 值，金银花在干旱胁迫下的 F_v / F_m 值都低于空白对照下的值。

表 7.10 模拟干旱胁迫对牵牛花、金银花、爬山虎 F_v/F_m 的影响

Table 7.10 Effects of simulated drought stress on F_v/F_m of *P. nil*, *L. japonica* and *P. tricuspidata*

时间/d	植物	PEG 水平/g·L^{-1}			
		0	5	20	60
10	牵牛花	0.78 ± 0.007^{a}	0.79 ± 0.002^{a}	0.79 ± 0.001^{a}	0.79 ± 0.004^{a}
	金银花	0.80 ± 0.008^{a}	0.80 ± 0.002^{a}	0.79 ± 0.004^{ab}	0.78 ± 0.003^{b}
	爬山虎	0.77 ± 0.012^{a}	0.78 ± 0.006^{a}	0.68 ± 0.022^{b}	0.73 ± 0.009^{a}
20	牵牛花	0.80 ± 0.003^{a}	0.80 ± 0.001^{a}	0.79 ± 0.002^{a}	0.80 ± 0.003^{a}
	金银花	0.81 ± 0.009^{a}	0.76 ± 0.013^{b}	0.78 ± 0.002^{b}	0.78 ± 0.008^{b}
	爬山虎	0.76 ± 0.029^{a}	0.77 ± 0.005^{a}	0.74 ± 0.015^{a}	0.64 ± 0.047^{b}
30	牵牛花	0.78 ± 0.003^{a}	0.76 ± 0.019^{a}	0.76 ± 0.018^{a}	0.78 ± 0.003^{a}
	金银花	0.81 ± 0.008^{a}	0.76 ± 0.009^{b}	0.75 ± 0.011^{b}	0.77 ± 0.005^{b}
	爬山虎	0.76 ± 0.028^{a}	0.77 ± 0.012^{a}	0.77 ± 0.008^{a}	0.69 ± 0.009^{b}

附注：图中数据用平均值±标准误差表示，同行各个水平间的显著性水平用不同字母表示。在 $P\leqslant0.05$ 置信区间作单因素方差分析，平均值与标准方差用 *t* 检验分析。

Note: The means ± SE followed by different letters in the same row differ significantly at $P\leqslant0.05$, according to one-way ANOVA and *t*-test.

在第 10 天，牵牛花在轻度和中度干旱胁迫下的 Φ_p 高于其在空白对照和重度干旱胁迫下的值。金银花在干旱胁迫尤其是中度干旱胁迫下的 Φ_p 低于其在空白对照下的值，爬山虎在中度和重度干旱胁迫下的 Φ_p 值低于其在空白对照和轻度干旱胁迫下的值(表 7.11)。在第 20 天，随着干旱胁迫程度的增加，牵牛花的 Φ_p 值没有明显变化。同空白对照下的值相比，金银花在干旱胁迫下的 Φ_p 值有所下降，而爬山虎在重度干旱胁迫下的值变得最低(表 7.11)。在第 30 天，牵牛花和金银花在干旱胁迫下的 Φ_p 值都低于其各自在空白对照下的值，而爬山虎在重度干旱胁迫下的值明显降低(表 7.11)。

表 7.11 干旱胁迫对牵牛花、金银花、爬山虎 Φ_p 的影响

Table 7.11 Effects of simulated drought stress on Φ_p of *P. nil*, *L. japonica* and *P. tricuspidata*

时间/d	植物	PEG 水平/g·L^{-1}			
		0	5	20	60
10	牵牛花	0.56 ± 0.047^{a}	0.62 ± 0.010^{a}	0.62 ± 0.027^{a}	0.57 ± 0.038^{b}
	金银花	0.58 ± 0.010^{a}	0.55 ± 0.015^{ab}	0.53 ± 0.017^{b}	0.56 ± 0.003^{ab}
	爬山虎	0.42 ± 0.018^{ab}	0.44 ± 0.003^{a}	0.35 ± 0.019^{b}	0.37 ± 0.025^{b}
20	牵牛花	0.57 ± 0.004^{a}	0.53 ± 0.003^{a}	0.59 ± 0.018^{a}	0.54 ± 0.024^{a}
	金银花	0.59 ± 0.036^{a}	0.50 ± 0.010^{b}	0.53 ± 0.004^{b}	0.53 ± 0.004^{b}
	爬山虎	0.44 ± 0.031^{a}	0.42 ± 0.020^{ab}	0.43 ± 0.028^{a}	0.34 ± 0.035^{b}
30	牵牛花	0.61 ± 0.026^{a}	0.54 ± 0.027^{b}	0.50 ± 0.017^{b}	0.52 ± 0.010^{b}
	金银花	0.53 ± 0.008^{a}	0.46 ± 0.005^{bc}	0.46 ± 0.019^{b}	0.43 ± 0.002^{c}
	爬山虎	0.43 ± 0.025^{a}	0.41 ± 0.022^{a}	0.43 ± 0.045^{a}	0.31 ± 0.017^{b}

注：图中数据用平均值±标准误差表示，同行各个水平间的显著性水平用不同字母表示。在 $P\leqslant0.05$ 置信区间作单因素方差分析，平均值与标准方差用 *t* 检验分析。

Note: The means ± SE followed by different letters in the same row differ significantly at $P\leqslant0.05$, according to one-way ANOVA and *t*-test.

牵牛花在第 10 天的干旱胁迫下的 ETR 的值高于空白对照下的值(表 7.12)，其在中度干旱胁迫下的 ETR 是最高的。爬山虎的 ETR 随干旱胁迫程度的增加没有显著地变化，而金银花在重度干旱胁迫下的 ETR 则显得较低。虽然在第 20 天，牵牛花的 ETR 值明显不随干旱胁迫程度的增加而变化，金银花和爬山虎在干旱胁迫下的 ETR 值则都低于其各自在空白对照下的值，并且随着干旱胁迫程度的增加，两者的 ETR 值都不再发生明显变化。在第 30 天，牵牛花在中度干旱胁迫下的 ETR 值是所有处理水平中的最低值。金银花在干旱胁迫下的 ETR 低于空白对照下的值，并且随着干旱胁迫程度的增加不再发生明显变化。爬山虎的 ETR 在干旱胁迫下的值也低于空白对照下的值，但是随着干旱胁迫程度的增加，其 ETR 值随着下降。

表 7.12　干旱胁迫对牵牛花、金银花、爬山虎 ETR 的影响

Table 7.12　Effects of simulated drought stress on ETR of *P. nil*, *L. japonica* and *P. tricuspidata*

时间/d	植物	PEG 水平/$g \cdot L^{-1}$			
		0	5	20	60
10	牵牛花	30.53 ± 10.88^{c}	42.34 ± 6.67^{b}	52.01 ± 4.6^{a}	43.34 ± 5.87^{b}
	金银花	35.73 ± 4.30^{a}	28.93 ± 0.64^{ab}	29.45 ± 2.66^{ab}	24.41 ± 1.45^{b}
	爬山虎	21.39 ± 2.70^{a}	20.29 ± 1.64^{a}	16.40 ± 1.06^{a}	18.86 ± 3.79^{a}
20	牵牛花	15.89 ± 1.3^{b}	27.67 ± 3.71^{a}	33.50 ± 3.73^{a}	33.97 ± 4.57^{a}
	金银花	28.92 ± 4.29^{a}	13.71 ± 0.43^{b}	12.40 ± 2.13^{b}	9.62 ± 0.89^{b}
	爬山虎	26.73 ± 1.09^{a}	19.50 ± 2.16^{b}	17.29 ± 0.88^{b}	17.10 ± 0.36^{b}
30	牵牛花	36.87 ± 0.64^{a}	34.53 ± 3.83^{ab}	25.16 ± 4.78^{b}	32.66 ± 2.87^{ab}
	金银花	31.09 ± 1.93^{a}	14.59 ± 1.72^{b}	13.78 ± 1.63^{b}	14.21 ± 0.55^{b}
	爬山虎	24.40 ± 0.83^{a}	19.91 ± 0.63^{b}	15.37 ± 1.67^{c}	16.11 ± 1.02^{c}

注：图中数据用平均值±标准误差表示，同行各个水平间的显著性水平用不同字母表示。在 $P \leqslant 0.05$ 置信区间作单因素方差分析，平均值与标准方差用 *t* 检验分析。

Note: The means ± SE followed by different letters in the same row differ significantly at $P \leqslant 0.05$, according to one-way ANOVA and *t*-test.

随着干旱胁迫程度的增加，牵牛花的 F_v / F_m 和 Φ_P 相应产生的变化说明即使在重度干旱胁迫情况下，其 PSII 反应中心仍然受到很少的损害。随着更长时间的胁迫处理，牵牛花的开放的 PSII 原初反应中心仍然能够维持较高的量子效率，而随着干旱处理时间的增加，金银花和爬山的 PSII 反应中心则可能已经受到损害。换句话说，牵牛花对干旱胁迫具有较好的适应能力，因为它比金银花和爬山显得具有更好的光合忍受能力。

在第 20 天，牵牛花在干旱胁迫情况下的 ETR 高于空白对照下的值说明在干旱胁迫下，牵牛花 PSII 的电子传递受到较小损害。相反，金银花和爬山虎的 ETR 在干旱胁迫情况下低于空白对照下的值说明在干旱胁迫情况下，金银花和爬山虎的 PSII 电子传递过程受到比较严重的损害。总的来说，在干旱胁迫情况下，金银花和爬山虎的光合结构比牵牛花遭受到更为严重的损害。

3. 碳酸酐酶变化特征

结果与分析及讨论详见 2.2 节。

4. 无机碳利用特征和水分利用特征

爬山虎的 $\delta^{13}C$ 值高于其他 2 种藤本植物的 $\delta^{13}C$ 值，牵牛花的最低。牵牛花的 $\delta^{13}C$ 值低于-34‰，相反，爬山虎的 $\delta^{13}C$ 值则高于-34‰，而金银花的 $\delta^{13}C$ 值则集中在-34‰左右。在处理的第 10 和 20 天，牵牛花在重度干旱胁迫下的 $\delta^{13}C$ 值高于中度或者轻度干旱胁迫下的值。在第 30 天，牵牛花在中度干旱胁迫下的 $\delta^{13}C$ 值最低，而重度干旱胁迫下牵牛花的 $\delta^{13}C$ 值高于中度或者轻度胁迫下的 $\delta^{13}C$ 值。在第 10 天，金银花在中度干旱胁迫下的 $\delta^{13}C$ 值最低，而在重度干旱胁迫下的 $\delta^{13}C$ 值则最高［图 7.11(a)］。在第 20 天，金银花在轻度干旱胁迫下的 $\delta^{13}C$ 值最高，中度和重度干旱胁迫下的 $\delta^{13}C$ 值没有显著差异［7.11(b)］。在第 30 天，金银花在重度干旱胁迫下的 $\delta^{13}C$ 值高于轻度或者中度干旱胁迫下的 $\delta^{13}C$ 值，空白对照下的 $\delta^{13}C$ 值最低。另外，金银花在中度干旱胁迫下的 $\delta^{13}C$ 值低于轻度干旱胁迫下的值［7.11(c)］。在第 10 天，爬山虎在中度或者重度干旱胁迫下的 $\delta^{13}C$ 值高于空白对照或者轻度干旱胁迫下的 $\delta^{13}C$ 值［7.11(a)］。在第 20 天，金银花在轻度干旱胁迫下的 $\delta^{13}C$ 值最高［7.11(b)］。在第 30 天，爬山虎在重度干旱胁迫下的 $\delta^{13}C$ 值则最高［7.11(c)］。

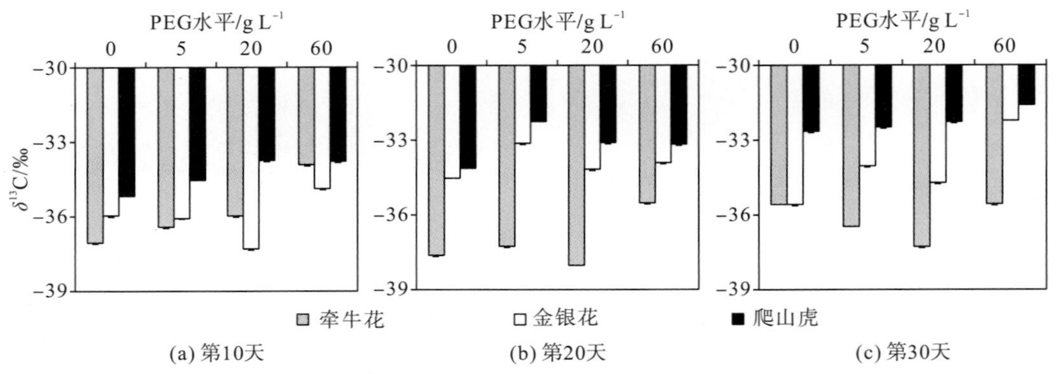

图 7.11 模拟干旱胁迫对牵牛花、金银花、爬山虎 $\delta^{13}C$ 值的影响

Figure 7.11 Effects of simulated drought stress on $\delta^{13}C$ of *P. nil*, *L. japonica* and *P. tricuspidata*

自然生长的 C_3 植物的 $\delta^{13}C$ 值一般为-22.00‰～-34.00‰，平均为-27.00‰。然而，3 种藤本植物的 $\delta^{13}C$ 值则显得非常偏负，为-30.70‰～38.70‰，平均为-34.60‰，这些藤本植物是用改进的霍格兰营养液培养的，其中添加了 $NaHCO_3$ 作为稳定碳同位素示踪剂，而 $NaHCO_3$ 中的 $\delta^{13}C$ 值为-17.23‰。这说明光合作用的无机碳源并非完全来自于人工温室内空气中的 CO_2。

此外，CA 活力与 $\delta^{13}C$ 值之间具有很好地负相关关系（Y=-33.12-8.94X，R^2=0.47，n=54，P＜0.0001）（图 7.12）。爬山虎 CA 活力非常小很难检测到，其 $\delta^{13}C$ 值则相对较为偏正。同时，牵牛花 CA 活性很高，其 $\delta^{13}C$ 值则相对较为偏负。在第 20 和 30 天，牵牛花和金银花的 CA 活力与 $\delta^{13}C$ 值密切相关。牵牛花的 CA 活力在重度干旱胁迫下有所降低，其 $\delta^{13}C$ 值也变得更为偏正。金银花在中度干旱胁迫下的 CA 活力有所增加，其 $\delta^{13}C$ 值则有所下降。

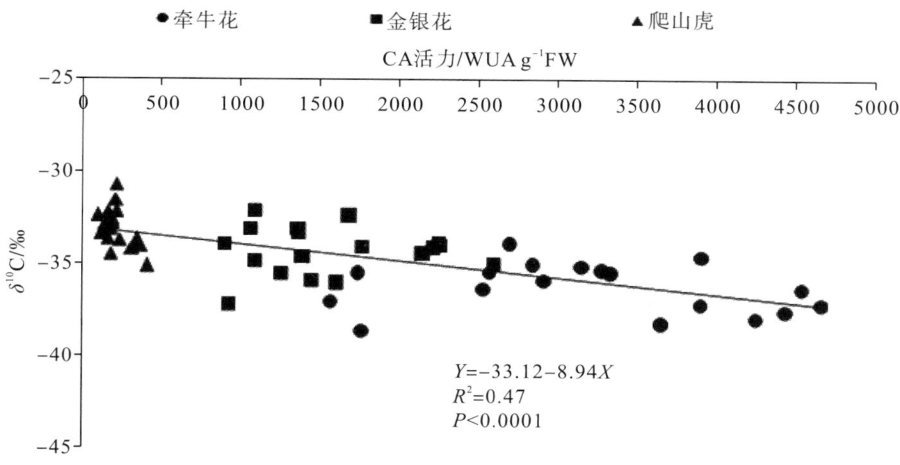

图 7.12　牵牛花、金银花、爬山虎 CA 活力与 $\delta^{13}C$ 值之间的关系。

Figure 7.12　Relationship between CA activity and $\delta^{13}C$ values for all 3 species of vine plants.

3 种藤本植物叶片的 $\delta^{13}C$ 值与它们的 CA 活力呈显著负相关关系。这说明光合作用的部分无机碳源来自由 CA 转化分解 HCO_3^- 而来的 CO_2。CA 活力越高，光合作用利用来自 CA 转化分解 HCO_3^- 而来的 CO_2 就越多。因此，CA 活力越高的植物叶片的 $\delta^{13}C$ 值就显得越偏负。

在第 20 和 30 天，中度渗透胁迫情况下，牵牛花和金银花的 CA 活力较高，而相应的 $\delta^{13}C$ 值则较为偏负，说明更多的是以非扩散方式进入细胞的 CO_2 被利用，CO_2 主要是通过 CA 分解转化 HCO_3^- 而来。换句话说，在长期中度渗透胁迫情况下，为适应由于较低 G_s 带来的限制，牵牛花和金银花的高 CA 活力为其各自提供了充足的光合无机碳源和水分。因此，可以推断出牵牛花和金银花对长期中度渗透胁迫的适应性部分是由于 CA 的调节作用。

7.2.2.2　低磷

1. 光合特征

图 7.13 表示的是 3 种藤本植物的净光合同化速率（A_N）的变化。A_N 随着植物种类、P 缺乏胁迫水平以及处理时间的不同而不同。整个 P 缺乏胁迫处理期间，牵牛花的 A_N 都比其他 2 种植物高，爬山虎则最低，爬山虎的 A_N 随着 P 含量的降低以及处理时间的增加没有显著变化。在第 10 天，牵牛花的 A_N 在 0.125 mM 浓度处的值高于其余水平下的值，其余水平下的值之间没有显著差异，而短柄忍冬（*Lonicera pampaninii*）的 A_N 在 0 mM 浓度处的值是空白对照下短柄忍冬 A_N 值的 35.62%，短柄忍冬在 0.031 mM 浓度下的 A_N 同样低于空白对照或者 0.125 mM 浓度下的值［图 7.13（a）］。在第 20 天，牵牛花在 0.031 mM 浓度下的 A_N 低于其余 3 个水平下的值，短柄忍冬的 A_N 则在空白对照下具有最高值，其余 3 个水平下的值没有显著变化［图 7.13（b）］。在第 30 天，牵牛花在 0.125 mM 浓度下的 A_N 高于其余 3 个水平下的值，并且其余 3 个水平下的值之间没有显著差异，而短柄忍冬在 0 mM 浓度下的 A_N 仅为空白对照下值的 24.36%，短柄忍冬在 0.031 mM 浓度下的 A_N 同样低于空白对照和 0.125 mM 浓度下的值［图 7.13（c）］。

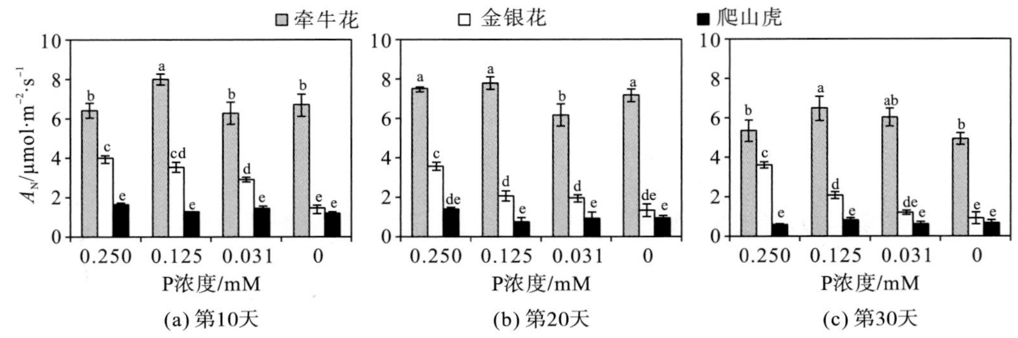

(a) 第10天 (b) 第20天 (c) 第30天

图 7.13 缺 P 胁迫对牵牛花、金银花、爬山虎 A_N 的影响

Figure 7.13 Effects of P deficiency stress on A_N of *P. nil*, *L. japonica* and *P. tricuspidata*

注：图中数据用平均值±标准误差表示，同一时期各种植物间的显著性水平用不同字母表示。在 $P\leqslant0.05$ 置信区间作单因素方差分析，平均值与标准方差用 *t* 检验分析。

Note: The means ± SE followed by different letters in the same treatment period of climber plants differ significantly at $P\leqslant0.05$, according to one-way ANOVA and *t*-test.

图 7.14 表示的是 3 种藤本植物的 G_s 的变化。牵牛花的 G_s 值最高，而短柄忍冬和爬山虎的 G_s 值则非常低。整个 P 缺乏胁迫处理期间，在第 10 和 30 天，短柄忍冬在空白对照下的 G_s 值高于 0 mM 浓度下的值看，但是在第 20 天则没有明显变化，爬山虎的 G_s 随着 P 含量的降低与胁迫时间的增加都没发生显著变化。在第 10 天，牵牛花的 G_s 在 0 mM 和空白对照下拥有相近的值，而且都高于 0.031 mM 浓度下的 G_s，而低于 0.125 mM 浓度下的值［图 7.14(a)］。在第 20 天，牵牛花的 G_s 在 0 mM 和 0.031 mM 浓度下的值低于空白对照下的值［图 7.14(b)］。在第 30 天，牵牛花在 0.125 mM 浓度下的 G_s 值最高，而在 0 mM 浓度下的值则最低，在 0.031mM 浓度下的值高于空白对照下的 G_s 值［图 7.14(c)］。

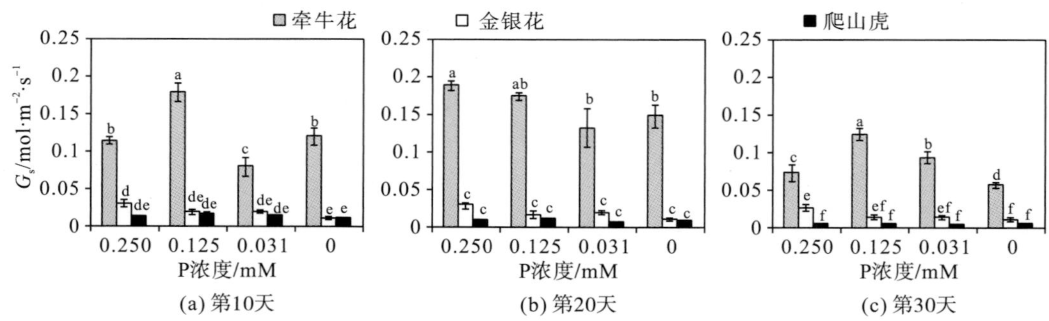

(a) 第10天 (b) 第20天 (c) 第30天

图 7.14 缺 P 胁迫对牵牛花、金银花、爬山虎 G_s 的影响

Figure 7.14 Effects of P deficiency stress on G_s of *P. nil*, *L. japonica* and *P. tricuspidata*

注：图中数据用平均值±标准误差表示，同一时期各种植物间的显著性水平用不同字母表示。在 $P\leqslant0.05$ 置信区间作单因素方差分析，平均值与标准方差用 *t* 检验分析。

Note: The means ± SE followed by different letters in the same treatment period of climber plants differ significantly at $P\leqslant0.05$, according to one-way ANOVA and *t*-test.

图 7.15 表示 3 种藤本植物的 CE 的变化。整个 P 缺乏胁迫处理期间，牵牛花的 CE 都最高，爬山虎则非常低。在第 10 天，牵牛花在 0.125 mM 和 0.031 mM 浓度下的 CE 高于

0 mM 浓度和空白对照下的 CE 值，短柄忍冬在 0 mM 浓度下的 CE 则最低，爬山虎的 CE 随着 P 缺乏胁迫的增加没有明显变化（[图 7.15(a)]。在第 20 天，牵牛花在 0.125 mM 和 0.031 mM 浓度下的 CE 高于其在空白对照下的值，短柄忍冬在 0 mM 和 0.125 mM 浓度下的 CE 低于其在 0.031 mM 浓度或者空白对照下的值，爬山虎的 CE 随着 P 缺乏胁迫的增加仍然没有明显变化（[图 7.15(b)]。在第 30 天，牵牛花在 0.125 mM 和 0.031 mM 浓度下的 CE 高于其在 0 mM 浓度或者空白对照下的值，而短柄忍冬在 0 mM 和 0.031 mM 浓度下的 CE 则低于其在 0.125 mM 浓度或者空白对照下的值，爬山虎的 CE 则随着 P 含量的降低没有发生显著变化 [图 7.15(c)]。

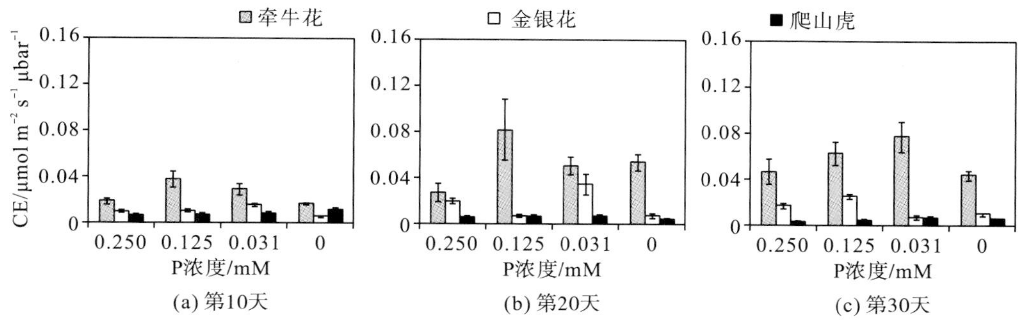

图 7.15　缺 P 胁迫对牵牛花、金银花、爬山虎 CE 的影响

Figure 7.15　Effects of P deficiency stress on CE of *P. nil*, *L. japonica* and *P. tricuspidata*

注：图中数据用平均值±标准误差表示，同一时期各种植物间的显著性水平用不同字母表示。在 $P \leqslant 0.05$ 置信区间作单因素方差分析，平均值与标准方差用 *t* 检验分析。

Note: The means ± SE followed by different letters in the same treatment period of climber plants differ significantly at $P \leqslant 0.05$, according to one-way ANOVA and *t*-test.

牵牛花拥有较高的 G_s 和 CE，CO_2 运输从胞外到胞内的扩散速率将不会受到气孔运动的影响，因此它对于从胞外扩散进入细胞内的 CO_2 的利用效率也非常高；短柄忍冬的 G_s 非常低，降低了 CO_2 从胞外向胞内的扩散速率，减少了短柄忍冬光合作用过程中的无机碳源，因此短柄忍冬利用从胞外扩散进入细胞的 CO_2 的效率非常低；爬山虎的 G_s 和 CE 也非常小，这也影响到 CO_2 从胞外向细胞内的扩散速率，同时它的利用通过扩散方式进入细胞的 CO_2 的效率也非常低。通过气孔的调节作用，能够平衡细胞内外环境中的物质如 CO_2 和水分等的含量，爬山虎能够阻止 CO_2 和水分等物质从细胞内流失，因此，它的光合作用能够保持不受影响。然而随着 P 含量的降低以及 P 缺乏胁迫时间的增加，爬山虎的光合作用并没有发生明显变化，它的光合无机碳同化效率很低，但是它能够在如此低含量的碳源和 P 浓度下正常生长，即使在 0mM 的 P 浓度下仍然能够正常生长。

图 7.16 表示的是 3 种藤本植物的 WUE 变化情况。不同植物种类的 WUE 对 P 缺乏胁迫水平以及处理时间的响应各自不同。在第 10 天，短柄忍冬的 WUE 值高于其他 2 种藤本植物，而牵牛花的 WUE 值随着 P 缺乏胁迫程度的增加没有发生显著变化。爬山虎的 WUE 在空白对照下的值明显高于 0.125 mM 浓度处的值，而 0.031 mM 和 0 mM 浓度下的 WUE 值稍微低于空白对照下的 WUE 值，稍微高于 0.125 mM 浓度处的值。对于短柄忍冬，它在 0.125 mM 浓度处具有最高值，而在 0 mM 浓度处却具有最低值，空白对

照的值与 0.031 mM 浓度下的值之间没有明显差异［图 7.16(a)］。在第 20 天，牵牛花的 WUE 值低于其他 2 种藤本植物，并且其 WUE 值随着 P 缺乏胁迫程度的增加没有发生显著变化，短柄忍冬的 WUE 值随着 P 缺乏胁迫程度的增加也没有发生显著变化，但是，爬山虎在空白对照下拥有最高 WUE 值，而在 0.125 mM 浓度处拥有最低值，爬山虎在 0.031mM 浓度处的值与其在 0 mM 浓度处的值之间没有显著差异［7.16(b)］。在第 30 天，牵牛花的 WUE 值仍然低于其他 2 种藤本植物，并且随着 P 缺乏胁迫程度的增加没有显著差异，短柄忍冬的 WUE 在空白对照和 0.125 mM 浓度下的值高于其在 0.031 mM 和 0 mM 浓度下的值，对于爬山虎，它的 WUE 在 0.125 mM 浓度处有个最高值，在空白对照下有个最低值，而在 0.031 mM 和 0 mM 两个浓度处的值之间没有显著差异［7.16(c)］。

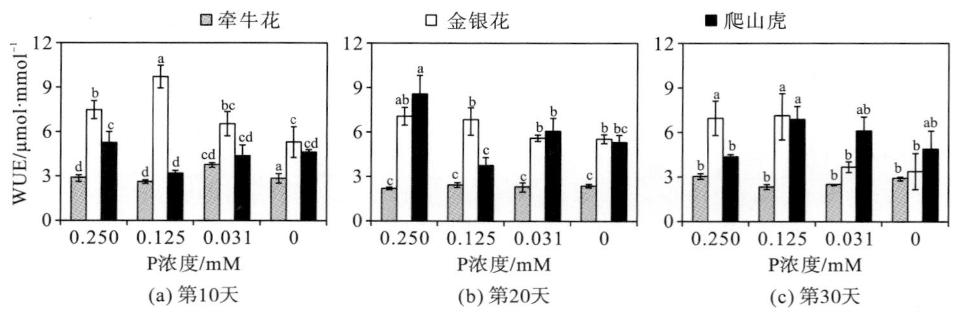

图 7.16 缺 P 胁迫对牵牛花、金银花、爬山虎 WUE 的影响

Figure 7.16 Effects of P deficiency stress on WUE of *P. nil*, *L. japonica* and *P. tricuspidata*

注：图中数据用平均值±标准误差表示，同一时期各种植物间的显著性水平用不同字母表示。在 $P\leqslant 0.05$ 置信区间作单因素方差分析，平均值与标准方差用 t 检验分析。

Note: The means ± SE followed by different letters in the same treatment period of climber plants differ significantly at $P\leqslant 0.05$, according to one-way ANOVA and *t*-test.

图 7.17 表示的是 3 种藤本植物的 C_i/C_a 比值的变化。在第 10 天，牵牛花在 0.031 mM 浓度处有个低值，在其他 3 个处理水平下的值则几乎相差不多，对于短柄忍冬，在 0.125 mM

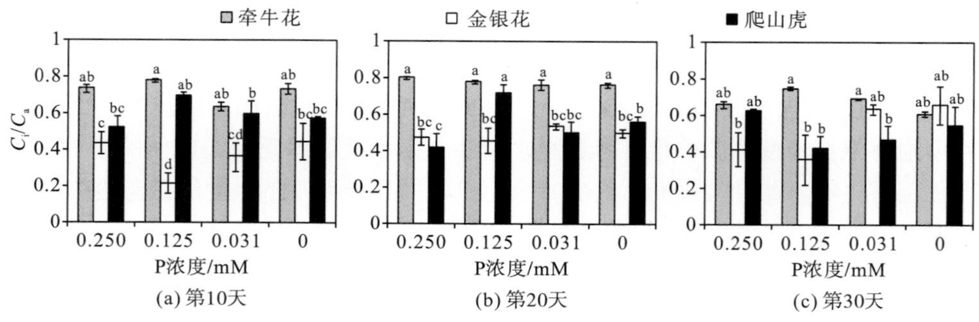

图 7.17 缺 P 胁迫对牵牛花、金银花、爬山虎 C_i/C_a 比值的影响

Figure 7.17 Effects of P deficiency stress on C_i/C_a ratio of *P. nil*, *L. japonica* and *P. tricuspidata*

注：图中数据用平均值±标准误差表示，同一时期各种植物间的显著性水平用不同字母表示。在 $P\leqslant 0.05$ 置信区间作单因素方差分析，平均值与标准方差用 t 检验分析。

Note: The means ± SE followed by different letters in the same treatment period of climber plants differ significantly at $P\leqslant 0.05$, according to one-way ANOVA and *t*-test.

浓度处有个最低值，爬山虎则在 0.125 mM 浓度处有个较高的值，在所有处理水平中，短柄忍冬的所有值都低于其他 2 种藤本植物［7.17(a)］。在第 20 天，牵牛花和短柄忍冬的 C_i/C_a 比值随着 P 缺乏胁迫程度的增加没有发生显著变化，爬山虎则在 0.125 mM 浓度处有个较高的值［7.17(b)］。在第 30 天，牵牛花在 0.125 mM 浓度处有个较高的 C_i/C_a 值，其余 3 个处理水平下的值之间几乎相同，短柄忍冬在空白对照和 0.125 mM 浓度下的值低于其在 0.031 mM 和 0 mM 浓度下的 C_i/C_a 值，而爬山虎在空白对照下的 C_i/C_a 值则较高于其在 0.125 mM、0.031 mM 和 0 mM 浓度下的 C_i/C_a 值［7.17(c)］。

图 7.18 表示的是 3 种藤本植物的呼吸速率(R_d)的变化。整个 P 缺乏胁迫处理期间，牵牛花的 R_d 值都最高，短柄忍冬和爬山虎的 R_d 则都非常低。在第 10 天，牵牛花在 0.125 mM 和 0.03 1mM 浓度下的 R_d 值高于空白对照和 0 mM 浓度下的值，短柄忍冬在 0 mM 浓度处有个最低值，其余 3 个处理水平下的值之间没有显著差异，相反，爬山虎则在 0 mM 浓度处有个最高 R_d 值[7.18 (a)]。在第 20 天，牵牛花在空白对照下的 R_d 值低于其在 0.12 5mM、0.031 mM 和 0 mM 浓度下的值，短柄忍冬在 0.031 mM 浓度处有个较高的值，爬山虎的 R_d 值随着 P 缺乏胁迫程度的增加没有显著变化［7.18 (b)］。在第 30 天，牵牛花在 0 mM 浓度下的 R_d 值最低，短柄忍冬在空白对照和 0.125 mM 浓度下的 R_d 值高于其在 0.031 mM 和 0 mM 浓度下的值，对于爬山虎，随着 P 缺乏胁迫程度的增加，其 R_d 值有所升高，并在 0 mM 浓度处拥有最高值［7.18 (c)］。

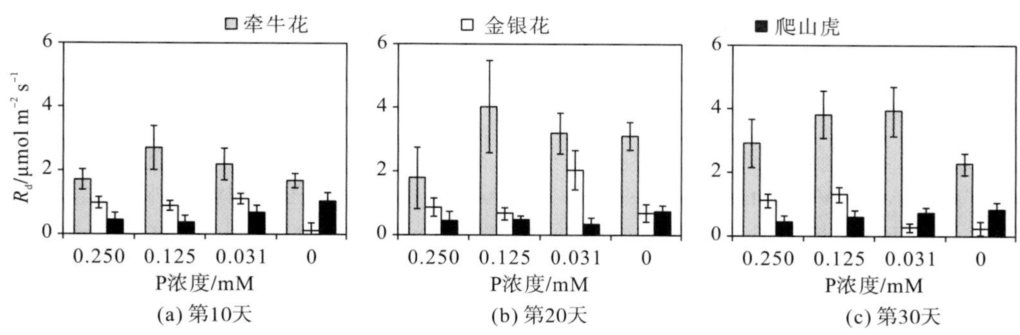

图 7.18　缺 P 胁迫对牵牛花、金银花、爬山虎呼吸速率的影响

Figure 7.18　Effects of P deficiency stress on R_d of *P. nil*, *L. japonica* and *P. tricuspidata*

附注：图中数据用平均值±标准误差表示，同一时期各种植物间的显著性水平用不同字母表示。在 $P \leqslant 0.05$ 置信区间作单因素方差分析，平均值与标准方差用 *t* 检验分析。

Note: The means ± SE followed by different letters in the same treatment period of climber plants differ significantly at $P \leqslant 0.05$, according to one-way ANOVA and *t*-test.

2. 叶绿素荧光特征

表 7.13 为 3 种藤本植物的 F_v / F_m。整个缺 P 胁迫处理期间，牵牛花和爬山虎的 F_v / F_m 随着 P 缺乏程度的增加都没有发生显著变化，而短柄忍冬的 F_v / F_m 则在 0 mM 浓度处有个低值。

表 7.13　P 缺乏胁迫对牵牛花、金银花、爬山虎 F_v / F_m 的影响

Table 7.13　Effects of P deficiency stress on F_v/F_m of *P. nil*, *L. japonica* and *P. tricuspidata*

时间/d	植物	P 含量/mM			
		0.250	0.125	0.031	0
10	牵牛花	0.77±0.016^{ab}	0.80±0.006^{a}	0.79±0.007^{a}	0.80±0.001^{a}
	金银花	0.79±0.002^{a}	0.79±0.010^{a}	0.77±0.011^{a}	0.74±0.027^{b}
	爬山虎	0.79±0.005^{a}	0.78±0.012^{a}	0.76±0.006^{ab}	0.78±0.005^{a}
20	牵牛花	0.80±0.008^{a}	0.80±0.002^{a}	0.77±0.028^{ab}	0.80±0.002^{a}
	金银花	0.78±0.011^{a}	0.78±0.001^{a}	0.77±0.004^{ab}	0.73±0.038^{b}
	爬山虎	0.78±0.009^{a}	0.77±0.014^{ab}	0.78±0.002^{a}	0.77±0.014^{ab}
30	牵牛花	0.75±0.034^{a}	0.75±0.013^{a}	0.75±0.018^{a}	0.78±0.009^{a}
	金银花	0.79±0.005^{a}	0.79±0.002^{a}	0.78±0.005^{a}	0.74±0.010^{b}
	爬山虎	0.76±0.002^{a}	0.77±0.009^{a}	0.78±0.002^{a}	0.78±0.002^{a}

注：图中数据用平均值±标准误差表示，同行各个水平间的显著性水平用不同字母表示。在 $P≤0.05$ 置信区间作单因素方差分析，平均值与标准方差用 *t* 检验分析。

Note: The means ± SE followed by different letters in the same row differ significantly at $P≤0.05$, according to one-way ANOVA and *t*-test.

表 7.14 表示的是 3 种藤本植物的 PSII 的实际光化学量子效率（Φ_{PSII}）。在第 10 天和第 20 天，牵牛花和爬山虎的 Φ_{PSII} 随着 P 缺乏胁迫的增加都没有显著变化，而短柄忍冬则在 0 mM 浓度处有个低值。在第 30 天，牵牛花的 Φ_{PSII} 在 0 mM 浓度处有个高值，爬山虎的 Φ_{PSII} 随着 P 缺乏胁迫的增加没有显著变化，短柄忍冬的 Φ_{PSII} 在 0 mM 浓度处同样有个低值。

表 7.14　P 缺乏胁迫对牵牛花、金银花、爬山虎 Φ_{PSII} 的影响。

Table 7.14　Effects of P deficiency stress on Φ_{PSII} of *P. nil*, *L. japonica* and *P. tricuspidata*

时间/d	植物	P 含量/mM			
		0.250	0.125	0.031	0
10	牵牛花	0.25±0.019^{b}	0.26±0.046^{ab}	0.21±0.023^{bc}	0.24±0.052^{bc}
	金银花	0.27±0.014^{ab}	0.34±0.013^{a}	0.24±0.034^{bc}	0.16±0.048^{c}
	爬山虎	0.15±0.004^{c}	0.14±0.017^{c}	0.15±0.011^{c}	0.15±0.012^{c}
20	牵牛花	0.28±0.004^{a}	0.25±0.015^{ab}	0.25±0.018^{ab}	0.24±0.054^{ab}
	金银花	0.22±0.020^{ab}	0.25±0.011^{ab}	0.20±0.012^{b}	0.11±0.045^{c}
	爬山虎	0.14±0.008^{bc}	0.11±0.025^{c}	0.15±0.003^{bc}	0.16±0.007^{bc}
30	牵牛花	0.26±0.015^{b}	0.23±0.040^{b}	0.26±0.039^{ab}	0.34±0.015^{a}
	金银花	0.22±0.020^{bc}	0.23±0.046^{b}	0.22±0.035^{bc}	0.16±0.030^{c}
	爬山虎	0.13±0.007^{c}	0.14±0.009^{c}	0.12±0.007^{c}	0.15±0.019^{c}

注：图中数据用平均值±标准误差表示，同行各个水平间的显著性水平用不同字母表示。在 $P≤0.05$ 置信区间作单因素方差分析，平均值与标准方差用 *t* 检验分析。

Note: The means ± SE followed by different letters in the same row differ significantly at $P≤0.05$, according to one-way ANOVA and *t*-test.

牵牛花的PSII潜在的光化学量子效率 F_v/F_m 和PSII的实际光化学量子效率 Φ_{PSII} 对不断增加的P缺乏胁迫的响应说明，牵牛花的PSII反应中心受到损害非常小，即使在0 mM的P浓度下仍然没有受到较大损害。随着P缺乏胁迫时间的增加，尤其是在0 mM浓度下，牵牛花开放的PSII的原初反应中心仍然能够维持较高的量子效率。

短柄忍冬的 F_v/F_m 和 Φ_{PSII} 对不断增加的P缺乏胁迫的响应说明，短柄忍冬的PSII反应中心在0 mM的P浓度下随着处理时间的增加受到一定程度的损害，短柄忍冬的PSII的原初反应中心的量子效率在0 mM浓度下随着处理时间的增加而降低。

爬山虎的 F_v/F_m 和 Φ_{PSII} 对不断增加的P缺乏胁迫的响应说明，爬山虎的PSII反应中心受到损害非常小，即使在0 mM的P浓度下仍然没有受到较大损害。随着P缺乏胁迫时间的增加，尤其是在0 mM浓度下，爬山虎开放的PSII的原初反应中心仍然能够维持较高的量子效率。

3. 碳酸酐酶变化特征

结果与分析及讨论详见2.2节。

4. 无机碳利用特征和水分利用特征

牵牛花的 $\delta^{13}C$ 值明显低于其他2种藤本植物。牵牛花的 $\delta^{13}C$ 值都低于-38‰，短柄忍冬和爬山的 $\delta^{13}C$ 值都在-34‰左右，且都高于-36‰。在第10天，牵牛花和短柄忍冬的 $\delta^{13}C$ 在0.031 mM和0 mM浓度处的值都稍微高于它们各自在空白对照和0.125 mM浓度处的 $\delta^{13}C$ 值，爬山虎的 $\delta^{13}C$ 在0 mM浓度处的值比空白对照，0.125 mM和0.031 mM浓度下的 $\delta^{13}C$ 值都更偏正［图7.19(a)］。在第20天，牵牛花的 $\delta^{13}C$ 值随着P缺乏胁迫程度的增加没有发现显著变化，但是短柄忍冬和爬山虎都在0.125 mM浓度处有个更为偏正的 $\delta^{13}C$ 值，爬山虎在0.031 mM浓度下的 $\delta^{13}C$ 值比其在其余3个处理水平下的值都更为偏负［图7.19(b)］。在第30天，在0.031 mM和0 mM浓度下，牵牛花的 $\delta^{13}C$ 值稍微高于其在空白对照和0.125 mM浓度下的 $\delta^{13}C$ 值，对于短柄忍冬，空白对照下的 $\delta^{13}C$ 值比0.125 mM、0.031 mM和0 mM浓度下的 $\delta^{13}C$ 值更为偏负，爬山虎在0.125 mM浓度处有个最高值，其在0.031 mM和0 mM浓度下的 $\delta^{13}C$ 值稍微低于其在空白对照或者0.125 mM浓度下的值［图7.19(c)］。

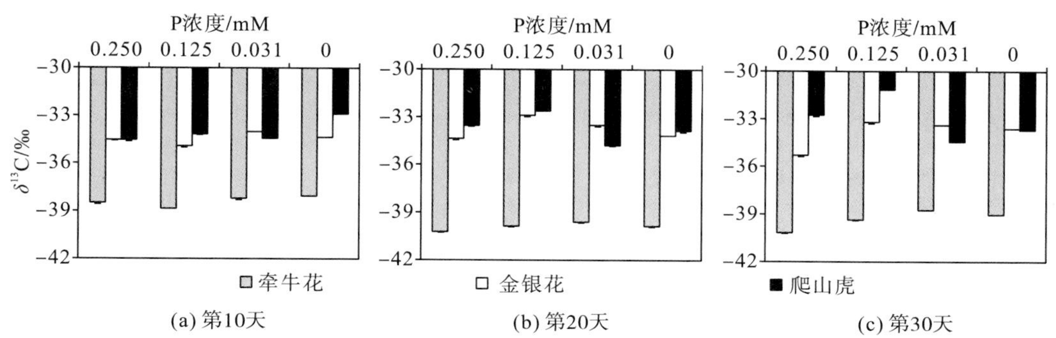

图7.19　缺P胁迫对牵牛花、金银花、爬山虎 $\delta^{13}C$ 值的影响

Figure 7.19　Effects of P deficiency stress on $\delta^{13}C$ of *P. nil*, *L. japonica* and *P. tricuspidata*

细胞的呼吸作用是葡萄糖被氧化成 CO_2 和 H_2O 的过程，呼吸作用所释放的能量储存在 ATP 中，并能够被细胞内所有需要消耗能量的分子活动所利用，诸如光合作用，生物合成，气孔开放以及有机溶质通过植物体内薄膜的转运等(Terry and Ulrich，1973)。牵牛花的呼吸速率较高，因此，它能够在 P 缺乏胁迫环境下为牵牛花的光合作用过程，气孔开放以及有机溶质和无机碳通过生物膜的转运过程提供足够能量。C_i/C_a 代表叶片胞内 CO_2 浓度与胞外 CO_2 浓度的比值，牵牛花较高的 C_i/C_a 值证明来自空气中的碳源非常充足，同时，由于较多地回用了来自呼吸作用氧化分解自身糖类而来的 CO_2，因此，牵牛花的 $\delta^{13}C$ 值比短柄忍冬和爬山虎显著偏负。爬山虎的 C_i/C_a 比值显著大于短柄忍冬，但是爬山虎的 $\delta^{13}C$ 值并不低于短柄忍冬，这可能与短柄忍冬更多地同化了来自 CA 分解重碳酸盐的 CO_2 有关，因为由重碳酸盐分解转化而来的 CO_2 中的 $\delta^{13}C$ 值比空气中的 $\delta^{13}C$ 值偏负，导致叶片的 $\delta^{13}C$ 偏负，大大抵消了短柄忍冬较小的 C_i/C_a 对 $\delta^{13}C$ 的偏正影响。因此，短柄忍冬的 $\delta^{13}C$ 值比爬山虎的 $\delta^{13}C$ 值偏负。

WUE 能够表征 CO_2 和水分的气体交换状态以及量化每单位水分流失对应的 CO_2 固定总量(Wullschleger and Oosterhuis，1989)。短柄忍冬的 WUE 较高，因此它能够在每单位水分流失下固定更多的 CO_2，短柄忍冬的较高的 CA 活力也能够为它自身提供更多的 CO_2 和水分。但是，同牵牛花相比，短柄忍冬较低的 C_i/C_a 比值证明其细胞内有较少的来自小温室内空气中的 CO_2 进入，这抑制了它自身的光合活性。因此，当来自小温室中 CO_2 的碳源由于气孔限制而受到影响时，短柄忍冬需要交替利用空气的 CO_2 和利用 CA 分解转化重碳酸盐而来的 CO_2，所以，短柄忍冬的 $\delta^{13}C$ 值就变得比自然界生长的植物更为偏负，且都在-34‰左右。加之，短柄忍冬的呼吸速率也很低，因此不能够在 P 缺乏胁迫环境下为它自身的光合作用过程，气孔开放以及有机溶质和无机碳通过生物膜的转运过程提供足够能量，那么较少的糖类代谢产生较少的 CO_2 和 H_2O，较少的来自较小含 P 代谢物中的 P 被回收利用，短柄忍冬的光合无机碳同化能力也被抑制，它的 $\delta^{13}C$ 值也显得比牵牛花更为偏正。

对于爬山虎，它的 WUE 高于牵牛花，它也能在每单位水分流失中固定较多的 CO_2。因为它能够通过气孔的调节作用，平衡细胞内外环境中 CO_2 和 H_2O 等物质，因此它的 C_i/C_a 值也比较高。另外，由于爬山虎的光合无机碳同化能力不是很高，所以其光合作用过程所需碳源就显得较为充足，缺磷下，爬山虎的光合无机碳同化能力也没有明显被抑制的表征。再者，爬山虎的呼吸速率和 CA 活力很低，只有较少的非空气来源的 CO_2 被利用，所以爬山虎的 $\delta^{13}C$ 值也显得比牵牛花更为偏正。

7.2.2.3 低营养

1. N、P 累积

1) N/P 值

图 7.20 表示的是不同营养水平下牵牛花、金银花、爬山虎 N/P 值的变化。从图 7.21 中可以看出，不同营养液浓度下，3 种藤本植物植株中 N/P 值都在 16.31 以上，在低浓度下，爬山虎植株中 N/P 值最高，牵牛花次之，金银花则最低。随营养液浓度的降低，爬山虎植株中 N/P 值逐渐升高；牵牛花则在 23.63～40.69 上下波动；金银花的 N/P 值变动幅度不大。

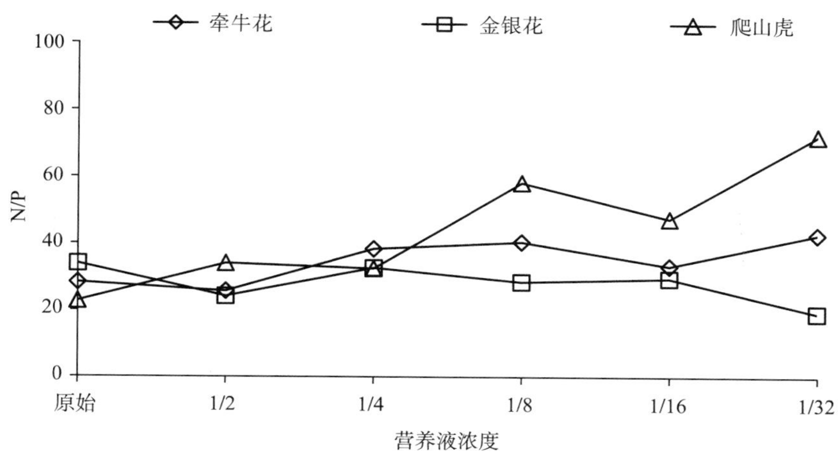

图 7.20 低营养下牵牛花、金银花、爬山虎 N/P 值的变化

Figure 7.20 Changes of N/P ratios in *P. nil*, *L. japonica* and *P. tricuspidata* at different nutrient concentration

2) N、P 累积

图 7.21 表示的是牵牛花、金银花、爬山虎在不同浓度营养液处理下总 N、P 累积量(mg)的变化。由图 7.21 可以看出，随着营养液浓度的降低，金银花总 N、总 P 累积量均在 1/8 营养液浓度处达到最大值，爬山虎变化平缓，幅度不大，牵牛花则在 1/4 营养液浓度处达到最大值之后持续下降。

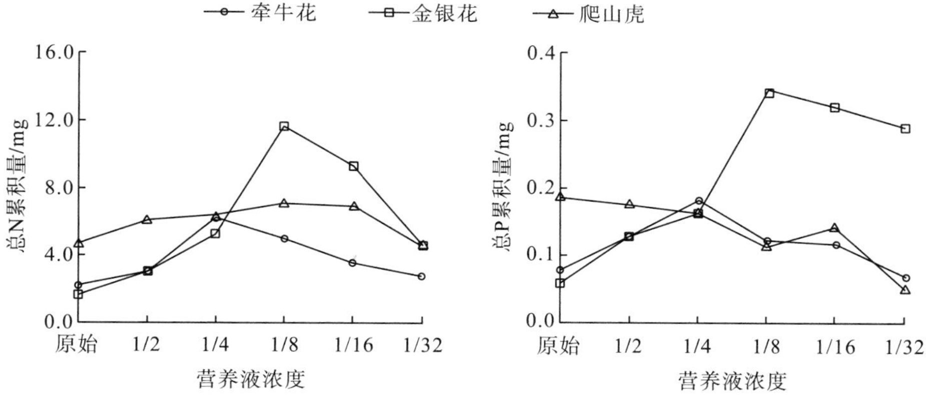

图 7.21 牵牛花、金银花、爬山虎在不同浓度营养液处理下总 N、P 累积量(mg)的变化

Figure 7.21 Changes of total N, P accumulation in *P. nil*, *L. japonica* and *P. tricuspidata* at different nutritient concentration

在植物正常的生长发育过程中，植株体内各养分之间必须达到一个平衡状态，外界环境中某种养分的缺乏或过量，会影响植株对养分的吸收和体内养分的平衡，导致植株营养的不平衡，从而干扰植株的各种生理生化过程，使代谢紊乱，最终影响产量和品质(孟凡花等，2004)。据陈尚平等(2007)时研究，蝴蝶兰植株体内 N、P 含量与所施肥料的 N、P

水平呈正相关，即施用高 N、高 P 肥料后，蝴蝶兰植株体内 N、P 含量也高。

已有报道(李锋等，2004)，植物在低 P 条件下较高的吸收量，可能与其强大的根系有关，低 P 胁迫能使根冠比增加被认为是植物耐低 P 胁迫的机制之一。所以金银花植株体内 P 含量在低 P 胁迫下仍能维持较高水平与其较为发达的根系也有一定关系。

Redfield 研究给出了海洋浮游生物的元素组成：$(CH_2O)_{106}(NH_3)_{16}H_3PO_4$，其再矿化作用方程式为

$$(CH_2O)_{106}(NH_3)_{16}H_3PO_4+138O_2 \leftrightarrow 106\ CO_2+16\ HNO_3+H_3PO_4+122\ H_2O$$

其中：N/P 值被广泛用于判别某一海域浮游植物的生长是 P 限制还是 N 限制的指标(王保栋等，2003；丰茂武等，2008)。陆生植物体中 N/P 也同样具有 N、P 限制的指示作用，即 N/P 大于 16 时，区域中植物生长受 P 限制，N/P 小于 14 时，受 N 限制(吴春笃等，2006)。

不同植物的生长具有不同的最适 N/P 值，N/P 值的不同将会对植物的生长速率以及植物吸收 N、P 的能力产生不同影响(胡章喜等，2008；文明章等，2008)。N/P 值在 14 以下时，随比值的升高，小球藻对 N 的吸收能力逐步加强，N/P 值为 7～8 时，小球藻对 N 的吸收能力最强，N/P 值小于 4 时，小球藻吸收 P 的能力有很大变化(沈颂东，2003)。

而在植株中 N/P 值大于 16∶1 的情况下，P 含量成为植物生长的限制性因素，所以 3 种藤本植物对 P 的吸收能力的强弱将直接影响植物的生长状况。相对来讲，3 种藤本植物的生长状况受到 P 的限制较大，所以 3 种藤本植物对 P 的累积量的大小直接决定着它们生长状况的好坏。低营养条件下，金银花对 N、P 累积的优势使得其生长不会受到 P 胁迫的影响。金银花在低营养下同样具有较稳定的 N、P 吸收能力。

2. 生长特征

从图 7.22 中可以看出，随着营养液浓度的降低，牵牛花的株高、茎直径和叶面积整体上变化趋势相似，均在 1/2 原始营养液浓度处达到最大值，之后其值大幅下降，叶面积下降幅度最大，株高和茎直径甚至一度低于金银花和爬山虎，株高最小值降为最大值的 37%，茎直径降为 64%，而叶面积最小值仅为最大值的 22%，牵牛花各生长指标值受到较大影响；爬山虎的株高、茎直径与叶面积随着营养元素浓度的降低也出现下降趋势，但变动幅度不大，株高最小值仍为最大值的 74%，叶面积也高达 58%，茎直径最小值是最大值的 81%，爬山虎生长指标值较为稳定；金银花的株高、茎直径、叶面积均在 1/8 原始营养液浓度处达到最大值，其株高值甚至反超牵牛花，金银花株高最大值是最小值的 6.4 倍，茎直径是 2.4 倍，叶面积则高达 11 倍，随营养液浓度的降低，金银花的株高、茎直径和叶面积值均急剧升高，而当营养液浓度低于 1/8 原始营养液浓度时，各指标值出现下降趋势，其最适生长点是 1/8 原始营养液浓度处，而爬山虎和牵牛花最适浓度则均为 1/2 原始营养液浓度处。

图 7.22 表示的是不同营养液浓度下牵牛花、金银花、爬山虎各生长指标的变化。从图 7.22(D)中可以看出，随着营养液浓度的降低，牵牛花植物干重逐渐升高并在 1/4 原始营养液浓度处达到最大值，之后下降；金银花则在 1/8 原始营养液浓度处达到最大值后下降；爬山虎整体上变化并不明显，但在 1/16 浓度处稍高于其他值，整体上植物干重值比较稳定。当营养液浓度低于 1/8 营养液浓度时，金银花植物干重值超过牵牛花和爬山虎，成为三者中最大值。

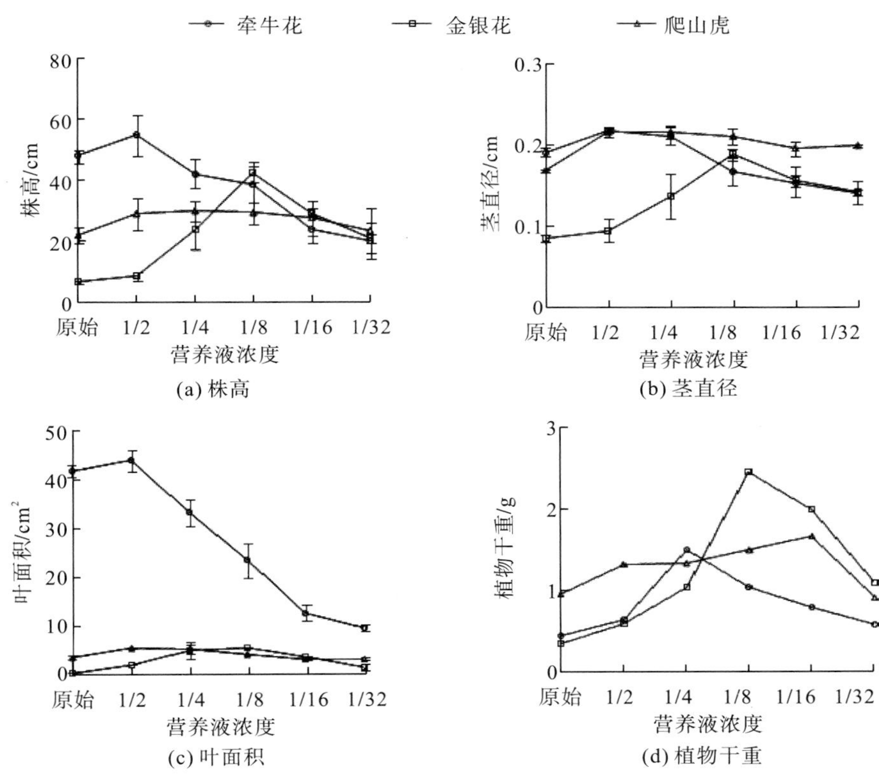

图 7.22　不同营养液浓度下牵牛花、金银花、爬山虎各生长指标的变化

Figure 7.22　Changes of growth indexes of *P. nil*, *L. japonica* and *P. tricuspidata* at different nutrient concentration

植物的株高、茎直径、叶面积和植物干重可以从表面反映出植物生长的好坏。据陈淑芳和窦锟贤(2007)关于不同营养液浓度对黄瓜幼苗生长的影响研究表明，低营养液浓度下，植株生长较慢，发育较晚，在低浓度营养液中，由于营养供应不充分，可供植物吸收的营养有限，营养缺乏导致生长发育相对较慢。而在本实验中，牵牛花在低营养下生长不良，低营养对爬山虎吸收营养的能力影响不大，金银花在 1/8 原始营养液浓度处吸收营养成分的能力最强，为植物生长提供了充足的营养，使得植物各生长指标值较大，生长状况良好。

图 7.23 表示的是不同营养液浓度下 3 种藤本植物叶绿素含量的变化，由图 7.23 可知，牵牛花从原始营养液到 1/4 原始营养液浓度，其值没有显著变化，之后大幅下降，在 1/32 原始营养液浓度处其值仅为最大值的 48.8%；爬山虎叶绿素含量则没有显著差异，其值在 23.53～29.9 变动；金银花的叶绿素含量则随着营养液浓度的降低而逐渐升高，在 1/8 浓度处达到最大值，之后下降，整体变化也不显著，最大值仅为最小值的 1.6 倍。综合来看，在低营养下，只有金银花叶绿素含量能够保持较高的值，没有受到太大影响。

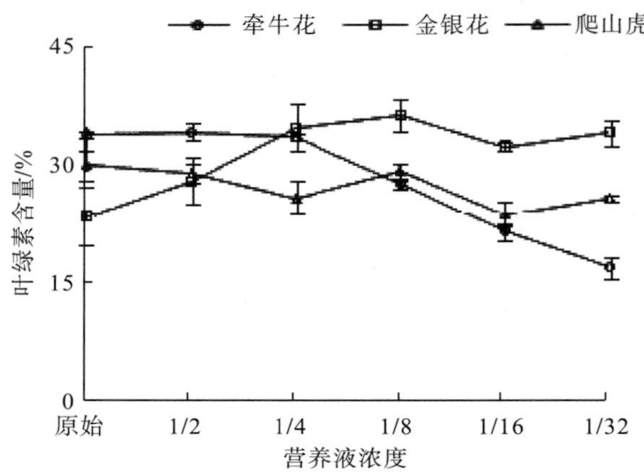

图 7.23　不同营养液浓度下牵牛花、金银花、爬山虎叶片叶绿素含量的变化

Figure 7.23　Changes of chlorophyll content in leaves of *P. nil*, *L. japonica* and *P. tricuspidata* at different nutrient concentration

3. 叶绿素荧光特征

图 7.24 表示的是不同营养液浓度下牵牛花、金银花、爬山虎叶绿素荧光参数的变化。由图 7.24 可知，在 6 种不同浓度的营养液中培养的金银花、牵牛花和爬山虎，其各自 4

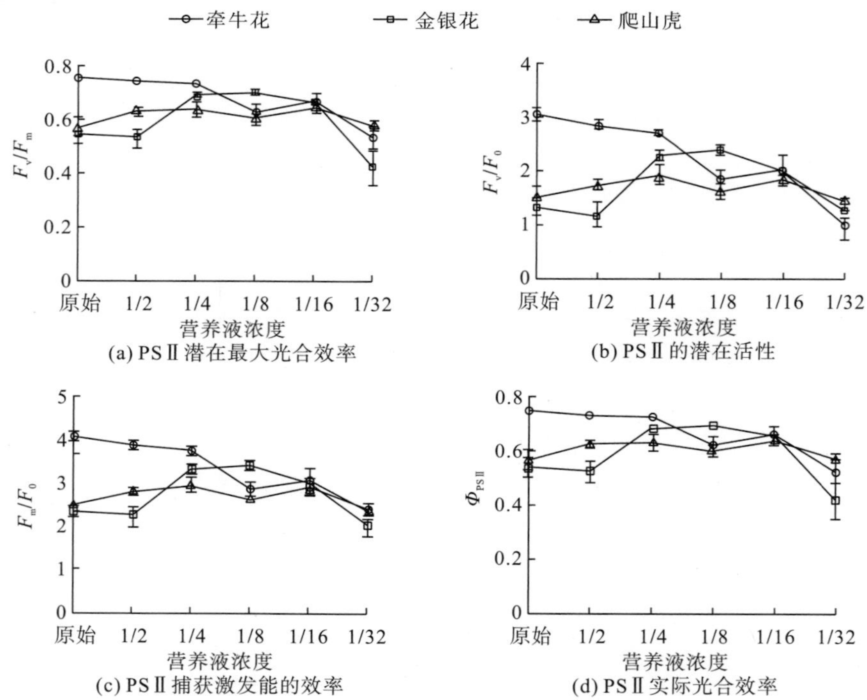

图 7.24　不同营养液浓度下牵牛花、金银花、爬山虎叶绿素荧光参数的变化

Figure 7.24　Changes of chlorophyll fluorescence parameters in *P. nil*, *L. japonica* and *P. tricuspidata* at different nutrient concentration

种叶绿素荧光参数随营养液浓度的降低有着几近相同的变化曲线。随着营养液浓度的降低，金银花的 F_v/F_m、F_v/F_0、F_m/F_0 及 Φ_{PSII} 均有所上升，都在 1/8 原始营养液浓度处达到最大值，其 PSⅡ捕获激发能的效率和光合作用的原初反应都明显增强，表现出较好的光合特性；爬山虎各参数值变化比较平稳，没有显著的上升或下降趋势，实际光合效率没有显著变化；牵牛花则整体上呈现下降趋势，低营养逆境影响了牵牛花的 PSⅡ捕获激发能的效率和光合作用的原初反应，实际光合效率则明显下降。

随着营养液浓度的降低，金银花的 PSⅡ原初光能转换效率增大，潜在活性被激发出来，从而促进了金银花叶片光合作用的原初反应，牵牛花的 PSⅡ原初光能转换效率则下降，其潜在活性中心受损，从而抑制了牵牛花叶片光合作用的原初反应，爬山虎 PSⅡ原初光能转换效率没有发生明显变化，表明 PSⅡ反应中心内光能转换效率和潜在活性只受到轻微影响或影响不大。

4. 碳酸酐酶变化特征

结果与分析及讨论详见 2.2 节。

7.2.2.4　高 pH

1. 生长特征

从图 7.25(a)中可以看出，pH 从 5.2 增加到 9.2，牵牛花株高整体上变化不显著，在 37～51 cm 波动，其中 pH 为 6.2、8.2 时，其株高出现最大值，株高最小时仍为最大值的 73%；金银花则随着 pH 的升高，株高逐渐增大，在 pH 为 8.2 处金银花株高达到最大值，是株高最小值的 3 倍；爬山虎则呈现出与金银花类似的趋势，只是 pH 为 9.2 时，株高由 25.93 急剧下降到 9.63，总的来说，在 pH 为 5.2～8.2 时，株高变化不大，随着碱性的增强，其株高急剧下降。图 7.25(c)表示的是几种藤本植物的茎直径受 pH 的影响情况.由图 7.25(c)可以看出：牵牛花和爬山虎的茎直径变化不显著，而金银花的茎直径在 pH 为 8.2 处取得最大值。

图 7.25(b)中，金银花植物干重在 pH 为 8.2 处达到最大值，总体上金银花随着 pH 的增高，植物干重逐渐增大，pH 为 8.2 比 pH 为 6.2 处的植物干重显著增高；牵牛花植物干重在 pH 为 6.2 和 pH 为 8.2 处位于较高的水平；爬山虎植物干重在 pH 为 6.2～9.2 逐渐降低，pH 为 9.2 处的植物干重比 pH 为 6.2 处的值显著降低。

在酸性至中性环境下，爬山虎的株高、茎直径、植物干重各指标值明显大于碱性情况下，说明爬山虎在酸性至中性环境下生长良好，一旦营养液碱性增强，爬山虎的生长即受到明显抑制；而在偏碱性环境下(pH＜9.2)，金银花的株高、茎直径、植物干重各指标值明显大于酸性、中性情况下，金银花在偏碱性环境中生长良好；牵牛花则普遍适应于弱酸到中性、偏碱性的环境。

图 7.25(d)为不同 pH 下 3 种藤本植物叶片叶绿素含量的变化，在 pH 为 5.2～9.2 时，牵牛花叶片叶绿素含量差异较小，大致在 28～35 之间变动；金银花叶片中叶绿素含量则随着 pH 的升高明显增大，并在 pH 为 8.2 处达到最大值，在 pH 为 5.2～6.2 时，其叶片叶绿素含量最小；爬山虎的叶片叶绿素含量在 pH 为 6.2 处达到最大值。说明在碱性环境下，金银花仍能够保持较高的叶绿素含量。

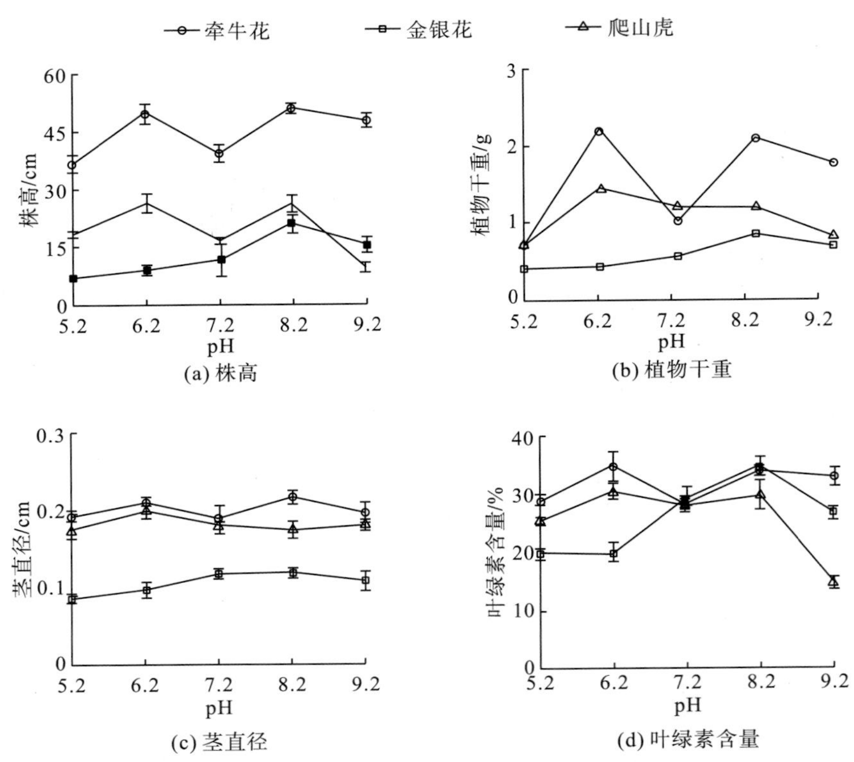

图 7.25 不同 pH 下牵牛花、金银花、爬山虎株高、植物干重、茎直径、叶绿素含量的变化

Figure 7.25 Changes of plant height、dry plant weight、stem diameter and chlorophyll content of *P. nil*, *L. japonica* and *P. tricuspidata* at different pH levels

植物受到逆境胁迫时，各种生理过程都会受到影响，从而直接或间接影响到植物叶绿素的含量(孙晓方等，2008；肖丽等，2008)。在水分逆境下，葡萄中叶绿素的绝对含量下降(Wright et al.，2009)。金银花的叶绿素含量的升高，表明碱性环境下有利于其叶片叶绿素的生成。

在高 pH 下，金银花叶绿素含量有所增加，有利于光合效率的增强，所以其生长状况也较好，有机质积累较多，体现出适应性；爬山虎叶绿素含量也有所下降，不利于光合作用的进行，对植物生长产生较大影响，所以出现较差的生长状况。在高 pH 环境中，金银花的生长状况好于爬山虎，牵牛花的生长则几乎不受 pH 变化的影响。

2. 叶绿素荧光特征

图 7.26 表示的是不同 pH 下牵牛花、金银花、爬山虎叶绿素荧光参数的变化。从图 7.26 中可以看出，在 5 种不同 pH 的营养液中培养的金银花、牵牛花和爬山虎，其各自的四种叶绿素荧光参数随 pH 的升高有着几近相同的变化曲线。F_v/F_m、F_v/F_0 和 F_m/F_0 是研究植物胁迫的重要参数(胡学华等，2007)。图 7.26 说明随着 pH 的增高，金银花的 F_v/F_m、F_v/F_0、F_m/F_0 及 Φ_{PSII} 明显上升，都在 pH 为 8.2 处达到最大值，爬山虎各参数值则明显下降，牵牛花在 pH 为 6.2 处达到最大值后，随着 pH 的增高再无明显变化。

F_v/F_m 是 PSⅡ最大光化学量子产量，反映 PSⅡ反应中心内光能转换效率或称最大PSⅡ的光能转换效率，其变化代表 PSⅡ光化学效率的变化，是光合作用抑制程度的重要指标之一(苏胜齐等，2001)。随着 pH 的升高，金银花的 PSⅡ原初光能转换效率增大，潜在活性被激发出来，从而促进了金银花叶片光合作用的原初反应，实际光合效率增强，表现出较好的光合特性，爬山虎的 PSⅡ原初光能转换效率则下降，其潜在活性中心受损，从而抑制了爬山虎叶片光合作用的原初反应，实际光合效率则明显下降，牵牛花 PSⅡ原初光能转换效率下降但降幅较小，表明 PSⅡ反应中心内光能转换效率和潜在活性只受到轻微影响或影响不大。

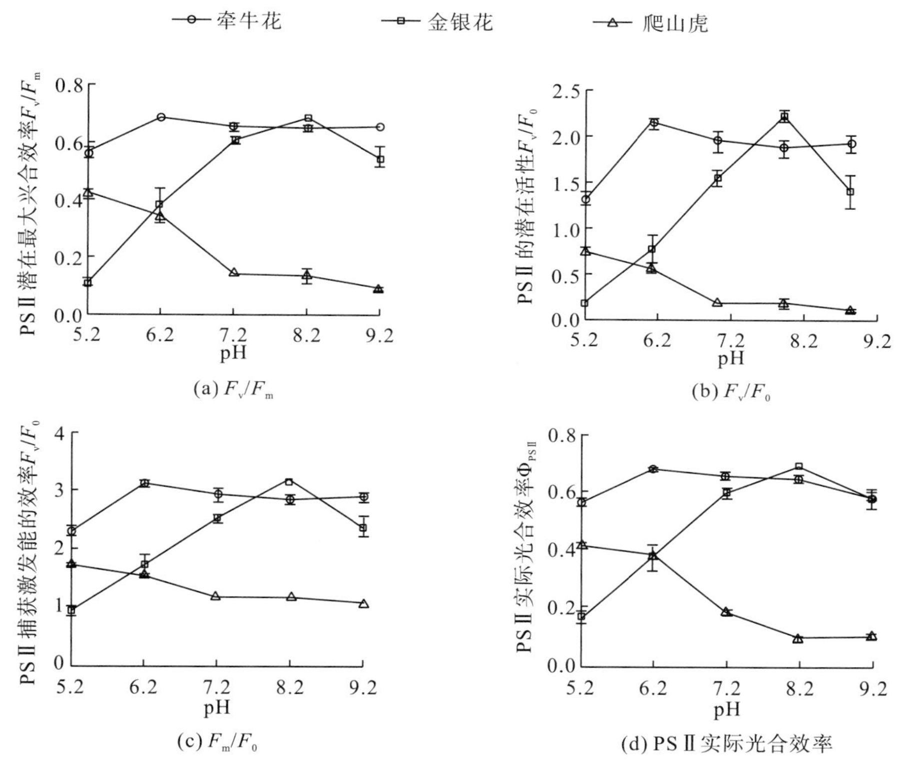

(a) F_v/F_m　(b) F_v/F_0

(c) F_m/F_0　(d) PSⅡ实际光合效率

图 7.26　不同 pH 下牵牛花、金银花、爬山虎叶绿素荧光参数的变化

Figure 7.26　Changes of chlorophyll fluorescence parameters in *P. nil*, *L. japonica* and *P. tricuspidata* at different pH levels

在偏碱性(pH＝8.2)环境中，金银花和牵牛花的光合效率好于爬山虎，牵牛花的光合效率几乎不受 pH 变化的影响。金银花在偏碱性环境下，具有一定的适应性，可以在高 pH 下可以拥有很强的光合速率，对其本身有机质的积累具有很大的贡献。在高 pH 下，金银花受逆境胁迫影响不大，仍然能够保持较高的光合效率。

3. 碳酸酐酶变化特征

图 7.27 表示的是不同 pH 处理下牵牛花、金银花、爬山虎 CA 活力差异。从图 7.27

中可以看出，整体上，牵牛花 CA 活力较金银花和爬山虎的高，爬山虎则最低。牵牛花 CA 活力在 pH 为 6.2 处达到最大，pH 为 7.2 处则最低，之后其变化趋于平稳；金银花 CA 活力在 pH 为 7.2 处超过牵牛花，除此之外，均低于牵牛花，但几乎始终处于爬山虎和牵牛花之间，在 pH 为 8.2 处，金银花 CA 活力达到最低，仅为 200 WAU g^{-1}FW，其余 pH 水平下，金银花 CA 活力均高于 600 WAU g^{-1}FW；爬山虎因为本身 CA 活力值较小，看不出明显变化。

pH 对植物的酶促反应有调节作用。细胞中每一种酶都有最适的 pH 值和最适 pH 的微环境。即使 pH 的微小变化也会导致酶促反应速度的改变(李西腾等，2005)。当营养液 pH 升高时，3 种藤本植物 CA 活力受到影响发生变化。对于牵牛花，在 pH 为 6.2 处，营养液为偏酸性，植物生长受到酸性逆境胁迫，在此逆境下，牵牛花 CA 活力得到表达，活性最高，在 pH 为 7.2 处，溶液呈中性，接近植物正常生长所需的酸碱度，其 CA 活力无须表达，值最小。对于金银花，在 pH 为 8.2 处，CA 活力达到最低，据推测，在该偏碱性环境下，成为金银花最适生长环境，其 CA 活力无须得到表达，所以出现最低值。爬山虎本身 CA 活力过低，无法看出其明显变化。

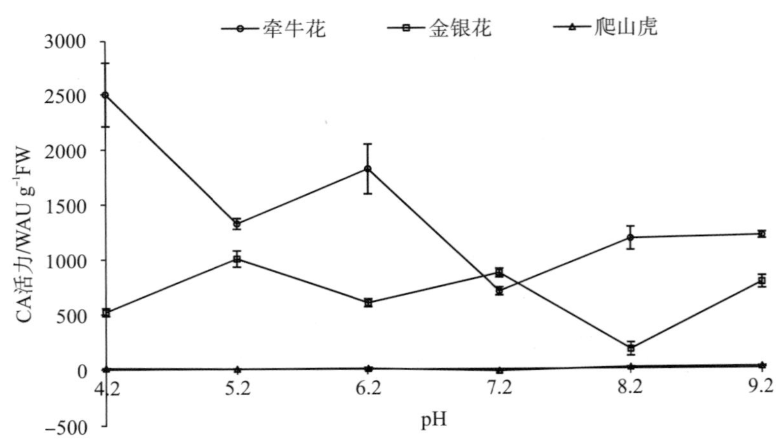

图 7.27 不同 pH 处理下牵牛花、金银花、爬山虎 CA 活力

Figure 7.27 CA activities in *P. nil*, *L. japonica* and *P. tricuspidata* at different pH levels

4. N、P 累积

1)N/P 值

图 7.28 表示的是不同 pH 下牵牛花、金银花、爬山虎 N/P 值的变化。从图 7.28 中可以看出，在 pH 为 8.2 之前，牵牛花植株中 N/P 值最高，金银花次之，爬山虎最低；之后金银花与牵牛花之间无显著差异。牵牛花植株中的 N/P 值在 pH 为 9.2 处最高，整体上在 30～40 波动；爬山虎植株中的 N/P 值也在 pH 为 9.2 处出现最高值，pH 为 5.2～pH 为 8.2 时则比较低，最低值为 17.11；金银花植株中的 N/P 值在 pH 为 5.2～7.2 缓慢降低之后逐渐升高，并在 pH 为 9.2 处达到最大值，整体上其值也不低于 26.36。

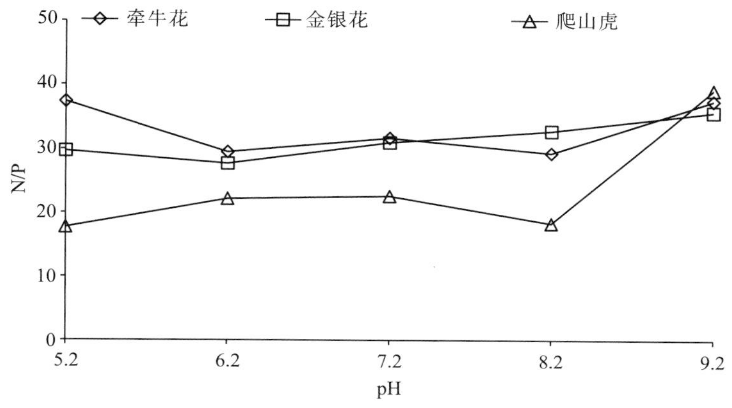

图 7.28　不同 pH 下牵牛花、金银花、爬山虎 N/P 值的变化

Figure 7.28　Changes of N/P ratios in *P. nil*, *L. japonica* and *P. tricuspidata* at different pH levels

2) N、P 累积

图 7.29 表示的是牵牛花、金银花、爬山虎在不同 pH 处理下总 N、P 累积量的变化。由图 7.29 可以看出，随营养液 pH 的不断升高，金银花在 pH 为 8.2 处总 N、P 累积量均达到最大值，牵牛花则呈现上下浮动趋势，爬山虎在 pH 为 6.2 处达到最大值后逐渐下降。在高 pH（pH＝8.2）下，金银花植株中总 N、P 累积量分别达到最大值，牵牛花没有明显的升高或降低趋势，爬山虎则缓慢降低。在高 pH 下，金银花对 N、P 的累积的优势使得其生长不会受到 P 胁迫的影响。金银花在高 pH 下具有较稳定的 N、P 吸收能力。

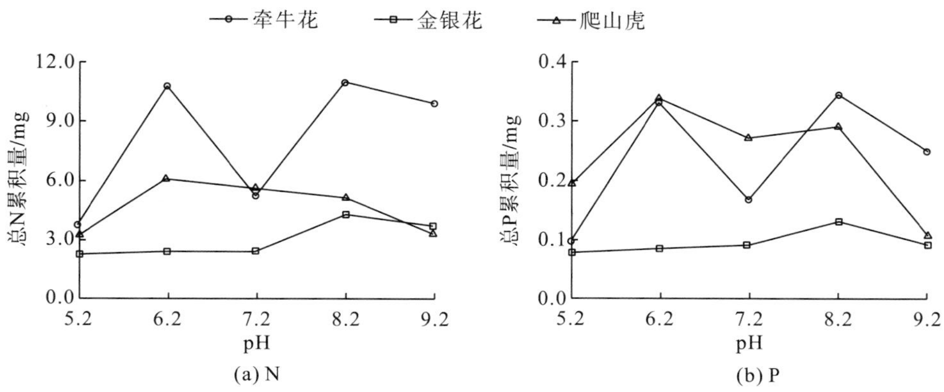

图 7.29　牵牛花、金银花、爬山虎在不同 pH 处理下总 N、P 累积量（mg）的变化

Figure 7.29　Changes of total N, P accumulation in *P. nil*, *L. japonica* and *P. tricuspidata* at different pH levels

7.2.3　麻疯树和枫杨对不同喀斯特逆境的响应

7.2.3.1　光合特征

在第 15 天，麻疯树在低营养处理下拥有最高的 P_N 值，而模拟干旱处理下麻疯树的

P_N则最小，低 P 及高重碳酸盐处理下麻疯树的 P_N略低于 CK 及改进霍格兰营养液处理下麻疯树的 P_N(表 7.15)。各逆境处理下枫杨的 P_N均小于 CK 处理下枫杨的 P_N，其中，模拟干旱处理下枫杨的 P_N最低，低 P、高重碳酸盐和低营养处理下枫杨的 P_N没有显著差异($P\leqslant 0.05$)。第 25 天，各逆境下麻疯树的 P_N均小于 CK 处理下麻疯树的 P_N，模拟干旱处理下麻疯树的 P_N仍然最低，改进霍格兰营养液、低 P、高重碳酸盐和低营养处理下麻疯树的 P_N没有显著差异($P\leqslant 0.05$)。各逆境处理下枫杨的 P_N仍然均小于 CK 处理下枫杨的 P_N，其中改进霍格兰营养液和低 P 处理下枫杨的 P_N没有显著差异($P\leqslant 0.05$)，高重碳酸盐处理下枫杨的 P_N最低，模拟干旱处理下的枫杨植株死亡。

表 7.15 不同逆境处理下麻疯树和枫杨的 P_N/μmol·m^{-2}·s^{-1}

Table 7.15 P_N of *J. carcas* and *P. stenoptera* under different stresses (μmol·m^{-2}·s^{-1})

时间	处理	麻疯树	枫杨
15 天	CK	4.987±0.398^{b}	2.728±0.038^{a}
	MH	4.390±0.066^{bc}	0.858±0.032^{f}
	DS	0.271±0.098^{e}	0.051±0.012^{g}
	LP	2.583±0.210^{d}	1.057±0.067^{e}
	HB	3.075±0.503^{cd}	1.022±0.034^{e}
	LN	6.256±0.561^{a}	1.137±0.079^{e}
25 天	CK	6.717±0.339^{a}	2.797±0.054^{a}
	MH	4.094±0.323^{bc}	2.502±0.068^{b}
	DS	0.658±0.101^{e}	_
	LP	4.570±0.374^{bc}	2.359±0.042^{b}
	HB	3.826±0.063^{c}	1.780±0.023^{d}
	LN	4.043±0.428^{bc}	1.989±0.036^{c}

注：CK：对照；MH：改进霍格兰营养液；DS：模拟干旱；LP：低 P；HB：高重碳酸盐；LN：低营养。_表示植物死亡，无测量数据。平均值±标准误差(n=5)后面字母表示在同一显著水平 $P\leqslant 0.05$ 下，通过单因素方差分析与 t 检验对同一列数据进行差异显著性分析。

Note: CK: Control; MH: Modified Hoagland solution; DS: Drought stress; LP: Low phosphorus (P); HB: High bicarbonate; LN: Low nutrient. _: Plant died, no data was determined. The mean ± SE (n=5) followed by different letters in the same row differ significantly at $P\leqslant 0.05$, according to one-way ANOVA and t test.

第 15 天，低营养处理下麻疯树的 G_s 与 CK 处理下麻疯树的 G_s 没有显著差异($P\leqslant 0.05$)，其余各逆境处理下麻疯树的 G_s 相对于 CK 处理下的值显著减小(表 7.16)，模拟干旱处理下麻疯树的 G_s 最低。而枫杨在各逆境下的 G_s 则均小于 CK 处理下的值，同样，模拟干旱处理下枫杨的 G_s 最低，改进霍格兰营养液和高重碳酸盐处理下枫杨的 G_s 没有显著差异($P\leqslant 0.05$)。第 25 天，各逆境处理下麻疯树的 G_s 相对于 CK 处理下的值均显著减小，模拟干旱处理下麻疯树的 G_s 仍然最低，低 P、高重碳酸盐和低营养处理下麻疯树的 G_s 没有显著差异($P\leqslant 0.05$)。改进霍格兰营养液、低 P 和低营养处理下枫杨的 G_s 最低变得显著高于 CK 处理下枫杨的 G_s，只有高重碳酸盐处理下枫杨的 G_s 显著低于 CK 处理下枫杨的值，低 P 处理下枫杨的 G_s 最高。

表 7.16　不同逆境处理下麻疯树和枫杨的 $G_s/mol \cdot m^{-2} \cdot s^{-1}$

Table 7.16　G_s of *J. carcas* and *P. stenoptera* under different stresses ($mol \cdot m^{-2} \cdot s^{-1}$)

时间	处理	麻疯树	枫杨
15 天	CK	0.040 ± 0.004^{b}	0.034 ± 0.001^{c}
	MH	0.022 ± 0.001^{c}	0.011 ± 0.000^{f}
	DS	0.001 ± 0.001^{d}	0.004 ± 0.000^{g}
	LP	0.023 ± 0.002^{c}	0.020 ± 0.000^{e}
	HB	0.024 ± 0.005^{c}	0.011 ± 0.003^{f}
	LN	0.041 ± 0.008^{b}	0.023 ± 0.004^{d}
25 天	CK	0.077 ± 0.004^{a}	0.019 ± 0.000^{e}
	MH	0.029 ± 0.002^{c}	0.025 ± 0.001^{d}
	DS	0.004 ± 0.001^{d}	_
	LP	0.034 ± 0.002^{bc}	0.061 ± 0.002^{a}
	HB	0.037 ± 0.004^{bc}	0.012 ± 0.002^{f}
	LN	0.037 ± 0.005^{bc}	0.050 ± 0.000^{b}

注：CK：对照；MH：改进霍格兰营养液；DS：模拟干旱；LP：低 P；HB：高重碳酸盐；LN：低营养。_表示植物死亡，无测量数据。平均值±标准误差(n=5)后面字母表示在同一显著水平 $P \leqslant 0.05$ 下，通过单因素方差分析与 t 检验对同一列数据进行差异显著性分析

Note: CK: Control; MH: Modified Hoagland solution; DS: Simulated drought stress; LP: Low phosphorus (P); HB: High bicarbonate; LN: Low nutrient. _: Plant died, no data was determined. The mean ± SE (n=5) followed by different letters in the same row differ significantly at $P \leqslant 0.05$, according to one-way ANOVA and t test.

第 15 天，CK、改进霍格兰营养液、模拟干旱和低 P 处理下麻疯树的 WUE 显著低于高重碳酸盐和低营养处理下麻疯树的值(表 7.17)，改进霍格兰营养液、模拟干旱和低 P 处理下麻疯树的 WUE 与 CK 处理下麻疯树的 WUE 相比没有显著差异($P \leqslant 0.05$)，高重碳酸盐和低营养处理下麻疯树的 WUE 间也没有显著差异($P \leqslant 0.05$)。各逆境处理下枫杨的 WUE 均低于 CK 处理下枫杨的 WUE，其中，模拟干旱处理下枫杨的 WUE 最低，低 P 和低营养处理下枫杨的 WUE 之间没有显著差异($P \leqslant 0.05$)，且均高于模拟干旱处理下枫杨的 WUE 而低于改进霍格兰营养液和高重碳酸盐处理下枫杨的 WUE。第 25 天，不同处理下麻疯树的 WUE 之间均没有显著差异($P \leqslant 0.05$)。各逆境下枫杨的 WUE 均显著低于 CK 处理下枫杨的 WUE，其中低 P 和低营养处理下枫杨的 WUE 最低，且两者之间没有显著差异($P \leqslant 0.05$)，改进霍格兰营养液和高重碳酸盐处理下枫杨的 WUE 之间也没有显著差异($P \leqslant 0.05$)，且均高于低 P 和低营养处理下枫杨的 WUE 而低于 CK 处理下枫杨的 WUE。

表 7.17 不同逆境处理下麻疯树和枫杨的 WUE/mmol·mol^{-1}

Table 7.17 WUE of *J. carcas* and *P. stenoptera* under different stresses（mmol·mol^{-1}）

时间	处理	麻疯树	枫杨
15天	CK	4.829±0.147^{bc}	2.492±0.036^{c}
	MH	4.196±2.121^{c}	2.066±0.079^{d}
	DS	3.088±1.087^{c}	0.095±0.093^{f}
	LP	4.845±0.058^{bc}	1.390±0.113^{e}
	HB	10.997±1.013^{a}	2.080±0.200^{cd}
	LN	12.813±1.583^{a}	1.258±0.396^{e}
25天	CK	4.352±0.246^{bc}	6.644±0.021^{a}
	MH	6.584±0.044^{bc}	4.399±0.086^{b}
	DS	7.111±1.322^{b}	_
	LP	6.663±0.614^{bc}	1.510±0.081^{e}
	HB	5.324±0.253^{bc}	4.724±0.027^{d}
	LN	5.511±0.332^{bc}	1.304±0.026^{e}

注：CK：对照；MH：改进霍格兰营养液；DS：模拟干旱；LP：低 P；HB：高重碳酸盐；LN：低营养。_表示植物死亡，无测量数据。平均值±标准误差(n=5)后面字母表示在同一显著水平 $P \leqslant 0.05$ 下，通过单因素方差分析与 t 检验对同一列数据进行差异显著性分析。

Note: CK: Control; MH: Modified Hoagland solution; DS: Simulated drought stress; LP: Low phosphorus（P）; HB: High bicarbonate; LN: Low nutrient. _: Plant died, no data was determined. The mean ± SE（n=5）followed by different letters in the same row differ significantly at $P \leqslant 0.05$, according to one-way ANOVA and t test.

光合作用是植物赖以生存的生理基础，不同植物对不同喀斯特逆境具有不同的光合生理响应特性。无机 P 的缺乏会导致 ATP 以及 NADPH 的生成受限，影响 RuBP 的再生，导致光合速率下降(潘晓华等，1997)。麻疯树的光合能力对低 P(0.02 mM)的响应较为灵敏，并在短期(15d)内被抑制而降低。然而受逆境胁迫诱导，喀斯特适生植物的根系可以通过分泌有机酸的方式来提升对无机 P 的获取效率，以维持光合作用的进行(赵宽和吴沿友，2011)。因此，随着低 P 胁迫的持续，麻疯树的光合能力得到恢复。与低 P 处理不同的是，低营养处理下所有营养元素(如 N、P、K、微量元素等)相对于对照处理均有所降低，但是该处理下的 P 含量相对于低 P 处理却较高。麻疯树的光合能力短期内没有受到抑制，说明 0.13 mM 的 P 含量水平(1/8 霍格兰营养液)不会对麻疯树的光合能力产生抑制。N 等营养元素在长期缺乏情况不利于植物光合作用的正常进行(李强等，2015)，麻疯树的光合能力受长期(25d)低营养胁迫的影响最终出现下降趋势。喀斯特适生植物在偏碱性以及高重碳酸盐逆境下对胞内 HCO_3^- 具有较强的利用能力，提高其对无机碳的同化效率，有利于光合作用正常进行(Wu and Xing，2012)，而麻疯树在偏碱性和高重碳酸盐逆境下也能够持续保持较为稳定的光合能力，不受短期以及长期逆境胁迫的影响。枫杨的光合能力对各种逆境胁迫的响应均较为灵敏，并在短期内受到不同程度的抑制，然而对各种逆境(干旱除外)长期胁迫的光合响应体现出较好的适应性。至于干旱逆境，无论短期还是长期胁迫，都导致麻疯树和枫杨光合速率的大幅降低，对植物光合系统造成不可逆的伤害，这与何成新等(2007)的研究结果相似。然而，相对于枫杨来说，麻疯树的 P_N 以及 WUE 在干旱逆境下的表现均好于枫杨，干旱对枫杨光合能力的抑制程度要大于麻疯树。短期高重碳酸盐及低营养胁迫下，在 G_s 较小，大气 CO_2 进入叶肉细胞受限情况下，麻疯树通过增加 WUE 来提高无机碳获取效率，而偏碱性和高重碳酸盐胁迫下，长期逆境的刺激促使枫杨 WUE 的增加来提高其对无机碳的获取效率，以维持光合作用的正常进行。池永宽等(2014)的研究也表明，较高的 WUE 是植物适应喀斯特逆境的一种表现。

7.2.3.2　叶绿素荧光特征

第 15 天，改进霍格兰营养液处理下麻疯树的 F_0 值最低，CK、模拟干旱、低 P、高重碳酸盐和低营养处理下麻疯树的 F_0 值没有显著差异($P≤0.05$)(图 7.30)。同样，改进霍格兰营养液处理下枫杨的 F_0 值也最低，模拟干旱处理下枫杨的 F_0 值则最高，CK 和高重碳酸盐处理下枫杨的 F_0 值没有显著差异，低 P 和低营养处理下枫杨的 F_0 值也没有显著差异($P≤0.05$)，其中，前两者的值显著低于后两者。第 25 天，各个不同处理下麻疯树的 F_0 值均没有显著差异($P≤0.05$)。改进霍格兰营养液处理下枫杨的 F_0 值仍然最低，模拟干旱处理下枫杨的 F_0 值则最高，CK 和高重碳酸盐处理下枫杨的 F_0 值没有显著差异($P≤0.05$)。

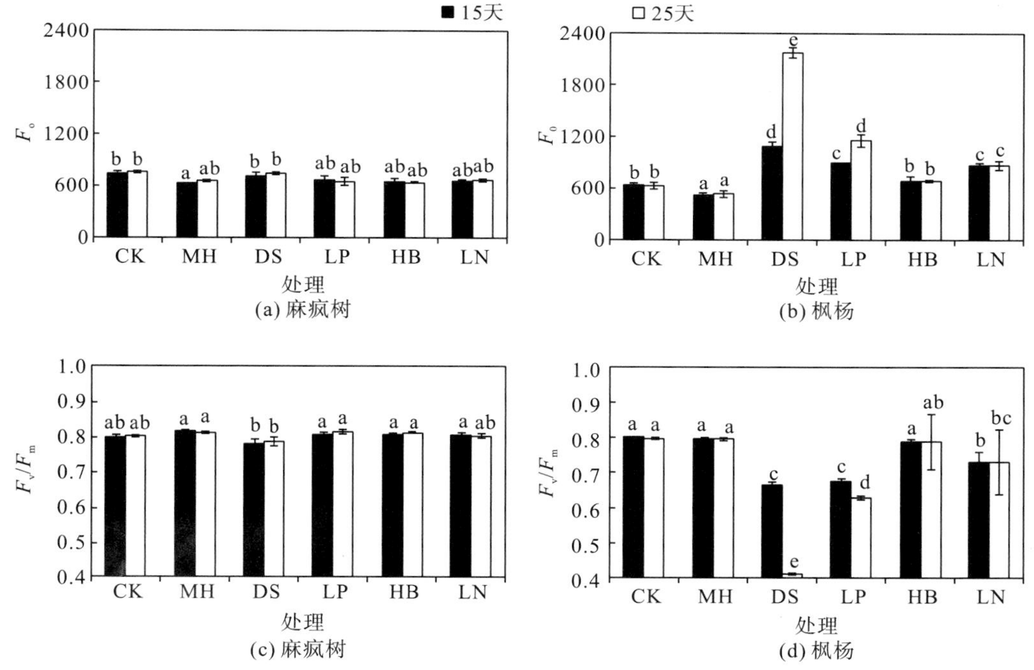

图 7.30　不同逆境处理下麻疯树和枫杨叶绿素荧光参数的变化

Figure 7.30　Variation of chlorophyll *a* fluorescence parameters of *J. carcas* and *P. stenoptera* under different adversity

注：CK：对照；MH：改进霍格兰营养液；DS：模拟干旱；LP：低 P；HB：高重碳酸盐；LN：低营养。平均值±标准误差(n=5)后面字母表示在同一显著水平 $P≤0.05$ 下，通过单因素方差分析与 t 检验对同一参数同一植物的数据进行差异显著性分析。

Note: CK: Control; MH: Modified Hoagland solution; DS: Simulated drought stress; LP: Low phosphorus (P); HB: High bicarbonate; LN: Low nutrient. The mean ± SE (n=5) followed by different letters in the same parameter of a plant species differ significantly at P ≤0.05, according to one-way ANOVA and t test.

在第 15 天，除了模拟干旱处理下麻疯树的 F_v / F_m 值相较于其他处理下的值有所降低外，其余各处理下麻疯树的 F_v / F_m 值没有显著差异($P \leqslant 0.05$)。CK、改进霍格兰营养液和高重碳酸盐处理下枫杨的 F_v / F_m 值没有显著差异($P \leqslant 0.05$)，且相比于其余各处理下的值明显较高。模拟干旱和低 P 处理下枫杨的 F_v / F_m 值最低，且两者之间没有显著差异($P \leqslant 0.05$)。第 25 天，仍然是除了模拟干旱处理下麻疯树的 F_v / F_m 值相较于其他处理下的值有所降低外，其余各处理下麻疯树的 F_v / F_m 值没有显著差异($P \leqslant 0.05$)。CK、改进霍格兰营养液和高重碳酸盐处理下枫杨的 F_v / F_m 值仍然没有显著差异($P \leqslant 0.05$)，模拟干旱处理下枫杨的 F_v / F_m 值明显最低。

PSII 反应中心的活性能够通过 F_0 的值来反映，F_0 值的增加说明 PSII 反应中心活性降低(孙晓方等，2008)，麻疯树的 PSII 反应中心活性无论在短期还是长期逆境胁迫下，都能够保持稳定，不受逆境变化的影响。而枫杨的 PSII 反应中心受短期及长期干旱、低 P 和低营养的影响，而活性下降。F_v/F_m 值的变化则能够反映植物光合结构是否遭受损害(Panda et al.，2008)。麻疯树在不同逆境不同处理时间下的 F_v/F_m 值同样表明，其 PSII 反应中心没有受到损伤，光合结构较为稳定。而干旱和低 P 逆境对枫杨的光合结构造成较大破坏，抑制了 PSII 反应中心的活性。

7.2.3.3 无机碳利用特征和水分利用特征

第 15 天，改进霍格兰营养液和低 P 处理下麻疯树的 $\delta^{13}C$ 值最高，模拟干旱处理下麻疯树的 $\delta^{13}C$ 值则最低，CK、高重碳酸盐和低营养处理下麻疯树的 $\delta^{13}C$ 值差异不明显($P \leqslant 0.05$)(表 7.18)。改进霍格兰营养液和高重碳酸盐处理下的枫杨则拥有最高的 $\delta^{13}C$ 值，

表 7.18 不同逆境处理下麻疯树和枫杨的稳定碳同位素组成($\delta^{13}C$，‰)

Table 7.18 Stable carbon isotopic composition of *J. carcas* and *P. stenoptera* under different stresses ($\delta^{13}C$，‰)

时间	处理	麻疯树	枫杨
15 天	CK	−29.68±0.013	−35.28±0.023
	MH	−28.34±0.006	−34.01±0.013
	DS	−32.91±0.007	−35.16±0.017
	LP	−28.57±0.022	−37.01±0.033
	HB	−29.75±0.015	−34.89±0.015
	LN	−29.84±0.010	−37.02±0.010
25 天	CK	−32.34±0.005	−35.62±0.002
	MH	−26.98±0.006	−33.44±0.016
	DS	−31.34±0.011	−32.23±0.009
	LP	−31.60±0.007	−35.83±0.017
	HB	−29.29±0.002	−32.93±0.012
	LN	−30.57±0.009	−35.31±0.003

注：CK：对照；MH：改进霍格兰营养液；DS：模拟干旱；LP：低 P；HB：高重碳酸盐；LN：低营养。

Note: CK: Control; MH: Modified Hoagland solution; DS: Simulated drought stress; LP: Low phosphorus (P); HB: High bicarbonate; LN: Low nutrient.

低 P 和低营养处理下枫杨的 $\delta^{13}C$ 值最低。CK 和模拟干旱处理下枫杨的 $\delta^{13}C$ 值差异不明显($P\leqslant0.05$)。第 25 天，改进霍格兰营养液处理下麻疯树的 $\delta^{13}C$ 值仍然最高，CK 处理下麻疯树的 $\delta^{13}C$ 降为最低值，模拟干旱和低 P 处理下麻疯树的 $\delta^{13}C$ 值差异不明显($P\leqslant0.05$)。模拟干旱处理下枫杨的 $\delta^{13}C$ 值则最高，而 CK、低 P 和低营养处理下枫杨的 $\delta^{13}C$ 值最低，且彼此之间差异不显著($P\leqslant0.05$)。

植物叶片的 $\delta^{13}C$ 值随着碳代谢途径与光合作用过程中的无机碳来源的变化而变化(Schwender et al.，2004)。本研究中添加的 $NaHCO_3$ 的 $\delta^{13}C$ 值为-6.69‰，经测定，培养室内大气 CO_2 的 $\delta^{13}C$ 值为-14.09‰。普通霍格兰营养液中培养的麻疯树，经过一段时间的适应及生长，其光合无机碳同化能力也有所增强，25d 时叶片的 $\delta^{13}C$ 值相对于 15d 时的值有所偏负。在添加 10 mM 的 $NaHCO_3$ 后，麻疯树叶片 $\delta^{13}C$ 值变得更为偏正，说明其对胞内 HCO_3^- 的利用在增加，而枫杨对胞内 HCO_3^- 的利用效率则低于麻疯树，其 $\delta^{13}C$ 值没有变的更为偏正。营养液中 $NaHCO_3$ 浓度的增加(20 mM)，短期内并没有提升麻疯树和枫杨对胞内 HCO_3^- 利用，但经过长期培养，麻疯树和枫杨对胞内 HCO_3^- 利用都有所增加，使得两者叶片的 $\delta^{13}C$ 值相对于对照均变得更为偏正。这是由于添加到溶液中的 HCO_3^- 的 $\delta^{13}C$ 值比大气 CO_2 的 $\delta^{13}C$ 值偏正，植物利用的 HCO_3^- 越多，其叶片 $\delta^{13}C$ 值越偏正的缘故。低 P 及低营养逆境下，麻疯树和枫杨经过长期培养逐渐适应，光合能力有所提升，然而其叶片 $\delta^{13}C$ 值与对照相比均没有显著差异，说明其对胞内 HCO_3^- 的利用情况均没有出现明显变化。

7.2.4 综合评价

基于上述室内模拟逆境对植物生理响应特征的研究，根据植物对不同逆境的适应性，赋予不同逆境对植物影响的对应权重，综合对不同植物的适生性进行打分比较(表 7.19)。

表 7.19 植物的喀斯特适生性综合评估

Table 7. 19 Comprehensive evaluation of plant adaptability to karst environment

植物	评价指标	对照	干旱	重碳酸盐/高 pH	低营养/低 P	加权平均
麻疯树	生长状况	100	10	75	68	51
	光合作用	100	12	78	65	52
	叶绿素荧光	100	98	99	98	98
	碳酸酐酶	100	21	75	65	54
	无机碳/水分利用策略	100	18	76	65	53
	合计	500	159	403	361	308
枫杨	生长状况	100	5	50	66	40
	光合作用	100	6	54	63	41
	叶绿素荧光	100	25	97	75	66
	碳酸酐酶	100	15	46	49	37
	无机碳/水分利用策略	100	14	45	52	37
	合计	500	65	292	305	221

续表

植物	评价指标	对照	干旱	重碳酸盐/高 pH	低营养/低 P	加权平均
构树	生长状况	100	98	60	78	79
	光合作用	100	85	65	75	75
	叶绿素荧光	100	95	95	90	93
	碳酸酐酶	100	95	90	90	92
	无机碳/水分利用策略	100	90	80	85	85
	合计	500	463	390	418	424
桑树	生长状况	100	85	35	86	69
	光合作用	100	55	30	75	53
	叶绿素荧光	100	70	95	80	82
	碳酸酐酶	100	85	75	75	78
	无机碳/水分利用策略	100	65	55	75	65
	合计	500	360	290	391	347
牵牛花	生长状况	100	80	80	85	82
	光合作用	100	85	85	90	87
	叶绿素荧光	100	98	95	75	89
	碳酸酐酶	100	85	80	85	83
	无机碳/水分利用策略	100	85	82	88	85
	合计	500	433	422	423	426
金银花	生长状况	100	95	95	95	95
	光合作用	100	90	98	85	91
	叶绿素荧光	100	90	95	95	93
	碳酸酐酶	100	95	90	90	92
	无机碳/水分利用策略	100	92	96	88	92
	合计	500	462	474	453	463
爬山虎	生长状况	100	70	90	90	83
	光合作用	100	75	90	90	85
	叶绿素荧光	100	75	70	95	80
	碳酸酐酶	100	10	10	10	10
	无机碳/水分利用策略	100	35	50	50	45
	合计	500	265	310	335	303

得出如下结论：

1. 麻疯树和枫杨

植物对异质性喀斯特逆境的适生机制具有多样性，使得其对一种或多种喀斯特环境能够同时具有较好的适应性。植物与异质性喀斯特逆境的适配，对于脆弱喀斯特生境生态修复效率的提升具有重要促进作用。

(1) 在根系周围环境中 HCO_3^- 浓度增加的情况下，麻疯树对胞内 HCO_3^- 的利用能力要高于枫杨，而低 P 及低营养环境对 2 种植物利用胞内 HCO_3^- 的能力不产生影响。麻疯树对两种无机碳源的利用能够增加自身光合固碳效率及生长潜力，提升其对逆境的适应能力。

(2) 麻疯树在低 P、偏碱性和高重碳酸盐环境中表现出较好的光合能力，当各种营养元素同时显著减少的情况下，麻疯树的光合能力受抑。枫杨的光合能力短期内受到几种逆境(干旱除外)的影响，之后逐渐恢复，形成适应性。干旱对 2 种植物光合结构的伤害都是不可逆的，相对来讲，麻疯树的光合能力要大于枫杨。

2. 构树和桑树

(1) 过高浓度的重碳酸盐严重影响植物的生长和代谢活动，构树和桑树能够快速生长并适应逆境。短期内，重碳酸盐使得构树和桑树的光合无机碳同化能力下降，但是对桑树的 PSII 反应中心没有造成损害。然而，构树利用重碳酸盐的能力则高于桑树。重碳酸盐对植物的光合碳代谢过程具有双重作用。因此，在喀斯特地区植树造林和生态修复过程中，首先应该考虑土壤中重碳酸盐对植物的影响。

(2) 构树因其具有较高的光能转化效率、电子传递速率以及 P_N 来对抗岩溶干旱逆境；同时，从叶绿素荧光参数也可以看出，构树比桑树也具有更强抗涝能力。

3. 牵牛花、金银花和爬山虎

(1) 牵牛花能够适应长期的重度渗透胁迫，是因为牵牛花拥有较为稳定的 PSII 和较好的 CA 调节作用。虽然在长期渗透胁迫情况下金银花的光合结构受到更多损害，金银花仍然能够在中度渗透胁迫情况下维持较高的 P_N 值，主要归功于其 CA 调节能力。爬山虎在渗透胁迫情况下具有气孔调节机制，在长期中度渗透胁迫情况下，金银花的光合结构受到严重损害。因此爬山虎主要适应短期渗透胁迫或者长期轻度渗透胁迫。

(2) 牵牛花能够适应长期严重 P 缺乏胁迫主要归功于其稳定的 PSII 以及体内相关代谢酶的调节作用，尤其是 P 回收利用机制，即所谓的克隆生理整合作用。当遭受长期严重 P 缺乏胁迫时，短柄忍冬的 PSII 受到损害，虽然短柄忍冬的 CA 活力也很高，但是当短柄忍冬处在 P 缺乏胁迫环境下时，它的光合无机碳同化能力受到影响，短柄忍冬对于 P 缺乏胁迫显示出较差的适应性。爬山虎在 P 缺乏胁迫时主要利用气孔调节机制以及磷回收利用机制，遭受长期缺 P 胁迫即使是 0 mM 的 P 浓度环境下时，爬山虎的光合机构都没有受到更大的损伤，因此，爬山虎能够适应长期 P 缺乏胁迫环境。

参 考 文 献

别之龙，徐加林，杨小峰. 2005. 营养液浓度对水培生菜生长和硝酸盐积累的影响. 农业工程学报，21(z2):109-112.

陈洪松，聂云鹏，王克林. 2013. 岩溶山区水分时空异质性及植物适应机理研究进展. 生态学报，33(2): 317-326.

陈辉蓉，吴振斌，贺锋，等. 2001.植物抗逆性研究进展. 环境污染治理技术与设备，2(3): 7-13.

陈尚平，汤久顺，苏家乐，等. 2007. 不同氮、磷、钾水平对蝴蝶兰养分吸收及生长发育的影响. 江苏农业学报，23(6):630-633.

陈淑芳，窦锟贤. 2007. 不同营养液浓度对黄瓜幼苗生长的影响. 安徽农业科学，35(34):11056-11057, 11064.

程广有，许文会，黄永秀. 1996. 植物耐盐碱性的研究(一):水稻耐盐性与耐碱性相关分析. 吉林林学院学报，4:214-217.

池永宽，熊康宁，张锦华，等. 2014. 喀斯特石漠化地区三种豆科牧草光合与蒸腾特性的研究.中国草地学报，36(4): 116-120.

崔美燕，高树仁，付艳，等. 2008. 玉米苗期耐碱性鉴定方法研究. 黑龙江八一农垦大学学报，20(5):12-16.

殷大聪，耿亚红，梅洪，等. 2008. 几种主要环境因子对布朗葡萄藻(*Botryococcus braunii*)光合作用的影响. 武汉植物学研究，26(1): 64-69.

丰茂武，吴云海，冯仕训，等. 2008. 不同氮磷比对藻类生长的影响. 生态环境，17(5): 1759-1763.

巩爱歧，吉震宇，刁治民. 1998. 平菇菌丝耐碱性的初步研究. 青海草业，1:1-6.

何成新，黄玉清，李先琨，等. 2007. 岩溶石漠化地区几种生态修复植物的生理生态学特征. 广西植物，27(1): 53-61.

胡学华，蒲光兰，肖千文，等. 2007. 水分胁迫下李树叶绿素荧光动力学特性研究. 中国生态农业学报，15(1): 75-77.

胡章喜，徐宁，李爱芬，等. 2008. 氮磷比率对 3 种典型赤潮藻生长的影响. 水生生物学报，32(4): 482-487.

蒋忠诚. 2000. 论南方岩溶山区生态环境的元素有效态. 中国岩溶，19(2): 123-128.

寇伟锋，刘兆普，陈铭达，等. 2006. 不同浓度海水对油葵幼苗光合作用和叶绿素荧光特性的影响. 西北植物学报，26(1): 73-77.

李锋，潘晓华，刘水英，等. 2004. 低磷胁迫对不同水稻品种根系形态和养分吸收的影响. 作物学报，30(5):438-442.

李红双，刘巧辉. 2008. 植物生长过程中对营养元素吸收情况分析研究. 北方园艺，12: 125-127.

李强，罗延宏，余东海，等. 2015. 低氮胁迫对耐低氮玉米品种苗期光合及叶绿素荧光特性的影响. 植物营养与肥料学报，21(5): 1132-1141.

李涛，余龙江. 2006. 西南岩溶环境中典型植物适应机制的初步研究. 地学前缘，13(3):180-184.

李为，余龙江，袁道先，等. 2004. 不同岩溶生态系统土壤及其细菌碳酸酐酶的活性分析及生态意义. 生态学报，24(3):438-443.

李西腾，吴沿友，郝建朝. 2005. 喀斯特地区碳酸酐酶与环境的关系及意义. 矿物岩石地球化学通报，24(3): 252-257.

李晓，冯伟，曾晓春. 2006. 叶绿素荧光分析技术及应用进展. 西北植物学报，26(10):2186-2196.

林多，黄丹枫，杨延杰，等. 2007. 钾素水平对网纹甜瓜矿质元素积累及果实品质的影响. 华北农学报，22(6): 1-4.

刘方，王世杰，罗海波，等. 2008. 喀斯特森林生态系统的小生境及其土壤异质性. 土壤学报，45(6): 1055-1062.

刘再华. 2001. 碳酸酐酶对碳酸盐溶解的催化作用及其在大气 CO_2 沉降中的意义. 地质学报，22(3):432-432.

罗青红，李志军，伍维模，等. 2006. 胡杨、灰叶胡杨光合及叶绿素荧光特性的比较研究. 西北植物学报，26(5):983-988.

罗维均，王世杰，刘秀明. 2014. 喀斯特洞穴系统碳循环的烟囱效应研究现状及展望.地球科学进展，29(12): 1333-1340.

马祥庆，梁霞. 2004. 植物高效利用磷机制的研究进展. 应用生态学报，15(4): B712-716.

孟凡花，魏幼璋，林建军，等. 2004. HCO_3^- 和高 pH 对不同锌效率水稻锌及其他养分吸收的影响. 中国水稻科学，18(6): 533-538.

潘晓华，石庆华，郭进耀，等. 1997. 无机磷对植物叶片光合作用的影响及其机理的研究进展. 植物营养与肥料学报，1997，3(3): 201-208.

齐宏飞，阳小成. 2008. 植物抗逆性研究概述. 安徽农业科学，36(32): 13943-13946.

沈颂东. 2003. 氮磷比对小球藻吸收作用的影响. 淡水渔业，33(1): 23-25.

苏胜齐，沈盎绿，唐洪玉，等. 2001. 温度光照和 pH 对菹草光合作用的影响. 西南大学学报(自然科学版)，23(6): 532-534.

孙晓方，何家庆，黄训端，等. 2008. 不同光强对加拿大一枝黄花生长和叶绿素荧光的影响. 西北植物学报，28(4): 752-758.

王保栋，陈爱萍，刘峰. 2003. 海洋中 Redfield 比值的研究. 海洋科学进展，21(2):232-235.

王瑞，吴沿友，邢德科，等. 2015. 重碳酸盐胁迫下 3 种能源的生理特性及无机碳利用能力对比研究. 地球与环境，43(1): 21-30.

文明章，郑有飞，吴荣军. 2008. 富营养水体中总氮与总磷比对苦草生长的影响. 生态学杂志，27(3): 414-417.

翁忙玲，吴震，李谦盛，等. 2004. 营养液浓度及 pH 值对山葵生长及光合速率的影响. 园艺学报，31(1):101-102.

吴春笃，沈明霞，储金宇，等. 2006. 北固山湿地藕草氮磷积累和转移能力的研究. 环境科学学报，26(4): 674-678.

吴沿友，李西腾，郝建朝，等. 2006. 不同植物的碳酸酐酶活力差异研究. 广西植物，26(4):366-369.

吴沿友，梁铮，邢德科. 2011b. 模拟干旱胁迫下构树和桑树的生理特征比较. 广西植物，31(1): 92-96.

吴沿友，刘丛强，王世杰. 2004. 诸葛菜的喀斯特适生性研究. 贵阳：贵州科技出版社.

吴沿友，邢德科，刘莹. 2011a. 植物利用碳酸氢根离子的特征分析. 地球与环境，39(2): 273-277.

吴沿友，邢德科，朱咏莉，等. 2009. 营养液 pH 对 3 种藤本植物生长和叶绿素荧光的影响. 西北植物学报，29(2): 338 -343.

肖丽，高瑞凤，隋方功. 2008. 氯胁迫对大白菜幼苗叶绿素含量及光合作用的影响. 中国土壤与肥料，2: 44-47.

邢德科，吴沿友，吴沿胜，等. 2016. 麻疯树和枫杨幼苗对 5 种模拟喀斯特逆境的光合生理响应. 中国岩溶，35(6):649-656.

徐晓燕，杨肖娥，杨玉爱. 2001. 重碳酸氢根对水稻根区重要有机酸分布的影响与水稻品种耐缺 Zn 关系的研究. 作物学报，27(3): 387-391.

杨成，刘丛强，宋照亮，等. 2007. 贵州喀斯特山区植物营养元素含量特征. 生态环境学报，16(2):503-508.

杨晓青，张岁岐，梁宗锁，等. 2004. 水分胁迫对不同抗旱类型冬小麦幼苗叶绿素荧光参数的影响. 西北植物学报，24(5):812-816.

于飞，周健民，王火焰，等. 2005. 不同氮肥对油菜生长和养分吸收的影响. 中国土壤与肥料，1:20-22.

余龙江，吴云，李为，等. 2004. 西南岩溶区土壤细菌胞外碳酸酐酶的稳定性研究. 生命科学研究，8(4): 365-370.

袁方，刘涵，林委，等. 2008. 营养液浓度对水培马齿苋生长及品质的影响. 热带农业科学，28(3):1-3.

张文君，刘兆辉，江丽华，等. 2006. 氮素对大蒜生长及养分吸收的影响. 中国蔬菜，1(12):20-23.

张伟，陈洪松，王克林，等. 2006. 喀斯特地区典型峰丛洼地旱季表层土壤水分空间变异性初探. 土壤学报，43(4): 554-562.

赵宽，吴沿友. 2011. 根系分泌的有机酸及其对喀斯特植物、土壤碳汇的影响. 中国岩溶，30(4): 466-471.

周游游，黎树式，黄天放. 2003. 我国喀斯特森林生态系统的特征及其保护利用——以西南地区茂兰、木论、弄岗典型喀斯特森林区为例. 广西师范学院学报(自然科学版)，20(3): 1-7.

朱隆静，喻景权. 2005. 不同供磷水平对番茄生长和光合作用的影响. 浙江农业学报，17(3): 120-122.

Alhendawi R A，Römheld V，Kirkby E A，et al. 1997. Influence of increasing bicarbonate concentrations on plant growth，organic acid accumulation in roots and iron uptake by barley，sorghum，and maize. Journal of Plant Nutrition，20(12): 1731-1753.

Alpert P. 1999. Effects of clonal integration on plant plasticity in *Fragaria chiloensis*. Plant Ecology，141(1-2): 99-106.

Araus J，Slafer G，Reynolds M，et al. 2002. Plant breeding and droughtin C_3 cereals: what should we breed for? Annals of Botany，89(7): 925-940.

Aroca R. 2012. Plant Responses to Drought Stress: From Morphological to Molecular Features，Firsted. Springer Berlin Heidelberg.

Badger M R，Price G D. 1994. The role of carbonic anhydrase in photosynthesis. Annual Review Of Plant Physiology and Plant Molecular Biology，45(1): 369-392.

Baker N R. 1991. A possible role for photosystem II in environmental perturbations of photosynthesis. Plant physiology，81(4):563-570.

Bashtanova U B，Flowers T J. 2012. Effect of low salinity on ionaccumulation，gas exchange and postharvest drought resistance and habit of *Coriandrum sativum* L. Plant and soil，355(1-2): 199-214.

Bertamini M，Nedunchezhian N，Borghi B. 2001. Effect of iron deficiency induced changes on photosynthetic pigments，ribulose-1，5-bisphosphate carboxylase，and photosystem activities in field grown grapevine（*Vitis vinifera* L. cv. *Pinot noir*）leaves. Photosynthetica，39(1): 59-65.

Bhargava S，Paranjpe S. 2004. Genotypic variation in the photosynthetic competence of Sorghum bicolor seedlings subjected to polyethylene glycol-mediated drought stress. Journal of Plant Physiology，161(1): 125-129.

Brown J W，Wadleigh C H. 1995. Influence of sodium bicarbonate on the growth and chlorosis of garden beets. Botanical Gazette，116(3): 201-209.

Byrne S L, Foito A, Hedley P E, et al. 2011. Early response mechanisms of perennial ryegrass (*Lolium perenne*) to phosphorus deficiency. Ann Bot, 107(2): 243-254.

Chaves M M, Flexas J, Pinheiro C. 2009. Photosynthesis under drought and salt stress: Regulation mechanisms from whole plant to cell. Annals Botany, 103(4):51-560.

Chaves M M, Maroco J P, Pereira J S. 2003. Understanding plant responses to drought: From genes to the whole plant. Functional Plant Biology, 30(3): 239-264.

Chuanming Y. 2003. A discussion on the remote sensing analysis of karst stoned desertization in Guangxi. Remote Sensing for Land and Resources, 56(2): 34-36.

Clausen J, Beckmann K, Junge W, et al. 2005. Evidence that bicarbonate is not the substrate in photosynthetic oxygen evolution. Plant Physiology, 139(3): 1444-1450.

Foyer C, Spencer C. 1986. The relationship between phosphate status and photosynthesis in leaves. Planta, 167(3): 369-375.

Fredeen A L, Rao I M, Terry N. 1989. Influence of phosphorus nutrition on growth and carbon partitioning in *Glycine max*. Plant Physiology, 89(1): 225-230.

Gardner W K, Barber D A, Parberry D G. 1983. The acquisition of phosphorus by *Lupinus albus* L. III. The probable mechanism by which phosphorus movement in the soil/root interface in enhanced. Plant and Soil, 72(1): 13-29.

Garg B K, Garg O P. 1986. Influence of sodium bicarbonate on growth, nutrient uptake and metabolism of Pea. Annals of Arid Zone, 25: 69-72.

Guliyev N, Bayramov S, Babayev H, 2008. Effect of water deficit on Rubisco and carbonic anhydrase activities in different wheat genotypes. In: Allen J F, Grantt E, Golbeck J H, Osmond R. Photosynthesis, Energy from the Sun. 14th International Congress on Photosynthesis, Springer Verlag, 1465-1468.

Guo D P, Guo Y P, Zhao J P, et al. 2005. Photosynthetic rate and chlorophyll fluorescence in leaves of stem mustard (*Brassica juncea* var. *tsatsai*) after turnip mosaic virus infection. Plant Science, 168(1): 57-63.

Hajiboland R, Yang X E, Römheld V. 2003. Effects of bicarbonate and high pH on growth of Zn-efficient and Zn-inefficient genotypes of rice, wheat and rye. Plant and Soil, 250(2): 349-357.

Hajiboland R, Yang X E, Römheld V, et al. 2005. Effect of bicarbonate on elongation and distribution of organic acids in root and root zone of Zn-efficient and Zn-inefficient rice (*Oryza sativa* L.) genotypes. Environmental and Experimental Botany, 54(2): 163-173.

He M, Dijkstra F A. 2014. Drought effect on plant nitrogen and phosphorus: ameta-analysis. New Phytologist, 204(4): 924-931.

Hoagland D R, Arnon D I. 1950. The water-culture method for growing plants without soil. California Agricultural Experiment Station, 347(5406): 357-359.

Hoffland E, Wei C Z, Wissuwa M. 2006. Organic anion exudation by lowland rice (*Oryza sativa* L.) at zinc and phosphorus deficiency. Plant and Soil, 283(1-2): 155-162.

Hogh-Jensen H, Schjoerring J K, Soussana J F. 2002. The influence of phosphorus deficiency on growth and nitrogen fixation of white clover plants. Annals of Botany, 90(6): 745-753.

Hsiao TC, Acevedo E. 1974. Plant responses to water deficits, water-useefficiency, and drought resistance. Agricultural meteorology, 14(1): 59-84.

Hu L X, Wang Z L, Huang B R. 2009. Photosynthetic responses of Bermudagrass to drought stress associated with stomatal and metabolic limitations. Crop Science, 49(5): 1902-1909.

Huang C Y, Roessner U, Eickmeier I, et al. 2008. Metabolite profiling reveals distinct changes in carbon and nitrogen metabolism in phosphate-deficiency barley plants (*Hordeum vulgare* L.). Plant Cell Physiology, 49(5): 691-703.

Jacob J, Lawlor D W. 1992. Dependence of photosynthesis of sunflower and maize leaves on phosphate supply, ribulose-1, 5-bisphosphate carboxylase/oxygenase activity, and ribulose-1,5-bisphosphate pool size. Plant Physiology, 98(3): 801-807.

Jiang C D, Gao H Y, Zou Q. 2003. Changes of donor and acceptor side in photosystem IIcomplex induced by iron deficiency in attached soybean and maize leaves. Photosynthetica, 41(2):267-271.

Kicheva M I, Lazova G N. 1997. Response of carbonic anhydrase to polyethylene glycol-mediated water stress in wheat. Photosynthetica, 34(1): 133-135.

Klimov V V, Allakhverdiev S I, Nishiyama Y, et al. 2003. Stabilization of the oxygen-evolving complex of photosystem II by bicarbonate and glycinebetaine in thylakoid and subthylakoid preparations. Functional Plant Biology, 30: 797-803.

Klimov V V, Baranov S V. 2001. Bicarbonate requirement for the water-oxidizing complex of photosystem II. Biochimica et Biophysica Acta (BBA)-Bioenergetics, 1503(1): 187-196.

Kumar N, Kumar S. 2001. Differential activation of ribulose-1,5-bisphosphate carboxylase/oxygenase in non-radiolabelled versus radiolabelled sodium bicarbonate. Current Science, 80(3): 333-334.

Lee J A, Woolhouse H W. 1969. A comparative study of bicarbonate inhibition of root growth in calcicole and calcifuges grasses. New Phytologist, 68(1): 1-11.

Li Y F, Luo A C, Muhammad J H, et al. 2006. Effect of phosphorus deficiency on leaf photosynthesis and carbohydrates partitioning in two rice genotypes with contrasting low phosphorus susceptibility. Rice Science, 13(4):283-290.

Lipiec J, Doussan C, Nosalewicz A, et al. 2013. Effect of drought and heat stresses on plant growth and yield: A review. International Agrophysics, 27(4): 463-477.

Lipton DS, Blanchar RW, Blevins DG. 1987. Citrate, malate, and succinate concentration in exudates from P-sufficient and P stressed *Medicago sativa* L. Seedlings. Plant Physiology, 85(2): 315-317.

Marschner H. 1998. Role of root growth, arbuscular mycorrhiza, and root exudates for the efficiency in nutrient acquisition. Field Crops Research, 56(1-2): 203-207.

Mathew J P, Herbert S J, Zhang S H, et al. 2000. Differential response of soybean yield components to the timing of light enrichment. Agronomy Journal, 92(6):1156-1161.

McCray J M, Matocha J E. 1992. Effects of soil water levels on solution bicarbonate, chlorosis and growth of sorghum. Journal of Plant Nutrition, 15(10): 1877-1890.

Medrano H, Escalona J M, Bota J, et al. 2002. Regulation of photosynthesis of C_3 plants in response to progressive drought: stomatal conductance as a reference parameter. Annals of Botany, 89(7): 895-905.

Mengel K, Breininger M T, Bübl W. 1984. Bicarbonate, the most important factor inducing iron chlorosis in vine grapes on calcareous soil. Plant and Soil, 81(3): 333-344.

Mommer L, Visser E J W. 2005. Underwater photosynthesis in flooded terrestrial plants: A matter of leaf plasticity. Annals of Botany, 96(4): 581-589.

Mooney H A. 1972. The carbon balance of plants. Annual Review Ecology and Systmatics, 3(3): 315-346.

Motomura H, Ueno O, Kagawa A, et al. 2008. Carbon isotope ratios and the variation in the diurnal pattern of malate accumulation in aerial roots of CAM species of *Phalaenopsis* (Orchidaceae). Photosynthetica, 46(4): 531-536.

Nichols J, Booth R K, Jackson S T, et al. 2010. Differential hydrogen isotopic ratios of *Sphagnum* and vascular plant biomarkers in ombrotrophic peatlands as a quantitative proxy for precipitation-evaporation balance. Geochimica Et Cosmochimica Acta, 74 (4): 1407-1416.

Nikolic M, Römheld V, Merkt N. 2000. Effect of bicarbonate on uptake and translocation of ^{59}Fe in two grapevine rootstocks differing in their resistance to Fe deficiency chlorosis. Vitis -Geilweilerhof-, 39 (39): 145-149.

Nilsen E. 1992. The influence of water stress on leaf and stem photosynthesis in *Spartium junceum* L. Plant, Cell and Environment, 15 (4): 455-461.

Overstreet R, Ruben S, Broyer T C. 1940. The absorption of bicarbonate ion by barley plants as indicated by studies with radioactive carbon. Proceedings of the National Academy of Sciences of the United States of America, 126 (12): 688-695.

Panda D, Rao D N, Sharma S G, et al. 2006. Submergence effect on rice genotypes during seedling stage: Probing of submergence driven changes of photosystem II by chlorophyll a fluorescence induction O-J-I-P transients. Photosynthetica, 44 (1): 69-75.

Panda D, Sharma S G, Sarkar R K. 2008. Chlorophyll fluorescence parameters, CO_2 photosynthetic rate and regeneration capacity as a result of complete submergence and subsequent re-emergence in rice (*Oryza sativa* L.). Aquatic Botany, 88 (2):127-133.

Pieters A J, Paul M J, Lawlor D W. 2001. Low sink demand limits photosynthesis under P-i deficiency. Journal of Expriment Botany, 52 (358): 1083-1091.

Popova L P, Tsonev T D, Lazova G N, et al. 1996. Drought- and ABA-induced changes in photosynthesis of barley plants. Physiologia Plantarum, 96 (4) :623-629.

Prakash K R, Rao V S.1996.The altered activities of carbonic anhydrase, phosphoenol pyruvate carboxylase and ribulose-bisphosphate carboxylase due to water-stress and after its relief. Environment Biology, 17: 39-42.

Radhouane L. 2007. Response of Tunisian autochthonous pearl millet (*Pennisetum glaucum* (L.) R. Br.) to drought stress induced by polyethylene glycol (PEG) 6000. African Journal of Biotechnology, 6 (9): 1102-1105.

Rajasekar M, Rabert GA, Manivannan P. 2016. The effect of triazoleinduced photosynthetic pigments and biochemical constituents of *Zea mays* L. (Maize) under drought stress. Applied Nanoscience, 6 (5): 727-735.

Rao I M. 1996. The role of phosphorus in photosynthesis. In: Pessarakli M. Handbook of Photosynthesis. New York: Marcel Dekker, pp 173-194.

Rao I M, Terry N. 1995. Leaf phosphate status, photosynthesis and carbon partitioning in sugar-beet. Plant Physiology, 107 (4): 1313-1321.

Razavi F, Pollet B, Steppe K, et al. 2008. Chlorophyll fluorescence as a tool for evaluation of drought stress in strawberry. Photosynthetica, 46 (4): 631-633.

Rebey I B, Jabri-Karoui I, Hamrouni-Sellami I, et al. 2012. Effect of drought on the biochemical composition and antioxidant activities of cumin (*Cuminum cyminum* L.) seeds. Industrial Crops and Products, 36 (1): 238-245.

Rensen V J. 2002. Role of bicarbonate at the acceptor side of photosyntem II. Photosynthesis Research, 73 (1-3): 185-192.

Roháček K. , Barták M. 1999. Technique of the modulated chlorophyll fluorescence: Basic concepts, useful parameters and some applications. Photosynthetica, 37 (3) :339-363.

Rouhi V, Samson R, Lemeur R, et al. 2007. Photosynthetic gas exchange characteristics in three different almond species during drought stress and subsequent recovery. Environment and Expriment Botany, 59 (2): 117-129.

Sasaki H, Hirose T, Watanabe Y, Ohsugi R. 1998. Carbonic anhydrase activity and CO_2 -transfer resistance in Zn-deficient rice leaves. Plant Physiology, 118 (3): 929-934.

Schwender J, Goffman F, Ohlrogge J B, et al. 2004. Rubisco without the Calvin cycle improves the carbon efficiency of developing green seeds. Nature，432(7018)：779-782.

Serrano L，Halanych K M，Henry R P. 2007. Salinity-stimulated changes in expression and activity of two carbonic anhydrase isoforms in the blue crab *Callinectes sapidus*. Journal of Experimental Biology，210(13):2320-2332.

Shahbaz A M, Oki Y, Adachi T, et al. 2006. Phosphorus starvation induced root-mediated pH changes in solublization and acquisition of sparingly soluble P sources and organic acids exudation by *Brassica* cultivars. Soil Science and Plant Nutrition，52(5)：623-633.

Skrzypek G，Kaluzny A，Wojtuń B，et al. 2007. The carbon stable isotopic composition of mosses: A record of temperature variation. Organic Geochemistry，38(10)：1770-1781.

Srivastava N K，Misra A，Sharma S. 1997. Effect of Zn deficiency on net photosynthetic rate，^{14}C partitioning and oil accumulation in leaves of peppermint. Photosynthetica，33(1)：71-79.

Stemler A J. 2002. The bicarbonate effect，oxygen evolution and the shadow of Otto Warburg. Photosynthesis Research，73(1-3):177-183.

Stuefer J F，Gómez S，Van Mölken T. 2004. Clonal integration beyond resource sharing: implications for defence signaling and disease transmission in clonal plant networks. Evolutionary Ecology，18(5-6)：647-667.

Sui Y，He W M，Pan X，et al. 2011. Partial mechanical stimulation facilitates the growth of the rhizomatous plant *Leymus secalinus*: modulation by clonal integration. Annals Botany，107(4)：693-697.

Tavallali V，Rahemi M，Maftoun M，et al. 2009. Zinc influence and salt stress on photosynthesis，water relations and carbonic anhydrase activity in pistachio. Science Horticulture，123(2)：272-279.

Tcherkez G，Mahé A，Gauthier P，et al. 2009. In folio respiratory fluxomics revealed by ^{13}C isotopic labeling and H/D isotope effects highlight the noncyclic nature of the tricarboxylic acid "cycle" in illuminated leaves. Plant Physiology，151(2)：620-630.

Terry N，Ulrich A. 1973. Effects of phosphorus deficiency on the photosynthesis and respiration of leaves of sugar-beet. Plant Physiology，51(1)：43-47.

Tomescu A M，Pratt L M，Rothwell G W，et al. 2009. Carbon isotopes support the presence of extensive land floras pre-dating the origin of vascular plants. Palaeogeography Palaeoclimatology Palaeoecology，283(1-2)：46-59.

Türkan I，Bor M，Özdemir F，Koca H. 2005. Differential responses of lipid peroxidation and antioxidants in the leaves of drought-tolerant *P. acutifolius* gray and drought-sensitive *P. vulgaris* L. subjected to polyethylene glycol mediated water stress. Plant Science，168(1)：223-231.

Usuda H，Shimogawara K. 1995. Phosphate deficiency in maize: Changes in the two-dimensional electrophoretic patterns of soluble proteins from second leaf blades associated with induced senescence. Plant Cell Physiology，36(6)：1149-1155.

Vance C P，Uhde-Stone C，Allan D L. 2003. Phosphorus acquisition and use: critical adaptations by plants for sceuring a nonrenewable resource. New Phytologist，157(3)：423-447.

Vyal Y A, Dyukova G R, Leonova N A, et al. 2007. Adaptation of the photosynthetic apparatus of the immature broadleaf trees to the floodplain conditions. Russian Journal of Plant Physiology，54(1)：58-62.

Wallihan E F. 1961. Effect of sodium bicarbonate on iron absorption by orange seedlings. Plant Physiology，36(1)：52-53.

Walters M B，Kruger E L，Reich P B. 1993. Relative growth rate in relation to physiological and morphological traits for northern hardwood tree seedlings: Species，light environment and ontogenetic considerations. Oecologia，96(2)：219-231.

Wang JC, Shi X, Yin L K, et al. 2011. Role of clonal integration in life strategy of sandy dune plant, *Eremosparton songoricum* (Litv.) vass (Fabaceae)：Experimental approach. Polish Journal Ecology，59(3)：455-461.

Widodo X A, Broadley M R, Rose T, et al. 2010. Response to zinc deficiency of two rice lines with contrasting tolerance is determined by root growth maintenance and organic acid exudation rates, and not by zinc-transporter activity. New Phytologist, 186(2): 400-414.

Wissuwa M. 2003. How do plants achieve tolerance to phosphorus deficiency? Small causes with big effects. Plant Physiologist, 133(4): 1947-1958.

Wissuwa M, Ismail A M, Yanagihara S. 2006. Effects of zinc deficiency on rice growth and genetic factors contributing to tolerance. Plant Physiology, 142(2): 731-741.

Woolhouse H W. 1966. Comparative physiological studies on *Deschampsia flexuosa*, *Holcus mollis*, *Arrhenatherum elatius* and *Koeleria gracilis* in relation to growth on calcareous soils. New Phytologist, 65(1):22-31.

Wright H, Delong J, Lada R, et al. 2009. The relationship between water status and chlorophyll a fluorescence in grapes (*Vitis* spp.). Postharvest Biology and Technology, 51(2):193-199.

Wu Y Y, Liu C Q, Li P P, et al. 2009. Photosynthetic characteristics involved in adaptability to Karst soil and alien invasion of paper mulberry (*Broussonetia papyrifera* (L.) Vent.) in comparison with mulberry (*Morus alba* L.). Photosynthetica, 47 (1): 155-160.

Wu Y Y, Xing D K. 2012. Effect of bicarbonate treatment on photosynthetic assimilation of inorganic carbon in two plant species of Moraceae. Photosynthetica, 50(50): 587-594.

Wu Y Y, Zhao K, Xing D K. 2010. Does carbonic anhydrase affect the fractionation of stable carbon isotope. Geochemica Et Cosmochimica Acta, 74(12): A1148-A1148.

Wullschleger S D, Oosterhuis D M. 1989. Water use efficiency as a function of leaf age and position within the cotton canopy. Plant Soil, 120(1): 79-85.

Xing D K, Wu Y Y. 2012. Photosynthetic response of three climber plant species to osmotic stress induced by polyethylene glycol (PEG) 6000. Acta Physiologiae Plantarum, 34(5): 1659-1668.

Xing D K, Wu Y Y. 2015. Effects of low nutrition on photosynthetic capacityand accumulation of total N and P in three climber plant species. Chinese Journal of Geochemistry, 2015, 34(1): 115-122.

Xing D K, Wu Y Y, Wang R, et al. 2015. Effects of drought stress on photosynthesis and glucose- 6-phosphate dehydrogenase activity of two biomass energy plants (*Jatropha curcas* L. and *Vernicia fordii* H.). The Journal of Animal & Plant Sciences, 25 (3 Suppl. 1): 172-179.

Xing D K, Wu Y Y, Yu R, et al. 2016. Photosynthetic capability and Fe, Mn, Cu and Zn contents in two Moraceae species under different phosphorus levels. Acta Geochimica, 35(3):309-315.

Yan J H, Li J M, Ye Q, et al. 2012. Concentrations and exports of solutes from surface runoff in Houzhai Karst Basin southwest China. Chemical Geology, 304-305(3): 1-9.

Yang X, Römheld V, Marschenr H. 1993. Effcet of bicarbonate and root zone temperature on uptake of Zn, Fe, Mn and Cu by different rice cultivars (*Oryza sativa* L.) grown in calcareous soil. Plant and Soil, 155/156(1): 441-444.

Yang X, Römheld V, Marschner H. 1994. Effect of bicarbonate on root growth and accumulation of organic acids in Zn-inefficient and Zn-efficient rice cultivars (*Oryza sativa* L.). Plant and Soil, 164(1): 1-7.

Yu F H, Dong M, Krüsi B. 2004. Clonal integration helps *Psammochloa villosa* survive sand burial in an inland dune. New Phytologist, 162(3): 697-704.

Zhang D, Cheng H, Geng L Y, et al. 2009. Detection of quantitative trait loci for phosphorus deficiency tolerance at soybean seedling stage. Euphytica，167(3): 313-322.

Zhang Y C，Zhang Q Y，Yirdaw E，et al. 2008. Clonal integration of *Fragaria orientalis* driven by contrasting water availability between adjacent patches. Botanic Studies，49(4): 373-383.

Zhao K，Wu Y Y. 2014. Rhizosphere calcareous soil P-extraction at the expense of organiccarbon from root-exuded organic acids induced by phosphorusdeficiency in several plant species. Soil Science and Plant Nutrition，60(5):640-650.

Zhou S，Duursma R A，Medlyn B E，et al. 2013. How should we model plant responses to drought? An analysis of stomatal andnon-stomatal responses to water stress. Agricultural and Forest Meteorology，182-183(22): 204-214.

第 8 章　自然生境下植物的喀斯特适生性评价

Chapter 8 Evaluation on the plants' adaptation to karst environment under natural habitats

【摘　要】 植被恢复的最主要手段是构建各种具有生物多样性、多功能、抗逆性强、稳定的森林生态系统，如何在高度异质性的喀斯特环境中合理配置适生物种成为高效治理退化生态系统的关键所在。

乔木树种经过长期的进化，在形态、生理及生态特性上形成了一系列应对喀斯特环境变化的适应对策。贵州省水城县石漠化治理示范区的实验结果表明，银鹊树吸收和同化利用无机碳的效率最高，产能最高，亮叶桦同化利用 CO_2 的效率和产能仅次于银鹊树，它是以中光合、低蒸腾和高水分利用率来适应喀斯特环境的。白栎生长缓慢，对无机碳的需求低，它是以低光合、低蒸腾和高水分利用率来适应喀斯特环境的。水榆花楸适宜生长在高光强、半干旱或湿润地区，近轮叶木姜子适宜生长在背阴处或山谷地带，山杨适应生长在山顶向阳地带。普定县陈家寨-沙湾石漠化综合治理试验示范区的实验结果表明，构树对下坡位具有相对较好的适应性，朴树则比较适合生长在中坡位环境。玉舍国家森林公园石漠化综合治理示范区的银鹊树+白栎+水榆花楸+近轮叶木姜子+山杨的物种配置和普定县陈家寨-沙湾石漠化综合治理试验示范区的构树+朴树的物种配置是兼具适生性、多样性与稳定性的人工乔木群落。

灌木树种适应性强，在植物物种多样性方面扮演着重要角色，可作为脆弱生态系统植被恢复的先锋树种。贵州省水城县石漠化治理示范区的实验结果表明，贵州金丝桃的水分利用率高于接骨木，但接骨木的碳酸酐酶活力远远大于贵州金丝桃。刺楤是以高光合、高蒸腾速率来适应喀斯特环境的，而莽草则是以低蒸腾、高水分利用率来适应喀斯特环境的。普定县陈家寨-沙湾石漠化综合治理试验示范区的实验结果表明，光滑悬钩子主要利用大气中的 CO_2 进行光合作用，其枝叶具有皮刺，能够有效保持水分，可以选择中坡位作为光滑悬钩子的适宜种植环境。玉舍国家森林公园石漠化综合治理示范区的接骨木+贵州金丝桃+刺楤+莽草物种配置是兼具适生性、多样性与稳定性的人工灌木群落。

Abstract The main means of vegetation restoration are to construct stable forest ecosystems with biodiversity, multifunction and stresses-resistance, how to reasonably allocate the adapted species in the highly heterogeneous karst environment is a key to efficiently govern degraded ecosystem.

Tree species formed series of strategies on the adaption to karst environment in morphological, physiological and ecological traits through long-term evolution. Results from the demonstration area of rocky desertification control in Shuicheng County Guizhou Province indicated that *Tapiscia sinensis* had the highest inorganic carbon assimilation efficiency, its energy production was the highest. *Betula luminifera* had the lower CO_2 assimilation efficiency and energy production than *T. sinensis*. *B. luminifera* adapts to karst environment with moderate-photosynthesis, low-transpiration and high-water use efficiency. *Quercus fabri* grew slowly and had low requirement for inorganic carbon, it adapts to karst environment with low-photosynthesis, low-transpiration and high-water use efficiency. *Sorbus alnifolia* adapts to high light intensity, semiarid and moist regions, *Litsea elongate* adapts to shady environment or valley areas, *Populus davidiana* adapts to sunny hilltop. Results from the demonstration area of rocky desertification control at Chenjia Zhai–Shawan of Puding County in Guizhou Province indicated that *Broussonetia papyrifera* adapted to down-slope better, *Celtis sinensis* adapted to middle-slope environment. The allocations of plant species among *T. sinensis*, *Q. fabri*, *S. alnifolia*, *L. elongate* and *P. davidiana* from the demonstration area of rocky desertification control in Yushe National Forest Park of Shuicheng County and plant species between *B. papyrifera* and *C. sinensis* from the demonstration area of rocky desertification control at Chenjia Zhai–Shawan of Puding county were stable artificial tree community with adaptability and diversity.

Shrub species have strong adaptability, they play an important role in the plant species diversity, and can be taken as the pioneer for revegetation of fragile ecosystem. Results from the demonstration area of rocky desertification control in Shuicheng County Guizhou Province indicated that *Hypericum kouytchense* is with higher water use efficiency than that in *Sambucus williamsii*, whereas *S. williamsii* exhibite significantly higher carbonic anhydrase activity than *H. kouytchense*. *Aralia spinifolia* adapts to karst environment with high-photosynthesis and transpiration, whereas *Illicium anisatum* adapts to karst environment with low-transpiration and high-water use efficiency. Results from the demonstration area of rocky desertification control at Chenjia Zhai–Shawan of Puding county indicated that *Rubus tsangii* mainly utilized the atmospheric CO_2 for photosynthesis, its branches and leaves have prickles, which can efficiently hold water, middle-slope is the appropriate environment for planting *R. tsangii*. The allocations of plant species among *S. williamsii*, *H. kouytchense*, *A. spinifolia* and *I. anisatum* from the demonstration area of rocky desertification control in Yushe National Forest Park of Shuicheng county are stable artificial shrub community with adaptability and diversity.

由于喀斯特地区土壤层薄而分散，生境高度异质性，植被一经破坏就会以森林-干旱灌木-稀疏草地-半荒漠的形式逆向演化，很难自然恢复(李涛和余龙江，2006；Dai et al.，2017)。石漠化治理就是恢复喀斯特地区被人类所破坏了的生态系统(Rong and Johnson，1996)。植被恢复的最主要手段是构建各种具有生物多样性、多功能、抗逆性强、稳定的森林生态系统，首要任务是选择合适的建群植物种类，以保证系统能迅速地朝良性方向发展(Liu et al.，2012；Hu et al.，2016)。曹建华等(2008)曾提出“水是龙头，土是关键，植被是根本”的综合治理对策，同时指出合适物种选择方面的研究工作相对薄弱。覃星铭等(2014)则提出休垦弃焚、恢复次生植被，实施林草建设工程等措施。胡阳等(2015)通过研究发现草地和灌丛可以作为水土保持的主要植被类型。

喀斯特适生植物适应性强，在异质性喀斯特环境下都具有极其顽强的生命力(吴沿友，1997)。如何在喀斯特环境中合理配置适生物种成为高效治理退化生态系统的关键所在。鉴于西南地区石漠化面积呈加剧趋势，喀斯特适生植物快速筛选技术的研究变得极为重要。开展喀斯特适生植物对该区生境的适应性研究，建立一套在众多植物种群中快速筛选喀斯特适生物种的技术体系，对于构建具有多样性的稳定生态系统，用生物方法来治理和恢复脆弱的喀斯特生态环境都具有重要的意义。

8.1 乔木树种喀斯特适生性评价

乔木在净化大气、涵养水源、保持水土、防风固沙、调节气候、美化环境、吸收有害气体及电磁辐射等方面具有其他系统所不能替代的功能。在严酷的喀斯特生境中，各植物物种经过长期的进化，在形态、生理及生态特性上形成了一系列对环境变化的适应对策，研究喀斯特森林乔木优势种植物的适生性，有助于分析喀斯特森林生态系统的结构、功能及其对环境因子的响应，以期深入揭示喀斯特森林植物与环境的动态关系(郑振宇和龙翠玲，2015)。

8.1.1 形态及生态特征

8.1.1.1 形态特征

乔木树身高大，有根部发生独立的主干，树干和树冠有明显区分，与低矮的灌木相对应。乔木分布广泛，已知的地方基本都有乔木生长，包括戈壁滩、沙漠等环境恶劣地区。喀斯特山地生长的乔木对该地区特殊且丰富的小生境及其配置格局具有明显的适应性，很多乔木具有较深的根系，它们一旦定居下来，根系往往会深深地扎入岩隙之中，利用深层岩隙中的水分和养分(郭柯等，2011)。此外，乔木根系发达，生长旺盛，向土壤中释放较多的可溶性有机物，对根际土壤微生物的生长繁殖具有较强的促进作用(王新洲等，2010)。另外，有些乔木如构树(*Broussonetia papyrifera*)、刺槐(*Robinia pseudoacacia*)等，叶片栅栏组织发达，海绵组织排列紧密，细胞间隙小，具有较厚的角质层或发达的表皮毛，以此来适应干燥的生境或较强的光照；香椿(*Toona sinensis*)叶片则具有扁平，细胞近长方形的表皮细胞和胞间隙较大的海绵组织等特征，反映出对光湿条件相对较高的要求(容丽等，2005)。不同生活型植物木质部水力结构具有明显区别，落叶树种具有较粗的导管、较高的木质部比导率和边材比导率，常绿树种的水力导度较低、抵抗空穴化能力较强、水分运输安全性较高，但长期水分利用效率较低(Chen et al.，2009；Fan et al.，2011)。

8.1.1.2 生态特征

1. 贵州省水城县石漠化治理示范区

通过调查发现，银鹊树(*Tapiscia sinensis*)、白栎(*Quercus fabri*)、亮叶桦(*Betula luminifera*)、水榆花楸(*Sorbus alnifolia*)、近轮叶木姜子(*Litsea elongata*)和山杨(*Populus *davidiana*)同为乔木，且均为玉舍国家森林公园优势物种。玉舍国家森林公园位于素有“煤都”之称的贵州省水城县，公园主要由喀斯特地貌组成，最高海拔达 2100 m。年降雨量为 940～1450 mm，2012 年平均降水量为 1220 mm，最大降水量在 5～10 月份，虽然降水充足，但时空分布不均。冬冷夏凉，年平均气温在 12.3 ℃左右，最高温度 19.8 ℃，最低温度 3℃。年均日照时数 1553.1 h，空气相对湿度(RH)63.7%，大气压只有 78 kPa，CO_2 浓度大约为 395 $\mu mol \cdot mol^{-1}$。该地区的植物和土壤常常遭受酸雨的影响(赵宏娅和李霄，2009)。酸雨以及碳酸钙的快速溶解引起该喀斯特地区土壤碱性的降低，进而引起土壤溶液中 CO_3^{2-} 和 HCO_3^- 的减少(Kieber et al.，1998)。黔中喀斯特植被自然恢复演替过程中，土壤 pH 值逐渐降低，到次生乔林阶段以后趋于稳定(司彬等，2008)。随着该地区土壤溶液中 HCO_3^- 浓度的降低，植物光合作用主要依赖于植物捕获大气中 CO_2 的能力。受到该喀斯特高山地区弱酸性的影响，植物不能正常生长，致使该喀斯特生态环境极易遭受破坏，生态恢复变得非常困难。

银鹊树属省沽油科，是古近-新近纪孑遗植物。它有较长的结荚期，较慢的自然更新能力，原始林又经常被砍伐，因此银鹊树变得越来越稀有，成为中国特有的濒危植物(谢春平，2006)。白栎则属山毛榉科，它的果实在中国经常被用于制作不同的传统绿色食物(汪玉如等，2009)。白栎主要生长在中国南部和西南部，属于喜光植物并能够忍受干旱及低营养的环境(项文化等，2004)。亮叶桦属桦木科，主要生长于中国的广东、广西、湖北、四川、重庆、贵州和云南省(李成林，2009)，它比较适应湿温气候和酸性沙质土壤，也能很好地适应干旱与低营养环境。有研究表明，白桦的高产量与其较大叶面积以及冠层上部对净光合速率(P_N)有较大贡献有关(Wang et al.，1995)。孑遗植物银鹊树生长分散，在喀斯特山区分布虽广，但多以零星分布为主，作为国家三级保护乔木树种(谢春平，2006)，已在国内多地引种成功，玉舍国家森林公园在小面积引种造林方面也初步取得成功。白栎是喀斯特山区常见的先锋乔木树种之一，常被作为喀斯特山区植被恢复的模式植物来研究(项文化等，2004)，而亮叶桦在贵州山区多为野生，极少栽培，但也是山区造林的先锋树种，对喀斯特山区的水土保持具有良好的促进作用(李成林，2009)。

水榆花楸隶属蔷薇科(Rosaceae)苹果亚科(Maloideae)花楸属(*Sorbus* L.)，是落叶乔木，高可达 20 m。是我国分布区域较广的花楸属乔木之一，主要分布于东部沿海和华北山区，我国东北、华北、西北、华中、华东地区及朝鲜和日本均有分布(Takafumi and Hiura，2009)。水榆花楸喜光也稍耐荫，抗寒力强，适应性强，根系发达，对土壤要求不严，以湿润肥沃的砂质壤土为好(郑桂芬和王帅，2017)。它常生于海拔 500～2300 m 的疏林、山坡、沟谷溪边及山顶混交林中(邱靖等，2016)。水榆花楸属阴性植物，表观量子效率大，光补偿点、光饱和点低，在弱光下比在强光下生长良好(张红星等，2005)。水榆花楸叶片秋季变金黄色，花朵洁白素雅，果实鲜红色，金色叶与红色果交相辉映，观赏性极佳，是重要的园林观赏树种(郑桂芬和王帅，2017)。花楸属的树皮被认为具有较强的治疗中风、神经性疼痛等神经系统疾病的潜力，在韩国，水榆花楸的甲醇提取物被用于治疗神经失调等症(Cheon et al.，2017)。

近轮叶木姜子为樟科木姜子属植物(*Litsea*)，主要生长于海拔 1200～1900m 的山坡路旁或灌丛中。木姜子属植物在全世界有 200 多种，主要分布在热带和亚热带。我国有 72

种，分布于北纬 18°～34°，主产南方和西南温暖地区，为森林中习见的树木(孙艳秋和郭跃伟，2006)。木姜子用于治疗风寒湿痛、跌打肿痛、产后水肿和寒泻；木姜子属植物的挥发油是重要的工业原料，并有抑制黄曲霉菌和驱虫的功效，可用于食品、化妆品、饲料、园林等方面(严小红等，2000；Ho et al.，2010)。木姜子属植物适应性强，生长迅速，收益快，经济价值高。

山杨为强阳性树种，天然更新能力强，木材白色，质地轻软，结构均匀，富弹性，供造纸、生产火柴杆及建筑民房等用，用途广泛(许忠海等，2012)。它还可被用来治疗腹泻、麻痹、痘、天花、肺部不适等各种疾病(Zhang et al.，2006)。山杨在中国的干旱到湿润气候地区均有分布，对土壤要求不严，可在棕壤、草甸土、河岸沙土甚至轻度盐碱土上生长，需光程度甚于需水，有较强的适应性和抗逆性，具有良好的保持水土、涵养水源、改良土壤、调节气候以及保持生态稳定的作用(白卉等，2008；Zhang et al.，2005； 陈云明等，2002)。该植物是构成森林并适于山地生长的速生树种，又是撂荒地、采伐迹地和火烧迹地森林更新的先锋树种(孟繁荣和汤兴俊，2001)。

表 8.1 银鹊树、白栎和亮叶桦生态特性对比

Table 8.1 Comparison of ecological characteristics of *T. sinensis*, *Q. fabri* and *B. luminifera*

	银鹊树	白栎	亮叶桦
孑遗植物	是	否	否
共同分布	浙江，江西，湖北，四川，云南，广西，贵州，陕西		
不同分布	安徽，福建，湖南	安徽，福建，湖南，江苏，河南，广东	甘肃，广东
适应	寒冷，高温，弱酸性土壤，高海拔	凉爽，干旱，贫瘠，污染，灰尘，风，弱酸性土壤，高海拔	干旱，贫瘠，潮湿，富酸性沙质土，高海拔
不适应	高温，干旱，涝	移植，涝	阴暗，高温，涝

六种植物立地土壤呈弱酸性(pH 为 5.41)，大气 CO_2 很难溶于土壤溶液中，HCO_3^- 浓度仅为 0.02 $mmol \cdot L^{-1}$，远低于其他喀斯特地区背景值；其铵态氮含量为 11.01 $mg \cdot kg^{-1}$，速效钾含量(31.53 $mg \cdot kg^{-1}$)也较低，相比于中国其他地区，有机质含量(6.43%)则较高。银鹊树、白栎和亮叶桦分布都较为广泛(表 8.1)。孑遗植物银鹊树生长的最佳土壤 pH 是 4.5～5.5，而白栎更倾向于中性到弱酸性土壤，肥沃的酸性土壤则对亮叶桦的生长有益，水榆花楸、山杨和近轮叶木姜子均可生长在弱酸或中性环境下；白栎和亮叶桦都能忍受干旱和贫瘠，但是银鹊树不能忍受干旱和高温，水榆花楸和山杨喜阳耐贫瘠，近轮叶木姜子喜阴。

水榆花楸、山杨和近轮叶木姜子生长地环境(土壤 pH 和 HCO_3^- 含量)较为一致，这可能与长期积累的落叶经发酵成腐殖质和根系分泌的有机酸有关，使土壤呈现酸性环境，造成该地区重碳酸盐含量远远低于喀斯特其他地区的重碳酸盐含量，碳酸氢根含量低还与该地区的严重酸雨以及植物根系的高碳酸酐酶(CA，EC 4.2.1.1)活力有一定的关系。

2. 贵州省普定县石漠化治理示范区

普定县位于贵州省中部安顺市西北部，105°27′49″～105°58′51″ E、26°9′36″～26°31′42″N，东西长 51.4 km，南北宽 40 km，海拔 1100～1600 m，属北亚热带季风湿润

性气候，季风交替明显，气候温和，年平均降雨量为 1390 mm，年平均气温在 15.1℃左右。全县喀斯特地貌广泛发育，碳酸盐岩出露面积占全县土地面积的 79.2%，土壤以石灰土和黄壤为主，分别占土壤总面积的 63.7%和 20.1%。普定县植被类型丰富多样，但由于自然和人为双重因素的影响，该县土壤侵蚀严重，裸露和半裸露石山连片出现，在多数地区植被退化严重(旷远文等，2010)。研究区的土壤为石灰土，微生物活动较强，易于有机质的降解(田丽艳等，2013)。

受选择性侵蚀过程的影响，喀斯特山区山坡上的土壤流失问题尤为突出(白占国和万国江，1998)，该地区的生态恢复存在较大困难，经济发展较为缓慢(王世杰，2002)。由于喀斯特生境土层浅薄，营养匮乏且干湿环境频繁交替(朱守谦，2003)，植物生长常常受到抑制，不利于植树造林工程的顺利进行。构树和朴树(*Celtis sinensis*)为该地区代表性的落叶乔木。构树为荨麻目桑科，拥有较高的自然生长速率，相比于桑科中的其他物种，构树对各种不利环境具有更好的适应能力，喜光、耐干旱瘠薄，能生长于水边，多生于石灰岩山地，也能在酸性土及中性土上生长，广泛分布于中国南北各地(Wu and Xing.，2012；叶波等，2014)，是喀斯特石漠化地区植被恢复的先锋树种之一，构树还拥有较强的 HCO_3^- 利用能力(吴沿友等，2011)，得益于其较高的 CA 活力，在高重碳酸盐处理下的构树利用 HCO_3^- 的份额可以高达 30%(Wu and Xing，2012)。朴树则为荨麻目榆科落叶乔木，喜光照、微耐荫、喜温暖气候和黏质壤土，pH 为 4.5～7.5 时生长良好，抗旱力强，也耐水湿、瘠薄、寒冷(任叔辉，2007)。朴树具有很好的经济、药用与环保价值，广泛分布于江苏、安徽、山东、河南等省区，在以落叶阔叶林为主要植被类型的南京地区，朴树是主要的建群种之一(高邦权和张光富，2005)。

8.1.2　光合特征

光合活性能够代表植物的生长潜能，并在一定程度上反映植物对环境的适应性(Mooney，1972；Walters et al.，1993)。喀斯特地区生长的植物经常遭受各种逆境，导致气孔导度(G_s)减小或关闭，阻碍空气中的 CO_2 进入细胞，造成植物光合速率的下降(Galle et al.，2010)。植物的光合速率受叶绿素含量或者非气孔限制的影响，非气孔限制主要依赖于能够影响羧化效率(CE)的核酮糖-1,5-二磷酸羧化酶的活性大小(Gitelson et al.，2003；Li et al.，2006b)。高光合活性与高 CE 则表明植物拥有较高的 CO_2 捕获与同化效率。细胞呼吸作用是葡萄糖氧化成 CO_2 和水的过程，该过程中释放的能量被以 ATP 的形式储存起来，并被用于细胞中所有耗能的代谢活动中，诸如光合作用、生物合成、气孔运动以及有机溶质通过膈膜的转运等(Terry and Ulrich，1973)。

8.1.2.1　测定方法

以该地优势乔木树种银鹊树、白栎、亮叶桦、水榆花楸、近轮叶木姜子、山杨、构树和朴树为测试对象。在晴朗天气条件下，用便携式光合测量系统 Li-6400(LI-COR，Lincoln，NE，USA)测定植物第 4 片完全展开叶的 P_N、E 与 G_s，实验重复 5 次。测量期间光合有效辐射、气温及 CO_2 浓度分别为 1000 μmol·m^{-2}·s^{-1}、18 ℃、400 μmol·mol^{-1}。水分利用效率(WUE)通过方程式(8.1)计算获得：

$$\mathrm{WUE} = P_N / E \tag{8.1}$$

同时，测定 P_N 对 CO_2 的响应曲线，据此拟合直角双曲线方程(8.2)，再通过方程计算 A_{max}、CE 以及 R_{esp}：

$$A = \frac{\mathrm{CE}\times C_i \times A_{max}}{\mathrm{CE}\times C_i + A_{max}} - R_{esp} \tag{8.2}$$

式中：C_i 是胞间 CO_2 浓度(μmol·mol^{-1})；A_{max} 是 CO_2 饱和时的 P_N；R_{esp} 是叶片的呼吸速率；CE 是曲线的起始斜率。用于测定光合作用对 CO_2 的响应曲线的 CO_2 浓度梯度为：2300、2000、1500、1200、1000、800、600、400、350、300、250、200、150、120、100、80、50、0 μmol·mol^{-1}。光合有效辐射与温度分别是 1000μmol·m^{-2}·s^{-1} 和 18 ℃。

利用 CO_2 控制系统将 CO_2 浓度设定为 400μmol·mol^{-1}，温度为 18 ℃，利用人工光源控制叶室内的光合有效辐射，用于测定光合作用对光的响应曲线的光合有效辐射强度的梯度为：2000、1750、1500、1250、1000、800、600、400、200、150、120、100、80、60、40、20、0 μmol·m^{-2}·s^{-1}。采用非直角双曲线方程(8.3)对该响应曲线进行拟合，再通过方程计算 P_{max}、Q 以及 R_d：

$$A = \frac{Q\times I + P_{max} - \sqrt{(Q\times 1 + P_{max})^2 - 4KQIP_{max}}}{2K} - R_d \tag{8.3}$$

式中：P_{max} 是光饱和时的 P_N；R_d 是叶片的暗呼吸速率，表观量子效率(Q)是曲线的起始斜率；I 是光合有效辐射强度；K 是反映光响应曲线弯曲程度的曲角参数。

8.1.2.2　结果分析

1. 银鹊树、白栎和亮叶桦

1)光合作用相关参数的比较

表 8.2　银鹊树、白栎和亮叶桦光合作用相关参数比较

Table 8.2　Comparison of parameters related to photosynthesis in *T. sinensis*, *Q. fabri* and *B. luminifera*

参数	银鹊树	白栎	亮叶桦
净光合速率 P_N/μmol(CO_2)m^{-2}·s^{-1}	19.75±0.590^a	5.64±0.830^c	13.72±1.030^b
蒸腾速率 E/mmol(H_2O)m^{-2}·s^{-1}	2.76±0.12^a	0.60±0.01^c	1.33±0.07^b
气孔导度 G_s/mol(H_2O)m^{-2}·s^{-1}	0.27±0.001^a	0.06±0.009^c	0.18±0.007^b
水分利用效率 WUE/mmol (CO_2) mol^{-1} (H_2O)	7.19±0.490^a	9.45±1.520^a	10.27±0.230^a

注：数据为平均值±标准误差(n = 5)；同行不同字母表示树种间在 0.05 水平存在显著性差异。

Note: Values were expressed as mean ± standard error (n = 5). Different letters in the same row of different plant species differ significantly at $P\leqslant 0.05$.

表 8.2 显示，银鹊树叶片的 P_N、E 和 G_s 显著大于白栎和亮叶桦，亮叶桦又显著高于白栎，白栎的 P_N、E 和 G_s 分别是银鹊树的 28.6%、21.7%和 22.2%；3 种植物间的 WUE 则无显著差异。以上结果说明银鹊树吸收利用大气中 CO_2 的能力明显高于白栎和亮叶桦，白栎则受限于较小的 G_s 及 P_N，对大气中 CO_2 的利用效率较低。

2) 光合速率-CO_2浓度响应曲线

图 8.1 显示，3 个树种叶片 P_N 随着 CO_2 浓度的升高均表现出持续上升的趋势，但它们之间的 CO_2 补偿点和饱和点明显不同。其中，银鹊树和亮叶桦都拥有较低的 CO_2 补偿点，均低于 50 μmol·mol^{-1}，而白栎的 CO_2 补偿点则为 250～300 μmol·mol^{-1}，远高于银鹊树和亮叶桦；同时，银鹊树的 CO_2 饱和点在 1200 μmol·mol^{-1} 左右，亮叶桦则在 2300 μmol·mol^{-1} 左右，而白栎的 CO_2 饱和点明显高于 2300 μmol·mol^{-1}。说明 CO_2 浓度的升高在一定程度上有助于三个物种 P_N 的增加，且银鹊树和亮叶桦利用大气中 CO_2 的能力强于白栎。

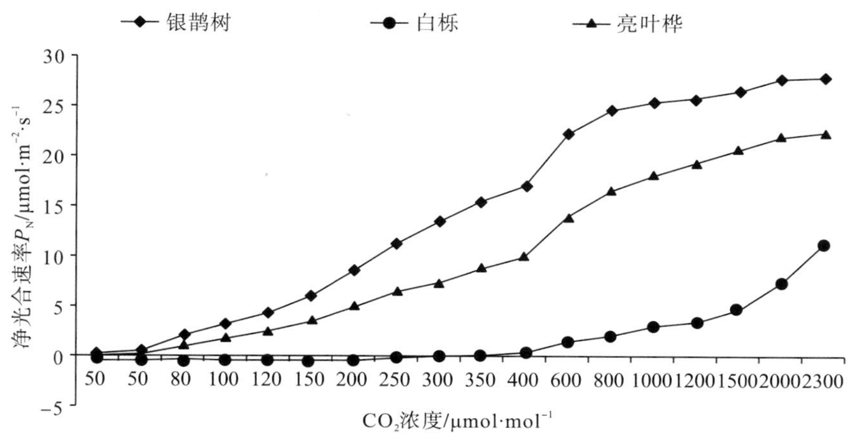

图 8.1 银鹊树、白栎和亮叶桦叶片光合作用对 CO_2 浓度响应曲线

Figure 8.1 CO_2 response curve of photosynthesis in plant leaves of *T. sinensis*, *Q. fabri* and *B. luminifera*

3) 光合作用-CO_2响应特征

表 8.3 表示的是植物光合作用-CO_2 响应的相关参数。从表 8.3 中可以看出，各木本植物叶片的 A_{max}(在饱和 CO_2 浓度下的同化速率)以白栎最高(高于 50 μmol·m^{-2}·s^{-1})，银鹊树居中，亮叶桦最低，且三者之间均存在显著性差异(P<0.05)。它们的 CE 和 R_{esp} 均以银鹊树最高，亮叶桦居中，白栎最低。其中，白栎的 CE、R_{esp} 分别为银鹊树的 5.1%和 25.7%，而亮叶桦则分别为银鹊树的 45.3%和 54.6%，且树种间差异均达到显著水平(P<0.05)。

2. 水榆花楸、近轮叶木姜子和山杨

1) 贵州省普定县石漠化治理示范区 4 种环境因子日变化

图 8.2 表示的是贵州省普定县石漠化治理示范区 4 种环境因子的日变化。从图 8.2 中可以看出，PAR 随着时间的变化引起 T_a 和 RH 的变化，从而导致空气 C_a 也随着时间变化而发生波动。因此，PAR 相对于其他 3 种环境因子，对植物的光合作用影响较为显著(表 8.4)。

表 8.3　银鹊树、白栎和亮叶桦光合-CO_2响应的相关参数

Table 8.3　Correlative parameters of photosynthetic-CO_2 response in *T. sinensis*, *Q. fabri* and *B. luminifera*

参数	银鹊树	白栎	亮叶桦
最大净光合速率 A_{max}/μmol (CO_2) $\cdot m^{-2}\cdot s^{-1}$	39.47±0.994[b]	50.00±50.039[a]	32.87±0.590[c]
羧化效率 CE/μmol (CO_2) $\cdot m^{-2}\cdot s^{-1}$	0.12±0.015[a]	0.01±0.001[c]	0.05±0.003[b]
呼吸速率 R_{esp}/μmol (CO_2) $\cdot m^{-2}\cdot s^{-1}$	5.00±1.105[a]	1.29±0.395[c]	2.73±0.358[b]

注：数据为平均值±标准误差(n = 5)；同行不同字母表示树种间在 0.05 水平存在显著性差异。

Note: Values were expressed as mean ± standard error (n = 5). Different letters in the same row of different plant species differ significantly at $P \leqslant 0.05$.

该地区 PAR 较低，12:00～15:00 期间在 400 μmol·m^{-2}·s^{-1} 以上，而在 14:00 时达到峰值(500 μmol·m^{-2}·s^{-1})(图 8.2)。空气温度(T_a)也表现出单峰曲线走势，在 14:00 时达到峰值(19.9 ℃)。同样，RH 与 T_a 呈现极显著的负相关(r=−0.694，P<0.001)，且 RH 相对于 PAR 和 T_a 具有滞后效应，在 16:00 时其值最低。而空气 CO_2 浓度(C_a)与 PAR 走势正好相反，在 14:00 时其值最低，为 381 μmol·mol^{-1}。

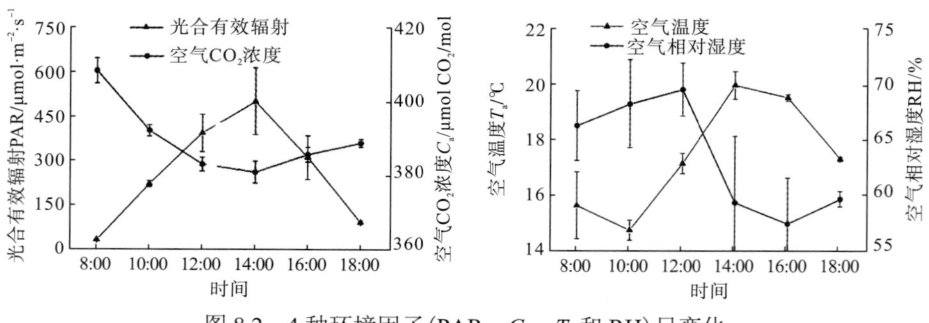

图 8.2　4 种环境因子(PAR、C_a、T_a 和 RH)日变化

Figure 8.2　Diurnal changes of 4 environmental factors (PAR, C_a, T_a and RH)

2) 光合特性日变化

随着 PAR 的变化，水榆花楸和山杨的 P_N 呈明显的单峰曲线(图 8.3，表 8.4)。与这两种植物相比，近轮叶木姜子的 P_N 较小且一天内变化缓慢。水榆花楸和山杨的 P_N 峰值都出现在 14:00，分别为 11.2、13.9 μmol CO_2·m^{-2}·s^{-1}，之后骤降。近轮叶木姜子的 P_N 峰值出现在 12:00，为 2.57 μmol CO_2·m^{-2}·s^{-1}。表 8.5 显示，3 种植物的日均 P_N 分别为 6.23、2.65、7.33 μmol CO_2·m^{-2}·s^{-1}，水榆花楸和山杨显著高于近轮叶木姜子。3 种植物的 E 日变化与 PAR 日变化趋势较为一致，且都在 14:00 出现最高值，分别为 2.25、0.57、1.56 mmol·m^{-2}·s^{-1}，水榆花楸和山杨 E 日变化幅度大，而近轮叶木姜子相对缓慢，且 3 种植物间的日均 E 差异显著，水榆花楸最高，山杨次之，近轮叶木姜子最小。

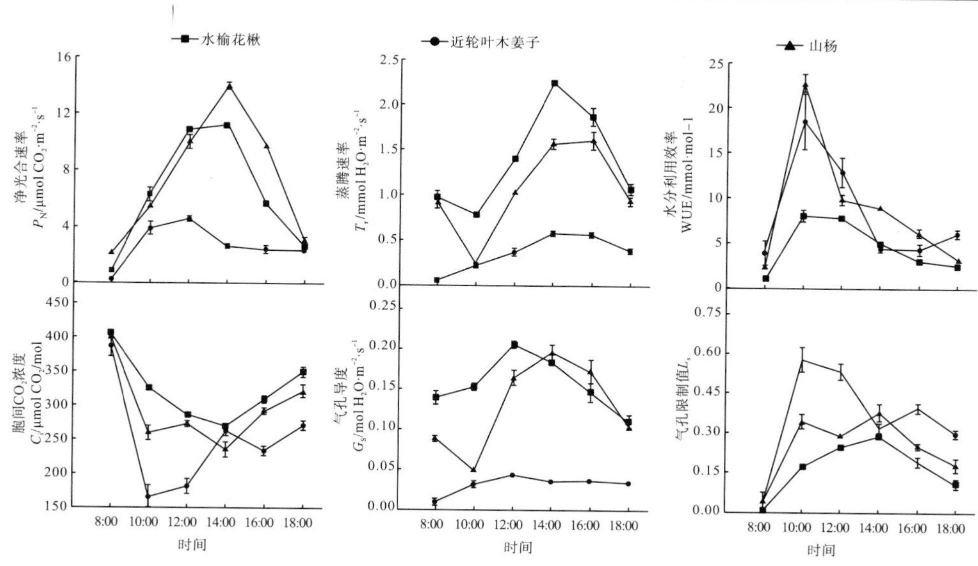

图 8.3　水榆花楸、近轮叶木姜子和山杨光合特性日变化

Figure 8.3　Diurnal changes of photosynthetic traits of *S. alnifolia*, *L. elongata*, *P. davidiana*

表 8.4　4 种环境因子间的相关分析

Table 8.4　Correlation analysis of 4 environmental factors

环境因子	空气 CO_2 浓度 C_a /μmol CO_2·mol^{-1}	光合有效辐射 PAR /μmol·m^{-2}·s^{-1}	空气温度 T_a /°C
光合有效辐射 PAR/μmol m^{-2}·s^{-1}	-0.741^{**}		
空气温度 T_a/℃	-0.493^{*}	0.471^{*}	
空气相对湿度 RH/%	0.124	0.177	-0.694^{**}

注：* P< 0.05，表示两因子相关显著；** P< 0.01，表示两因子相关极显著。

Note:$^{*}P$ <0.05 represents the two factors are correlated significantly; $^{**}P$<0.01 represents the two factors are correlated very significantly.

表 8.5　水榆花楸、近轮叶木姜子和山杨光合特性比较

Table 8.5　Comparison of photosynthetic characteristics in *S. alnifolia*, *L. elongata*, *P. davidiana*

光合特性/物种	水榆花楸	近轮叶木姜子	山杨
净光合速率 P_N/μmol CO_2·m^{-2}·s^{-1}	$6.23^a \pm 0.94$	$2.65^b \pm 0.34$	$7.33^a \pm 1.03$
蒸腾速率 E/mmol H_2O·m^{-2}·s^{-1}	$1.39^a \pm 0.13$	$0.36^c \pm 0.05$	$1.04^b \pm 0.11$
水分利用效率 WUE/mmol·mol^{-1}	$4.53^b \pm 0.66$	$8.33^a \pm 1.44$	$8.80^a \pm 1.65$
胞间 CO_2 浓度 C_i/μmol CO_2·mol^{-1}	$324^a \pm 11$	$250^b \pm 18$	$296^a \pm 13$
气孔导度 G_s/mol H_2O·m^{-2}·s^{-1}	$0.16^a \pm 0.01$	$0.03^c \pm 0.00$	$0.13^b \pm 0.01$
气孔限制值 L_s	$0.17^b \pm 0.02$	$0.36^a \pm 0.04$	$0.25^b \pm 0.03$

注：同行数据后不同字母表示不同植物之间光合特性差异显著(P<0.05)，所有数据均以均值 ± 标准误表示。

Note: The mean ± SE followed by different letters in the same row differ significantly at P<0.05.

三种植物的WUE日变化趋势较为一致，WUE为8:00～10:00时急速上升至峰值，10:00之后逐渐下降，近轮叶木姜子在16:00～18:00时略有微升，与P_N降速慢于E有关。因8:00～10:00P_N上升的幅度高于E变化的幅度，故3种植物均在10:00处出现峰值，分别为8.05、18.55、22.64 $mmol\cdot mol^{-1}$。3种植物的日均WUE分别为4.53、8.33、8.80 $mmol\cdot mol^{-1}$，水榆花楸显著低于其他两种植物，山杨的日均WUE最高，但山杨和近轮叶木姜子的日均WUE差异不显著。

3）光合特性与环境因子通径分析

（1）相关分析。3种植物的P_N与4种环境因子的相关分析如表8.6所示，与表8.4结果相对应。PAR、T_a、RH、C_a四种环境因子之间存在较为密切的关系。3种植物PAR均与P_N呈极显著正相关，且相关系数都在0.6以上，而水榆花楸和山杨PAR均与P_N的相关系数均高于0.9以上，分别为0.957和0.991。3种植物C_a与P_N均呈极显著负相关，且相关系数都在0.7以上，而水榆花楸和山杨C_a均与P_N的相关系数均在0.8以上，分别为−0.838和−0.807。3种植物PAR及C_a对P_N影响较大，其次为T_a和RH。

表8.6　P_N与环境因子相关分析

Table 8.6　Correlation analysis between net photosynthetic rate and environmental factors

物种	环境因子	净光合速率 P_N/（$\mu mol\cdot m^{-2}\cdot s^{-1}$）	光合有效辐射 PAR/（$\mu mol\cdot m^{-2}\cdot s^{-1}$）	空气温度 T_a/°C	空气相对湿度 RH/%
水榆花楸	PAR	0.957**			
	T_a	0.433	0.471*		
	RH	−0.002	0.017	−0.803**	
	C_a	−0.838**	−0.868**	−0.695**	0.371
近轮叶木姜子	PAR	0.606**			
	T_a	0.319	0.720**		
	RH	−0.157	−0.594**	−0.902**	
	C_a	−0.703**	−0.618**	−0.795**	0.730**
山杨	PAR	0.991**			
	T_a	0.435	0.449		
	RH	0.512*	0.493*	−0.501*	
	C_a	−0.807**	−0.808**	−0.206	-0.452

注：* $P<0.05$，表示两参数相关显著；** $P<0.01$，表示两参数相关极显著。

Note: *$P<0.05$ represents the two factors are correlated significantly; **$P<0.01$ represents the two factors are correlated very significantly.

（2）逐步回归分析。为充分分析4种环境因子对植物P_N的综合作用，通过建立PAR、T_a、RH、C_a 4种环境因子与P_N多元线性回归方程来解释不同环境因子对P_N的相对贡献。F检验表明3种植物多元线性回归模型P值均小于0.0001，方差分析极显著。而各回归方程的R^2均在0.9以上，可以得出3种植物92%的P_N变化由四种环境因子来解释，但其误差E对P_N的通径系数分别为0.274、0263、0.118，说明尚有一些影响因素并未考虑到，可能与测量误差以及不同植物的生长环境的微小差别有关（表8.7）。

表 8.7　不同植物 P_N 多元线性回归方程

Table 8.7　Multiple linear regression equations for P_N in different plant species

物种	回归方程	R^2	显著性	Σ
水榆花楸	P_N=10.80+0.029PAR−0.562T_a−0.203RH+0.029C_a	0.925	0.000	0.274
近轮叶木姜子	P_N=100.99+0.007PAR−0.288T_a+0.111RH−0.260C_a	0.931	0.000	0.263
山杨	P_N=−4.67+0.014PAR+0.425T_a+0.134RH−0.023C_a	0.986	0.000	0.118

(3)通径分析。各环境因子与 P_N 的作用较为复杂，通过通径分析来定量各环境因子对不同植物叶片 P_N 的影响，通径分析结果如表 8.8 所示。对 3 种植物 P_N 影响较大的是 PAR 和 C_a，且 PAR 对 3 种植物 P_N 的直接通径系数均为较大正值，说明 PAR 对 3 种植物 P_N 均有较大的促进作用。尤其是水榆花楸，其通径系数达到了 1.158，远高于其他环境因子对 P_N 的通径系数。而 C_a 对 3 种植物 P_N 的相关系数均为较大负值，而近轮叶木姜子和山杨 C_a 通径系数为负，其值分别为−1.168 和−0.065，说明 C_a 对近轮叶木姜子 P_N 有较大的阻碍作用，对山杨 P_N 阻碍作用小些，但水榆花楸 C_a 与 P_N 的通径系数为正，具有较小的促进作用。

表 8.8　4 种环境因子对 3 种植物 P_N 影响的通径分析

Table 8.8　Path analysis about the impact of 4 environmental factors on net photosynthetic rate of the three plant species

物种	环境因子	通径系数	间接通径系数				
			PAR	T_a	RH	C_a	R^2
水榆花楸	PAR	1.158	/	−0.134	−0.005	−0.062	0.875
	T_a	−0.285	0.545	/	0.223	−0.050	−0.328
	RH	−0.277	0.020	0.229	/	0.026	−0.076
	C_a	0.072	−1.005	0.198	−0.103	/	−0.126
近轮叶木姜子	PAR	0.599	/	-0.356	−0.359	0.722	0.367
	T_a	−0.495	0.431	/	−0.546	0.929	−0.561
	RH	0.605	−0.356	0.446	/	−0.852	−0.556
	C_a	−1.168	−0.370	0.394	0.441	/	0.278
山杨	PAR	0.764	/	0.079	0.096	0.052	0.931
	T_a	0.175	0.343	/	−0.097	0.014	0.122
	RH	0.194	0.377	-0.088	/	0.029	0.161
	C_a	−0.065	−0.617	-0.036	−0.087	/	0.101

水榆花楸和近轮叶木姜子 T_a 对 P_N 通径系数均为负，而山杨为正，其值大小分别 0.285、0.495、0.175。说明 3 种植物 T_a 对 P_N 直接作用大小为近轮叶木姜子＞水榆花楸＞山杨。而近轮叶木姜子和山杨 RH 对 P_N 通径系数均为正，但水榆花楸为负，其值大小分别为 0.605、0.194、−0.277。说明近轮叶木姜子 RH 对 P_N 有较大的促进作用，山杨次之，而水

榆花楸 RH 对 P_N 具有阻碍作用。

决策系数 $R^2=2P_i\times r_{iy}-P_i^2$（式中 P_i 为自变量 i 对因变量 y 的直接通径系数，r_{iy} 为自变量 i 与因变量 y 的相关系数），其值表明在通径分析中不同自变量 i 对因变量 y 的综合作用大小，可以确定主要决策变量（决策系数为正且为最大值）和主要限制变量（决策系数为负且绝对值相对较大）（袁志发等，2001）。由表 8.8 计算的结果得出，影响 3 种植物 P_N 4 种环境因子决策系数排序为：水榆花楸 $R^2_{PAR}>R^2_{RH}>R^2_{C_a}>R^2_{T_a}$，近轮叶木姜子 $R^2_{PAR}>R^2_{C_a}>R^2_{RH}>R^2_{T_a}$，山杨 $R^2_{PAR}>R^2_{RH}>R^2_{T_a}>R^2_{C_a}$。可知 PAR 是影响 3 种植物 P_N 的主要决策变量，水榆花楸和近轮叶木姜子 T_a 均为负且绝对值相对较大，为主要限制变量，而近轮叶木姜子 RH 也是一个主要限制变量。

3. 构树和朴树

1）光合作用日变化的比较

在中坡位，构树的 P_N 日变化呈现双峰趋势，两个峰值分别出现在 12:00 和 15:00，分别为 9.67 和 10.21 μmol·m^{-2}·s^{-1}，朴树的 P_N 则表现出随时间变化逐渐下降的趋势，9:00 时的 P_N 最高，为 5.55 μmol·m^{-2}·s^{-1}，构树和朴树的日平均 P_N 分别为 5.87、3.38 与 4.00 μmol·m^{-2}·s^{-1}（图 8.4）。在下坡位，构树和朴树的 P_N 日变化都表现为单峰曲线，构树的最高值出现在 13:00，为 8.44 μmol·m^{-2}·s^{-1}，朴树的最高值则出现在 12:00，为 5.64 μmol·m^{-2}·s^{-1}，构树和朴树的日平均 P_N 分别为 3.98 μmol·m^{-2}·s^{-1} 与 2.01 μmol·m^{-2}·s^{-1}。

在中坡位，构树的 G_s 日变化也呈现出双峰趋势，两个峰值分别出现在 11:00 和 15:00，分别为 0.08 和 0.05 mol·m^{-2}·s^{-1}，朴树的 G_s 在 9:00～15:00 间变化相对较为稳定，其值为 0.03～0.04 mol·m^{-2}·s^{-1}，从 16:00 开始下降为 0.01 mol·m^{-2}·s^{-1}，构树和朴树的日平均 G_s 分别为 0.04 与 0.03 mol·m^{-2}·s^{-1}。在下坡位，构树的 G_s 则随时间变化而逐渐减小，9:00 时的 G_s 最高，为 0.06 mol·m^{-2}·s^{-1}，朴树的 G_s 日变化则都表现为单峰曲线，最高值出现在 12:00，为 0.03 mol·m^{-2}·s^{-1}。构树和朴树的日平均 G_s 分别为 0.03 mol·m^{-2}·s^{-1} 与 0.02 mol·m^{-2}·s^{-1}。

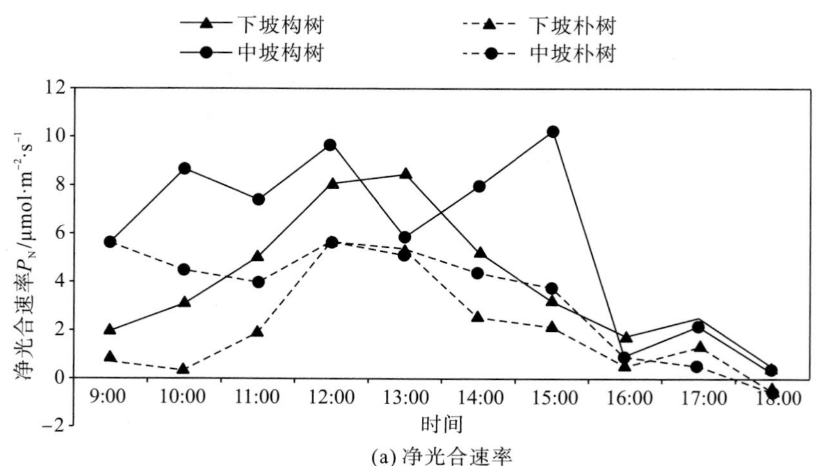

(a) 净光合速率

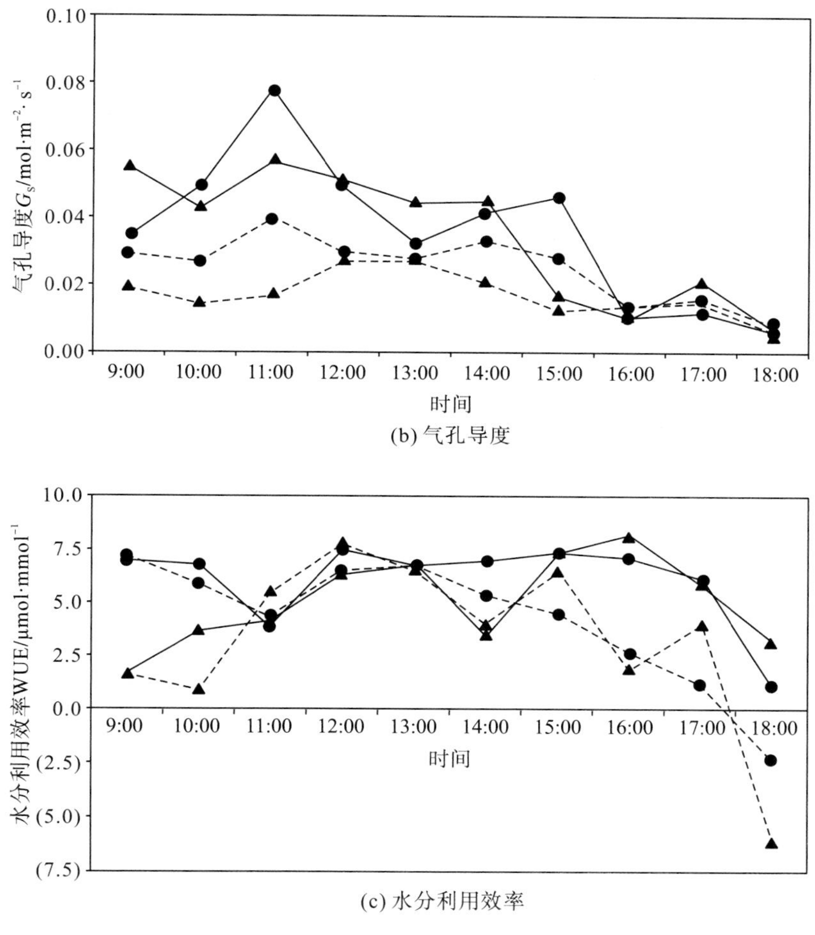

(b) 气孔导度

(c) 水分利用效率

图 8.4　中坡位与下坡位植物的光合特性日变化

Figure 8.4　Diurnal variation of photosynthetic characteristics of plants grown in middle and lower slope

构树和朴树在中坡位及下坡位两种环境下的 WUE 日变化均出现双峰趋势。在中坡位，构树的两个峰值分别出现在 9:00 和 12:00，朴树出现在 9:00 和 13:00，构树和朴树的日平均 WUE 值分别为 6.04 与 4.20 mmol·mol^{-1}。在下坡位，构树的两个峰值分别出现在 13:00 和 16:00，朴树出现在 12:00 和 15:00，构树和朴树的日平均 WUE 值分别为 5.05 mmol·mol^{-1} 与 3.26 mmol·mol^{-1}。

2) 光合-CO_2 响应的特性

表 8.9 表示的是植物 P_N 对 CO_2 浓度响应曲线的特征参数。由表 8.9 可知，在下坡位生长的构树的 CE、R_p 和 A_{max} 显著高于中坡位，而朴树的 CE、R_p 和 A_{max} 则没有显著差异。在中坡位，朴树和构树的 CE 不存在显著差异；构树的 R_p 则显著高于朴树；而朴树的 A_{max} 则显著高于构树。在下坡位，2 种植物的 CE、R_p 和 A_{max} 大小均依次为：构树>朴树。

表 8.9 植物 P_N 对 CO_2 浓度响应曲线的特征参数

Table 8.9 Characteristic parameters of response curve of P_N to CO_2 concentration

植物	坡位	羧化效率 CE/μmol·m^{-2}·s^{-1}	光呼吸速率 R_p/μmol·m^{-2}·s^{-1}	最大净光合速率 A_{max}/μmol·m^{-2}·s^{-1}
构树	中坡	0.023 ± 0.008^{d}	2.365 ± 1.908^{bc}	14.151 ± 2.190^{d}
	下坡	0.065 ± 0.004^{b}	3.837 ± 0.501^{b}	37.727 ± 0.987^{b}
朴树	中坡	0.022 ± 0.002^{d}	1.968 ± 0.450^{c}	23.498 ± 2.245^{c}
	下坡	0.027 ± 0.004^{d}	2.072 ± 0.433^{c}	26.368 ± 3.072^{c}

注：平均值±标准误差(n=5)后面字母表示在同一显著水平 $P\leqslant0.05$ 下，通过单因素方差分析与 t 检验对同一列数据进行差异显著性分析。

Note: The mean ± SE (n=5) followed by different letters in the same column differ significantly at $P\leqslant0.05$, according to one-way ANOVA and t test.

3) 光合-光响应的特性

表 8.10 表示的是植物 PN 对 PAR 响应曲线的特征参数。由表 8.10 可知，在中、下坡位，朴树的 Q 均大于构树，构树的 Rd 均小于朴树，朴树的 Pmax 小于构树。在下坡位，而构树的 Pmax 大于朴树。构树在下坡位的 Q 和 Rd 分别大于其各自在中坡位的 Q 和 Rd，两种环境下生长的构树的 Pmax 则没有显著差异，朴树在下坡位的 Pmax 小于其各自在中坡位的值。

表 8.10 植物 P_N 对 PAR 响应曲线的特征参数

Table 8.10 Characteristic parameters of net photosynthetic rate of plant response to PAR

植物	坡位	表观量子效率 Q/μmol·m^{-2}·s^{-1}	暗呼吸速率 R_d/μmol·m^{-2}·s^{-1}	最大净光合速率 P_{max}/μmol·m^{-2}·s^{-1}
构树	中坡	0.054 ± 0.023^{c}	0.423 ± 0.204^{c}	17.342 ± 0.391^{a}
	下坡	0.069 ± 0.009^{b}	1.071 ± 0.320^{b}	17.251 ± 0.641^{a}
朴树	中坡	0.079 ± 0.014^{ab}	1.127 ± 0.328^{ab}	14.966 ± 0.620^{b}
	下坡	0.082 ± 0.006^{a}	1.613 ± 0.170^{a}	10.189 ± 0.172^{c}

注：平均值±标准误差(n=5)后面字母表示在同一显著水平 $P\leqslant0.05$ 下，通过单因素方差分析与 t 检验对同一列数据进行差异显著性分析。

Note: The mean ± SE (n=5) followed by different letters in the same column differ significantly at $P\leqslant0.05$, according to one-way ANOVA and t test.

8.1.2.3 讨论

1. 银鹊树、白栎和亮叶桦

大气中的 CO_2 主要以自由扩散的方式通过气孔进入植物细胞间隙，再通过叶肉细胞壁到达羧化位点(Mooney，1972)。光合作用效率随着 G_s 的季节性变化而变化(Aubuchon et al.，1978)。大气中的 CO_2 能够较为容易地通过气孔进入银鹊树叶片的细胞间隙，并被固定在羧化位点，相反，白栎获取以及固定大气中 CO_2 的能力最弱，亮叶桦则稍强于白栎。WUE 反映了植物在单位水分流失情况下的无机碳获取能力(Guo et al.，2010)，银鹊树、白栎和亮叶桦在同等水分流失情况下具有相同的无机碳获取能力，但是银鹊树和亮叶桦利

用大气中 CO_2 的能力强于白栎。因此，银鹊树吸收利用大气中 CO_2 的能力最强，亮叶桦次之，白栎最低。

2. 水榆花楸、近轮叶木姜子和山杨

光是植物进行一切生理生化反应的能源之本，直接影响着光合碳同化能力，进而影响植物的光合作用。在自然条件下，植物 P_N 与 PAR 呈显著的正相关。通过对 3 种植物的光合日变化分析，PAR 对 3 种植物 P_N 通径系数均为较大正值，且水榆花楸和山杨 P_N 未受到 PAR 环境胁迫，但近轮叶木姜子 P_N 较小并在最高光强时出现下降趋势，说明其 P_N 受到 PAR 环境胁迫，而水榆花楸和山杨在目前 PAR 下仍能保持较高的 P_N，说明这两种植物还未达到其饱和光强点，初步断定这两种植物为喜光高 P_N 型植物，适宜种植在向阳高光强地带，而近轮叶木姜子 P_N 在 PAR 为 400 $\mu mol \cdot m^{-2} \cdot s^{-1}$ 左右达到最高值，说明其易受高光强环境胁迫，适合种植在背阴处地带。

大气 CO_2 为植物正常生长提供了原料，为植物进行正常的光合作用提供了保证。研究表明，植物 P_N 与 C_a 呈显著的负相关。水榆花楸和山杨 C_a 对 P_N 通径系数较小，说明 C_a 对这两种植物 P_N 作用较小，而近轮叶木姜子 C_a 对 P_N 通径系数较大，且为负值，说明 C_a 对近轮叶木姜子 P_N 影响极大，这可能与其叶片呈革质或膜质导致外界 CO_2 进入叶片较其他两种植物更为困难有关。

T_a 直接受外界光强大小影响，与植物体内酶活性紧密相关，通过影响参与光合作用的酶的活力而限制光合作用大小。研究表明，水榆花楸和近轮叶木姜子 P_N 均受到 T_a 限制，且近轮叶木姜子受到限制的程度较水榆花楸大，而山杨 P_N 未受到 T_a 的影响。

通常 RH 与 T_a 呈负相关关系，实验地光强小，温度低，其 RH 相对高些，但 RH 相对于 T_a 具有明显的滞后效应。水榆花楸和近轮叶木姜子 RH 均对调控 P_N 起到限制作用，尤其是近轮叶木姜子 RH 与 T_a 的交互作用共同制约着 P_N 大小。

综合以上分析，可以得出如下结论：

(1) 同一天中，四种环境因子紧密相关，尤其是 PAR 的变化直接引起 T_a 变化，进而影响 RH 变化，但 RH 相对 T_a 有滞后效应，导致 C_a 在其他 3 种环境因子的共同作用下而发生变化。

(2) 水榆花楸和山杨 P_N 明显高于近轮叶木姜子，但水榆花楸的 E 值较其他两种植物高，表现出低 WUE；近轮叶木姜子叶片具有独特的革质或膜质结构，其 E 值显著低于其他两种植物，而山杨具有高 P_N 值，中等强度的 E 值，因此，近轮叶木姜子和山杨表现出高 WUE，但两者间的 WUE 无明显差异。

(3) PAR 是影响 3 种植物 P_N 变化的主要环境因子；水榆花楸的 P_N 值受 T_a、RH 及 C_a 的影响，而 T_a 是主要限制因素；近轮叶木姜子的 P_N 值主要受 T_a、RH 双重限制；山杨的 P_N 值则主要受 PAR 影响。

3. 构树和朴树

构树和朴树的气孔均出现不同程度部分闭合现象，然而作为喀斯特适生植物，因为构树本身拥有较高的 CA 活力，且容易在喀斯特逆境(干旱或高重碳酸盐等逆境胁迫)下被激活，高效催化转化细胞内的 HCO_3^- 为 H_2O 和 CO_2，弥补因为 G_s 减小或气孔关闭而造成的碳源和水源的不足，维持构树光合作用的正常进行(Wu and Xing，2012)。所以构树表现出比朴树更强的光合效率，朴树受气孔限制最明显，其光合效率也最低。中坡位的日均 PAR 高于下坡位，考虑到构树和朴树均具有喜光性，所以它们在中坡位的日均光合效率都较高。下坡位生长的构树比中坡位生长的构树拥有更高的 CA 活力，其催化转化细胞内的 HCO_3^- 为 H_2O 和 CO_2 的效率也更高，更能弥补中午因环境变化引起 G_s 减小而导致的水分的不足，所以与中坡位生长的构树不同的是，下坡位生长的构树没有出现“光合午休”现象可能与此有关。朴树则属于慢生树种，光合效率也较低，所以朴树对 CO_2 或者 H_2O 的需求相对较低，两种环境下朴树均没有出现“光合午休”现象，说明中午环境的变化没有造成朴树光合作用过程中 H_2O 和 CO_2 的不足。此外，与下坡位相比，中坡位的构树和朴树拥有平均较高的 WUE，那么中坡位的构树和朴树在同样单位水分损失的情况下能够获取固定更多的无机碳。

CE 可以反映叶片对进入细胞间隙 CO_2 的同化状况，CE 越高，说明光合作用对 CO_2 的利用就越充分(叶子飘和高峻，2008)。叶片暗呼吸是植物分解有机物并释放能量的过程(张富华等，2014)，构树在中坡位的 R_d 低于其在下坡位的值，可能与中坡位拥有较高的日均 PAR 有关，增强的 PAR 对暗呼吸产生了一定程度上的抑制。朴树拥有平均较高的 R_d，不利于有机物的累积和生物量的增加。表观量子效率(Q)则可以反映植物在遮阴环境下对光能的利用效率(叶子飘和于强，2008)，遮阴环境对朴树光能利用效率的影响不大，构树则在低光强下体现出较高的光能利用效率。

8.1.3 叶绿素荧光特征

天然色素叶绿素 a 在叶片光系统 II 对环境胁迫的光合响应中发挥着重要的作用，其荧光值被用来评估光合结构的完整性和效率以及植物的抗逆性(Baker，1991；Roháček and Barták，1999)。光系统 II 对不同胁迫比较敏感。来自光系统 II 的叶绿素荧光发射的变化能够反映光合活性的几乎所有方面的信息，因此也可以反映植物对环境胁迫的忍受能力(Panda et al.，2008)。叶绿素荧光已经被证明是一种强大的非破坏性和最低限度损害的探测高等植物光合功能的新技术(Gray et al.，2006)。荧光参数已经被用来鉴别没有明显外部症状的植物的损伤情况(Guo et al.，2005)。一些叶绿素荧光参数被用来筛选抗旱的小麦种质品种(Li et al.，2006a)，还可以被用来评估草莓对干旱胁迫的忍受能力(Razavi et al.，2008)。

8.1.3.1 测定方法

同样，以优势树种银鹊树、白栎、亮叶桦、水榆花楸、近轮叶木姜子、山杨、构树和朴树为测试对象。叶绿素荧光用 Li-6400XT 便携式光合测量系统仪器(LI-COR，Lincoln，NE，USA)测定，测量前，叶片暗适应 30min，以确保叶片反应中心完全开放。在晴天上午的 9:30～11:00 选取从植物顶端往下数第 4 片完全展开叶进行测量，每种植物重复测量 3 次。最小初始叶绿素荧光(F_0)用测量光束测定，而最大叶绿素荧光(F_m)在 0.8 s 光强为 6000 $\mu mol \cdot m^{-2} \cdot s^{-1}$ 饱和闪光脉冲以后被记录下来，之后，300 $\mu mol \cdot m^{-2} \cdot s^{-1}$ 强度的光化光持续 1 分钟来驱动光合作用。光下最大荧光(F_m')、光下最小荧光(F_0')和稳态荧光(F_s)也被测量。其中光系统 II 潜在的光化学量子效率 $F_v / F_m = (F_m - F_0) / F_m$，PSII 潜在活性($F_v/F_0$)通过

$(F_m - F_0)/F_0$ 被计算获得，光系统 II 的实际光化学量子效率 $\Phi_{PSII}=\Delta F/F'_m=(F'_m-F_s)/F'_m$，开放的光系统 II 的光化学效率 $\Phi_p=F'_v/F'_m$，电子传递速率 ETR=PPFD×Φ_{PSII}×0.85×0.5。

8.1.3.2　结果分析

1. 银鹊树、白栎和亮叶桦

表 8.11　银鹊树、白栎和亮叶桦叶片的叶绿素荧光参数比较

Table 8.11　Comparison of chlorophyll fluorescence parameters in *T. sinensis*, *Q. fabri* and *B. luminifera*

参数	银鹊树	白栎	亮叶桦
F_v/F_m	0.82 ± 0.002^a	0.77 ± 0.003^b	0.83 ± 0.002^a
F_0	625.08 ± 14.640^b	703.66 ± 5.211^a	514.34 ± 18.868^c

注：数据为平均值±标准误差(n=5)；同行不同字母表示树种间在 0.05 水平存在显著性差异。

Note: Values were expressed as mean ± standard error (n = 5). Different letters in the same row of different plant species differ significantly at $P\leqslant0.05$.

由表 8.11 可知，银鹊树和亮叶桦的 F_v/F_m 值相近，两者均显著高于白栎；而白栎的 F_0 值最大，亮叶桦的则最低，且三者间均存在显著性差异。银鹊树和亮叶桦对土壤弱酸性环境具有更好的抗逆性，白栎光系统 II 反应中心的活性受到较大影响。

2. 水榆花楸、近轮叶木姜子和山杨

外界光源照射植物时，光被植物叶片光合器官所吸收，大部分用来驱动植物进行光合作用，小部分以热能的形式逸散来保护植物叶片在遭遇高光强时对植物的灼伤，很小一部分以荧光形式被辐射出去(林世青等，1992)。3 种植物叶片叶绿素荧光参数如表 8.12 所示。水榆花楸和山杨的 F_v/F_m 及 F_v/F_0 均显著高于近轮叶木姜子，且水榆花楸较高，两者差异不显著。

表 8.12　水榆花楸、近轮叶木姜子和山杨叶绿素荧光参数比较

Table 8.12　Comparison of chlorophyll fluorescence parameters in *S. alnifolia*, *L. elongata*, *P. davidiana*

物种	F_0	F_m	F_v/F_m	F_v/F_0
水榆花楸	$566^c\pm12$	$3061^b\pm74$	$0.82^a\pm0.00$	$4.41^a\pm0.02$
近轮叶木姜子	$734^a\pm21$	$3361^a\pm95$	$0.78^b\pm0.00$	$3.58^b\pm0.07$
山杨	$653^b\pm0.8$	$3450^a\pm88$	$0.81^a\pm0.00$	$4.29^a\pm0.14$

注：同行数据后不同字母表示不同植物之间光合特性差异显著($P<0.05$)，所有数据均以均值 ± 标准误表示。

Note: The mean ± SE followed by different letters in the same row differ significantly at $P<0.05$.

3. 构树和朴树

表 8.13 表示的是构树和朴树的叶绿素荧光参数。由表 8.13 知，中坡位的朴树拥有最高的 F_0 值，下坡位的构树则拥有最高的 F_v/F_m 与 F_v/F_0 值。在中、下坡位，Φ_{PSII} 值大小均依次为：构树>朴树。构树在下坡位的 F_0 值小于中坡位，其余荧光参数值则没有显著差异。朴树在下坡位的 F_0 和 Φ_{PSII} 值均小于中坡位。

表 8.13 构树和朴树的叶绿素荧光参数比较

Table 8.13 Comparison of chlorophyll fluorescence parameters in *B. papyrifera* and *C. sinensis*

植物	坡位	F_0	F_v/F_m	F_v/F_0	Φ_{PSII}
构树	中坡	688.606±6.146[b]	0.788±0.010[ab]	3.748±0.223[ab]	0.255±0.014[a]
	下坡	589.091±6.574[a]	0.815±0.003[a]	4.421±0.080[a]	0.234±0.006[a]
朴树	中坡	821.186±60.846[c]	0.769±0.015[b]	3.372±0.304[b]	0.171±0.022[b]
	下坡	637.735±11.632[ab]	0.791±0.005[ab]	3.790±0.103[ab]	0.131±0.005[c]

注：平均值±标准误差(n=5)后面字母表示在同一显著水平 $P \leqslant 0.05$ 下，通过单因素方差分析与 t 检验对同一列数据进行差异显著性分析。

Note: The mean ± SE (n=5) followed by different letters in the same column differ significantly at $P \leqslant 0.05$, according to one-way ANOVA and t test.

8.1.3.3 讨论

1. 银鹊树、白栎和亮叶桦

银鹊树和亮叶桦对玉舍国家森林公园生境表现出更好的适应性。同亮叶桦相比，银鹊树的光系统 II 的光化学效率没有受到叶绿素含量减少的影响。光系统 II 反应中心的活性能够通过 F_0 的值来反映，热耗散的增加会引起 F_0 的降低，而 F_0 的增加说明光系统 II 反应中心活性降低。据此来判断，亮叶桦光系统 II 热耗散增加，白栎光系统 II 反应中心则活性降低；银鹊树能够更好地生长，白栎生长则相对较为缓慢。

2. 水榆花楸、近轮叶木姜子和山杨

非逆境下的 F_v/F_m 取值在 0.832±0.004 之内，长期逆境下植物的 PSⅡ结构和功能会发生不同程度的变化，其值会发生明显的降低(冯建灿等，2002)。水榆花楸、近轮叶木姜子和山杨的 F_v/F_m 比值为 0.782～0.815，均低于非逆境下的比值，表明 3 种植物处于外界环境胁迫之中。研究表明水榆花楸的 F_0、F_m 均低于近轮叶木姜子和山杨；而近轮叶木姜子相对山杨有高 F_0 低 F_m，且 F_v/F_m 相差不大。综合 3 种植物的叶绿素荧光参数变化、光合色素含量及 P_N 变化，表明近轮叶木姜子较水榆花楸和山杨更易受到高温和高湿度等逆境胁迫的影响。

3. 构树和朴树

与下坡位相比，中坡位的构树和朴树的 PSII 反应中心发生一定程度的失活，而这两种植物 F_v/F_m、F_v/F_0 值的变化各自都不显著，说明两种环境下这两种植物的光合结构都未受损伤。而中坡位的朴树较高的 Φ_{PSII} 值则有利于提高光能的转化效率，为暗反应的光合同化积累更多所需的能量，以促进碳同化的高效运转和有机物的积累(罗青红等，2006)。

8.1.4 碳酸酐酶变化特征

CA 在光合作用过程中同样发挥着重要作用，较高的活力有利于植物光合作用的进行(Wu and Xing，2012)。CA 分布广泛，参与各种各样的生理过程，催化细胞中 HCO_3^- 向 CO_2 和水的转化(Badger and Price，1974；Sasaki et al.，1998)。陆生植物对 HCO_3^- 的利用主要依赖于 CA 的作用(Xing and Wu，2012；Wu et al.，2010)，CA 活力越高，其转化 HCO_3^-

的能力就越强。喀斯特适生植物普遍具有高 CA 活力的特性，以便在不同逆境情况下可以调节植物体内代谢活动，还可以为植物的光能合成提供水和 CO_2 等原料，有利于喀斯特适生植物在逆境情况下保持较为稳定和高效的光能合成效率，进而保持稳定的生长。

8.1.4.1　测定方法

以优势树种银鹊树、白栎、亮叶桦、水榆花楸、近轮叶木姜子、山杨、构树和朴树为测试对象。植物的第 4、5 片完全展开叶被用于 CA 活力的测定，每种植物重复测定 5 次。称取植物叶片 0.1～0.2 g，放到预冷的研钵中，迅速加入液氮，再加入 3 mL 10 $\mu mol \cdot L^{-1}$ 巴比妥钠缓冲液(含巯基乙醇 50 $\mu mol \cdot L^{-1}$，pH＝8.3)进行研磨，取研磨液倒入 5 mL 的离心管中，离心管置于冰浴中 20 min 后，在 12000 g 离心 5 min，取上清液，冷藏待用。

CA 活力的测定采用改进 pH 计法(Wilbur and Anderson，1948；Wu et al.，2011)。保持反应系统在 0～2 ℃，取待测上清液 50～1000 μL，加入含 4.5 mL 的巴比妥钠缓冲液(20 $\mu mol \cdot L^{-1}$，pH＝8.3)的反应容器中，然后迅速加入 3mL 预冷的(0～2 ℃)饱和 CO_2 蒸馏水，用 pH 电极监测反应体系 pH 值变化，记下 pH 值下降一个单位(例如 pH 值＝8.2～7.2)所需的时间(记为 t)，同时记录在酶失活条件下 pH 值下降一个单位所需的时间(记为 t_0)，酶的活力 $WA = t / t_0 - 1$，单位 WAU。

8.1.4.2　结果分析

1．银鹊树、白栎和亮叶桦

表 8.14 比较了银鹊树、白栎和亮叶桦 CA 活力。由表 8.14 可知，CA 活力以银鹊树最高，亮叶桦居中，白栎最低；白栎和亮叶桦的 CA 分别为银鹊树的 4.0%和 6.8%，且树种间差异均达到显著水平(P≤0.05)；在高活力 CA 的调节作用下，白栎的碳合成及代谢效率最低，生长缓慢，亮叶桦的 CA 活力稍高于白栎，它能够拥有高于白栎的碳合成及代谢效率。

表 8.14　银鹊树、白栎和亮叶桦 CA 活力的比较

Table 8.14　Comparison of CA activity in *T. sinensis*, *Q. fabri* and *B. luminifera*

参数	银鹊树	白栎	亮叶桦
碳酸酐酶 CA/WAU·g^{-1}FW	8962.91±1267.900[a]	355.16±39.220[c]	605.19±29.650[b]

注：数据为平均值±标准误差(n＝5)；同行不同字母表示树种间在≤0.05 水平存在显著性差异；

Note: Values were expressed as mean ± standard error (n = 5). Different letters in the same row of different plant species differ significantly at P≤0.05.

2．水榆花楸、近轮叶木姜子和山杨

水榆花楸、近轮叶木姜子和山杨的 CA 活力如表 8.15 所示。可以看出水榆花楸和近轮叶木姜子的 CA 活力显著低于山杨，而水榆花楸 CA 活力最小，且两种植物间差异不显著。说明山杨较其他两种植物具有较高的利用土壤无机碳能力，能够快速催化土壤中可溶的 HCO_3^- 为 CO_2 进入植物体内，以便于在外界 CO_2 碳源供应不足时提供部分气态 CO_2。

表 8.15 水榆花楸、近轮叶木姜子和山杨的 CA 活力比较

Table 8.15 Comparasion on foliar CA activities of *S. alnifolia, L. elongata, P. davidiana*

物种	碳酸酐酶 CA/WAU·g^{-1}FW
水榆花楸	288.33±66.98
近轮叶木姜子	640.42±34.92
山杨	14550.19±1962.84

注：表中数据均取其平均值±标准误差表示。

Note: All the data showed mean ± standard error（mean ± SE）.

3. 构树和朴树

表 8.16 表示的是构树和朴树叶片的 CA 活力。从表 8.16 中可以看出，构树叶片的 CA 活力显著高于朴树，而下坡位生长的构树叶片的 CA 活力又显著高于中坡位。朴树叶片的 CA 活力均很难被检测到。

表 8.16 构树和朴树叶片的 CA 活力

Table 8.16 Foliar CA activity of *B. papyrifera* and *C. sinensis*

植物	坡位	碳酸酐酶活性/WAU·g^{-1}FW
构树	中坡	4432.205±360.747^{b}
	下坡	11574.299±2022.986^{a}
朴树	中坡	181.176±39.694^{c}
	下坡	164.849±38.516^{c}

注：平均值±标准误差(n=5)后面字母表示在同一显著水平 $P\leqslant0.05$ 下，通过单因素方差分析与 t 检验对同一列数据进行差异显著性分析。

Note: The mean ± SE (n=5) followed by different letters in the same column differ significantly at $P\leqslant0.05$, according to one-way ANOVA and t test.

8.1.4.3 讨论

1. 银鹊树、白栎和亮叶桦

有的植物不仅能够利用大气中的 CO_2，同时还能利用细胞中的 HCO_3^- 作为酶的底物，为自身提供无机碳源，而陆生植物对 HCO_3^- 的利用还可以依赖于 CA 的作用(Wu et al., 2010)。高活力 CA 能够催化胞内 HCO_3^- 转化为 CO_2，并为植物光合作用提供另一个碳源。银鹊树在高活力 CA 作用下能够交替利用细胞内的 HCO_3^- 以及大气中的 CO_2。同时银鹊树较强的 CE 和光合所用加速了 CO_2 的固定和同化。白栎和亮叶桦光合作用的无机碳源则主要来自大气中的 CO_2。所以，这三种植物的生物量生产率大小依次为：银鹊树(1219.18 g·m^{-2}·a^{-1})(陶金川等，1990)＞亮叶桦(0.10 g·m^{-2}·a^{-1})(宁晨等，2011)＞白栎(0.05 g·m^{-2}·a^{-1})(徐雯佳等，2008)。银鹊树对于贵州省水城县玉舍国家森林公园弱酸性土壤的适应能力强于白栎和亮叶桦。

2. 水榆花楸、近轮叶木姜子和山杨

植物交替利用大气中的 CO_2 和土壤中的无机碳进行无机碳的固定，从而提高植物对无机碳的利用能力(吴沿友，2011)。当植物遭受逆境胁迫时会表现出一系列避害或耐害策略，而 CA 在植物固碳增汇方面起到了很大的作用(刘再华，2001；吴沿友，2011；吴沿友等，2011)。表 8.15 可见，山杨叶片 CA 活力远远大于水榆花楸和近轮叶木姜子，说明山杨叶片 CA 活力的升高是为了应对逆境下叶片 G_s 的下降引起 CO_2 的供应不足。水榆花楸叶片 CA 活力很低，但其具有较高的 G_s、光合色素含量及光化学效率，表现出高光合速率来维持正常生长，但因其高 E，低 WUE，水榆花楸在短期内对水分的利用效率较低，但从长远来看，其具有较高水平的水分利用能力。近轮叶木姜子的 CA 活力虽小，但其叶片具有革质或膜质结构，具有较低的 G_s 和光化学效率，以致表现出较低的光合速率，但其具有较高的 WUE 能够在逆境下对有限水分的充分利用，说明近轮叶木姜子相对其他两者来说更能适应干旱缺水环境。

3. 构树和朴树

在贵州省普定县石漠化治理示范区干旱或者高重碳酸盐等逆境胁迫下，受气孔部分闭合的影响，进入植物叶片细胞的 CO_2 浓度降低，导致细胞中的 HCO_3^- 向 CO_2 和 H_2O 的转化，经此诱导，CA 活力将被激活而升高。构树本身拥有较高的 CA 活力，高效催化转化细胞内的 HCO_3^- 为 H_2O 和 CO_2，弥补因为 G_s 减小或气孔关闭而造成的碳源和水源的不足，维持构树光合作用的正常进行，而朴树因为活性较难被检测到，并因此被视为没有 CA 活力，无法被激活。

8.1.5　无机碳利用特征和水分利用特征

一些植物进化出能高效利用重碳酸盐的特点，形成喀斯特适生植物，适生植物体内的 CA 受喀斯特逆境的激发诱导而活性升高，催化细胞内的 HCO_3^- 分解转化为 CO_2 和 H_2O，为光合作用过程提供水分和碳源，有利于植物光合作用的正常进行，当内外环境改善后，气孔张开，叶片又恢复到主要利用空气中 CO_2 的状态(Hu et al.，2010；Xing and Wu，2012)。喀斯特适生植物具有较强的 HCO_3^- 的利用能力，在其生长过程中能够交替利用细胞内的 HCO_3^- 与空气中的 CO_2，具有独特的无机碳利用策略，而喀斯特地区的碳酸盐岩又为植物的这种无机碳利用机制提供了有利的条件，CA 则成为该机制的重要助推器(吴沿友等，2011)。

植物中稳定碳同位素组成($\delta^{13}C$)随着碳代谢途径与光合作用过程中的无机碳来源的变化而变化(Schwender et al.，2004)。在光合作用一定的情况下，植物同化利用的无机碳源的 $\delta^{13}C$ 值越偏负，其叶片的 $\delta^{13}C$ 值就会相应的变得更为偏负，反之则其叶片的 $\delta^{13}C$ 值越偏正(Wu and Xing，2012；Motomura et al.，2008；Tcherkez et al.，2009)。通过稳定碳同位素的标记与稳定碳同位素组成的测定，能够计算获得构树的 HCO_3^- 利用份额(Wu and Xing，2012；Motomura et al.，2008)。

近年来，稳定同位素技术在植物生理生态学方面研究取得了较好的发展，尤其是植物在不同环境下稳定碳同位素组成 $\delta^{13}C$ 与环境因子的相关研究较多，有研究报道了喀斯特地区不同石漠化下植物的 $\delta^{13}C$ 与环境因子相关分析(杜雪莲等，2008)。而稳定碳同位素组成 $\delta^{13}C$ 也是研究植物 WUE 及利用无机碳源种类的一个间接指标，通过分析植物叶片

$\delta^{13}C$ 值来揭示植物对水分的长期利用情况及利用无机碳的种类(孙双峰等，2005；Schifman et al.，2012)，有助于筛选高水分利用效率和高无机碳源利用能力的喀斯特适生植物。

8.1.5.1 测定方法

以优势树种银鹊树、白栎、亮叶桦、水榆花楸、近轮叶木姜子、山杨、构树和朴树为测试对象。植物的第 1 片完全展开叶被用于 $\delta^{13}C$ 的测定。植物叶片经烘干、粉碎、过筛后，称取一定量转化成供质谱仪分析的 CO_2 气体；在 MAT-252 质谱仪(Mat-252，Finnigan MAT，德国)上进行测定，测量精度为小于 ±0.2‰。分析结果以 $\delta^{13}C$PDB 表示。

8.1.5.2 结果分析

1. 银鹊树、白栎和亮叶桦

表 8.17 表示的是银鹊树、白栎和亮叶桦的稳定碳同位素组成。由表 8.17 可知，银鹊树的 $\delta^{13}C$ 值最低($P\leqslant 0.05$)(表 8.17)，白栎和亮叶桦的 $\delta^{13}C$ 值之间没有显著差异。

表 8.17 银鹊树、白栎和亮叶桦的稳定碳同位素组成

Table 8.17 Stable carbon isotopic composition of *T. sinensis*, *Q. fabri*, *B. luminifera*

参数	银鹊树	白栎	亮叶桦
$\delta^{13}C$/‰	−28.34±0.02[a]	−26.16±0.01[b]	−26.16±0.01[b]

注：$\delta^{13}C$.稳定碳同位素组成。平均值±标准误差(n=5)后面字母表示在同一显著水平 $P\leqslant 0.05$ 下，通过单因素方差分析与 t 检验对同一行进行差异显著性分析。

Note: $\delta^{13}C$ represents the stable carbon isotopic composition. The mean ± SE (n=5) followed by different letters in the same row differ significantly at $P\leqslant 0.05$, according to one-way ANOVA and t test.

2. 水榆花楸、近轮叶木姜子和山杨

$\delta^{13}C$ 值越低，则表明植物的 WUE 越低。表 8.18 表示的是水榆花楸、近轮叶木姜子和山杨的 $\delta^{13}C$ 值，从表 8.18 看出，3 种植物 $\delta^{13}C$ 值大小顺序为：水榆花楸＞近轮叶木姜子＞山杨。

表 8.18 水榆花楸、近轮叶木姜子和山杨的 $\delta^{13}C$ 值比较

Table 8.18 Comparasion of foliar $\delta^{13}C$ in *S. alnifolia, L. elongata, P. davidiana*

植物	$\delta^{13}C$/‰
水榆花楸	−26.43±0.02
近轮叶木姜子	−27.10±0.02
山杨	−27.47±0.01

注：表中数据均取其平均值±标准误表示。

Note: All the data showed mean ± standard error (mean ± SE).

3. 构树和朴树

表 8.19 表示的是构树和朴树的稳定碳同位素组成。由表 8.19 可知，朴树的 $\delta^{13}C$ 值最高，整体上较为偏正，而且中坡位与下坡位生长的朴树叶片的 $\delta^{13}C$ 值之间没有显著差异。

相对于朴树来说，构树叶片的 $\delta^{13}C$ 值较为偏负，中坡位生长的构树叶片的 $\delta^{13}C$ 值比下坡位生长的构树叶片的 $\delta^{13}C$ 值要高。

表 8.19　构树和朴树的稳定碳同位素组成

Table 8.19　Stable carbon isotope composition in *B. papyrifera* and *C. sinensis*

植物	坡位	稳定碳同位素组成/‰
构树	中坡	-26.51 ± 0.02^{ab}
	下坡	-27.30 ± 0.03^{b}
朴树	中坡	-25.94 ± 0.13^{a}
	下坡	-25.79 ± 0.56^{a}

注：平均值±标准误差(n=5)后面字母表示在同一显著水平 $P\leqslant0.05$ 下，通过单因素方差分析与 t 检验对同一列数据进行差异显著性分析。

Note: The mean ± SE (n=5) followed by different letters in the same column differ significantly at $P\leqslant0.05$, according to one-way ANOVA and t test.

8.1.5.3　讨论

1. 银鹊树、白栎和亮叶桦

白栎和亮叶桦光合作用的无机碳源主要来自大气中的 CO_2，银鹊树具有较强的 HCO_3^- 利用能力，能够交替利用大气中的 CO_2 和细胞内的 HCO_3^-。虽然该地土壤中的 HCO_3^- 浓度非常低，然而银鹊树拥有较强的 R_{esp}，其根系呼吸同样最强，那么由此产生的 CO_2 也最多，在此过程中，银鹊树对无机碳的吸收、固定利用以及最终以 CO_2 形式向外界的释放都会引发碳同位素的分馏，造成根系呼吸所产生的 CO_2 的 $\delta^{13}C$ 值更为偏负。当该 CO_2 溶于根系周围的土壤溶液中后，立即形成 HCO_3^- 并被银鹊树根部再吸收，该过程将引发碳同位素的再次分馏，HCO_3^- 的 $\delta^{13}C$ 值再次下降，银鹊树叶片在高活力 CA 作用下能够吸收利用细胞内的 HCO_3^- 后，其叶片的 $\delta^{13}C$ 值就显得较为偏负。

2. 水榆花楸、近轮叶木姜子和山杨

喀斯特地区不同 C_3 植物的 $\delta^{13}C$ 值范围为−30.28‰～−25.55‰，平均值为−28.040‰±1.21‰(杜雪莲等，2008)。而 3 种植物的 $\delta^{13}C$ 值范围为−27.47‰～−26.43‰，均高于喀斯特地区植物的 $\delta^{13}C$ 平均值。由于，$\delta^{13}C$ 值与 C_i/C_a 值呈正相关(Farquhar et al.，1984，1989)，而植物的长期 WUE 又与 C_i/C_a 值相关，因此，现在普遍的观点是，$\delta^{13}C$ 值越负，植物 WUE 越低(孙双峰等，2005)；表 8.18 结果表明水榆花楸 WUE 最高，近轮叶木姜子次之，山杨最小。这与表 8.5 计算出的日均 WUE 正好相反。造成这种自相矛盾的原因是，山杨具有极强的碳酸酐酶活力，具有极强的碳酸氢根离子利用能力。由于土壤微酸性，使土壤溶液固有的碳酸氢根离子浓度极少，植物利用的碳酸氢根离子主要来源于根系呼吸的二氧化碳，这时土壤中的无机碳比空气中的无机碳同位素值偏负，较多的碳酸氢根离子的利用，导致叶片的 $\delta^{13}C$ 值偏负(Wu and Xing，2012；Xing and Wu，2012)。而高的碳酸氢根离子的利用与高的水分利用效率相关(Wu et al., 2009；Wu and Xing，2012)。所以，实际上，从这几种植物叶片碳同位素组成来看，WUE 的顺序应为：山杨＞近轮叶木姜子＞水榆花楸，这与通过 P_N/E 计算的瞬时 WUE 大小相似。

3. 构树和朴树

无论是在中坡位还是下坡位，构树的 $\delta^{13}C$ 值比朴树 $\delta^{13}C$ 值偏负，而且，下坡位构树的 $\delta^{13}C$ 值也比中坡位的偏负，这同样可以用构树具有强的碳酸氢根离子的能力来解释（Wu and Xing，2012）。虽然喀斯特地区土壤中的 HCO_3^- 的 $\delta^{13}C$ 值比大气 CO_2 的 $\delta^{13}C$ 值更为偏正（Clark and Fritz，1997），但是，由于本研究区受酸雨影响，土壤呈微酸性，土壤溶液固有的碳酸氢根离子浓度极少，植物利用的是来源于根系呼吸的二氧化碳溶解而来的偏负的碳酸氢根离子，因而，构树呈现出偏负的稳定碳同位素值，同时，下坡位的 $\delta^{13}C$ 值比中坡位的更偏负，这与它们的碳酸酐酶活力相契合。

8.1.6 综合评价

8.1.6.1 贵州省水城县石漠化治理示范区

综上所述，银鹊树、白栎和亮叶桦都能够适应贵州省水城县玉舍国家森林公园弱酸性的土壤环境，并且分布广泛。但是它们拥有不同的光合无机碳利用特性。银鹊树的 P_N、G_s、CE、R_{esp}、光系统 II 最大量子产额与 CA 活力都最高，它既能够吸收利用大气中的 CO_2 又能在 CA 作用下转化利用细胞内的 HCO_3^-，所以银鹊树吸收和同化利用无机碳的效率最高，产能最高。亮叶桦主要吸收利用大气中的 CO_2，但是它同化利用 CO_2 的效率和产能仅次于银鹊树，它是以中光合、低蒸腾和高水分利用率来适应喀斯特环境的。白栎生长缓慢，对无机碳的需求也是最低的，它是以低光合、低蒸腾和高水分利用率来适应喀斯特环境的。

在玉舍国家森林公园半山阳坡上，水榆花楸、近轮叶木姜子和山杨应根据自身的生理特性与环境因子相呼应方能达到“适生”“生态修复”双重效果。水榆花楸 P_N 主要受 PAR 影响，但其具较高的 P_N 和 G_s，适宜生长在高光强，半干旱或湿润地区；近轮叶木姜子 P_N 主要受 PAR 影响，同时受 T_a 和 RH 双重限制，考虑到其 WUE 相对水榆花楸较高，适宜生长在背阴处或山谷地带；而山杨 P_N 较高，主要受 PAR 影响，结合其 WUE 和 CA 活力也较高能够应对逆境下无机碳和水源的供应不足，适应生长在山顶向阳地带。结合喀斯特地区高山分布的地貌特点，兼顾 3 种植物正常生长所受限的环境因子，考虑近轮叶木姜子为中药型植物，可以在不影响当地植被情况下在山阴处大力种植该种植物，既增加植被覆盖率又可以在非耕地增加收入，而水榆花楸和山杨因其具有较高的光合生产能力，在半山坡以上均可种植，并作为速生植物来加快当地经济收入或改造当地脆弱生境的优选植物。

通过对六盘水市水城县玉舍国家森林公园石漠化综合治理示范区几种野生植物的光合生理分析，可以得出如下结论：经过短期光合生理调节的响应以及长期生理进化的适应，水城县这几种代表性植物都体现出了对于喀斯特逆境的不同程度的适应性，以及对多种异质性喀斯特逆境具有不同的适应能力。对于特定生态因子的敏感及不同响应、适应机制的多样化、碳获取方式及利用特性的多样化，使得这几种植物对水城县的喀斯特逆境具有多样性的适应性机制，且能够在异质性的喀斯特逆境中拥有良好的生长状况，这几种植物的配置种植对该地区复杂、稳定、多样性的生态系统的构建较为有利。玉舍国家森林公园石漠化综合治理示范区的乔木物种配置(银鹊树+白栎+水榆花楸+近轮叶木姜子+山杨)是个兼具适生性、多样性与稳定性的人工乔木群落。可以推广到方圆 200km^2 的喀斯特生态系统的修复和重建区域。

8.1.6.2　普定县石漠化治理示范区

构树和朴树对不同的喀斯特坡位环境具有不同的适应特点及无机碳利用特性。构树光合作用过程中所利用的无机碳源既可以来自大气中的 CO_2，还可以在气孔部分闭合的情况下利用细胞内的 HCO_3^-，下坡位的构树较高的 CA 活力使得其利用 HCO_3^- 的效率也会更高。此外，下坡位的构树具有较高的无机碳同化利用效率，并能够在光强相对较低的情况下具有较高的光能利用效率，这些可能与下坡位的构树具有较高的 CA 活力有关，因为喀斯特适生植物最重要的一个适应性特征就是它们都具有较高的 CA 活力。构树对下坡位具有更好的适应性。朴树缓慢的生长速度以及无机碳同化利用效率，使得朴树对无机碳源的需求也最低，且能够保持较为稳定的光合效率，但是朴树光合作用过程中的无机碳来源比较单一，只能利用大气中的 CO_2。中坡位的朴树具有相对较高的 P_N 和光能利用效率，所以朴树比较适合生长在中坡位环境。

该地区这两种乔木同样对喀斯特异质性环境具有很好的适应性，且能够在不同坡位生长，它们同样具有多样性的光合生理适应性机制，能够应对喀斯特逆境下气孔开度过小，碳源不足的特殊情况。普定县陈家寨-沙湾石漠化综合治理试验示范区的修复物种配置(构树+朴树)同样是个兼具适生性、多样性与稳定性的人工群落。可以推广到方圆 200km^2 的喀斯特生态系统的修复和重建区域。

8.2　灌木树种喀斯特适生性评价

灌木是无明显主干，分枝靠近地面，无树冠和枝下高之分，成熟植株高在 3m 以下的多年生木本植物。茎干从土壤表面上部或下部的基部进行分枝。它通常包括矮灌木、半灌木和爬地植物(李清河等，2006)。灌木具有适应性强、耐干旱、耐瘠薄、生长稳定、耗水少等特点，是干旱地区恢复植被、保持水土、防风固沙的先锋树种(Karban and Pezzola，2017；裴保华和周宝顺，1993；杨吉华等，2007)，在生态保护、恢复和重建中有着重要的作用，同时也是园林绿化的主要树种。除此以外，灌木还具有较高的经济价值，是很好的工业原料(Fairless，2007)。目前，在我国西北干旱区，以及地处湿润的中亚热带区域的湖南、广西、广东、贵州、四川、云南的一些地方(王恩苓，2004)，森林植被遭受破坏，地表裸露，乔木层大量消失，主要植物已被次生灌木和旱生植物所取代(何方，2003)。灌木层也是森林生态系统中不可或缺的一个重要层次，同乔木、草本植物、蕨类、苔藓类和其他层外植物组成森林群落，而灌木一般处于森林群落的下层，当森林群落上层乔木衰弱，下层灌木植物占优势并构成森林主体时，则形成灌木林(向艳辉，2004)。灌木在植物物种多样性方面扮演着重要角色，因为它扩大物种生产力来源，增加了多种用途的机会，增强了生态稳定性(李新荣，2000；Lim et al.，

2017）。在漫长的进化适应历程中，特殊的自然环境选择，灌木种类形成了适应其生境的多样性生理生态学特征。

8.2.1 形态及生态特征

8.2.1.1 形态特征

1. 叶

为了实现对特定光、温、湿等环境的适应，植物通过改变叶片形态来调节水分蒸发和光合作用的关系，保持适当的叶温。在常年低温，降水不足，营养缺乏环境下，土壤有效氮的增加会引发灌木比叶面积的升高（Bubier et al.，2011）。菲油果（*Feijoa sellowiana O.Berg*）和日本女贞（*Ligustrum japonicum Thunb*）在美国亚利桑那州中部亚热带沙漠气候下的叶子要比佐治亚州北部湿润的温带气候下的叶子更小、更厚（Martin et al.，1994）。为减少水分流失，荒漠灌木一般叶片较小、栅栏组织发达、角质层厚、气孔下陷（刘家琼等，1987；王沙生等，1991）。锦鸡儿属（*Caragana* L.）植物的叶形态结构、解剖结构随分布地域的不同呈现有规律的梯度变化，由东到西表现出叶面积缩小，叶肉组织栅栏化，细胞间隙呈递减之势，叶表面被表皮毛，角质化程度加深，叶脉中的输导、机械组织趋于发达（燕玲等，2002）。白刺（*Nitraria tangutorum*）、沙冬青（*Ammopiptanthus mongolicus*）、油蒿（*Artemisia ordosica*）、红砂（*Reaumuria songarica*）叶表皮均具有加厚的角质层，或同时具有角质和蜡质，密被表皮毛、气孔下陷等特点（刘家琼，1982；胡云等，2006；蒋志荣，2000；山宝琴和贺学礼，2007）。抗盐泌盐盐生灌木的叶片表皮细胞可分化成盐腺，以此来排除体内多余的盐分，从而减轻盐对植物的伤害（Volkmar et al.，1998）。有些荒漠灌木的叶子脱落或退化，以形状更小的叶子或叶柄或幼枝来代替进行光合作用，如油蒿、红砂、梭梭（*Haloxylon ammodendron*）和沙拐枣（*Calligonum mongolicum*）（Fahn，1964）。也有植物通过叶肉细胞大量储存水分或特有内含物提高保水力对抗干旱，如白刺、骆驼蓬（*Peganum harmala*）、油蒿等的贮水组织可占叶片厚度的 70%左右（王耀之等，1983）。

2. 茎

干旱环境下生长的灌木茎的周皮较为发达，幼茎的表皮都有不同程度的角质层加厚，靠近表皮的皮层中普遍含有绿色同化组织，可提高植物的光合效率（胡云等，2006；Yiotis et al.，2006）。沙冬青茎表皮具平伏短柔毛，因而对茎表皮有较好的保护作用。发达的木质部则使茎硬度大，抗压力强，增强树干的支持力和坚固性。发达的韧皮纤维则使茎以较高的韧性而不易折断（蒋志荣，2000）。柽柳（*Tamarix chinensis*）的茎具同化组织，可代替抱茎的、退化的叶行使光合作用，提高光合速率；内皮层具大型的贮水薄壁细胞，保存了维持生存的大量水分，以度过极干旱时期；维管柱周围分布有厚壁组织，可增强植物机械力量（张道远等，2003；Nassar et al.，2010）。骆驼蓬属（*Peganum*）植物茎的横切面近圆形，表面具棱，表皮细胞较大，髓部发达，均由大型贮水薄壁细胞组成，细胞类圆形，部分细胞内含草酸钙结晶（马骥等，1997）。部分灌木的同化枝具有发达的贮水组织，且普遍具有结晶的特点（黄振英等，1997）。李正理和李荣敖（1981）发现白梭梭（*Haloxylon persicum*）

同化枝中含有黏液细胞，陈庆诚等(1961)发现花棒(*Hedysarum scoparium*)、骆驼刺(*Alhagi sparsifolia*)等植物的茎中同样含有黏液细胞，这些黏液细胞通过提高渗透压来提高植物的保水性与吸水力，具有保水能力，从而为其周围的细胞提供一个较湿的小环境。梭梭、霸王(*Zygophyllum xanthoxylon*)、刺沙蓬(*Salsola ruthenica*)、沙冬青、驼绒藜(*Ceratoides latens*)的茎中常形成异常维管束，即使由于长时间的干旱使茎外侧的组织干枯、脱落，而内部的异常维管束仍然能够担任物质运输的功能，这对于维护植物体内的水分平衡和提高水分的利用效率也可能起着重要作用(胡云等，2006；祝建等，1992；Zhu et al.，2000)。骆驼蓬和驼绒藜厚壁的结合组织可以使韧皮部能更好地避免高温、强光、干旱所造成的损伤，具有积极的生态学意义(黄振英等，1997)。

3. 根

干旱环境下，灌木一般都具有发达的根系，从而增强根系的吸水能力(Horton and Clark，2001)。柽柳为深根性灌木，主根非常发达并且向下直伸，达到地下水后侧根大面积发生，主根、侧根、毛根共同组成相互交错的根系网，具有非常大的吸水面积吸收土壤和浅层水分(Brotherson and Winkel，1986)。琵琶柴(*Reaumuria songonica*)的根系则属于浅根系，绝大部分根系与地面平行伸展，同时有着较大的根幅，这可以使琵琶柴在干旱的生境中在较大的范围内吸取极其有限的水分并最大限度地利用地表水分，从而获得更多的生存机会(蒋礼学和李彦，2008)。梭梭根系拓扑指数大，分支结构较为简单，次级分支较少，近似为鱼尾状分支结构，呈波浪形生长，即当土壤上层水分状况较好时，向上生长；干旱时，转向下生长，以吸取土壤深层水分(郭京衡等，2014)。沙冬青、四合木(*Tetraena mongolica*)、绵刺(*Potaninia mongolica*)和半日花(*Helianthemum songaricum*)虽为直根系植物，主根粗壮，但侧根很发达，且数量多。种子萌发后，地下生长速度为地上生长速度的10 倍～14 倍(刘果厚等，2001)。骆驼刺的根系可达 15 m 深，与地下水发生联系，同时它的地上和地下部面积比极小，可以凭借庞大根系支持其很小面积的地上部分蒸腾(Canadell et al.，1996)。柠条(*Caragana korshinskii*)具有较高的根冠比，根次生结构有发达的韧皮部和木栓层。木栓层为隔热材料，表明柠条根系对沙区高温环境条件具有良好的适应性，同时发达的次生韧皮部也有利于增加根系的长距离运输能力(牛西午等，2003)。沙拐枣、花棒、柠条、羊柴(*Hedysarum mongdicum*)根的次生结构中均具有木栓层，可以防止根部被高温灼伤及根部向沙层反渗透失水(安守芹等，1996)。有些荒漠灌木的根中还具有一些特化器官，如沙冬青的根部具根套，白刺的侧根端具沙套，对根系保水、抗旱和抵御高温等有良好的作用(黄海霞等，2010)。在西伯利亚苔原地带，灌木主要表现为浅根系，且早于禾草生根，这有利于灌木在早期生长季节融雪以后更好地获取营养元素(Wang et al.，2016)。

8.2.1.2 生态特征

1. 贵州省水城县石漠化治理示范区

接骨木(*Sambucus williamsii*)、贵州金丝桃(*Hypericum kouytcheouense*)、刺楤(*Aralia spinifolia*)和莽草(*Illicium lanceolatum*)在贵州喀斯特山区广泛分布，且资源丰富(杨碧仙，2010； 梁婕，2011)。这 4 种植物均为六盘水市水城县玉舍国家森林公园的优势种。具有一定药用价值：接骨木的药用历史悠久，始载于《唐本草》，其根及根皮、茎叶、花朵均供药用。性味甘、苦、平、无毒；具有接骨续筋、活血止痛、祛风利湿之功效。主要用于治疗跌打肿痛、骨折及创伤出血(韩华等，2008)。贵州金丝桃的根及果实入药，具清热解毒、活血、镇痛功效；用于肝炎、感冒、月经不调、小儿疳积等(黄敏等，2000)。刺楤根及根皮主含皂苷类化合物，可供药用，具驳骨、拔毒之功效，治头昏、头痛、风湿痹痛、跌打损伤、蛇伤、强壮、免疫促进、抗肿瘤、抗溃疡及保肝等作用(刘军民等，2000)。莽草因含有 seco-prezizaane 类型的倍半萜类化合物而具有杀虫、抗氧化、抗菌、镇痛、抗肿瘤等多种药理活性，有研究正从莽草中寻找高效、安全、依赖性小的抗炎、镇痛新药先导化合物(梁婕，2011)。

接骨木高 6～8m，主要产于云南东北至西北部，生于海拔 1100～2400m 较湿的灌木丛或林内。吉林、辽宁、河北、山西、陕西、甘肃、江苏、安徽、湖北、湖南、广东、四川有分布。贵州金丝桃生于 640～2000m 的山坡、路旁、灌丛及溪旁。由于金丝桃叶片似柳叶，在日本被称为美容柳，又因其具有较强的环境适应性，使得其在绿化和植被恢复等领域均有广泛的应用前景(王静等，2002)。现被广泛引种栽植，且需求量日益增大。接骨木根系发达、生长迅速，具有较强地生根能力，具有蓄水抗涝、防止水土流失的功能。且本属植物适应性强，具有抗旱、耐瘠薄、抗病虫、防风等特点，还能抗环境污染，在污染较严重的工矿区周围也能生长良好，是公认的抗污树种(王启珍，2002)。因其具有较好外形使其具有景观树的利用价值，接骨木对城市的绿化和生态环境的改变具有较高的意义。且接骨木结实量大，适应性强，具有防火等功能。刺楤分布于广西(元宝山、金秀、梧州)、湖南(黔阳、通道)、江西(瑞金、兴国、寻乌)、福建(武夷山、龙岩、永春、德化、沙县、南平、永安)和广东(乳源、英德、鼎湖山、茂名)。生于山坡或林缘阳光充足处，海拔约 1000m 以下。莽草产于江苏南部、安徽、浙江、江西、福建、湖北、湖南、贵州。生于沿河两岸，阴湿沟谷两旁的混交林或疏林中。可作观赏植物，也可选作厂矿绿化树种。

2. 贵州省普定县石漠化治理示范区

光滑悬钩子(*Rubus tsangii*)是蔷薇科悬钩子属的攀援灌木，喜光、耐旱，适应性强，多分布在 400～1500 m 的向阳山坡，对土壤要求不严，pH 值为 5.5～7.5 均可生长(李志琴，2010)。悬钩子属植物具有很高的开发利用价值，是良好的水土保持及生态造林树种，全国各地均有分布(王浩波等，2009)。光滑悬钩子能够在喀斯特地区正常生长，并能很好地适应该区的异质性环境。光滑悬钩子是贵州省普定县石漠化治理示范区的先锋植物。

8.2.2 光合特征

光合作用是植物对环境变化很敏感的生理过程，植物适应环境是沿着有利于光合作用的方向发展(黄海霞等，2010)。

8.2.2.1 测定方法

参考乔木物种光合作用的测定方法。

8.2.2.2　结果与分析

1. 接骨木和贵州金丝桃光合作用的日变化

1）光合与蒸腾调控因子

PAR 是光合作用的能量来源，*T* 是叶片能量平衡里的感热组分（潜热主要以蒸腾方式耗散掉），两者都与太阳辐射有密切关系。气孔是叶片-大气间 CO_2 和水汽交换的通道，是调控光合和蒸腾的重要生物学因子。由图 8.5 可以看出，伴随着 PAR 的改变，G_s 和叶片温度都发生着改变。3 个因子互相关联，接骨木 T-PAR、PAR-G_s 和 T-G_s 均具有明显的正相关关系，R^2 分别为 0.3688*、0.8948**和 0.3346*；贵州金丝桃 T-PAR、PAR-G_s 和 T-G_s 也都具有明显的正相关关系，R^2 值分别为 0.358*、0.5694** 和 0.35*（*代表达到统计显著水平 $P<0.05$；**代表达到统计极显著水平 $P<0.01$）。

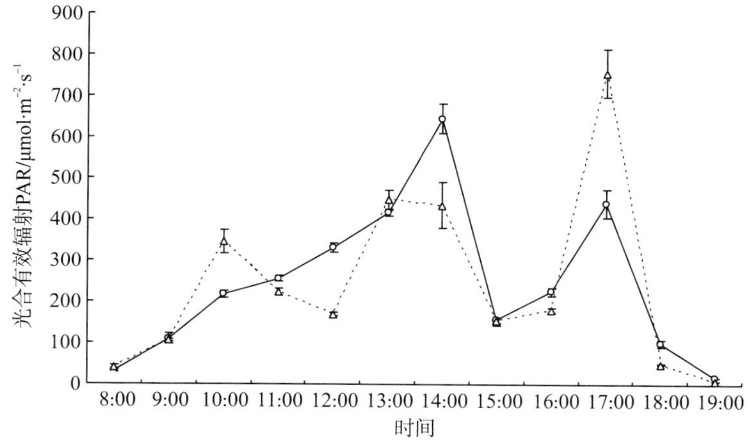

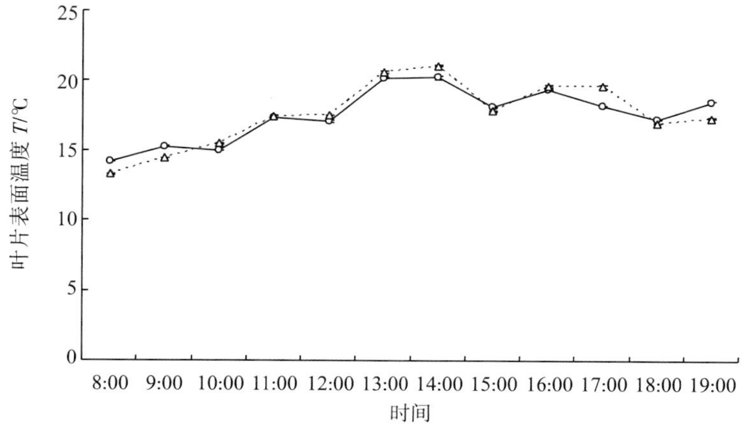

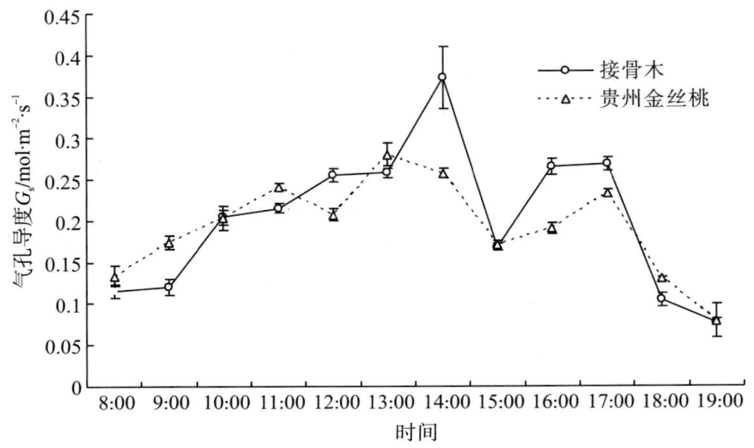

图 8.5　接骨木和贵州金丝桃叶片表面 PAR、叶片表面温度(T)和 G_s 的日变化

Figure 8.5　Daily variations of PAR, leaf temperature (T) and G_s of *S. williamsii* and *H. kouytcheouense*

2) P_N 与 E

在观测时段(8:00～19:00)内，接骨木的 P_N 和 E 出现了类似的走势，而贵州金丝桃则有所不同(图 8.6)。通过相关性分析发现(图 8.7)，P_N-E 具有极显著线性正相关关系(接骨

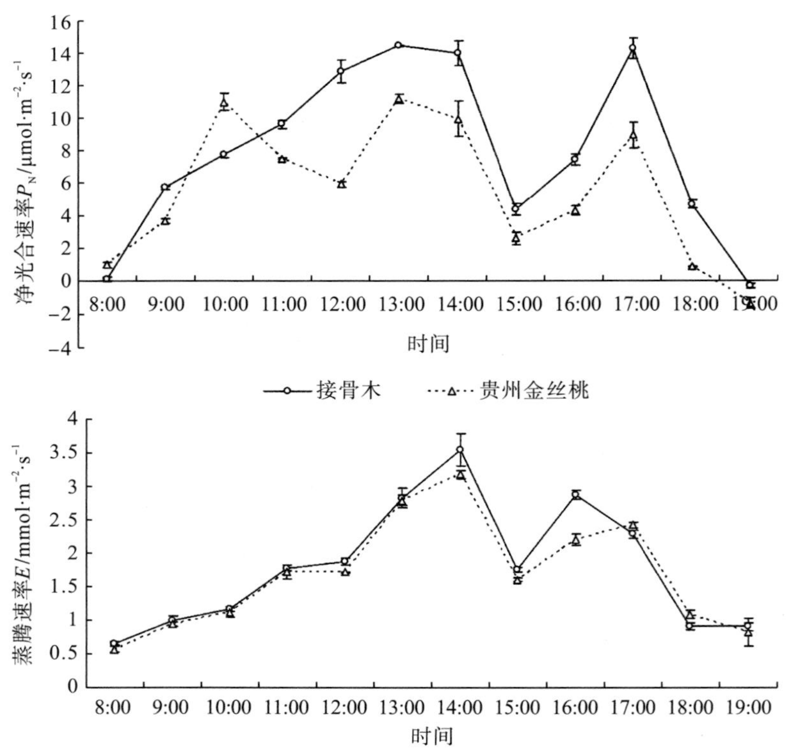

图 8.6　接骨木和贵州金丝桃 P_N 和 E 的日变化

Figure 8.6　Daily variations of P_N and E of *S. williamsii* and *H. kouytcheouense*

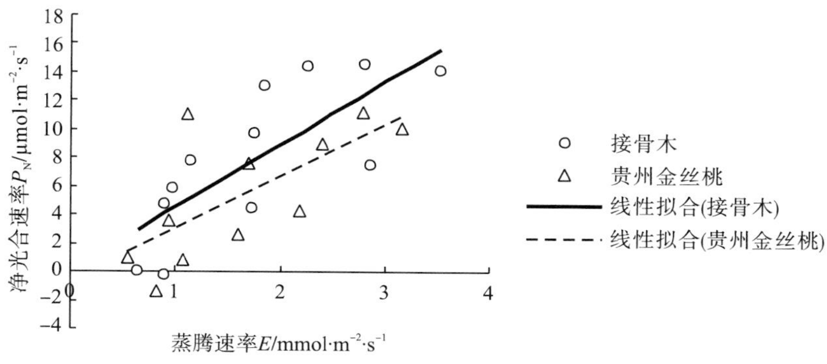

图 8.7 接骨木和贵州金丝桃 P_N-E 的耦合关系

Figure 8.7 The linear coupling relationships between P_N and E of *S. williamsii* and *H. kouytcheouense*

木和贵州金丝桃的 R^2 分别为 0.5958**和 0.4906**，回归直线斜率分别为 0.135、3.660。两种中药材在日变化过程中叶片的光合-蒸腾具有良好的线性耦合关系。从斜率可以得出贵州金丝桃的 WUE 要大于接骨木。

3）光合、蒸腾及其调控因子日变化中的关联关系

在叶片光合、蒸腾及其环境和生理因子日变化中，除叶片温度和光合速率没有相关性外，PAR-P_N、PAR-E、G_s-P_N、T-E 与 G_s-E 都具有形态相似的线性正相关关系，且均达到了显著水平(图 8.8，表 8.20)。影响接骨木光合的主要条件是 PAR，影响 E 的主要条件是 G_s。而对于贵州金丝桃则两者相反。

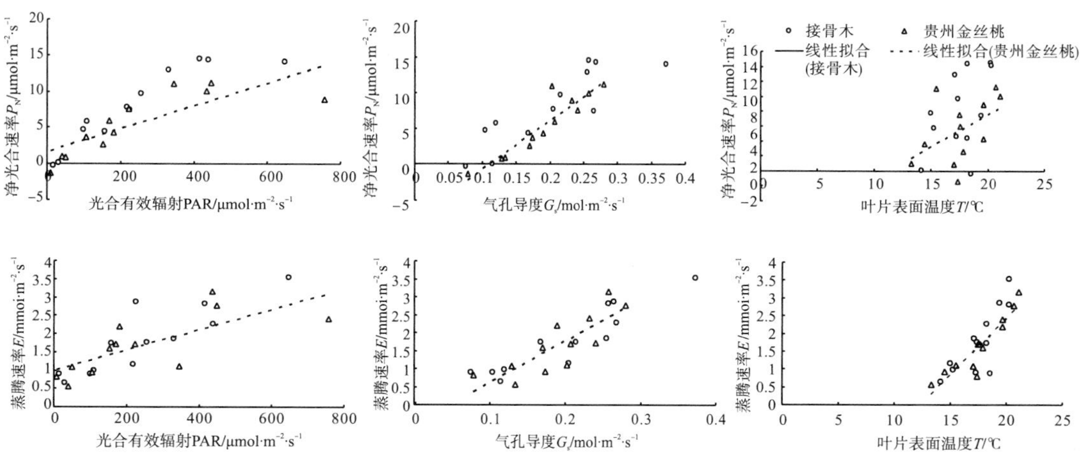

图 8.8 PAR、T 和接骨木和贵州金丝桃 G_s 与 P_N、E 的相关关系

Figure 8.8 The correlations of PAR-P_N, PAR-E, T-P_N ,T-E, G_s-P_N and G_s –E

表 8.20 接骨木和贵州金丝桃 PAR-P_N、PAR-E、T-P_N、T-E、G_s-P_N、G_s-E 的线性拟合方程

Table 8.20 The linear regression equations of PAR-P_N, PAR-E, T-P_N, T-E, G_s-P_N and G_s-E in *S. williamsii* and *H. kouytcheouense*

物种		G_s		PAR		T	
接骨木	P_N	y=52.802x−2.6752	R^2=0.7581**	y=0.0261x+1.5567	R^2=0.8406**	y=1.3288x−15.411	R^2=0.2489
	E	y=9.7701x−0.1859	R^2=0.8489**	y=0.0044x+0.7134	R^2=0.766**	y=0.3797x−4.8972	R^2=0.6647**
贵州金丝桃	P_N	y=68.336x−7.5771	R^2=0.851**	y=0.016x+1.6099	R^2=0.6534**	y=0.865x−9.7608	R^2=2336
	E	y=11.644x−0.5587	R^2=6747**	y=0.0028x+0.9955	R^2=0.5357**	y=0.315x−3.8884	R^2=0.8462**

注：*代表达到统计显著水平 P<0.05，**代表达到统计显著水平 P<0.01。

Note: *represents the significant at the P<0.05 level, **represents the significant at the P<0.01 level.

2. 刺槐和莽草光合作用的日变化

1) P_N 和光能利用率(LUE)

莽草和刺槐叶片的 P_N 日变化趋势大致相似，呈“单峰”趋势。两种植物叶片的 P_N 值都在 10:00 后开始上升，14:00 达到峰值(莽草：7.48 μmol·m^{-2}·s^{-1}、刺槐：14.71 μmol·m^{-2}·s^{-1})，两种植物 P_N 值均在 18:00 达到最低值，分别为−1.65、0.03 μmol·m^{-2}·s^{-1}(图 8.9)。由莽草和刺槐的日均 P_N 值［(刺槐(9.21±1.21μmol·m^{-2}·s^{-1})］>莽草(4.31±0.69 μmol·m^{-2}·s^{-1})可见，莽草的光合生产力高于刺槐。在光能利用效率方面，两种植物均表现出早、晚高，中午低的变化趋势，两种药用植物光能利用效率峰值均在 8:00 达到最高值，10:00 达到最低值；由两种植物叶片的日均 LUE 值［刺槐(6.15%)、莽草(3.19%)］可推断出刺槐对于光强的利用能力高于莽草。

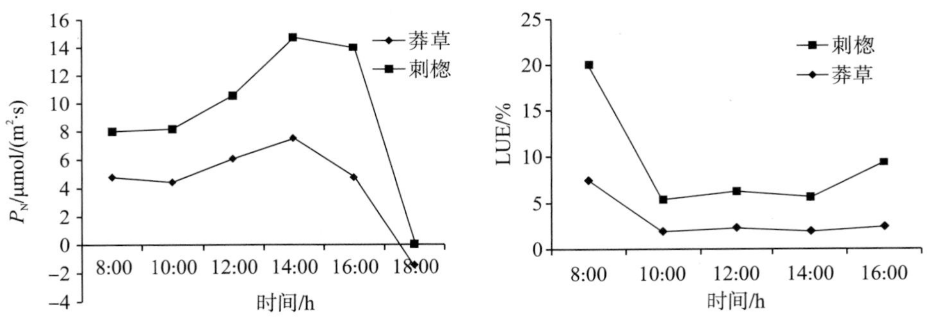

图 8.9 莽草和刺槐叶片 P_N 和光能利用率(LUE)日变化

Figure 8.9 Diurnal change of P_N and LUE in *I. lanceolatum* and *A.spinifolia*

2) G_s 和 C_i 日变化特征

气孔在控制 CO_2 吸收和水分损失的平衡中起着关键作用。由图 8.10 可见，测试时间内，上午 8:00 两种植物叶片 G_s 值最高(刺槐：0.28 mol·m^{-2}·s^{-1}、莽草：0.07 mol·m^{-2}·s^{-1})，为适应光强的增加和温度的升高，莽草的 G_s 呈现以 4 h 为周期的波动，且受外界影响较小。刺槐 G_s 的变化幅度明显大于莽草，说明刺槐的 G_s 更易受环境因子影响。在 8:00～14:00 期间，C_i 值呈现出与 P_N 相反的变化趋势，说明该时间段内随着两种植物叶片光合作用的增强，CO_2的消耗量逐渐增大，C_i降低，于 14:00 达到峰底(刺槐：220.19 μmol·mol^{-1}，莽草：126.91 μmol·mol^{-1})，而后随着 P_N的下降而回升。

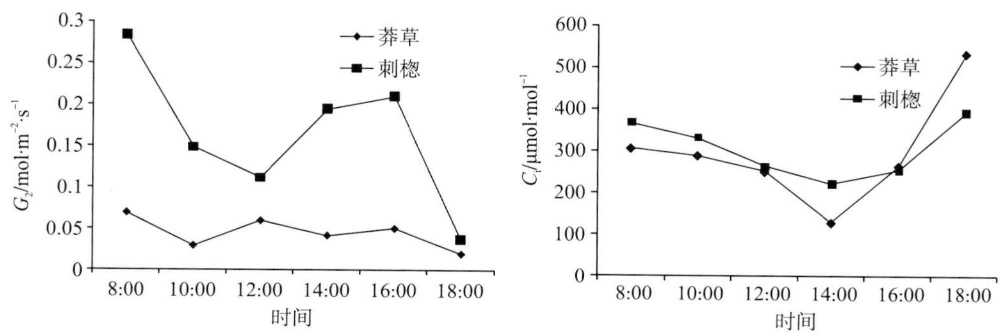

图 8.10　莽草和刺槐 G_s和 C_i日变化

Figure 8.10　Diurnal change of G_s and C_i of *I. lanceolatum* and *A.spinifolia*

3) E 和瞬时 WUE

莽草与刺槐的 E 日变化基本呈先上升后下降的趋势(与 P_N变化趋势一致)，两种植物的 E 峰值均出现在 16:00(莽草：1.19 mmol H_2O·m^{-2}·s^{-1}、刺槐：4.27 mmol H_2O·m^{-2}·s^{-1})(图 8.11)。莽草的 E 日变化较为平缓。两种植物瞬时 WUE 平均值大小顺序为莽草(7.80±2.28 μmol CO_2·mmol^{-1})>刺槐(5.21±0.86 μmol CO_2·mmol^{-1})，说明莽草的瞬时 WUE 高于刺槐。

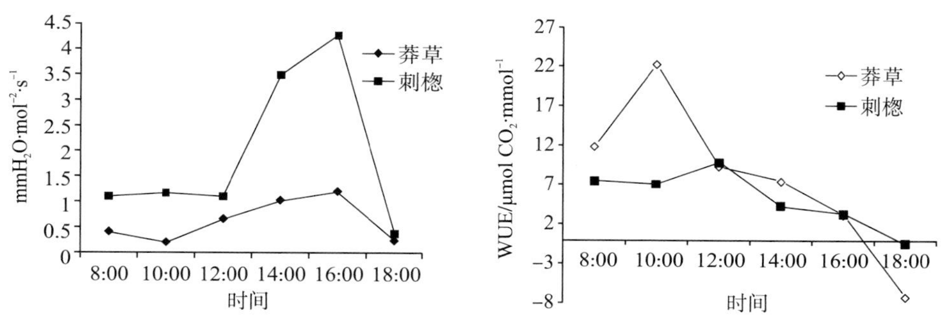

图 8.11　莽草和刺槐 E 和瞬时 WUE 日变化

Figure 8.11　Diurnal change of E and instantaneous *WUE* of *I. lanceolatum* and *A.spinifolia*

4) 两种植物叶片 P_N与各项生理生态因子的关系

莽草和刺槐两种植物叶片的 P_N与生理生态因子的通径分析和相关分析结果见表 8.21、表 8.22 所示。生态因子中，莽草、刺槐的 C_a和 T_a与 P_N均呈不显著相关，其中 C_a呈负相关。两种植物的各生理因子中，莽草叶片的 C_i对 P_N呈极显著负相关。通径分析结果表明，各生态因子对 P_N直接作用大小顺序为 PAR>RH>C_a>T_a。PAR 对莽草叶片 P_N的最大直接效应除源于自身作用外，主要通过 C_i的间接作用影响 P_N，且对 P_N呈最大总效应。生理因子中对莽草叶片 P_N影响大小顺序为 E>G_s>C_i。对于刺槐而言，各生态因

子对其 P_N 影响大小顺序为 PAR>RH>T_a>C_a，而各生理因子对其 P_N 影响顺序为 E>G_s>C_i。

通过决策系数可见，对莽草 P_N 生态因子的决策系数(R^2)依次为 PAR>RH>C_a>T_a，而对刺槵也为 PAR>RH>C_a>T_a。不同的是对莽草 P_N 日变化规律的决定生态因子为 PAR，而刺槵为 PAR 和 RH，其余为限制因子。在生理因子方面，对莽草 P_N 生态因子的决策系数(R^2)依次为 C_i>G_s>E，而对刺槵为 E>C_i>G_s。由表 8.22 可见，影响莽草 P_N 日变化规律的决定生理因子为 C_i 和 G_s，限制因子为 E。而对刺槵决定生理因子为 E，限制因子为 G_s 和 C_i。

表 8.21 莽草和刺槵叶片 P_N 与生理生态因子相关系数

Table 8.21 Correlation coefficients between P_N and physio-ecological factors in *I. lanceolatum* and *A. spinifolia*

植物	生态因子				生理因子		
	PAR	RH	C_a	T_a	E	G_s	C_i
莽草	0.6485**	0.5677*	−0.1632	0.1541	0.4826*	0.5833*	−0.9575**
刺槵	0.7046**	0.5823**	−0.2553	0.1975	0.7235**	0.5081**	−0.2718

注：*表示相关性为显著水平(P<0.05)，**表示相关性为极显著水平(P<0.01)。

Note: *represents the correlation is significant at the P<0.05 level, **represents the correlation is significant at the P<0.01 level.

表 8.22 莽草和刺槵叶片 P_N 与生理生态因子的通径分析

Table 8.22 Path coefficient analysis between P_N and physio-ecological factors in *I. lanceolatum* and *A.spinifolia*

植物	因子	直接效应	间接效应							总效应	决策系数(R^2)
			E	G_s	C_i	PAR	C_a	T_a	RH		
莽草	E	0.4850		0.2071	0.6224	0.3531	0.0792	0.1242	0.0315	1.9025	−0.303
	G_s	0.5943	0.1690		0.4690	−0.0765	−0.0654	0.0539	−0.0548	1.0895	0.283
	C_i	−0.9680	−0.3118	−0.2880		−0.4932	−0.0478	−0.0443	−0.3332	−2.4863	0.863
	PAR	0.6579	0.2603	−0.0691	0.7257		0.1338	0.0181	0.4386	2.1653	0.346
	C_a	−0.1649	−0.2329	0.2356	−0.2804	−0.5335		−0.0323	−0.2718	−1.2802	−0.032
	T_a	0.1561	0.3859	0.2054	0.2748	0.0765	0.0341		−0.2995	0.8333	−0.002
	RH	0.5863	0.0261	−0.0556	0.5502	0.4922	0.0764	−0.0797		1.5959	−0.030
刺槵	E	0.7040		0.3664	0.0357	0.2829	0.0961	0.0952	0.0506	1.6309	0.420
	G_s	0.6098	0.4230		0.2388	−0.0301	−0.0766	0.0740	−0.1352	1.1037	−0.736
	C_i	−0.2878	−0.0873	−0.5059		0.1575	0.1304	−0.0521	0.1994	−0.4458	−0.118
	PAR	0.5934	0.3356	−0.0309	−0.0764		0.1727	0.0097	0.4596	1.4637	0.308
	C_a	−0.2107	−0.3210	0.2218	0.1781	−0.4865		−0.0322	−0.2890	−0.9395	−0.206
	T_a	0.1387	0.4829	0.3252	0.1081	0.0416	0.0489		−0.2902	0.8552	−0.301
	RH	0.5813	0.0613	−0.1419	−0.0987	0.4691	0.1047	−0.0693		0.9065	0.296

3. 光滑悬钩子的光合特征

1) 光合作用的日变化

在中坡位，光滑悬钩子的 P_N 日变化大致表现为双峰曲线，最高值出现在 14:00，为 6.71 μmol·m^{-2}·s^{-1}，日平均 P_N 为 4.00 μmol·m^{-2}·s^{-1}(图 8.12)。在下坡位，光滑悬钩子的 P_N 日变化表现仍为双峰曲线，最高值出现在 13:00，为 5.34 μmol·m^{-2}·s^{-1}，光滑悬钩子的日平均 P_N 为 3.15 μmol·m^{-2}·s^{-1}。

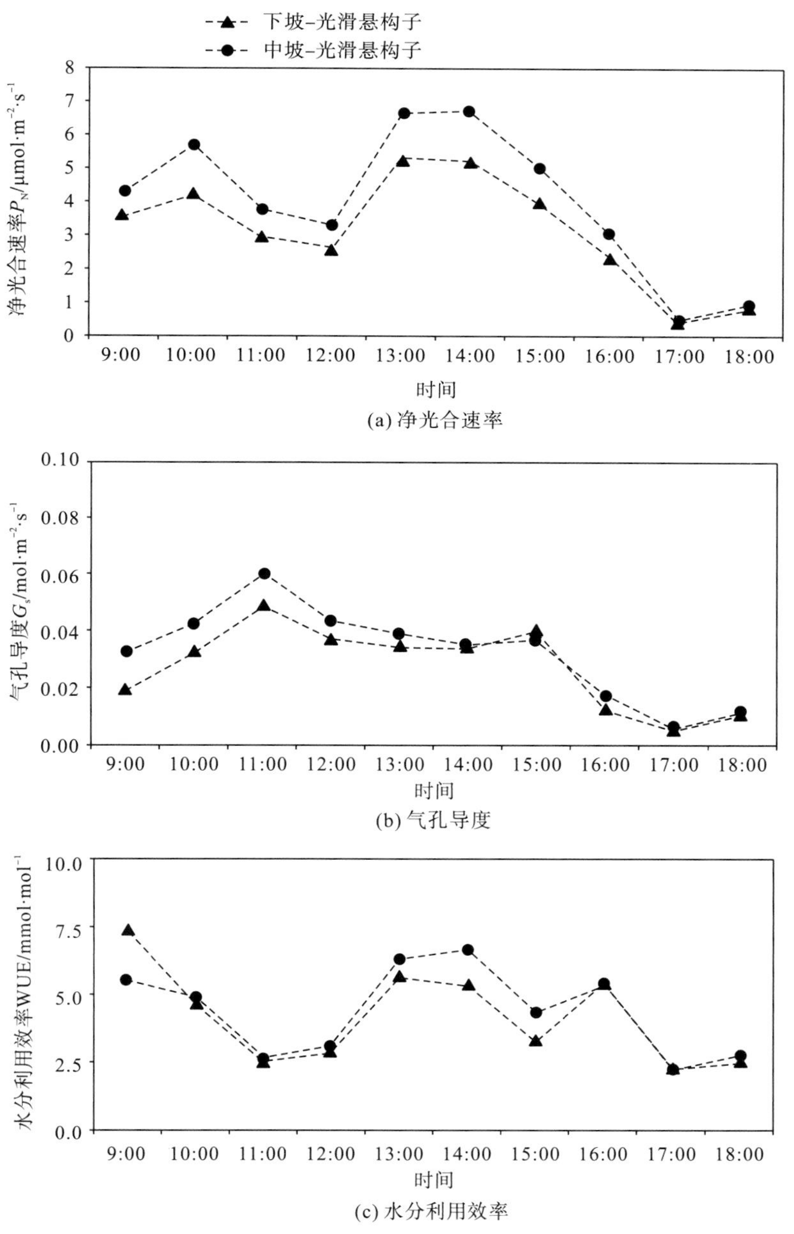

(a) 净光合速率

(b) 气孔导度

(c) 水分利用效率

图 8.12　中坡位与下坡位光滑悬钩子的光合特性日变化

Figure 8.12　Diurnal variation of photosynthetic characteristics of *R. tsangii* in middle slope and downward slope

在中坡位，光滑悬钩子的 G_s 日变化表现为单峰曲线，峰值出现在 11:00，为 0.06 mol·m^{-2}·s^{-1}，光滑悬钩子的日平均 G_s 为 0.03 mol·m^{-2}·s^{-1}。在下坡位，光滑悬钩子的 G_s 日变化表现仍为单峰曲线，最高值同样在 11:00，为 0.05 mol·m^{-2}·s^{-1}。光滑悬钩子的日平均 G_s 为 0.03 mol·m^{-2}·s^{-1}。

光滑悬钩子在中坡位及下坡位两种环境下的 WUE 日变化均呈现双峰趋势。在中坡位，光滑悬钩子的两个峰值分别出现在 9:00 和 14:00，光滑悬钩子的日平均 WUE 值为 4.37 mmol·mol^{-1}。在下坡位，光滑悬钩子的两个峰值分别出现在 9:00 和 13:00，光滑悬钩子的日平均 WUE 值为 4.17 mmol·mol^{-1}。

2) 光合生理特性对 CO_2 浓度的响应

表 8.23 表示的是中坡和下坡光滑悬钩子的光合速率对 CO_2 浓度响应曲线的特征参数。由表 8.23 可知，在下坡位生长的光滑悬钩子的 CE、R_p 和 A_{max} 都显著高于中坡位。

表 8.23 中坡和下坡光滑悬钩子的光合速率对 CO_2 浓度响应曲线的特征参数

Table 8.23 Parameters from the P_N-C_i response curves of *R. tsangii* in middle slope and downward slope

植物	坡位	羧化效率 CE /μmol·m^{-2}·s^{-1}	光下呼吸速率 R_p /μmol·m^{-2}·s^{-1}	最大净光合速率 A_{max}/μmol·m^{-2}·s^{-1}
光滑悬钩子	中坡	0.039±0.004^b	1.891±0.889^b	21.089±1.126^b
	下坡	0.085±0.032^a	5.000±1.802^a	43.260±5.623^a

注：平均值±标准误差(n=5)后面字母表示在同一显著水平 P≤0.05 下，通过单因素方差分析与 t 检验对同一列数据进行差异显著性分析。

Note: The mean±SE (n=5) followed by different letters in the same row differ significantly at P≤0.05, according to one-way ANOVA and t test.

3) 光合生理特性对 PAR 的响应

表 8.24 表示的是中坡和下坡光滑悬钩子的 P_N 对 PAR 响应曲线的特征参数。由表 8.24 可知，光滑悬钩子在下坡位的 Q 小于其在中坡位的值，光滑悬钩子在下坡位的 R_d 和 P_{max} 则均大于其各自在中坡位的值。

表 8.24 中坡和下坡光滑悬钩子的 P_N 对 PAR 响应曲线的特征参数

Table 8.24 Parameters from the P_N-PAR response curves of *R. tsangii* in middle slope and downward slope

植物	坡位	表观量子效率 Q /μmol·m^{-2}·s^{-1}	暗下呼吸速率 R_d/μmol·m^{-2}·s^{-1}	最大净光合速率 P_{max}/μmol·m^{-2}·s^{-1}
光滑悬钩子	中坡	0.067±0.003^a	0.426±0.116^b	15.562±0.188^b
	下坡	0.055±0.005^b	1.648±0.308^a	16.842±0.528^a

注：平均值±标准误差(n=5)后面字母表示在同一显著水平 P≤0.05 下，通过单因素方差分析与 t 检验对同一列数据进行差异显著性分析。

Note: The mean±SE (n=5) followed by different letters in the same row differ significantly at P≤0.05, according to one-way ANOVA and t test.

8.2.2.3　讨论

1. 接骨木和贵州金丝桃

在喀斯特石漠化地区，植物有着独特的调控机理。P_N、E 与各影响因素的相关分析表明，在叶片光合蒸腾及其环境和生理因子日变化中，除叶片温度和光合速率无相关性外，PAR-P_N、PAR-E、G_s-P_N、T-E 与 G_s-E 都具有形态相似的线性正相关关系，且均达到了显著水平(表 8.20)。在 E-P_N 的关系中得出贵州金丝桃 WUE 高于接骨木。

在植物的光合日变化中，以最初 PAR 为起点，各个微环境因素会与光合、蒸腾生理参数进行协同变化(图 8.13)，P_N-T_r 通过建立耦合关系而形成一定的机理机制。PAR 的上升引起 P_N 和 T 的上升，P_N 的增加又消耗了体内 CO_2，引起叶片内 CO_2 浓度差的增大(ΔC)。ΔC 增大又引起叶片“饥饿”，导致 G_s 的增大。T 的升高引起 VPD 增大，VPD 和 G_s 的增大促使 T_r 增强，［T_r 由 G_s 和叶片表面水汽压饱和差(VPD)共同控制，三者间的关系为：

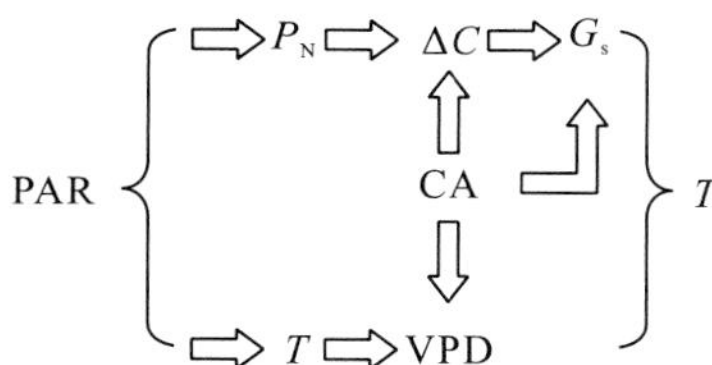

图 8.13　P_N-T_r 耦合关系形成机制

Figure 8.13　The mechanism of P_N-T_r coupling relationship under covariant factors affecting

$T_r = G_s \cdot VPD$］(于贵瑞等，2010)。反之亦然。植物的光合作用是一个对生态因子敏感的复杂生理过程，生态因子不仅直接影响光合作用，而且还通过影响植物的生理因子进而影响光合作用，各种因子间有着错综复杂的关系，植物生长是对于各环境因子综合作用的反映(张新慧和张恩和，2008)。

2. 刺楤和莽草

在光合日变化方面，刺楤叶片的 P_N、LUE 均高于莽草，说明刺楤的作物生产力较高。经通径分析和相关分析可以看出，对莽草 P_N 日变化规律的决定生态因子为 PAR，而刺楤为 PAR 和 RH。莽草 P_N 日变化规律的决定生理因子为 C_i 和 G_s，而对刺楤决定生理因子为 E。这说明不同植物即使在相同的环境条件下，也会表现出不同的适应机制。

3. 光滑悬钩子

中坡位的日均 PAR 高于下坡位，考虑到光滑悬钩子具有喜光性，所以其在中坡位的日均光合效率较高。光滑悬钩子的枝叶生有皮刺，在干旱环境下具有减小水分散失的功能，其 G_s 不会随中坡位 RH 的减小而降低，并能保持较为稳定的 WUE。

CE 可以反映叶片对进入细胞间隙 CO_2 的同化状况，CE 越高，说明光合作用对 CO_2 的利用就越充分(叶子飘和高峻，2008)。下坡位的光滑悬钩子在气孔闭合无机碳源受限的情况下，能够高效利用进入细胞间隙的 CO_2。有研究表明，光呼吸产生的 CO_2 可被光合作用回收利用(Loreto et al.，2001)，那么下坡位生长的光滑悬钩子通过光呼吸而为光合作用

提供 CO_2 的能力比中坡位高。这可能与中坡位光滑悬钩子增大的 G_s 有关，气孔打开有利于大气中 CO_2 进入细胞间隙，光呼吸就可能会受到抑制。叶片暗呼吸是植物分解有机物并释放能量的过程(张富华等，2014)，光滑悬钩子在中坡位的 R_d 低于其在下坡位的值，可能与中坡位拥有较高的日均PAR有关，增强的PAR对暗呼吸产生了一定程度上的抑制。

8.2.3 叶绿素荧光特征

8.2.3.1 测定方法

参考乔木树种叶绿素荧光参数的测定方法。

8.2.3.2 结果与分析

1. 接骨木和贵州金丝桃

对叶绿素荧光特征变化的分析表明(表8.25)，接骨木和贵州金丝桃叶绿素荧光参数没有显著性差别。F_0、F_m 和 F_v/F_m 均十分接近。

表 8.25 接骨木和贵州金丝桃叶绿素荧光参数

Table 8.25 Chlorophyll fluorescence parameters of *S. williamsii* and *H. kouytcheouense*

植物	F_0	F_m	F_v/F_m
接骨木	621.59±2.8739	3124.78±52.0539	0.80±0.0032
贵州金丝桃	621.19±45.1669	3234.57±213.5458	0.81±0.0272

2. 莽草和刺楤

研究表明，叶绿素荧光可与光合特性、水分代谢特性互补，用于植物对环境生态适应性机制的揭示。从表 8.26 可得，刺楤的 F_v/F_m 大于莽草，结合 F_v/F_0 的变化，刺楤相对于莽草表现出较高的潜在的光合能力，由此可推测在喀斯特生境下刺楤相对莽草具有较高的抗胁迫能力。

表 8.26 莽草和刺楤叶绿素荧光参数

Table 8.26 Chlorophyll fluorescence parameters of *I. lanceolatum* and *A.spinifolia*

植物	F_0	F_m	F_v/F_m	F_v/F_0
莽草	919.01±4.43	4001.01±61.06	0.77±0.01	3.35±0.21
刺楤	691.57±3.79	3360.48±33.70	0.89±0.01	3.93±0.15

3. 光滑悬钩子

表 8.27 表示的是光滑悬钩子不同坡位的叶绿素荧光参数。由表 8.27 可知，光滑悬钩子在下坡位的 Φ_{PSII} 值显著高于中坡位。其余各叶绿素荧光参数均无显著差别。

表 8.27　光滑悬钩子的 F_0，F_v/F_m，F_v/F_0 与 Φ_{PSII}

Table 8.27　F_0, F_v/F_m, F_v/F_0 and Φ_{PSII} in *R. tsangii*

植物	坡位	F_0	F_v/F_m	F_v/F_o	Φ_{PSII}
光滑悬钩子	中坡	651.104 ± 14.674^a	0.783 ± 0.015^a	3.656 ± 0.353^a	0.095 ± 0.007^b
	下坡	648.589 ± 22.128^a	0.799 ± 0.002^a	3.982 ± 0.049^a	0.190 ± 0.001^a

注：平均值±标准误差(n=5)后面字母表示在同一显著水平 $P\leqslant0.05$ 下，通过单因素方差分析与 t 检验对同一列数据进行差异显著性分析。

Note: The mean ± SE (n = 5) followed by different letters in the same row differ significantly at $P \leq 0.05$, according to one-way ANOVA and t test.

8.2.3.3　讨论

1. 接骨木和贵州金丝桃

非逆境下的 F_v / F_m 取值在 0.832±0.004 之内，逆境下植物的 PSⅡ结构和功能会发生不同程度的变化(冯建灿等，2002；李伟和曹坤芳，2006)。研究表明两者的 F_0、F_m 和 F_v / F_m 均十分接近；两种药用植物的 F_v / F_m 比值为 0.80～0.81，均低于非逆境下的比值。说明两种药用植物通过本身的调节作用已经适应喀斯特石漠化地区。

2. 莽草和刺楤

通过对比发现，刺楤 PSⅡ最大光化学效率高于莽草，可推测，刺楤的喀斯特适生性高于莽草。

3. 光滑悬钩子

光滑悬钩子 F_v / F_m 、F_v / F_0 值的变化各自都不显著，说明两种环境下其光合结构均未受损伤。而下坡位的光滑悬钩子较高的 Φ_{PSII} 值则有利于提高光能的转化效率，为暗反应的光合同化积累更多所需的能量，以促进碳同化的高效运转和有机物的积累。

8.2.4　碳酸酐酶变化特征

8.2.4.1　测定方法

参考乔木树种 CA 活力的测定方法。

8.2.4.2　结果与分析

1. 接骨木和贵州金丝桃

表 8.28 表示的是接骨木和贵州金丝桃 CA 活力。由表 8.28 可知，接骨木的 CA 活力要显著高于贵州金丝桃，贵州金丝桃 CA 活力过低，几乎无法检测。

2. 莽草和刺楤

两者 CA 活力大小顺序为刺楤(11161.51 ± 1159.2WAU·g^{-1}FW)＞莽草(876.58 ± 62.87 WAU·g^{-1}FW)。由此可推断在喀斯特生境下，刺楤的固碳增汇能力高于莽草，且具有更好的喀斯特生态修复效用。

表 8.28 接骨木和贵州金丝桃 CA 活力

Table 8.28 CA activity in *S. williamsii* and *H. kouytcheouense*

植物	CA 活力 / $WAU \cdot g^{-1}FW$
接骨木	37543.85±5664.00
贵州金丝桃	497.90±167.98

3. 光滑悬钩子

表 8.29 表示的是光滑悬钩子 CA 活力。由表 8.29 可知，光滑悬钩子叶片的 CA 活力由于过低而很难被检测到，不同坡位环境下其 CA 活力没有显著差异。

表 8.29 光滑悬钩子 CA 活力

Table 8.29 CA activity in *R. tsangii*

植物	坡位	CA 活力 / $WAU \cdot g^{-1}FW$
光滑悬钩子	中坡	476.528±84.363a
	下坡	157.070±63.801a

注：平均值±标准误差(n=5)后面字母表示在同一显著水平 $P \leq 0.05$ 下，通过单因素方差分析与 t 检验对同一列数据进行差异显著性分析。

Note: The mean±SE (n=5) followed by different letters in the same row differ significantly at $P \leq 0.05$, according to one-way ANOVA and t test.

8.2.4.3 讨论

研究证明，具有高 CA 活力的喀斯特适生植物在遭受胁迫时，可交替使用大气中的 CO_2 和土壤中的无机碳进行光合作用而发挥固碳增汇的效用(吴沿友等，2011)。植物根系分泌的高活力的 CA 可催化土壤中 CO_2 和 H_2O 转换成 HCO_3^- 和 H^+，加速石灰岩溶解，提高成土速率(李强等，2012)。

8.2.5 无机碳利用特征和水分利用特征

8.2.5.1 测定方法

参考乔木树种稳定碳同位素组成($\delta^{13}C$)的测定方法。

8.2.5.2 结果与分析

1. 接骨木和贵州金丝桃

表 8.30 表示的是接骨木和贵州金丝桃叶片稳定碳同位素组成。由表 8.30 可知，植物叶片的 $\delta^{13}C$ 大小顺序为贵州金丝桃＞接骨木。与上节所阐述的原因相似，接骨木因有极高的碳酸酐酶活力，较强的碳酸氢根离子利用能力，在微酸性的生长环境下，叶片具有偏负的 $\delta^{13}C$ 值。

表 8.30　接骨木和贵州金丝桃叶片稳定碳同位素组成

Table 8.30　Foliar stable carbon isotopic composition of *S. williamsii* and *H. kouytcheouense*

植物	$\delta^{13}C$ / ‰
接骨木	−28.42±0.013
贵州金丝桃	−27.22±0.006

由表 8.30 可知，植物叶片的 $\delta^{13}C$ 大小顺序为贵州金丝桃＞接骨木。

植物利用的无机碳源包括大气中的 CO_2 和土壤中的无机碳，而且是交替利用它们进行无机碳的固定，从而提高植物对无机碳的碳增汇能力(吴沿友，1997)。当植物遭受逆境胁迫时会表现出一系列避害或耐害策略。而 CA 在植物固碳增汇方面起到了很大的作用(Wu et al.，2006)。喀斯特适生植物的叶片中 CA 活力升高，一方面导致 G_s 的减小或气孔关闭，减少蒸腾以防止植物的进一步脱水；另一方面将细胞内的碳酸氢根离子转化成水和 CO_2(吴沿友，2011)。在这个过程中 CA 活力一方面可以直接影响 G_s，也影响着 ΔC 从而间接地影响 G_s；另一方面碳酸氢根转化成的水影响着 VPD。两个方面共同影响着植物的蒸腾作用，从而提高植物对于干旱的抵抗能力。接骨木的 CA 活力远远大于贵州金丝桃，对比两种药用植物接骨木能更好地应对逆境下叶片 G_s 的下降引起 CO_2 的供应不足。也能更好应对喀斯特地区干旱环境。

2. 莽草和刺楤

莽草叶片的 $\delta^{13}C$(−26.931‰)大于刺楤(−28.82‰)。这同样可以用莽草高的碳酸酐酶活力和强的碳酸氢根离子利用能力来解释。但是莽草的 WUE 高于刺楤则可能是 C_i/C_a 与微酸性土壤下强碳酸氢根离子利用能力共同作用的结果，这种作用是由 C_i/C_a 占主导而造成的。也即 C_i/C_a 的作用大于碳酸氢根离子利用。因此，莽草较刺楤更能适应干旱环境。

3. 光滑悬钩子

表 8.31 表示的是光滑悬钩子叶片稳定碳同位素组成。由图 8.31 可知，中坡位生长的光滑悬钩子叶片的 $\delta^{13}C$ 值比下坡位生长的光滑悬钩子叶片的 $\delta^{13}C$ 值要高。

表 8.31　光滑悬钩子叶片稳定碳同位素组成

Table 8.31　Foliar stable carbon isotope composition in *R. tsangii*

植物	坡位	稳定碳同位素组成 $\delta^{13}C$/‰
光滑悬钩子	中坡	−26.634±0.003[a]
	下坡	−28.346±0.374[b]

注：平均值±标准误差（$n=5$）后面字母表示在同一显著水平 $P\leq0.05$ 下，通过单因素方差分析与 t 检验对同一列数据进行差异显著性分析。

Note: The mean±SE （$n=5$） followed by different letters in the same row differ significantly at $P\leq0.05$, according to one-way ANOVA and t test.

光滑悬钩子在中坡位的 $\delta^{13}C$ 值比下坡位显著偏正，在 WUE 较为稳定的情况下，主要是受海拔升高的影响，那么下坡位过于偏负的 $\delta^{13}C$ 值可能还受其他无机碳源的影响。据研究，CO_2释放点靠近叶绿体内侧，且没有边界层、气孔以及细胞壁的限制，因此，光呼吸产生的CO_2极易被光合作用重新利用(Loreto et al.，2001)，但经过光合作用过程中同位素的分馏作用，稳定碳同位素组成将变得比大气CO_2的$\delta^{13}C$值更为偏负，如果光呼吸产生的CO_2被光滑悬钩子的光合过程重新利用后，其叶片的$\delta^{13}C$值就将变得更为偏负。下坡位光滑悬钩子叶片的$\delta^{13}C$比中坡位的光滑悬钩子叶片的$\delta^{13}C$偏负，这与下坡位光滑悬钩子叶片的光呼吸较强有关。

8.2.6 综合评价

8.2.6.1 贵州省水城县石漠化治理示范区

贵州金丝桃的水分利用率高于接骨木，但接骨木的CA活力远远大于贵州金丝桃。对比两种药用植物，接骨木能更好地应对逆境下因叶片G_s下降所引起的CO_2的供应不足。也能更好地应对喀斯特地区的干旱环境。

不同植物即使在相同的环境条件下，也会表现出不同的适应机制。刺槐是以高光合、高蒸腾速率来适应喀斯特环境的，而莽草则是以低蒸腾、高水分利用率来适应喀斯特环境的。刺槐具有高于莽草的生产力，而莽草较刺槐则更能适应干旱环境。

水城县这几种代表性灌木同样都体现出了对于喀斯特逆境的不同程度的适应性。对于特定生态因子的敏感及不同响应、适应机制的多样化、碳获取方式及利用特性的多样化，使得这几种植物对水城县的喀斯特逆境具有多样性的适应性机制，且能够在异质性的喀斯特逆境中拥有良好的生长状况，这几种植物的配置对该地区复杂、稳定、多样性的生态系统的构建较为有利。玉舍国家森林公园石漠化综合治理示范区的物种配置(接骨木+贵州金丝桃+刺槐+莽草)是个兼具适生性、多样性与稳定性的人工灌木群落。同样可以推广到方圆200km^{2}的喀斯特生态系统的修复和重建区域。

8.2.6.2 普定县石漠化治理示范区

光滑悬钩子主要利用大气中的CO_2进行光合作用。下坡位的光滑悬钩子拥有较高的呼吸速率，能够更加有效地分解有机物并释放能量。但是中坡位的光滑悬钩子表现出较高的P_N和光能利用效率。因为光滑悬钩子的枝叶具有皮刺，能够有效保持水分，所以中坡位相对较低的RH也不会影响光滑悬钩子的PSII的活性、气孔开度以及WUE。同时考虑到两种环境下的大气CO_2浓度没有显著差别，而中坡位的PAR显著较高，所以选择中坡位作为光滑悬钩子的适宜种植环境。

该地区的光滑悬钩子对喀斯特异质性环境同样具有很好的适应性，且能够在不同坡位生长，它同样具有多样性的光合生理适应性机制，能够应对喀斯特逆境下气孔开度过小、碳源不足的特殊情况，是构建稳定生态系统的良好树种。普定县陈家寨-沙湾石漠化综合治理试验示范区的光滑悬钩子同样是个兼具适生性、多样性与稳定性的灌木树种，可以推广种植在方圆200km^{2}的喀斯特生态系统的修复和重建区域。

参考文献

安守芹，张称意，王玉魁，等. 1996. 四种沙生植物营养器官的比较研究. 中国草地，3: 30-36.

白卉，邢亚娟，李春明. 2008. 山杨优树选择标准. 中国林副特产，3: 57-58.

白占国，万国江. 1998. 贵州碳酸盐岩区域的侵蚀速率及环境效应研究. 土壤侵蚀与水土保持学报，4(1): 1-7.

曹建华，袁道先，董立强. 2008. 中国西南岩溶生态系统特征与石漠化综合治理对策. 草业科学，25(9): 40-50.

陈庆诚，孙仰文，张国梁. 1961. 疏勒河中下游植物群落优势种生态-形态解剖特性的初步研究. 兰州大学学报(自然科学版)，(3): 61-96.

陈云明，梁一民，程积民. 2002. 黄土高原林草植被建设的地带性特征. 植物生态学报，26(3): 339-345.

杜雪莲，王世杰，葛永罡，等. 2008. 喀斯特石漠化过程的植物叶片 $\delta^{13}C$ 值变化及其环境分析. 自然科学进展，18(4): 413-423.

冯建灿，胡秀丽，毛训甲. 2002. 叶绿素荧光动力学在研究植物逆境生理中的应用. 经济林研究，4: 14-18.

高邦权，张光富. 2005. 南京老山国家森林公园朴树种群结构与分布格局研究. 广西植物，25(5): 406-412.

郭京衡，曾凡江，李尝君，等. 2014. 塔克拉玛干沙漠南缘三种防护林植物根系构型及其生态适应策略. 植物生态学报，38(1): 36-44.

郭柯，刘长成，董鸣. 2011. 我国西南喀斯特植物生态适应性与石漠化治理. 植物生态学报，35(10): 991-999.

韩华，闫雪莹，匡海学，等. 2008. 接骨木的研究进展. 中医药信息，25(6): 14-16.

何方. 2003. 中国中亚热带荒漠化及其防治. 中国水土保持，(5): 12-14.

胡阳，邓艳，蒋忠诚，等. 2015. 典型岩溶山区植被恢复对土壤团聚体分布及稳定性的影响. 水土保持通报，35(1): 61-67.

胡云，燕玲，李红. 2006. 14 种荒漠植物茎的解剖结构特征分析. 干旱区资源与环境，20(2): 202-208.

黄海霞，王刚，陈年来. 2010. 荒漠灌木逆境适应性研究进展. 中国沙漠, 30(5): 1060-1067.

黄敏，陈龙珠，胡剑波，等. 2000. 贵州金丝桃属药用植物种类与分布. 中国中药杂志，25(8): 458-461.

黄振英，吴鸿，胡正海. 1997. 30 种新疆沙生植物的结构及其对沙漠环境的适应.植物生态学报，21(6):521-530.

蒋礼学，李彦. 2008. 三种荒漠灌木根系的构形特征与叶性因子对干旱生境的适应性比较. 中国沙漠，28(6): 1118-1124.

蒋志荣. 2000. 沙冬青抗旱机理的探讨. 中国沙漠，20(1): 71-74.

旷远文，温达志，闫俊华，等. 2010. 贵州普定喀斯特森林 3 种优势树种叶片元素含量特征. 应用与环境生物学报，16(2): 159-163.

李成林. 2009. 光皮桦苗期生长节律研究. 福建林业科技，36(3): 41-43.

李强，何媛媛，曹建华，等. 2012. 植物碳酸酐酶对岩溶作用的影响及其生态效应. 生态环境学报，20(12): 1867-1871.

李清河，江泽平，张景波，等. 2006. 灌木的生态特性与生态效能的研究与进展. 干旱区资源与环境，20(2): 159-164.

李涛，余龙江. 2006. 西南岩溶环境中典型植物适应机制的初步研究. 地学前缘，13(3): 180-184.

李伟，曹坤芳. 2006. 干旱胁迫对不同光环境下的三叶漆幼苗光合特性和叶绿素荧光参数的影响. 西北植物学报，26(2): 266-275.

李新荣. 2000. 试论鄂尔多斯高原灌木多样性的若干特点. 资源科学，22(3): 54-59.

李正理，李荣敖. 1981. 我国甘肃九种旱生植物同化枝解剖结构观察. 植物学报，23(3): 181-185.

李志琴. 2010. 悬钩子属野生植物在贵州的开发与保护. 农技服务，27(1): 100.

梁婕. 2011. 莽草的化学成分和生物活性研究. 福州：福建中医药大学.

林世青，许春辉，张其德，等. 1992. 叶绿素荧光动力学在植物抗性生理学、生态学和农业现代化中的应用. 植物学报，9(1):

1-16.
刘果厚，高润宇，赵培英. 2001. 珍稀濒危植物沙冬青、四合木、绵刺和半日花等四种旱生灌木在环境胁迫下的生存对策分析. 内蒙古农业大学学报，22(3): 66-69.
刘家琼. 1982. 我国荒漠不同生态类型植物的旱生结构. 植物生态学与地植物学丛刊，6(4): 314-319.
刘家琼，蒲锦春，刘新民. 1987. 我国沙漠中部地区主要不同类型植物的水分和旱生结构的比较研究. 植物学报，29(6): 662-673.
刘军民，丁平，徐鸿华，等. 2000. 长刺楤木的生药学研究. 广州中医药大学学报，17(2): 173-175+194.
刘再华. 2001. 碳酸酐酶对碳酸盐岩溶解的催化作用及其在大气 CO_2 沉降中的意义. 地球学报，22(5): 432-432.
罗青红，李志军，伍维模，等. 2006. 胡杨、灰叶胡杨光合及叶绿素荧光特性的比较研究. 西北植物学报，26(5): 983-988.
马骥，王勋陵，王燕春. 1997. 骆驼蓬属营养器官的旱生结构. 西北植物学报，17(4): 478-482.
孟繁荣，汤兴俊. 2001. 山杨苗木的菌根类型及对苗木促生作用的研究. 菌物学报，20(4): 552-555.
宁晨，闫文德，叶生晶，等. 2011. 喀斯特城市亮叶桦意杨混交林生态系统生物量及生产力研究. 中南林业科技大学学报，31(5): 161-166.
牛西午，丁玉川，张强，等. 2003. 柠条根系发育特征及有关生理特性研究. 西北植物学报，23(5): 860-865.
裴保华，周宝顺. 1993. 三种灌木耐旱性研究. 林业科学研究，(6): 597-602.
覃星铭，蒋忠诚，何丙辉，等. 2014. 南洞流域东部重点区石漠化现状及治理对策. 中国岩溶，33(4): 456-462.
邱靖，伊贤贵，汤庚国，等. 2016. 黄山水榆花楸群落结构分析. 四川农业大学学报，34(3): 304-311.
任叔辉. 2007. 朴树在生态园林建设中的应用研究. 防护林科技，4: 108-109
容丽，王世杰，刘宁，等. 2005. 喀斯特山区先锋植物叶片解剖特征及其生态适应性评价——以贵州花江峡谷区为例. 山地学报，23(1): 35-42.
山宝琴，贺学礼. 2007. 毛乌素沙地 12 种蒿属植物叶的解剖特征. 西北农林科技大学学报，35(6): 211-217.
司彬，姚小华，任华东，等. 2008. 黔中喀斯特植被恢复演替过程中土壤理化性质研究. 江西农业大学学报，30(6): 1122-1125.
孙双峰，黄建辉，林光辉，等. 2005. 稳定同位素技术在植物水分利用研究中的应用. 生态学报，25(9): 2362-2371.
孙艳秋，郭跃伟. 2006. 轮叶木姜子化学成分的研究. 中国科技论文，1(1): 76-78.
陶金川，宗世贤，杨志斌. 1990. 银鹊树群落生物量和能量的分配. 植物生态学报，14(4): 319-327.
田丽艳，郎赟超，刘丛强，等. 2013. 贵州普定喀斯特坡地土壤剖面有机碳及其同位素组成. 生态学杂志，32(9): 2362-2367.
王恩苓. 2004. 加快干旱、半干旱地区灌木林发展. 防护林科技，(1): 22-24.
王浩波，李继红，杨堂亮，等. 2009. 云南省悬钩子属植物多样性的地理分布格局. 大理学院学报，8(8): 63-66.
王静，彭树林，王明奎，等. 2002. 金丝桃的化学成分. 中国中药杂志，27(2): 120-122.
王启珍. 2002. 接骨木食用药用价值及开发利用. 中国林副特产，21(2): 59-60.
王沙生，高荣孚，吴贯明. 1991. 植物生理学. 北京: 中国林业出版社.
王世杰. 2002. 喀斯特石漠化概念演绎及其科学内涵的探讨. 中国岩溶，21(2): 101-105.
王新洲，胡忠良，杜有新，等. 2010. 喀斯特生态系统中乔木和灌木林根际土壤微生物生物量及其多样性的比较. 土壤，42(2): 224-229
王耀之，王勋陵，李蔚. 1983. 荒漠化草原常见植物叶内部结构的观察. 兰州大学学报，19(3): 87-96.
汪玉如，刘仁林，廖为明. 2009. 白栎果实矿质元素积累的动态规律. 江西农业大学学报，30(1): 104-108.
吴沿友. 1997. 喀斯特适生植物诸葛菜综合研究. 贵阳: 贵州科技出版社.
吴沿友. 2011. 喀斯特适生植物固碳增汇策略. 中国岩溶，30(4): 461-465.

吴沿友，邢德科，刘莹. 2011. 植物利用碳酸氢根离子的特征分析. 地球与环境，39(2): 273-277.

项文化，田大伦，闫文德，等. 2004. 白栎光合特性对二氧化碳浓度增加和温度升高的响应. 浙江农林大学学报，21(3):247-253.

向艳辉. 2004. 万峰山自然保护区灌木林特点及保护开发意见. 林业调查规划，29(2): 57-60.

谢春平. 2006. 濒危植物银鹊树研究进展(综述). 亚热带植物科学，35(4): 71-74.

徐雯佳，刘琪璟，马泽清，等. 2008. 江西千烟洲不同恢复途径下白栎种群生物量. 应用生态学报，19(3): 459-466.

许忠海，高金辉，张厚良，等. 2012. 不同种源区山杨生长现状分析. 黑龙江生态工程职业学院学报，25(5): 11-13.

燕玲，李红，刘艳. 2002. 13 种锦鸡儿属植物叶的解剖生态学研究. 干旱区资源与环境，16(1): 100-106.

严小红，张凤仙，谢海辉，等. 2000. 木姜子属化学成分研究概况. 热带亚热带植物学报，8(2): 171-176.

杨碧仙. 2010. 贵州省五加科药用植物的生境和地理分布研究. 时珍国医国药，21(6): 1505-1506.

杨吉华，李红云，李焕平，等. 2007. 4 种灌木林地根系分布特征及其固持土壤效应的研究. 水土保持学报，21(3): 48-51.

叶波，吴永波，邵维，等. 2014. 高温干旱复合胁迫及复水对构树(*Broussonetia papyrifera*)幼苗光合特性和叶绿素荧光参数的影响. 生态学杂志，33(9): 2343-2349.

叶子飘，高峻. 2008. 丹参羧化效率在其 CO_2 补偿点附近的变化. 西北农林科技大学学报(自然科学版)，36(5): 160-164.

叶子飘，于强. 2008. 光合作用光响应模型的比较. 植物生态学报，32(6): 1356-1361.

于贵瑞，庄杰，胡中民，等. 2010. 植物蒸腾作用的生理生态学基础. 北京: 科学出版社.

袁志发，周静芋，郭满才，等. 2001. 决策系数—通径分析中的决策指标. 西北农林科技大学学报:自然科学版，29(5): 131-133.

张道远，尹林克，潘伯荣. 2003，柽柳属植物抗旱性能研究及其应用潜力评价. 中国沙漠，23(3): 252-256.

张富华，胡聃，孙凡，等. 2014. 北京城区夏、秋季节短期增温对月季暗呼吸及光合参数的影响. 生态学报，34(24): 7385-7392

张红星，张硕新，雷瑞德. 2005. 火地塘油松群落中 9 种植物光合特性研究. 西北林学院学报，20(1): 20-24.

张新慧，张恩和. 2008. 当归叶片光合参数日变化及其与环境因子的关系. 西北植物学报，28(11): 2314-2319.

赵宏娅，李霄. 2009. 贵州省城市酸雨形势的初步分析. 贵州气象，33(4): 29-30.

郑桂芬，王帅. 2017. 水榆花楸生物学特性及育苗技术. 防护林科技，6: 120-121.

郑振宇，龙翠玲. 2015. 茂兰自然保护区喀斯特森林乔木植物功能型分类. 湖北农业科学，54(4): 843-847.

朱守谦. 2003. 喀斯特森林生态系统研究 III. 贵阳: 贵州科技出版社.

祝建，张泓，马德滋，等. 1992. 旱生植物驼绒藜茎的异常次生结构及其发育.西北植物学报，12(2): 23-27.

Aubuchon R R，Thompson D R，Hinckley T M. 1978. Environmental influences on photosynthesis within the crown of a white oak. Oecologia，35(3): 295-306.

Badger M R，Price G D. 1994. The role of carbonic anhydrase in photosynthesis. Annual review of plant physiology and plant molecular biology，45(1): 369-392.

Baker N R. 1991. A possible role for photosystem II in environmental perturbations of photosynthesis. Plant physiology，81(4): 563-570.

Brotherson J D，Winkel V. 1986. Habitat relationships of saltcedar (*Tamarix ramosissima*) in central Utah. Great Basin Naturalist，46(3): 535-541.

Bubier J L，Smith R，Juutinen S，et al. 2011. Effects of nutrient addition on leaf chemistry，morphology and photosynthetic capacity of three bog shrubs. Oecologia，167(2): 355-368.

Canadell J，Jackson R B，Ehleringer J R，et al. 1996. Maximum root depth of vegetation types at the global scale. Oecologia，108: 583-595.

Chen J W，Zhang Q，Cao K F. 2009. Inter-species variation of photosynthetic and xylem hydraulic traits in the deciduous and evergreen Euphorbiaceae tree species from a seasonally tropical forest in southwestern China. Ecological Research，24: 65-73.

Cheon S M，Jang I，Lee M H，et al. 2017. *Sorbus alnifolia* protects dopaminergic neurodegeneration in *Caenorhabditis elegans*. Pharmaceutical Biology，55(1): 481-486.

Clark I D，Fritz P. 1997. Environmental isotopes in hydrogeology. New York: CRC Press.

Dai Q H, Peng X D, Yang Z, et al. 2017. Runoff and erosion processes on bare slopes in the karst rocky desertification area. Catena, 152: 218-226.

Fahn A. 1964. Some anatomical adaptations of desert plants. Phytomorphology，14: 93-102.

Fairless D. 2007. Biofuel: the little shrub that could—maybe. Nature，449(7163): 652-655.

Fan D Y，Jie S L，Liu C C，et al. 2011. The trade-off between safety and efficiency in hydraulic architecture in 31 woody species in a karst area. Tree Physiology，31(8): 865-877.

Farquhar G D，Ehleringer J R，Hubick K T. 1989. Carbon isotope discrimination and photosynthesis. Annual review of plant biology, 40(1): 503-537.

Farquhar G D，Richards R A. 1984. Isotopic composition of plant carbon correlates with water-use efficiency of wheat genotypes. Australian Journal of Plant Physiology，11(6):539-552.

Galle A，Florez-Sarasa I，Thameur A，et al. 2010. Effects of drought stress and subsequent rewatering on photosynthetic and respiratory pathways in *Nicotiana sylvestris* wild type and the mitochondrial complex l-deficient CMSII mutant. Journal of Experimental Botany，61(3): 765-775.

Gitelson A A，Gritz Y，Merzlyak M N. 2003. Relationships between leaf chlorophyll content and spectral reflectance and algorithms for non-destructive chlorophyll assessment in higher plant leaves. Journal of Plant Physiology，160(3): 271-282.

Gray D W, Gardon Z G, Lewis L A. 2006. Simultaneous collection of rapid chlorophyll fluorescence induction kinetics, fluorescence quenching parameters, and environmental data using an automated PAM-2000/CR10X data logging system. Photosynthesis Research，87(3): 295-301.

Guo D P, Guo Y P, Zhao J P, et al. 2005. Photosynthetic rate and chlorophyll fluorescence in leaves of stem mustard（*Brassica juncea* var. tsatsai）after turnip mosaic virus infection. Plant Science，168(1): 57-63.

Guo W H，Li B，Zhang X S，et al. 2010. Effects of water stress on water use efficiency and water balance components of *Hippophae rhamnoides* and *Caragana intermedia* in the soil-plant-atmosphere contimuum. Agroforestry Systems，80(3): 423-435.

Ho C L，Jie-Pinge O，Liu YC，et al. 2010. Compositions and in vitro anticancer activities of the leaf and fruit oils of *Litsea cubeba* from Taiwan. Natural Product Communications，5(4): 617-620.

Horton J L，Clark J L. 2001. Water table decline alters growth and survival of *Salix gooddingii* and *Tamarix chinensis* seedlings. Forest Ecology and Management，140(2): 239-247.

Hu H H，Boisson-Dernier A，Israelsson-Nordström M，et al. 2010. Carbonic anhydrases are upstream regulators of CO_2-controlled stomatal movements in guard cells. Nature Cell Biology，13(6): 734-734.

Hu J X，Yang H，Long X H，et al. 2016. Pepino（*Solanum muricatum*）planting increased diversity and abundance of bacterial communities in karst area. Scientific Reports，6: 21938.

Karban R，Pezzola E. 2017. Effects of a multi-year drought on a drought-adapted shrub，Artemisia tridentata. Plant Ecology，218: 547-554.

Kieber R J, Rudolph K A, Burgess S K, et al. 1998. Effect of acid rain on alkalinity and calcium carbonate dissolution in the albemarle sound of north carolina，USA. Journal of the Elisha Mitchell Scientific Society，114: 63-71.

Li R H, Guo P G, Baum M, et al. 2006a. Evaluation of chlorophyll content and fluorescence parameters as indicators of drought tolerance in barley. Journal of Integrative Agriculture, 5(10): 751-757.

Li Y F, Luo A C, Muhammad J H, et al. 2006b. Effect of phosphorus deficiency on leaf photosynthesis and carbohydrates partitioning in two rice genotypes with contrasting low phosphorus susceptibility. Rice Science, 13(4): 283-290.

Lim F K S, Pollock L J, Vesk P A. 2017. The role of plant functional traits in shrub distribution around alpine frost hollows. Journal of Vegetation Science, 28: 585-594.

Liu C C, Liu Y G, Fan D Y, et al. 2012. Plant drought tolerance assessment for re-vegetation in heterogeneous karst landscapes of southwestern China. Flora, 207(1): 30-38.

Loreto F, Velikova V, Marco G D. 2001. Respiration in the light measured by $^{12}CO_2$ emission in $^{13}CO_2$ atmosphere in maize leaves. Australian Journal of Plant Physiology, 28(11):1103-1108.

Martin C A, Sharp W P, Ruter J M, et al. 1994. Alterations in leaf morphology of two landscape shrubs in response to disparate climate and paclobutrazol. Hortscience, (11): 1321-1325.

Mooney H A. 1972. The carbon balance of plants. Annual review of ecology and systematics, 3: 315-346.

Motomura H, Ueno O, Kagawa A, et al. 2008. Carbon isotope ratios and the variation in the diurnal pattern of malate accumulation in aerial roots of CAM species of *Phalaenopsis* (Orchidaceae). Photosynthetica, 46(4): 531-536.

Nassar N M A, Abreu L F A, Teodoro D A P, et al. 2010. Drought tolerant stem anatomy characteristics in *Manihot esculenta* (Euphorbiaceae) and a wild relative. Genetics and Molecular Research Gmr, 9(2): 1023-1031.

Panda D, Sharma S G, Sarkar R K. 2008. Chlorophyll fluorescence parameters, CO_2 photosynthetic rate and regeneration capacity as a result of complete submergence and subsequent reemergence in rice (*Oryza sativa* L.). Aquatic Botany, 88(2): 127-133.

Razavi F, Pollet B, Steppe K, et al. 2008. Chlorophyll fluorescence as a tool for evaluation of drought stress in strawberry. Photosynthetica, 46(4): 631-633.

Roháček K, Barták K M. 1999. Technique of the modulated chlorophyll fluorescence: Basic concepts, useful parameters, and some applications. Photosynthetica, 37(3): 339-363.

Rong J Y, Johnson M E. 1996. A stepped karst unconformity as an Early Silurian rocky shoreline in Guizhou Province (South China). Palaeogeography Palaeoclimatology Palaeoecology, 121(3-4): 115-129.

Sasaki H, Hirose T, Watanabe Y, et al. 1998. Carbonic anhydrase activity and CO_2-transfer resistance in Zn-deficient rice leaves. Plant Physiology, 118(3): 929-934.

Schifman L A, Stella J C, Volk T A, et al. 2012. Carbon isotope variation in shrub willow (*Salix* spp.) ring-wood as an indicator of long-term water status, growth and survival. Biomass and Bioenergy, 36(1): 316-326.

Schwender J, Goffman F, Ohlrogge J B, et al. 2004. Rubisco without the Calvin cycle improves the carbon efficiency of developing green seeds. Nature, 432(7018): 779-782.

Takafumi H, Hiura T. 2009. Effects of disturbance history and environmental factors on the diversity and productivity of understory vegetation in a cool-temperate forest in Japan. Forest Ecology and Management, 257(3): 843-857.

Tcherkez G, Mahé A, Gauthier P, et al. 2009. In folio respiratory fluxomics revealed by ^{13}C isotopic labeling and H/D isotope effects highlight the noncyclic nature of the tricarboxylic acid "cycle" in illuminated leaves. Plant Physiology, 151(2): 620-630.

Terry N, Ulrich A. 1973. Effects of phosphorus deficiency on the photosynthesis and respiration of leaves of sugar-beet. Plant Physiology, 51(1): 43-47.

Volkmar K M, Hu Y, Steppuhn H. 1998. Physiological responses of plants to salinity. Canadian Journal of Plant Science, 78(1):

19-27.

Walters M B，Kpuger E L，Reich P B. 1993. Relative growth rate in relation to physiological and morphological traits for northern hardwood tree seedlings: species，light environment and ontogenetic considerations. Oecologia，96 (2) : 219-231.

Wang P，Mommer L，Ruijven J V，et al. 2016. Seasonal changes and vertical distribution of root standing biomass of graminoids and shrubs at a Siberian tundra sit. Plant and Soil，407 (1-2) : 1-11.

Wang T L，Tigerstedt P M A，Viherä-Aarnio A. 1995. Photosynthesis and canopy characteristics in genetically defined families of silver birch（*Betula pendula*）. Tree Physiology，15 (10) : 665-671.

Wilbur K M，Anderson N G. 1948. Electrometric and colorimetric determination of carbonic anhydrase. Journal of Biological Chemistry，176 (1) : 147-154.

Wu Y Y，Li X T，Li P P，et al. 2006. Comparison of carbonic anhydrase activity among various species of plantlets. Plant Cell Tissue and Organ Culture，84 (1) : 124-127.

Wu Y Y，Liu C Q，Li P P，et al. 2009. Photosynthetic characteristics involved in adaptability to Karst soil and alien invasion of paper mulberry (*Broussonetia papyrifera* (L.) Vent.) in comparison with mulberry (*Morus alba* L.) . Photosynthetica，47 (1) : 155-160.

Wu Y Y，Shi Q Q，Wang K，et al. 2011. An electrochemical approach coupled with Sb microelectrode to determine the activities of carbonic anhydrase in the plant leaves. *In*: Zeng D.（ed.）Future Intelligent Information Systems. LNEE 86，Berlin：Springer，pp. 87-94.

Wu Y Y，Xing D K，2012. Effect of bicarbonate treatment on photosynthetic assimilation of inorganic carbon in two plant species of Moraceae. Photosynthetica，50 (4) : 587-594.

Wu Y Y，Zhao K，Xing D K. 2010. Does carbonic anhydrase affect the fractionation of stable carbon isotope. Geochimica Et Cosmochimica Acta，74: A1148-A1148.

Xing D K，Wu Y Y. 2012. Photosynthetic response of three climber plant species to osmotic stress induced by polyethylene glycol（PEG）6000. Acta Physiologiae Plantarum，34 (5) : 1659-1668.

Yiotis C，Manetas Y，Psaras G K. 2006. Leaf and green stem anatomy of the drought deciduous Mediterranean shrub *Calicotome villosa* (Poiret) Link.（Leguminosae）. Flora，201 (2) : 102-107.

Zhang X，Hung T M，Phuong P T，et al. 2006. Anti-inflammatory activity of flavonoids from *Populus davidiana*. Archives of Pharmacal Research，29 (12) : 1102-1108.

Zhang X，Wu N，Li C. 2005. Physiological and growth responses of *Populus davidiana* ecotypes to different soil water contents. Journal of Arid Environments，60 (4) : 567-579.

Zhu J，Zhang H，Dezi M A. 2000. Leaf structure and anomalous thickening of the stem of *Ceratoides latens*. Journal of Economic and Taxonomic Botany，24 (1) : 85-91.